舰艇武器控制中的随机过程应用基础

卢发兴　刘树衍　贾正荣　编著

科学出版社

北　京

内 容 简 介

本书重点分析军事领域常见随机过程的重要概念和公式。全书内容包括随机过程的分布律和概率特性、相关函数属性、随机过程连续性、平稳和广义平稳随机过程、随机函数的谱密度和谱分解、几类重要的随机过程、随机过程的导数、积分线性运算、随机序列等随机过程的基础知识,连续和离散线性动态系统输出端上随机过程的概率特性,平稳正态随机过程的仿真算法,随机穿越,随机场,连续和离散线性最优动态系统,随机线性系统最优控制参数,随机非线性系统线性化,随机过程统计分析等。

本书可作为高等院校理工科专业高年级本科生及研究生的教材,也可供相关专业的教师及工程技术人员参考。

图书在版编目(CIP)数据

舰艇武器控制中的随机过程应用基础 / 卢发兴等编著. —北京:科学出版社,2019.3

ISBN 978-7-03-058775-6

Ⅰ. ①舰… Ⅱ. ①卢… Ⅲ. ①军用船-武器装备-随机过程-控制-研究 Ⅳ. ①E925

中国版本图书馆 CIP 数据核字(2018)第 209319 号

责任编辑:魏英杰 罗 娟 / 责任校对:郭瑞芝
责任印制:吴兆东 / 封面设计:铭轩堂

科 学 出 版 社 出版
北京东黄城根北街 16 号
邮政编码:100717
http://www.sciencep.com

北京中石油彩色印刷有限责任公司 印刷
科学出版社发行 各地新华书店经销
*
2019 年 3 月第 一 版 开本:720×1000 B5
2019 年 3 月第一次印刷 印张:25 1/4
字数:507 000
定价:**168.00 元**
(如有印装质量问题,我社负责调换)

前　言

随机过程是研究随机现象的一门基础学科，应用广泛，海军装备认证、研制、维修保障、作战等都需要随机过程应用理论，只有熟悉掌握随机过程的基本理论和分析方法，才能更好地研究和探索舰艇武器控制领域的新技术和新方法。

本书根据军事领域应用的特点，以舰艇武器控制领域为例，力求内容的广度和深度均能满足舰艇武器控制领域应用的需求；重点强调如何使用定理和公式，不追求数学上的严格性；对一些重要概念和公式的理解，采用实例分析和案例应用的形式，力求兼顾随机过程的基本理论和工程应用两个方面。

全书共 10 章。第 1 章介绍随机过程的基础知识，包括随机过程的分布律和概率特性，相关函数属性，随机过程连续性，平稳随机过程和广义平稳随机过程，随机函数的谱密度和谱分解，几类重要随机过程，随机过程的导数、积分线性运算的概率特性，随机序列等，重点分析一些基本概念的运用，为随机过程基本理论在舰艇武器控制领域的应用打下基础。第 2 章介绍连续和离散线性动态系统输出端随机过程的概率特性，包括输出端随机过程过渡态和稳态方程的求解方法，以及相应的概率特性、输出端随机过程的谱密度和谱分解、输出端为多个随机过程的求解方法等，并通过相应的实例分析，使读者掌握相应的方法。第 3 章在介绍两种平稳正态随机过程仿真算法的基础上，给出舰艇武器控制中典型随机过程的仿真实例。第 4 章介绍随机穿越的基本概念，以及相应的概率特性计算公式，并通过实例分析给出相应计算公式的使用步骤。第 5 章介绍随机场的概念、概率特性和谱密度，并给出相应的实例。第 6 章介绍线性动态系统最优化准则、维纳-霍普夫积分方程、线性动态系统最优脉冲过渡函数和传递函数的两种求解方法及其使用步骤；同时介绍利用频域法确定最优系统传递函数，给出典型结构最优调节器的求解方法；最后通过应用案例，完整地分析该方法的使用步骤。第 7 章介绍离散线性最优动态系统，包括求解最优传递函数算法、离散线性系统有限记忆滤波器用于最优脉冲过渡函数和最优参数估计的求解方法。第 8 章通过实例介绍解析法和随机法确定随机线性系统最优控制参数的步骤；同时重点介绍非梯度随机搜索法，并通过一个应用案例给出确定最优控制参数的思路和步骤。第 9 章简单介绍舰艇武器控制中常用的随机非线性系统线性化方法，包括直接线性化法、统计线性化法和统计谐波线性化法。第 10 章介绍随机过程的统计理论，包括非平稳随机过程的概率特性估计、各态历经平稳随机过程的概率特性估计、平稳随机过程的光谱特性估计和平稳随机过程相关函数的参数估计。

　　本书的出版得到军队"2110 工程"建设项目和海军重点建设课程项目的支持，同时得到许多同仁和研究生的帮助，在此一并表示衷心的感谢！

　　限于作者水平，书中不足之处在所难免，敬请广大读者批评指正。

作　者

2018 年 8 月

目　　录

第1章　随机过程基础

在舰艇武器控制中，很多研究对象的参数都是随机变量。例如，舰艇在海浪中的俯仰角和倾斜角，导弹在扰动作用下的空中飞行位置和角度，雷达站对运动目标的测量误差等，这些都是连续型随机过程的例子。连续时间的离散型随机过程的典型例子是生灭过程，广泛用于舰艇防空、武器系统保障、器材库存等排队系统中。为了研究这些随机过程的特性，本章首先给出随机过程的基本概念和理论。

没有特别说明时，全书自变量 t 认为是连续的。这样，随机过程就是随机函数 $X(t)$。本书将注意力集中在连续型随机过程的理论研究和实际运用上，一些共同的结论将推广到连续时间的离散型随机过程中。

1.1　随机过程的分布律和概率特性

1.1.1　一维随机过程的分布律和概率特性

在自变量 t 取任意固定值时，随机过程 $X(t)$ 就是随机变量，概率分布函数 $F(x)$ 用于描述随机变量 X 的特性。对于随机过程 $X(t)$，概率分布函数能像概率事件 $(X < x)$ 一样被确定，通过 $F_1(x;t)$ 来标识，称作一维概率分布函数，即

$$F_1(x;t) = P[X(t) < x] \tag{1.1}$$

自变量 t 可以取任意值。因此，对于随机过程 $X(t)$，一维概率分布函数取决于 x 和 t。

对于连续型随机过程 $X(t)$，它在自变量 t 取固定值时是连续随机变量。一维概率分布函数 $F_1(x;t)$ 是连续且对全部或者几乎全部的 x 都是可微的。这个随机过程的一维概率分布密度 $f_1(x;t)$ 的求取类似于随机变量的概率分布密度，对概率分布函数的 x 求一阶偏导，即

$$f_1(x;t) = \frac{\partial F_1(x;t)}{\partial x} \tag{1.2}$$

在已知概率分布密度时，对于随机过程 $X(t)$，可以求出一维特征函数 $E_1(u;t)$。根据这个函数的定义，可以得到下式，即

$$E_1(u;t) = M[\mathrm{e}^{\mathrm{i}uX(t)}] = \int_{-\infty}^{\infty} \mathrm{e}^{\mathrm{i}ux} f_1(x;t)\mathrm{d}x \tag{1.3}$$

对于离散型随机过程 $X(t)$，自变量 t 取任意固定值时，有 n 个可能的状态，即 $x_k(t)$ $(k=1,2,\cdots,n)$。此时，其一维概率分布函数为

$$F_1(x;t) = \sum_{k=1}^{n} P[X(t) = x_k(t)]\varepsilon[x - x_k(t)] \tag{1.4}$$

其中，$\varepsilon(z)$ 是阶跃函数，即

$$\varepsilon(z) = \begin{cases} 0, & z \leqslant 0 \\ 1, & z > 0 \end{cases} \tag{1.5}$$

在这种情况下，一维概率分布密度为

$$f_1(x;t) = \sum_{k=1}^{n} P[X(t) = x_k(t)]\delta[x - x_k(t)] \tag{1.6}$$

其中，$\delta(z)$ 是狄拉克函数，并且

$$\delta(z) = \varepsilon'(z) = \frac{1}{2\pi}\int_{-\infty}^{\infty} \mathrm{e}^{-\mathrm{i}zt}\mathrm{d}t = \begin{cases} \infty, & z = 0 \\ 0, & z \neq 0 \end{cases} \tag{1.7}$$

其一维特征函数具有如下形式，即

$$E_1(u;t) = \sum_{k=1}^{n} P[X(t) = x_k(t)]\mathrm{e}^{\mathrm{i}ux_k(t)} \tag{1.8}$$

对于整数随机过程 $X(t)$，它的可能函数值是 $0 \sim n$ 的非负整数，可以用函数 $G_1(u;t)$ 来代替 $E_1(u;t)$，即

$$G_1(u;t) = M[u^{X(t)}] = \sum_{k=0}^{n} P[X(t) = k]u^k \tag{1.9}$$

当随机过程 $X(t)$ 是混合型随机变量时，一维概率分布函数可以表示为式(1.1) 和式(1.4)的函数之和，而其一维概率分布密度可表示为式(1.2)和式(1.6)的函数之和。

知道了一维分布律，下面分析随机过程 $X(t)$ 的一维概率特性，即随机过程的数学期望 $\overline{x}(t) = M[X(t)]$、方差 $D[X(t)] = M\{[X(t) - \overline{x}(t)]^2\}$、$s$ 阶原点矩 $m_s[X(t)] = M\{[X(t)]^s\}$ 和 s 阶中心矩 $\mu_s[X(t)] = M\{[X(t) - \overline{x}(t)]^s\}$。

在已知一维概率分布密度 $f_1(x;t)$ 时，随机过程 $X(t)$ 的 s 阶原点矩为

$$M\{[X(t)]^s\} = \int_{-\infty}^{\infty} x^s f_1(x;t)\mathrm{d}x \tag{1.10}$$

如果一维特征函数 $E_1(u;t)$ 为已知，则

$$M\{[X(t)]^s\} = (-\mathrm{i})^s \frac{\partial^s E_1(u;t)}{\partial u^s}\bigg|_{u=0} \tag{1.11}$$

根据这些表达式，当 $s=1$ 时，可以得到随机过程 $X(t)$ 的数学期望 $\overline{x}(t)$ 的计算公式，即

$$\overline{x}(t) = \int_{-\infty}^{\infty} x f_1(x;t)\mathrm{d}x \tag{1.12}$$

$$\overline{x}(t) = -\mathrm{i}\frac{\partial E_1(u;t)}{\partial u}\bigg|_{u=0} \tag{1.13}$$

对于整数随机过程 $X(t)$，其数学期望为

$$\overline{x}(t) = \frac{\partial G_1(u;t)}{\partial u}\bigg|_{u=1} \tag{1.14}$$

当随机过程 $X(t)$ 的数学期望 $\overline{x}(t)$ 不为 0 时，在实际应用中常常将其进行变换，变换为零均值随机过程 $\overset{0}{X}(t)$，即

$$\overset{0}{X}(t) = X(t) - \overline{x}(t) \tag{1.15}$$

在已知一维概率分布密度时，$X(t)$ 的 s 阶中心矩为

$$M\{[\overset{0}{X}(t)]^s\} = \int_{-\infty}^{\infty} [x - \overline{x}(t)]^s f_1(x;t)\mathrm{d}x \tag{1.16}$$

s 阶中心矩可用不超过 s 阶的原点矩表示。

二阶中心矩是随机过程 $X(t)$ 的方差，即

$$D[X(t)] = M\{[\overset{0}{X}(t)]^2\} = \int_{-\infty}^{\infty} [x - \overline{x}(t)]^2 f_1(x;t)\mathrm{d}x \tag{1.17}$$

方差可用二阶原点矩和数学期望表示，即

$$D[X(t)] = M\{[X(t)]^2\} - [\overline{x}(t)]^2 \tag{1.18}$$

对于零均值随机过程 $\overset{0}{X}(t)$，一维特征函数为

$$\overset{0}{E}_1(u;t) = M[\mathrm{e}^{\mathrm{i}u\overset{0}{X}(t)}] = \int_{-\infty}^{\infty} \mathrm{e}^{\mathrm{i}u[x-\overline{x}(t)]} f_1(x;t)\mathrm{d}x \tag{1.19}$$

即

$$\overset{0}{E}_1(u;t) = \mathrm{e}^{-\mathrm{i}u\overline{x}(t)} E_1(u;t) \tag{1.20}$$

借助这个函数，s 阶中心矩可以根据下式求出，即

$$M\{[\overset{0}{X}(t)]^s\} = (-\mathrm{i})^s \left. \frac{\partial^s \overset{0}{E}_1(u;t)}{\partial u^s} \right|_{u=0} \tag{1.21}$$

其中，随机过程的方差为

$$D[X(t)] = -\left. \frac{\partial^2 \overset{0}{E}_1(u;t)}{\partial u^2} \right|_{u=0} = -\left. \frac{\partial^2 E_1(u;t)}{\partial u^2} \right|_{u=0} - [\overline{x}(t)]^2 \tag{1.22}$$

对于整数随机过程 $X(t)$，其方差为

$$D[X(t)] = \left. \frac{\partial^2 G_1(u;t)}{\partial u^2} \right|_{u=1} + \overline{x}(t) - [\overline{x}(t)]^2 \tag{1.23}$$

1.1.2　多维随机过程的分布律和概率特性

当固定随机过程 $X(t)$ 的自变量取两个不同值 t 和 t' 时，$\{X(t), X(t')\}$ 为二维随机变量，其二维概率分布函数是 $[X(t) < x, X(t') < x']$ 事件的概率。应用到随机过程 $X(t)$，这个函数可以用符号 $F_2(x, x'; t, t')$ 标记，称作二维概率分布函数，即

$$F_2(x, x'; t, t') = P[X(t) < x; X(t') < x'] \tag{1.24}$$

显然，事件 $X(t') < \infty$ 的概率为 1，于是有

$$F_2(x, \infty; t, t') = F_1(x; t) \tag{1.25}$$

通常情况下，二维概率分布函数取决于 x、x'、t 和 t'。对于连续型随机过程，这个函数对于 x 和 x' 是连续的，并且对于这些自变量几乎全部是可微的。随机过程 $X(t)$ 的二维概率分布密度可通过对 x 和 x' 的二阶混合偏导确定，即

$$f_2(x, x'; t, t') = \frac{\partial^2 F_2(x, x'; t, t')}{\partial x \partial x'} \tag{1.26}$$

因此有

$$f_1(x; t) = \int_{-\infty}^{\infty} f_2(x, x'; t, t') \mathrm{d}x' \tag{1.27}$$

其二维特征函数为

$$E_2(u, v; t, t') = M[\mathrm{e}^{\mathrm{i}uX(t) + \mathrm{i}vX(x')}] = \int_{-\infty}^{\infty} \int \mathrm{e}^{\mathrm{i}ux + \mathrm{i}vx'} f_2(x, x'; t, t') \mathrm{d}x \mathrm{d}x' \tag{1.28}$$

对于零均值随机过程 $\overset{0}{X}(t)$，其二维特征函数为

$$\overset{0}{E}_2(u,v;t,t') = M[e^{iu\overset{0}{X}(t)+iv\overset{0}{X}(t')}] = e^{-iu\overline{x}(t)-iv\overline{x}(t')}E_2(u,v;t,t') \tag{1.29}$$

显然，式(1.30)和式(1.31)总是成立的，即

$$E_2(u,0;t,t') = E_1(u;t) \tag{1.30}$$

$$\overset{0}{E}_2(u,0;t,t') = \overset{0}{E}_1(u;t) \tag{1.31}$$

如果随机过程 $X(t)$ 是离散型随机过程，那么其二维概率分布函数、概率分布密度和特征函数为

$$F_2(x,x';t,t') = \sum_{k=1}^{n}\sum_{j=1}^{n}P[X(t)=x_k(t);X(t')=x_j(t')]\varepsilon[x-x_k(t)]\varepsilon[x'-x_j(t')] \tag{1.32}$$

$$f_2(x,x';t,t') = \sum_{k=1}^{n}\sum_{j=1}^{n}P[X(t)=x_k(t);X(t')=x_j(t')]\delta[x-x_k(t)]\delta[x'-x_j(t')] \tag{1.33}$$

$$E_2(u,v;t,t') = \sum_{k=1}^{n}\sum_{j=1}^{n}P[X(t)=x_k(t);X(t')=x_j(t')]e^{iux_k(t)+ivx_j(t')} \tag{1.34}$$

对于整数随机过程 $X(t)$，二维特征函数可以用 $G_2(u,v;t,t')$ 代替 $E_2(u,v;t,t')$，即

$$G_2(u,v;t,t') = M[u^{X(t)}v^{Y(t')}] = \sum_{k=0}^{n}\sum_{j=0}^{n}P[X(t)=k;X(t')=j]u^kv^j \tag{1.35}$$

对于这个函数，式(1.36)总是成立的，即

$$G_2(u,1;t,t') = G_1(u;t) \tag{1.36}$$

在已知二维分布律时，可以求出随机过程 $X(t)$ 的二维概率特性。阶数为 (s,r) 的二维原点矩和中心矩可由式(1.37)和式(1.38)求出，即

$$M\{[X(t)]^s[X(t')]^r\} = \iint\limits_{-\infty}^{\infty} x^s x'^r f_2(x,x';t,t')\mathrm{d}x\mathrm{d}x' = (-i)^{s+r}\frac{\partial^{s+r}E_2(u,v;t,t')}{\partial u^s\partial v^r}\bigg|_{u=v=0} \tag{1.37}$$

$$M\{[\overset{0}{X}(t)]^s[\overset{0}{X}(t')]^r\} = \iint\limits_{-\infty}^{\infty}[x-\overline{x}(t)]^s[x'-\overline{x}(t')]^r f_2(x,x';t,t')\mathrm{d}x\mathrm{d}x'$$

$$= (-i)^{s+r}\frac{\partial^{s+r}\overset{0}{E}_2(u,v;t,t')}{\partial u^s\partial v^r}\bigg|_{u=v=0} \tag{1.38}$$

对于两个随机变量 (X,Y)，二阶混合中心矩 $k_{x,y} = M(\overset{0}{X}\overset{0}{Y})$ 是重要的数字特性，称为相关矩。对于随机过程 $X(t)$，相关矩可用符号 $K_x(t,t')$ 表示，称为自相关函数，即

$$K_x(t,t') = M[\overset{0}{X}(t)\overset{0}{X}(t')] = M\{[X(t)-\overline{x}(t)][X(t')-\overline{x}(t')]\} \tag{1.39}$$

可以转换为

$$K_x(t,t') = M[X(t)X(t')] - \overline{x}(t)\overline{x}(t') \tag{1.40}$$

在已知二维概率分布密度时，自相关函数可以按式(1.41)确定，即

$$K_x(t,t') = \iint_{-\infty}^{\infty} xx'f_2(x,x';t,t')\mathrm{d}x\mathrm{d}x' - \overline{x}(t)\overline{x}(t') \tag{1.41}$$

当已知随机过程 $\overset{0}{X}(t)$ 或者 $X(t)$ 的二维特征函数时，自相关函数为

$$K_x(t,t') = -\frac{\partial^2 \overset{0}{E}_2(u,v;t,t')}{\partial u \partial v}\bigg|_{u=v=0} = -\frac{\partial^2 E_2(u,v;t,t')}{\partial u \partial v}\bigg|_{u=v=0} - \overline{x}(t)\overline{x}(t') \tag{1.42}$$

如果 $X(t)$ 是整数随机过程，那么在确定自相关函数时，可以用到如下表达式，即

$$K_x(t,t') = \frac{\partial^2 G_2(u,v;t,t')}{\partial u \partial v}\bigg|_{u=v=1} - \overline{x}(t)\overline{x}(t') \tag{1.43}$$

当随机过程 $X(t)$ 的自变量 t 取任意给定的 n 个不同值 $t_1,t_2,\cdots,t_n$ 时，假定 $X_j = X(t_j)(j=1,2,\cdots,n)$，由此得到的由 n 个随机变量构成的系统 $(X_1,X_2,\cdots,X_n)$ 也完全可以用概率分布函数进行描述。这个概率分布函数就是事件 $(X_1<x_1,X_2<x_2,\cdots,X_n<x_n)$ 的概率。对于随机过程 $X(t)$，这个函数称为 n 维概率分布函数，即

$$F_n(x_1,x_2,\cdots,x_n;t_1,t_2,\cdots,t_n) = P[X(t_1)<x_1,X(t_2)<x_2,\cdots,X(t_n)<x_n] \tag{1.44}$$

数值 $t_1,t_2,\cdots,t_n$ 可以任意选择，通常情况下，n 维概率分布函数取决于 $2n$ 个自变量 $x_1,x_2,\cdots,x_n$ 和 $t_1,t_2,\cdots,t_n$。若式(1.44)的 n 个自变量 $x_1,x_2,\cdots,x_n$ 中的任意 m 个自变量等于无穷，则这个概率分布函数降为 $n-m$ 维。

知道了 n 维概率分布函数，就可以按式(1.45)求出随机过程 $X(t)$ 的 n 维概率分布密度，即

$$f_n(x_1,x_2,\cdots,x_n;t_1,t_2,\cdots,t_n) = \frac{\partial^n F_n(x_1,x_2,\cdots,x_n;t_1,t_2,\cdots,t_n)}{\partial x_1 \partial x_2 \cdots \partial x_n} \tag{1.45}$$

当已知概率分布密度时，可以计算出 n 维特征函数，即

$$E_n(u_1,u_2,\cdots,u_n;t_1,t_2,\cdots,t_n) = M\left\{\exp\left[\mathrm{i}\sum_{j=1}^n u_j X(t_j)\right]\right\}$$

$$= \iint\cdots\int_{-\infty}^{\infty} e^{\mathrm{i}\sum_{j=1}^n u_j x_j} f(x_1,x_2,\cdots,x_n;t_1,t_2,\cdots,t_n)\mathrm{d}x_1\mathrm{d}x_2\cdots\mathrm{d}x_n \tag{1.46}$$

借助 n 维分布律可得到随机过程 $X(t)$ 的 n 维任意阶 $(s_1,s_2,\cdots,s_n)$ 原点矩。这些概率特性的计算公式类似于 n 维随机变量系统相应原点矩的公式，即

$$M\{[X(t_1)]^{s_1}[X(t_2)]^{s_2}\cdots[X(t_n)]^{s_n}\}$$

$$= \int\int\cdots\int_{-\infty}^{\infty} x_1^{s_1} x_2^{s_2} \cdots x_n^{s_n} f_n(x_1,x_2,\cdots,x_n;t_1,t_2,\cdots,t_n)\mathrm{d}x_1\mathrm{d}x_2\cdots\mathrm{d}x_n \tag{1.47}$$

$$= (-\mathrm{i})^{\sum\limits_{j=1}^{n}s_j} \frac{\partial^{\sum\limits_{j=1}^{n}s_j} E_n(u_1,u_2,\cdots,u_n;t_1,t_2,\cdots,t_n)}{\partial x_1^{s_1}\partial x_2^{s_2}\cdots\partial x_n^{s_n}}\Bigg|_{u_1=u_2=\cdots=u_n=0}$$

类似式(1.38)，可得随机过程 $X(t)$ 的 n 维任意阶 $(s_1,s_2,\cdots,s_n)$ 中心矩，并且零均值随机过程 $\overset{0}{X}(t)$ 的 n 维特征函数的计算公式类似于式(1.29)。

某些情况应用的不仅仅是一个随机过程 $X(t)$，而是两个互相联系的随机过程 $X(t)$ 和 $Y(t)$ 的集合 $\{X(t),Y(t)\}$。可以在固定时刻 $t_1,t_2,\cdots,t_n$ 研究这个系统的第一个分量，而在其他时刻 $t_1',t_2',\cdots,t_m'$ 研究第二个分量。类似于式(1.44)，对于集合 $\{X(t),Y(t)\}$，可得 (n,m) 维概率分布函数，即

$$F_{n,m}(x_1,\cdots,x_n;y_1,\cdots,y_m;t_1,\cdots,t_n;t_1',\cdots,t_m')$$
$$= P[X(t_1)<x_1,\cdots,X(t_n)<x_n,Y(t_1')<y_1,\cdots,Y(t_m')<y_m] \tag{1.48}$$

当 $m=0$ 时，这个函数与 $X(t)$ 的 n 维概率分布函数吻合；当 $n=0$ 时，这个函数与 $Y(t)$ 的 m 维概率分布函数吻合。如果自变量 $x_1,x_2,\cdots,x_n$ 中任意的 n_1 个自变量和自变量 $y_1,y_2,\cdots,y_m$ 中任意的 m_1 个自变量取无穷，那么式(1.48)变为 $(n-n_1,m-m_1)$ 维概率分布函数。

对 (n,m) 维概率分布函数的自变量 $x_1,x_2,\cdots,x_n$ 和 $y_1,y_2,\cdots,y_m$，求 $n+m$ 阶混合偏导，可得两个随机过程集合 $\{X(t),Y(t)\}$ 的 (n,m) 维概率分布密度，即

$$f_{n,m}(x_1,\cdots,x_n;y_1,\cdots,y_m;t_1,\cdots,t_n;t_1',\cdots,t_m')$$
$$= \frac{\partial^{n+m}F_{n,m}(x_1,\cdots,x_n;y_1,\cdots,y_m;t_1,\cdots,t_n;t',\cdots,t_m')}{\partial x_1\cdots\partial x_n\partial y_1\cdots\partial y_m} \tag{1.49}$$

利用这个概率分布密度，根据通用公式可以求出两个随机过程集合 $\{X(t),Y(t)\}$ 不同阶数的 (n,m) 维原点矩和中心矩。这个集合的数学期望可由式(1.50)和式(1.51)求出，即

$$\bar{x}(t) = \int_{-\infty}^{\infty} x f_{1,0}(x;t)\mathrm{d}x \tag{1.50}$$

$$\bar{y}(t) = \int_{-\infty}^{\infty} y f_{0,1}(y;t)\mathrm{d}y \tag{1.51}$$

自相关函数 $K_x(t,t')$ 和 $K_y(t,t')$ 可以根据式(1.41)确定。对于随机过程 $X(t)$ 和 $Y(t)$，其互相关函数为

$$K_{x,y}(t,t') = M\{[X(t) - \overline{x}(t)][Y(t') - \overline{y}(t')]\}$$

$$= \int\int_{-\infty}^{\infty} [x - \overline{x}(t)][y - \overline{y}(t')] f_{1,1}(x,y;t,t') \mathrm{d}x\mathrm{d}y \tag{1.52}$$

或者

$$K_{x,y}(t,t') = \int\int_{-\infty}^{\infty} xy f_{1,1}(x,y;t,t') \mathrm{d}x\mathrm{d}y - \overline{x}(t)\overline{y}(t') \tag{1.53}$$

通常情况下,为了完全描述随机过程 $X(t)$,必须知道当 $n = 1,2,\cdots$ 时,任意 n 维的分布律。对于两个随机过程的集合 $\{X(t),Y(t)\}$,必须知道当 $n + m \geqslant 1$,在每一个 $n > 0$ 和 $m > 0$ 时的 (n,m) 维分布律。

对于那些常用的随机过程,任意 n 维概率分布函数可以完全由基本的概率特性确定,这些基本的概率特性就是数学期望 $\overline{x}(t)$ 和自相关函数 $K_x(t,t')$ 。对于某些随机过程,任意 $n \geqslant 2$ 维的分布律可以通过一维或者二维分布律表示。这样,这些随机过程的多维概率特性可以通过相应的一维和二维概率特性确定。

1.2　相关函数属性

在解决实际问题时,在很多情况下,只使用随机过程 $X(t)$ 的基本概率特性,如数学期望 $\overline{x}(t)$ 和自相关函数 $K_x(t,t') = M[\overset{0}{X}(t)\overset{0}{X}(t')]$ 。对于随机过程的集合 $\{X(t),Y(t)\}$,除了数学期望和自相关函数,还常常应用互相关函数 $K_{x,y}(t,t')$ 。至于随机过程的方差并没有特别指出,这是因为由式(1.54)可知,对于随机过程 $X(t)$,其方差是 $t = t'$ 时自相关函数 $K_x(t,t')$ 的个别情况,即

$$D[X(t)] = M\{[\overset{0}{X}(t)]^2\} = K_x(t,t) \tag{1.54}$$

显然,随机过程的均方差为

$$\sigma_x(t) = \sqrt{D[X(t)]} = \sqrt{K_x(t,t)} \tag{1.55}$$

因为

$$M[\overset{0}{X}(t)\overset{0}{X}(t')] = M[\overset{0}{X}(t')\overset{0}{X}(t)] \tag{1.56}$$

所以

$$K_x(t,t') = K_x(t',t) \tag{1.57}$$

因此,在随机过程 $X(t)$ 的自相关函数 $K_x(t,t')$ 中,自变量 t 和 t' 是可以互换的。

类似于相关系数 $r_{x,y} = \dfrac{k_{x,y}}{\sigma_x \sigma_y}$,对于随机过程 $X(t)$,其标准自相关系数为

$$r_x(t,t') = \frac{K_x(t,t')}{\sigma_x(t)\sigma_x(t')} = \frac{K_x(t,t')}{\sqrt{K_x(t,t)K_x(t',t')}} \tag{1.58}$$

由概率论知识可知，相关系数 $r_{x,y}$ 的绝对值不大于 1。同样，标准自相关系数满足如下条件，即

$$|r_x(t,t')| \leqslant 1 \tag{1.59}$$

$$|K_x(t,t')| \leqslant \sqrt{K_x(t,t)K_x(t',t')} \tag{1.60}$$

随机过程 $X(t)$ 和 $Y(t)$ 的互相关函数为

$$K_{x,y}(t,t') = M[\overset{0}{X}(t)\overset{0}{Y}(t')] \tag{1.61}$$

该相关函数满足如下条件，即

$$K_{x,x}(t,t') = K_x(t,t') \tag{1.62}$$

$$K_{x,y}(t,t') = K_{y,x}(t',t) \tag{1.63}$$

$$|K_{x,y}(t,t')| \leqslant \sqrt{K_x(t,t)K_y(t',t')} \tag{1.64}$$

在理论研究和解算某些问题时，使用复随机过程 $Z(t) = X(t) + \mathrm{i}Y(t)$ 更为方便。它的数学期望为

$$\overline{z}(t) = M[Z(t)] = \overline{x}(t) + \mathrm{i}\overline{y}(t) \tag{1.65}$$

零均值复随机过程为

$$\overset{0}{Z}(t) = Z(t) - \overline{z}(t) = \overset{0}{X}(t) + \mathrm{i}\overset{0}{Y}(t) \tag{1.66}$$

因此

$$[\overset{0}{Z}(t)]^2 = [\overset{0}{X}(t)]^2 - [\overset{0}{Y}(t)]^2 + 2\mathrm{i}\overset{0}{X}(t)\overset{0}{Y}(t) \tag{1.67}$$

把数学期望的计算公式应用到式(1.67)，可得下式，即

$$M\{[\overset{0}{Z}(t)]^2\} = D[X(t)] - D[Y(t)] + 2\mathrm{i}K_{x,y}(t,t) \tag{1.68}$$

式(1.68)的右边部分在通常情况下是复数，而它的实数部分和虚数部分可以是任意符号。因此，对于复随机过程 $Z(t)$ 来说，不能以 $Z(t) - \overline{z}(t) = \overset{0}{Z}(t)$ 的平方的数学期望确定方差。

显然，复随机过程 $Z(t)$ 的方差是非负的，可以用零均值复随机过程 $\overset{0}{Z}(t)$ 绝对值平方的数学期望表示这个方差，因此有

$$|\overset{0}{Z}(t)|^2 = [\overset{0}{X}(t)]^2 + [\overset{0}{Y}(t)]^2 \tag{1.69}$$

$$D[Z(t)] = M[|\overset{0}{Z}(t)|^2] = D[X(t)] + D[Y(t)] \tag{1.70}$$

复随机过程 $Z(t)$ 的自相关函数 $K_z(t,t')$ 是用零均值复随机过程 $\overset{0}{Z}(t)=\overset{0}{X}(t)+$ $\mathrm{i}\overset{0}{Y}(t)$ 和与 $\overset{0}{Z}(t')$ 共轭的随机过程 $\overset{0}{Z}{}^*(t')=\overset{0}{X}(t')-\mathrm{i}\overset{0}{Y}(t')$ 的乘积的数学期望确定，即

$$K_z(t,t')=M[\overset{0}{Z}(t)\overset{0}{Z}{}^*(t')] \tag{1.71}$$

于是得到下式，即

$$\overset{0}{Z}(t)\overset{0}{Z}{}^*(t')=\overset{0}{X}(t)\overset{0}{X}(t')+\overset{0}{Y}(t)\overset{0}{Y}(t')+\mathrm{i}[\overset{0}{X}(t')\overset{0}{Y}(t)-\overset{0}{X}(t)\overset{0}{Y}(t')] \tag{1.72}$$

因此有

$$K_z(t,t')=K_x(t,t')+K_y(t,t')+\mathrm{i}[K_{x,y}(t',t)-K_{x,y}(t,t')] \tag{1.73}$$

由式(1.73)可以看出，通常情况下，自相关函数 $K_z(t,t')$ 是复数。

由于 $\overset{0}{Z}(t)\overset{0}{Z}{}^*(t')=|\overset{0}{Z}(t)|^2$，因此有

$$D[Z(t)]=K_z(t,t) \tag{1.74}$$

这样，复随机过程 $Z(t)$ 的方差在 $t'=t$ 时等于自相关函数 $K_z(t,t')$。

由共轭复数表达式的求解运算可得下式，即

$$[\overset{0}{Z}(t)\overset{0}{Z}{}^*(t')]^*=\overset{0}{Z}(t')\overset{0}{Z}{}^*(t) \tag{1.75}$$

因此，复随机过程 $Z(t)$ 的相关函数满足下式，即

$$K_z^*(t,t')=K_z(t',t) \tag{1.76}$$

$$K_z(t,t')=K_z^*(t',t) \tag{1.77}$$

函数 $K_z^*(t,t')$ 与 $K_z(t,t')$ 只是虚数部分前的符号不同，因此它们是共轭的。

对于复随机过程 $Z(t)$，标准的自相关系数为

$$r_z(t,t')=\frac{K_z(t,t')}{\sqrt{K_z(t,t)K_z(t',t')}} \tag{1.78}$$

自相关系数的模不大于 1，即

$$|r_z(t,t')|\leqslant 1 \tag{1.79}$$

所以有式(1.80)成立，即

$$|K_z(t,t')|\leqslant \sqrt{K_z(t,t)K_z(t',t')} \tag{1.80}$$

适用于复随机过程 $Z(t)=X(t)+\mathrm{i}Y(t)$ 和 $W(t)=U(t)+\mathrm{i}V(t)$ 的互相关函数为

$$K_{z,w}(t,t')=M[\overset{0}{Z}(t)\overset{0}{W}{}^*(t')] \tag{1.81}$$

式(1.81)满足

$$K_{z,z}(t,t') = K_z(t,t') \tag{1.82}$$

$$K_{z,w}(t,t') = K_{w,z}^*(t',t) \tag{1.83}$$

$$|K_{z,w}(t,t')| \leqslant \sqrt{K_z(t,t)K_w(t',t')} \tag{1.84}$$

标准互相关系数为

$$r_{z,w}(t,t') = \frac{K_{z,w}(t,t')}{\sqrt{K_z(t,t)K_w(t',t')}} \tag{1.85}$$

对于任意自变量 t 和 t'，满足下式，即

$$|r_{z,w}(t,t')| \leqslant 1 \tag{1.86}$$

例 1.1　随机过程 $X(t)$ 为

$$X(t) = a + \sum_{j=1}^{n} (U_j \cos \omega_j t + V_j \sin \omega_j t)$$

其中，a 是已知常数；$\omega_j (j = 1, 2, \cdots, n)$ 是给定频率；U_j 和 V_j $(j = 1, 2, \cdots, n)$ 是独立的随机变量，其数学期望等于零且方差 $D(U_j) = D(V_j) = D_j$ $(j = 1, 2, \cdots, n)$ 已知。

请确定其数学期望 $\bar{x}(t)$ 和自相关函数 $K_x(t,t')$。

解　因为随机变量线性函数的数学期望等于随机变量的数学期望的同一个线性函数，又因为 $\bar{u}_j = \bar{v}_j = 0$ $(j = 1, 2, \cdots, n)$，所以有

$$\bar{x}(t) = a + \sum_{j=1}^{n} (\bar{u}_j \cos \omega_j t + \bar{v}_j \sin \omega_j t) = a$$

对于数学期望为零的相互独立随机变量 U_j 和 V_j $(j = 1, 2, \cdots, n)$，有

$$M(U_j V_s) = 0, \quad j, s = 1, 2, \cdots, n$$

$$M(U_j U_s) = M(V_j V_s) = \begin{cases} D_j, & s = j \\ 0, & s \neq j \end{cases}$$

因此，所求的自相关函数为

$$\begin{aligned} K_x(t,t') &= M[\overset{0}{X}(t)\overset{0}{X}(t')] \\ &= M\left\{ \left[\sum_{j=1}^{n} (U_j \cos \omega_j t + V_j \sin \omega_j t) \right] \left[\sum_{s=1}^{n} (U_s \cos \omega_s t' + V_s \sin \omega_s t') \right] \right\} \\ &= \sum_{j=1}^{n} [D(U_j) \cos \omega_j t \cos \omega_j t' + D(V_j) \sin \omega_j t \sin \omega_j t'] \\ &= \sum_{j=1}^{n} D_j \cos \omega_j (t - t') \end{aligned}$$

例 1.2　对于正态随机过程 $X(t)$，在自变量 t 和 t' 取任意固定值时，二维随机变量 $\{X(t), X(t')\}$ 是正态的。数学期望 $\bar{x}(t)$ 和相关函数 $K_x(t,t')$ 都是已知的。请写出其一维和二维概率分布函数、概率分布密度和特征函数。

解　在二维正态分布系统中，每一个分量都是正态随机变量。设其数学期望为 $\bar{x}$，方差为 $D_x = \sigma_x^2$，则它的概率分布函数、概率分布密度和特征函数为

$$F(x) = F_H\left(\frac{x - \bar{x}}{\sigma_x}\right)$$

$$f(x) = \frac{1}{\sigma_x\sqrt{2\pi}}\exp\left[-\frac{1}{2}\left(\frac{x - \bar{x}}{\sigma_x}\right)^2\right]$$

$$E(u) = \exp\left(\mathrm{i}\bar{x}u - \frac{1}{2}D_x u^2\right)$$

其中，$F_H(z)$ 是一维正态概率分布函数(z 代表函数中无关部分，全书均类似处理)。

在这些表达式中，把 $\bar{x}$ 和 $D_x = \sigma_x^2$ 替换成 $\bar{x}(t)$ 和 $K_x(t,t)$，可以得到正态随机过程的一维概率分布函数、概率分布密度和特征函数，即

$$F_1(x;t) = F_H\left[\frac{x - \bar{x}(t)}{\sqrt{K_x(t,t)}}\right] \tag{1.87}$$

$$f_1(x;t) = \frac{1}{\sqrt{2\pi K_x(t,t)}}\exp\left\{-\frac{[x - \bar{x}(t)]^2}{2K_x(t,t)}\right\} \tag{1.88}$$

$$E_1(u;t) = \exp\left[\mathrm{i}u\bar{x}(t) - \frac{1}{2}u^2 K_x(t,t)\right] \tag{1.89}$$

对于数学期望为 $\bar{x}$、$\bar{y}$，方差为 σ_x、σ_y，互相关系数为 $r_{x,y}$ 的二维正态分布系统 (X,Y)，其概率分布函数、概率分布密度和特征函数为

$$F(x,y) = F_H\left(\frac{x - \bar{x}}{\sigma_x}, \frac{y - \bar{y}}{\sigma_y}; r_{x,y}\right)$$

$$f_1(x,y) =$$

$$\frac{1}{2\pi\sigma_x\sigma_y\sqrt{1-r_{x,y}^2}}\exp\left\{\frac{-1}{2(1-r_{x,y}^2)}\left[\left(\frac{x-\bar{x}}{\sigma_x}\right)^2 + \left(\frac{y-\bar{y}}{\sigma_y}\right)^2 - 2r_{x,y}\left(\frac{x-\bar{x}}{\sigma_x}\right)\left(\frac{y-\bar{y}}{\sigma_y}\right)\right]\right\}$$

$$E(u,v) = \exp\left(\mathrm{i}\bar{x}u + \mathrm{i}\bar{y}v - \frac{1}{2}D_x u^2 - \frac{1}{2}D_y v^2 - k_{x,y}uv\right)$$

其中，$F_H(z,w;\rho)$ 是二维正态概率分布函数。

同样，可以从这些公式中得到正态随机过程 $X(t)$ 的二维正态分布律：将 y 替换成 x'，$\bar{x}$ 和 $\bar{y}$ 替换成 $\bar{x}(t)$ 和 $\bar{x}(t')$，σ_x^2 和 σ_y^2 替换成 $K_x(t,t)$ 和 $K_x(t',t')$；$k_{x,y}$ 和 $r_{x,y}$ 替换成 $K_x(t,t')$ 和 $r_x(t,t') = \dfrac{K_x(t,t')}{\sqrt{K_x(t,t)K_x(t',t')}}$。这样，正态随机过程的二维概率分布函数、概率分布密度和特征函数为

$$F_2(x,x';t,t') = F_H\left[\frac{x-\bar{x}(t)}{\sqrt{K_x(t,t)}}, \frac{x'-\bar{x}(t')}{\sqrt{K_x(t',t')}}; r_x(t,t')\right] \tag{1.90}$$

$$
\begin{aligned}
f_2(x,x';t,t') = & \frac{1}{2\pi\sqrt{K_x(t,t)K_x(t',t')-[K_x(t,t')]^2}} \\
& \times \exp\left(\frac{-1}{2[1-r_x^2(t,t')]}\left\{\frac{[x-\bar{x}(t)]^2}{K_x(t,t)} + \frac{[x'-\bar{x}(t')]^2}{K_x(t',t')}\right.\right. \\
& \left.\left. -2K_x(t,t')\frac{[x-\bar{x}(t)][x'-\bar{x}(t')]}{K_x(t,t)K_x(t',t')}\right\}\right)
\end{aligned} \tag{1.91}
$$

$$E_2(u,v;t;t') = \exp\left[\mathrm{i}u\bar{x}(t) + \mathrm{i}v\bar{x}(t') - \frac{1}{2}K_x(t,t)u^2 - \frac{1}{2}K_x(t',t')v^2 - K_x(t,t')uv\right] \tag{1.92}$$

1.3　随机过程的连续性

随机过程连续性的定义有多种形式，如依概率连续、均值连续和均方连续等。其中，依概率连续是最弱的连续，定义如下：若在任意 $\varepsilon > 0$ 时，下列极限等式成立，则随机过程 $X(t)$ 在 t 点依概率连续，即

$$\lim_{\Delta t \to 0} P[|X(t+\Delta t) - X(t)| > \varepsilon] = 0 \tag{1.93}$$

这种形式的连续性主要用于分析二维随机序列收敛性极限的问题。

随机过程 $X(t)$ 在 t 点均值连续的条件为

$$\lim_{\Delta t \to 0} M[|X(t+\Delta t) - X(t)|] = 0 \tag{1.94}$$

根据切比雪夫不等式，对于正数的随机变量，有

$$P[|X(t+\Delta t) - X(t)| > \varepsilon] \leqslant \frac{1}{\varepsilon} M[|X(t+\Delta t) - X(t)|] \tag{1.95}$$

可以看出，如果随机过程 $X(t)$ 是均值连续的，则它必然依概率连续。

在随机过程理论中，经常使用的是均方连续，定义如下：若满足下列极限等式，则随机过程 $X(t)$ 在 t 点均方连续，即

$$\lim_{\Delta t \to 0} M\{[X(t+\Delta t) - X(t)]^2\} = 0 \tag{1.96}$$

因为随机变量的方差与它的数学期望平方之和等于这个变量的平方的数学期望，所以有

$$D[|X(t+\Delta t) - X(t)|] + \{M[|X(t+\Delta t) - X(t)|]\}^2 = M\{[X(t+\Delta t) - X(t)]^2\} \tag{1.97}$$

因为方差是非负的，所以从式(1.97)可以推出，当极限等式(1.96)满足时，条件(1.94)就会满足。因此，若随机过程 $X(t)$ 是均值连续的，则它必然是均值连续的，从而也是依概率连续的。在随机过程相关理论中，连续性一般指的是均方连续性。因此，若随机过程 $X(t)$ 满足极限等式(1.96)，则认为随机过程 $X(t)$ 在 t 点是连续的。为了确定随机过程 $X(t)$ 连续性的充分必要条件，用和的形式 $X(t) = \bar{x}(t) + \overset{0}{X}(t)$ 表示，则式(1.96)可重新写为

$$\lim_{\Delta t \to 0}[\bar{x}(t+\Delta t) - \bar{x}(t)]^2 + \lim_{\Delta t \to 0} M\{[\overset{0}{X}(t+\Delta t) - \overset{0}{X}(t)]^2\} = 0 \tag{1.98}$$

因为式(1.98)的左半部分是非负的，所以随机过程 $X(t)$ 在 t 点连续的条件之一是随机过程的数学期望 $\bar{x}(t)$ 在这个点是连续的。

对式(1.98)左半部分的第二项进行分解，可得下式，即

$$M\{[\overset{0}{X}(t+\Delta t) - \overset{0}{X}(t)]^2\} = K_x(t+\Delta t, t+\Delta t) - K_x(t+\Delta t, t) - K_x(t, t+\Delta t) + K_x(t,t) \tag{1.99}$$

由式(1.99)可以看出，如果相关函数 $K_x(t,t')$ 在 (t,t) 点是连续的，在数学期望 $\bar{x}(t)$ 也是连续的条件下，式(1.98)显然成立。因此，随机过程 $X(t)$ 在 t 点均方连续的充分条件是相关函数 $K_x(t,t')$ 在直线 $t'=t$ 上的 (t,t) 点连续和数学期望 $\bar{x}(t)$ 在 t 点连续。下面证明这个条件也是必要条件，使用如下等式，即

$$K_x(t+\Delta t, t') - K_x(t,t') = M\{[\overset{0}{X}(t+\Delta t) - \overset{0}{X}(t)]\overset{0}{X}(t')\} \tag{1.100}$$

设 $Y(t) = \overset{0}{X}(t+\Delta t) - \overset{0}{X}(t)$ ，根据式(1.84)可得下式，即

$$|M\{[\overset{0}{X}(t+\Delta t) - \overset{0}{X}(t)]\overset{0}{X}(t')\}| = |K_{y,x}(t,t')| \leqslant \sqrt{K_y(t,t)K_x(t',t')} \tag{1.101}$$

因此

$$[K_x(t+\Delta t, t') - K_x(t,t')]^2 \leqslant M\{[\overset{0}{X}(t+\Delta t) - \overset{0}{X}(t)]^2\}K_x(t',t') \tag{1.102}$$

若随机过程 $X(t')$ 的方差 $K_x(t',t')$ 是有限的，则当数学期望 $\bar{x}(t)$ 连续且满足极限等式(1.96)时，由式(1.102)可推出当第二个自变量 t' 取任意值时，相关函数 $K_x(t,t')$ 对于第一个自变量 t 是连续的。类似也可以证明，相关函数 $K_x(t,t')$ 对第二个自变量 t' 也是连续的。

这样，数学期望 $\bar{x}(t)$ 在 t 点连续和相关函数 $K_x(t,t')$ 在直线 $t'=t$ 上的 (t,t) 点连

续是随机过程 $X(t)$ 在 t 点均方连续的充分必要条件。从相关函数 $K_x(t,t')$ 在 (t,t) 点的连续性可以推导出它对每一个自变量 t 和 t' 的连续性。

对于随机过程 $X(t)$，若在 $[a,b]$ 的每一个 t 值上是连续的，则称其在这个区间内是连续的。随机过程 $X(t)$ 的连续性并不意味着 $X(t)$ 在任何固定值 t 是连续随机变量，也不意味着这个随机过程就是连续随机过程。对于离散状态的随机过程，如果数学期望 $\bar{x}(t)$ 和相关函数 $K_x(t,t')$ 是连续的，则这个随机过程也是连续的。

1.4 平稳随机过程和广义平稳随机过程

1.4.1 平稳随机过程

在自然界中有这样一类随机过程，它的特征是产生随机现象的主要因素不随时间而变，也就是随机过程的统计特性不随时间的推移而变，这类随机过程称为平稳随机过程。平稳随机过程的例子是：舰船在不规律海浪中的横摇角或纵摇角；在大气中(存在随机风)稳定飞行的巡航导弹的攻击角、滑移、俯仰、跟踪摆动(追摆)和转向；电路中的电压或者电流脉动；稳定状态下涡流运动在固定点的速度或压力的波动等。

平稳随机过程 $X(t)$ 可用在时间上任意 $n \geqslant 1$ 阶的分布律表示，这些分布律与自变量 t 的时间起点无关。这意味着，在自变量 t 取任意 t_0 和不同值 $t_1,t_2,\cdots,t_n$ 时，n 维随机变量系统 $\{X(t_1),X(t_2),\cdots,X(t_n)\}$ 和 $\{X(t_1+t_0),X(t_1+t_0),\cdots,X(t_n+t_0)\}$ 的分布律是完全一致的，所以对于平稳随机过程 $X(t)$，其 n 维概率分布密度满足下式，即

$$f_n(x_1,x_2,\cdots,x_n;t_1,t_2,\cdots,t_n)=f_n(x_1,x_2,\cdots,x_n;t_1+t_0,t_2+t_0,\cdots,t_n+t_0) \quad (1.103)$$

当 $n=1$ 时，随机过程 $X(t)$ 平稳性的条件(1.103)可以表示为

$$f_1(x;t)=f_1(x;t+t_0) \quad (1.104)$$

对于任意的 t_0，仅当函数 $f_1(x;t)$ 不依赖自变量 t 时，等式(1.104)才成立，因此对于平稳随机过程 $X(t)$，一维概率分布密度是单一自变量 x 的函数，即 $f_1(x;t)=f_1(x)$。借助一维概率分布密度函数，根据式(1.10)、式(1.12)、式(1.16)和式(1.17)可以确定随机过程 $X(t)$ 的一维概率特性。在平稳过程中，所有这些特性不取决于 t，所以它们都是常数。例如，对于 $X(t)$，其数学期望为

$$\bar{x}(t)=\int_{-\infty}^{\infty} xf_1(x)\mathrm{d}x-\mathrm{const} \quad (1.105)$$

因此，对于平稳随机过程 $X(t)$，所有存在的一维原点矩和中心矩都是常数，即

$$M\{[X(t)]^s\} = \text{const}, \quad M\{[\overset{0}{X}(t)]^s\} = \text{const}, \quad s = 1, 2, \cdots \tag{1.106}$$

因此

$$\overline{x}(t) = \overline{x} = \text{const}, \quad D[X(t)] = \sigma^2 = \text{const} \tag{1.107}$$

当 $n = 2$ 时，随机过程 $X(t)$ 平稳性的条件(1.103)可以表示为

$$f_2(x, x'; t, t') \equiv f_2(x, x'; t + t_0, t' + t_0) \tag{1.108}$$

对于任意 t_0，仅当函数 $f_2(x, x'; t, t')$ 取决于自变量 t 和 t' 等同取决于其差值时，式(1.108)才能成立，因此对于平稳随机过程 $X(t)$，其二维概率分布密度不是 4 个自变量的函数，而是 3 个自变量的函数，即

$$f_2(x, x'; t, t') \equiv f_2(x, x'; \tau) \tag{1.109}$$

其中

$$\tau = t - t' \tag{1.110}$$

借助二维概率分布密度，对于随机过程 $X(t)$，根据式(1.37)、式(1.38)和式(1.41)可以确定其二维概率特性。所有特性可通过 $\tau = t - t'$ 表示，例如，按照式(1.41)，当数学期望为常数时，其自相关函数为

$$K_x(t, t') = \int\limits_{-\infty}^{\infty} \int xx' f_2(x, x'; \tau) \mathrm{d}x \mathrm{d}x' - \overline{x}^2 \tag{1.111}$$

式(1.111)的右半部分只取决于 τ。因此，对于平稳随机过程 $X(t)$，其相关函数 $K_x(t, t')$ 可用 $\tau = t - t'$ 表示，即

$$K_x(t, t') = K_x(\tau) \tag{1.112}$$

因此，标准自相关系数为

$$r_x(t, t') = r_x(\tau) = \frac{1}{\sigma^2} K_x(\tau) \tag{1.113}$$

当 $n \geqslant 3$ 时，应用随机过程 $X(t)$ 的平稳性条件(1.103)可以发现这个随机过程的 n 维概率特性的属性。

平稳性概念可推广到任意多个随机过程的集合。对于两个随机过程 $X(t)$ 和 $Y(t)$，若在每一个 $n \geqslant 0$ 和 $m \geqslant 0$ 时，它们的 (n, m) 维分布律不依赖自变量 t 的起点，则这两个随机过程称为平稳相关的。类似式(1.103)，可以得到按式(1.49)确定的平稳相关随机过程 $X(t)$ 和 $Y(t)$ 的 (n, m) 维概率分布密度，它的自变量 $t_j (j = 1, 2, \cdots, n)$ 和 $t'_s (s = 1, 2, \cdots, m)$ 在任意 t_0 时可以分别被替换成 $t_j + t_0$ 和 $t'_s + t_0$。显然，当 $m = 0$ 时，(n, m) 维概率分布密度等效于式(1.103)。因此，若随机过程 $X(t)$ 和 $Y(t)$ 是平稳相关的，则它们每一个都是平稳的，反之推断却不一定成立，因为每个过程的平稳性不是它们平稳相关性的充分条件。

对于平稳相关的随机过程 $X(t)$ 和 $Y(t)$ ，其最简单的混合分布密度要满足下式，即

$$f_{1,1}(x,y;t,t') = f_{1,1}(x,y;t+t_0,t'+t_0) \tag{1.114}$$

对于任意 t_0 ，仅当函数 $f_{1,1}(x,y;t,t')$ 自变量 t 和 t' 等同取决于其差值时，式(1.114)才能成立，即

$$f_{1,1}(x,y;t,t') \equiv f_{1,1}(x,y;\tau) \tag{1.115}$$

这样，由式(1.53)可知，互相关函数 $K_{x,y}(t,t')$ 也只取决于差值 $\tau = t - t'$ ，即

$$K_{x,y}(t,t') = K_{x,y}(\tau) \tag{1.116}$$

1.4.2　广义平稳随机过程

下面把随机过程的平稳性和随机过程集合的平稳相关性这两个概念进行拓展。如果随机过程 $X(t)$ 的数学期望 $\bar{x}(t)$ 是常数，而其互相关函数 $K_x(t,t')$ 仅取决于自变量差值 $\tau = t - t'$ ，也就是说，当

$$\bar{x}(t) = \bar{x} = \text{const}, \quad K_x(t,t') = K_x(\tau) \tag{1.117}$$

时，随机过程 $X(t)$ 称为广义平稳随机过程，而满足式(1.103)称为严格平稳随机过程。广义平稳随机过程中只用到一维和二维概率特性，即数学期望、相关函数和互相关函数。

对于严格平稳随机过程 $X(t)$ ，式(1.117)是成立的，也就是任意严格平稳随机过程都是广义平稳的。但只满足条件(1.117)时，平稳性的更一般条件(1.103)并不一定成立，也就是说，广义平稳随机函数 $X(t)$ 并不一定是严格平稳的。

在舰载武器控制领域，数学期望是常数，而相关函数取决于自变量差值的广义平稳随机过程是最常用到的。对于广义平稳的实数随机过程 $X(t)$ ，其相关函数 $K_x(t,t') = K_x(\tau)$ 的属性可由式(1.54)、式(1.57)和式(1.60)推导得出，即

$$D[X(t)] = K_x(0) = \sigma^2 \tag{1.118}$$

$$K_x(-\tau) = K_x(\tau) \tag{1.119}$$

$$|K_x(\tau)| \leqslant \sigma^2 \tag{1.120}$$

按照式(1.118)，广义平稳随机过程 $X(t)$ 的方差与相关函数 $K_x(\tau)$ 在 $\tau = 0$ 时的值一致。根据式(1.119)，相关函数 $K_x(\tau)$ 是偶函数。从式(1.120)可以推出，在任意 τ 时，相关函数 $K_x(\tau)$ 不超过最大值 $K_x(0)$ ，这个值可能在 $\tau \neq 0$ 时达到。标准互相关系数 $r_x(\tau)$ 满足下式，即

$$|r_x(\tau)| \leqslant 1 \tag{1.121}$$

由随机过程的连续性理论可知，当随机过程 $X(t)$ 的数学期望 $\bar{x}(t)$ 和 $t' = t$ 时的相关函数 $K_x(t,t')$ 连续时，这个随机过程就是连续的。如果相关函数 $K_x(t,t')$ 在 (t,t)

点连续，那么相关函数 $K_x(t,t')$ 对每个自变量都是连续的。对于广义平稳随机过程 $X(t)$ ，数学期望是常数，显然它是连续的。因此，相关函数 $K_x(\tau)$ 在 $\tau=0$ 点的连续性是这个过程连续性的充分必要条件。如果这个条件得到满足，那么相关函数 $K_x(\tau)$ 在任意 τ 是连续的。

若复随机过程的数学期望 $\bar{z}(t)$ 是常数，并且其相关函数 $K_z(t,t')=K_z(\tau)$ ，则复随机过程 $Z(t)$ 是广义平稳的。因此有

$$|K_z(\tau)|\leqslant K_z(0)=D[Z(t)] \tag{1.122}$$

$$K_z(-\tau)=K_z^*(\tau) \tag{1.123}$$

下面将广义平稳性的概念推广到随机过程集合。当满足条件(1.116)时，也就是说，如果互相关函数 $K_{x,y}(t,t')$ 仅取决于自变量差值 $\tau=t-t'$ ，那么广义平稳随机过程 $X(t)$ 和 $Y(t)$ 称为广义平稳相关随机过程。根据式(1.63)和式(1.64)，互相关函数 $K_{x,y}(\tau)$ 满足下式，即

$$K_{x,y}(-\tau)=K_{y,x}(\tau) \tag{1.124}$$

$$|K_{x,y}(\tau)|\leqslant\sqrt{K_x(0)K_y(0)} \tag{1.125}$$

若复随机过程 $Z(t)$ 和 $W(t)$ 都是广义平稳的，并且满足下式，即

$$K_{z,w}(t,t')=K_{z,w}(\tau) \tag{1.126}$$

则复随机过程 $Z(t)$ 和 $W(t)$ 是广义平稳相关的随机过程。

按照式(1.83)和式(1.84)，互相关函数 $K_{z,w}(\tau)$ 满足下式，即

$$K_{z,w}(-\tau)=K_{w,z}^*(\tau) \tag{1.127}$$

$$|K_{z,w}(\tau)|\leqslant\sqrt{K_z(0)K_w(0)} \tag{1.128}$$

1.5　随机函数的谱密度和谱分解

1.5.1　随机函数的谱密度

用 $\varphi(\tau)$ 标识任意函数。若 $\varphi(\tau)$ 满足完全可积分性条件，即

$$\int_{-\infty}^{\infty}|\varphi(\tau)|\,\mathrm{d}\tau<\infty \tag{1.129}$$

则这个函数可以用傅里叶积分表示为

$$\varphi(\tau)=\frac{1}{2\pi}\int_{-\infty}^{\infty}\mathrm{e}^{\mathrm{i}\omega\tau}\mathrm{d}\omega\int_{-\infty}^{\infty}\mathrm{e}^{-\mathrm{i}\omega\tau'}\varphi(\tau')\mathrm{d}\tau' \tag{1.130}$$

假设 $\varphi(\tau) = K_x(\tau)$，并且引入以下标记，即

$$S_x(\omega) = \frac{1}{2\pi} \int_{-\infty}^{\infty} e^{-i\omega\tau} K_x(\tau) d\tau \tag{1.131}$$

于是，式(1.130)可以表示为

$$K_x(\tau) = \int_{-\infty}^{\infty} e^{i\omega\tau} S_x(\omega) d\omega \tag{1.132}$$

这样，由式(1.131)确定的函数 $S_x(\omega)$ 称为平稳或广义平稳随机过程 $X(t)$ 的谱密度。通过式(1.131)和式(1.132)可以完成谱密度 $S_x(\omega)$ 和相关函数 $K_x(\tau)$ 之间的相互变换，这些关系式分别称为逆向和正向傅里叶变换。在通常情况下，相关函数 $K_x(\tau)$ 并不能包含随机过程 $X(t)$ 的所有特性，因此谱密度 $S_x(\omega)$ 也不能完全表征这个随机过程，它是在频域上表示相关函数 $K_x(\tau)$ 包含的关于随机过程 $X(t)$ 的信息。

借助傅里叶积分(1.132)，相关函数 $K_x(\tau)$ 可以分解成连续谱，每个频率 ω 对应相应的谱密度频率特性 $S_x(\omega)$。如果把指定的积分看成一个总和，那么相关函数 $K_x(\tau)$ 可表示为无穷多不同频率的谐波振荡的总和。这些振荡的幅值与 $S_x(\omega)d\omega$ 成正比。为了使用傅里叶变换，我们认为，频率 ω 可以取正值，也可以取负值，但是对于实数随机过程 $X(t)$，只可以运用非负频率，在这种情况下，式(1.131)和式(1.132)要进行变换。因为 $K_x(-\tau) = K_x(\tau)$，而无穷范围内对奇数函数的积分等于零，那么式(1.131)可表示为

$$S_x(\omega) = \frac{1}{\pi} \int_0^{\infty} K_x(\tau) \cos\omega\tau d\tau \tag{1.133}$$

从式(1.33)可以推导出，谱密度 $S_x(\omega)$ 是实数函数，并且这个函数是偶函数，即

$$S_x(-\omega) = S_x(\omega) \tag{1.134}$$

考虑这个关系式，式(1.132)可变换为

$$K_x(\tau) = 2\int_0^{\infty} S_x(\omega) \cos\omega\tau d\omega \tag{1.135}$$

对于复随机过程 $Z(t)$，谱密度 $S_z(\omega)$ 可由与式(1.131)类似的公式确定，即

$$S_z(\omega) = \frac{1}{2\pi} \int_{-\infty}^{\infty} e^{-i\omega\tau} K_z(\tau) d\tau \tag{1.136}$$

把积分变量 τ 变成 $-\tau_1$，转换成共轭复数表达式，可得下式，即

$$S_z^*(\omega) = \frac{1}{2\pi} \int_{-\infty}^{\infty} e^{-i\omega\tau_1} K_z^*(-\tau_1) d\tau_1 \tag{1.137}$$

因为 $K_z^*(-\tau_1) = K_z(\tau_1)$，所以下列等式是正确的，即

$$S_z^*(\omega) = S_z(\omega) \tag{1.138}$$

因此，对于复随机过程 $Z(t)$，谱密度 $S_z(\omega)$ 是实数函数。

类似谱密度 $S_x(\omega)$，对于广义平稳相关随机过程 $X(t)$ 和 $Y(t)$，引入相关谱密度 $S_{x,y}(\omega)$，其通过如式(1.131)和式(1.132)所示的关系式与互相关函数 $K_{x,y}(\tau)$ 完成转换，即

$$S_{x,y}(\omega) = \frac{1}{2\pi} \int_{-\infty}^{\infty} e^{-i\omega\tau} K_{x,y}(\tau) d\tau \tag{1.139}$$

$$K_{x,y}(\tau) = \int_{-\infty}^{\infty} e^{i\omega\tau} S_{x,y}(\omega) d\omega \tag{1.140}$$

相关谱密度 $S_{x,y}(\omega)$ 在大部分情况下是复数，甚至在实数随机过程 $X(t)$ 和 $Y(t)$ 中也是如此。当 $K_{x,y}(\tau)$ 是实数函数时，由式(1.139)可推导出下式，即

$$S_{x,y}(-\omega) = S_{x,y}^*(\omega) \tag{1.141}$$

考虑 $K_{x,y}(-\tau) = K_{y,x}(\tau)$，在把积分变量 τ 替换成 $-\tau_1$ 时，由式(1.139)可以得到下式，即

$$S_{x,y}(-\omega) = S_{y,x}(\omega) \tag{1.142}$$

于是有

$$S_{x,y}^*(\omega) = S_{y,x}(\omega) \tag{1.143}$$

广义平稳相关随机过程线性函数的谱密度可以通过其线性函数自变量的谱密度和相关谱密度来表示，即

$$U(t) = aX(t) + bY(t) \tag{1.144}$$

其中，a 和 b 为已知的实数常数。

对于随机过程 $U(t)$，相关函数为

$$K_u(\tau) = M[\overset{0}{U}(t+\tau)\overset{0}{U}(t)]$$
$$= a^2 K_x(\tau) + b^2 K_y(\tau) + abK_{x,y}(\tau) + abK_{y,x}(\tau) \tag{1.145}$$

如果把这个表达式乘以 $\frac{1}{2\pi}e^{-i\omega\tau}$，然后对所有可能值 τ 进行积分，可以得到下式，即

$$S_u(\omega) = a^2 S_x(\omega) + b^2 S_y(\omega) + abS_{x,y}(\omega) + abS_{y,x}(\omega)$$
$$= a^2 S_x(\omega) + b^2 S_y(\omega) + 2ab\operatorname{Re}S_{x,y}(\omega) \tag{1.146}$$

当谱密度 $S_x(\omega)$ 或者 $S_{x,y}(\omega)$ 是频率 ω 的有理分式函数时，相关函数 $K_x(\tau)$ 和 $K_{x,y}(\tau)$ 的求取可以简化为如下形式的积分计算，即

$$I(\tau) = \int_{-\infty}^{\infty} e^{i\omega\tau} \frac{Q(\omega)}{R(\omega)} d\omega \tag{1.147}$$

其中，$Q(\omega)$ 是阶数小于 $2\sum_{j=1}^{n} m_j - 1$ 的 ω 的多项式。

$$R(\omega) = \prod_{j=1}^{n} (\omega - \gamma_j)^{m_j} (\omega - \gamma_j^*)^{m_j} \tag{1.148}$$

其中，γ_j ($j=1,2,\cdots,n$)是正虚数部分的复数常数；γ_j^* ($j=1,2,\cdots,n$)是负虚数部分的复数常数。

在 $\tau \geqslant 0$ 时，对实轴的积分(1.147)被替换为复数变量 ω 对上半平面的积分。根据复数积分理论，在这种情况下，有

$$I(\tau) = 2\pi i \sum_{l=1}^{n} \frac{1}{(m_l-1)!} \frac{d^{m_l-1}}{d\omega^{m_l-1}} \left[\frac{e^{i\omega\tau} Q(\omega)(\omega-\gamma_l)^{m_l}}{R(\omega)} \right]_{\omega=\gamma_l} \tag{1.149}$$

在 $\tau \leqslant 0$ 时，对实轴的积分被替换为对下半平面的积分，则

$$I(\tau) = -2\pi i \sum_{l=1}^{n} \frac{1}{(m_l-1)!} \frac{d^{m_l-1}}{d\omega^{m_l-1}} \left[\frac{e^{i\omega\tau} Q(\omega)(\omega-\gamma_l^*)^{m_l}}{R(\omega)} \right]_{\omega=\gamma_l^*} \tag{1.150}$$

对于平稳随机过程的谱密度 $S_x(\omega)$，可分解为

$$S_x(\omega) = \Psi(i\omega) \Psi(-i\omega) \tag{1.151}$$

对于互相关谱密度 $S_{x,y}(\omega)$，也可分解为

$$S_{x,y}(\omega) = \Psi_1(i\omega) \Psi_2(-i\omega) \tag{1.152}$$

1.5.2　拉普拉斯变换

为了便于用拉普拉斯变换表，由 $K_x(\tau)$ 求取 $S_x(\omega)$，可进行如下变化。令 $\omega = -ip$，即 $p = i\omega$，则

$$S_x(\omega) = S_x(-ip) = \frac{1}{2\pi} \int_{-\infty}^{\infty} K_x(\tau) e^{-i\omega\tau} d\tau$$

$$= \frac{1}{2\pi} \int_{0}^{\infty} K_x(\tau) e^{-p\tau} d\tau + \frac{1}{2\pi} \int_{-\infty}^{0} K_x(\tau) e^{-p\tau} d\tau$$

记

$$\{S_x(p)\}^+ = \frac{1}{2\pi} \int_{0}^{\infty} K_x(\tau) e^{-p\tau} d\tau, \quad \{S_x(p)\}^- = \frac{1}{2\pi} \int_{-\infty}^{0} K_x(\tau) e^{-p\tau} d\tau$$

$$\{S_x(p)\}^- = \frac{1}{2\pi} \int_{-\infty}^{0} K_x(\tau) e^{-p\tau} d\tau = -\frac{1}{2\pi} \int_{\infty}^{0} K_x(-\eta) e^{p\eta} d\eta$$

$$= \frac{1}{2\pi} \int_{0}^{\infty} K_x(\eta) e^{p\eta} d\eta = \{S_x(-p)\}^+$$

所以有

$$S_x(-\mathrm{i}p) = \{S_x(p)\}^+ + \{S_x(p)\}^- = \{S_x(p)\}^+ + \{S_x(-p)\}^+$$

这样有

$$S_x(\omega) = \{S_x(\mathrm{i}\omega)\}^+ + \{S_x(-\mathrm{i}\omega)\}^+ \tag{1.153}$$

其中，$\{S_x(\mathrm{i}\omega)\}^+ = L[K_x(\tau)]$，$L[\,\cdot\,]$ 为拉普拉斯变换；$p = \mathrm{i}\omega$。

拉普拉斯变换的主要规则如下。

(1) 拉普拉斯变换：$F(p) = L[f(t)] = \dfrac{1}{2\pi} \displaystyle\int_{0}^{\infty} f(t) e^{-pt} dt$。

(2) 拉普拉斯反变换：$f(t) = L^{-1}[F(p)] = \dfrac{1}{\mathrm{i}} \displaystyle\int_{c-\mathrm{i}\infty}^{c+\mathrm{i}\infty} F(p) e^{pt} dp$，$c$ 为函数 $f(t)$ 的极限值。

(3) 导数变换：

$$L[f'(t)] = pF(p) - f(0)$$

$$L[f^n(t)] = p^n F(p) - p^{n-1} f(0) - p^{n-2} f'(0) - \cdots - f^{n-1}(0)$$

(4) 积分变换：$L\left[\displaystyle\int_{0}^{t} f(\tau) d\tau\right] = F(p)/p$。

(5) 偏移变换：$L\left[e^{-\alpha t} f(t)\right] = F(p + \alpha)$。

(6) 延时定理：$L\left[f(t-\tau)1(t-\tau)\right] = e^{-p\tau} F(p)$。

(7) 卷积定理：$L\left[\displaystyle\int_{0}^{t} f_1(\tau) f_2(t-\tau) d\tau\right] = F_1(p) F_2(p)$。

(8) 初值极限定理：$\displaystyle\lim_{t \to 0} f(t) = \lim_{p \to \infty} 2\pi p F(p)$。

(9) 终值极限定理：$\displaystyle\lim_{t \to \infty} f(t) = \lim_{p \to 0} 2\pi p F(p)$。

常用函数的拉普拉斯变换如表 1.1 所示。

表 1.1　常用函数的拉普拉斯变换表

序号	原函数	拉普拉斯变换后函数
1	$\delta(t)$	$1/(2\pi)$
2	$1[t]$	$1/(2\pi p)$
3	$t^n \cdot 1[t]$	$n!/[2\pi p^{(n+1)}]$
4	$e^{-\alpha t} \cdot 1[t]$	$1/[2\pi(p+\alpha)]$
5	$t e^{-\alpha t} \cdot 1[t]$	$n!/[2\pi(p+\alpha)^{(n+1)}]$
6	$\sin\beta t \cdot 1[t]$	$\beta/[2\pi(p^2+\beta^2)]$
7	$\cos\beta t \cdot 1[t]$	$p/[2\pi(p^2+\beta^2)]$
8	$e^{-\alpha t}\sin\beta t \cdot 1[t]$	$\beta/\{2\pi[(p+\alpha)^2+\beta^2]\}$
9	$e^{-\alpha t}\cos\beta t \cdot 1[t]$	$(p+\alpha)/\{2\pi[(p+\alpha)^2+\beta^2]\}$

对于由 $S_x(\omega)$ 求取 $K_x(\tau)$，可按如下步骤进行。

首先，对 $S_x(\omega)$ 进行展开，即

$$S_x(\omega) = \{S_x(\mathrm{i}\omega)\}^+ + \{S_x(\mathrm{i}\omega)\}^- \tag{1.154}$$

根据拉普拉斯反变换，有

$$K_x^+(\tau) = L^{-1}[\{S_x(p)\}^+]$$

因为 $K_x(\tau) = K_x(-\tau)$，而 $L^{-1}[\{S_x(p)\}^+]$ 决定的仅仅是 $0 \leqslant \tau < \infty$，所以为了求取 $-\infty \leqslant \tau < \infty$ 时的 $K_x(-\tau)$，有

$$K_x(\tau) = K_x^+\left(|\tau|\right)$$

对于互相关谱密度的转换可类似进行，即

$$S_{x,y}(\omega) = S_{x,y}(-\mathrm{i}p) = \frac{1}{2\pi}\int_{-\infty}^{\infty} K_{x,y}(\tau)e^{-p\tau}\mathrm{d}\tau = \frac{1}{2\pi}\int_{0}^{\infty} K_{x,y}(\tau)e^{-p\tau}\mathrm{d}\tau + \frac{1}{2\pi}\int_{-\infty}^{0} K_{x,y}(\tau)e^{-p\tau}\mathrm{d}\tau$$

$$\{S_{x,y}(p)\}^+ = \frac{1}{2\pi}\int_{0}^{\infty} K_{x,y}(\tau)e^{-p\tau}\mathrm{d}\tau$$

$$\{S_{x,y}(p)\}^- = \frac{1}{2\pi}\int_{-\infty}^{0} K_{x,y}(\tau)e^{-p\tau}\mathrm{d}\tau = -\frac{1}{2\pi}\int_{\infty}^{0} K_{x,y}(-\eta)e^{p\eta}\mathrm{d}\eta = \frac{1}{2\pi}\int_{0}^{\infty} K_{x,y}(-\eta)e^{p\eta}\mathrm{d}\eta$$

$$= \frac{1}{2\pi}\int_{0}^{\infty} K_{y,x}(\eta)e^{p\eta}\mathrm{d}\eta = \{S_{y,x}(-p)\}^+$$

所以

$$\{S_{x,y}(p)\}^- = \{S_{y,x}(-p)\}^+ \tag{1.155}$$

因此

$$S_{x,y}(-ip) = \{S_{x,y}(p)\}^+ + \{S_{x,y}(p)\}^- = \{S_{x,y}(p)\}^+ + \{S_{y,x}(-p)\}^+ \tag{1.156}$$

$$S_{x,y}(\omega) = \{S_{x,y}(i\omega)\}^+ + \{S_{x,y}(i\omega)\}^- \tag{1.157}$$

根据拉普拉斯反变换，即

$$K_{x,y}(\tau) = L^{-1}[\{S_{x,y}(i\omega)\}^+] = L^{-1}[\{S_{x,y}(p)\}^+], \quad \tau \geqslant 0$$

对于 $\tau < 0$，$\{S_{x,y}(p)\}^-$ 中的 p 用 $-p$ 替换，这样有

$$\{S_{x,y}(p)\}^- \xrightarrow{p\text{用}-p\text{替换}} \{S_{x,y}(-p)\}^- = \{S_{y,x}(p)\}^+ \xrightarrow{\text{拉普拉斯反变换}} K_{y,x}(\tau)$$

$$= L^{-1}[\{S_{y,x}(p)\}^+]$$

$$= K_{x,y}(-\tau) \xrightarrow{\tau\text{用}-\tau\text{替换}} K_{x,y}(\tau), \quad \tau < 0$$

应当注意的是，当 $S_{x,y}(\omega) = \{S_{x,y}(i\omega)\}^+$ 或 $S_{x,y}(\omega) = \{S_{x,y}(i\omega)\}^-$ 时，只能计算出 $\tau > 0$ 和 $\tau < 0$ 时的 $K_{x,y}(\tau)$，$\tau = 0$ 时还要单独考虑。

1.5.3　随机函数的谱分解

广义平稳随机过程 $X(t)$ 可用它的谱分解来表示。这个谱分解有如下形式，即

$$X(t) = \bar{x} + \int_{-\infty}^{\infty} e^{i\omega t} \Psi_x(\omega) d\omega \tag{1.158}$$

其中，用 $\Psi_x(\omega)$ 来标记非平稳复数过程，称为白噪声。

这个随机过程的数学期望等于零，即

$$M[\Psi_x(\omega)] = 0 \tag{1.159}$$

而相关函数

$$K_{\Psi_x}(\omega, \omega') = M[\Psi_x(\omega)\Psi_x^*(\omega')] = C_x(\omega)\delta(\omega - \omega') \tag{1.160}$$

正频率函数 $C_x(\omega)$ 称为白噪声 $\Psi_x(\omega)$ 的强度。对于任意在 $z = y$ 点连续的函数 $\theta(z)$，下列等式总是成立的，即

$$\int_{-\infty}^{\infty} \theta(z)\delta(y-z)dz = \theta(y) \tag{1.161}$$

为了从式(1.160)中求出函数 $C_x(\omega)$，可以应用谱分解(1.158)来求取相关函数 $K_x(\tau)$。因为随机过程 $\Psi_x(\omega)$ 是复数的，所以有

$$K_x(\tau) = M[\overset{0}{X}(t+\tau)\overset{0}{X}^*(t)] = M\left\{\left[\int_{-\infty}^{\infty} e^{i(t+\tau)\omega}\varPsi_x(\omega)d\omega\right]\left[\int_{-\infty}^{\infty} e^{-it\omega'}\varPsi_x^*(\omega')d\omega'\right]\right\} \quad (1.162)$$

把数学期望求解和积分运算的位置进行调换，可以得到下式，即

$$K_x(\tau) = \int_{-\infty}^{\infty}\int e^{i(t+\tau)\omega-it\omega'}M[\varPsi_x(\omega)\varPsi_x^*(\omega')]d\omega d\omega'$$

$$= \int_{-\infty}^{\infty}\int e^{i(t+\tau)\omega-it\omega'}C_x(\omega)\delta(\omega-\omega')d\omega d\omega' \quad (1.163)$$

根据式(1.161)，有

$$\int_{-\infty}^{\infty} e^{-it\omega'}\delta(\omega-\omega')d\omega' = e^{-it\omega} \quad (1.164)$$

因此有

$$K_x(\tau) = \int_{-\infty}^{\infty} e^{i\omega\tau}C_x(\omega)d\omega \quad (1.165)$$

对 $K_x(\tau)$ 进行傅里叶积分，可求出下式，即

$$C_x(\omega) = \frac{1}{2\pi}\int_{-\infty}^{\infty} e^{-i\omega\tau}K_x(\tau)d\tau = S_x(\omega) \quad (1.166)$$

因此，白噪声 $\varPsi_x(\omega)$ 的强度 $C_x(\omega)$ 与随机过程 $X(t)$ 的谱密度 $S_x(\omega)$ 吻合。

广义平稳随机过程 $X(t)$ 也可以是带随机幅值和相位的不同频率的彼此非相关的谐波振荡的无穷大集合的叠加，谱分解(1.158)就是这个研究的基础。因此，谱密度 $S_x(\omega)$ 可以确定 $X(t)$ 在频谱 ω 上谐波振荡的平均能量(或者更精确些是功率)的分布。因此，谱密度 $S_x(\omega)$ 经常称为能量谱或者随机过程 $X(t)$ 的功率谱。

在实际中，方差 $D[X(t)]$ 经常称为随机过程 $X(t)$ 的能量。根据式(1.132)，当 $\tau=0$ 时，由这个概率特性可以得到下式，即

$$D[X(t)] = K_x(0) = \int_{-\infty}^{\infty} S_x(\omega)d\omega \quad (1.167)$$

因此，根据谱密度(能量谱) $S_x(\omega)$ ，对频率 ω 所有可能的值积分，可以得到随机过程 $X(t)$ 的方差 $D[X(t)]$ (总能量)。

当 $\omega > \omega_0$ 时，类似于式(1.162)和式(1.163)，有

$$D\left[\int_{\omega_0}^{\omega}\Psi_x(\omega)\mathrm{d}\omega\right] = M\left\{\left[\int_{\omega_0}^{\omega}\Psi_x(\omega)\mathrm{d}\omega\right]\left[\int_{\omega_0}^{\omega}\Psi_x^*(\omega')\mathrm{d}\omega'\right]\right\}$$

$$= \int_{\omega_0}^{\omega}\mathrm{d}\omega\int_{\omega_0}^{\omega}S_x(\omega)\delta(\omega-\omega')\mathrm{d}\omega' \tag{1.168}$$

即

$$D\left[\int_{\omega_0}^{\omega}\Psi_x(\omega)\mathrm{d}\omega\right] = 0.5\int_{\omega_0}^{\omega}S_x(\omega)\mathrm{d}\omega \tag{1.169}$$

式(1.169)右边部分的积分称为谱函数。借助这个函数，可以描述按不同频率随机振荡的方差(能量)的分布。谱函数对频率的导数等于 $0.5S_x(\omega)$。

对于广义平稳随机过程 $Y(t)$，类似于式(1.158)，谱分解可写为

$$Y(t) = \bar{y} + \int_{-\infty}^{\infty}\mathrm{e}^{\mathrm{i}\omega t}\Psi_y(\omega)\mathrm{d}\omega \tag{1.170}$$

复随机过程 $\Psi_y(\omega)$ 是白噪声，它的数学期望等于零，而强度与谱密度 $S_y(\omega)$ 相同，因此有

$$M[\Psi_y(\omega)] = 0 \tag{1.171}$$

$$K_{\Psi_y}(\omega,\omega') = M[\Psi_y(\omega)\Psi_y^*(\omega')] = S_y(\omega)\delta(\omega-\omega') \tag{1.172}$$

若对于复随机过程 $\Psi_x(\omega)$ 和 $\Psi_y(\omega)$，互相关函数可以写为

$$M[\Psi_x(\omega)\Psi_y^*(\omega')] = C_{x,y}(\omega)\delta(\omega-\omega') \tag{1.173}$$

则应用谱分解(1.158)和谱分解(1.170)可得下式，即

$$K_{x,y}(\tau) = M[\overset{0}{X}(t+\tau)\overset{0}{Y^*}(t')]$$

$$= M\left\{\left[\int_{-\infty}^{\infty}\mathrm{e}^{\mathrm{i}\omega(t+\tau)}\Psi_x(\omega)\mathrm{d}\omega\right]\left[\int_{-\infty}^{\infty}\mathrm{e}^{-\mathrm{i}\omega't}\Psi_y^*(\omega')\mathrm{d}\omega'\right]\right\} \tag{1.174}$$

$$= \int\int_{-\infty}^{\infty}\mathrm{e}^{\mathrm{i}(t+\tau)\omega-\mathrm{i}t\omega'}C_{x,y}(\omega)\delta(\omega-\omega')\mathrm{d}\omega\mathrm{d}\omega'$$

类似于式(1.165)，可得下式，即

$$K_{x,y}(\tau) = \int_{-\infty}^{\infty}\mathrm{e}^{\mathrm{i}\omega\tau}C_{x,y}(\omega)\mathrm{d}\omega \tag{1.175}$$

转换到傅里叶积分，可得下式，即

$$C_{x,y}(\omega) = \frac{1}{2\pi}\int_{-\infty}^{\infty} e^{-i\omega\tau} K_{x,y}(\tau)\mathrm{d}\tau = S_{x,y}(\omega) \tag{1.176}$$

因此，如果式(1.173)中函数 $C_{x,y}(\omega)$ 与互谱密度 $S_{x,y}(\omega)$ 相同，那么随机过程 $X(t)$ 和 $Y(t)$ 就是广义平稳相关的。

1.5.4 实例分析

例 1.3 随机电报信号 $X(t)$ 只能取值 $-c$ 和 c，这种取值在 $t = 0$ 时的可能性均等。在任意时间间隔，随机过程 $X(t)$ 的符号变换次数是时间密度为 λ 的泊松分布。求随机过程 $X(t)$ 的数学期望 $\overline{x}$、相关函数 $K_x(\tau)$ 和谱密度 $S_x(\omega)$。

解 假设 H_0 代表 t 时间内随机过程 $X(t)$ 的符号变换偶数次，$\overline{H}_0$ 代表 t 时间内随机过程 $X(t)$ 的符号变换奇数次。根据全概率的公式，可得

$$\begin{aligned} P[X(t) = c] &= P(H_0)P[X(t) = c / H_0] + P(\overline{H}_0)P[X(t) = c / \overline{H}_0] \\ &= P(H_0)P[X(0) = c] + P(\overline{H}_0)P[X(0) = -c] \\ &= 0.5[P(H_0) + P(\overline{H}_0)] \\ &= 0.5 \end{aligned}$$

因此，对于随机过程 $X(t)$，其概率分布为 $P[X(t) = -c] = 0.5$，$P[X(t) = c] = 0.5$，数学期望和方差为 $\overline{x} = -cP[X(t) = -c] + cP[X(t) = c] = 0$，$\sigma^2 = D[X(t)] = 0.5(-c)^2 + 0.5c^2 = c^2$。

当固定 t 和 $\tau > 0$ 时，引入随机变量 $Y(t) = X(t)X(t+\tau)$。假设 H 代表在 $t \sim t+\tau$ 时间内随机过程 $X(t)$ 变换符号偶数次，$\overline{H}$ 代表符号变换奇数次。在假设 H 和 $\overline{H}$ 满足时，随机变量 $Y = X(t)X(t+\tau)$ 分别等于 c^2 和 $-c^2$。因此，相关函数为

$$\begin{aligned} K_x(t+\tau, t) &= M[X(t+\tau)X(t)] \\ &= \overline{y} \\ &= P(H)M(Y/H) + P(\overline{H})M(Y/\overline{H}) \\ &= c^2[P(H) - P(\overline{H})] \end{aligned}$$

如果 U 为在时间间隔 $t \sim t+\tau$ 随机过程 $X(t)$ 的符号变换的随机次数，那么根据条件，这个随机变量是参数为 $a = \overline{y} = \lambda\tau$ 的泊松分布，于是有

$$P(U = k) = \frac{(\lambda\tau)^k}{k!}e^{-\lambda\tau}, \quad k = 0,1,\cdots$$

假设 H 和 $\overline{H}$ 的概率为

$$P(H) = \sum_{k=0}^{\infty} P(U = 2k), \quad P(\overline{H}) = \sum_{k=0}^{\infty} P(U = 2k+1)$$

因此，当 $\tau > 0$ 时，可得下式，即

$$K_x(t+\tau,t) = c^2 e^{-\lambda\tau}\left[\sum_{k=0}^{\infty}\frac{(\lambda\tau)^{2k}}{(2k)!} - \sum_{k=0}^{\infty}\frac{(\lambda\tau)^{2k+1}}{(2k+1)!}\right]$$

$$= c^2 e^{-\lambda\tau}\sum_{s=0}^{\infty}\frac{(-\lambda\tau)^s}{s!}$$

$$= c^2 e^{-\lambda\tau}e^{-\lambda\tau}$$

$$= c^2 e^{-2\lambda\tau}$$

因为 $K_x(t,t+\tau) = K_x(t+\tau,t)$，所以在任意 τ 时，所要求的相关函数 $K_x(t+\tau,t) = K_x(\tau) = c^2 e^{-2\lambda|\tau|}$。

数学期望 $\bar{x} = 0$ 是恒定的，而相关函数 $K_x(\tau) = c^2 e^{-2\lambda|\tau|}$ 取决于单一自变量 τ，因此研究的随机过程是广义平稳的。相关函数在 $\tau = 0$ 点是连续的，因此离散值随机过程 $X(t)$ 是均方连续的。

对于相关函数，应用得到的表达式求得的谱密度为

$$S_x(\omega) = \frac{1}{2\pi}\int_{-\infty}^{\infty}e^{-i\omega\tau}K_x(\tau)d\tau = \frac{c^2}{2\pi}\left[\int_{-\infty}^{0}e^{(2\lambda-i\omega)\tau}d\tau + \int_{0}^{\infty}e^{-(2\lambda+i\omega)\tau}d\tau\right]$$

$$= \frac{c^2}{2\pi}\left[\frac{1}{2\lambda-i\omega}e^{(2\lambda-i\omega)\tau}\Big|_{-\infty}^{0} - \frac{1}{2\lambda+i\omega}e^{-(2\lambda+i\omega)\tau}\Big|_{0}^{\infty}\right]$$

$e^{\pm i\omega\tau} = \cos(\omega\tau) \pm i\sin(\omega\tau)$，而 $|e^{\pm i\omega\tau}| = 1$，那么在任意 τ 时，函数 $e^{\pm i\omega\tau}$ 是有限的，因此

$$S_x(\omega) = \frac{c^2}{2\pi}\left(\frac{1}{2\lambda-i\omega} + \frac{1}{2\lambda+i\omega}\right) = \frac{2\lambda\sigma^2}{\pi(\omega^2+4\lambda^2)}$$

例 1.4 对于随机过程 $X(t)$，相关函数 $K_x(\tau) = \sigma^2 e^{-\alpha\tau^2}$，求谱密度 $S_x(\omega)$。

解 根据式(1.131)，可得下式，即

$$S_x(\omega) = \frac{1}{2\pi}\int_{-\infty}^{\infty}e^{-i\omega\tau}K_x(\tau)d\tau = \frac{\sigma^2}{2\pi}\int_{-\infty}^{\infty}e^{-(\alpha\tau^2+i\omega\tau)}d\tau$$

$$= \frac{\sigma^2}{2\pi}\int_{-\infty}^{\infty}\exp\left[-\left(\sqrt{\alpha}\tau + \frac{i\omega}{2\sqrt{\alpha}}\right)^2 - \frac{\omega^2}{4\alpha}\right]d\tau$$

可以认为 $\sqrt{\alpha}\tau + \frac{i\omega}{2\sqrt{\alpha}} = \frac{t}{\sqrt{2}}$，可得下式，即

$$S_x(\omega) = \frac{\sigma^2}{2\pi\sqrt{2\alpha}}e^{-\frac{\omega^2}{4\alpha}}\int_{-\infty}^{\infty}e^{-\frac{t^2}{2}}dt$$

因为

$$\frac{1}{\sqrt{2\pi}}\int_{-\infty}^{\infty}e^{-\frac{t^2}{2}}dt = F_n(\infty) = 1$$

则相关函数为

$$K_x(\tau) = \sigma^2 e^{-\alpha\tau^2} \tag{1.177}$$

其谱密度为

$$S_x(\omega) = \frac{\alpha^2}{2\sqrt{\alpha\pi}}e^{-\frac{\omega^2}{4\alpha}} \tag{1.178}$$

例 1.5　对于广义平稳随机过程 $X(t)$，谱密度为

$$S_x(\omega) = \frac{\alpha\sigma^2[(1-C)\omega^2+(1+C)(\alpha^2+\beta^2)]}{\pi R(\omega)} \tag{1.179}$$

其中，σ、α、β 和 C 是已知常数。

$$
\begin{aligned}
R(\omega) &= (\omega^2+\alpha^2-\beta^2)^2+4\alpha^2\beta^2 = (\omega^2-\alpha^2-\beta^2)^2+4\alpha^2\omega^2 \\
&= (\omega^2+\alpha^2+\beta^2)^2-4\beta^2\omega^2 = (\omega-\gamma_1)(\omega-\gamma_2)(\omega-\gamma_1^*)(\omega-\gamma_2^*)
\end{aligned} \tag{1.180}
$$

并且 $\alpha>0$；$\beta\geqslant0$；$|C|\leqslant1$；$\gamma_1=\beta+i\alpha$；$\gamma_2=-\beta+i\alpha$；$\gamma_1^*=\beta-i\alpha$；$\gamma_2^*=-\beta-i\alpha$。

求相关函数 $K_x(\tau)$。

解　运用式(1.149)，当 $\tau\geqslant0$ 时，有

$$
\begin{aligned}
K_x(\tau) &= \frac{2\pi i\alpha\sigma^2}{\pi}\left[e^{i\omega\tau}\frac{(1-C)\omega^2+(1+C)(\alpha^2+\beta^2)}{(\omega-\gamma_2)(\omega-\gamma_1^*)(\omega-\gamma_2^*)}\bigg|_{\omega=\gamma_1}\right. \\
&\quad \left. +e^{i\omega\tau}\frac{(1-C)\omega^2+(1+C)(\alpha^2+\beta^2)}{(\omega-\gamma_1)(\omega-\gamma_1^*)(\omega-\gamma_2^*)}\bigg|_{\omega=\gamma_2}\right] \\
&= 2i\alpha\sigma^2\left[e^{(-\alpha+i\beta)\tau}\frac{(1-C)(\beta^2-\alpha^2+2i\alpha\beta)+(1+C)(\alpha^2+\beta^2)}{8i\alpha\beta(\beta+i\alpha)}\right. \\
&\quad \left. +e^{-(\alpha+i\beta)\tau}\frac{(1-C)(\beta^2-\alpha^2-2i\alpha\beta)+(1+C)(\alpha^2+\beta^2)}{-8i\alpha\beta(-\beta+i\alpha)}\right] \\
&= \frac{\sigma^2}{2\beta}e^{-\alpha\tau}\left\{\frac{e^{i\beta\tau}}{\beta+i\alpha}[\beta(\beta+i\alpha)-i\alpha C(\beta+i\alpha)]\right. \\
&\quad \left. +\frac{e^{-i\beta\tau}}{\beta-i\alpha}[\beta(\beta-i\alpha)+i\alpha C(\beta-i\alpha)]\right\} \\
&= \sigma^2 e^{-\alpha t}\left(\cos\beta\tau+C\frac{\alpha}{\beta}\sin\beta\tau\right)
\end{aligned}
$$

因为 $K_x(-\tau)=K_x(\tau)$，所以下列相关函数对应于谱密度(1.179)，即

$$K_x(\tau) = \sigma^2 e^{-\alpha|\tau|}\left(\cos\beta\tau + C\frac{\alpha}{\beta}\sin\beta|\tau|\right) \tag{1.181}$$

在一些情况下，当常数 $C=1$ 时，谱密度和相关函数为

$$S_x(\omega) = \frac{2\sigma^2\alpha(\alpha^2+\beta^2)}{\pi R(\omega)}, \quad K_x(\tau) = \sigma^2 e^{-\alpha|\tau|}\left(\cos\beta\tau + \frac{\alpha}{\beta}\sin\beta|\tau|\right) \tag{1.182}$$

若 $C=0$，则

$$S_x(\omega) = \frac{2\sigma^2\alpha(\omega^2+\alpha^2+\beta^2)}{\pi R(\omega)} \quad K_x(\tau) = \sigma^2 e^{-\alpha|\tau|}\cos\beta\tau \tag{1.183}$$

当 $\beta=0$ 和任意 $|C|\leqslant 1$ 时，谱密度和相关函数可写为

$$S_x(\omega) = \frac{\alpha\sigma^2[(1-C)\omega^2+(1+C)\alpha^2]}{\pi(\omega^2+\alpha^2)^2}, \quad K_x(\tau) = \sigma^2 e^{-\alpha|\tau|}(1+C\alpha|\tau|) \tag{1.184}$$

若 $C=1$ 和 $\beta=0$，则

$$S_x(\omega) = \frac{2\sigma^2\alpha^3}{\pi(\omega^2+\alpha^2)^2}, \quad K_x(\tau) = \sigma^2 e^{-\alpha|\tau|}(1+\alpha|\tau|) \tag{1.185}$$

当 $C=\beta=0$ 时，谱密度和相关函数为

$$S_x(\omega) = \frac{\alpha\sigma^2}{\pi(\omega^2+\alpha^2)}, \quad K_x(\tau) = \sigma^2 e^{-\alpha|\tau|} \tag{1.186}$$

例 1.6　设随机过程 $X(t) = a + \sum_{j=1}^{n} A_j\sin(\omega_j t + \Phi_j)$，它是非随机信号 a 和 n 个给定幅值为 A_j、频率为 ω_j $(j=1,2,\cdots,n)$ 的随机信号之和。初始相位 $\Phi_j(j=1,2,\cdots,n)$ 是独立随机变量，它们中的每一个都均匀分布在 $0\sim 2\pi$。求随机过程 $X(t)$ 的数学期望、相关函数和谱密度。

解　对于 n 个随机变量 $\Phi_j(j=1,2,\cdots,n)$ 中的任意一个，其概率分布密度为

$$f(\varphi) = \begin{cases} \dfrac{1}{2\pi}, & 0<\varphi<2\pi \\ 0, & \varphi<0 \text{或} \varphi>2\pi \end{cases}$$

于是，有

$$M[\sin(\omega_j t+\Phi_j)] = \int_{-\infty}^{\infty}\sin(\omega_j t+\varphi)f(\varphi)\mathrm{d}\varphi = \frac{1}{2\pi}\int_0^{2\pi}\sin(\omega_j t+\varphi)\mathrm{d}\varphi = 0$$

随机变量之和的数学期望等于这些随机变量的数学期望之和，因此对于 $X(t)$，其数学期望为

$$\overline{x}(t) = a + \sum_{j=1}^{n} A_j M[\sin(\omega_j t + \Phi_j)] = a$$

所求的相关函数为

$$K_x(t,t') = M[\overset{0}{X}(t)\overset{0}{X}(t')] = M\left\{\left[\sum_{j=1}^{n} A_j \sin(\omega_j t + \Phi_j)\right]\left[\sum_{s=1}^{n} A_s \sin(\omega_s t' + \Phi_s)\right]\right\}$$

$$= \sum_{j=1}^{n}\sum_{s=1}^{n} A_j A_s M[\sin(\omega_j t + \Phi_j)\sin(\omega_s t' + \Phi_s)]$$

因为随机变量 Φ_j 和 Φ_s 在 $s \ne j$ 时是独立的，而 $M[\sin(\omega_j t + \Phi_j)] = 0$ ，所以

$$K_x(t,t') = \sum_{j=1}^{n} A_j^2 M[\sin(\omega_j t + \Phi_j)\sin(\omega_j t' + \Phi_j)]$$

$$= \frac{1}{2\pi}\sum_{j=1}^{n} A_j^2 \int_0^{2\pi} \sin(\omega_j t + \varphi)\sin(\omega_j t' + \varphi)\mathrm{d}\varphi$$

运用公式 $\sin\alpha\sin\beta = \dfrac{1}{2}\big[\cos(\alpha-\beta) - \cos(\alpha+\beta)\big]$ 可得下式，即

$$K_x(t,t') = \frac{1}{4\pi}\sum_{j=1}^{n} A_j^2 \left\{\int_0^{2\pi}\cos\omega_j(t-t')\mathrm{d}\varphi - \int_0^{2\pi}\cos[\omega_j(t+t') + 2\varphi]\mathrm{d}\varphi\right\}$$

第一个积分等于 $2\pi\cos(\omega_j\tau)$ ，其中 $\tau = t - t'$ ，而第二个积分在任意 ω_j 都等于零。因此，所求的相关函数为

$$K_x(t,t') = K_x(\tau) = \frac{1}{2}\sum_{j=1}^{n} A_j^2 \cos(\omega_j\tau)$$

这个函数取决于自变量 $\tau = t - t'$ ，而数学期望 $\overline{x}(t) = a$ (恒值)。因此，这个随机过程是广义平稳的。

谱密度为

$$S_x(\omega) = \frac{1}{2\pi}\int_{-\infty}^{\infty} \mathrm{e}^{-\mathrm{i}\omega\tau} K_x(\tau)\mathrm{d}\tau = \frac{1}{4\pi}\sum_{j=1}^{n} A_j^2 \int_{-\infty}^{\infty} \mathrm{e}^{-\mathrm{i}\omega\tau}\cos(\omega_j\tau)\mathrm{d}\tau$$

$$= \frac{1}{8\pi}\sum_{j=1}^{n} A_j^2 \int_{-\infty}^{\infty} [\mathrm{e}^{-\mathrm{i}(\omega-\omega_j)\tau} + \mathrm{e}^{-\mathrm{i}(\omega+\omega_j)\tau}]\mathrm{d}\tau$$

考虑 δ 函数的积分表达式为

$$\delta(z) = \frac{1}{2\pi}\int_{-\infty}^{\infty} \mathrm{c}^{-\mathrm{i}z\tau}\mathrm{d}\tau$$

于是可得下式，即

$$S_x(\omega) = \frac{1}{4}\sum_{j=1}^{n} A_j^2[\delta(\omega - \omega_j) + \delta(\omega + \omega_j)]$$

1.6　几类重要随机过程

下面介绍在舰艇武器控制领域中常见的几类重要随机过程，运用这些随机过程固有的特点，通常可以大大简化理论问题的研究和实际问题的解决。这几类随机过程分别是正态随机过程、马尔可夫随机过程、独立增量随机过程和独立随机过程。

必须指出，随机过程属于某一类并不能排除这个随机过程可能属于另一类，同一个非平稳或者平稳随机过程可能是正态随机过程、马尔可夫随机过程和独立增量随机过程。经常在实际中运用的白噪声随机过程就是独立随机过程的一个重要特例。

为了描述这些随机过程的显著特点，固定随机过程 $X(t)$ 自变量 t 的任意 n 个不同数值 $t_s(s=1,2,\cdots,n)$，并且假设 $t_1 < t_2 < \cdots < t_n$。随机过程 $X(t)$ 的值 $X(t_s)$ $(s=1,2,\cdots,n)$ 构成随机变量的 n 维系统 $[X(t_1),X(t_2),\cdots,X(t_n)]$。这个系统可以用 n 维分布律来描述，如可以用 n 维概率分布函数、概率密度函数或者特征函数来描述。

1.6.1　正态随机过程

如果对于任意自然数 n 和任意时刻 $t_1,t_2,\cdots,t_n$，$[X(t_1),X(t_2),\cdots,X(t_n)]$ 是正态随机变量，那么实数随机过程 $X(t)$ 称为正态(高斯)随机过程。众所周知，对于有任意 n 个随机变量的随机系统 $(X_1,X_2,\cdots,X_n)$，概率分布函数完全可以由数学期望 $\overline{x}_s = M(X_s)$ $(s=1,2,\cdots,n)$ 的向量列 $\overline{x} = [\overline{x}_1,\overline{x}_2,\cdots,\overline{x}_n]^T$ 和协方差矩阵(1.187)来确定，即

$$K = \begin{bmatrix} k_{11} & k_{12} & \cdots & k_{1n} \\ k_{21} & k_{22} & \cdots & k_{2n} \\ \vdots & \vdots & & \vdots \\ k_{n1} & k_{n2} & \cdots & k_{nn} \end{bmatrix} \tag{1.187}$$

n 维正态随机系统 $(X_1,X_2,\cdots,X_n)$ 的概率密度函数和特征函数可以由式(1.188)和式(1.189)确定，即

$$f(x_1,x_2,\cdots,x_n) = \frac{1}{(2\pi)^{n/2}\sqrt{|K|}}\exp\left[-\frac{1}{2}(x-\overline{x})^T K^{-1}(x-\overline{x})\right] \tag{1.188}$$

$$E(u_1,u_2,\cdots,u_n)=\exp\left(\mathrm{i}U\overline{x}-\frac{1}{2}UKU^{\mathrm{T}}\right) \qquad (1.189)$$

其中，$|K|$ 为协方差矩阵 K 的行列式。

$$x-\overline{x}=[x_1-\overline{x}_1,x_2-\overline{x}_2,\cdots,x_n-\overline{x}_n]^{\mathrm{T}} \qquad (1.190)$$

$$U=[u_1,u_2,\cdots,u_n] \qquad (1.191)$$

对于正态随机过程 $X(t)$，下列等式成立，即

$$\overline{x}_s=M[X(t_s)]=\overline{x}(t_s),\quad s=1,2,\cdots,n \qquad (1.192)$$

$$k_{js}=M[\overset{0}{X}(t_j)\overset{0}{X}(t_s)]=K_x(t_j,t_s),\quad j,s=1,2,\cdots,n \qquad (1.193)$$

由式(1.192)和式(1.193)可以看出，数学期望 $\overline{x}_s\ (s=1,2,\cdots,n)$ 可以借助函数 $\overline{x}(t)$ 来确定，而相关矩 $k_{js}(j,s=1,2,\cdots,n)$ 可以通过相关函数 $K_x(t,t')$ 求出。因此，对于正态随机过程 $X(t)$，任意 n 阶分布律完全由它的数学期望 $\overline{x}(t)$ 和相关函数 $K_x(t,t')$ 确定。

正态随机过程 $X(t)$ 的一维和二维概率分布函数、概率分布密度和特征函数为式(1.87)～式(1.92)。对于 n 维特征函数，当任意 $n\geqslant1$ 时，式(1.194)成立，即

$$E(u_1,u_2,\cdots,u_n;t_1,t_2,\cdots,t_n)=\exp\left[\mathrm{i}\sum_{s=1}^{n}\overline{x}(t_s)u_s-\frac{1}{2}\sum_{j=1}^{n}\sum_{s=1}^{n}K_x(t_j,t_s)u_ju_s\right] \quad (1.194)$$

如果正态随机过程 $X(t)$ 是广义平稳的，则式(1.195)成立，即

$$\overline{x}(t_s)=\overline{x},\quad K_x(t_j,t_s)=K_x(t_j-t_s),\quad j,s=1,2,\cdots,n \qquad (1.195)$$

当把 t_j 和 t_s 分别替换成 t_j+t_0 和 t_s+t_0 时，对于任意的 t_0，式(1.195)的右边部分不变化。因此，在这种情况下，对于 $X(t)$，任意阶分布律不依赖自变量 t 计算起点。由于任意平稳随机过程是广义平稳的，对于正态随机过程 $X(t)$，平稳性和广义平稳性的概念是等效的。

对于平稳正态随机过程 $X(t)$，任意 n 阶分布律完全由常数数学期望 $\overline{x}$ 和相关函数 $K_x(t-t')=K_x(\tau)$ 确定。$X(t)$ 的一维和二维概率分布密度分别为

$$f_1(x)=\frac{1}{\sigma\sqrt{2\pi}}\exp\left[-\frac{1}{2}\left(\frac{x-\overline{x}}{\sigma}\right)^2\right] \qquad (1.196)$$

$$
\begin{aligned}
&f_2(x,x';\tau)\\
&=\frac{1}{2\pi\sigma^2\sqrt{1-[r_x(\tau)]^2}}\\
&\times\exp\left\{\frac{-1}{2\sigma^2[1-r_x^2(\tau)]}[(x-\overline{x})^2+(x'-\overline{x})^2-2r_x(\tau)(x-\overline{x})(x'-\overline{x})]\right\}
\end{aligned} \qquad (1.197)
$$

其中

$$\sigma^2 = K_x(0), \quad r_x(\tau) = \frac{1}{\sigma^2}K_x(\tau) \tag{1.198}$$

因为 $K_x(t_j - t_s) = K_x(t_s - t_j)$，所以 n 维特征函数为

$$E_n(u_1, u_2, \cdots, u_n; t_1, t_2, \cdots, t_n)$$
$$= \exp\left[\mathrm{i}\bar{x}\sum_{s=1}^{n}u_s - \frac{1}{2}\sigma^2\sum_{s=1}^{n}u_s^2 - \sum_{j=1}^{n-1}\sum_{s=j+1}^{n}K_x(t_j - t_s)u_j u_s \right] \tag{1.199}$$

1.6.2　马尔可夫随机过程

如果对于某个随机过程 $X(t)$，任意自然数 n 和任意时刻 $t_1, t_2, \cdots, t_n$ 确定的条件分布都只依赖最后一个值，那么该随机过程 $X(t)$ 称为马尔可夫随机过程。假设对于自变量 t 的值 $t_1 < t_2 < \cdots < t_{k-1}$，随机过程 $X(t)$ 分别取固定值 $x_1, x_2, \cdots, x_{k-1}$，即 $X(t_j) = x_j \ (j = 1, 2, \cdots, k-1)$，那么马尔可夫随机过程 $X(t)$ 在任意 $k \geqslant 2$ 时，式(1.200)成立，即

$$P[X(t_k) < x_k \mid X(t_1) = x_1, X(t_2) = x_2, \cdots, X(t_{k-1}) = x_{k-1}]$$
$$= P[X(t_k) < x_k \mid X(t_{k-1}) = x_{k-1}], \quad k = 2, 3, \cdots \tag{1.200}$$

对于自变量 t 的任意 3 个值 $t_j < t_s < t_k$，式(1.200)可表示为

$$P[X(t_k) < x_k \mid X(t_j) = x_j, X(t_s) = x_s] = P[X(t_k) < x_k \mid X(t_s) = x_s] \tag{1.201}$$

如果认为 t_j、t_s 和 t_k 分别代表时间 t 的过去、当前和将来，则根据式(1.201)，在已知马尔可夫随机过程 $X(t)$ 在当前时刻 t_s 的值 x_s 时，它在将来(当 $t = t_k$ 时)的发展不依赖这个过程在过去 t_j 时刻的值 x_j。

根据

$$P(AB \mid C) = P(A \mid C)P(B \mid AC) \tag{1.202}$$

可得下式，即

$$P[X(t_j) < x_j, X(t_k) < x_k \mid X(t_s) = x_s]$$
$$= P[X(t_j) < x_j \mid X(t_s) = x_s]P[X(t_k) < x_k \mid X(t_j) < x_j, X(t_s) = x_s] \tag{1.203}$$

当 $t_j < t_s < t_k$ 时，对于马尔可夫随机过程 $X(t)$，可得下式，即

$$P[X(t_k) < x_k \mid X(t_j) < x_j; X(t_s) = x_s] = P[X(t_k) < x_k \mid X(t_s) = x_s] \tag{1.204}$$

因此，式(1.203)可表示为

$$P[X(t_j) < x_j, X(t_k) < x_k \mid X(t_s) = x_s]$$
$$= P[X(t_j) < x_j \mid X(t_s) = x_s]P[X(t_k) < x_k \mid X(t_s) = x_s] \tag{1.205}$$

根据式(1.205)，当已知马尔可夫随机过程 $X(t)$ 在当前时刻 t_s 的固定值 x_s 时，该过程 $X(t)$ 在过去和将来时刻(t_j 和 t_k)的随机系统 $[X(t_j), X(t_k)]$ 的二维条件概率分布函数等于这个系统分量的一维条件概率分布函数的乘积。因此，当已知随机过程在当前时刻 t_s 的值 $X(t_s) = x_s$ 时，马尔可夫随机过程 $X(t)$ 在过去和将来时刻(t_j 和 t_k)的数值 $X(t_j)$ 和 $X(t_k)$ 是独立的随机变量。

随机系统 $(X_1, X_2, \cdots, X_n)$ 的概率分布密度等于第一个分量 X_1 的概率分布密度与在所有过去分量的固定值已知时每个系统分量的条件概率分布密度的乘积，即

$$f(x_1, x_2, \cdots, x_n) = f_{x_1}(x_1) f_{x_2}(x_2 \mid x_1) f_{x_3}(x_3 \mid x_1, x_2) \cdots f_{x_n}(x_n \mid x_1, x_2, \cdots, x_{n-1}) \quad (1.206)$$

当 $Y = y$ 时，随机变量 X 的条件概率分布密度 $f_x(x \mid y)$ 为

$$f_x(x \mid y) = \frac{f(x, y)}{f_y(y)} \quad (1.207)$$

综上，马尔可夫随机过程 $X(t)$ 在 $t_1 < t_2 < \cdots < t_n$ 和 $n > 2$ 时的 n 维概率分布密度可表示为

$$
\begin{aligned}
f_n(x_1, x_2, \cdots, x_n; t_1, t_2, \cdots, t_n) &= f_1(x_1; t_1) \prod_{s=1}^{n-1} f(x_{s+1}; t_{s+1} \mid x_s; t_s) \\
&= f_1(x_1; t_1) \prod_{s=1}^{n-1} \frac{f_2(x_s, x_{s+1}; t_s, t_{s+1})}{f_1(x_s; t_s)}
\end{aligned}
\quad (1.208)
$$

由式(1.208)可推出马尔可夫随机过程 $X(t)$ 在任意 $n > 2$ 时的 n 维概率分布密度，可以通过一维和二维概率分布密度 $f_1(x; t)$ 和 $f_2(x, x'; t, t')$ 来表示。

马尔可夫随机过程 $X(t)$ 仅与当前值有关，而在已知当前时，将来和过去都是独立的。许多出现在实际应用中的带足够精度的随机过程，可以认为是马尔可夫随机过程，因此这些过程的理论有着广泛的应用。它们的特殊属性允许相对简单地解决一些在通常情况下表现出较大复杂性的问题。马尔可夫随机过程的一维和二维概率分布密度或者特征函数可以通过微分方程组进行求解。当系统处于稳态时，上述方程组就是通常的微分等式。

1.6.3　独立增量随机过程

如果对于自变量 t 的任意增加的数值集合 $t_1 < t_2 < \cdots < t_n$，其差值 $Y_s = X(t_s) - X(t_{s-1})$ ($s = 1, 2, \cdots, n$) 都是独立随机变量，那么随机过程 $X(t)$ 称为独立增量随机过程。在这种情况下，有 $t_0 = 0$ 且 $X(t_0) = 0$。

若用 $f_y(y; t, t')$ 来标记差值 $Y = X(t') - X(t)$ 在 $t' > t$ 时的概率分布密度，那么对于随机变量 Y_s，概率分布密度为 $f(y_s; t_{s-1}, t_s)$ ($s = 1, 2, \cdots, n$)。对于独立随机变量系

统 $(Y_1, Y_2, \cdots, Y_n)$ ，其概率分布密度为

$$f_y(y_1, y_2, \cdots, y_n) = \prod_{s=1}^{n} f_y(y_s; t_{s-1}, t_s) \tag{1.209}$$

由于 $Y_s = X(t_s) - X(t_{s-1})$ $(s = 1, 2, \cdots, n)$ ，对于带独立增量的随机过程 $X(t)$ ，其 n 维概率分布密度为

$$f_n(x_1, x_2, \cdots, x_n; t_1, t_2, \cdots, t_n) = f_y(x_1 - x_0, x_2 - x_1, \cdots, x_n - x_{n-1}) |I| \tag{1.210}$$

其中， $x_0 = 0$ ； I 为雅可比行列式变换，即

$$I = \begin{vmatrix} \dfrac{\partial y_1}{\partial x_1} & \dfrac{\partial y_1}{\partial x_2} & \cdots & \dfrac{\partial y_1}{\partial x_n} \\[2mm] \dfrac{\partial y_2}{\partial x_1} & \dfrac{\partial y_2}{\partial x_2} & \cdots & \dfrac{\partial y_2}{\partial x_n} \\[2mm] \vdots & \vdots & & \vdots \\[2mm] \dfrac{\partial y_n}{\partial x_1} & \dfrac{\partial y_n}{\partial x_2} & \cdots & \dfrac{\partial y_n}{\partial x_n} \end{vmatrix} \tag{1.211}$$

由关系式 $y_s = x_s - x_{s-1}$ 可推出下式，即

$$\frac{\partial y_s}{\partial x_j} = \begin{cases} 1, & j = s \\ 0, & j > s \end{cases} \tag{1.212}$$

所以， $I = 1$ 。因此有

$$f_n(x_1, x_2, \cdots, x_n; t_1, t_2, \cdots, t_n) = \prod_{s=1}^{n} f_y(x_s - x_{s-1}; t_{s-1}, t_s) \tag{1.213}$$

下列递推关系式也成立，即

$$\begin{aligned} f_k(x_1, x_2, \cdots, x_k; t_1, t_2, \cdots, t_k) &= f_{k-1}(x_1, x_2, \cdots, x_{k-1}; t_1, t_2, \cdots, t_{k-1}) \\ &\quad f_y(x_k - x_{k-1}; t_{k-1}, t_k), \quad k = 2, 3, \cdots \end{aligned} \tag{1.214}$$

这样，带独立增量的随机过程 $X(t)$ 的任意 n 维概率分布密度可以通过 $Y = X(t') - X(t)$ 在 $t' > t$ 时的分布密度 $f_y(y; t, t')$ 表示。

因为 $x_0 = 0$ 和 $t_0 = 0$ ，所以一维概率分布密度为

$$f_1(x; t) = f_y(x; 0, t) \tag{1.215}$$

当 $t' > t$ 时，对于二维概率分布密度，由式(1.214)可得

$$f_2(x, x'; t, t') = f_1(x; t) f_y(x' - x; t, t') \tag{1.216}$$

因此，在任意 x 时，有

$$f_y(y;t,t') = \frac{f_2(x, x+y;t,t')}{f_1(x;t)} \tag{1.217}$$

如果随机过程 $X(t)$ 的一维和二维概率分布密度 $f_1(x;t)$ 和 $f_2(x,x';t,t')$ 是已知的，那么根据式(1.217)可以求出函数 $f_y(x;t,t')$，而借助式(1.213)或式(1.214)可以确定 n 维概率分布密度。因此，对于带独立增量的随机过程 $X(t)$，任意 $n>2$ 时的 n 维概率分布密度可以通过一维和二维概率分布密度来确定。

对于 n 维特征函数，有

$$E_n(u_1, u_2, \cdots, u_n; t_1, t_2, \cdots, t_n) = M\left\{\exp\left[\mathrm{i}\sum_{j=1}^{n} X(t_j)u_j\right]\right\} \tag{1.218}$$

假定

$$v_s = \sum_{j=s}^{n} u_j, \quad s = 1, 2, \cdots, n \tag{1.219}$$

于是

$$\sum_{j=1}^{n} X(t_j)u_j = X(t_1)v_1 + \sum_{s=2}^{n}[X(t_s) - X(t_{s-1})]v_s \tag{1.220}$$

因为差值 $X(t_s) - X(t_{s-1})$ $(s=1,2,\cdots,n)$ 是独立随机变量，所以

$$M\left\{\exp\left[\mathrm{i}\sum_{j=1}^{n} X(t_j)u_j\right]\right\} = M\left\{\exp[\mathrm{i}X(t_1)v_1]\right\}$$
$$\times \prod_{s=2}^{n} M\left(\exp\left\{\mathrm{i}[X(t_s) - X(t_{s-1})]v_s\right\}\right) \tag{1.221}$$

$X(t)$ 的一维和二维特征函数可由下式确定，即

$$E_1(u;t) = M\{\exp[\mathrm{i}uX(t)]\} \tag{1.222}$$

$$E_2(u,v;t,t') = M\{\exp[\mathrm{i}uX(t) + \mathrm{i}vX(t')]\} \tag{1.223}$$

因此

$$E_1(u;t) = E_2(u,0;t,t') \tag{1.224}$$

式(1.218)可以表示为

$$E_n(u_1, u_2, \cdots, u_n; t_1, t_2, \cdots, t_n) = E_1(v_1;t_1)\prod_{s=2}^{n} E_2(-v_s, v_s; t_{s-1}, t_s) \tag{1.225}$$

因此，对于带独立增量的随机过程 $X(t)$，其任意 n 维特征函数可以通过 $t' > t$ 时的一维和二维特征函数 $E_1(u;t)$ 和 $E_2(u,v;t,t')$ 来表示。

在任意固定值 t 和 $t' > t$ 时，可以把随机变量 $X(t')$ 表示为两个独立随机变量 $X(t)$ 和 $X(t') - X(t)$ 之和的形式。因此，对于带独立增量的随机过程 $X(t)$，其相关函数为

$$K_x(t,t') = M[\overset{0}{X}(t)\overset{0}{X}(t')] = \begin{cases} D[X(t)], & t' > t \\ D[X(t')], & t' \leqslant t \end{cases} \tag{1.226}$$

1.6.4　独立随机过程

如果对于任意 $n > 1$ 和不同的 $t_1, t_2, \cdots, t_n$，随机变量 $X(t_1), X(t_2), \cdots, X(t_n)$ 是独立不相关的，那么这个随机系统的概率分布密度等于其每个独立随机变量概率分布密度的乘积，则此随机过程 $X(t)$ 称为独立随机过程。因此，对于独立随机过程，其 n 维概率分布密度为

$$f_n(x_1, x_2, \cdots, x_n; t_1, t_2, \cdots, t_n) = \prod_{s=1}^{n} f_1(x_s; t_s) \tag{1.227}$$

由式(1.227)可以看出，独立随机过程的任意 n 维概率分布密度可以通过一维概率分布密度 $f_1(x;t)$ 来表示。

独立随机变量总是不相关的，因此对于独立随机过程，其相关函数为

$$K_x(t,t') = \begin{cases} D[X(t)], & t' = t \\ 0, & t' \neq t \end{cases} \tag{1.228}$$

如果对于相关函数 $K_x(t,t')$，式(1.228)成立，那么相应的随机过程 $X(t)$ 称为非相关随机过程。在通常情况下，从随机变量的非相关性不能推出它们的独立性，因为对于非相关随机过程，可能不满足式(1.227)。对于正态随机过程 $X(t)$，非相关性和独立性的概念是等效的。在这种情况下，当式(1.228)满足时，式(1.227)在任意 n 时都能满足。因此，若正态随机过程 $X(t)$ 是非相关随机过程，则这个随机过程就是独立正态随机过程。

在任意 t 时，方差 $D[X(t)]$ 为无穷大的非相关随机过程称为白噪声。这种随机过程首次应用在无线电技术中，主要是为了评定出现在无线电线路中的噪声。白噪声的相关函数为

$$K_x(t,t') = c(t)\delta(t-t') \tag{1.229}$$

其中，$c(t)$ 是正值函数，称为白噪声 $X(t)$ 的强度；$\delta(\tau)$ 是 δ 函数，即

$$\delta(\tau) = \frac{1}{2\pi} \int_{-\infty}^{\infty} e^{-i t \tau} dt = \begin{cases} \infty, & \tau = 0 \\ 0, & \tau \neq 0 \end{cases} \tag{1.230}$$

式中，$\delta(\tau)$ 是偶函数，即 $\delta(-\tau) = \delta(\tau)$。

如果白噪声 $X(t)$ 的数学期望 $\bar{x}(t)$ 和强度 $c(t)$ 是恒定的, 那么随机过程 $X(t)$ 称为广义平稳白噪声, 其相关函数为

$$K_x(\tau) = c\delta(\tau) \tag{1.231}$$

这个随机过程是非相关的, 但可能是不独立的。当广义平稳白噪声 $X(t)$ 是正态时, 这个随机过程就是独立和无穷方差的平稳随机过程。

对于广义平稳白噪声 $X(t)$, 其谱密度为

$$S_x(\omega) = \frac{1}{2\pi} \int_{-\infty}^{\infty} e^{-i\omega\tau} K_x(\tau) d\tau = \frac{c}{2\pi} \int_{-\infty}^{\infty} e^{-i\omega\tau} \delta(\tau) d\tau \tag{1.232}$$

考虑式(1.161), 可得下式, 即

$$S_x(\omega) = \frac{c}{2\pi} e^{-i\omega\tau} \Big|_{\tau=0} = \frac{c}{2\pi} \tag{1.233}$$

白噪声方差为

$$D[X(t)] = K_x(0) = \int_{-\infty}^{\infty} S_x(\omega) d\omega = \infty \tag{1.234}$$

谱密度 $S_x(\omega)$ 为常数意味着白噪声 $X(t)$ 的总能量(无穷方差)按所有频率均匀分布。这个称为白噪声的随机过程类似于白光, 白光在可见光部分具有均匀的连续谱, 即白光的各成分具有相同的强度。

在实际应用中, 一些随机过程可以用白噪声代替, 但在技术上可实现的随机过程的方差都是有限的。因此, 只要在足够大的频率范围内, 它的谱密度实际上是恒定的。实际上, 相应系统的惯性导致随机过程的高频分量对系统的运行不产生任何影响, 可以不考虑。只有在这种情况下, 才能用白噪声替换真实的随机过程。

在实际随机系统的近似中, 有限频率白噪声 $X(t)$ 的谱密度为

$$S_x(\omega) = \begin{cases} a, & |\omega + \omega_0| \leqslant b \text{和} |\omega - \omega_0| \leqslant b \\ 0, & \text{其他} \end{cases} \tag{1.235}$$

其中, $\omega_0 \geqslant b \geqslant 0$。

当 $\omega_0 = b = \infty$ 时, 这个过程是带强度 $c = 2\pi a$ 的白噪声。若 $\omega_0 = b < \infty$, 则这个过程称为窄频带白噪声, 其谱密度为

$$S_x(\omega) = \begin{cases} a, & |\omega| \leqslant 2b \\ 0, & |\omega| > 2b \end{cases} \tag{1.236}$$

当 $-\omega_0 - b \leqslant \omega \leqslant -\omega_0 + b$ 和 $\omega_0 - b \leqslant \omega \leqslant \omega_0 + b$ 时, 式(1.235)的谱密度等于 a。相应的相关函数为

$$K_x(\tau) = \int_{-\infty}^{\infty} \mathrm{e}^{\mathrm{i}\omega\tau} S_x(\omega)\mathrm{d}\omega = a\int_{-\omega_0-b}^{-\omega_0+b} \mathrm{e}^{\mathrm{i}\omega\tau}\mathrm{d}\omega + a\int_{\omega_0-b}^{\omega_0+b} \mathrm{e}^{\mathrm{i}\omega\tau}\mathrm{d}\omega \tag{1.237}$$

$$= \frac{a}{\mathrm{i}\tau}\left[\mathrm{e}^{-\mathrm{i}\omega_0\tau}(\mathrm{e}^{\mathrm{i}b\tau}-\mathrm{e}^{-\mathrm{i}b\tau}) + \mathrm{e}^{\mathrm{i}\omega_0\tau}(\mathrm{e}^{\mathrm{i}b\tau}-\mathrm{e}^{-\mathrm{i}b\tau})\right] = \frac{2a}{\tau}(\mathrm{e}^{-\mathrm{i}\omega_0\tau}+\mathrm{e}^{\mathrm{i}\omega_0\tau})\sin b\tau$$

因此，对于频率有限的白噪声 $X(t)$，其相关函数为

$$K_x(\tau) = 4ab\left(\frac{\sin b\tau}{b\tau}\right)\cos\omega_0\tau \tag{1.238}$$

对于窄频带白噪声，$\omega_0 = b$，所以其相关函数为

$$K_x(\tau) = 4ab\left(\frac{\sin 2b\tau}{2b\tau}\right) \tag{1.239}$$

这些随机过程的方差等于 $K_x(0) = 4ab$。

1.6.5　实例分析

例 1.7　验证在哪些条件下，相关函数为 $K_x(\tau) = \sigma^2\mathrm{e}^{-\alpha|\tau|}$ 的随机过程 $X(t)$ 可以近似于带强度 $c = \dfrac{2\sigma^2}{\alpha}$ 的广义平稳白噪声。

解　相关函数 $K_x(\tau) = \sigma^2\mathrm{e}^{-\alpha|\tau|}$ 的谱密度为

$$S_x(\omega) = \frac{\alpha\sigma^2}{\pi(\omega^2+\alpha^2)}$$

当 $\sigma^2 = \dfrac{c\alpha}{2}$ 时，这个表达式变为

$$S_x(\omega) = \frac{c}{2\pi\left[1+\left(\dfrac{\omega}{\alpha}\right)^2\right]}$$

如果 $\left(\dfrac{\omega}{\alpha}\right)^2 \ll 1$，这个函数实际上是常数，且等于 $\dfrac{c}{2\pi}$。在使用的频率范围内 $(-\omega_0 \sim \omega_0)$，若参数 α 远大于 ω_0，则可以认为谱密度 $S_x(\omega)$ 是常数。因此，用白噪声近似随机过程 $X(t)$ 的可能性条件之一就是参数 α 必须足够大。

初始相关函数 $K_x(\tau) = \sigma^2\mathrm{e}^{-\alpha|\tau|}$ 在 $\tau = 0$ 时等于 σ^2。当 α 较大时，随着 $|\tau|$ 的增大，这个函数很快衰减，渐近趋于零。对于白噪声，其相关函数在 $\tau = 0$ 时为无穷，在 $\tau \neq 0$ 时等于零。因此，只有在参数 α 和方差 σ^2 都足够大的情况下，相关函数为 $K_x(\tau) = \sigma^2\mathrm{e}^{-\alpha|\tau|}$ 的随机过程 $X(t)$ 大致逼近白噪声。参数 α 和

方差 σ^2 越大，逼近效果越好。白噪声的强度取决于 α 与 σ^2 之间的关系式，因为 $c = \dfrac{2\sigma^2}{\alpha}$ 。

例 1.8　在横向摇摆的舰艇上进行射击，只有舰艇倾斜角 $\Theta(t)$ 的绝对值不大于给定值 θ_{np} 时才可能齐射。倾斜角 $\Theta(t)$ 是一个平稳正态随机过程，该过程的数学期望等于零，相关函数为

$$K_\theta(\tau) = \sigma^2 \mathrm{e}^{-\alpha|\tau|}\left(\cos\beta\tau + \frac{\alpha}{\beta}\sin\beta\,|\,\tau\,|\right)$$

其中，σ、α 和 β 都是已知常数。

当 $t = t_1$ 时，倾斜角 $\Theta(t)$ 的 θ_1 值是已知的。求在 $t_2 = t_1 + \Delta t$ 时刻可以进行齐射的概率，其中 Δt 是给定的。计算当 $\theta_{np} = 20°$，$\sigma = 10°$，$\alpha = 0.21\mathrm{s}^{-1}$，$\beta = 0.51\mathrm{s}^{-1}$，$\theta_1 = -8°$，$\Delta t = 2\mathrm{s}$ 时可以进行射击的概率。

解　假设 $X = \Theta(t_1)$ 和 $Y = \Theta(t_2)$。随机过程 $\Theta(t)$ 是正态随机过程，所以系统 (X,Y) 是正态的，并且

$$\bar{x} = \bar{y} = 0, \quad \sigma_x = \sigma_y = \sigma, \quad r_{x,y} = r_\theta(\Delta t) = \frac{1}{\sigma^2}K_\theta(\Delta t) = \mathrm{e}^{-\alpha\Delta t}\left(\cos\beta\Delta t + \frac{\alpha}{\beta}\sin\beta\Delta t\right)$$

条件概率分布密度为

$$f_y(y\,|\,x) = \frac{1}{\sigma_{y|x}\sqrt{2\pi}}\exp\left[-\frac{1}{2}\left(\frac{y - \bar{y}_x}{\sigma_{y|x}}\right)^2\right]$$

其中

$$\bar{y}_x = \bar{y} + r_{x,y}\sigma_y\left(\frac{x - \bar{x}}{\sigma_x}\right) = xr_\theta(\Delta t)$$

$$\sigma_{y|x} = \sigma_y\sqrt{1 - r_{x,y}^2} = \sigma\sqrt{1 - [r_\theta(\Delta t)]^2}$$

所求的概率为

$$P = P[|\,\Theta(t_2)\,| < \theta_{np}\,|\,\Theta(t_1) = \theta_1] = \int_{-\theta_{np}}^{\theta_{np}} f_y(y\,|\,\theta_1)\mathrm{d}y$$

$$= F_H\left[\frac{\theta_{np} - \bar{y}(\theta_1)}{\sigma_{y|x}}\right] - F_H\left[\frac{-\theta_{np} - \bar{y}_x(\theta_1)}{\sigma_{y|x}}\right]$$

当给定数值时，可得

$$r_\theta(\Delta t) = \mathrm{e}^{-0.4}(\cos 1 + 0.4\sin 1) = 0.5878$$

$$\overline{y}_x(\theta_1) = \theta_1 r_\theta(\Delta t) = -4.7024°, \quad \sigma_{y|x} = 8.0901°$$

则

$$P = F_H(3.0534) - [1 - F_H(1.8909)] = 0.99887 - 1 + 0.97068 = 0.96955$$

1.7　随机过程的导数、积分线性运算的概率特性

1.7.1　导数线性运算的概率特性

本节研究均方连续的随机过程 $X(t)$。它的数学期望 $\overline{x}(t)$ 在给定区间 (a,b) 的每个点 t 连续，而相关函数 $K_x(t,t')$ 在直线 $t' = t$ 的每个点 (t,t) 是连续的，因此对于每个自变量是连续的。随机过程 $X(t)$ 的连续性是它可微性的必要但非充分条件。随机过程 $X(t)$ 在 t 点进行一次微分，记为 $X'(t)$，它是一个新的随机过程。如果存在随机过程 $X'(t)$，对于该过程，下列临界等式总是满足的，即

$$\lim_{\Delta t \to 0} M\left\{\left[\frac{X(t+\Delta t) - X(t)}{\Delta t} - X'(t)\right]^2\right\} = 0 \qquad (1.240)$$

随机过程 $X'(t)$ 称为 $X(t)$ 在均方的一阶导数，标记为

$$X'(t) = \lim_{\Delta t \to 0} \frac{X(t+\Delta t) - X(t)}{\Delta t} \qquad (1.241)$$

对于 $X'(t)$，在满足条件(1.240)时，存在数学期望 $M[X'(t)]$ 和相关函数，即

$$K_{x'}(t,t') = M[\overset{0}{X'}(t)\,\overset{0}{X'}(t')] \qquad (1.242)$$

若这些函数是连续的，则 $X(t)$ 的一阶导数 $X'(t)$ 同样是连续随机过程。

众所周知，随机变量线性函数的数学期望等于相应随机变量数学期望的同一线性函数值。这就意味着，求取数学期望运算和线性变换运算是可以交换位置的。而微分运算是线性的，当随机过程 $X(t)$ 存在一阶导数 $X'(t)$ 且满足条件(1.240)时，求取数学期望和微分运算是可以交换位置的。因此，在进行指定的置换后，很容易得到随机过程可微的必要充分条件。

对随机过程 $X(t)$ 进行微分，若对于 $X(t)$ 的一阶导数 $X'(t)$，存在数学期望 $M[X'(t)]$ 和相关函数 $K_{x'}(t,t')$；把求取数学期望和微分运算的位置进行交换，可得下式，即

$$M[X'(t)] = M\left[\frac{\mathrm{d}}{\mathrm{d}t}X(t)\right] = \frac{\mathrm{d}}{\mathrm{d}t}M[X(t)] \qquad (1.243)$$

因此

$$M[X'(t)] = \frac{\mathrm{d}\overline{x}(t)}{\mathrm{d}t} \qquad (1.244)$$

这样，随机过程 $X(t)$ 的一阶导数 $X'(t)$ 的数学期望等于这个过程的数学期望 $\overline{x}(t)$ 的一阶导数，因此随机过程 $X(t)$ 是一次可微的，当且仅当它的数学期望 $\overline{x}(t)$ 在区间 (a,b) 的每个 t 点是一次可微的。

因此，可得下式，即

$$M[\overset{\circ}{X}'(t)\overset{\circ}{X}(t')] = \frac{\partial}{\partial t} M[\overset{\circ}{X}(t)\overset{\circ}{X}(t')] \qquad (1.245)$$

$$M[\overset{\circ}{X}(t)\overset{\circ}{X}'(t')] = \frac{\partial}{\partial t'} M[\overset{\circ}{X}(t)\overset{\circ}{X}(t')] \qquad (1.246)$$

$$M[\overset{\circ}{X}'(t)\overset{\circ}{X}'(t')] = \frac{\partial^2}{\partial t\partial t'} M[\overset{\circ}{X}(t)\overset{\circ}{X}(t')] \qquad (1.247)$$

对于随机过程 $X(t)$ 及其导数 $X'(t)$ 的相关函数 $K_x(t,t')$，有下列公式成立，即

$$K_{x',x}(t,t') = \frac{\partial K_x(t,t')}{\partial t} \qquad (1.248)$$

$$K_{x,x'}(t,t') = \frac{\partial K_x(t,t')}{\partial t'} \qquad (1.249)$$

$$K_{x'}(t,t') = \frac{\partial^2 K_x(t,t')}{\partial t\partial t'} \qquad (1.250)$$

由式(1.250)可以看出，对于 $X'(t)$，只有 $K_x(t,t')$ 的二阶混合导数存在时，相关函数 $K_{x'}(t,t')$ 才存在。

因此，随机过程 $X(t)$ 在区间 (a,b) 一次可微的必要充分条件是这个区间的任意 t 点数学期望 $\overline{x}(t)$ 的一阶导数和相关函数 $K_x(t,t')$ 的二阶混合导数存在。若函数 $\overline{x}'(t)$ 在区间 (a,b) 的每个 t 点是连续的，并且相关函数 $K_{x'}(t,t')$ 在直线 $t' = t$ 的每个点 (t,t) 是连续的，则 $X(t)$ 的一阶导数 $X'(t)$ 是连续随机过程。

$X(t)$ 的二阶导数 $X''(t)$ 等于 $X'(t)$ 的一阶导数。因此，若函数 $\overline{x}'(t)$ 的微分存在，并且相关函数 $K_{x'}(t,t')$ 具有二阶混合导数，则随机过程 $X(t)$ 可以进行两次微分，这时有下式成立，即

$$M[X''(t)] = \frac{\mathrm{d}\overline{x}'(t)}{\mathrm{d}t} = \frac{\mathrm{d}^2\overline{x}(t)}{\mathrm{d}t^2} \qquad (1.251)$$

$$K_{x''}(t,t') = \frac{\partial^2 K_{x'}(t,t')}{\partial t\partial t'} = \frac{\partial^4 K_x(t,t')}{\partial t^2\partial t'^2} \qquad (1.252)$$

可以对得到的结论进行推广。若区间 (a,b) 的任意 t 点的数学期望 $\overline{x}(t)$ 存在连

续 n 阶导数和相关函数 $K_x(t,t')$ 的 $2n$ 阶(对每个自变量的 n 阶)混合导数，并且这个导数在直线 $t'=t$ 的点 (t,t) 必须是连续的，则随机过程 $X(t)$ 在区间 (a,b) 可微分 n 次，且 $X(t)$ 的 n 阶导数 $X^{(n)}(t)$ 在这个区间是连续的，因此有

$$M[X^{(s)}(t)] = \frac{\mathrm{d}^s \overline{x}(t)}{\mathrm{d}t^s} \tag{1.253}$$

$$K_{x^{(s)}}(t,t') = \frac{\partial^{2s} K_x(t,t')}{\partial t^s \partial t'^s}, \quad s=0,1,\cdots,n \tag{1.254}$$

因为

$$M[\overset{0}{X}{}^{(s)}(t)\overset{0}{X}{}^{(l)}(t')] = \frac{\partial^{s+l}}{\partial t^s \partial t'^l} M[\overset{0}{X}(t)\overset{0}{X}(t')] \tag{1.255}$$

所以，对于随机过程 $X^{(s)}(t)$ 和 $X^{(l)}(t)$ ，其互相关函数为

$$K_{x^{(s)},x^{(l)}}(t,t') = \frac{\partial^{s+l} K_x(t,t')}{\partial t^s \partial t'^l}, \quad s,l=0,1,\cdots,n \tag{1.256}$$

$X(t)$ 的导数 $X^{(s)}(t)$ $(s=0,1,\cdots,n)$ 的线性函数是一个随机过程，把这个随机过程用 $U(t)$ 标记，则 $U(t)$ 的表达式可以写为

$$U(t) = b(t) + a_0(t)X(t) + a_1(t)X'(t) + \cdots + a_n(t)X^{(n)}(t) \tag{1.257}$$

其中， $a_s(t)$ $(s=0,1,\cdots,n)$ 和 $b(t)$ 是自变量 t 的已知函数。

引入齐次和非齐次线性 n 阶微分算子，即

$$L_{0t} = a_0(t) + a_1(t)\frac{\mathrm{d}}{\mathrm{d}t} + \cdots + a_n(t)\frac{\mathrm{d}^n}{\mathrm{d}t^n} = \sum_{s=0}^{n} a_s(t)\frac{\mathrm{d}^s}{\mathrm{d}t^s} \tag{1.258}$$

$$L_t = b(t) + L_{0t} \tag{1.259}$$

根据式(1.258)，齐次线性微分算子 L_{0t} 是指对某一函数的 s 阶导数和已知函数 $a_s(t)$ $(s=0,1,\cdots,n)$ 进行相乘，并对得到的乘积进行相加。非齐次线性算子 L_t 是指齐次线性算子 L_{0t} 的结果和已知函数 $b(t)$ 相加。因为 $L_{0t}[0]=0$ ，所以 $L_t[0]=b(t)$ 。

借助引入的算子，式(1.257)可以表示为

$$U(t) = L_t[X(t)] = b(t) + L_{0t}[X(t)] \tag{1.260}$$

利用式(1.260)，可得数学期望的计算公式为

$$\overline{u}(t) = M\{L_t[X(t)]\} = b(t) + M\{L_{0t}[X(t)]\} \tag{1.261}$$

求取数学期望的线性运算和线性微分算子计算是可以交换位置的。因此，对于随机过程 $U(t)$ 的数学期望，有

$$\overline{u}(t) = L_t[\overline{x}(t)] = b(t) + L_{0t}[\overline{x}(t)] \tag{1.262}$$

或者

$$\overline{u}(t) = b(t) + a_0(t)\overline{x}(t) + a_1(t)\frac{\mathrm{d}\overline{x}(t)}{\mathrm{d}t} + \cdots + a_n(t)\frac{\mathrm{d}^n\overline{x}(t)}{\mathrm{d}t^n} \tag{1.263}$$

这样，随机过程 $X(t)$ 的线性微分算子计算的数学期望就等于对这个随机过程数学期望 $\overline{x}(t)$ 的线性微分算子的计算值。

对于零均值随机过程，有

$$\overset{\circ}{U}(t) = U(t) - \overline{u}(t) = L_{0t}[X(t)] - L_{0t}[\overline{x}(t)] \tag{1.264}$$

即

$$\overset{\circ}{U}(t) = L_{0t}[\overset{\circ}{X}(t)] \tag{1.265}$$

对于 $U(t)$ ，其相关函数为

$$K_u(t,t') = M[\overset{\circ}{U}(t)\overset{\circ}{U}(t')] = M\left(\{L_{0t}[\overset{\circ}{X}(t)]\}\{L_{0t'}[\overset{\circ}{X}(t')]\}\right) \tag{1.266}$$

其中， $L_{0t'}$ 是对自变量 t' 的齐次线性微分算子。

把求取数学期望的运算与串联运算的线性算子 L_{0t} 和 $L_{0t'}$ 进行位置交换，可得下式，即

$$K_u(t,t') = L_{0t}L_{0t'}\{M[\overset{\circ}{X}(t)\overset{\circ}{X}(t')]\} \tag{1.267}$$

因此

$$K_u(t,t') = L_{0t}L_{0t'}[K_x(t,t')] \tag{1.268}$$

齐次微分算子 $L_{0t'}$ 和 L_{0t} 的串联运算等效于二维齐次线性微分算子 $L_{0t}L_{0t'}$ 的运算，并且

$$L_{0t}L_{0t'} = \sum_{s=0}^{n}\sum_{l=0}^{n} a_s(t)a_l(t')\frac{\partial^{s+l}}{\partial t^s \partial t'^l} \tag{1.269}$$

对于随机过程 $U(t)$ 的相关函数，式(1.268)可以重新写为

$$K_u(t,t') = \sum_{s=0}^{n}\sum_{l=0}^{n} a_s(t)a_l(t')\frac{\partial^{s+l}K_x(t,t')}{\partial t^s \partial t'^l} \tag{1.270}$$

如果随机过程 $X(t)$ 是广义平稳的，得到的公式就会大大简化。此时， $X(t)$ 的数学期望 $\overline{x}(t) = \overline{x}$ 是常数，相关函数 $K_x(t,t') = K_x(t-t') = K_x(\tau)$ 。由于常数的导数等于零，因此

$$M[X^{(s)}(t)] = \frac{\mathrm{d}^s\overline{x}}{\mathrm{d}t^s} = 0, \quad s = 1,2,\cdots \tag{1.271}$$

并且

$$\frac{\partial K_x(t-t')}{\partial t} = K'_x(\tau), \quad \frac{\partial K_x(t-t')}{\partial t'} = -K'_x(\tau) \tag{1.272}$$

$$\frac{\partial^2 K_x(t-t')}{\partial t \partial t'} = -K''_x(\tau) \tag{1.273}$$

因此，式(1.248)~式(1.250)中的 $K_{x',x}(t,t')$、$K_{x,x'}(t,t')$ 和 $K_{x'}(t,t')$ 对于广义平稳随机过程 $X(t)$ 可以写为

$$K_{x',x}(\tau) = K'_x(\tau) \tag{1.274}$$

$$K_{x,x'}(\tau) = -K'_x(\tau) \tag{1.275}$$

$$K_{x'}(\tau) = -K''_x(\tau) \tag{1.276}$$

由此可以推出，对于广义平稳随机过程 $X(t)$，其一次可微的必要充分条件是相关函数 $K_x(\tau)$ 在 $\tau = 0$ 点存在连续二阶导数。

对于 $X(t)$ 的二阶导数，其相关函数为

$$K_{x'}(\tau) = -K''_{x'}(\tau) = K_x^{IV}(\tau) \tag{1.277}$$

对于连续过程 $X''(t)$，若相关函数 $K_x^{IV}(\tau)$ 在 $\tau = 0$ 点是连续的，则其在任意 τ 点也是连续的。

若相关函数 $K_x(\tau)$ 在 $\tau = 0$ 点存在连续 $2n$ 阶导数，则广义平稳随机过程 $X(t)$ 可微分 n 次，因此

$$K_{x^{(s)}}(\tau) = (-1)^s K_x^{(2s)}(\tau), \quad s = 1,2,\cdots,n \tag{1.278}$$

$$K_{x^{(s)},x^{(l)}}(\tau) = (-1)^l K_x^{(s+l)}(\tau), \quad s,l = 1,2,\cdots,n \tag{1.279}$$

对于任意 $s \geqslant 1$ 阶导数 $X^{(s)}(\tau)$，其数学期望等于零，而相关函数依赖单一自变量 τ。因此，微分运算不破坏广义平稳性的属性，即广义平稳随机过程的任意阶导数是类似的随机过程。

相关函数 $K_x(\tau)$ 导数的计算通常与自变量 τ 的绝对值对 τ 的微分有关，即

$$|\tau| = \begin{cases} \tau, & \tau > 0 \\ -\tau, & \tau < 0 \end{cases} \tag{1.280}$$

则有下式，即

$$\frac{\mathrm{d}|\tau|}{\mathrm{d}\tau} = \frac{|\tau|}{\tau} = \mathrm{sign}\,\tau = \begin{cases} 1, & \tau > 0 \\ -1, & \tau < 0 \end{cases} \tag{1.281}$$

$$\frac{\mathrm{d}^2|\tau|}{\mathrm{d}\tau^2} = 2\delta(\tau) \tag{1.282}$$

存在 δ 函数和 $\dfrac{|\tau|}{\tau}$，意味着相应函数在 $\tau = 0$ 点是第一类型的中断函数。

对于广义平稳随机过程 $X(t)$，如果存在连续一阶导数 $X'(t)$，那么相关函数 $K_x(\tau)$ 在任意位置 τ 至少能被二次微分。由条件 $|K_x(\tau)| \leqslant K_x(0)$ 可以推出，函数 $K_x(\tau)$ 在 $\tau = 0$ 点取最大值，因此导数 $K'_x(\tau)$ 在这个点等于零，即 $K'_x(0) = 0$。由式(1.275)可得 $K_{x,x'}(0) = 0$，即

$$M[\overset{0}{X}(t)\,\overset{0}{X}'(t)] = 0 \tag{1.283}$$

因此，可微分的广义平稳随机过程 $X(t)$ 和它的一阶导数 $X'(t)$ 在同一时刻 t 是不相关的。若随机过程 $X(t)$ 是正态的，则从非相关性可以推出独立性。因此，平稳正态随机过程 $X(t)$ 及其一阶导数 $X'(t)$ 对于同一个自变量都是相互独立的。

相关函数 $K_x(\tau)$ 可通过式(1.132)表示，即

$$K_x(\tau) = \int_{-\infty}^{\infty} e^{i\omega\tau} S_x(\omega) d\omega \tag{1.284}$$

$K_x(\tau)$ 对 τ 两次求导，等价于对式(1.284)中被积函数 τ 的两次求导，由此可得下式，即

$$K''_x(\tau) = \int_{-\infty}^{\infty} e^{i\omega\tau} (i\omega)^2 S_x(\omega) d\omega \tag{1.285}$$

因为 $K''_x(\tau) = -K_{x'}(\tau)$，而 $i^2 = -1$，所以

$$K_{x'}(\tau) = \int_{-\infty}^{\infty} e^{i\omega\tau} \omega^2 S_x(\omega) d\omega \tag{1.286}$$

这样，随机过程 $X(t)$ 一次可微的充分必要条件是一阶导数 $X'(t)$ 的方差有限，即

$$D[X'(t)] = K_{x'}(0) = \int_{-\infty}^{\infty} \omega^2 S_x(\omega) d\omega < \infty \tag{1.287}$$

当这个条件满足时，由式(1.286)，根据傅里叶积分的逆运算可得下式，即

$$\omega^2 S_x(\omega) = \frac{1}{2\pi} \int_{-\infty}^{\infty} e^{-i\omega\tau} K_{x'}(\tau) d\tau = S_{x'}(\omega) \tag{1.288}$$

因此，对于一阶导数 $X'(t)$，谱密度为

$$S_{x'}(\omega) = \omega^2 S_x(\omega) \tag{1.289}$$

广义平稳随机过程 $X(t)$ 存在 l 阶导数的必要充分条件可以写为

$$D[X^{(l)}(t)] = \int_{-\infty}^{\infty} \omega^{2l} S_x(\omega) d\omega < \infty \tag{1.290}$$

当满足这个条件时，对于随机过程 $X^{(l)}(t)$，谱密度为

$$S_{x^{(l)}}(\omega) = \omega^{2l} S_x(\omega) \tag{1.291}$$

在实际中，谱密度 $S_x(\omega)$ 经常是自变量 ω^2 的分式有理函数，即

$$S_x(\omega) = \frac{q_0 \omega^{2m} + q_1 \omega^{2(m-1)} + \cdots + q_m}{p_0 \omega^{2n} + p_1 \omega^{2(n-1)} + \cdots + p_n} \tag{1.292}$$

并且分母中多项式的阶数 n 大于分子中多项式的阶数 m。若 $m=n$，则白噪声是随机过程 $X(t)$ 的组成分量。对于式(1.291)所示的谱密度，只有 $m+l<n$ 时，才可能满足式(1.290)的条件。因此，对于谱密度为式(1.292)所示的随机过程 $X(t)$，可微分次数不超过 $l_{\max} = n-m-1$。

设随机过程 $U(t)$ 是形式为式(1.257)所示的线性函数，但它的系数 $a_s(t)$ $(s=0,1,\cdots,n)$ 和 $b(t)$ 为常数系数 $a_s(s=0,1,\cdots,n)$ 和 b，即

$$U(t) = b + L_{0t}[X(t)] = b + \sum_{s=0}^{n} a_s X^{(s)}(t) \tag{1.293}$$

那么这个随机过程也是广义平稳的，因为这个属性在微分时保持了下来。因为 $\bar{x}(t) = \bar{x} = \text{const}$，所以对于数学期望 $M[U(t)] = \bar{u}$。由式(1.293)可得下式，即

$$\bar{u} = b + a_0 \bar{x} \tag{1.294}$$

根据式(1.270)，对于随机过程 $U(t)$，相关函数

$$K_u(t,t') = \sum_{s=0}^{n} \sum_{l=0}^{n} a_s a_l \frac{\partial^{s+l} K_x(t-t')}{\partial t^s \partial t'^l} \tag{1.295}$$

即

$$K_u(\tau) = \sum_{s=0}^{n} \sum_{l=0}^{n} (-1)^l a_s a_l K_x^{(s+l)}(\tau) \tag{1.296}$$

对式(1.284)进行微分，可得下式，即

$$K_x^{(s+l)}(\tau) = \int_{-\infty}^{\infty} e^{i\omega\tau} (i\omega)^{s+l} S_x(\omega) d\omega \tag{1.297}$$

因此，式(1.296)可以表示为

$$K_u(\tau) = \int_{-\infty}^{\infty} e^{i\omega\tau} \left[\sum_{s=0}^{n} a_s (i\omega)^s \right] \left[\sum_{l=0}^{n} a_l (-i\omega)^l \right] S_x(\omega) d\omega \tag{1.298}$$

对式(1.298)应用傅里叶逆变换可得下式，即

$$\left| \sum_{s=0}^{n} a_s (i\omega)^s \right|^2 S_x(\omega) = \frac{1}{2\pi} \int_{-\infty}^{\infty} e^{-i\omega\tau} K_u(\tau) d\tau = S_u(\omega) \tag{1.299}$$

因此，对于随机过程 $U(t)$，其谱密度为

$$S_u(\omega) = \left| \sum_{s=0}^{n} a_s (\mathrm{i}\omega)^s \right|^2 S_x(\omega) \tag{1.300}$$

1.7.2　积分线性运算的概率特性

将 $a \sim t$ 对随机过程 $X(t)$ 求积分得到的随机过程记为 $Y(t)$，即

$$Y(t) = \int_a^t X(t)\mathrm{d}t \tag{1.301}$$

随机过程 $Y(t)$ 的数学期望 $\overline{y}(t)$ 和相关函数 $K_y(t,t')$ 可以由 $\overline{x}(t)$ 和 $K_x(t,t')$ 表示。

对式(1.301)求数学期望，可得下式，即

$$\overline{y}(t) = M\left[\int_a^t X(t)\mathrm{d}t \right] \tag{1.302}$$

因为可以变换求取数学期望和积分的顺序，所以积分运算是线性的，可得下式，即

$$\overline{y}(t) = \int_a^t \overline{x}(t)\mathrm{d}t \tag{1.303}$$

因此，随机过程 $X(t)$ 积分的数学期望等于这个随机过程数学期望 $\overline{x}(t)$ 的积分。

零均值随机过程为

$$\overset{0}{Y}(t) = Y(t) - \overline{y}(t) = \int_a^t \overset{0}{X}(t)\mathrm{d}t \tag{1.304}$$

因此

$$K_y(t,t') = M[\overset{0}{Y}(t)\overset{0}{Y}(t')] = M\left\{ \left[\int_a^t \overset{0}{X}(t_1)\mathrm{d}t_1 \right]\left[\int_a^{t'} \overset{0}{X}(t_2)\mathrm{d}t_2 \right] \right\} \tag{1.305}$$

变换计算数学期望和求积分的顺序，可得随机过程的积分的相关函数，即

$$K_y(t,t') = \int_a^t \mathrm{d}t_1 \int_a^{t'} K_x(t_1,t_2)\mathrm{d}t_2 \tag{1.306}$$

若随机过程 $X(t)$ 是广义平稳的，则式(1.303)和式(1.306)可采取如下形式，即

$$\overline{y}(t) = \overline{x}(t-a) \tag{1.307}$$

$$K_y(t,t') = \int_a^t \mathrm{d}t_1 \int_a^{t'} K_x(t_1-t_2)\mathrm{d}t_2 \tag{1.308}$$

当 $\bar{x} \neq 0$ 时，数学期望 $\bar{y}(t)$ 取决于 t，这是因为广义平稳随机过程 $X(t)$ 的积分(1.301)是非平稳随机过程。

为了计算式(1.308)中的一个积分，把积分变量 t_2 变成 τ，假设 $t_1 - t_2 = \tau$，则有 $\mathrm{d}t_2 = -\mathrm{d}\tau$，那么

$$K_y(t,t') = \int_a^t \left[-\int_{t_1-a}^{t_1-t'} K_x(\tau)\mathrm{d}\tau \right] \mathrm{d}t_1 \tag{1.309}$$

对式(1.309)进行分部积分，设

$$v = \int \mathrm{d}t_1 = t_1, \quad u = \int_{t_1-t'}^{t_1-a} K_x(\tau)\mathrm{d}\tau \tag{1.310}$$

在对带变化范围的积分进行微分时，有下列通用公式，即

$$\frac{\mathrm{d}}{\mathrm{d}t}\int_{\varphi(t)}^{\psi(t)} \gamma(t,\tau)\mathrm{d}\tau = \gamma[t,\psi(t)]\psi'(t) - \gamma[t,\varphi(t)]\varphi'(t) + \int_{\varphi(t)}^{\psi(t)} \frac{\partial\gamma(t,\tau)}{\partial t}\mathrm{d}\tau \tag{1.311}$$

因此

$$\frac{\mathrm{d}u}{\mathrm{d}t_1} = K_x(t_1-a) - K_x(t_1-t') \tag{1.312}$$

那么

$$K_y(t,t') = t_1\int_{t_1-t'}^{t_1-a} K_x(\tau)\mathrm{d}\tau \Bigg|_{t_1=a}^{t_1=t} - \int_a^t t_1[K_x(t_1-a) - K_x(t_1-t')]\mathrm{d}t_1 \tag{1.313}$$

因此，对于随机过程 $Y(t)$，其相关函数为

$$K_y(t,t') = t\int_{t-t'}^{t-a} K_x(\tau)\mathrm{d}\tau - a\int_{a-t'}^{0} K_x(\tau)\mathrm{d}\tau - \int_0^{t-a}(\tau+a)K_x(\tau)\mathrm{d}\tau + \int_{a-t'}^{t-t'}(\tau+t')K_x(\tau)\mathrm{d}\tau \tag{1.314}$$

借助式(1.314)，当 $t' = t$ 时，可以求出随机过程 $Y(t)$ 的方差。因为 $K_x(-\tau) = K_x(\tau)$，所以

$$\int_{a-t}^0 K_x(\tau)\mathrm{d}\tau = -\int_{t-a}^0 K_x(-\tau_1)\mathrm{d}\tau_1 = \int_0^{t-a} K_x(\tau)\mathrm{d}\tau \tag{1.315}$$

于是

$$D[Y(t)] = K_y(t,t) = (t-a)\int_0^{t-a} K_x(\tau)\mathrm{d}\tau - \int_0^{t-a}(\tau+a)K_x(\tau)\mathrm{d}\tau + \int_0^{t-a}(-\tau+t)K_x(\tau)\mathrm{d}\tau \tag{1.316}$$

因此，对于广义平稳随机过程 $X(t)$ 的积分的方差，有

$$D\left[\int_a^t X(t)\mathrm{d}t\right] = 2\int_0^{t-a} (t-\tau-a)K_x(\tau)\mathrm{d}\tau \tag{1.317}$$

对式(1.317)进行微分，可得下式，即

$$\frac{\mathrm{d}}{\mathrm{d}t}D\left[\int_a^t X(t)\mathrm{d}t\right] = 2\int_0^{t-a} K_x(\tau)\mathrm{d}\tau \tag{1.318}$$

式(1.318)的右边部分不等于零，这是因为根据式(1.317)求出的随机过程 $Y(t)$ 的方差不是常数。因此，即使在 $\bar{x}=0$ 时，广义平稳随机过程 $X(t)$ 的积分也不是类似 $X(t)$ 的过程，即在求积分时，广义平稳性属性没有保持下来。

可以引入更加通用的随机过程 $V(t)$ 来替代 $Y(t)$ ，$V(t)$ 是随机过程 $X(t)$ 与给定函数 $H(t,t_1)$ 的乘积在任意非随机范围 $a(t)\sim b(t)$ 的积分，即

$$V(t) = \int_{a(t)}^{b(t)} H(t,t_1)X(t_1)\mathrm{d}t_1 \tag{1.319}$$

对于这个随机过程，其数学期望为

$$\bar{v}(t) = \int_{a(t)}^{b(t)} H(t,t_1)\bar{x}(t_1)\mathrm{d}t_1 \tag{1.320}$$

相关函数为

$$
\begin{aligned}
K_v(t,t') &= M[\overset{0}{V}(t)\overset{0}{V}(t')] \\
&= M\left\{\left[\int_{a(t)}^{b(t)} H(t,t_1)\overset{0}{X}(t_1)\mathrm{d}t_1\right]\left[\int_{a(t')}^{b(t')} H(t',t_2)\overset{0}{X}(t_2)\mathrm{d}t_2\right]\right\}
\end{aligned} \tag{1.321}
$$

变换求取数学期望和积分的顺序，可以得到随机过程积分的相关函数，即

$$K_v(t,t') = \int_{a(t)}^{b(t)} H(t,t_1)\mathrm{d}t_1 \int_{a(t')}^{b(t')} H(t',t_2)K_x(t_1,t_2)\mathrm{d}t_2 \tag{1.322}$$

对于随机过程 $V(t)$ 和 $X(t)$ ，其互相关函数为

$$K_{v,x}(t,t') = M[\overset{0}{V}(t)\overset{0}{X}(t')] = \int_{a(t)}^{b(t)} H(t,t_1)K_x(t_1,t')\mathrm{d}t_1 \tag{1.323}$$

$$K_{x,v}(t,t') = M[\overset{0}{X}(t)\overset{0}{V}(t')] = \int_{a(t')}^{b(t')} H(t',t_1)K_x(t,t_1)\mathrm{d}t_1 \tag{1.324}$$

假设

$$W(t) = N_t[X(t)] = c(t) + N_{0t}[X(t)] \tag{1.325}$$

其中，N_t 是非齐次线性算子；N_{0t} 是齐次线性算子(积分-微分算子)，它可能是如式(1.319)所示的积分的总和，也可能是如式(1.258)所示的齐次线性微分算子。

对于算子 N_{0t}，有

$$N_{0t}[A\varphi(t) + B\psi(t)] = AN_{0t}[\varphi(t)] + BN_{0t}[\psi(t)] \tag{1.326}$$

其中，A 和 B 为常数；$\varphi(t)$ 和 $\psi(t)$ 为已知函数。

假设对于随机过程 $X(t)$，算子 N_{0t} 可应用于数学期望 $\bar{x}(t)$ 和相关函数 $K_x(t,t')$，对于随机过程 $W(t)$，其数学期望为

$$\bar{w}(t) = N_t[\bar{x}(t)] = c(t) + N_{0t}[\bar{x}(t)] \tag{1.327}$$

随机过程 $W(t)$ 的相关函数为

$$K_w(t,t') = N_{0t}N_{0t'}[K_x(t,t')] \tag{1.328}$$

随机过程 $W(t)$ 的方差等于 $K_w(t,t)$。由式(1.328)可以看出，为了确定 $D[W(t)]$，只知道随机过程 $X(t)$ 的方差是不够的，还必须知道其相关函数 $K_x(t,t')$。

如果随机过程 $X(t)$ 是正态的，那么随机过程 $W(t) = N_t[X(t)]$ 同样是正态的。在这种情况下，当自变量 t 为任意测量值时，随机过程 $W(t)$ 可以表示为正态随机变量之和的形式。这个随机过程的任意阶概率分布函数完全由数学期望 $\bar{w}(t)$ 和相关函数 $K_w(t,t')$ 确定，数学期望 $\bar{w}(t)$ 和相关函数 $K_w(t,t')$ 可由式(1.327)和式(1.328)求出。

当运用非线性算子到随机过程 $X(t)$ 时，其概率特性在很大程度上取决于这个算子的形式。在大部分情况下，必须知道随机过程 $X(t)$ 的分布律。

例如，正态随机过程 $X(t)$ 的数学期望 $\bar{x}(t)$ 和相关函数 $K_x(t,t')$ 是已知的，要求出随机过程 $Y(t) = [X(t)]^2$ 的概率特性 $\bar{y}(t)$ 和 $K_y(t,t')$。因为随机变量平方的数学期望等于这个随机变量数学期望的平方与其方差之和，所以对于被求的数学期望，有

$$\bar{y}(t) = M\{[X(t)]^2\} = [\bar{x}(t)]^2 + K_x(t,t) \tag{1.329}$$

因此

$$\overset{0}{Y}(t) = [X(t)]^2 - \bar{y}(t) = [\overset{0}{X}(t)]^2 + 2\bar{x}(t)\overset{0}{X}(t) - K_x(t,t) \tag{1.330}$$

对于正态随机系统，任意奇数阶的中心矩等于零，因此有

$$\begin{aligned} K_y(t,t') &= M[\overset{0}{Y}(t)\overset{0}{Y}(t')] = M\{[\overset{0}{X}(t)\overset{0}{X}(t')]^2\} \\ &\quad + 4\bar{x}(t)\bar{x}(t')K_x(t,t') - K_x(t,t)K_x(t',t') \end{aligned} \tag{1.331}$$

4 个零均值正态随机变量乘积的数学期望可以通过它们之间的相关函数来表

示，即

$$M(\overset{0}{X_1}\overset{0}{X_2}\overset{0}{X_3}\overset{0}{X_4}) = k_{12}k_{34} + k_{13}k_{24} + k_{14}k_{23} \tag{1.332}$$

所以

$$M\{[\overset{0}{X}(t)\overset{0}{X}(t')]^2\} = K_x(t,t)K_x(t',t') + 2[K_x(t,t')]^2 \tag{1.333}$$

因此，对于随机过程 $Y(t)=[X(t)^2]$，其相关函数为

$$K_y(t,t') = 2[K_x(t,t')]^2 + 4\overline{x}(t)\overline{x}(t')K_x(t,t') \tag{1.334}$$

1.7.3　实例分析

例 1.9　根据给定的下列随机过程 $X(t)$ 的相关函数 $K_x(\tau)$。

(1) $K_x(\tau) = \sigma^2 \mathrm{e}^{-\alpha\tau^2}$。

(2) $K_x(\tau) = \sigma^2 \mathrm{e}^{-\alpha|\tau|}\left(1 + C\alpha|\tau|\right)$。

(3) $K_x(\tau) = \sigma^2 \mathrm{e}^{-\alpha|\tau|}\left(\cos\beta\tau + C\dfrac{\alpha}{\beta}\sin\beta|\tau|\right)$。

其中，$\alpha > 0$；$\beta > 0$；$|C| \leqslant 1$。

求一阶导数 $X'(t)$ 的相关函数 $K_{x'}(\tau)$ 和方差 $D[X'(t)]$，验证更高阶导数的存在。

解　(1) 相关函数 $K_x(\tau) = \sigma^2 \mathrm{e}^{-\alpha\tau^2}$ 可以被微分任意次。因此，具有这样相关函数的广义平稳随机过程 $X(t)$ 可以被微分无限次。对给定的相关函数进行微分，可得下式，即

$$K_x'(\tau) = -2\alpha\sigma^2 \mathrm{e}^{-\alpha\tau^2}, \quad K_x''(\tau) = -2\alpha\sigma^2 \mathrm{e}^{-\alpha\tau^2}(1 - 2\alpha\tau^2)$$

对于随机过程 $X'(t)$，其相关函数为

$$K_{x'}(\tau) = -K_x''(\tau) = 2\alpha\sigma^2 \mathrm{e}^{-\alpha\tau^2}(1 - 2\alpha\tau^2)$$

这个随机过程的方差为

$$D[X'(t)] = K_{x'}(0) = 2\alpha\sigma^2$$

(2) 对相关函数 $K_x(\tau) = \sigma^2 \mathrm{e}^{-\alpha|\tau|}(1 + C\alpha|\tau|)$ 微分一次，考虑等式 $\dfrac{\mathrm{d}|\tau|}{\mathrm{d}\tau} = \dfrac{|\tau|}{\tau}$，可得下式，即

$$K_x'(\tau) = \sigma^2 \mathrm{e}^{-\alpha|\tau|}\left[-\alpha\frac{|\tau|}{\tau}(1 + C\alpha|\tau|) + C\alpha\frac{|\tau|}{\tau}\right]$$

$$= -\alpha\sigma^2 \mathrm{e}^{-\alpha|\tau|}\left[(1-C)\frac{|\tau|}{\tau} + C\alpha\tau\right]$$

如果 $C \neq 1$，那么得到的表达式包含关系式 $\dfrac{|\tau|}{\tau}$。它在 $\tau < 0$ 时等于–1，在 $\tau > 0$ 时等于 1。因此，可得下式，即

$$K'_x(\tau) = \begin{cases} -\alpha\sigma^2 e^{-\alpha\tau}(1-C+C\alpha\tau), & \tau > 0 \\ \alpha\sigma^2 e^{-\alpha\tau}(1-C-C\alpha\tau), & \tau < 0 \end{cases}$$

在 $\tau = 0$ 时，导数 $K'_x(\tau)$ 不存在，因为这是第一类型的中断，即从 $\tau = 0^-$ 时的值 $\alpha\sigma^2(1-C)$ 到 $\tau = 0^+$ 时的值 $-\alpha\sigma^2(1-C)$ 的阶跃。因此，当 $C \neq 1$ 时，随机过程是不可微分的。

由式(1.184)可知，相关函数 $K_x(\tau)$ 的谱密度为

$$S_x(\omega) = \frac{\alpha\sigma^2\left[(1-C)\omega^2 + (1+C)\alpha^2\right]}{\pi(\omega^2+\alpha^2)^2}$$

对于 ω^2，分母中多项式的次数 $n = 2$，如果 $C \neq 1$，则分子中多项式的次数 $m = 1$。因为 $l_{max} = n - m - 1 = 0$，所以在 $C \neq 1$ 时，随机过程 $X(t)$ 是不可微的。显然，当 $C = 0$ 时，相关函数和谱密度为

$$K_x(\tau) = \sigma^2 e^{-\alpha|\tau|}, \quad S_x(\omega) = \frac{\alpha\sigma^2}{\pi(\omega^2+\alpha^2)}$$

具有这样概率特性的随机过程 $X(t)$ 是不可微的。

若 $C = 1$，则谱密度 $S_x(\omega) = \dfrac{2\alpha^3\sigma^2}{\pi(\omega^2+\alpha^2)^2}$。这个函数的分子是常数，这是因为对于 ω^2，次数 $m = 0$，因此有 $l_{max} = n - m - 1 = 1$，则相关函数为 $K_x(\tau) = \sigma^2 e^{-\alpha|\tau|}(1+\alpha|\tau|)$ 的随机过程 $X(t)$ 是一次可微的。

在这种情况下，$K'_x(\tau) = -\alpha^2\sigma^2\tau e^{-\alpha|\tau|}$，这个函数在 $\tau = 0$ 时等于零。二阶导数 $K''_x(\tau) = -\alpha^2\sigma^2 e^{-\alpha|\tau|}(1-\alpha|\tau|)$，这个函数在 $\tau = 0$ 是连续的。

对于 $X(t)$ 的一阶导数 $X'(t)$，其相关函数为

$$K_{x'}(\tau) = -K''_x(\tau) = \alpha^2\sigma^2\tau e^{-\alpha|\tau|}(1-\alpha|\tau|)$$

这个随机过程的方差 $D[X'(t)] = K_{x'}(0) = \alpha^2\sigma^2$。

对函数 $K''_x(\tau)$ 微分，可得下式，即

$$K'''_x(\tau) = -\alpha^2\sigma^2 e^{-\alpha|\tau|}\left[-\alpha\frac{|\tau|}{\tau}(1-\alpha|\tau|) - \alpha\frac{|\tau|}{\tau}\right] = \alpha^3\sigma^2 e^{-\alpha|\tau|}\left(2\frac{|\tau|}{\tau} - \alpha\tau\right)$$

在 $\tau = 0$，这个导数不存在。因此，当 $C = 1$ 时，随机过程 $X(t)$ 仅是一次可微的。

(3) 根据式(1.179)，相关函数 $K_x(\tau) = \sigma^2 e^{-\alpha|\tau|}\left(\cos\beta\tau - C\dfrac{\alpha}{\beta}\sin\beta|\tau|\right)$ 的谱密度为

$$S_x(\omega) = \frac{\alpha\sigma^2\Big[(1-C)\omega^2 + (1+C)(\alpha^2+\beta^2)\Big]}{\pi\Big[(\omega^2+\alpha^2-\beta^2)^2 + 4\alpha^2\beta^2\Big]}$$

对于 ω^2，这个函数的分母的次数 $n=2$。若 $C \neq 1$，则分子的次数 $m=1$。因为 $l_{\max} = n-m-1 = 0$，所以在 $C \neq 1$ 时，随机过程 $X(t)$ 是不可微的。若 $C=1$，则在 $S_x(\omega)$ 中，分子为常数，此时 $m=0$。在这种情况下，$l_{\max} = n-m-1 = 1$，此时随机过程是一次可微的。

对相关函数进行微分，可得下式，即

$$K_x'(\tau) = \sigma^2 \mathrm{e}^{-\alpha|\tau|}\left[-\alpha\frac{|\tau|}{\tau}\left(\cos\beta\tau + C\frac{\alpha}{\beta}\sin\beta|\tau|\right) - \beta\sin\beta\tau + C\alpha\frac{|\tau|}{\tau}\cos\beta|\tau|\right]$$

因为 $\cos\beta|\tau| = \cos\beta\tau$，而 $\dfrac{|\tau|}{\tau}\sin\beta|\tau| = \sin\beta\tau$，所以

$$K_x'(\tau) = \sigma^2 \mathrm{e}^{-\alpha|\tau|}\left[(1-C)\alpha\frac{|\tau|}{\tau}\cos\beta\tau + \left(C\frac{\alpha^2}{\beta} + \beta\right)\sin\beta\tau\right]$$

若 $C \neq 1$，则这个导数在 $\tau = 0$ 不存在，因此当 $C \neq 1$ 时，随机过程 $X(t)$ 是不可微的。当 $C=1$ 时，有

$$K_x'(\tau) = -\frac{\sigma^2}{\beta}(\alpha^2+\beta^2)\mathrm{e}^{-\alpha|\tau|}\sin\beta\tau$$

这个函数在 $\tau = 0$ 是连续的，并且 $K_x'(0) = 0$，因此

$$K_x''(\tau) = -\frac{\sigma^2}{\beta}(\alpha^2+\beta^2)\mathrm{e}^{-\alpha|\tau|}\left(-\alpha\frac{|\tau|}{\tau}\sin\beta\tau + \beta\cos\beta\tau\right)$$

在 $\tau = 0$，这个导数存在且是连续的。因此，对于 $X(t)$ 的一阶导数 $X'(t)$，其相关函数为

$$K_{x'}(\tau) = -K_x''(\tau) = -\sigma^2(\alpha^2+\beta^2)\mathrm{e}^{-\alpha|\tau|}\left(\cos\beta\tau - \frac{\alpha}{\beta}\sin\beta|\tau|\right)$$

这个随机过程的方差为

$$D\big[X'(t)\big] = K_{x'}(0) = \sigma^2(\alpha^2+\beta^2)$$

对 $K_x''(\tau)$ 微分，可得下式，即

$$K_x'''(\tau) = -\sigma^2(\alpha^2+\beta^2)\mathrm{e}^{-\alpha|\tau|}\left[-\alpha\frac{|\tau|}{\tau}\left(\cos\beta\tau - \frac{\beta}{\alpha}\sin\beta|\tau|\right) - \beta\sin\beta\tau - \alpha\frac{|\tau|}{\tau}\cos\beta\tau\right]$$

$$= \sigma^2(\alpha^2+\beta^2)\mathrm{e}^{-\alpha|\tau|}\left(2\alpha\frac{|\tau|}{\tau}\cos\beta\tau + \frac{\beta^2-\alpha^2}{\beta}\sin\beta\tau\right)$$

　　显然，这个函数在 $\tau=0$ 不存在，这是因为当 $C=1$ 时，随机过程仅仅是一次可微的。

　　例 1.10　巡航导弹飞行偏离预定飞行高度的偏差 $X(t)$ 是平稳正态随机过程，它的相关函数 $K_x(\tau)=\sigma^2\mathrm{e}^{-\alpha|\tau|}\left(\cos\beta\tau+\dfrac{\alpha}{\beta}\sin\beta|\tau|\right)$。求在固定时刻 t，当 $\sigma=2\mathrm{m}$、$\alpha=0.3\mathrm{s}^{-1}$、$\beta=0.4\mathrm{s}^{-1}$、$v_0=1\mathrm{m/s}$ 时，垂直速度 $V(t)=X'(t)$ 大于 v_0 的概率。

　　解　导弹的垂直速度 $V(t)$ 是正态随机过程 $X(t)$ 的线性微分，所以 $V(t)$ 同样是正态随机过程，它的数学期望 $\bar{v}=\dfrac{\mathrm{d}\bar{x}}{\mathrm{d}t}=0$，相关函数(参看例1.9的(3))为

$$K_v(\tau)=\sigma^2(\alpha^2+\beta^2)\mathrm{e}^{-\alpha|\tau|}\left(\cos\beta\tau-\dfrac{\alpha}{\beta}\sin\beta|\tau|\right)$$

这个随机过程的方差为

$$D\big[V(t)\big]=\sigma_v^2=K_v(0)=\sigma^2(\alpha^2+\beta^2)=4\times(0.09+0.16)=1$$

所求的概率为

$$P\big[V(t)>v_0\big]=1-F_H\left(\dfrac{v_0}{\sigma_v}\right)=1-F_H(1)=0.15866$$

　　例 1.11　随机过程 $U(t)=a(t)X(t)+b(t)X'(t)+c(t)X''(t)+d(t)$，其中 $a(t)$、$b(t)$、$c(t)$ 和 $d(t)$ 是给定的函数，而 $X(t)$ 是概率特性为 $\bar{x}(t)$ 和 $K_x(t,t')$ 的随机过程。求随机过程 $U(t)$ 的数学期望 $\bar{u}(t)$ 和相关函数 $K_u(t,t')$。

　　对于二次可微的随机过程 $X(t)$，其相关函数和谱密度为

$$K_x(\tau)=\sigma^2\mathrm{e}^{-\alpha|\tau|}\left(1+\alpha|\tau|+\dfrac{1}{3}\alpha^2\tau^2\right),\quad S_x(\omega)=\dfrac{8\sigma^2\alpha^5}{3\pi(\omega^2+\alpha^2)^2}\qquad(1.335)$$

已知常数 a、b 和 c 时，求 $U(t)$ 的相关函数 $K_u(\tau)$ 和谱密度 $S_u(\omega)$。

　　解　根据非齐次线性微分算子的计算，可从 $X(t)$ 得到随机过程 $U(t)$。根据式(1.263)，可得这个随机过程的数学期望，即

$$\bar{u}(t)=a(t)\bar{x}(t)+b(t)\bar{x}'(t)+c(t)\bar{x}''(t)+d(t)$$

若随机过程 $X(t)$ 是广义平稳的，则 $\bar{x}=\mathrm{const}$，此时 $\bar{u}(t)=a(t)\bar{x}(t)+d(t)$。

　　因此，齐次线性微分算子为

$$L_{0t}=a(t)+b(t)\dfrac{\mathrm{d}}{\mathrm{d}t}+c(t)\dfrac{\mathrm{d}^2}{\mathrm{d}t^2}$$

　　根据式(1.268)和式(1.269)，对于随机过程 $U(t)$，其相关函数为

$$K_u(t,t') = \left[a(t) + b(t)\frac{\partial}{\partial t} + c(t)\frac{\partial^2}{\partial t^2} \right]\left[a(t') + b(t')\frac{\partial}{\partial t'} + c(t')\frac{\partial^2}{\partial t'^2} \right]K_x(t,t')$$

$$= \left[a(t)a(t') + a(t)b(t')\frac{\partial}{\partial t'} + b(t)a(t')\frac{\partial}{\partial t} + a(t)c(t')\frac{\partial^2}{\partial t'^2} \right.$$

$$+ c(t)a(t')\frac{\partial^2}{\partial t^2} + b(t)b(t')\frac{\partial^2}{\partial t\partial t'} + b(t)c(t')\frac{\partial^3}{\partial t\partial t'^2}$$

$$\left. + c(t)b(t')\frac{\partial^3}{\partial t^2\partial t'} + c(t)c(t')\frac{\partial^4}{\partial t^2\partial t'^2} \right]K_x(t,t')$$

若随机过程 $X(t)$ 是广义平稳的，当常数 a、b 和 c 已知时，根据式(1.296)，可得下式，即

$$K_u(\tau) = a\left[aK_x(\tau) - bK_x'(\tau) + cK_x''(\tau) \right] + b\left[aK'(\tau)_x - bK_x''(\tau) + cK_x'''(\tau) \right]$$

$$+ c\left[aK_x''(\tau) - bK_x'''(\tau) + cK_x''''(\tau) \right]$$

$$= a^2 K_x(\tau) - (b^2 - 2ac)K_x''(\tau) + c^2 K_x''''(\tau)$$

或者

$$K_u(\tau) = a^2 K_x(\tau) + (b^2 - 2ac)K_{x'}(\tau) + c^2 K_{x''}(\tau)$$

对于给定的相关函数 $K_x(\tau)$，有

$$K_{x'}(\tau) = -K_x''(\tau) = \frac{1}{3}\sigma^2\alpha^2 e^{-\alpha|\tau|}(1 + \alpha|\tau| - \alpha^2\tau^2)$$

$$K_{x''}(\tau) = K_x''''(\tau) = \frac{1}{3}\sigma^2\alpha^4 e^{-\alpha|\tau|}(3 - 5\alpha|\tau| + \alpha^2\tau^2)$$

对于随机过程 $U(t)$，其谱密度为

$$S_u(\omega) = a^2 S_x(\omega) + (b^2 - 2ac)S_{x'}(\omega) + c^2 S_{x''}(\omega)$$

$$= [a^2 + (b^2 - 2ac)\omega^2 + c^2\omega^4]S_x(\omega)$$

即

$$S_u(\omega) = \frac{8\sigma^2\alpha^5[a^2 + (b^2 - 2ac)\omega^2 + c^2\omega^4]}{3\pi(\omega^2 + \alpha^2)^3}$$

若运用式(1.300)，可得到同样的结果，即

$$S_u(\omega) = \left| a + b(i\omega) + c(i\omega)^2 \right|^2 S_x(\omega) = \left[(a - c\omega^2)^2 + b^2\omega^2 \right]S_x(\omega)$$

例 1.12　若平稳正态随机过程 $X(t)$ 的数学期望 $\bar{x}$ 和相关函数 $K_x(\tau)$ 已知，求该过程的一阶导数 $V(t) = X'(t)$ 和对于同一个自变量 t 的二维概率分布密度 $f_{1,1}(x,v,t)$。

解　随机过程 $V(t)$ 是正态随机过程 $X(t)$ 的线性微分，因此 $V(t)$ 同样是正态随机过程。它的数学期望 $\bar{v} = \dfrac{\mathrm{d}\bar{x}}{\mathrm{d}t} = 0$ ，相关函数 $K_v(\tau) = -K''(\tau)$ ，而方差 $D[V(\tau)] = \sigma_v^2 = K_v(0)$ 。在自变量 t 取相同的值时，正态随机过程 $X(t)$ 和 $V(t)$ 都是独立的。因此，所求的概率分布密度为

$$f_{1,1}(x,v,t,t) = f_x(x)f_v(v)$$

其中

$$f_x(x) = \frac{1}{\sqrt{2\pi K_x(0)}} \exp\left[-\frac{(x-\bar{x})^2}{2K_x(0)}\right]$$

$$f_v(v) = \frac{1}{\sqrt{2\pi K_v(0)}} \exp\left[-\frac{v^2}{2K_v(0)}\right]$$

例 1.13　对于维纳随机过程 $X(t)$ ，其数学期望等于零，而相关函数为

$$K_x(t,t') = \begin{cases} \beta^2 t', & t' < t \\ \beta^2 t, & t' \geqslant t \end{cases}$$

求随机过程 $Y(t) = X'(t)$ 的数学期望和相关函数。

解　因为 $\bar{x}(t) = \bar{x} = 0$ ，所以对于随机过程 $Y(t) = X'(t)$ ，数学期望 $\bar{y}(t) = \dfrac{\mathrm{d}\bar{x}}{\mathrm{d}t} = 0$ 。当 t' 值固定时，对 t 微分可求出下式，即

$$\frac{\partial K_x(t,t')}{\partial t} = \begin{cases} 0, & t' < t \\ \beta^2, & t' > t \end{cases}$$

在 $t' = t$ 点，这个导数不存在，因为它在左边和右边的边界值是不同的(第一种类型的中断)。因此，随机过程 $X(t)$ 是均方不可微的。

借助单位阶跃函数 $\varepsilon(t)$ ，相关函数的偏导数可以表示为

$$\frac{\partial K_x(t,t')}{\partial t} = \beta^2 \varepsilon(t' - t)$$

那么

$$\frac{\partial^2 K_x(t,t')}{\partial t \partial t'} = \beta^2 \delta(t' - t)$$

即 $K_y(\tau) = \beta^2 \delta(\tau)$ 。由这个表达式可知，随机过程 $Y(t) = X'(t)$ 是强度为 $c = \beta^2$ 的白噪声。随机过程 $X(t)$ 是正态的，因此 $Y(t)$ 是正态白噪声，并且是平稳的，而正态的、马尔可夫的维纳随机过程 $X(t)$ 是非平稳的。

例 1.14　随机过程 $Y(t)$ 与广义平稳随机过程 $X(t)$ 的关系为

$$Y(t) = \int_0^\infty w(t_1)X(t - t_1)\mathrm{d}t_1$$

其中，$w(t_1)$ 是已知函数。

试分析随机过程 $Y(t)$ 是否为广义平稳的。

解　如果随机过程 $Y(t)$ 是广义平稳的，那么它的数学期望是常数，而相关函数取决于自变量的差值。当 $\bar{x}(t) = \bar{x}$ 时，可求出下式，即

$$\bar{y}(t) = M\left[\int_0^\infty w(t_1)X(t - t_1)\mathrm{d}t_1\right] = \int_0^\infty w(t_1)M\left[X(t - t_1)\right]\mathrm{d}t_1$$

$$= \bar{x}\int_0^\infty w(t_1)\mathrm{d}t_1 = \text{const}$$

其相关函数为

$$K_y(t,t') = M\left[\overset{0}{Y}(t)\overset{0}{Y}(t')\right] = M\left\{\left[\int_0^\infty w(t_1)\overset{0}{X}(t - t_1)\mathrm{d}t_1\right]\left[\int_0^\infty w(t_2)\overset{0}{X}(t' - t_2)\mathrm{d}t_2\right]\right\}$$

$$= \int_0^\infty w(t_1)\mathrm{d}t_1\int_0^\infty w(t_2)M\left[\overset{0}{X}(t - t_1)\overset{0}{X}(t' - t_2)\right]\mathrm{d}t_2$$

$$= \int_0^\infty w(t_1)\mathrm{d}t_1\int_0^\infty w(t_2)K_x(t - t_1, t' - t_2)\mathrm{d}t_2$$

因为随机过程 $X(t)$ 是广义平稳的，所以 $K_x(t - t_1, t' - t_2) = K_x(\tau - t_1 + t_2)$，其中 $\tau = t - t'$。于是

$$K_y(t,t') = \int_0^\infty w(t_1)\mathrm{d}t_1\int_0^\infty w(t_2)K_x(\tau - t_1 + t_2)\mathrm{d}t_2$$

这个表达式的右边部分只是单一自变量 τ 的函数，即 $K_y(t,t') = K_y(\tau)$。

对于随机过程 $Y(t)$，其数学期望 $\bar{y}(t) = \bar{y} = \text{const}$，而其相关函数 $K_y(t,t') = K_y(\tau)$。因此，随机过程 $Y(t)$ 也同样是广义平稳的。

例 1.15　在确定巡航导弹的飞行速度时，用积分器表示飞行速度的误差，即

$$\Delta V(t) = g\int_0^t \Theta(t)\mathrm{d}t$$

其中，g 是重力加速度；$\Theta(t)$ 是测量误差。

该误差是广义平稳随机过程，数学期望等于零，且相关函数为

$$K_\theta(\tau) = \frac{\sigma^2}{\alpha-\beta}(\alpha e^{-\beta|\tau|} - \beta e^{-\alpha|\tau|})$$

并且 α 和 β 是给定的常数，$\beta \neq \alpha$。求在时间 T 内飞行速度误差的方差。

解　应用式(1.317)，可求出

$$D\big[\Delta V(T)\big] = g^2 D\left[\int_0^T \Theta(t)\mathrm{d}t\right] = 2g^2 \int_0^T (T-\tau)K_\theta(\tau)\mathrm{d}\tau$$

$$= \frac{2g^2\sigma^2}{\alpha-\beta}\int_0^T (T-\tau)(\alpha e^{-\beta\tau} - \beta e^{-\alpha\tau})\mathrm{d}\tau$$

因为

$$\int_0^T (T-\tau)e^{-\gamma z}\mathrm{d}\tau = \frac{1}{\gamma^2}(T\gamma - 1 + e^{-\gamma T})$$

所以

$$D[\Delta V(T)] = \frac{2g^2\sigma^2}{\alpha-\beta}\left[\frac{\alpha}{\beta^2}(T\beta - 1 + e^{-\beta T}) - \frac{\beta}{\alpha^2}(T\alpha - 1 + e^{-\alpha T})\right]$$

$$= 2g^2\sigma^2\left[\left(\frac{1}{\alpha} + \frac{1}{\beta}\right)T - \left(\frac{1}{\alpha^2} + \frac{1}{\beta^2} + \frac{1}{\alpha\beta}\right) + \frac{1}{\alpha-\beta}\left(\frac{\alpha}{\beta^2}e^{-\beta T} - \frac{\beta}{\alpha^2}e^{-\alpha T}\right)\right]$$

例 1.16　导弹控制装置的偏差角 $Y(t)$ 与旋转角 $X(t)$ 有关，可表示为

$$Y(t) = a(t)X(t) + b(t)\frac{\mathrm{d}X(t)}{\mathrm{d}t} + \int_0^t H(t,t_1)X(t_1)\mathrm{d}t_1$$

其中，$a(t)$、$b(t)$ 和 $H(t,t_1)$ 是已知函数；$X(t)$ 是已知数学期望 $\bar{x}(t)$ 和相关函数 $K_x(t,t')$ 的随机过程。

求随机偏差角 $Y(t)$ 的数学期望 $\bar{y}(t)$ 和相关函数 $K_y(t,t')$。

解　从 $X(t)$ 变换到随机过程 $Y(t)$，包含齐次线性积分和微分算子。根据式(1.327)，所求的数学期望为

$$\bar{y}(t) = a(t)\bar{x}(t) + b(t)\frac{\mathrm{d}\bar{x}(t)}{\mathrm{d}t} + \int_0^t H(t,t_1)\bar{x}(t_1)\mathrm{d}t_1$$

而相关函数为

$$K_y(t,t') = M[\overset{0}{Y}(t)\overset{0}{Y}(t')] = M\left\{\left[a(t)\overset{0}{X}(t) + b(t)\frac{\mathrm{d}\overset{0}{X}(t')}{\mathrm{d}t}\right.\right.$$

$$\left.\left. + \int_0^t H(t,t_1)\overset{0}{X}(t_1)\mathrm{d}t_1\right]\left[a(t')\overset{0}{X}(t') + b(t')\frac{\mathrm{d}\overset{0}{X}(t')}{\mathrm{d}t'} + \int_0^{t'} H(t',t_2)\overset{0}{X}(t_2)\mathrm{d}t_2\right]\right\}$$

因此，所求的相关函数为

$$K_y(t,t') = a(t) + \left[a(t')K_x(t,t') + b(t')\frac{\partial K_x(t,t')}{\partial t'}\right.$$

$$\left. + \int_0^t H(t',t_2)K_x(t,t_2)\mathrm{d}t_2\right] + b(t)\left[a(t')\frac{\partial K_x(t,t')}{\partial t} + b(t')\frac{\partial^2 K_x(t,t')}{\partial t\partial t'}\right.$$

$$\left. + \int_0^{t'} H(t',t_2)\frac{\partial K_x(t,t_2)}{\partial t}\mathrm{d}t_2\right] + \int_0^t H(t,t_1)\left[a(t')K_x(t_1,t') + b(t')\frac{\partial K_x(t_1,t')}{\partial t'}\right.$$

$$\left. + \int_0^{t'} H(t',t_2)K_x(t_1,t_2)\mathrm{d}t_2\right]\mathrm{d}t_1$$

例 1.17　作用在舰船陀螺仪转子上的扰动转矩 $X(t)$ 与舰船的横倾角 $\Theta(t)$ 和纵倾角 $\Psi(t)$ 有关，关系式为

$$X(t) = a[\Theta(t)]^2 + b[\Psi(t)]^2 + c\Theta(t)\Psi'(t)$$

其中，a、b 和 c 是已知常数。

如果横倾角 $\Theta(t)$ 和纵倾角 $\Psi(t)$ 是独立的平稳正态随机过程，且它们的数学期望等于零，相关函数 $K_\theta(\tau)$ 和 $K_\psi(\tau)$ 为已知。求随机过程 $X(t)$ 的数学期望和相关函数。

解　因为随机过程 $\Theta(t)$ 和 $\Psi(t)$ 是独立的，而它们的数学期望等于零，那么考虑式(1.329)，所求的数学期望为

$$\bar{x} = aD[\Theta(t)] + bD[\Psi(t)] = aK_\theta(0) + bK_\psi(0)$$

并且有

$$M[X(t)X(t')] = M\left\{a[\Theta(t)]^2 + b[\Psi(t)]^2 + c\Theta(t)\Psi'(t)\right\}\left\{a[\Theta(t')]^2\right.$$

$$\left. + b[\Psi(t')]^2 + c\Theta(t')\Psi'(t')\right\}$$

根据式(1.333)，有下列等式，即

$$M\left\{[\Theta(t)\Theta(t')]^2\right\} = [K_\theta(0)]^2 + 2[K_\theta(\tau)]^2$$

因此

$$M[X(t)X(t')] = a^2\left\{[K_\theta(t)]^2 + 2[K_\theta(\tau)]^2\right\} + b^2\left\{[K_\Psi(0)]^2 + 2[K_\Psi(\tau)]^2\right\}$$
$$+ 2abK_\theta(0)K_\Psi(0) + c^2 K_\theta(t)K_{\Psi'}(\tau)$$

因为 $K_{\Psi'}(\tau) = -K''_\Psi(\tau)$，所以相关函数为

$$K_x(\tau) = M[X(t)X(t')] - (\overline{x})^2$$
$$= 2a^2[K_\theta(\tau)]^2 + 2b^2[K_\Psi(\tau)]^2 - c^2 K_\theta(\tau)K''_\Psi(\tau)$$

1.8　随　机　序　列

1.8.1　随机序列的基本概率特性

若自变量 t 只采用离散值 t_j $(j = 0,1,\cdots$ 或者 $j = 0,\pm1,\pm2,\cdots)$，则随机过程 $X(t)$ 称为随机序列(或带离散时间的随机过程)。当 $t_j = jT$ 时，非随机常数 T 称为随机过程的离散性(数字化)周期。随机序列 $X(t)$ 的组元 $X(t_j)$ $(j = 0,1,\cdots)$ 通过 $X_j(j = 0,1,\cdots)$ 表示，并且 X_j 是连续或者离散的随机变量。若随机变量 $X_j(j = 0,1,\cdots)$ 是连续的，则每一个变量完全可以用随机序列 $X(t)$ 在自变量 t 取相应值时的一维概率密度 $f_1(x;t)$ 来表征。对于随机变量 X_j，数学期望可由式(1.336)确定，即

$$\overline{x}(t_j) = \overline{x}_j = \overline{x}[j] = \int_{-\infty}^{\infty} x f_1(x, t_j)\mathrm{d}x \tag{1.336}$$

差分 $X_j - \overline{x}_j = \overset{0}{X}_j$ 是零均值随机序列 $\overset{0}{X}(t) = X(t) - \overline{x}(t)$ 的组元。对于随机变量 X_j，方差可以按下式确定，即

$$D(X_j) = M(\overset{0}{X}{}_j^2) = \int_{-\infty}^{\infty} x^2 f_1(x, t_j)\mathrm{d}x - \overline{x}_j^2 \tag{1.337}$$

随机序列 $X(t)$ 的两个组元的集合 (X_j, X_s) 完全可以用 $t = t_j$ 和 $t' = t_s$ 时的二维概率密度表征。对于随机序列 $X(t)$，其相关函数为

$$K_x(t_j, t_s) = M(\overset{0}{X}_j \overset{0}{X}_s) = M(X_j X_s) - \overline{x}_j \overline{x}_s \tag{1.338}$$

这个函数可以通过 $K_x[j,s]$ 标记。当已知随机序列 $X(t)$ 的二维概率密度时，其相关函数按照式(1.339)确定，即

$$K_x[j,s] = \iint\limits_{-\infty}^{\infty} xx'f_2(x,x';t_j,t_s)\mathrm{d}x\mathrm{d}x' - \overline{x}_j\overline{x}_s \tag{1.339}$$

则式(1.340)是成立的，即

$$K_x[j,s] = K_x[s,j] \tag{1.340}$$

若随机序列 $X(t)$ 是复数的，则相关函数为

$$K_x[j,s] = M(\overset{0}{X_j}\overset{0}{X_s^*}) \tag{1.341}$$

因此

$$K_x[j,s] = K_x^*[s,j] \tag{1.342}$$

对于随机变量 X_j，方差在 $s=j$ 时与相关函数 $K_x[j,s]$ 吻合，即

$$D(X_j) = M(|\overset{0}{X_j}|^2) = K_x[j,j], \quad j = 0,1,\cdots \tag{1.343}$$

若对于某随机序列，任意 $n \geqslant 1$ 阶的分布律不依赖离散自变量 t 的读数起点，则与带连续时间的随机过程类似，该随机序列 $X(t)$ 称为平稳随机序列。因此，一维概率密度 $f_1(x;t_j)$ 不依赖 t_j，即 $f_1(x;t_j) = f_1(t)$ $(j=0,1,\cdots)$，而二维概率密度 $f_2(x,x';t_j,t_s)$ 通过差分 $t_j - t_s$ 依赖 t_j 和 t_s，即 $f_2(x,x';t_j,t_s) = f_2(x,x';t_j - t_s)$。这样，数学期望 $\overline{x}(t_j)$ 为

$$\overline{x}(t_j) = \overline{x}_j = \overline{x} = \int_{-\infty}^{\infty} xf_1(x)\mathrm{d}x, \quad j = 0,1,\cdots \tag{1.344}$$

对于平稳随机序列 $X(t)$，相关函数 $K_x(t_j,t_s)$ 通过差分 $t_j - t_s$ 依赖自变量 t_j 和 t_s，因为

$$K_x[t_j,t_s] = K_x[t_j - t_s] = \iint\limits_{-\infty}^{\infty} xx'f_2(x,x';t_j - t_s)\mathrm{d}x\mathrm{d}x' - \overline{x}^2 \tag{1.345}$$

式(1.345)可写为

$$K_x[j,s] = K_x[r] \tag{1.346}$$

其中，$r = j - s$。

1.8.2　平稳随机序列

若对于某随机序列，其数学期望 $\overline{x}(t_j)$ 不依赖 t_j，而相关函数 $K_x(t_j,t_s)$ 在任意 t_j 和 t_s 时通过差分 $t_j - t_s$ 依赖自变量 t_j 和 t_s，则随机序列 $X(t)$ 称为广义平稳的。对于平稳序列，上述条件也是满足的，因此平稳序列是广义平稳的，但广义平稳序

列不一定是平稳随机序列。

对于广义平稳随机序列，其相关函数满足下式，即

$$K_x[-r] = K_x[r] \tag{1.347}$$

若随机序列是复数的，则

$$K_x[-r] = K_x^*[r] \tag{1.348}$$

对于这个序列的每一个组元，方差是相同的，并且

$$D(X_j) = D_x = \sigma_x^2 = K_x[0] \tag{1.349}$$

若对任意 s 和 n ，随机变量系统 $(X_{s+1}, X_{s+2}, \cdots, X_{s+n})$ 是正态的，则随机序列 $X(t)$ 是正态的。这个系统可以完全由系统的数学期望 $\bar{x}_j$ $(j = s+1, s+2, \cdots, s+n)$ 和协方差矩阵 $K = \|K_{s+j,s+l}\|$ 表征。因此，对于正态随机序列 $X(t)$ ，任意 n 阶分布规律完全由 $\bar{x}_j = \bar{x}(t_j)$ 和 $K[j,s] = K_x(t_j,t_s)$ $(j,s = 0,1,\cdots)$ 来确定。正态随机序列 $X(t)$ 的一维和二维概率密度函数为

$$f_1(x,t_j) = \frac{1}{\sigma_j \sqrt{2\pi}} \exp\left[-\frac{1}{2}\left(\frac{x - \bar{x}_j}{\sigma_j}\right)^2\right] \tag{1.350}$$

$$f_2(x,x';t_j,t_s) = \frac{1}{2\pi \sigma_j \sigma_s \sqrt{1 - r_x^2[j,s]}} \exp\left\{\frac{-1}{2\{1 - r_x^2[j,s]\}}\right.$$
$$\left. \times \left[\left(\frac{x - \bar{x}_j}{\sigma_j}\right)^2 + \left(\frac{x' - \bar{x}_s}{\sigma_s}\right)^2 - 2r_x[j,s]\left(\frac{x - \bar{x}_j}{\sigma_j}\right)\left(\frac{x' - \bar{x}_s}{\sigma_s}\right)\right]\right\} \tag{1.351}$$

其中

$$\sigma_j = \sqrt{K_x[j,j]} \tag{1.352}$$

$$r_x[j,s] = \frac{K_x[j,s]}{\sigma_j \sigma_s} \tag{1.353}$$

对于广义平稳正态随机序列，数学期望 $\bar{x}_j = \bar{x}$ ，而相关函数 $K_x[j,s] = K_x(r)$ ，$r = j - s$ 。因此，$X(t)$ 的任意阶次的分布规律完全由数学期望 $\bar{x}$ 和单一自变量 r 的相关函数 $K_x[r]$ 来确定。这些分布规律不依赖自变量 t 的读数起点，因此对于正态随机序列 $X(t)$ ，平稳性与广义平稳性是一个概念。

对于平稳正态随机序列 $X(t)$ ，其一维和二维概率密度函数可写为

$$f_1(x) = \frac{1}{\sigma_x \sqrt{2\pi}} \exp\left[-\frac{1}{2}\left(\frac{x - \bar{x}}{\sigma_x}\right)^2\right] \tag{1.354}$$

$$f_2(x,x';t_j - t_s) = \frac{1}{2\pi D_x \sqrt{1-r_x^2[r]}} \exp\left\{\frac{-1}{2D_x\{1-r_x^2[r]\}} \times \left[(x-\overline{x})^2 \right.\right.$$

$$\left.\left. + (x'-\overline{x})^2 - 2r_x[r](x-\overline{x})(x'-\overline{x})\right]\right\} \tag{1.355}$$

其中，$r = (t_j - t_s)/T = j - s$。

$$D_x = \sigma_x^2 = K_x[0] \tag{1.356}$$

$$r_x[r] = \frac{K_x[r]}{D_x} \tag{1.357}$$

对于两个随机序列 $X(t)$ 和 $Y(t)$，其互相关函数 $K_{x,y}[j,s]$ 由下式确定，即

$$K_{x,y}[j,s] = M(\overset{0}{X}_j \overset{0}{Y}_s^*) = M[\overset{0}{X}(t_j)\overset{0}{Y}^*(t_s)] = K_{y,x}^*[s,j] \tag{1.358}$$

如果它们中的每一个序列都是广义平稳的，那么随机序列 $X(t)$ 和 $Y(t)$ 称为广义平稳相关的。除此之外，其互相关函数 $K_{x,y}[j,s]$ 通过差分 $j-s=r$ 依赖自变量 j 和 s，即

$$K_{x,y}[j,s] = K_{x,y}[r] \tag{1.359}$$

因此

$$K_{x,y}[-r] = K_{y,x}^*[r] \tag{1.360}$$

1.8.3　随机序列微积分计算

随机序列 $X(t)$ 是不可微的。微分运算被有限差分的计算运算代替。一阶和二阶的有限差分由式(1.361)和式(1.362)确定，即

$$\Delta X_j = X_{j+1} - X_j \tag{1.361}$$

$$\Delta^2 X_j = \Delta X_{j+1} - \Delta X_j = X_{j+2} - 2X_{j+1} + X_j \tag{1.362}$$

当 n 为任意正整数时，n 阶有限差分为

$$\Delta^n X_j = \Delta^{n-1} X_{j+1} - \Delta^{n-1} X_j = \sum_{k=0}^{n}(-1)^{n-k} C_n^k X_{j+k} \tag{1.363}$$

对于这个有限差分，其数学期望为

$$M(\Delta^n X_j) = \sum_{k=0}^{n}(-1)^{n-k} C_n^k \overline{x}_{j+k} \tag{1.364}$$

零均值的 n 阶有限差分为

$$\Delta^n \overset{0}{X}_j = \sum_{k=0}^{n}(-1)^{n-k} C_n^k \overset{0}{X}_{j+k} \tag{1.365}$$

对于有限差分 $\Delta^n X_j$ 和 $\Delta^m X_s$，其互相关函数为

$$
\begin{aligned}
K_{\Delta^n x,\Delta^m x}[j,s] &= M[(\Delta^n \overset{0}{X}_j)(\Delta^m \overset{0}{X}_s)] \\
&= \sum_{k=0}^{n}\sum_{i=0}^{m}(-1)^{n+m-k-l}C_n^k C_m^l K_x[j+k,s+l]
\end{aligned}
\tag{1.366}
$$

其中

$$
M(\Delta X_j) = \overline{x}_{j+1} - \overline{x}_j
\tag{1.367}
$$

$$
\begin{cases}
K_{\Delta x,x}[j,s] = \Delta_j K_x[j,s] = K_x[j+1,s] - K_x[j,s] \\
K_{x,\Delta x}[j,s] = \Delta_s K_x[j,s] = K_x[j,s+1] - K_x[j,s]
\end{cases}
\tag{1.368}
$$

若随机序列 $X(t)$ 是广义平稳的，则任意 $n \geqslant 1$ 阶的有限差分的数学期望等于零，即

$$
M(\Delta^n X_j) = 0, \quad n \geqslant 1
\tag{1.369}
$$

除此之外，有

$$
K_{\Delta^n x,\Delta^m x}[j,s] = K_{\Delta^n x,\Delta^m x}[j-s]
\tag{1.370}
$$

综上所述，对于广义平稳随机序列 $X(t)$，其任意 n 阶有限差分 $\Delta^n X_j$ 同样是广义平稳的。

假设随机序列 $X(t)$ 的相关函数 $K_x[j,s] = K_x[j-s] = D_x \gamma^{|r|}$（$r=j-s$，$0<\gamma<1$），则 $X(t)$ 的互相关函数和一阶有限差分，以及上述差分的相关函数为

$$
K_{\Delta x,x}[j,s] = K_{\Delta x,x}[r] = D_x(\gamma^{|r+1|} - \gamma^{|r|})
$$

$$
K_{x,\Delta x}[j,s] = K_{x,\Delta x}[r] = D_x(\gamma^{|r-1|} - \gamma^{|r|})
$$

$$
K_{\Delta x}[j,s] = K_{\Delta x}[r] = D_x(2\gamma^{|r|} - \gamma^{|r+1|} - \gamma^{|r-1|})
$$

对于随机序列 $X(t)$，其积分运算用求和来代替。可以通过 $Y(t)$ 标记这个随机序列，其组元可以借助式(1.371)来确定，即

$$
Y_n = \sum_{j=0}^{n} a_{nj} X_j + \beta_n, \quad n=0,1,\cdots
\tag{1.371}
$$

因此

$$
\overline{y}_n = \sum_{j=0}^{n} a_{nj} \overline{X}_j + \beta_n
\tag{1.372}
$$

对于随机序列 $Y(t)$，其相关函数为

$$
K_y[n,m] = M(\overset{0}{Y}_n \overset{0}{Y}_m^*) = \sum_{j=0}^{n}\sum_{s=0}^{n} a_{nj} a_{ms}^* K_x[j,s]
\tag{1.373}
$$

1.8.4 随机序列的谱密度

连续时间的广义平稳随机过程 $X(t)$ 可以用下列形式的谱分解表示，即

$$X(t) = \overline{x} + \int_{-\infty}^{\infty} \mathrm{e}^{\mathrm{i}\omega t} \Psi_x(\omega) \mathrm{d}\omega \tag{1.374}$$

并且

$$M[\Psi_x(\omega)] = 0 \tag{1.375}$$

$$M[\Psi_x(\omega)\Psi_x^*(\omega')] = S_x(\omega)\delta(\omega - \omega') \tag{1.376}$$

当 $t_j = jT$ 时，可以通过以下方式描述式(1.374)，即

$$X_j = \overline{x} + \sum_{k=-\infty}^{\infty} \int_{\frac{2k\pi}{T} - \frac{\pi}{T}}^{\frac{2k\pi}{T} + \frac{\pi}{T}} \mathrm{e}^{\mathrm{i}j\omega T} \Psi_x(\omega) \mathrm{d}\omega \tag{1.377}$$

因为

$$\exp\left[\mathrm{i}jT\left(\omega + \frac{2k\pi}{T}\right)\right] = \mathrm{e}^{\mathrm{i}j\omega T} \tag{1.378}$$

所以对于广义平稳随机序列 $X(t)$，谱分解(1.374)可以表示为

$$X_j = \overline{x} + \int_{-\frac{\pi}{T}}^{\frac{\pi}{T}} \mathrm{e}^{\mathrm{i}j\omega T} \hat{\Psi}_x(\omega) \mathrm{d}\omega \tag{1.379}$$

并且

$$\hat{\Psi}_x(\omega) = \sum_{k=-\infty}^{\infty} \Psi_x\left(\omega + \frac{2k\pi}{T}\right) \tag{1.380}$$

对于连续自变量 ω 的随机过程 $\hat{\Psi}_x(\omega)$，其数学期望等于零，而相关函数为

$$M[\hat{\Psi}_x(\omega)\hat{\Psi}_x^*(\omega)] = \hat{S}_x(\omega)\delta(\omega - \omega') \tag{1.381}$$

其中，$\hat{S}_x(\omega)$ 称为随机序列 $X(t)$ 的谱密度，是非负函数。

对于连续时间的广义平稳随机过程 $X(t)$，相关函数 $K_x(\tau)$ 与谱密度 $S_x(\omega)$ 有关，即

$$K_x(\tau) = \int_{-\infty}^{\infty} \mathrm{e}^{\mathrm{i}\omega\tau} S_x(\omega) \mathrm{d}\omega \tag{1.382}$$

当 $\tau = rT$ 时，式(1.382)可重新写为

$$K_x(rT) = K_x[r] = \sum_{k=-\infty}^{\infty} \int_{\frac{2k\pi}{T}-\frac{\pi}{T}}^{\frac{2k\pi}{T}+\frac{\pi}{T}} e^{ir\omega T} S_x(\omega)d\omega \tag{1.383}$$

因此，对于随机序列 $X(t)$，相关函数 $K_x[r]$ 与谱密度 $\hat{S}_x(\omega)$ 有关，关系为

$$K_x[r] = \int_{-\frac{\pi}{T}}^{\frac{\pi}{T}} e^{ir\omega T} \hat{S}_x(\omega)d\omega \tag{1.384}$$

并且

$$\hat{S}_x(\omega) = \sum_{k=-\infty}^{\infty} S_x\left(\omega + \frac{2k\pi}{T}\right) \tag{1.385}$$

若使用谱分解(1.379)，考虑式(1.381)，可得下式，即

$$K_y[j,s] = M(\overset{0}{X}_j \overset{0}{X}_s^*) = \int_{-\frac{\pi}{T}}^{\frac{\pi}{T}}\int e^{ij\omega T - is\omega'T} \hat{S}_x(\omega)\delta(\omega-\omega')d\omega d\omega' \tag{1.386}$$

当 $j-s=r$ 时，可得式(1.384)。

对于随机序列 $X(t)$，其谱密度可表示为

$$\hat{S}_x(\omega) = \sum_{k=-\infty}^{\infty} c_k e^{-ik\omega T} \tag{1.387}$$

因为

$$\int_{-\frac{\pi}{T}}^{\frac{\pi}{T}} e^{i(r-k)\omega T}d\omega = \begin{cases} \dfrac{2\pi}{T}, & k=r \\ 0, & k \neq r \end{cases} \tag{1.388}$$

为了求出常数 c_k，把式(1.388)代入式(1.384)，可得下式，即

$$K_x[r] = c_r \frac{2\pi}{T} \tag{1.389}$$

因此，对于随机序列 $X(t)$，其谱密度 $\hat{S}_x(\omega)$ 可以通过相关函数 $K_x[r]$ 表示，即

$$\hat{S}_x(\omega) = \frac{T}{2\pi}\sum_{r=-\infty}^{\infty} K_x[r]e^{-ir\omega T} = \frac{T}{2\pi}\left\{K_x[0] + 2\sum_{r=1}^{\infty} K_x[r]\cos r\omega T\right\} \tag{1.390}$$

对于广义平稳相关随机序列 $X(t)$ 和 $Y(t)$，互相关函数 $K_{xy}[r]$ 和互谱密度 $\hat{S}_{xy}(\omega)$ 的关系为

$$K_{xy}[r] = \int_{\frac{-\pi}{T}}^{\frac{\pi}{T}} \mathrm{e}^{\mathrm{i}r\omega T} \hat{S}_{xy}(\omega)\mathrm{d}\omega \tag{1.391}$$

$$\hat{S}_{xy}(\omega) = \frac{T}{2\pi} \sum_{r=-\infty}^{\infty} K_{xy}[r]\mathrm{e}^{-\mathrm{i}r\omega T} \tag{1.392}$$

非相关 $X_j\ (j=0,1,\cdots)$ 的广义平稳随机序列 $X(t)$ 称为离散白噪声。对于这个序列，有

$$K_x[r] = \begin{cases} D_x, & r = 0 \\ 0, & r \neq 0 \end{cases} \tag{1.393}$$

$$\hat{S}_x(\omega) = \frac{TD_x}{2\pi} \tag{1.394}$$

若离散白噪声 $X(t)$ 是正态的，则从组元 $X_j\ (j=0,1,\cdots)$ 的非相关性可推出它们的独立性。当 $D_x=1$ 时，随机序列与平稳随机序列 $\zeta(t)$ 吻合，正态随机数 $\zeta_0,\zeta_1,\cdots$ 是这个序列的组元。这些正态随机变量是独立的，其数学期望等于零，方差等于单位值。这样的随机序列在仿真不同相关函数的平稳正态随机过程时使用。

对于随机序列 $X(t)$，其相关函数 $K_x[r]$ 和谱密度 $\hat{S}_x(\omega)$ 是通过相互单值关系式(1.384)和式(1.390)来关联的。当上述函数中的一个函数为已知时，另一个函数可以被确定。

在舰艇武器控制中，常见的相关函数为

$$K_x[r] = D_x\gamma^{|r|}(\cos\gamma\vartheta + G\sin|r|\vartheta) \tag{1.395}$$

其中，$0 < \gamma < 1$；$\vartheta \geqslant 0$。

下列谱密度对应这个相关函数，即

$$
\begin{aligned}
\hat{S}_x(\omega) &= \frac{TD_x}{2\pi}\left[\frac{1-\gamma\cos(\vartheta+\theta)+G\gamma\sin(\vartheta+\theta)}{1-2\gamma\cos(\vartheta+\theta)+\gamma^2} + \frac{1-\gamma\cos(\vartheta-\theta)+G\gamma\sin(\vartheta-\theta)}{1-2\gamma\cos(\vartheta-\theta)+\gamma^2} - 1\right] \\
&= \frac{TD_x\{(1-\gamma^2)(1-2\gamma\cos\vartheta\cos\theta+\gamma^2)+2G\gamma\sin\vartheta[(1+\gamma^2)\cos\theta-2\gamma\cos\vartheta]\}}{2\pi[1-2\gamma\cos(\vartheta+\theta)+\gamma^2][1-2\gamma\cos(\vartheta-\theta)+\gamma^2]}
\end{aligned}
\tag{1.396}
$$

其中

$$\theta = \omega T \tag{1.397}$$

当 $G=0$ 时，由式(1.395)和式(1.396)可以得到下列相关函数和谱密度，即

$$K_x[r] = D_x\gamma^{|r|}\cos r\vartheta \tag{1.398}$$

$$\hat{S}_x(\omega) = \frac{TD_x}{2\pi}\left[\frac{1-\gamma\cos(\vartheta+\theta)}{1-2\gamma\cos(\vartheta+\theta)+\gamma^2}+\frac{1-\gamma\cos(\vartheta-\theta)}{1-2\gamma\cos(\vartheta-\theta)+\gamma^2}-1\right]$$

$$= \frac{TD_x(1-\gamma^2)(1-2\gamma\cos\vartheta\cos\theta+\gamma^2)}{2\pi[1-2\gamma\cos(\vartheta+\theta)+\gamma^2][1-2\gamma\cos(\vartheta-\theta)+\gamma^2]} \tag{1.399}$$

当 $\vartheta=0$ 时，由式(1.398)和式(1.399)可以得到下列最简单的相关函数和谱密度，即

$$K_x[r] = D_x\gamma^{|r|} \tag{1.400}$$

$$\hat{S}_x(\omega) = \frac{TD_x(1-\gamma^2)}{2\pi(1-2\gamma\cos\theta+\gamma^2)} \tag{1.401}$$

当 $\vartheta\to 0$ 和 $G=Q/\vartheta$ 时，由式(1.395)和式(1.396)可得相关函数和谱密度，即

$$K_x[r] = D_x\gamma^{|r|}(1+|r|Q) \tag{1.402}$$

$$\hat{S}_x(\omega) = \frac{TD_x}{2\pi}\left\{\frac{1-\gamma^2}{1-2\gamma\cos\theta+\gamma^2}+\frac{2Q\gamma[(1+\gamma^2)\cos\theta-2\gamma]}{(1-2\gamma\cos\theta+\gamma^2)^2}\right\} \tag{1.403}$$

若

$$K_x[r] = \frac{D_x}{\beta-\alpha}(\beta\gamma^{|r|}-\alpha\lambda^{|r|}) \tag{1.404}$$

其中，$0<\lambda<1$，则根据式(1.400)和式(1.401)可得下式，即

$$\hat{S}_x(\omega) = \frac{TD_x}{2\pi(\beta-\alpha)}\left[\frac{\beta(1-\gamma^2)}{1-2\gamma\cos\theta+\gamma^2}-\frac{\alpha(1-\lambda^2)}{1-2\lambda\cos\theta+\lambda^2}\right] \tag{1.405}$$

1.8.5 实例分析

例 1.18 随机序列 $X(t)$ 的组元 X_j $(j=0,1,\cdots)$ 满足如下有限差分等式，即

$$X_{j+1}-\gamma X_j = \sigma\sqrt{1-\gamma^2}\zeta_j, \quad j=0,1,\cdots$$

其中，σ 和 γ 是给定的正常数，并且 $\gamma<1$。

随机序列 $\zeta(t)$ 的组元 ζ_j $(j=0,1,\cdots)$ 是正态随机数，它们的数学期望等于零，方差等于 1。请确定下列情况随机序列 $X(t)$ 的分布规律。

(1) 当 $X_0=0$ 时。

(2) 当 $X_0=\sigma\zeta$（ζ 是正态随机数）时，$X(t)$ 的数学期望和相关函数。

解 由差分等式可得下式，即

$$X_{k+1} = \gamma^{k+1}X_0 + \sigma\sqrt{1-\gamma^2}\sum_{j=0}^{k}\gamma^{k-j}\zeta_j, \quad k=0,1,\cdots$$

随机序列 $X(t)$ 是正态随机变量的线性函数，因此这个随机序列是正态的。因

为 $\overline{\zeta}_j = 0$ $(j = 0,1,\cdots)$ 和 $\overline{\zeta} = 0$ ，所以对于 $X(t)$ ，其数学期望 $\overline{x} = 0$ 。

(1) 当 $X_0 = 0$ 时，可得下式，即

$$X_{k+1} = \sigma\sqrt{1-\gamma^2}\sum_{j=0}^{k}\gamma^{k-j}\zeta_j, \quad k = 0,1,\cdots$$

正态随机数 ζ_j $(j = 0,1,\cdots)$ 都是独立的，而它们的方差都等于 1。因此，对于 $X(t)$ ，当 $r \geqslant 0$ 时，其相关函数为

$$K_x[k+1+r,k+1] = M(X_{k+1+r}X_{k+1})$$

$$= \sigma(1-\gamma^2)M\left[\left(\sum_{j=0}^{k+r}\gamma^{k+r-j}\zeta_j\right)\left(\sum_{s=0}^{k}\gamma^{k-s}\zeta_s\right)\right] = \sigma^2(1-\gamma^2)\sum_{s=0}^{k}\gamma^{2k+r-2s}$$

$$= \sigma^2(1-\gamma^2)\gamma^r\sum_{j=0}^{k}\gamma^2 j = \sigma^2(1-\gamma^2)\gamma^r\frac{1-\gamma^{2(k+1)}}{1-\gamma^2} = \sigma^2\gamma^r(1-\gamma^{2k+2})$$

这个函数与 $k+1$ 和 $(k+1+r)-(k+1) = r$ 都有关，因此随机序列 $X(t)$ 在 $X_0 = 0$ 时不是广义平稳的。

因为 $\gamma < 1$ ，所以在足够大的 k 时，$1-\gamma^{2k+2} \approx 1$ 。在这种情况下，考虑相关函数的偶数性，可以得到下式，即

$$K_x[k+1+r,k+1] \approx K_x[r] = \sigma^2\gamma^{|r|}$$

因此，当 $X_0 = 0$ 时，正态随机序列 $X(t)$ 是渐近广义平稳的。

对于相关函数 $K_x[r] = \sigma^2\gamma^{|r|}$ 的广义平稳随机序列 $X(t)$ ，其谱密度 $\hat{S}_x(\omega)$ 由式(1.401)来确定。这个函数可以根据 X_{k+1} 的表达式在较大的 k 时得到下式，即

$$X_{k+1} = \sigma\sqrt{1-\gamma^2}\sum_{s=0}^{\infty}\gamma^s\zeta_{k-s}$$

如果认为 $X_{k+1} = \Phi(\mathrm{i}\omega)\mathrm{e}^{\mathrm{i}k\theta}$ 和 $\zeta_{k-s} = \mathrm{e}^{\mathrm{i}(k-s)\theta}$ ，其中 $\theta = \omega T$ ，那么可以得到下式，即

$$\Phi(\mathrm{i}\omega) = \sigma\sqrt{1-\gamma^2}\sum_{s=0}^{\infty}(\gamma\mathrm{e}^{-\mathrm{i}\theta})^s = \frac{\sigma\sqrt{1-\gamma^2}}{1-\gamma\mathrm{e}^{-\mathrm{i}\theta}}$$

因此

$$|\Phi(\mathrm{i}\omega)|^2 = \frac{\sigma^2\sqrt{1-\gamma^2}}{1-2\gamma\cos\theta+\gamma^2}$$

对于离散白噪声 $\zeta(t)$ ，其谱密度 $\hat{S}_\zeta(\omega) = \dfrac{T}{2\pi}$ 。因此，对于 $X(t)$ ，其谱密度为

$$\hat{S}_x(\omega) = |\Phi(\mathrm{i}\omega)|^2\hat{S}_\zeta(\omega) = \frac{\sigma^2 T(1-\gamma^2)}{2\pi(1-2\gamma\cos\theta+\gamma^2)}$$

(2) 当 $X_0 = \sigma\zeta$ 时，差分等式的解为

$$X_{k+1} = \sigma\gamma^{k+1}\zeta + \sigma\sqrt{1-\gamma^2}\sum_{j=0}^{k}\gamma^{k-1}\zeta_j$$

当 $r \geqslant 0$ 时，相关函数与表达式 $\sigma^2\gamma^r(1-\gamma^{2k+2})$ 相差 $(\sigma^2\gamma^{k+1})^2 = \sigma^2\gamma^{2k+2}$。因此，在通常情况下，$K_x[r] = \sigma^2\gamma^{|r|}$。

因为 $\bar{x} = 0$，而相关函数 $K_x[r]$ 取决于一个自变量 r，所以在形式为 $X_0 = \sigma\zeta$ 的初始条件下，正态随机序列 $X(t)$ 是平稳的。

在对数学期望 $\bar{x} = 0$ 且相关函数 $K_x(\tau) = \sigma^2 e^{-\alpha|\tau|}$ 的平稳正态随机过程进行仿真时，要应用初始条件 $X_0 = \sigma\zeta$。仿真参数 $\gamma = e^{-\alpha T}$，而 $\tau = rT$。

第 2 章   线性动态系统输出端随机过程的概率特性

在舰艇武器控制中，水面舰船、潜艇、巡航导弹、弹道导弹、防空导弹、火炮炮弹、导弹控制系统、跟踪系统和振荡环节等都可能是线性动态系统。本章主要介绍连续和离散线性动态系统输出端随机过程的概率特性，包括输出端随机过程过渡态和稳态的方程求解方法，以及相应概率特性，输出端随机过程的谱密度和谱分解，输出端为多个随机过程的求解方法等，并通过相应的实例分析使读者易于掌握相应方法。

2.1   连续线性系统

2.1.1   输出端随机过程的求解及概率特性

设随机系统 $X(t)$ 为某个动态系统的输入端输入信号，$X(t)$ 的数学期望 $\bar{x}(t)$ 和相关函数 $K_x(t,t')$ 是已知的。随机过程 $Y(t)$ 是这个动态系统的输出信号，其数学期望 $\bar{y}(t)$ 和相关函数 $K_y(t,t')$ 是未知的。为了确定这些概率特性，必须知道 $Y(t)$ 与 $X(t)$ 的函数关系，借助这个关系，可以描述被研究动态系统的运行情况。求给定概率特性的方法在很大程度上取决于 $Y(t)$ 对 $X(t)$ 的函数关系是线性，还是非线性的。常应用的是线性动态系统，它的运行情况可以用线性等式来描述。这些等式可以是代数的、微分的、积分的，或者是积分-微分的。对于大多数线性动态系统，其输出端随机过程 $Y(t)$ 与输入端随机过程 $X(t)$ 有关，这个关系可以通过已知系数的非齐次线性微分等式表示。在相应的简化下，这些等式可以表示为下列通用的微分等式，即

$$\frac{\mathrm{d}^n Y(t)}{\mathrm{d}t^n} + a_1(t)\frac{\mathrm{d}^{n-1}Y(t)}{\mathrm{d}t^{n-1}} + \cdots + a_n(t)Y(t) = b_0(t)\frac{\mathrm{d}^m X(t)}{\mathrm{d}t^m} + b_1(t)\frac{\mathrm{d}^{m-1}X(t)}{\mathrm{d}t^{m-1}} + \cdots + b_m(t)X(t)$$

(2.1)

其中，$a_k(t)$ $(k=1,2,\cdots,n)$ 和 $b_s(t)$ $(s=0,1,\cdots,m)$ 是自变量 t 的已知函数。

微分等式的阶数 n 和 m 可以是任意的。当 $n-0$ 时，式(2.1)等效于式(1.257)。因此，要求 $Y(t)$ 的概率特性可以用形如式(1.263)和式(1.270)的表达式来求取。

如果把水面舰船作为线性动态系统进行研究，那么重心纵坐标或者舰船在波

浪中的横倾角就是输出端的随机过程 $Y(t)$。在第一种情况下，波浪截面的纵坐标应该是输入随机过程 $X(t)$；在第二种情况下，波浪斜面角应该是输入随机过程 $X(t)$。在这两种情况下，随机过程 $Y(t)$ 和 $X(t)$ 的关系如 $n=2$ 时和 $m=0$ 时的式(2.1)。对于巡航导弹控制系统，扰动作用(噪声、干扰、随机的风等)可能是输入端随机过程 $X(t)$，而控制装置的偏差角或者用加速表进行测量的导弹加速测量误差则是输出端的随机过程 $Y(t)$。若把弹道导弹对俯仰通道的控制系统作为线性动态系统来研究，则在俯仰角上的失调可能就是输入端随机过程 $X(t)$，而导弹对俯仰通道的控制装置的偏差就是输出端随机过程 $Y(t)$。若在导弹对俯仰角失调的控制系统中研究角速度和角加速度，则关系如 $m=2$ 时的式(2.1)，而系数 $b_0(t)$、$b_1(t)$ 和 $b_2(t)$ 分别正比于角加速度、角速度和俯仰角失调随时间变化的传递数，并且阶数 n 取决于弹道导弹控制系统的型号。对于某些系统，阶数 n 可能大大高于给定值。

引入齐次线性微分算子，即

$$L_t = b_0(t)\frac{\mathrm{d}^m}{\mathrm{d}t^m} + b_1(t)\frac{\mathrm{d}^{m-1}}{\mathrm{d}t^{m-1}} + \cdots + b_m(t) = \sum_{s=0}^{m} b_{m-s}(t)\frac{\mathrm{d}^s}{\mathrm{d}t^s} \tag{2.2}$$

于是，微分等式(2.1)可以表示为

$$\frac{\mathrm{d}^n Y(t)}{\mathrm{d}t^n} + a_1(t)\frac{\mathrm{d}^{n-1}Y(t)}{\mathrm{d}t^{n-1}} + \cdots + a_n(t)Y(t) = Z(t) \tag{2.3}$$

其中

$$Z(t) = L_t[X(t)] = \sum_{s=0}^{m} b_{m-s}(t)\frac{\mathrm{d}^s X(t)}{\mathrm{d}t^s} \tag{2.4}$$

对于这个随机过程，其数学期望为

$$\bar{z}(t) = L_t[\bar{x}(t)] = \sum_{s=0}^{m} b_{m-s}(t)\frac{\mathrm{d}^s \bar{x}(t)}{\mathrm{d}t^s} \tag{2.5}$$

根据式(1.268)和式(1.270)，相关函数为

$$K_z(t,t') = L_t L_{t'}[K_x(t,t')] = \sum_{s=0}^{m}\sum_{l=0}^{m} b_{m-s}(t)b_{m-l}(t')\frac{\partial^{s+l}K_x(t,t')}{\partial t^s \partial t'^l} \tag{2.6}$$

因此，线性动态系统在输出端随机过程 $Y(t)$ 的概率特性的求取，可以归结为已知系数的非齐次微分等式(2.3)解的数学期望 $\bar{y}(t)$ 和相关函数 $K_y(t,t')$ 的求取。在式(2.3)中，右边部分的 $Z(t)$ 是已知概率特性 $\bar{z}(t)$ 和 $K_z(t,t')$ 的随机过程。

式(2.3)的解为

$$Y(t) = \sum_{j=1}^{n} C_j y_j(t) + \int_0^t p(t,\xi)Z(\xi)\mathrm{d}\xi \tag{2.7}$$

其中，$y_j(t)$ $(j=1,2,\cdots,n)$ 为下列齐次微分等式的解，即

$$y^{(n)}(t) + a_1(t)y^{(n-1)}(t) + \cdots + a_n(t)y(t) = 0 \tag{2.8}$$

函数 $y_j(t)$ $(j=1,2,\cdots,n)$ 仅由式(2.8)的系数 $a_k(t)$ $(k=1,2,\cdots,n)$ 来确定，这是因为它们都是确定的，即非随机的。与解算代数等式系统一样，可从式(2.7)中求出任意常数 C_j $(j=1,2,\cdots,n)$ ，即

$$\sum_{j=1}^{n} C_j y_j^{(s)}(t)\bigg|_{t=0} = Y^{(s)}(0), \quad s=0,1,\cdots,n-1 \tag{2.9}$$

其中，$Y^{(s)}(0) = \dfrac{\mathrm{d}^s Y(t)}{\mathrm{d}t^s}\bigg|_{t=0}$ 。

如果系统输出端随机过程 $Y(t)$ 的数值 $Y^{(s)}(0)$ $(s=0,1,\cdots,\ n-1)$ 在起始时刻 $(t=0)$ 都等于零，那么任意常数 $C_j=0$ $(j=1,2,\cdots,n)$ 。若 $Y^{(s)}(0)$ $(s=0,1,\cdots,n-1)$ 是非随机数值，则常数 C_j $(j=1,2,\cdots,n)$ 同样是确定的非随机数值。若起始条件是随机的，则由解算代数系统(2.9)得到的常数 C_j $(j=1,2,\cdots,n)$ 也是随机变量。

式(2.7)的右边部分的最后一个被加数是非齐次微分等式(2.3)的特解。对于式(2.3)的权函数 $p(t,\xi)$ ，有下列表达式，即

$$p(t,\xi) = \begin{vmatrix} y_1(\xi) & y_2(\xi) & \cdots & y_n(\xi) \\ y_1'(\xi) & y_2'(\xi) & \cdots & y_n'(\xi) \\ \vdots & \vdots & & \vdots \\ y_1^{(n-2)}(\xi) & y_2^{(n-2)}(\xi) & \cdots & y_n^{(n-2)}(\xi) \\ y_1(t) & y_2(t) & \cdots & y_n(t) \end{vmatrix} \bigg/ \begin{vmatrix} y_1(\xi) & y_2(\xi) & \cdots & y_n(\xi) \\ y_1'(\xi) & y_2'(\xi) & \cdots & y_n'(\xi) \\ \vdots & \vdots & & \vdots \\ y_1^{(n-1)}(\xi) & y_2^{(n-1)}(\xi) & \cdots & y_n^{(n-1)}(\xi) \end{vmatrix}$$

$$\tag{2.10}$$

这个函数仅通过微分等式(2.8)的解来表示。由式(2.10)可推出下列等式，即

$$\frac{\partial^s p(t,\xi)}{\partial t^s}\bigg|_{t=\xi} = 0, \quad s=0,1,\cdots,n-2, \quad \frac{\partial^{n-1} p(t,\xi)}{\partial t^{n-1}}\bigg|_{t=\xi} = 1 \tag{2.11}$$

因此，非齐次微分等式(2.3)的特解满足零起始条件，则有下列等式成立，即

$$\frac{\mathrm{d}^s}{\mathrm{d}t^s}\left[\int_0^t p(t,\xi)Z(\xi)\mathrm{d}\xi\right]\bigg|_{t=0} = 0, \quad s=0,1,\cdots,n-1 \tag{2.12}$$

对于动态系统输出端随机过程 $Y(t)$ 的数学期望，由式(2.7)可以得到下列等式，即

$$\overline{y}(t) - \sum_{j=1}^{n} \overline{c}_j y_j(t) + \int_0^t p(t,\xi)\overline{z}(\xi)\mathrm{d}\xi \tag{2.13}$$

为了简单，可以认为随机变量 C_j $(j=1,2,\cdots,n)$ 与随机过程 $Z(t)$ 不相关。因

此，对于随机过程 $Y(t)$ 的相关函数，考虑式(2.13)，由式(2.7)可以得到如下表达式，即

$$
\begin{aligned}
K_y(t,t') &= M[\overset{0}{Y}(t)\overset{0}{Y}^*(t')] \\
&= \sum_{j=1}^{n}\sum_{s=1}^{n} y_j(t)y_s^*(t')k_{js} \\
&\quad + \int_0^t\int_0^{t'} p(t,\xi)[p(t',\eta)]^* K_z(\xi,\eta)\mathrm{d}\eta\mathrm{d}\xi
\end{aligned}
\tag{2.14}
$$

其中

$$
k_{js} = M[(C_j - \overline{c}_j)(C_s - \overline{c}_s)^*], \quad j,s = 1,2,\cdots,n
\tag{2.15}
$$

若输入端随机过程 $X(t)$ 是广义平稳的，则线性动态系统输出端随机过程 $Y(t)$ 的主要概率特性的通用公式(2.13)和式(2.14)将被大大简化。在这种情况下，$\overline{x}(t) = \overline{x}$，而 $K_x(t,t') = K_x(t-t')$。由式(2.5)可知，$\overline{z}(t) = \overline{x}b_m(t)$。由式(2.6)可得下式，即

$$
K_z(t,t') = \sum_{s=0}^{m}\sum_{l=0}^{m} b_{m-s}(t)b_{m-l}(t')(-1)^l K_x^{(s+l)}(t-t')
\tag{2.16}
$$

为简单，可以认为起始条件为零，即 $C_j = 0$ $(j=1,2,\cdots,n)$。因此，对于输出随机过程 $Y(t)$ 的数学期望，由式(2.13)可得如下形式的表达式，即

$$
\overline{y}(t) = \overline{x}\int_0^t p(t,\xi)b_m(\xi)\mathrm{d}\xi
\tag{2.17}
$$

根据式(2.14)，这个随机过程的相关函数为

$$
K_y(t,t') = \int_0^t p(t,\xi)\mathrm{d}\xi\int_0^{t'} [p(t',\eta)]^* K_z(\xi,\eta)\mathrm{d}\eta
\tag{2.18}
$$

并且 $K_z(t,t')$ 可以由式(2.16)确定。

对

$$
K_x(\tau) = \int_{-\infty}^{\infty} \mathrm{e}^{\mathrm{i}\omega\tau} S_x(\omega)\mathrm{d}\omega
\tag{2.19}
$$

进行微分可得下式，即

$$
K_x^{(s+l)}(\tau) = \int_{-\infty}^{\infty} \mathrm{e}^{\mathrm{i}\omega\tau}(\mathrm{i}\omega)^{s+l} S_x(\omega)\mathrm{d}\omega
\tag{2.20}
$$

因此，式(2.16)可表示为

$$K_z(t,t') = \int_{-\infty}^{\infty} \left[\sum_{s=0}^{m} (\mathrm{i}\omega)^s b_{m-s}(t) \right] \left[\sum_{l=0}^{m} (-\mathrm{i}\omega)^l b_{m-l}(t') \right] \mathrm{e}^{\mathrm{i}\omega(t-t')} S_x(\omega) \mathrm{d}\omega \tag{2.21}$$

用 $y(t,\omega)$ 表示由自变量 t 和参数 ω 确定的函数，这个函数就是下列带零起始条件的微分等式的解，即

$$\sum_{k=0}^{n} a_{n-k}(t) \frac{\mathrm{d}^k y(t,\omega)}{\mathrm{d}t^k} = \left[\sum_{s=0}^{m} (\mathrm{i}\omega)^s b_{m-s}(t) \right] \mathrm{e}^{\mathrm{i}\omega t} \tag{2.22}$$

当

$$\left. \frac{\mathrm{d}^s y(t,\omega)}{\mathrm{d}t^s} \right|_{t=0} = 0, \quad s = 0,1,\cdots,n-1 \tag{2.23}$$

时，根据式(2.7)，在任意参数 ω 下，对于这个函数，有下列等式成立，即

$$y(t,\omega) = \int_0^t p(t,\xi) \left[\sum_{s=0}^{m} (\mathrm{i}\omega)^s b_{m-s}(\xi) \right] \mathrm{e}^{\mathrm{i}\omega\xi} \mathrm{d}\xi \tag{2.24}$$

其中

$$y(t,0) = \int_0^t p(t,\xi) b_m(\xi) \mathrm{d}\xi \tag{2.25}$$

因此，式(2.17)可以表示为

$$\overline{y}(t) = \overline{x} y(t,0) \tag{2.26}$$

由式(2.18)和式(2.21)可推出输出端随机过程 $Y(t)$ 的相关函数，即

$$K_y(t,t') = \int_{-\infty}^{\infty} y(t,\omega) [y(t',\omega)]^* S_x(\omega) \mathrm{d}\omega \tag{2.27}$$

式(2.27)比式(2.18)要简单得多，但是在实际计算中，式(2.27)的应用也只可能在计算机上进行。

当输入随机过程 $X(t)$ 是由线性微分算子 N_t 对数学期望为 $\overline{u}$ 和相关函数为 $K_u(\tau)$ 的广义平稳随机过程 $U(t)$ 运算得到的时候，线性动态系统输出端随机过程 $Y(t)$ 的概率特性 $\overline{y}(t)$ 和 $K_y(t,t')$ 的通用式(2.13)和式(2.14)也同样可以简化，即

$$X(t) = N_t[U(t)] = \sum_{v=0}^{r} \alpha_{r-v}(t) \frac{\mathrm{d}^v U(t)}{\mathrm{d}t^v} + \beta(t) \tag{2.28}$$

其中，$\alpha_{r-v}(t)$ $(v=0,1,\cdots,r)$ 和 $\beta(t)$ 是已知函数。

于是

$$\overline{x}(t) = N_t[\overline{u}(t)] = \overline{u} \alpha_r(t) + \beta(t) \tag{2.29}$$

$$\overline{z}(t) = L_t[\overline{x}(t)] = \overline{u} c_{m+r}(t) + d(t) \tag{2.30}$$

其中

$$c_{m+r}(t) = L_t[\alpha_r(t)], \qquad d(t) = L_t[\beta(t)] \tag{2.31}$$

把式(2.30)代入式(2.13)，可得随机过程 $Y(t)$ 的数学期望 $\bar{y}(t)$。

由式(2.4)和式(2.28)可得下式，即

$$\overset{0}{Z}(t) = \sum_{s=0}^{m} b_{m-s}(t) \frac{\mathrm{d}^s \overset{0}{X}(t)}{\mathrm{d}t^s} = \sum_{s=0}^{m} b_{m-s}(t) \sum_{v=0}^{r} \sum_{l=0}^{r} C_r^l \alpha_{r-v}^{(r-l)}(t) \frac{\mathrm{d}^{v+l} \overset{0}{U}(t)}{\mathrm{d}t^{v+l}} \tag{2.32}$$

也可以表示为

$$\overset{0}{Z}(t) = \sum_{s=0}^{m+r} c_{m+r-s}(t) \frac{\mathrm{d}^s \overset{0}{U}(t)}{\mathrm{d}t^s} \tag{2.33}$$

其中，函数 $c_{m+r-s}(t)$ 可通过 $b_{m-s}(t)$ 和 $\alpha_{r-v}(t)$ 的导数表示。

对于这个随机过程，相关函数为

$$K_z(t,t') = \sum_{s=0}^{m+r} \sum_{l=0}^{m+r} c_{m+r-s}(t) c_{m+r-l}(t')(-1)^l K_u^{(s+l)}(t-t') \tag{2.34}$$

式(2.34)类似于式(2.16)，因此对于动态系统输出端随机过程 $Y(t)$ 要求的相关函数，在零起始条件下，有形如式(2.27)的公式，即

$$K_y(t,t') = \int_{-\infty}^{\infty} z(t,\omega)[z(t',\omega)]^* S_u(\omega)\mathrm{d}\omega \tag{2.35}$$

其中，$S_u(\omega)$ 是 $U(t)$ 的谱密度。

$$z(t,\omega) = \int_0^t p(t,\xi) \left[\sum_{s=0}^{m+r} (\mathrm{i}\omega)^s c_{m+r-s}(\xi) \right] \mathrm{e}^{\mathrm{i}\omega\xi} \mathrm{d}\xi \tag{2.36}$$

对于随机过程 $Y(t)$ 的数学期望 $\bar{y}(t)$ 和相关函数 $K_y(t,t')$，得出的通用和简化公式包含权函数 $p(t,\xi)$。这个权函数通过微分等式(2.8)的解 $y_j(t)$ $(j=1,2,\cdots,n)$ 表示。如果给定等式的所有系数是常数，即 $a_s(t) = a_s$ $(s=1,2,\cdots,n)$，那么函数 $y_j(t)$ $(j=1,2,\cdots,n)$ 的求取可归结为下列特征等式的求解，即

$$\lambda^n + a_1 \lambda^{n-1} + \cdots + a_{n-1}\lambda + a_n = 0 \tag{2.37}$$

为了简单，假设式(2.37)的所有的根 λ_j $(j=1,2,\cdots,n)$ 都是不同的。于是，对于微分等式(2.8)，基本解为 $y_j(t) = \mathrm{e}^{\lambda_j t}$ $(j=1,2,\cdots,n)$。因为 $y_j^{(s)}(t) = \lambda_j^s \mathrm{e}^{\lambda_j t}$，所以从式(2.10)中每个行列式的第 j 列可以提取通用因子 $\mathrm{e}^{\lambda_j \xi}$ $(j=1,2,\cdots,n)$，然后缩写成 $\prod_{j=1}^{n} \mathrm{e}^{\lambda_j \xi}$。由此可以得出，权函数 $p(t,\xi)$ 通过差值 $t-\xi = \zeta$ 依赖自变量 t 和 ξ，并且

$$p(\zeta) = \begin{vmatrix} 1 & 1 & \cdots & 1 \\ \lambda_1 & \lambda_2 & \cdots & \lambda_n \\ \vdots & \vdots & & \vdots \\ \lambda_1^{n-2} & \lambda_2^{n-2} & \cdots & \lambda_n^{n-2} \\ e^{\lambda_1\zeta} & e^{\lambda_2\zeta} & \cdots & e^{\lambda_n\zeta} \end{vmatrix} \Bigg/ \begin{vmatrix} 1 & 1 & \cdots & 1 \\ \lambda_1 & \lambda_2 & \cdots & \lambda_n \\ \vdots & \vdots & & \vdots \\ \lambda_1^{n-1} & \lambda_2^{n-1} & \cdots & \lambda_n^{n-1} \end{vmatrix} \tag{2.38}$$

若分子的行列式按最后一行进行分解，则式(2.38)可以表示为

$$p(\zeta) = \sum_{j=1}^{n} D_j e^{\lambda_j\zeta} \tag{2.39}$$

并且常数 D_j $(j=1,2,\cdots,n)$ 通过特征值 $\lambda_1,\lambda_2,\cdots,\lambda_n$ 唯一表示。根据式(2.11)，这些常数就是下列代数方程组的解，即

$$\sum_{j=1}^{n} \lambda_j^s D_j = 0, \quad s = 0,1,\cdots,n-2, \quad \sum_{j=1}^{n} \lambda_j^{n-1} D_j = 1 \tag{2.40}$$

随机过程 $Y(t)$ 的表达式(2.7)可表示为

$$Y(t) = \sum_{j=1}^{n} C_j e^{\lambda_j t} + \int_0^t p(t-\xi) Z(\xi) \mathrm{d}\xi \tag{2.41}$$

或者

$$Y(t) = \sum_{j=1}^{n} C_j e^{\lambda_j t} + \int_0^t p(\zeta) Z(t-\zeta) \mathrm{d}\zeta \tag{2.42}$$

类似于式(2.13)和式(2.14)，在这种情况下，随机过程 $Y(t)$ 的概率特性可由式(2.43)和式(2.44)得到，即

$$\overline{y}(t) = \sum_{j=1}^{n} \overline{c}_j e^{\lambda_j t} + \int_0^t p(\zeta) \overline{z}(t-\zeta) \mathrm{d}\zeta \tag{2.43}$$

$$K_y(t,t') = \sum_{j=1}^{n}\sum_{s=1}^{n} k_{js} e^{\lambda_j t + \lambda_s t'} + \int_0^t p(\zeta)\mathrm{d}\zeta \int_0^{t'} [p(\zeta')]^* K_z(t-\zeta, t'-\zeta') \mathrm{d}\zeta' \tag{2.44}$$

2.1.2　输出端随机过程的谱密度及谱分解

若随机过程 $Z(t)$ 是广义平稳的，则 $\overline{z}(t-\zeta) = \overline{z}$ ，而 $K_z(t-\zeta, t'-\zeta') = K_z(t-t'-\zeta+\zeta')$。在这种情况下，考虑式(2.39)，由式(2.43)可得下式，即

$$\overline{y}(t) = \sum_{j=1}^{n} \left[\left(\overline{c}_j + \frac{\overline{z}}{\lambda_j} D_j \right) e^{\lambda_j t} - \frac{\overline{z}}{\lambda_j} D_j \right] \tag{2.45}$$

当 b_{m-s} $(s = 0,1,\cdots,m)$ 为常数系数时，根据式(2.24)和式(2.39)可得下式，即

$$y(t,\omega)=\left[\sum_{s=0}^{m}(\mathrm{i}\omega)^{s}b_{m-s}\right]\sum_{j=1}^{n}D_{j}\int_{0}^{t}\mathrm{e}^{\lambda_{j}(t-\xi)+\mathrm{i}\omega\xi}\mathrm{d}\xi \tag{2.46}$$

即

$$y(t,\omega)=\left[\sum_{s=0}^{m}(\mathrm{i}\omega)^{s}b_{m-s}\right]\sum_{j=1}^{n}\frac{D_{j}}{\lambda_{j}-\mathrm{i}\omega}(\mathrm{e}^{\lambda_{j}t}-\mathrm{e}^{\mathrm{i}\omega t}) \tag{2.47}$$

也可以把这个函数表示为

$$y(t,\omega)=\varPhi(\mathrm{i}\omega)\mathrm{e}^{\mathrm{i}\omega t}+\sum_{j=1}^{n}A_{j}(\omega)\mathrm{e}^{\lambda_{j}t} \tag{2.48}$$

其中，$\varPhi(\mathrm{i}\omega)$ 称为常系数微分等式(2.1)的传递函数。

$$y^{(n)}(t)+a_{1}y^{(n-1)}(t)+\cdots+a_{n}y(t)=b_{0}x^{(m)}(t)+b_{1}x^{(m-1)}(t)+\cdots+b_{m}x(t) \tag{2.49}$$

为了求出 $\varPhi(\mathrm{i}\omega)$，必须在式(2.49)中假定 $x(t)=\mathrm{e}^{\mathrm{i}\omega t}$ 和 $y(t)=\varPhi(\mathrm{i}\omega)\mathrm{e}^{\mathrm{i}\omega t}$。因为 $\dfrac{\mathrm{d}^{s}}{\mathrm{d}t^{s}}\mathrm{e}^{\mathrm{i}\omega t}=(\mathrm{i}\omega)^{s}\mathrm{e}^{\mathrm{i}\omega t}$，所以在进行给定的置换和简化成 $\mathrm{e}^{\mathrm{i}\omega t}$ 后，对于传递函数，可以得到如下形式的表达式，即

$$\varPhi(\mathrm{i}\omega)=\frac{b_{0}(\mathrm{i}\omega)^{m}+b_{1}(\mathrm{i}\omega)^{m-1}+\cdots+b_{m}}{(\mathrm{i}\omega)^{n}+a_{1}(\mathrm{i}\omega)^{n-1}+\cdots+a_{n}} \tag{2.50}$$

根据式(2.23)，由式(2.48)可得下式，即

$$\frac{\mathrm{d}^{s}y(t,\omega)}{\mathrm{d}t^{s}}\bigg|_{t=0}=\varPhi(\mathrm{i}\omega)(\mathrm{i}\omega)^{s}+\sum_{j=1}^{n}A_{j}(\omega)\lambda_{j}^{s}=0,\quad s=0,1,\cdots,n-1 \tag{2.51}$$

即

$$\sum_{j=1}^{n}A_{j}(\omega)\lambda_{j}^{s}=-(\mathrm{i}\omega)^{s}\varPhi(\mathrm{i}\omega),\quad s=0,1,\cdots,n-1 \tag{2.52}$$

由此可求出式(2.48)中的未知函数 $A_{j}(\omega)$ $(j=1,2,\cdots,n)$。

知道了函数 $y(t,\omega)$，可以求出线性动态系统输出端的非平稳随机过程 $Y(t)$ 要求的概率特性。在零起始条件下，可由式(2.26)和式(2.27)求得。

如果特征等式(2.37)的所有根是负数或者有负实数部分，则由常数系数 a_{k} $(k=1,2,\cdots,n)$ 微分等式(2.1)描述的动态系统是稳定的。线性动态系统稳定的必要条件为

$$a_{k}>0,\quad k=1,2,\cdots,n \tag{2.53}$$

当 $n=1$ 和 $n=2$ 时，这些条件也是足够的。若 $n=3$，则必须再额外加上条件 $a_{1}a_{2}>a_{3}$，而当 $n=4$ 时，额外条件为 $a_{1}a_{2}a_{3}>a_{3}^{2}+a_{1}^{2}a_{4}$。一般情况下，当 $a_{0}>0$ 时，线性动态系统稳定的必要充分条件为

$$\Delta_k > 0, \quad k = 1, 2, \cdots, n \tag{2.54}$$

其中，Δ_k 是赫尔维茨行列式的 k 阶行列子式，即

$$\Delta_k = \begin{vmatrix} a_1 & a_3 & a_5 & \cdots & 0 & 0 \\ a_0 & a_2 & a_4 & \cdots & 0 & 0 \\ 0 & a_1 & a_3 & \cdots & 0 & 0 \\ \vdots & \vdots & \vdots & & \vdots & \vdots \\ 0 & 0 & 0 & \cdots & a_{n-1} & 0 \\ 0 & 0 & 0 & \cdots & a_{n-2} & a_n \end{vmatrix} \tag{2.55}$$

因此，必须有

$$\Delta_1 = a_1 > 0, \quad \Delta_2 = \begin{vmatrix} a_1 & a_3 \\ a_0 & a_2 \end{vmatrix} > 0, \quad \Delta_3 = \begin{vmatrix} a_1 & a_3 & a_5 \\ a_0 & a_2 & a_4 \\ 0 & a_1 & a_3 \end{vmatrix} > 0, \quad \cdots, \quad \Delta_n = \Delta > 0 \tag{2.56}$$

在满足给定条件时，指数函数 $e^{\lambda_j t}$ $(j = 1, 2, \cdots, n)$ 随着时间衰减，这是因为经过一定的时间，输出随机过程 $Y(t)$ 实际上不再依赖起始条件，这意味着不稳定过渡过程的结束。不考虑描述过渡过程(考虑起始条件)的被加数 $\sum_{j=1}^{n} C_j e^{\lambda_j t}$，微分等式(2.3)的解变为

$$Y(t) = \int_0^t p(\zeta) Z(t - \zeta) \mathrm{d}\zeta \tag{2.57}$$

由式(2.39)可知，对于稳定系统，当自变量 ζ 为大数值时，权函数 $p(\zeta)$ 接近于零。由此，对于广义平稳随机过程 $Z(t)$，式(2.57)中的积分上限 t 可以替换成 ∞，可得下式，即

$$Y(t) = \int_0^\infty p(\zeta) Z(t - \zeta) \mathrm{d}\zeta \tag{2.58}$$

当随机过程 $X(t)$ 是广义平稳的且所有系数 b_s $(s = 0, 1, \cdots, m)$ 是常数时，式(2.4)确定的随机过程 $Z(t)$ 是广义平稳的。因此，当满足这些条件时，式(2.58)确定的随机过程 $Y(t)$ 同样是广义平稳的。对于这个过程，数学期望为

$$\bar{y}(t) = \bar{z} \int_0^\infty p(\zeta) \mathrm{d}\zeta = \mathrm{const} \tag{2.59}$$

相关函数为

$$K_y(t, t') = M[\overset{0}{Y}(t) \overset{0}{Y}(t')] = \int_0^\infty p(\zeta) \mathrm{d}\zeta \int_0^\infty p(\zeta') M[\overset{0}{Z}(t - \zeta) \overset{0}{Z}(t' - \zeta')] \mathrm{d}\zeta' \tag{2.60}$$

即

$$K_y(\tau) = \int\limits_0^\infty p(\zeta)\mathrm{d}\zeta \int\limits_0^\infty p(\zeta')K_z(\tau - \zeta + \zeta')\mathrm{d}\zeta' \tag{2.61}$$

因为数学期望 $\bar{y}(t)$ 是恒定的,而相关函数 $K_y(t,t') = K_y(\tau)$,则随机过程 $Y(t)$ 是广义平稳的。

因此,如果下列条件得以满足,那么在线性动态系统输出端的随机过程 $Y(t)$ 可以认为是广义平稳随机过程。

(1) 在系统输入端的随机过程 $X(t)$ 是广义平稳的。

(2) 式(2.1)的所有系数 a_k $(k = 1,2,\cdots,n)$ 和 b_s $(s = 0,1,\cdots,m)$ 是常数。

(3) 动态系统是稳定的,即特征等式(2.37)的所有根都是负数,或者都具有负实数部分。

(4) 时间 t 足够大,大到可以认为过渡过程已经结束。

在满足给定条件时,对于随机过程 $Y(t)$,可以简单地求出其数学期望 $\bar{y}$ 和谱密度 $S_y(\omega)$ 。

对式(2.1)的两边求数学期望,考虑随机过程 $Y(t)$ 和 $X(t)$ 的数学期望为常数,可得到如下关系式,即

$$a_n\bar{y} = b_m\bar{x} \tag{2.62}$$

因此,对于线性动态系统输出端的广义平稳随机过程 $Y(t)$,其数学期望为

$$\bar{y} = \frac{b_m}{a_n}\bar{x} \tag{2.63}$$

当随机过程 $X(t)$ 是广义平稳时,对于由式(2.4)确定的随机过程 $Z(t)$,相关函数 $K_z(t,t')$ 可以由式(2.16)和式(2.21)确定。当系数 b_s $(s = 0,1,\cdots,m)$ 为常数时,式(2.21)可变为

$$K_z(\tau) = \int\limits_{-\infty}^\infty \mathrm{e}^{\mathrm{i}\omega\tau}\left|\sum_{s=0}^m (\mathrm{i}\omega)^s b_{m-s}\right|^2 S_x(\omega)\mathrm{d}\omega \tag{2.64}$$

由式(2.3)可类似地求出下式,即

$$K_z(t,t') = M[\overset{0}{Z}(t)\overset{0}{Z}(t')] = \sum_{k=0}^n\sum_{l=0}^n a_{n-k}a_{n-l}\frac{\partial^{k+l}K_y(t-t')}{\partial t^k \partial t'^l}$$

$$= \sum_{k=0}^n\sum_{l=0}^n a_{n-k}a_{n-l}(-1)^l K_y^{(k+l)}(t-t') \tag{2.65}$$

因为

$$K_y^{(s)}(\tau) = \int_{-\infty}^{\infty} e^{i\omega\tau} (i\omega)^s S_y(\omega) d\omega \tag{2.66}$$

所以

$$K_z(\tau) = \int_{-\infty}^{\infty} e^{i\omega\tau} \left| \sum_{k=0}^{n} (i\omega)^k a_{n-k} \right|^2 S_y(\omega) d\omega \tag{2.67}$$

由式(2.67)可得随机过程 $Z(t)$ 的谱密度，即

$$S_z(\omega) = \left| \sum_{k=0}^{n} (i\omega)^k a_{n-k} \right|^2 S_y(\omega) \tag{2.68}$$

由式(2.64)可类似地得到下式，即

$$S_z(\omega) = \left| \sum_{s=0}^{m} (i\omega)^s b_{m-s} \right|^2 S_x(\omega) \tag{2.69}$$

根据式(2.68)和式(2.69)，可得随机过程 $Y(t)$ 与 $X(t)$ 的谱密度的关系，即

$$S_y(\omega) = \left| \frac{\sum_{s=0}^{m} (i\omega)^s b_{m-s}}{\sum_{k=0}^{n} (i\omega)^k a_{n-k}} \right|^2 S_x(\omega) \tag{2.70}$$

根据如式(2.50)所示的传递函数 $\Phi(i\omega)$，式(2.70)可重新写为

$$S_y(\omega) = | \Phi(i\omega) |^2 S_x(\omega) \tag{2.71}$$

这样，线性动态系统输出端的广义平稳随机过程 $Y(t)$ 的谱密度等于这个系统的传递函数的模的平方与输入随机过程 $X(t)$ 的谱密度的乘积。

知道了谱密度 $S_y(\omega)$，由式(2.72)可以求出 $Y(t)$ 的相关函数 $K_y(\tau)$，即

$$K_y(\tau) = \int_{-\infty}^{\infty} e^{i\omega\tau} S_y(\omega) d\omega \tag{2.72}$$

可以应用式(1.149)和式(1.150)计算这个积分，输出随机过程 $Y(t)$ 的方差 $D[Y(t)]$ 与 $K_y(0)$ 一致。这个概率特性的求取，通常可归结为如下形式的积分计算，即

$$I_n = \frac{1}{\pi} \int_{-\infty}^{\infty} \frac{R_{2(n-1)}(i\omega)}{P_n(i\omega) P_n(-i\omega)} d\omega \tag{2.73}$$

其中

$$P_n(\xi) = a_0 \xi^n + a_1 \xi^{n-1} + \cdots + a_n \tag{2.74}$$

$$R_{2(n-1)}(\xi) = c_0 \xi^{2(n-1)} + c_1 \xi^{2(n-2)} + \cdots + c_{n-1} \tag{2.75}$$

若多项式 $P_n(\xi)$ 的系数满足条件(2.54)，则

$$I_n = (-1)^{n-1}\frac{G_n}{a_0\Delta} \tag{2.76}$$

其中，Δ 是与式(2.55)一致的行列式；G_n 可以从 Δ 中，把第一行的组元分别替换成 $c_0, c_1, \cdots, c_{n-1}$ 得到。

当 $n=1, 2, 3, 4$ 时，积分值 I_n 为

$$I_1 = \frac{c_0}{a_0 a_1}, \quad I_2 = \frac{a_0 c_1 - a_2 c_0}{a_0 a_1 a_2} \tag{2.77}$$

$$I_3 = \frac{a_2 a_3 c_0 + a_0 a_1 c_2 - a_0 a_3 c_1}{a_0 a_3 (a_1 a_2 - a_0 a_3)} \tag{2.78}$$

$$I_4 = \frac{a_0(a_3 a_4 c_1 + a_1 a_2 c_3 - a_0 a_3 c_3 - a_1 a_4 c_2) - a_4 c_0(a_2 a_3 - a_1 a_4)}{a_0 a_4 (a_1 a_2 a_3 - a_0 a_3^2 - a_1^2 a_4)} \tag{2.79}$$

在式(2.71)中，假设随机过程 $X(t)$ 和 $Y(t)$ 分别是不少于 m 次和 n 次可微的，其在更宽松的条件下也是成立的。式(2.71)成立的充分条件是随机过程 $Y(t)$ 的方差是有限的，即

$$K_y(0) = \int_{-\infty}^{\infty} |\Phi(\mathrm{i}\omega)|^2 S_x(\omega)\mathrm{d}\omega < \infty \tag{2.80}$$

函数 $|\Phi(\mathrm{i}\omega)|^2$ 是 ω^2 的 m 阶多项式对于同一个自变量的 n 阶多项式的关系。若随机过程 $X(t)$ 的谱密度 $S_x(\omega)$ 是 ω^2 的有理分式函数，分母对于 ω^2 的次数比分子的次数大 $l+1$，则这个随机过程是 l 阶可微的。当 $n+l \geq m$ 时，条件(2.80)得以满足。若 $n > m$，则这个条件甚至在 $l = -1$ 时也是真实的，即当随机过程 $X(t)$ 包含白噪声时，若 $m \geq n$，则 $l \geq m-n$，即随机过程 $X(t)$ 必须是 $m-n$ 次可微的。

对于广义平稳随机过程 $Y(t)$，考虑式(2.4)，式(2.58)可写为

$$Y(t) = \sum_{s=0}^{m} (-1)^s b_{m-s} \int_0^{\infty} p(\zeta)\frac{\partial^s X(t-\zeta)}{\partial \zeta^s}\mathrm{d}\zeta \tag{2.81}$$

当 $s \geq 1$ 时，通过分部积分，可得下式，即

$$\int_0^{\infty} p(\zeta)\frac{\partial^s X(t-\zeta)}{\partial \zeta^s}\mathrm{d}\zeta = -p(\zeta)\frac{\partial^{s-1} X(t-\zeta)}{\partial \zeta^{s-1}}\bigg|_0^{\zeta} + \int_0^{\infty} p'(\zeta)\frac{\partial^{s-1} X(t-\zeta)}{\partial \zeta^{s-1}}\mathrm{d}\zeta \tag{2.82}$$

对于稳定的动态系统，权函数 $p(\zeta)$ 及其任意阶导数在 $\zeta = \infty$ 时等于零。根据式(2.11)，有

$$p^{(s)}(0) = 0, \quad s = 0, 1, \cdots, n-2, \quad p^{(n-1)}(0) = 1 \tag{2.83}$$

因此，当 $n > m$ 时，式(2.81)可以表示为

$$Y(t) = \int_0^\infty k(\zeta) X(t-\zeta) \mathrm{d}\zeta \tag{2.84}$$

其中

$$k(\zeta) = \sum_{s=0}^m (-1)^s b_{m-s} p^{(s)}(\zeta) \tag{2.85}$$

当 $n \leqslant m$ 时，式(2.81)可以表示为

$$Y(t) = \sum_{s=n+1}^m (-1)^s b_{m-s} \left[X^{(s-n)}(t) + \int_0^\infty p^{(n)}(\zeta) \frac{\partial^{s-n} X(t-\zeta)}{\partial \zeta^{s-1}} \mathrm{d}\zeta \right]$$
$$+ (-1)^n b_{m-n} X(t) + \sum_{s=0}^n (-1)^s b_{m-s} \int_0^\infty p^{(s)}(\zeta) X(t-\zeta) \mathrm{d}\zeta \tag{2.86}$$

在这种情况下，导数 $X^{(s-n)}(t)$ $(s = n, n+1, \cdots, m)$ 前面的系数不为零，通过变换可得下式，即

$$Y(t) = \sum_{r=0}^{m-n} g_r X^{(r)}(t) + \int_0^\infty w(\zeta) X(t-\zeta) \mathrm{d}\zeta \tag{2.87}$$

其中，g_r $(r = 0, 1, \cdots, m-n)$ 是常数；$w(\zeta)$ 是由权函数 $p(\zeta)$ 的导数和系数 b_{m-s} $(s = 0, 1, \cdots, m)$ 表示的函数。

式(2.87)可以类似于式(2.84)，可写为

$$Y(t) = \int_{0-}^\infty k(\zeta) X(t-\zeta) \mathrm{d}\zeta \tag{2.88}$$

其中

$$k(\zeta) = w(\zeta) + \sum_{r=0}^{m-n} g_r \delta^{(r)}(\zeta) \tag{2.89}$$

符号"$0-$"意味着积分包含点 $\zeta = 0$ 的下极限，这对于表达式中的 $\delta(\zeta)$ 及其导数是很重要的，这些函数在 $\zeta \neq 0$ 时等于零。因为下列关系式成立，即

$$\int_{0-}^\infty X(t-\zeta) \delta^{(r)}(\zeta) \mathrm{d}\zeta = \int_{0-}^\infty X^{(r)}(t-\zeta) \delta(\zeta) \mathrm{d}\zeta = X^{(r)}(t) \tag{2.90}$$

所以式(2.88)等效于式(2.87)。

式(2.85)或式(2.89)确定的非负自变量 ζ 的函数 $k(\zeta)$ 称为线性动态系统的脉冲过渡函数。当自变量 ζ 为负值时，这个函数等于零，即

$$k(\zeta) = 0, \quad \zeta < 0 \tag{2.91}$$

如果假定 $X(t) = \mathrm{e}^{i\omega t}$，$Y(t) = \Phi(i\omega) \mathrm{e}^{i\omega t}$，线性动态系统的传递函数 $\Phi(i\omega)$ 的表

达式可由式(2.1)得到。在式(2.88)中进行类似的运算，可得下式，即

$$\varPhi(\mathrm{i}\omega) = \int_{0-}^{\infty} \mathrm{e}^{-\mathrm{i}\omega\zeta} k(\zeta)\mathrm{d}\zeta \tag{2.92}$$

通过傅里叶积分变换可得到线性动态系统的脉冲过渡函数，即

$$k(\zeta) = \frac{1}{2\pi} \int_{-\infty}^{\infty} \mathrm{e}^{\mathrm{i}\omega\zeta} \varPhi(\mathrm{i}\omega)\mathrm{d}\omega \tag{2.93}$$

因为要满足条件(2.91)，所以当 $\zeta < 0$ 时，式(2.93)的右边部分等于零。

线性动态系统输出端的广义平稳随机过程 $Y(t)$ 所要求的概率特性可以借助式(2.88)求得。把数学期望的计算应用到这个等式的两个部分，可得下式，即

$$\bar{y} = \bar{x}\int_{0-}^{\infty} k(\zeta)\mathrm{d}\zeta = \bar{x}\varPhi(0) = \bar{x}\frac{b_m}{a_n} \tag{2.94}$$

这与式(2.63)吻合。对于随机过程 $Y(t)$，其相关函数为

$$K_y(\tau) = M[\mathring{Y}(t+\tau)\mathring{Y}(t)] = \int_{0-}^{\infty} k(\zeta)\mathrm{d}\zeta \int_{0-}^{\infty} k(\zeta')M[\mathring{X}(t+\tau-\zeta)\mathring{X}(t-\zeta')]\mathrm{d}\zeta' \tag{2.95}$$

即

$$K_y(\tau) = \int_{0-}^{\infty} k(\zeta)\mathrm{d}\zeta \int_{0-}^{\infty} k(\zeta')K_x(\tau+\zeta'-\zeta)\mathrm{d}\zeta' \tag{2.96}$$

在计算 $K_y(\tau)$ 时，分以下情况进行。

当 $\tau \geqslant 0$ 时，有

$$K_y(\tau) = \int_{0-}^{\infty} k(\zeta')\left[\int_{0-}^{\tau+\zeta'} k(\zeta)K_x(\tau+\zeta'-\zeta)\mathrm{d}\zeta + \int_{\tau+\zeta'}^{\infty} k(\zeta)K_x(\zeta-\tau-\zeta')\mathrm{d}\zeta\right]\mathrm{d}\zeta'$$

当 $\tau < 0$ 时，有

$$K_y(\tau) = \int_{0-}^{\infty} k(\zeta)\left[\int_{0-}^{-\tau+\zeta} k(\zeta')K_x(-\tau+\zeta-\zeta')\mathrm{d}\zeta' + \int_{-\tau+\zeta}^{\infty} k(\zeta')K_x(\tau-\zeta+\zeta')\mathrm{d}\zeta'\right]\mathrm{d}\zeta$$

把式(2.96)最后一个等式的两个部分都乘以 $\frac{1}{2\pi}\mathrm{e}^{-\mathrm{i}\omega\tau}$，并把乘法结果从 $-\infty$ 到 ∞ 对 τ 进行积分，即

$$S_y(\omega) = \int_{0-}^{\infty} \mathrm{e}^{-\mathrm{i}\omega\zeta} k(\zeta)\mathrm{d}\zeta \int_{0-}^{\infty} \mathrm{e}^{-\mathrm{i}\omega\zeta'} k(\zeta')\mathrm{d}\zeta' \frac{1}{2\pi}\int_{-\infty}^{\infty} \mathrm{e}^{-\mathrm{i}\omega(\tau-\zeta+\zeta')}K_x(\tau-\zeta+\zeta')\mathrm{d}\tau \tag{2.97}$$

假设 $\tau - \zeta + \zeta' = \tau'$，则有

$$S_y(\omega) = \Phi(\mathrm{i}\omega)\Phi(-\mathrm{i}\omega)S_x(\omega) \tag{2.98}$$

这等效于式(2.71)。

对于广义平稳随机过程 $Y(t)$ 和 $X(t)$，其互相关函数为

$$K_{yx}(\tau) = M[\overset{0}{Y}(t+\tau)\overset{0}{Y}(t)] = M[\overset{0}{X}(t)\int_{-\infty}^{0} k(\zeta)\overset{0}{X}(t+\tau-\zeta)\mathrm{d}\zeta]$$

$$\tag{2.99}$$

$$= \int_{-\infty}^{\infty} k(\zeta)M[\overset{0}{X}(t)\overset{0}{X}(t+\tau-\zeta)]\mathrm{d}\zeta = \int_{-\infty}^{\infty} k(\zeta)K_x(\tau-\zeta)\mathrm{d}\zeta$$

在计算 $K_{yx}(\tau)$ 时，分以下情况进行。

当 $\tau \geqslant 0$ 时，有

$$K_{yx}(\tau) = \int_0^{\tau} k(\zeta)K_x(\tau-\zeta)\mathrm{d}\zeta + \int_{\tau}^{\infty} k(\zeta)K_x(\zeta-\tau)\mathrm{d}\zeta \tag{2.100}$$

当 $\tau < 0$ 时，有

$$K_{yx}(\tau) = \int_0^{\infty} k(\zeta)K_x(-\tau+\zeta)\mathrm{d}\zeta \tag{2.101}$$

其互谱密度为

$$S_{yx}(\omega) = \frac{1}{2\pi}\int_{-\infty}^{\infty} \mathrm{e}^{-\mathrm{i}\omega\tau}K_{yx}(\tau)\mathrm{d}\tau = \frac{1}{2\pi}\int_{-\infty}^{\infty}\left[\int_{-\infty}^{\infty} k(\zeta)K_x(\tau-\zeta)\mathrm{d}\zeta\right]\mathrm{e}^{-\mathrm{i}\omega\tau}\mathrm{d}\tau$$

$$= \frac{1}{2\pi}\int_{-\infty}^{\infty}\left[\int_{-\infty}^{\infty} k(\zeta)K_x(\tau-\zeta)\mathrm{d}\zeta\right]\mathrm{e}^{-\mathrm{i}\omega(\tau-\zeta)}\mathrm{e}^{-\mathrm{i}\omega\zeta}\mathrm{d}\tau$$

$$= \int_{-\infty}^{\infty} k(\zeta)\mathrm{e}^{-\mathrm{i}\omega\zeta}\left[\frac{1}{2\pi}\int_{-\infty}^{\infty} K_x(\tau-\zeta)\mathrm{e}^{-\mathrm{i}\omega(\tau-\zeta)}\mathrm{d}\tau\right]\mathrm{d}\zeta \tag{2.102}$$

$$= \int_{-\infty}^{\infty} k(\zeta)\mathrm{e}^{-\mathrm{i}\omega\zeta}\left[\frac{1}{2\pi}\int_{-\infty}^{\infty} K_x(\rho)\mathrm{e}^{-\mathrm{i}\omega\rho}\mathrm{d}\rho\right]\mathrm{d}\zeta = \int_{-\infty}^{\infty} k(\zeta)\mathrm{e}^{-\mathrm{i}\omega\zeta}S_x(\omega)\mathrm{d}\zeta$$

$$= S_x(\omega)\int_{-\infty}^{\infty} k(\zeta)\mathrm{e}^{-\mathrm{i}\omega\zeta}\mathrm{d}\zeta = \Phi(\mathrm{i}\omega)S_x(\omega)$$

同理可得

$$S_{xy}(\omega) = S_x(\omega)\Phi(-\mathrm{i}\omega) \tag{2.103}$$

下面分析两个线性系统输出响应间的关系。设 $Y(t)$ 和 $Z(t)$ 为线性系统输出响应，其对应的传递函数为 $k_y(t)$ 和 $k_z(t)$，它们的输入可能是同一平稳随机过程 $X(t)$，

也可能是相关的两个平稳随机过程 $U(t)$ 和 $V(t)$。第一种输入可认为是第二种的特例，即

$$Y(t) = \int_{-\infty}^{\infty} k_y(\zeta) U(t-\zeta) \mathrm{d}\zeta \tag{2.104}$$

$$Z(t) = \int_{-\infty}^{\infty} k_z(\zeta') V(t-\zeta') \mathrm{d}\zeta' \tag{2.105}$$

则其互相关函数为

$$
\begin{aligned}
K_{zy}(\tau) &= M[\overset{0}{Z}(t+\tau)\overset{0}{Y}(t)] \\
&= M\left\{ \left[\int_{-\infty}^{\infty} k_y(\zeta) \overset{0}{U}(t-\zeta) \mathrm{d}\zeta \right] \left[\int_{-\infty}^{\infty} k_z(\zeta') \overset{0}{V}(t+\tau-\zeta') \mathrm{d}\zeta' \right] \right\} \\
&= \int_{-\infty}^{\infty}\int_{-\infty}^{\infty} k_z(\zeta') k_y(\zeta) M[\overset{0}{U}(t-\zeta) \overset{0}{V}(t+\tau-\zeta')] \mathrm{d}\zeta \mathrm{d}\zeta' \\
&= \int_{-\infty}^{\infty}\int_{-\infty}^{\infty} k_z(\zeta') k_y(\zeta) K_{vu}(\tau-\zeta'+\zeta) \mathrm{d}\zeta \mathrm{d}\zeta'
\end{aligned}
\tag{2.106}
$$

同理有

$$K_{yz}(\tau) = M[\overset{0}{Y}(t+\tau)\overset{0}{z}(t)] = \int_{-\infty}^{\infty}\int_{-\infty}^{\infty} k_y(\zeta) k_z(\zeta') K_{uv}(\tau-\zeta+\zeta') \mathrm{d}\zeta' \mathrm{d}\zeta \tag{2.107}$$

进一步有

$$
\begin{aligned}
S_{zy}(\omega) &= \frac{1}{2\pi} \int_{-\infty}^{\infty} k_{zy}(\tau) \mathrm{e}^{-\mathrm{i}\omega\tau} \mathrm{d}\tau \\
&= \frac{1}{2\pi} \int_{-\infty}^{\infty}\int_{-\infty}^{\infty}\int_{-\infty}^{\infty} k_z(\zeta') k_y(\zeta) K_{vu}(\tau-\zeta'+\zeta) \mathrm{e}^{-\mathrm{i}\omega(\tau-\zeta'+\zeta)} \mathrm{e}^{\mathrm{i}\omega\zeta} \mathrm{e}^{-\mathrm{i}\omega\zeta'} \mathrm{d}\zeta \mathrm{d}\zeta' \mathrm{d}\tau \\
&= \Phi_z(\mathrm{i}\omega) S_{vu}(\omega) \Phi_y(-\mathrm{i}\omega)
\end{aligned}
\tag{2.108}
$$

同理有

$$S_{yz}(\omega) = \Phi_y(\mathrm{i}\omega) S_{uv}(\omega) \Phi_z(-\mathrm{i}\omega) \tag{2.109}$$

显然，当为同一输入 $X(t)$ 时，有

$$S_{zy}(\omega) = \Phi_z(\mathrm{i}\omega) S_x(\omega) \Phi_y(-\mathrm{i}\omega) \tag{2.110}$$

$$S_{yz}(\omega) = \Phi_y(\mathrm{i}\omega) S_x(\omega) \Phi_z(-\mathrm{i}\omega) \tag{2.111}$$

2.1.3　输出端为多个随机过程的求解

假设线性动态系统用带常系数的微分等式方程组来描述，可以写为

$$\frac{\mathrm{d}Y_k(t)}{\mathrm{d}t} + \sum_{j=1}^{n} a_{kj} Y_j(t) = Z_k(t), \quad k=1,2,\cdots,n \tag{2.112}$$

为了通过随机过程 $Z_j(t)$ $(j=1,2,\cdots,n)$ 得到系统输出端随机过程 $Y_k(t)$ $(k=1,2,\cdots,n)$ 的解析表达式，必须解算如下特征方程，即

$$D(\lambda) = 0 \tag{2.113}$$

其中

$$D(\lambda) = \begin{vmatrix} a_{11}+\lambda & a_{12} & \cdots & a_{1n} \\ a_{21} & a_{22}+\lambda & \cdots & a_{2n} \\ \vdots & \vdots & & \vdots \\ a_{n1} & a_{n2} & \cdots & a_{nn}+\lambda \end{vmatrix} \tag{2.114}$$

当式(2.113)的特征根 $\lambda_1,\lambda_2,\cdots,\lambda_n$ 互不相等时，至少一个行列式 $D(\lambda)$ 对角线子式在 $\lambda=\lambda_s$ $(s=1,2,\cdots,n)$ 时不等于零。假设去掉最后一行和最后一列，由 $D(\lambda)$ 可得下式，即

$$M(\lambda_s) = \begin{vmatrix} a_{11}+\lambda_s & a_{12} & \cdots & a_{1,n-1} \\ a_{21} & a_{22}+\lambda_s & \cdots & a_{2,n-1} \\ \vdots & \vdots & & \vdots \\ a_{n-1,1} & a_{n-1,2} & \cdots & a_{n-1,n-1}+\lambda_s \end{vmatrix} \tag{2.115}$$

把 $M(\lambda_s)$ 第 k 列的元素分别替换成 $a_{1n},a_{2n},\cdots,a_{n-1,n}$，可以形成新的行列式，记这个行列式的值为 b_{ks}，则微分等式(2.112)的解可写为

$$Y_k(t) = \sum_{j=1}^{n} \left[C_j b_{kj} \mathrm{e}^{\lambda_j t} + \int_0^t p_{kj}(t-\xi) Z_j(\xi) \mathrm{d}\xi \right], \quad k=1,2,\cdots,n \tag{2.116}$$

常数 C_j $(j=1,2,\cdots,n)$ 可以借助起始条件来求取，即

$$\sum_{j=1}^{n} b_{kj} C_j = Y_k(0), \quad k=1,2,\cdots,n \tag{2.117}$$

$b_{ns}=-M(\lambda_s)$ $(s=1,2,\cdots,n)$。函数 $p_{kj}(\zeta)$ 可按下式求出，即

$$p_{kj}(\zeta) = \begin{vmatrix} b_{11} & b_{12} & \cdots & b_{1n} \\ \vdots & \vdots & & \vdots \\ b_{j-1,1} & b_{j-1,2} & \cdots & b_{j-1,n} \\ b_{k1}\mathrm{e}^{\lambda_1\zeta} & b_{k2}\mathrm{e}^{\lambda_2\zeta} & \cdots & b_{kn}\mathrm{e}^{\lambda_n\zeta} \\ b_{j+1,1} & b_{j+1,2} & \cdots & b_{j+1,n} \\ \vdots & \vdots & & \vdots \\ b_{n1} & b_{n2} & \cdots & b_{nn} \end{vmatrix} \Bigg/ \begin{vmatrix} b_{11} & b_{12} & \cdots & b_{1n} \\ b_{21} & b_{22} & \cdots & b_{2n} \\ \vdots & \vdots & & \vdots \\ b_{n1} & b_{n2} & \cdots & b_{nn} \end{vmatrix} \tag{2.118}$$

按照式(2.116)，动态系统输出端随机过程 $Y_k(t)$ 的数学期望可由下列公式求出，即

$$\bar{y}_k(t) = \sum_{j=1}^{n} \left[\bar{c}_j b_{kj} e^{\lambda_j t} + \int_0^t p_{kj}(\xi) \bar{z}_j(t-\xi) d\xi \right], \quad k = 1, 2, \cdots, n \tag{2.119}$$

为了简单，假设起始条件 $Y_k(0)$ $(k=1,2,\cdots,n)$ 不是随机的，那么对于 $Y_k(t)$ 和 $Y_l(t)$，其互相关函数为

$$
\begin{aligned}
K_{y_k, y_l}(t, t') &= M[\overset{0}{Y}_k(t) \overset{0}{Y}_l^*(t')] \\
&= \sum_{j=1}^{n} \sum_{r=1}^{n} \int_0^t p_{kj}(\zeta) d\zeta \int_0^{t'} [p_{lr}(\zeta')]^* K_{z_j, z_l}(t-\zeta, t'-\zeta') d\zeta', \quad k, l = 1, 2, \cdots, n
\end{aligned}
\tag{2.120}
$$

当 $l = k$ 时，根据式(2.120)可以求出 $Y_k(t)$ $(k=1,2,\cdots,n)$ 的相关函数。

在部分情况下，用于动态系统输出端随机过程的概率特性的通用公式(2.119)和式(2.120)可以大大简化。例如，假设式(2.112)右边部分的随机过程 $Z_j(t)$ $(j=1,2,\cdots,n)$ 都是广义平稳的，或者正比于这个过程，即 $Z_j(t) = \alpha_j(t) X_j(t)$，其中 $\alpha_j(t)$ $(j=1,2,\cdots,n)$ 是确定的函数，$X_j(t)$ $(j=1,2,\cdots,n)$ 是已知概率特性的广义平稳随机过程，则有

$$\bar{z}_j(t) = \alpha_j(t) \bar{x}, \quad j = 1, 2, \cdots, n \tag{2.121}$$

$$K_{z_j, z_l}(\xi, \eta) = \alpha_j(\xi) \alpha_l(\eta) K_{x_j, x_l}(\xi - \eta) = \alpha_j(\xi) \alpha_l(\eta) \int_{-\infty}^{\infty} e^{i\omega(\xi-\eta)} S_{x_j, x_l}(\omega) d\omega \tag{2.122}$$

因此，式(2.119)和式(2.120)可表示为

$$\bar{y}_k(t) = \sum_{j=1}^{n} \left[\bar{c}_j b_{kj} e^{\lambda_j t} + \bar{x}_j y_{kj}(t, 0) \right], \quad k = 1, 2, \cdots, n \tag{2.123}$$

$$K_{y_k, y_l}(t, t') = \sum_{j=1}^{n} \sum_{r=1}^{n} \int_{-\infty}^{\infty} y_{kj}(t, \omega) [y_{lr}(t', \omega)]^* S_{x_j, x_r}(\omega) d\omega, \quad k, l = 1, 2, \cdots, n \tag{2.124}$$

其中

$$y_{kj}(t, \omega) = \int_0^t p_{kj}(t - \xi) \alpha_j(\xi) e^{i\omega\xi} d\xi, \quad k, j = 1, 2, \cdots, n \tag{2.125}$$

由式(2.116)和式(2.125)可推导出，对于任意 j $(j=1,2,\cdots,n)$，与自变量 t 和参数 ω 有关的函数 $y_{kj}(t, \omega)$ 是微分等式方程组的解，即

$$\frac{dy_{kj}(t, \omega)}{dt} + \sum_{l=1}^{n} a_{kl} y_{lj}(t, \omega) = \delta_{kj} \alpha_j(t) e^{i\omega t}, \quad k = 1, 2, \cdots, n \tag{2.126}$$

其中

$$\delta_{kj} = \begin{cases} 0, & k \neq j \\ 1, & k = j \end{cases} \tag{2.127}$$

频率 ω 起着参数的作用，而初始条件在 $t = 0$ 时都为零。

若线性动态系统是稳定的，则特征等式(2.113)的所有根都是负数，或者具有负实数部分，即 $\operatorname{Re}\lambda_j < 0$ ($j = 1,2,\cdots,n$)。假设随机过程 $Z_j(t)$ ($j = 1,2,\cdots,n$)是广义平稳的，在过渡过程衰减后，线性动态系统输出端随机过程 $Y_k(t)$ ($k = 1,2,\cdots,n$)同样可以认为是广义平稳的。因此，由式(2.116)可以得到下列解析表达式，即

$$Y_k(t) = \sum_{j=1}^{n} \int_0^\infty p_{kj}(\zeta) Z_j(t-\zeta) \mathrm{d}\zeta, \quad k = 1,2,\cdots,n \tag{2.128}$$

同时有

$$M[\overset{0}{Z}_j(t-\zeta)\overset{0}{Z}_r^*(t'-\zeta')] = K_{z_j,z_r}(t-t'-\zeta+\zeta') = \int_{-\infty}^\infty \mathrm{e}^{\mathrm{i}\omega(t-t'-\zeta+\zeta')} S_{z_j,z_r}(\omega)\mathrm{d}\omega \tag{2.129}$$

数学期望 $\overline{y}_k$ 和广义平稳随机过程 $Y_k(t)$ 和 $Y_l(t)$ 的互相关函数为

$$\overline{y}_k = \sum_{j=1}^{n} \overline{z}_j \beta_{kj}(0), \quad k = 1,2,\cdots,n \tag{2.130}$$

$$K_{y_k,y_l}(\tau) = \sum_{j=1}^{n} \sum_{r=1}^{n} \int_{-\infty}^\infty \mathrm{e}^{\mathrm{i}\omega\tau} \beta_{kj}(\omega) \beta_{lr}^*(\omega) S_{z_j,z_r}(\omega)\mathrm{d}\omega, \quad k,l = 1,2,\cdots,n \tag{2.131}$$

其中

$$\beta_{kj}(\omega) = \int_0^\infty p_{kj}(\zeta) \mathrm{e}^{-\mathrm{i}\omega\zeta} \mathrm{d}\xi, \quad k,j = 1,2,\cdots,n \tag{2.132}$$

当动态系统输出端随机过程的数学期望是常数时，由式(2.112)可知，可以像解算下列代数系统一样求出数学期望，即

$$\sum_{j=1}^{n} a_{kj} \overline{y}_j = \overline{z}_k, \quad k = 1,2,\cdots,n \tag{2.133}$$

由式(2.132)和式(2.128)可推出，当 $Z_k(t) = \delta_{kj}\mathrm{e}^{\mathrm{i}\omega t}$ 时，乘积 $\beta_{kj}(\omega)\mathrm{e}^{\mathrm{i}\omega t}$ 是系统(2.112)的稳定解。可以认为，在式(2.112)中，$Y_k(t) = \beta_{kj}(\omega)\mathrm{e}^{\mathrm{i}\omega t}$，当给定 $Z_k(t)$ 时，两边消去 $\mathrm{e}^{\mathrm{i}\omega t}$ 可得下式，即

$$(\mathrm{i}\omega)\beta_{kj}(\omega) + \sum_{l=1}^{n} a_{kl}\beta_{lj}(\omega) = \delta_{kj}, \quad k = 1,2,\cdots,n \tag{2.134}$$

对于每个固定值 j ($j = 1,2,\cdots,n$)，函数 $\beta_{kj}(\omega)$ ($k = 1,2,\cdots,n$)可以由这个代数

方程组的解算出。

将傅里叶逆变换运用到式(2.131)，可得下式，即

$$S_{y_k,y_l}(\omega) = \sum_{j=1}^{n}\sum_{r=1}^{n}\beta_{kj}(\omega)\beta_{lr}^{*}(\omega)S_{z_j,z_r}(\omega), \quad k,l=1,2,\cdots,n \tag{2.135}$$

这样，对于动态系统输出端的广义平稳随机过程 $Y_k(t)$ $(k=1,2,\cdots,n)$，数学期望 $\overline{y}_k$ $(k=1,2,\cdots,n)$ 可以像解算式(2.133)一样求出，或者借助关系式(2.130)计算出来。谱密度 $S_{y_k}(\omega)=S_{y_k,y_k}(\omega)$ $(k=1,2,\cdots,n)$ 和互谱密度 $S_{y_k,y_l}(\omega)$ $(k,l=1,2,\cdots,n)$ 根据式(2.135)来求取。

除了随机过程 $Y(t)$ 的主要概率特性或者线性动态系统输出端随机过程 $Y_k(t)$ $(k=1,2,\cdots,n)$ 的集合，有时需要知道它们的分布律。当系统输入端的随机过程是正态的，而输出端过程的初值 $Y^{(s)}(0)$ $(s=0,1,\cdots,n-1)$ 或者 $Y_k(0)$ $(k=1,2,\cdots,n)$ 是正态随机变量或者非随机变量时，这个问题就能很简单地解决。当随机过程 $Z(t)$ 和 $Z_k(t)$ $(k=1,2,\cdots,n)$ 是正态时，根据式(2.7)和式(2.116)，线性动态系统输出端的随机过程 $Y(t)$ 和 $Y_k(t)$ $(k=1,2,\cdots,n)$ 是自变量的线性函数，也是正态随机过程，这样分布律完全可以由主要概率特性确定。通常情况下，尽管输入端的分布律可能与正态的随机过程不同，但是线性动态系统输出端的随机过程与输入端相比，将更接近正态随机过程。

2.1.4　实例分析

例 2.1　当存在干扰时，导弹控制装置的偏差角 $Y(t)$ 与扰动输入 $X(t)$ 有关，它们之间的关系可用下式表示，即

$$Y'(t)+\beta Y(t)=\gamma X(t)$$

其中，β 和 γ 是已知常数，并且 $\beta>0$，而 $Y(0)=0$。

对于广义平稳随机过程 $X(t)$，已知数学期望 $\overline{x}$ 和相关函数 $K_x(\tau)=\sigma^2 e^{-\alpha|\tau|}$，并且 $\alpha\neq\beta$。求在稳定和非稳定状态下，随机过程 $Y(t)$ 的数学期望和相关函数。

解　被研究的动态系统输入端和输出端的随机过程 $X(t)$ 和 $Y(t)$ 之间的关系为一阶线性微分方程式，且系数 β 为正常数，所以在过渡过程衰减后，系统是动态稳定的，导弹控制装置的偏差角 $Y(t)$ 可以认为是广义平稳随机过程。从微分方程式可以推出，对于这个随机过程，数学期望 $\overline{y}=\dfrac{\gamma}{\beta}\overline{x}$。在这种情况下，传递函数为

$$\Phi(\mathrm{i}\omega)=\frac{\gamma}{\mathrm{i}\omega+\beta}$$

对应的相关函数 $K_x(\tau)=\sigma^2 e^{-\alpha|\tau|}$ 的谱密度为

$$S_x(\omega) = \frac{\alpha\sigma^2}{\pi(\omega^2 + \alpha^2)}$$

对于广义平稳随机过程 $Y(t)$，其谱密度为

$$S_y(\omega) = |\Phi(i\omega)|^2 S_x(\omega) = \frac{\gamma^2}{\omega^2 + \alpha^2} \frac{\alpha\sigma^2}{\pi(\omega^2 + \beta^2)} = \frac{\alpha\gamma^2\sigma^2}{\pi(\beta^2 - \alpha^2)}\left(\frac{1}{\omega^2 + \alpha^2} - \frac{1}{\omega^2 + \beta^2}\right)$$

对应这个谱密度的相关函数为

$$K_y(\tau) = \frac{\alpha\gamma^2\sigma^2}{\beta^2 - \alpha^2}\left(\frac{1}{\alpha}\mathrm{e}^{-\alpha|\tau|} - \frac{1}{\beta}\mathrm{e}^{-\beta|\tau|}\right)$$

为了求出非稳定下随机过程 $Y(t)$ 的概率特性，应用基本微分方程式的解。此时，特征方程式为 $\lambda + \beta = 0$。齐次微分方程式的基本解具有 $y(t) = \mathrm{e}^{-\beta t}$ 的形式。权函数 $p(\zeta) = \mathrm{e}^{-\beta\zeta}$。因为 $Y(0) = 0$，所以初始微分方程式的通解为

$$Y(t) = \int_0^t p(t - \xi)\gamma X(\xi)\mathrm{d}\xi = \gamma\int_0^t \mathrm{e}^{-\beta(t-\xi)} X(\xi)\mathrm{d}\xi$$

由这个关系式可得下式，即

$$\overline{y}(t) = \gamma\overline{x}\int_0^t \mathrm{e}^{-\beta(t-\xi)}\mathrm{d}\xi = \frac{\gamma}{\beta}\overline{x}(1 - \mathrm{e}^{-\beta t})$$

$$\begin{aligned}
K_y(t, t') &= M[\overset{0}{Y}(t)\overset{0}{Y}(t')] \\
&= \gamma^2\int_0^t \mathrm{e}^{-\beta(t-\xi)}\mathrm{d}\xi\int_0^{t'} \mathrm{e}^{-\beta(t'-\eta)} K_x(\xi, \eta)\mathrm{d}\eta \\
&= \gamma^2\sigma^2\int_0^t \mathrm{e}^{-\beta(t-\xi)}\mathrm{d}\xi\int_0^{t'} \mathrm{e}^{-\beta(t'-\eta)-\alpha|\xi-\eta|}\mathrm{d}\eta
\end{aligned}$$

当 $t' > t$ 时，可得下式，即

$$\begin{aligned}
K_y(t, t') &= \gamma^2\sigma^2\int_0^t \mathrm{e}^{-\beta(t-\xi)}\left[\int_0^\xi \mathrm{e}^{-\beta(t'-\eta)-\alpha(\xi-\eta)}\mathrm{d}\eta + \int_\xi^{t'} \mathrm{e}^{-\beta(t'-\eta)+\alpha(\xi-\eta)}\mathrm{d}\eta\right]\mathrm{d}\xi \\
&= \gamma^2\sigma^2\int_0^t \mathrm{e}^{-\beta(t-\xi)}\left\{\frac{1}{\beta+\alpha}\left[\mathrm{e}^{-\beta(t'-\xi)} - \mathrm{e}^{-\beta t'-\alpha\xi}\right] + \frac{1}{\beta-\alpha}\left[\mathrm{e}^{\alpha(\xi-t')} - \mathrm{e}^{\beta(t'-\xi)}\right]\right\}\mathrm{d}\xi \\
&= \gamma^2\sigma^2\left(\frac{1}{\beta+\alpha}\left\{\frac{1}{2\beta}\left[\mathrm{e}^{-\beta(t'-\xi)} - \mathrm{e}^{-\beta(t+t')}\right] - \frac{1}{\beta-\alpha}\left[\mathrm{e}^{-\beta t'-\alpha t} - \mathrm{e}^{-\beta(t+t')}\right]\right\}\right. \\
&\quad\left. + \frac{1}{\beta-\alpha}\left\{\frac{1}{\beta+\alpha}\left[\mathrm{e}^{\alpha(t-t')} - \mathrm{e}^{-\beta t-\alpha t'}\right] - \frac{1}{2\beta}\left[\mathrm{e}^{-\beta(t'-t)} - \mathrm{e}^{-\beta(t+t')}\right]\right\}\right)
\end{aligned}$$

即

$$K_y(t,t') = \frac{\gamma^2\sigma^2}{\beta(\beta^2-\alpha^2)}\Big[\beta e^{-\alpha(t'-t)} - \alpha e^{-\beta(t'-t)} + (\alpha+\beta)e^{-\beta(t+t')} - \beta e^{-\beta t-\alpha t'} - \beta e^{-\alpha t-\beta t'}\Big]$$

因为 $K_y(t,t') = K_y(t',t)$，所以在通常情况下有

$$K_y(t,t') = \frac{\gamma^2\sigma^2}{\beta(\beta^2-\alpha^2)}\Big[\beta e^{-\alpha|t-t'|} - \alpha e^{-\beta|t-t'|} + (\alpha+\beta)e^{-\beta(t+t')} - \beta\big(e^{-\beta t-\alpha t'} + e^{-\alpha t-\beta t'}\big)\Big]$$

非稳定随机过程 $Y(t)$ 的概率特性可以利用函数 $y(t,\omega)$ 用其他方法求得。根据式(2.48)，函数 $y(t,\omega)$ 具有形式 $y(t,\omega) = \Phi(i\omega)e^{i\omega t} + A(\omega)e^{-\beta t}$。因为 $y(0,\omega) = 0$，所以 $A(\omega) = -\Phi(i\omega)$。于是

$$y(t,\omega) = \frac{\gamma}{i\omega+\beta}(e^{i\omega t} - e^{-\beta t})$$

因此

$$\bar{y}(t) = \bar{x}(t,0) = \frac{\gamma}{\beta}\bar{x}(1 - e^{-\beta t})$$

根据式(2.27)，相关函数为

$$K_y(t,t') = \int_{-\infty}^{\infty} y(t,\omega)[y(t',\omega)]^* S_x(\omega)\mathrm{d}\omega = \frac{\alpha\gamma^2\sigma^2}{\pi}\int_{-\infty}^{\infty}\frac{(e^{i\omega t} - e^{-\beta t})(e^{-i\omega t'} - e^{-\beta t'})\mathrm{d}\omega}{(\omega^2+\alpha^2)(\omega^2+\beta^2)}$$

借助积分理论可得下式，即

$$\int_{-\infty}^{\infty}\frac{e^{i\omega t}\mathrm{d}\omega}{(\omega^2+\alpha^2)(\omega^2+\beta^2)} = 2\pi i\Bigg[\frac{e^{i\omega t}}{(\omega+i\alpha)(\omega^2+\beta^2)}\bigg|_{\omega=i\alpha} + \frac{e^{i\omega t}}{(\omega^2+\alpha^2)(\omega+i\beta)}\bigg|_{\omega=i\beta}\Bigg]$$

$$= \frac{1}{\beta^2-\alpha^2}\left(\frac{1}{\alpha}e^{-\alpha t} - \frac{1}{\beta}e^{-\beta t}\right)$$

于是

$$K_y(t,t') = \frac{\gamma^2\sigma^2}{\beta(\beta^2-\alpha^2)}\Big[\beta e^{-\alpha|t-t'|} - \alpha e^{-\beta|t-t'|} - e^{-\beta t'}(\beta e^{-\alpha t} - \alpha e^{-\beta t})$$

$$- e^{-\beta t}(\beta e^{-\alpha t'} - \alpha e^{-\beta t'}) + (\beta-\alpha)e^{-\beta(t+t')}\Big]$$

显然，两种解法得到的 $K_y(t,t')$ 相同。

当 $t-t' = \tau$ 和 $t \to \infty$ 时，由 $\bar{y}(t)$ 和 $K_y(t,t')$ 得到的稳定状态相应的概率特性的表达式适用于广义平稳随机过程 $Y(t)$。

例 2.2　用加速度计测量导弹加速度的测量误差 $Y(t)$ 由下列等式确定，即

$$Y''(t) + 2\alpha Y'(t) + \gamma^2 Y(t) = bX(t)$$

其中，α、γ 和 b 是给定常数，并且 $\gamma > \alpha > 0$；作用在加速度计传感器的扰动 $X(t)$ 是广义平稳的白噪声，其谱密度为 $S_x(\omega) = \dfrac{c}{2\pi}$。

试确定稳定状态时加速度测量误差 $Y(t)$ 的谱密度 $S_y(\omega)$ 和相关函数 $K_y(\tau)$。求在时间间隔 T（这个时间远大于过渡过程衰减时间）内加速度计读数的积分得到的速度测量误差 $Z(T)$ 方差的近似值。

解　因为对应的传递函数为

$$\Phi(\mathrm{i}\omega) = \frac{b}{(\mathrm{i}\omega)^2 + 2\alpha\mathrm{i}\omega + \gamma^2}$$

所以，对于广义平稳随机过程 $Y(t)$，其谱密度为

$$S_y(\omega) = |\Phi(\mathrm{i}\omega)|^2 S_x(\omega) = \frac{b^2 c}{2\pi[(\gamma^2 - \omega^2)^2 + 4\alpha^2\omega^2]}$$

设

$$\beta = \sqrt{\gamma^2 - \alpha^2}, \quad \sigma^2 = \frac{b^2 c}{4\alpha\gamma^2}$$

于是

$$S_y(\omega) = \frac{2\alpha\sigma^2(\alpha^2 + \beta^2)}{\pi[(\omega^2 - \alpha^2 - \beta^2)^2 + 4\alpha^2\omega^2]}$$

这个谱密度与下列相关函数对应，即

$$K_y(\tau) = \sigma^2 \mathrm{e}^{-\alpha|\tau|}\left(\cos\beta\tau + \frac{\alpha}{\beta}\sin\beta|\tau|\right)$$

在 T 时间内，测量导弹速度时产生的误差由 $Z(T) = \displaystyle\int_0^T Y(t)\mathrm{d}t$ 确定。因为 T 远大于过渡过程的衰减时间，所以在求取随机变量 $Z(T)$ 的方差时，可以大致认为，$Y(t)$ 是在任意 $t \leqslant T$ 时，具有相关函数 $K_y(\tau)$ 的广义平稳随机过程，即

$$D[Z(T)] = M\left\{\left[\int_0^T Y(t)\mathrm{d}t\right]^2\right\} = 2\int_0^T (T-\tau)K_y(\tau)\mathrm{d}\tau$$

在较大的 T 时，这个概率特性的近似值为

$$D[Z(T)] \approx T\int_{-\infty}^{\infty} K_y(\tau)\mathrm{d}\tau = T \cdot 2\pi S_y(0) = T\frac{b^2 c}{\gamma^4}$$

为了求方差，必须考虑下列积分等式，即

$$\int e^{-\alpha\tau}(a\cos\beta\tau + b\sin\beta\tau)d\tau = \frac{-1}{\alpha^2+\beta^2}e^{-\alpha\tau}[(a\alpha+b\beta)\cos\beta\tau + (b\alpha-a\beta)\sin\beta\tau]$$

于是可得下式，即

$$D[Z(T)] = \frac{2\sigma^2}{\gamma^2}\left\{ 2\alpha T + \frac{1}{\gamma^2}(3\alpha^2-\beta^2) \right.$$

$$\left. -\frac{1}{\gamma^2}e^{-\alpha T}\left[(3\alpha^2-\beta^2)\cos\beta T + \frac{\alpha}{\beta}(\alpha^2-3\beta^2)\sin\beta T \right] \right\}$$

例 2.3　陀螺仪轴偏差角 $\Psi(t)$ 与安装在舰船横剖面上的倾斜仪的偏差角 $U(t)$ 之间的关系为

$$\Psi'(t) + \gamma\Psi(t) = \gamma U(t)$$

其中，γ 是正常数；随机过程 $U(t)$ 与舰船的横倾角 $\Theta(t)$ 有关，并且由于轨道的运动，它也和舰船重心的侧面偏移速度 $V(t)$ 有关，微分方程式为

$$U''(t) + aU'(t) + bU(t) = \frac{b}{g}[V'(t) - c\Theta''(t)]$$

式中，a、b 和 c 是已知的正常数；g 是重力加速度；独立的随机过程 $V(t)$ 和 $\Theta(t)$ 是广义平稳的，它们的数学期望等于零，而谱密度表示为

$$S_v(\omega) = S_1(\omega) \text{ 和 } S_\theta(\omega) = S_2(\omega)$$

其中

$$S_k(\omega) = \frac{A_k}{\pi[(\omega^2-\alpha_k^2-\beta_k^2)^2 + 4\alpha_k^2\omega^2]}, \quad A_k = 2\sigma_k^2\alpha_k(\alpha_k^2+\beta_k^2), \quad k=1,2$$

求谱密度 $S_\Psi(\omega)$ 和稳定状态时角 $\Psi(t)$ 的方差 $D[\Psi(t)]$。

解　假设 $Z(t) = V'(t) - c\Theta''(t)$，其数学期望等于零。因为随机过程 $V(t)$ 和 $\Theta(t)$ 都是独立的，所以对于 $Z(t)$，其相关函数为

$$K_z(\tau) = M[Z(t+\tau)Z(t)]$$

$$= M\left\{ \left[V'(t+\tau) - c\Theta''(t+\tau)\right]\left[V'(t) - c\Theta''(t)\right] \right\} = K_{v'}(\tau) + c^2 K_{\Theta''}(\tau)$$

谱密度为

$$S_z(\omega) = S_{v'}(\omega) + c^2 S_{\Theta''}(\omega) = \omega^2 S_v(\omega) + c^2\omega^4 S_\theta(\omega)$$

即

$$S_z(\omega) = \omega^2 S_1(\omega) + c^2\omega^4 S_2(\omega)$$

因为 $\gamma>0$、$a>0$ 和 $b>0$，所以研究的动态系统是稳定的。对于微分等式，其传递函数为

$$\Phi_{\Psi}(\mathrm{i}\omega) = \frac{\gamma}{\mathrm{i}\omega + \gamma}, \quad \Phi_{u}(\mathrm{i}\omega) = \frac{b^2/g^2}{(\mathrm{i}\omega)^2 + a(\mathrm{i}\omega) + b}$$

因此，对于广义平稳随机过程 $U(t)$ 和 $\Psi(t)$，其谱密度为

$$S_u(\omega) = |\Phi_u(\mathrm{i}\omega)|^2 S_z(\omega) = \frac{b^2 S_z(\omega)}{g^2[(b^2 - \omega^2)^2 + a^2\omega^2]}$$

$$S_{\Psi}(\omega) = |\Phi_{\Psi}(\mathrm{i}\omega)|^2 S_u(\omega) = \frac{\gamma^2 b^2 \omega^2 [S_1(\omega) + c^2\omega^2 S_2(\omega)]}{g^2(\omega^2 + \gamma^2)[(b^2 - \omega^2)^2 + a^2\omega^2]}$$

对于随机过程 $\Psi(t)$，其方差为

$$D[\Psi(t)] = \int_{-\infty}^{\infty} S_{\Psi}(\omega)\mathrm{d}\omega = \left(\frac{\gamma b}{g}\right)^2 (-A_1 I_{5,1} + A_2 I_{5,2})$$

其中

$$I_{5,k} = \frac{1}{\pi} \int_{-\infty}^{\infty} \frac{(\mathrm{i}\omega)^{2k}\mathrm{d}\omega}{|\mathrm{i}\omega + \gamma|^2 |(\mathrm{i}\omega)^2 + a(\mathrm{i}\omega) + b|^2 |[(\omega^2 - \alpha_k^2 - \beta_k)^2 + 4\alpha_k^2\omega^2]|}$$

这个积分可表示为

$$I_{5,k} = \frac{1}{\pi} \int_{-\infty}^{\infty} \frac{(\mathrm{i}\omega)^{2k}\mathrm{d}\omega}{P_{5,k}(\mathrm{i}\omega)P_{5,k}(-\mathrm{i}\omega)}$$

并且

$$P_{5,k}(\xi) = (\xi + \gamma)(\xi^2 + a\xi + b)(\xi^2 + 2\alpha_k\xi + \alpha_k^2 + \beta_k^2)$$
$$= \xi^5 + a_{1,k}\xi^4 + a_{2,k}\xi^3 + a_{3,k}\xi^2 + a_{4,k}\xi + a_{5,k}$$

其中

$$a_{1,k} = 2\alpha_k + a + \gamma$$
$$a_{2,k} = \alpha_k^2 + \beta_k^2 + 2\alpha_k(\gamma + a) + b + a\gamma$$
$$a_{3,k} = (\alpha_k^2 + \beta_k^2)(\gamma + a) + 2\alpha_k(b + a\gamma) + b\gamma$$
$$a_{4,k} = 2\alpha_k b\gamma + (\alpha_k^2 + \beta_k^2)(b + a\gamma)$$
$$a_{5,k} = b\gamma(\alpha_k^2 + \beta_k^2), \quad k = 1, 2$$

积分 $I_{5,1}$ 和 $I_{5,2}$ 可以根据式(2.76)计算出来，即

$$I_{5,k} = \frac{G_{5,k}}{\Delta_k}, \quad k = 1, 2$$

因此

$$\Delta_k = \begin{vmatrix} a_{1,k} & a_{3,k} & a_{5,k} & 0 & 0 \\ 1 & a_{2,k} & a_{4,k} & 0 & 0 \\ 0 & a_{1,k} & a_{3,k} & a_{5,k} & 0 \\ 0 & 1 & a_{2,k} & a_{4,k} & 0 \\ 0 & 0 & a_{1,k} & a_{3,k} & a_{5,k} \end{vmatrix}$$

$$= [(a_{1,k}a_{2,k} - a_{3,k})(a_{3,k}a_{4,k} - a_{2,k}a_{5,k}) - (a_{1,k}a_{4,k} - a_{5,k})^2]a_{5,k}$$

假设

$$R_{8,k}(\xi) = c_{0,k}\xi^8 + c_{1,k}\xi^6 + c_{2,k}\xi^4 + c_{3,k}\xi^2 + c_{4,k}, \quad k = 1,2$$

对于积分 $I_{5,1}$，多项式 $R_{8,1}(\xi) = \xi^2$，因此 $c_{0,1} = c_{1,1} = c_{2,1} = 0$、$c_{3,1} = 1$ 和 $c_{4,1} = 0$。用这些值替换行列式 Δ_1 的第一行元素，求得 $G_{5,1} = -(a_{1,1}a_{2,1} - a_{3,1})a_{5,1}$。对于积分 $I_{5,2}$，$R_{8,2}(\xi) = \xi^4$，因此 $c_{0,2} = c_{1,2} = 0$、$c_{2,2} = 1$ 和 $c_{3,2} = c_{4,2} = 0$。经过类似的替换，可以得到 $G_{5,2} = (a_{1,2}a_{4,2} - a_{5,2})a_{5,2}$。因此

$$I_{5,1} = \frac{a_{3,1} - a_{1,1}a_{2,1}}{(a_{1,1}a_{2,1} - a_{3,1})(a_{3,1}a_{4,1} - a_{2,1}a_{5,1}) - (a_{1,1}a_{4,1} - a_{5,1})^2}$$

$$I_{5,2} = \frac{a_{1,2}a_{4,2} - a_{5,2}}{(a_{1,2}a_{2,2} - a_{3,2})(a_{3,2}a_{4,2} - a_{2,2}a_{5,2}) - (a_{1,2}a_{4,2} - a_{5,2})^2}$$

例 2.4 已知线性系统的传递函数 $\Phi(\mathrm{i}\omega) = \dfrac{k}{\mathrm{i}\omega T + 1}$，输入是白噪声，其相关函数为 $K_x(\tau) = N\delta(\tau)$。求输出响应 $Y(t)$ 的相关函数 $K_y(\tau)$、谱密度 $S_y(\omega)$、互相关函数 $K_{xy}(\tau)$ 和 $K_{yx}(\tau)$、谱密度 $S_{xy}(\omega)$ 和 $S_{yx}(\omega)$。

解 由 $K_x(\tau) = N\delta(\tau)$ 可知，$S_x(\omega) = \dfrac{N}{2\pi}$，则

$$S_y(\omega) = \left|\Phi(\mathrm{i}\omega)\right|^2 S_x(\omega) = \frac{Nk^2}{2\pi(\omega^2 T^2 + 1)}$$

$$S_y(\omega) = \frac{Nk^2 / (2\pi)}{(\mathrm{i}\omega T + 1)(-\mathrm{i}\omega T + 1)} = \frac{a}{(\mathrm{i}\omega T + 1)} + \frac{a}{(-\mathrm{i}\omega T + 1)} = \frac{2a}{\omega^2 T^2 + 1}$$

所以

$$a = \frac{0.5Nk^2}{2\pi}$$

$$\{S_y(\mathrm{i}\omega)\}^+ = \frac{0.5Nk^2}{2\pi(\mathrm{i}\omega T + 1)}$$

$$K_y(\tau) = 0.5\left(\frac{N}{T}\right)k^2 \mathrm{e}^{-\frac{|\tau|}{T}}$$

传递函数为

$$k(\tau) = \left(\frac{k}{T}\right)e^{-\frac{\tau}{T}}$$

当 $\tau \geqslant 0$ 时，有

$$K_y(\tau) = \int_{0-}^{\infty} k(\zeta')\left[\int_{0-}^{\tau+\zeta'} k(\zeta)K_x(\tau+\zeta'-\zeta)d\zeta + \int_{\tau+\zeta'}^{\infty} k(\zeta)K_x(\zeta-\tau-\zeta')d\zeta\right]d\zeta'$$

$$= \int_0^{\infty}\left(\frac{k}{T}\right)e^{-\frac{\zeta'}{T}}\left[\int_0^{\tau+\zeta'}\left(\frac{k}{T}\right)e^{-\frac{\zeta}{T}}N\delta(\tau+\zeta'-\zeta)d\zeta\right.$$

$$\left.+ \int_{\tau+\zeta'}^{\infty}\left(\frac{k}{T}\right)e^{-\frac{\zeta}{T}}N\delta(\zeta-\tau-\zeta')d\zeta\right]d\zeta'$$

$$= \int_0^{\infty}\left(\frac{k}{T}\right)e^{-\frac{\zeta'}{T}}\left[0.5\left(\frac{k}{T}\right)Ne^{-\frac{\tau+\zeta'}{T}} + 0.5\left(\frac{k}{T}\right)Ne^{-\frac{\tau+\zeta'}{T}}\right]d\zeta'$$

$$= \left(\frac{k}{T}\right)^2 Ne^{-\frac{\tau}{T}}\int_0^{\infty} e^{-\frac{2\zeta'}{T}}d\zeta'$$

$$= \left(\frac{k}{T}\right)^2 Ne^{-\frac{\tau}{T}}\left(-\frac{T}{2}e^{-\frac{2\zeta'}{T}}\bigg|_0^{\infty}\right) = 0.5\left(\frac{N}{T}\right)k^2 e^{-\frac{\tau}{T}}$$

显然，用 $|\tau|$ 代替 τ，可求出 $-\infty < \tau < \infty$ 时的 $K_y(\tau) = 0.5\left(\frac{N}{T}\right)k^2 e^{\frac{|\tau|}{T}}$，当然也可

利用 $\tau < 0$ 时的 $K_y(\tau)$ 求解，即

$$K_y(\tau) = \int_{0-}^{\infty} k(\zeta)\left[\int_{0-}^{-\tau+\zeta} k(\zeta')K_x(-\tau+\zeta-\zeta')d\zeta' + \int_{-\tau+\zeta}^{\infty} k(\zeta')K_x(\tau-\zeta+\zeta')d\zeta'\right]d\zeta$$

$$= \int_0^{\infty}\left(\frac{k}{T}\right)e^{-\frac{\zeta}{T}}\left[\int_0^{-\tau+\zeta}\left(\frac{k}{T}\right)e^{-\frac{\zeta'}{T}}N\delta(-\tau+\zeta-\zeta')d\zeta'\right.$$

$$\left.+ \int_{\tau+\zeta'}^{\infty}\left(\frac{k}{T}\right)e^{-\frac{\zeta'}{T}}N\delta(\tau-\zeta+\zeta')d\zeta'\right]d\zeta$$

$$= \int_0^{\infty}\left(\frac{k}{T}\right)e^{-\frac{\zeta}{T}}\left[0.5\left(\frac{k}{T}\right)Ne^{-\frac{-\tau+\zeta}{T}} + 0.5\left(\frac{k}{T}\right)Ne^{-\frac{-\tau+\zeta}{T}}\right]d\zeta$$

$$= \left(\frac{k}{T}\right)^2 Ne^{\frac{\tau}{T}}\int_0^{\infty} e^{-\frac{2\zeta}{T}}d\zeta$$

$$= 0.5\left(\frac{N}{T}\right)k^2 e^{\frac{\tau}{T}} = 0.5\left(\frac{N}{T}\right)k^2 e^{\frac{|\tau|}{T}}$$

显然，两种计算方法的结果一致。

现在计算 $K_{yx}(\tau)$。当 $\tau > 0$ 时，有

$$K_{yx}(\tau) = \int_0^\tau \left(\frac{k}{T}\right)e^{\frac{\zeta}{T}}N\delta(\tau - \zeta)\mathrm{d}\zeta + \int_\tau^\infty \left(\frac{k}{T}\right)e^{\frac{\zeta}{T}}N\delta(\zeta - \tau)\mathrm{d}\zeta$$

$$= 0.5\left(\frac{N}{T}\right)ke^{-\frac{\tau}{T}} + 0.5\left(\frac{N}{T}\right)ke^{-\frac{\tau}{T}} = \left(\frac{N}{T}\right)ke^{-\frac{\tau}{T}}$$

当 $\tau < 0$ 时，有

$$K_{yx}(\tau) = \int_0^\infty \left(\frac{k}{T}\right)e^{\frac{\zeta}{T}}N\delta(-\tau + \zeta)\mathrm{d}\zeta = 0$$

当 $\tau = 0$ 时，有

$$K_{yx}(\tau) = \int_0^\infty (k/T)e^{-\frac{\zeta}{T}}N\delta(\zeta - \tau)\mathrm{d}\zeta = 0.5\left(\frac{N}{T}\right)k$$

因为 $K_{xy}(\tau) = K_{yx}(-\tau)$，所以

$$K_{xy}(\tau) = \begin{cases} \left(\dfrac{N}{T}\right)ke^{\frac{\tau}{T}} = \left(\dfrac{N}{T}\right)ke^{\frac{|\tau|}{T}}, & \tau < 0 \\[2mm] 0.5\left(\dfrac{N}{T}\right)k, & \tau = 0 \\[2mm] 0, & \tau > 0 \end{cases}$$

$S_{yx}(\omega) = \Phi(\mathrm{i}\omega)S_x(\omega) = \dfrac{Nk}{2\pi(\mathrm{i}\omega T + 1)} = \{S_{yx}(\mathrm{i}\omega)\}^+$，显然 $\{S_{yx}(\mathrm{j}\omega)\}^- = 0$。$S_{xy}(\omega) =$
$S_x(\omega)\Phi(-\mathrm{i}\omega) = \dfrac{Nk}{2\pi(-\mathrm{i}\omega T + 1)} = \{S_{xy}(\mathrm{i}\omega)\}^-$，显然 $\{S_{xy}(\mathrm{j}\omega)\}^+ = 0$。

这个结果也意味着当 $\tau > 0$ 时，有

$$M[X(t)Y(t-\tau)] = M[Y(t)X(t+\tau)] = 0$$

其物理意义是，动态系统的输出响应与未来的白噪声输入响应无关。

2.2   离散线性系统

2.2.1   输出端随机序列的求解及谱密度

随机序列 $X(t)$ 是离散系统的输入，随机序列 $Y(t)$ 是输出，它们之间的关系可表示为

$$\sum_{k=0}^{n} a_k \frac{\mathrm{d}^{n-k} Y(t)}{\mathrm{d} t^{n-k}} = \sum_{v=0}^{m} b_v \frac{\mathrm{d}^{m-v} X(t)}{\mathrm{d} t^{m-v}} \tag{2.136}$$

其中，$a_k \ (k = 0,1,\cdots,n)$ 和 $b_v \ (v = 0,1,\cdots,m)$ 是已知常数。

这些随机序列也可通过差分等式相互关联，即

$$\sum_{k=0}^{n} a_k Y_{n-k+s} = Z_s, \quad s = 0,1,\cdots \tag{2.137}$$

其中

$$Z_s = \sum_{v=0}^{m} b_v X_{m-v+s}, \quad s = 0,1,\cdots \tag{2.138}$$

借助式(2.138)，可得下式，即

$$\overline{z}_s = \sum_{v=0}^{m} b_v \overline{x}_{m-v+s} \tag{2.139}$$

$$\overset{0}{Z}_s = Z_s - \overline{z}_s = \sum_{v=0}^{m} b_v \overset{0}{X}_{m-v+s}, \quad s = 0,1,\cdots \tag{2.140}$$

对于组元 $Z_s \ (s = 0,1,\cdots)$ 的随机序列 $Z(t)$，其相关函数为

$$K_z[s+r,s] = M(\overset{0}{Z}_{s+r} \overset{0}{Z}_s) = \sum_{v=0}^{m} \sum_{j=0}^{m} b_v b_j M(\overset{0}{X}_{m-v+s+r} \overset{0}{X}_{m-j+s}) \tag{2.141}$$

即

$$K_z[s+r,s] = \sum_{v=0}^{m} \sum_{j=0}^{m} b_v b_j K_x[m-v+s+r, m-j+s] \tag{2.142}$$

若随机序列 $X(t)$ 是广义平稳的，则随机序列 $Z(t)$ 也是广义平稳的。因此有

$$\overline{z}_s = \overline{z} = \overline{x} \sum_{v=0}^{m} b_v \tag{2.143}$$

$$K_z[s+r,s] = K_z[r] = \sum_{v=0}^{m} \sum_{j=0}^{m} b_v b_j K_x[r-v+j] \tag{2.144}$$

根据式(1.390)可知，令 $\omega T = \theta$，可得下式，即

$$\hat{S}_z(\omega) = \frac{T}{2\pi} \sum_{r=-\infty}^{\infty} K_z[r] \mathrm{e}^{-\mathrm{i} r\theta} = \frac{T}{2\pi} \sum_{v=0}^{m} \sum_{j=0}^{m} b_v b_j \sum_{r=-\infty}^{\infty} K_x[r-v+j] \mathrm{e}^{-\mathrm{i} r\theta} \tag{2.145}$$

令 $r-v+j = l$，可得下式，即

$$\hat{S}_z(\omega) = \frac{T}{2\pi} \left[\sum_{v=0}^{m} b_v \mathrm{e}^{-\mathrm{i} v\theta} \right] \left[\sum_{j=0}^{m} b_j \mathrm{e}^{\mathrm{i} j\theta} \right] \sum_{l=-\infty}^{\infty} K_x[l] \mathrm{e}^{-\mathrm{i} l\theta} \tag{2.146}$$

因此，对于随机序列 $Z(t)$ ，其谱密度为

$$\hat{S}_z(\omega) = |\Phi_z(\mathrm{i}\omega)|^2 \hat{S}_x(\omega) \tag{2.147}$$

其中

$$\Phi_z(\mathrm{i}\omega) = \sum_{v=0}^{m} b_v \mathrm{e}^{-\mathrm{i}v\theta} \tag{2.148}$$

当用如下函数替换随机变量时，根据式(2.138)可以得到函数 $\Phi_z(\mathrm{i}\omega)$ ，即

$$Z_s = \Phi_z(\mathrm{i}\omega)\mathrm{e}^{\mathrm{i}(m+s)\theta}, \quad X_{m-v+s} = \mathrm{e}^{\mathrm{i}(m-v+s)\theta} \tag{2.149}$$

类似于常系数的普通线性微分等式，根据 Y_v $(v=0,1,\cdots,n-1)$ 的初始条件数值，可以解算出差分等式(2.137)。齐次等式部分解的形式为 $Y_k = \lambda^k$ 。把这个表达式替换到齐次差分等式，就可以得到特征等式，即

$$\sum_{k=0}^{n} a_k \lambda^{n-k} = 0 \tag{2.150}$$

如果式(2.150)的所有根 λ_j $(j=1,2,\cdots,n)$ 都是不同的，差分等式(2.137)的通用解为

$$Y_{k+n} = \sum_{j=1}^{n} C_j \lambda_j^k + \sum_{s=0}^{k} k[k-s]Z_s, \quad k=0,1,\cdots \tag{2.151}$$

其中， C_j $(j=1,2,\cdots,n)$ 是任意常数； $k[k]$ 是差分等式(2.137)的权；函数通过 λ_j $(j=1,2,\cdots,n)$ 表示。

求解常数 $C_j(j=1,2,\cdots,n)$ 就像解算代数等式方程组，即

$$\sum_{j=1}^{n} C_j \lambda_j^v = Y_v, \quad v=0,1,\cdots,n-1 \tag{2.152}$$

若初始条件为零，即 $Y_v = 0$ $(v=0,1,\cdots,n-1)$ ，则 $C_j = 0$ $(j=1,2,\cdots,n)$ 。因此，差分等式(2.137)的解为

$$Y_{k+n} = \sum_{s=0}^{k} k[s]Z_{k-s}, \quad k=0,1,\cdots \tag{2.153}$$

借助式(2.153)，可得下式，即

$$\overline{y}_{k+n} = \sum_{s=0}^{k} k[s]\overline{z}_{k-s} \tag{2.154}$$

$$\overset{0}{Y}_{k+n} = Y_{k+n} - \overline{y}_{k+n} = \sum_{s=0}^{k} k[s]\overset{0}{Z}_{k-s}, \quad k=0,1,\cdots \tag{2.155}$$

对于随机序列 $Y(t)$，其相关函数为

$$K_y[k+n+r,k+n] = M(\overset{0}{Y}_{k+n+r}\overset{0}{Y}_{k+n}) = \sum_{s=0}^{k+r}k[s]\sum_{v=0}^{k}k[v]M(\overset{0}{Z}_{k+r-s}\overset{0}{Z}_{k-v}) \quad (2.156)$$

即

$$K_y[k+n+r,k+n] = \sum_{s=0}^{k+r}k[s]\sum_{v=0}^{k}k[v]K_x[k+r-s,k-v] \quad (2.157)$$

如果特征等式(2.150)的所有根按绝对值小于单位值，即当 $|\lambda_j|<1$ $(j=1,2,\cdots,n)$ 时，离散线性系统称为稳定的。当这个系统的输入随机序列 $X(t)$ 是广义平稳的，通过初始条件的选择，可以得到系统输出端随机序列 $Y(t)$ 在自变量 t 取任意数值时是广义平稳的。一般情况下，仅在过渡过程衰减完成后可以认为随机序列 $Y(t)$ 是广义平稳的。对于随机序列 $Y(t)$ 的组元 Y_k，当 k 足够大时，式(2.151)中的总数 $\sum_{j=1}^{n}C_j\lambda_j^k$ 实际上等于零。权函数 $k[s]$ 在 $s>k$ 时也等于零。因此，式(2.151)可以用极值关系式来替换，即

$$Y_{k+n} = \sum_{s=0}^{\infty}k[s]Z_{k-s} \quad (2.158)$$

借助式(2.158)可以得到广义平稳随机序列 $Y(t)$ 的数学期望和相关函数，即

$$\bar{y}_{k+n} = \bar{z}\sum_{s=0}^{\infty}k[s] \quad (2.159)$$

$$K_y[r] = \sum_{s=0}^{\infty}k[s]\sum_{v=0}^{\infty}k[v]K_z[r-s+v] \quad (2.160)$$

下列谱密度对应这个相关函数，即

$$\begin{aligned}\hat{S}_y(\omega) &= \frac{T}{2\pi}\sum_{r=-\infty}^{\infty}K_y[r]\mathrm{e}^{-ir\theta}\\ &= \frac{T}{2\pi}\left[\sum_{s=0}^{\infty}k[s]\mathrm{e}^{-is\theta}\right]\left[\sum_{v=0}^{\infty}k[v]\mathrm{e}^{iv\theta}\right]\sum_{r=-\infty}^{\infty}K_z[r-s+v]\mathrm{e}^{-i(r-s+v)\theta}\end{aligned} \quad (2.161)$$

其中，$\theta = \omega T$。

式(2.161)可以表示为

$$\hat{S}_y(\omega) = |\Phi_y(\mathrm{i}\omega)|^2\hat{S}_z(\omega) \quad (2.162)$$

并且

$$\Phi_y(\mathrm{i}\omega) = \sum_{s=0}^{\infty}k[s]\mathrm{e}^{is\theta} \quad (2.163)$$

当把随机变量 Y_{k+n} 和 Z_{k-s} 通过式(2.164)替换时，式(2.163)可以由式(2.158)得到，即

$$Y_{k+n} = \Phi_y(\mathrm{i}\omega)\mathrm{e}^{\mathrm{i}k\theta}, \quad Z_{k-s} = \mathrm{e}^{\mathrm{i}(k-s)\theta} \tag{2.164}$$

由式(2.147)和式(2.162)可以推出，在离散线性系统输出端的广义平稳随机序列 $Y(t)$ 的谱密度可以通过输入随机序列 $X(t)$ 的谱密度表示，即

$$\hat{S}_y(\omega) = |\Phi(\mathrm{i}\omega)|^2 \hat{S}_x(\omega) \tag{2.165}$$

$$\Phi(\mathrm{i}\omega) = \Phi_y(\mathrm{i}\omega)\Phi_z(\mathrm{i}\omega) \tag{2.166}$$

2.2.2　实例分析

例 2.5　对于随机序列 $X(t)$，组元 X_j $(j = 0,1,\cdots)$ 满足二阶有限差分等式，即

$$X_{j+2} - 2\gamma\cos\vartheta X_{j+1} + \gamma^2 X_j = \sigma(b_0\zeta_{j+1} + b_1\zeta_j), \quad j = 0,1,\cdots$$

其中，$b_0 = 0.5(A + B)$；$b_1 = 0.5(A - B)$，$A^2 = (1 - 2\gamma\cos\vartheta + \gamma^2)(1 + 2G\gamma\sin\vartheta - \gamma^2)$，$B^2 = (1 + 2\gamma\cos\vartheta + \gamma^2)(1 - 2G\gamma\sin\vartheta - \gamma^2)$，$G$ 是已知的，$0 < \gamma < 1$，$\vartheta \geqslant 0$；$\sigma > 0$；随机序列 $\zeta(t)$ 的组元 ζ_j $(j = 0,1,\cdots)$ 是正态随机数。

对于随机序列 $X(t)$，请确定在给定如下初始条件时的分布规律、数学期望和相关函数。

(1)　$X_0 = X_1 = 0$。

(2)　$X_0 = \sigma\eta_0$，$X_1 = \sigma(d_0\eta_0 + d_1\eta_1 + d_2\zeta_0)$，其中 η_0、η_1 和 ζ_0 是正态随机数；$d_0 = \gamma(\cos\vartheta + G\sin\vartheta)$；$d_2 = \dfrac{\gamma}{b_1}[(1 + \gamma^2)G\sin\vartheta - (1 - \gamma^2)\cos\vartheta]$；$d_1 = \sqrt{1 - d_0^2 - d_2^2}$。

解　引入组元为 $Z_j = \sigma(b_0\zeta_{j+1} + b_1\zeta_j)$ $(j = 0,1,\cdots)$ 的随机序列 $Z(t)$。把差分方程两边乘以 $\gamma^{-j}\sin(k - j + 1)\vartheta$，把乘积结果按 j 从 0 到 k 进行相加，可得下式，即

$$\gamma^{-k}X_{k+2}\sin\vartheta - \gamma X_1[2\cos\vartheta\sin(k+1)\vartheta - \sin k\vartheta] + \gamma^2 X_0\sin(k+1)\vartheta$$

$$= \sum_{j=0}^{k}\gamma^{-j}Z_j\sin(k - j + 1)\vartheta$$

因此，有限差分方程的解为

$$X_{k+2} = \frac{\gamma^{k+1}}{\sin\vartheta}\left[-X_0\gamma\sin(k+1)\vartheta + X_1\sin(k+2)\vartheta\right] + \frac{1}{\sin\vartheta}\sum_{s=0}^{k}\gamma^s Z_{k-s}\sin(s+1)\vartheta$$

对于任意 k $(k = 0,1,\cdots)$，上式的右边部分是正态随机变量 η_0、η_1 和 ζ_j $(j = 0,1,\cdots)$ 的线性函数，因此随机序列 $X(t)$ 是正态的。正态随机数的数学期望等于零，因此对于随机序列 $X(t)$，其数学期望 $\bar{x} = 0$。

对于随机序列 $Z(t)$ ，其相关函数为

$$K_z[j+r,j] = M(Z_{j+r}Z_j) = \sigma^2 M[(b_0\zeta_{j+1+r} + b_1\zeta_{j+r})(b_0\zeta_{j+1} + b_1\zeta_j)]$$

正态随机数都是独立的，它们的方差等于 1。因此

$$K_z[j+r,j] = K_z[r] = \begin{cases} \sigma^2(b_0^2 + b_1^2), & r = 0 \\ \sigma^2 b_0 b_1, & |r| = 1 \\ 0, & |r| > 1 \end{cases}$$

根据式(1.390)，这个相关函数对应的谱密度为

$$\hat{S}_z(\omega) = \frac{T}{2\pi}\{K_z[0] + 2K_z[1]\cos\theta\} = \frac{T\sigma^2}{2\pi}(b_0^2 + b_1^2 + 2b_0 b_1\cos\theta)$$

其中，$\theta = \omega T$ 。

根据关系式 $Z_j = \sigma(b_0\zeta_{j+1} + b_1\zeta_j)$ ，谱密度 $\hat{S}_z(\omega)$ 的表达式可以通过其他方法得到。假设 $Z_j = \Phi_z(i\omega)e^{(j+1)\theta}$ 和 $\zeta_j = e^{j\theta}$ ，可得下式，即

$$\Phi_z(i\omega) = \sigma(b_0 + b_1 e^{-j\theta}), \quad |\Phi_z(i\omega)|^2 = \sigma^2(b_0^2 + b_1^2 + 2b_0 b_1\cos\theta)$$

对于离散正态白噪声 $\zeta(t)$ ，其谱密度 $\hat{S}_\zeta(\omega) = \dfrac{T}{2\pi}$ 。因此

$$\hat{S}_z(\omega) = |\Phi_z(i\omega)|^2 \hat{S}_\zeta(\omega) = \frac{T\sigma^2}{2\pi}(b_0^2 + b_1^2 + 2b_0 b_1\cos\theta)$$

且下列等式是成立的，即

$$b_0^2 + b_1^2 = 0.5(A^2 + B^2) = 1 - \gamma^4 - 4G\gamma^2\sin\vartheta\cos\vartheta$$

$$b_0 b_1 = 0.25(A^2 - B^2) = \gamma[(1+\gamma^2)G\sin\vartheta - (1-\gamma^2)\cos\vartheta]$$

因此，对于随机序列 $Z(t)$ ，其谱密度为

$$\hat{S}_z(\omega) = \frac{T\sigma^2}{2\pi}\{(1-\gamma^2)(1+\gamma^2 - 2\gamma\cos\vartheta\cos\theta) + 2G\gamma\cos\vartheta[(1+\gamma^2)\cos\theta - 2\gamma\cos\vartheta]\}$$

对应有限差分初始等式的是特征等式 $\lambda^2 - 2\lambda\gamma\cos\vartheta + \gamma^2 = 0$ 。这个特征等式的根为 $\lambda_{1,2} = \gamma(\cos\vartheta \pm i\sin\vartheta)$ 。因为 $|\lambda_{1,2}| = \gamma < 1$ ，所以离散系统是稳定的。对于任意初始条件(X_0 和 X_1)，在过渡过程衰减后，可以认为正态随机序列 $X(t)$ 是稳定的。在这种情况下，$X(t)$ 的谱密度可以借助下列等式求解，即

$$X_{k+2} = \frac{1}{\sin\vartheta}\sum_{s=0}^{\infty}\gamma^s Z_{k-s}\sin(s+1)\vartheta$$

如果认为 $X_{k+2} = \Phi_x(i\omega)e^{ik\theta}$ 和 $Z_{k-s} = e^{i(k-s)\theta}$ ，可得下式，即

$$\Phi_x(\mathrm{i}\omega) = \frac{1}{\sin\vartheta}\sum_{s=0}^{\infty}(\gamma\mathrm{e}^{-\mathrm{i}\theta})^s\sin(s+1)\vartheta$$

$$= \frac{1}{2\mathrm{i}\sin\vartheta}\sum_{s=0}^{\infty}\{\mathrm{e}^{\mathrm{i}\vartheta}[\gamma\mathrm{e}^{\mathrm{i}(\vartheta-\theta)}]^s - \mathrm{e}^{-\mathrm{i}\vartheta}[\gamma\mathrm{e}^{-\mathrm{i}(\vartheta+\theta)}]^s\}$$

$$= \frac{1}{2\mathrm{i}\sin\vartheta}\left[\frac{\mathrm{e}^{\mathrm{i}\vartheta}}{1-\gamma\mathrm{e}^{\mathrm{i}(\vartheta-\theta)}} - \frac{\mathrm{e}^{-\mathrm{i}\vartheta}}{1-\gamma\mathrm{e}^{-\mathrm{i}(\vartheta+\theta)}}\right] = \frac{1}{[1-\gamma\mathrm{e}^{\mathrm{i}(\vartheta-\theta)}][1-\gamma\mathrm{e}^{-\mathrm{i}(\vartheta+\theta)}]}$$

因此

$$|\Phi_x(\mathrm{i}\omega)|^2 = \frac{1}{[1-2\gamma\cos(\vartheta-\theta)+\gamma^2][1-2\gamma\cos(\vartheta+\theta)+\gamma^2]}$$

对于平稳正态随机序列 $X(t)$，其谱密度为

$$\hat{S}_x(\omega) = |\Phi_x(\mathrm{i}\omega)|^2 \hat{S}_z(\omega)$$

$$= \frac{T\sigma^2\{(1-\gamma^2)(1-2\gamma\cos\vartheta\cos\theta+\gamma^2)+2G\sin\vartheta[(1+\gamma^2)\cos\theta-2\gamma\cos\vartheta]\}}{2\pi[1-2\gamma\cos(\vartheta-\theta)+\gamma^2][1-2\gamma\cos(\vartheta+\theta)+\gamma^2]}$$

根据式(1.395)和式(1.396)，对应于这个谱密度的是下列相关函数，即

$$K_x[r] = \sigma^2\gamma^{|r|}(\cos r\vartheta + G\sin|r|\vartheta)$$

(1) 当 $X_0 = X_1 = 0$ 时，对于 $k \geqslant 2$ 和 $r > 0$，随机序列 $X(t)$ 的相关函数为

$$K_x[k+r,k] = M(X_{k+r}X_k)$$

$$= \frac{1}{\sin^2\vartheta}\sum_{s=0}^{k+r-2}\sum_{l=0}^{k-2}\gamma^{s+l}\sin(s+1)\vartheta\sin(l+1)\vartheta M(Z_{k+r-s-2}X_{k-l-2})$$

因为 $M(Z_{k+r-s-2}Z_{k-l-2}) = K_z[r+l-s]$，所以

$$K_x[k+r,k] = \frac{\sigma^2\gamma^r}{\sin^2\vartheta}\left\{(b_0^2+b_1^2)\sum_{l=0}^{k-2}\gamma^{2l}\sin(r+l+1)\vartheta\sin(l+1)\vartheta\right.$$

$$\left. + b_0b_1\sum_{l=0}^{k-2}\gamma^{2l-1}\big[\sin(r+l)\vartheta\sin(l+1)\vartheta + \sin(r+l+1)\vartheta\sin l\vartheta\big]\right\}$$

$$= \frac{\sigma^2\gamma^r}{2\sin^2\vartheta}\left\{(b_0^2+b_1^2)\sum_{l=0}^{k-2}\gamma^{2l}\big[\cos r\vartheta - \cos(r+2l+2)\vartheta\big]\right.$$

$$\left. + \frac{2b_0b_1}{\gamma}\sum_{l=0}^{k-2}\gamma^{2l}\big[\cos\vartheta\cos r\vartheta - \cos(r+2l+1)\vartheta\big]\right\}$$

因为下列等式成立，即

$$\sum_{l=0}^{k-2}\gamma^{2l} = \frac{1-\gamma^{2(k-1)}}{1-\gamma^2}$$

$$\sum_{l=0}^{k-2} \gamma^2 \cos(2l+s)\vartheta$$

$$= \frac{\cos s\vartheta - \gamma^2 \cos(s-2)\vartheta - \gamma^{2(k-1)} \cos(2k+s-2)\vartheta + \gamma^{2k} \cos(2k+s-4)\vartheta}{1-2\gamma^2 \cos 2\vartheta + \gamma^4}$$

所以

$$K_x[k+r,k] = \frac{\sigma^2 \gamma^r}{2\sin^2 \vartheta}\left[\left(b_0^2 + b_1^2 + \frac{2b_0 b_1}{\gamma}\cos\vartheta\right)\cos\frac{1-\gamma^{2(k-1)}}{1-\gamma^2}\right]$$

$$- \frac{\sigma^2 \gamma^r}{2\sin^2 \vartheta\left(1-2\gamma^2 \cos 2\vartheta + \gamma^4\right)}\Big\{(b_0^2 + b_1^2)\Big[\cos(r+2)\vartheta - \gamma^2 \cos r\vartheta$$

$$- \gamma^{2(k-1)} \cos(2k+r)\vartheta + \gamma^{2k} \cos(2k+r-2)\vartheta\Big] + \frac{2b_0 b_1}{\gamma}\Big[\cos(r+1)\vartheta$$

$$- \gamma^2 \cos(r-1)\vartheta - \gamma^{2(k-1)} \cos(2k+r-1)\vartheta + \gamma^{2k} \cos(2k+r-3)\vartheta\Big]\Big\}$$

可得下式，即

$$b_0^2 + b_1^2 + \frac{2b_0 b_1}{\gamma}\cos\vartheta = (1-\gamma^2)(G\sin 2\vartheta - \cos 2\vartheta + \gamma^2)$$

因此，相关函数在 $r \geqslant 0$ 时可以表示为

$$K_x[k+r,k] = \sigma^2 \gamma^r (\cos r\vartheta + G\sin r\vartheta)$$

$$+ \frac{\sigma^2 \gamma^{r+2(k-1)}}{2\sin^2 \vartheta}\{[\cos r\vartheta \cos 2\vartheta - \cos(r+2k-2)\vartheta] - 2G\sin\vartheta[\cos\vartheta \cos r\vartheta$$

$$- \cos(r+2k-1)\vartheta] - \gamma^2[\cos r\vartheta - \cos(r+2k-2)\vartheta]\}$$

这个函数取决于 r 和 k，当 $X_0 = X_1 = 0$ 时，随机序列 $X(t)$ 是非平稳的。下列极限等式是成立的，即

$$\lim_{k\to\infty} K_x[k+r,k] = K_x[r] = \sigma^2 \gamma^r (\cos r\vartheta + G\sin r\vartheta)$$

因此，在过渡过程衰减后(当 k 取较大值时)，可以认为正态随机序列 $X(t)$ 是平稳的。

(2) 与 $X_0 = X_1 = 0$ 的初始条件相比，在这个初始条件中，相当于在 X_k 的表达式中增加下式，即

$$\delta X_k = \frac{\gamma^{k-1}}{\sin\vartheta}[-X_0 \gamma \sin(k-1)\vartheta + X_1 \sin k\vartheta]$$

$$= \frac{\sigma\gamma^{k-1}}{\sin\vartheta}\{\eta_0[d_0 \sin k\vartheta - \gamma \sin(k-1)\vartheta] + \eta_1 d_1 \sin k\vartheta + \zeta_0 d_2 \sin k\vartheta\}$$

X_k 的表达式在 $X_0 = X_1 = 0$ 时包含 $\zeta_0 \dfrac{\sigma \gamma^{k-2}}{\sin \vartheta} - b_1 \sin(k-1)\vartheta$ 子项，而它有正态随机数 ζ_0，所以在确定相关函数 $K_x[k+r,k]$ 时，这个子项要考虑。因此，所要求的相关函数等于 $X_0 = X_1 = 0$ 时得到的相关函数 $K_x[k+r,k]$ 与 $\delta K_x[k+r,k]$ 之和，并且

$$
\begin{aligned}
\delta K_x[k+r,k] = \frac{\sigma^2 \gamma^{r+2(k-1)}}{\sin^2 \vartheta} \Big\{ & [d_0 \sin k\vartheta - \gamma \sin(k-1)\vartheta][d_0 \sin(r+k)\vartheta \\
& - \gamma \sin(r+k-1)\vartheta] + d_1^2 \sin k\vartheta \sin(r+k)\vartheta + \left[d_2 \sin k\vartheta + \frac{b_1}{\gamma} \sin(k-1)\vartheta \right] \\
& \times \left[d_2 \sin(r+k)\vartheta + \frac{b_1}{\gamma} \sin(r+k-1)\vartheta \right] - \left(\frac{b_1}{\gamma} \right)^2 \sin(k-1)\vartheta \sin(r+k-1)\vartheta \Big\}
\end{aligned}
$$

因为 $d_0^2 + d_1^2 + d_2^2 = 1$，所以

$$
\begin{aligned}
\delta K_x[k+r,k] = \frac{\sigma^2 \gamma^{r+2(k-1)}}{\sin^2 \vartheta} \Big\{ & \sin k\vartheta \sin(r+k)\vartheta + \gamma^2 \sin(k-1)\vartheta \sin(r+k-1)\vartheta \\
& + \left(\frac{d_2 b_1}{\gamma} - \gamma d_0 \right) [\sin k\vartheta \sin(r+k-1)\vartheta + \sin(r+k)\vartheta \sin(k-1)\vartheta] \Big\}
\end{aligned}
$$

于是可以得到下式，即

$$
\frac{d_2 b_1}{\gamma} - \gamma d_0 = (1+\gamma^2)G \sin \vartheta - (1-\gamma^2)\cos \vartheta - \gamma^2(\cos \vartheta + G \sin \vartheta) = G \sin \vartheta - \cos \vartheta
$$

因此

$$
\begin{aligned}
\delta K_x[k+r,k] = & \frac{\sigma^2 \gamma^{r+2(k-1)}}{\sin^2 \vartheta} \Big\{ \sin k\vartheta \sin(r+k)\vartheta + (G \sin \vartheta - \cos \vartheta) \\
& \times [\sin k\vartheta \sin(r+k-1)\vartheta + \sin(r+k)\vartheta \sin(k-1)\vartheta] \\
& + \gamma^2 \sin(k-1)\vartheta \sin(r+k-1)\vartheta \Big\} \\
= & -\frac{\sigma^2 \gamma^{r+2(k-1)}}{2\sin^2 \vartheta} \Big\{ [\cos r\vartheta \cos 2\vartheta \\
& - \cos(r+2k-2)\vartheta] - 2G \sin \vartheta[\cos r\vartheta \cos \vartheta - \cos(r+2k-1)\vartheta] \\
& - \gamma^2[\cos r\vartheta - \cos(r+2k-2)\vartheta] \Big\}
\end{aligned}
$$

所求的相关函数为

$$
K_x[k+r,k] + \delta K_x[k+r,k] = K_x[r] = \sigma^2 \gamma^r (\cos r\vartheta + G \sin r\vartheta)
$$

这个函数通过差分 $(k+r)-k=r$ 依赖 $k+r$ 和 k，因此在初始条件下，正态随机序列 $X(t)$ 在自变量 t 取任意离散值时是平稳的。

在对连续时间的平稳正态随机序列 $X(t)$ 进行仿真时，将应用这个初始条件的有限差分等式。对于数学期望 $\bar{x}=0$、相关函数 $K_x(\tau)=\sigma^2\mathrm{e}^{-\alpha|\tau|}\times\left(\cos\beta\tau+C\dfrac{\alpha}{\beta}\sin\beta|\tau|\right)$ 的随机序列 $X(t)$，$\tau=rT$，$\gamma=\mathrm{e}^{-\alpha T}$，$\vartheta=\beta T$，$G=C\dfrac{\alpha}{\beta}$，$\beta\geqslant 0$，$|C|\leqslant 1$。

第3章 平稳正态随机过程的仿真算法

舰艇武器控制中遇到的大部分是平稳正态随机过程。本章首先给出谱密度为有理分式函数的平稳正态随机过程的通用仿真算法。然后，给出四类舰艇武器控制中典型随机过程的仿真实例。最后，介绍离散序列成型滤波器仿真的算法，并通过相应的实例分析，使读者掌握这种仿真方法。

3.1 通用仿真算法

平稳正态随机过程 $X(t)$ 的特性完全由它的数学期望 $\bar{x}$ 和相关函数 $K_x(\tau)$ 或者谱密度 $S_x(\omega)$ 决定。随机过程 $X(t)$ 是自变量 t 的连续函数，实际值 $x(t)$ 通过实验得到。在仿真中，通过给定步长 h 的离散值序列 $x_s = x(t_0 + sh)$ $(s = 0, 1, \cdots)$ 代替连续实际值 $x(t)$。由于数学期望 $\bar{x}$ 不影响仿真结果，因此在仿真中可取 $\bar{x} = 0$。

平稳正态随机过程 $X(t)$ 的仿真算法由谱密度 $S_x(\omega)$ 的解析表达式确定。常用的是 $S_x(\omega)$，是自变量 ω 平方的有理分式函数。在这种情况下，可以运用以非齐次线性差值等式为基础的仿真算法。在谱密度中，把自变量 ω 的平方替换成 $-\lambda^2$ 后，令谱密度 $S_x(\omega)$ 的分母等于零，就可以得到分母代数等式。分母代数等式负的或者具有负实数部分的根可以用来表示非齐次线性差值等式的系数。

谱密度常用的是自变量 ω 的平方的有理分式函数，可以表示为

$$S_x(\omega) = \frac{Q_m(\omega^2)}{P_n(\omega^2)} \tag{3.1}$$

其中，$P_n(\omega^2)$ 和 $Q_m(\omega^2)$ 分别是 ω^2 的 n 阶和 m 阶多项式，并且 $n > m$。

这个函数是实数非负且有限的。因此，等式 $P_n(\omega^2) = 0$ 的根是纯虚数或者共轭复数，即具有形式 $\pm i\alpha$、$\beta \pm i\alpha$ 和 $-(\beta \pm i\alpha)$，其中 $\alpha > 0$ 和 $\beta > 0$。如果假设 $i\omega = \lambda$，则代替 $P_n(\omega^2) = 0$ 可以得到 $P(-\lambda^2) = 0$。它的解具有形式 $i(\pm i\alpha) = \mp\alpha$、$i(\beta \pm i\alpha) = \mp\alpha + i\beta$ 和 $-i(\beta \pm i\alpha) = \pm\alpha - i\beta$。考虑它们的重数，等式 $P(-\lambda^2) = 0$ 的根的总数等于 $2n$。在这些根中，形式如 $-\alpha$ 和 $-\alpha \pm i\beta$ 的 n 个是负数或者具有负实数部分。于是，对于这些根，有

$$\operatorname{Re}\lambda_j < 0, \quad j = 1, 2, \cdots, n \tag{3.2}$$

其他的 n 个根 $\lambda_j' = -\lambda_j \; (j = 1, 2, \cdots, n)$ 是正数或者具有正实数部分，在仿真中不使用它们。

通过 h 来标记自变量 t 的离散化步长(系数)的固定值，且假设

$$R_n(\mu) = \prod_{j=1}^{n}(\mu - \mathrm{e}^{\lambda_j h}) = \sum_{k=0}^{n} a_k \mu^{n-k} \tag{3.3}$$

其中，$a_k \; (k = 0, 1, \cdots, n)$ 是实数，且有

$$\begin{cases} a_0 = 1, \quad a_1 = -\sum_{j=1}^{n}\mathrm{e}^{\lambda_j h}, \quad a_2 = \sum_{j=1}^{n-1}\sum_{r=j+1}^{n}\mathrm{e}^{(\lambda_j + \lambda_r)h} \\ a_3 = -\sum_{j=1}^{n-2}\sum_{r=j+1}^{n-1}\sum_{l=r+1}^{n}\mathrm{e}^{(\lambda_j + \lambda_r + \lambda_l)h}, \cdots, a_n = (-1)^n \mathrm{e}^{h\sum_{j=1}^{n}\lambda_j} \end{cases} \tag{3.4}$$

随机过程 $X(t)$ 的仿真算法以有限差值等式为基础。为了得到这个等式，可以引入辅助的平稳正态随机过程 $Y(t)$，它与 $X(t)$ 的关系为

$$Y(t) = \sum_{k=0}^{n} a_k X[t + (n-k)h] \tag{3.5}$$

因为 $\bar{x} = 0$，所以对于 $Y(t)$，其数学期望为

$$M[Y(t)] = \sum_{k=0}^{n} a_k \bar{x} = 0 \tag{3.6}$$

对于随机过程 $Y(t)$ 和 $X(t)$，其互相关函数为

$$K_{yx}(\tau) = M[Y(t+\tau)X(t)] = \sum_{k=0}^{n} a_k K_x[\tau + (n-k)h] \tag{3.7}$$

随机过程 $X(t)$ 的相关函数 $K_x(\tau)$ 与谱密度 $S_x(\omega)$ 的关系为

$$K_x(\tau) = \int_{-\infty}^{\infty} \mathrm{e}^{\mathrm{i}\omega\tau} S_x(\omega)\mathrm{d}\omega \tag{3.8}$$

将式(3.8)代入式(3.7)，可得下式，即

$$K_{yx}(\tau) = \int_{-\infty}^{\infty} \mathrm{e}^{\mathrm{i}\omega\tau} R_n(\mathrm{e}^{\mathrm{i}\omega h}) S_x(\omega)\mathrm{d}\omega \tag{3.9}$$

其中

$$R_n(\mathrm{e}^{\mathrm{i}\omega h}) = \sum_{k=0}^{n} a_k \mathrm{e}^{\mathrm{i}\omega(n-k)h} = \prod_{j=1}^{n}(\mathrm{e}^{\mathrm{i}\omega h} - \mathrm{e}^{\lambda_j h}) \tag{3.10}$$

如果在式(3.9)中，把积分变量 ω 看成复数变量 $\omega = \xi + \mathrm{i}\eta$，则在 $\tau \geqslant 0$ 时可以把对实轴的积分用对上半平面 $(\eta \geqslant 0)$ 的积分来替换。在上半平面中，解析函数

$\mathrm{e}^{\mathrm{i}\omega\tau} = \mathrm{e}^{(-\eta+\mathrm{i}\xi)\tau}$ 和 $\mathrm{e}^{\mathrm{i}\omega h}$ 是有限的。在无穷远点处，谱密度 $S_x(\omega)$ 变为零。对于上半平面的坐标点 $\omega = -\mathrm{i}\lambda_j$，函数 $S_x(\omega)$ 的分母 $P_n(\omega^2)$ 变为整个阶次的零。在这个点，函数 $R_n(\mathrm{e}^{\mathrm{i}\omega h})$ 也变为同样阶次的零。式(3.9)所示的解析函数在上半平面不具有特殊性，对这个函数的闭环积分等于零，因此

$$K_{yx}(\tau) = \sum_{k=0}^{n} a_k K_x[\tau + (n-k)h] = 0 , \quad \tau \geqslant 0 \tag{3.11}$$

当 $\tau = 0$ 时，可以推出下列等式，即

$$\sum_{k=0}^{n-1} a_k K_x[(n-k)h] = -a_n K_x(0) \tag{3.12}$$

对于随机过程 $Y(t)$，其相关函数为

$$K_y(\tau) = M[Y(t+\tau)Y(t)] = M\left\{Y(t+\tau)\sum_{s=0}^{n} a_s X[t+(n-s)h]\right\} \tag{3.13}$$

即

$$K_y(\tau) = \sum_{s=0}^{n} a_s K_{yx}[\tau - (n-s)h] \tag{3.14}$$

考虑式(3.11)，可得下式，即

$$K_y(\tau) = 0 , \quad \tau \geqslant nh \tag{3.15}$$

对于随机过程 $Y(t)$，其方差为

$$K_y(0) = \sum_{s=0}^{n-1} a_s K_{yx}[-(n-s)h] = \sum_{s=0}^{n-1} a_s \sum_{k=0}^{n} a_k K_x[(s-k)h] \tag{3.16}$$

考虑式(3.12)，式(3.16)可以表示为

$$K_y(0) = \sum_{s=0}^{n-1} a_s \sum_{k=0}^{n-1} a_k K_x[(s-k)h] - a_n^2 K_x(0) \tag{3.17}$$

当 $\tau = lh > 0$ 时，$l < n$，根据式(3.14)，由式(3.11)可得下式，即

$$K_y(lh) = \sum_{s=0}^{n-l-1} a_s \sum_{k=0}^{n} a_k K_x[(l+s-k)h] \tag{3.18}$$

因此

$$K_y(lh) = \begin{cases} \sigma_x^2\left\{\displaystyle\sum_{s=0}^{n-1} a_s \sum_{k=0}^{n-1} a_k r_x[(s-k)h] - a_n^2\right\}, & l = 0 \\[4mm] \sigma_x^2 \displaystyle\sum_{s=0}^{n-l-1} a_s \sum_{k=0}^{n} a_k r_x[(l+s-k)h], & 1 \leqslant l \leqslant n-1 \\[4mm] 0, & l \geqslant n \end{cases} \tag{3.19}$$

其中

$$r_x(\tau) = \frac{K_x(\tau)}{\sigma_x^2}, \quad \sigma_x^2 = K_x(0) \tag{3.20}$$

现在通过 x_s 和 y_s 来标识随机过程 $X(t)$ 和 $Y(t)$ 在 $t = t_0 + sh$ 时的值，即假设

$$x_s = X(t_0 + sh), \quad y_s = Y(t_0 + sh), \quad s = 0, 1, \cdots \tag{3.21}$$

对于辅助的随机过程 $Y(t)$，式(3.5)可以表示为

$$y_s = \sum_{k=0}^{n} a_k x_{s+n-k}, \quad s = 0, 1, \cdots \tag{3.22}$$

在序列 $y_0, y_1, \cdots$ 中，元素是正态随机变量。因为 $M[Y(t)] = 0$，所以它们的数学期望等于零。对于随机变量 y_{s+l} 和 y_s，其相关函数为

$$M(y_{s+l} y_s) = M\{Y[t_0 + (s+l)h] Y(t_0 + sh)\} = K_y(lh) \tag{3.23}$$

并且 $K_y(lh)$ 由式(3.19)确定。序列元素的方差完全相同，且等于 $K_y(0)$。若 $l \geqslant n$，则 $K_y(lh) = 0$。于是，当 $l \geqslant n$ 时，正态随机变量 y_{s+l} 和 y_s 是独立的。因为在 $0 \leqslant l \leqslant n-1$ 时，$K_y(lh) \neq 0$，所以在序列 $y_0, y_1, \cdots$，存在 $n-1$ 阶关系式。这意味着，随机变量 y_{s+n} 的条件分布律取决于前面的 $n-1$ 个随机变量 $y_{s+1}, y_{s+2}, \cdots, y_{s+n-1}$。当 $n = 1$ 时，序列的元素 $y_0, y_1, \cdots$ 都是独立的正态随机变量，是等于零的数学期望和完全相同的方差。当 $n = 2$ 时，具有一阶关系式，即初始序列后续元素的每对 (y_s, y_{s+1}) $(s = 0, 1, \cdots)$ 是相互关联的。因此，随机变量 y_{s+1} 的条件分布律取决于上一个随机变量 y_s 的取值。因为 $K_y(-\tau) = K_y(\tau)$，所以正态随机变量 y_s 也取决于 y_{s+1}。这意味着，随机变量 y_s 的条件正态分布律在 $y_{s+1} = y$ 时，与同一个随机变量 y_s 在 $y_{s-1} = y$ 时的分布律一致。当 $n = 3$ 时，具有二阶关系式。在这种情况下，随机变量 y_{s+2} 的条件分布律取决于之前两个随机变量 y_s、y_{s+1} 的值，而非序列元素 $y_0, y_1, \cdots, y_{s-1}$ 的取值。

在任意 n 时，序列 $y_0, y_1, \cdots$ 的元素可以表示为

$$y_s = \sigma_x \sum_{r=1}^{n} b_s \zeta_{s+n-r}, \quad s = 0, 1, \cdots \tag{3.24}$$

其中，b_s 是非随机的无量纲常数；ζ_{s+n-r} $(r = 1, 2, \cdots, n)$ 是正态随机数，且有

$$M(\zeta_j, \zeta_v) = \begin{cases} 1, & v = j \\ 0, & v \neq j \end{cases} \tag{3.25}$$

借助式(3.24)，可得下式，即

$$K_y(lh) = M(y_{s+l}y_s) = \sigma_x^2 \sum_{k=1}^{n} b_k \sum_{r=1}^{n} b_r M(\zeta_{s+l+n-k}\zeta_{s+n-r}) \tag{3.26}$$

因为

$$M(\zeta_{s+l+n-k}\zeta_{s+n-r}) = \begin{cases} 1, & k = l+r \\ 0, & k \neq l+r \end{cases} \tag{3.27}$$

所以

$$K_y(lh) = \sigma_x^2 \sum_{r=1}^{n-l} b_r b_{l+r}, \quad l = 0,1,\cdots,n-1 \tag{3.28}$$

由式(3.19)可以求出 $K_y(lh)$ 的值。对于式(3.24)中的未知常数 $b_r(r=1,2,\cdots,n)$，可以将其作为下列非线性等式方程组的解求出，即

$$\sum_{r=1}^{n} b_r^2 = \frac{1}{\sigma_x^2} K_y(0)$$

$$\sum_{r=1}^{n-l} b_r b_{r+l} = \frac{1}{\sigma_x^2} K_y(lh), \quad l = 1,2,\cdots,n-1 \tag{3.29}$$

引入如下无量纲常数，即

$$\begin{cases} A_n = \dfrac{1}{\sigma_x} \sqrt{K_y(0) + 2\sum_{l=1}^{n-1} K_y(lh)} \\ B_n = \dfrac{1}{\sigma_x} \sqrt{K_y(0) + 2\sum_{l=1}^{n-1} (-1)^l K_y(lh)} \end{cases} \tag{3.30}$$

根据式(3.29)，有

$$\left(\sum_{r=1}^{n} b_r \right)^2 = A_n^2, \quad \left[\sum_{r=1}^{n} (-1)^{r-1} b_r \right]^2 = B_n^2 \tag{3.31}$$

因此

$$\sum_{r=1}^{n_1} b_{2r-1} = 0.5(A_n + B_n), \quad \sum_{r=1}^{n_2} b_{2r} = 0.5(A_n - B_n) \tag{3.32}$$

其中

$$n_1 = \mathrm{INT}\left(\frac{n+1}{2} \right), \quad n_2 = \mathrm{INT}\left(\frac{n}{2} \right) \tag{3.33}$$

由式(3.32)与式(3.29)可以求出当 $n \leqslant 4$ 时的系数 $b_r(r=1,2,\cdots,n)$。当 $n \geqslant 5$ 时，对于非线性等式方程的解，必须使用更复杂的方法。

把式(3.24)代入式(3.22)，可得下式，即

$$\sum_{k=0}^{n} a_k x_{s+n-k} = \sigma_x \sum_{r=1}^{n} b_r \zeta_{s+n-r}, \quad s = 0,1,\cdots \tag{3.34}$$

对于平稳正态随机过程 $X(t)$ 的离散值 $x_s = X(t_0 + sh)$ $(s = 0,1,\cdots)$ ，式(3.34)是 n 阶非齐次线性差值等式，其中 a_k $(k = 0,1,\cdots,n)$ 和 b_r $(r = 1,2,\cdots,n)$ 是非随机的，因为它们可以分别通过 $P(-\lambda^2) = 0$ 的具有负数部分的根 λ_j $(j = 1,2,\cdots,n)$ 和相关函数 $r_x(\tau) = \dfrac{1}{\sigma_x^2} K_x(\tau)$ 的值 $r_x(lh)$ $(l = 0,1,\cdots,n-1)$ 确定。差值等式(3.34)的右边部分是正态随机数的线性函数，这些正态随机数可由计算机产生。

为了解算 n 阶非齐次差值等式，必须给定初始条件，随机过程 $X(t)$ 的第一批 n 个值 $x_k = X(t_0 + kh)$ $(k = 0,1,\cdots,n-1)$ 就是这些初始条件。为解算差值等式(3.34)得到的谱密度，为式(3.1)的平稳正态随机过程 $X(t)$ 的离散值 x_s $(s = 0,1,\cdots)$ ，必须用专业方式给定随机初始值 $x_0, x_1, \cdots, x_{n-1}$ 替代零初始条件。它们中的每一个必须是正态随机变量，且该随机变量的数学期望等于零、方差 $D(x_k) = \sigma_x^2 = K_x(0)$ 。初始值 x_k $(k = 0,1,\cdots,n-1)$ 相互之间，以及与差值等式(3.34)的解 x_{n+s} $(s = 0,1,\cdots)$ 的关系必须完全由随机过程的相关函数 $K_x(\tau)$ 表示，即

$$M(x_k x_{k+1}) = K_x(lh) = \sigma_x^2 r_x(lh), \quad k,l = 0,1,\cdots \tag{3.35}$$

若把随机过程 $X(t)$ 的初始值表示为式(3.36)，则上述要求可以满足，即

$$x_k = \sigma_x \left(\sum_{j=0}^{k-1} c_{k-j} \zeta_j + \sum_{v=0}^{k} d_{k,v} \eta_v \right), \quad k = 0,1,\cdots,n-1 \tag{3.36}$$

其中， c_j $(j = 1,2,\cdots,n-1)$ 和 $d_{k,v}$ $(v = 0,1,\cdots,k; k = 0,1,\cdots,n-1)$ 是非随机常数； η_v $(v = 0,1,\cdots,n-1)$ 是附加的正态随机数。

这些关系式是线性的，随机变量 x_k $(k = 0,1,\cdots,n-1)$ 是正态的。它们的数学期望等于零。当 $l \leqslant k \leqslant n-1$ 时，对于 x_k 和 x_l ，其相关函数为

$$M(x_k x_l) = \sigma_x^2 \left(\sum_{j=0}^{l-1} c_{k-j} c_{l-j} + \sum_{v=0}^{l} d_{k,v} d_{l,v} \right) \tag{3.37}$$

对于初始条件，必须有

$$M(x_k x_l) = K_x[(k-l)h] = \sigma_x^2 r_x[(k-l)h] \tag{3.38}$$

因此，未知常数 c_j $(j = 1,2,\cdots,n-1)$ 和 $d_{k,v}$ $(v = 0,1,\cdots,k; k = 0,1,\cdots,n-1)$ 通过下列关系式关联，即

$$\sum_{j=0}^{l-1} c_{k-j} c_{l-j} + \sum_{v=0}^{l} d_{k,v} d_{l,v} = r_x[(k-l)h], \quad l = 0,1,\cdots,k; k = 0,1,\cdots,n-1 \tag{3.39}$$

当 $s+v \leqslant n+1$ 时，把式(3.34)的左边部分乘以 x_{s+v} ，把右边部分乘以式(3.36)中 x_{s+v} 相应的表达式，然后对乘积结果求数学期望，可得下式，即

$$\sum_{k=0}^{n} a_k K_x[(n-v-k)h] = \sigma_x^2 \sum_{r=1}^{n} b_r \sum_{j=0}^{s+v-1} c_{s+v-j} M(\zeta_{s+n-r} \zeta_j) \tag{3.40}$$

因为

$$M(\zeta_{s+n-r} \zeta_j) = \begin{cases} 1, & j = s+n-r \leqslant s+v-1 \\ 0, & j \neq s+n-r \end{cases} \tag{3.41}$$

所以根据式(3.40)，可得下式，即

$$\sum_{k=0}^{n} a_k r_x[(n-v-k)h] = \sum_{r=n-v+1}^{n} b_r c_{r+v-n} = \sum_{j=1}^{v} b_{n+j-v} c_j , \quad v = 1,2,\cdots,n-1 \tag{3.42}$$

$$c_1 = \frac{1}{b_n} \sum_{k=0}^{n} a_k r_x[(n-k-1)h] \tag{3.43}$$

$$c_v = \frac{1}{b_n} \left\{ \sum_{k=0}^{n} a_k r_x[(n-k-v)h] - \sum_{j=1}^{v-1} b_{n+j-v} c_j \right\}, \quad v = 2,3,\cdots,n-1 \tag{3.44}$$

由式(3.43)和式(3.44)能够顺次求出常数 c_j $(j=1,2,\cdots,n-1)$ 。

下面求未知常数 $d_{k,v}$ $(v=0,1,\cdots,k; k=0,1,\cdots,n-1)$ ，式(3.39)可以重新写为

$$\sum_{v=0}^{l} d_{k,v} d_{l,v} = f_{k,l} , \quad l = 0,1,\cdots,k; k = 0,1,\cdots,n-1 \tag{3.45}$$

其中

$$f_{k,l} = r_x[(k-l)h] - \sum_{j=0}^{l-1} c_{k-j} c_{l-j} \tag{3.46}$$

当 $l=0$ 时，可求出下式，即

$$d_{k,0} d_{0,0} = f_{k,0} = r_x(kh) \tag{3.47}$$

因为 $r_x(0)=1$ ，所以 $d_{0,0}^2 = 1$ 。取 $d_{0,0}=1$ ，可得下式，即

$$d_{k,0} = r_x(kh), \quad k = 0,1,\cdots,n-1 \tag{3.48}$$

根据式(3.45)，当 $l=k$ 时，可得下式，即

$$\sum_{v=0}^{k} d_{k,v}^2 = f_{k,k} = 1 - \sum_{j=0}^{k-1} c_{k-j}^2 \tag{3.49}$$

因此

$$d_{k,k} = \sqrt{1 - \sum_{j=1}^{k} c_j^2 - \sum_{v=0}^{k-1} d_{k,v}^2}, \quad k = 0,1,\cdots,n-1 \tag{3.50}$$

式(3.45)可以表示为

$$f_{k,l} = \sum_{v=0}^{l-1} d_{k,v} d_{l,v} + d_{k,l} d_{l,l} \tag{3.51}$$

可求出下式，即

$$d_{k,l} = \frac{1}{d_{l,l}} \left(f_{k,l} - \sum_{v=0}^{l-1} d_{k,v} d_{l,v} \right), \quad l = 1,2,\cdots,k; k = 1,2,\cdots,n-1 \tag{3.52}$$

当已知 c_j $(j = 1,2,\cdots,n-1)$ 时，由式(3.50)、式(3.52)和式(3.48)能够顺次求出式(3.36)中的所有未知常数 $d_{l,v}$ $(v = 0,1,\cdots,k; k = 0,1,\cdots,n-1)$。

初始值 x_0 可以借助正态随机数 η_0 通过关系式 $x_0 = \sigma_x \eta_0$ 给定。随机过程 $X(t)$ 的所有初始条件的集合 $(x_0, x_1, \cdots, x_{n-1})$ 可以通过 $2n-1$ 个正态随机数 η_v $(v = 0,1,\cdots,n-1)$ 和 ζ_j $(j = 0,1,\cdots,n-2)$ 来表达。这些随机变量与元素 $\zeta_0, \zeta_1, \cdots$ 一样，必须由正态随机数的传感器产生。

已知初始条件时，n 阶非齐次线性差值等式(3.34)可以用任意常数的变分方法求解。通过求解可以得到当 $t = t_0 + kh$ $(k = 0,1,\cdots)$ 时，平稳正态随机过程 $X(t)$ 的离散值 x_k $(k = 0,1,\cdots)$ 的解析表达式。这个表达式很复杂，很难用在随机过程的仿真算法中。借助式(3.53)，可以简化随机过程仿真，即

$$x_{s+n} = \sigma_x \sum_{r=1}^{n} b_r \zeta_{s+n-r} - \sum_{k=1}^{n} a_k x_{s+n-k}, \quad s = 0,1,\cdots \tag{3.53}$$

当 $s = 0$ 时，求解 x_n 可以通过初始条件 x_k $(k = 0,1,\cdots,n-1)$ 和正态随机数 ζ_j $(j = 0,1,\cdots,n-1)$ 代入式(3.53)的右边得到。之后，借助递推关系式(3.53)和后续产生的正态随机数 ζ_n，可以确定 x_{n+1} 等。运用这些计算可以求出 $t = t_0 + (n+s)h$ $(s = 0,1,\cdots)$ 时随机过程 $X(t)$ 离散值的序列 $x_n, x_{n+1}, \cdots$。对于序列 $x_0, x_1, \cdots$，相关矩表示为式(3.35)。因此，根据随机初始条件的差值等式的解，或者借助递推关系式(3.53)，可以仿真指定概率特性的平稳正态随机过程 $X(t)$。

对于随机过程 $X(t)$，相关函数 $K_x(\tau)$ 可以根据谱密度 $S_x(\omega)$ 借助式(3.8)求解。当 $S_x(\omega)$ 具有如式(3.1)所示的形式时，对实轴的积分在 $\tau \geq 0$ 时可以用对上半平面的积分来代替。在指定区域，被积分函数在点 $\omega_j = -\mathrm{i}\lambda_j$ $(j = 1,2,\cdots,n)$ 处具有极值，其

中 λ_j $(j=1,2,\cdots,n)$ 是等式 $P(-\lambda^2)=0$ 的带负实数部分的根，在一般情况下，这些根可能是重数的。

把差值等式(3.34)的左右两边分别乘以 $x_0=\sigma_x\eta_0$，并对乘积结果取数学期望，即

$$\sum_{k=0}^{n} a_k K_x[(s+n-k)h]=0 , \quad s=0,1,\cdots \tag{3.54}$$

这与式(3.11)在 $\tau=sh\geqslant 0$ 时是一致的。因此，平稳正态随机过程 $X(t)$ 的相关函数 $K_x(\tau)$ 满足 n 阶齐次线性差值等式，该等式带有由式(3.4)确定的系数 a_k $(k=0,1,\cdots,n)$。等式的部分解形如 $K_x(lh)=C\mu'$。把这个等式代入式(3.54)，可得下式，即

$$C\mu^s\sum_{k=0}^{n} a_k\mu^{n-k}=0 \tag{3.55}$$

考虑式(3.3)，这个等式可以表示为

$$R_n(\mu)=\prod_{j=1}^{n}(\mu-\mathrm{e}^{\lambda_j h})=0 \tag{3.56}$$

如果 $P_n(-\lambda^2)=0$ 的具有负实数部分的根是简单的，则根据式(3.56)可以推出 $\mu_j=\mathrm{e}^{\lambda_j h}$ $(j=1,2,\cdots,n)$。在这种情况下，齐次差值等式(3.54)的一般解可以写为

$$K_x(lh)=\sum_{j=1}^{n} C_j\mathrm{e}^{\lambda_j lh} , \quad l=0,1,\cdots \tag{3.57}$$

因此，对于正态随机过程 $X(t)$，其相关函数具有下列形式，即

$$K_x(\tau)=\sum_{j=1}^{n} C_j\mathrm{e}^{\lambda_j|\tau|} \tag{3.58}$$

式(3.58)是实数的。对于一对简单的共轭复数根 $\lambda_j=-\alpha_j+\mathrm{i}\beta_j$ 和 $\lambda_{j+1}=-\alpha_j-\mathrm{i}\beta_j$，式(3.58)中的 $C_j\mathrm{e}^{\lambda_j|\tau|}+C_{j+1}\mathrm{e}^{\lambda_{j+1}|\tau|}$ 之和被替换成 $\mathrm{e}^{-\alpha_j|\tau|}(D_j\cos\beta_j\tau+E_j\sin\beta_j|\tau|)$，其中 D_j 和 E_j 是实数常数。在多重根时，式(3.58)中的常数 C_j 以及常数 D_j 和 E_j 可以用自变量 $|\tau|$ 的多项式来代替，并且多项式的阶次比相应的实数复数根的重数小 1。

例 3.1 随机过程 $X(t)$ 的谱密度 $S_x(\omega)$ 是有理分式函数，其谱密度的分母是关于 ω^2 的三级多项式 $P_3(\omega^2)$。求这个随机过程递推关系式(差值等式)的系数和仿真算法的初始条件。

解 多项式 $P_3(\omega^2)$ 和等式 $P_3(-\lambda^2)=0$ 的负的或者具有负实数的根具有如表 3.1 所示的四种形式之一。

表 3.1 　随机过程特征根

序号	$P_3(\omega^2)$	$P_3(-\lambda^2)$	λ_1、λ_2、λ_3
1	$(\omega^2+\alpha_1^2)(\omega^2+\alpha_2^2)(\omega^2+\alpha_3^2)$	$(\lambda^2-\alpha_1^2)(\lambda^2-\alpha_2^2)(\lambda^2-\alpha_3^2)$	$\lambda_1=-\alpha_1$ $\lambda_2=-\alpha_2$ $\lambda_3=-\alpha_3$
2	$[(\omega^2-\alpha^2-\beta^2)^2+4\alpha^2\omega^2]$ $\times(\omega^2+\alpha_3^2)$	$[(\lambda^2+\alpha^2+\beta^2)^2-4\alpha^2\lambda^2]$ $\times(\lambda^2-\alpha_3^2)$	$\lambda_{1,2}=-\alpha\pm\mathrm{i}\beta$ $\lambda_3=-\alpha_3$
3	$(\omega^2+\alpha^2)^2(\omega^2+\alpha_3^2)$	$(\lambda^2-\alpha^2)^2(\lambda^2-\alpha_3^2)$	$\lambda_1=\lambda_2=-\alpha$ $\lambda_3=-\alpha_3$
4	$(\omega^2+\alpha^2)^3$	$(\lambda^2-\alpha^2)^3$	$\lambda_1=\lambda_2=\lambda_3=-\alpha$

正常数 α_1、α_2、α_3 和 α 是不同的，而且 $\beta\neq0$。

谱密度 $S_x(\omega)$ 的表达式和标准化的相关函数 $r_x(\tau)=\dfrac{1}{\sigma_x^2}K_x(\tau)$ 的关系如表 3.2 所示。

表 3.2 　谱密度与标准相关函数关系

序号	$S_x(\omega)$	$r_x(\tau)$
1	$\dfrac{\sigma_x^2}{\pi}\left[\dfrac{C_1\alpha_1}{\omega^2+\alpha_1^2}+\dfrac{C_2\alpha_2}{\omega^2+\alpha_2^2}+\dfrac{(1-C_1-C_2)\alpha_3}{\omega^2+\alpha_3^2}\right]$	$C_1\mathrm{e}^{-\alpha_1|\tau|}+C_2\mathrm{e}^{-\alpha_2|\tau|}+(1-C_1-C_2)\mathrm{e}^{-\alpha_3|\tau|}$
2	$\dfrac{\sigma_x^2}{\pi}\left\{\dfrac{C_1\alpha[(1-C)\omega^2+(1+C)(\alpha^2+\beta^2)]}{(\omega^2-\alpha^2-\beta^2)^2+4\alpha^2\omega^2}\right.$ $\left.+\dfrac{(1-C_1)\alpha_3}{\omega^2+\alpha_3^2}\right\}$	$C_1\mathrm{e}^{-\alpha_1|\tau|}(\cos\beta\tau+C\dfrac{\alpha}{\beta}\sin\beta\,|\tau|)$ $+(1-C_1)\mathrm{e}^{-\alpha_3|\tau|}$
3	$\dfrac{\sigma_x^2}{\pi}\left\{\dfrac{C_1\alpha[(1-C)\omega^2+(1+C)\alpha^2]}{(\omega^2+\alpha^2)^2}\right.$ $\left.+\dfrac{(1-C_1)\alpha_3}{\omega^2+\alpha_3^2}\right\}$	$C_1\mathrm{e}^{-\alpha_1|\tau|}(1+C\alpha\,|\tau|)$ $+(1-C_1)\mathrm{e}^{-\alpha_3|\tau|}$
4	$\dfrac{\alpha\sigma_x^2}{\pi}[(1-C_1)\omega^4+2(1-C_2)\alpha^2\omega^2+(1+C_1$ $+2C_2)\alpha^4]/(\omega^2+\alpha^2)^3$	$\mathrm{e}^{-\alpha|\tau|}(1+C_1\alpha\,|\tau|+C_2\alpha^2\tau^2)$

当给定常数 C_1、C_2 和 C 时，条件 $S_x(\omega)\geqslant0$ 和 $|r_x(\tau)|\leqslant1$ 得以满足。

随机过程 $X(t)$ 的仿真可以借助下列递推等式进行，即

$$x_{s+3}=\sigma_x(b_1\zeta_{s+2}+b_2\zeta_{s+1}+b_3\zeta_s)-a_1x_{s+2}-a_2x_{s+1}-a_3x_3,\quad s=0,1,\cdots$$

根据式(3.4)，有下列等式，即

$$a_1 = -(e^{\lambda_1 h} + e^{\lambda_2 h} + e^{\lambda_3 h}), \quad a_2 = e^{(\lambda_1 + \lambda_2)h} + e^{(\lambda_1 + \lambda_3)h} + e^{(\lambda_2 + \lambda_3)h}$$
$$a_3 = -e^{-(\lambda_1 + \lambda_2 + \lambda_3)h}$$

其中，h 是自变量 t 的给定的离散化步长。

假设 $\gamma = e^{-\alpha h}$，$\gamma_j = e^{-\alpha_j h}$（$j = 1, 2, 3$）。根据等式 $P_3(-\lambda^2) = 0$ 的根的形式，系数与特征根的关系如表 3.3 所示。

表 3.3　系数与特征根的关系

序号	a_1	a_2	a_3
1	$-(\gamma_1 + \gamma_2 + \gamma_3)$	$\gamma_1\gamma_2 + \gamma_1\gamma_3 + \gamma_2\gamma_3$	$-\gamma_1\gamma_2\gamma_3$
2	$-(2\gamma\cos\beta h + \gamma_3)$	$\gamma^2 + 2\gamma\gamma_3\cos\beta h$	$-\gamma^2\gamma_3$
3	$-(2\gamma + \gamma_3)$	$\gamma^2 + 2\gamma\gamma_3$	$-\gamma^2\gamma_3$
4	-3γ	$3\gamma^2$	$-\gamma^3$

根据式(3.19)，对于辅助的随机过程 $Y(t)$，其方差为

$$K_y(0) = \sigma_x^2 \left\{ \sum_{s=0}^{2} a_s \sum_{k=0}^{2} a_k r_x[(s-k)h] - a_3^2 \right\}$$
$$= \sigma_x^2 \{ 1 + a_1 r_x(h) + a_2 r_x(2h)$$
$$+ a_1[r_x(h) + a_1 + a_2 r_x(h)] + a_2[r_x(2h) + a_1 r_x(h) + a_2] - a_3^2 \}$$

即

$$K_y(0) = \sigma_x^2 [1 + a_1^2 + a_2^2 - a_3^2 + 2a_1(1 + a_2)r_x(h) + 2a_2 r_x(2h)]$$

按照式(3.19)可以求得下式，即

$$K_y(h) = \sigma_x^2 \sum_{s=0}^{1} a_s \sum_{k=0}^{3} a_k r_x[(1+s-k)h] = \sigma_x^2 \{ r_x(h) + a_1 + a_2 r_x(h)$$
$$+ a_3 r_x(2h) + a_1[r_x(2h) + a_1 r_x(h) + a_2 + a_3 r_x(h)] \}$$
$$= \sigma_x^2 [a_1(1 + a_2) + (1 + a_2 + a_1^2 + a_1 a_3)r_x(h) + (a_1 + a_3)r_x(2h)]$$

$$K_y(2h) = \sigma_x^2 \sum_{k=0}^{3} a_k r_x[(2-k)h] = \sigma_x^2 [a_2 + (a_1 + a_3)r_x(h) + r_x(2h)]$$

$$K_y(lh) = 0, \quad l \geqslant 3$$

于是

$$A_3^2 = \frac{1}{\sigma_x^2} [K_y(0) + 2K_y(h) + 2K_y(2h)]$$
$$= [(1 + a_1 + a_2)^2 - a_3^2] + 2(1 + a_1 + a_2 + a_3)(1 + a_1)r_x(h)$$
$$+ 2(1 + a_1 + a_2 + a_3)r_x(2h)$$
$$= (1 + a_1 + a_2 + a_3)[(1 + a_1 + a_2 - a_3) + 2(1 + a_1)r_x(h) + 2r_x(2h)]$$

$$B_3^2 = \frac{1}{\sigma_x^2}[K_y(0) - 2K_y(h) + 2K_y(2h)]$$
$$= [(1 - a_1 + a_2)^2 - a_3^2] - 2(1 - a_1 + a_2 - a_3)(1 - a_1)r_x(h)$$
$$+ 2(1 - a_1 + a_2 - a_3)r_x(2h)$$
$$= (1 - a_1 + a_2 - a_3)[(1 - a_1 + a_2 + a_3)$$
$$- 2(1 - a_1)r_x(h) + 2r_x(2h)]$$

根据式(3.32)，可得 $b_2 = 0.5(A_3 - B_3)$ ，$b_1 + b_3 = C_3 = 0.5(A_3 + B_3)$ 。因为 $b_1 b_3 = \frac{1}{\sigma_x^2}K_y(2h)$ ，所以

$$(b_1 - b_3)^2 = D_3^2 = C_3^2 - \frac{4}{\sigma_x^2}K_y(2h) = C_3^2 - 4[a_2 + (a_1 + a_3)r_x(h) + r_x(2h)]$$

于是，$b_1 = 0.5(C_3 + D_3)$ ，$b_3 = 0.5(C_3 - D_3)$ 。

对于递推关系式(差值等式)，通过 5 个正态随机数 η_0、η_1、η_2、ζ_0 和 ζ_1 来表达的数值 x_0、x_1 和 x_2 是初始条件，其中 $x_0 = \sigma_x \eta_0$ 。按照式(3.36)，数值 x_1 和 x_2 可以表示为

$$x_1 = \sigma_x(c_1\zeta_0 + d_{1,0}\eta_0 + d_{1,1}\eta_1)$$
$$x_2 = \sigma_x(c_2\zeta_0 + c_1\zeta_1 + d_{2,0}\eta_0 + d_{2,1}\eta_1 + d_{2,2}\eta_2)$$

由式(3.43)和式(3.44)可得下式，即

$$c_1 = \frac{1}{b_3}\sum_{k=0}^{3} a_k r_x[(2-k)h] = \frac{1}{b_3}[a_2 + (a_1 + a_3)r_x(h) + r_x(2h)]$$

$$c_2 = \frac{1}{b_3}\left\{\sum_{k=0}^{3} a_k r_x[(1-k)h] - b_2 c_1\right\}$$
$$= \frac{1}{b_3}[a_1 + (1 + a_2)r_x(h) + a_3 r_x(2h) - b_2 c_1]$$

由式(3.48)和式(3.50)可得下式，即

$$d_{1,0} = r_x(h), \quad d_{2,0} = r_x(2h), \quad d_{1,1} = \sqrt{1 - c_1^2 - r_x^2(h)}$$

由式(3.46)和式(3.52)可得下式，即

$$d_{2,1} = \frac{1}{d_{1,1}}\{r_x(h)[1 - r_x(2h)] - c_1 c_2\}$$

由式(3.50)可得下式，即

$$d_{2,2} = \sqrt{1 - c_1^2 - c_2^2 - r_x^2(2h) - d_{2,1}^2}$$

这样就可以确定递推关系式的所有系数和初始条件。

3.2　典型平稳正态随机过程的仿真

利用 3.1 节推出的公式，本节给出舰载武器控制中典型平稳正态随机过程的仿真算法。

3.2.1　实例 1

不可微分的平稳正态随机过程 $X(t)$ 的相关函数为

$$K_x(\tau) = \sigma_x^2 e^{-\alpha|\tau|} \tag{3.59}$$

其中，$\alpha > 0$。

其谱密度为

$$S_x(\omega) = \frac{\alpha \sigma_x^2}{\pi(\omega^2 + \alpha^2)} \tag{3.60}$$

如果假设 $\omega^2 = -\lambda^2$，且把这个函数的分母等同于零，那么得到的代数表达式为

$$\lambda^2 - \alpha^2 = 0 \tag{3.61}$$

因为 $\alpha > 0$，所以式(3.61)的实数负解 $\lambda = -\alpha$。通过给定自变量 t 的离散化的步长 h，假定

$$\gamma = e^{\lambda h} = e^{-\alpha h} \tag{3.62}$$

为了建立差分等式，引入辅助的平稳正态随机过程，即

$$Y(t) = X(t+h) - \gamma X(t) \tag{3.63}$$

它的数学期望 $\bar{y} = \bar{x} - \gamma \bar{x} = 0$。对于随机过程 $Y(t)$ 和 $X(t)$，其互相关函数为

$$K_{yx}(\tau) = M[Y(t+\tau)X(t)] = K_x(\tau+h) - \gamma K_x(\tau) \tag{3.64}$$

即

$$K_{yx}(\tau) = \sigma_x^2\left(e^{-\alpha|\tau+h|} - e^{-\alpha h - \alpha|\tau|}\right) \tag{3.65}$$

由式(3.65)可推出下列恒等式，即

$$K_{yx}(\tau) \equiv 0, \quad \tau \geqslant 0 \tag{3.66}$$

对于随机过程 $Y(t)$，其相关函数为

$$K_y(\tau) = M[Y(t+\tau)Y(t)] = M\{Y(t+\tau)[X(t+h) - \gamma X(t)]\} \tag{3.67}$$

即

$$K_y(\tau) = K_{yx}(\tau-h) - \gamma K_{yx}(\tau) \tag{3.68}$$

假设 $\tau = 0$，考虑式(3.65)和式(3.66)，可求出下式，即

$$K_y(0) = K_{yx}(-h) = \sigma_x^2\left(1 - e^{-2\alpha h}\right) \tag{3.69}$$

因此，对于随机过程 $Y(t)$ ，其方差为

$$K_y(0) = \sigma_x^2 \left(1 - \gamma^2\right) \tag{3.70}$$

由式(3.68)，且考虑式(3.66)，可得下式，即

$$K_y(\tau) = 0, \quad \tau \geqslant h \tag{3.71}$$

通过 x_s 和 y_s 标记随机过程 $X(t)$ 和 $Y(t)$ 在 $t = t_0 + sh$ 时的值，即假设

$$x_s = X(t_0 + sh), \quad y_s = Y(t_0 + sh), \quad s = 0,1,\cdots \tag{3.72}$$

于是，当 $t = t_0 + sh$ 时，式(3.63)可重新写为

$$y_s = x_{s+1} - \gamma x_s, \quad s = 0,1,\cdots \tag{3.73}$$

由此可得下式，即

$$M(y_{s+l} y_s) = M\{Y[t_0 + (s+l)h]Y(t_0 + sh)\} = K_y(lh) \tag{3.74}$$

根据式(3.71)，等式 $K_y(lh) = 0$ 在 $l \neq 0$ 时是成立的。因此

$$M(y_{s+l} y_s) = \begin{cases} K_y(0), & l = 0 \\ 0, & l \neq 0 \end{cases}, \quad s = 0,1,\cdots \tag{3.75}$$

序列的元素 $y_0, y_1, \cdots$ 是独立的正态随机变量。它们的数学期望等于零且方差完全相同，即

$$\sqrt{K_y(0)} = b = \sigma_x \sqrt{1 - \gamma^2} \tag{3.76}$$

因此，随机过程 $Y(t)$ 的序列可以表示为

$$y_s = b\zeta_s, \quad s = 0,1,\cdots \tag{3.77}$$

其中，$\zeta_0, \zeta_1, \cdots$ 是正态随机数的序列，这些随机数是数学期望等于零且方差等于单位值的独立正态随机变量。

将式(3.77)代入式(3.73)可得一阶非齐次线性差分等式，即

$$x_{s+1} - \gamma x_s = b\zeta_s, \quad s = 0,1,\cdots \tag{3.78}$$

为了求解式(3.78)，必须知道初始条件。初始条件是正态随机过程 $X(t)$ 在初始时刻 t_0 时的数值 x_0 。这个数值是正态随机变量，其数学期望等于零、均方差 $\sigma_x = \sqrt{K_x(0)}$ 。因此，可以取 $x_0 = \sigma_x \zeta$ ，其中 ζ 是正态随机数。

非齐次线性差分等式可以类似于普通的微分等式，用任意常数的变分法来解算。对于部分形式的等式，可以由基本变换求出。把式(3.78)的左右两部分分别乘以 γ^{-s} ，且把乘法结果对 s 从 0 到 $k-1$ 进行相加，可得下式，即

$$b\sum_{s=0}^{k-1} \gamma^{-s} \zeta_s = \sum_{s=0}^{k-1} \gamma^{-s} x_{s+1} - \sum_{s=0}^{k-1} \gamma^{1-s} x_s \tag{3.79}$$

因为

$$\sum_{s=0}^{k-2} \gamma^{-s} x_{s+1} - \sum_{s=1}^{k-1} \gamma^{1-s} x_s = 0 \tag{3.80}$$

所以式(3.79)可以重新写为

$$\sigma_x \sqrt{1-\gamma^2} \sum_{s=0}^{k-1} \gamma^{-s} \zeta_s = \gamma^{-(k-1)} x_k - \gamma x_0 \tag{3.81}$$

因此，当 $x_0 = \sigma_x \zeta$ 时，差分等式(3.78)的解可由以下公式确定，即

$$x_k = \sigma_x \gamma^{k-1} \left(\gamma \zeta + \sqrt{1-\gamma^2} \sum_{s=0}^{k-1} \gamma^{-s} \zeta_s \right), \quad k = 1, 2, \cdots \tag{3.82}$$

在任意 $k \geqslant 1$ 时，式(3.82)的右边部分可表示为 $\gamma x_{k-1} + b\zeta_k$ 的形式，于是式(3.82)等效为式(3.78)。

因为正态随机变量 ζ 和 ζ_s $(s = 0,1,\cdots)$ 是独立的，所以借助式(3.82)可得下式，即

$$\begin{aligned} M(x_{k+l} x_k) &= \sigma_x^2 \gamma^{2k+l+2} \left[\gamma^2 + (1-\gamma^2) \sum_{s=0}^{k-1} \gamma^{-2s} \right] \\ &= \sigma_x^2 \gamma^{2k+l} \left[1 - (1-\gamma^{-2k}) \right] = \sigma_x^2 \gamma^l \end{aligned} \tag{3.83}$$

因此，对于正态随机变量的由式(3.82)确定的序列 $x_0, x_1, \cdots$ 的元素，其相关函数为

$$K_x(lh) = \sigma_x^2 e^{-\alpha lh} \tag{3.84}$$

当 $\tau = lh \geqslant 0$ 时，式(3.84)与初始相关函数(3.59)吻合。因此，平稳正态随机过程 $X(t)$ 所要求的数值 $x_k = X(t_0 + kh)$ $(k = 0,1,\cdots)$ 可以通过式(3.82)确定。

当得到正态随机过程 $X(t)$ 的离散值 x_k $(k = 0,1,\cdots)$ 时，替代函数表达式(3.82)。更简单的是，可以使用下列等效于式(3.78)的递推关系式，即

$$x_{s+1} = \gamma x_s + b\zeta_s \tag{3.85}$$

和初始条件 $x_0 = \sigma_x \zeta$。借助正态随机数的产生器，可以得到数值 ζ，并求得 $x_0 = \sigma_x \zeta$。根据这个变量和其他正态随机数 ζ_0，可以求出 $x_1 = \gamma x_0 + b\zeta_0$。然后，根据 x_1 和下一个正态随机数 ζ_1，可以确定数值 $x_2 = \gamma x_1 + b\zeta_1$ 等。

3.2.2 实例 2

在舰载武器控制中，经常使用的是下列相关函数的平稳正态随机过程 $X(t)$，即

$$K_x(\tau) = \sigma_x^2 e^{-\alpha|\tau|} \left(\cos\beta\tau + C\frac{\alpha}{\beta}\sin\beta|\tau| \right) \tag{3.86}$$

其中，$\alpha > 0$；$\beta \geqslant 0$；$|C| \leqslant 1$。

当 $C = 1$ 时，这个过程是一次可微的。对应于相关函数(3.86)的是下列谱密度，即

$$S_x(\omega) = \frac{\alpha\sigma_x^2[(1-C)\omega^2 + (1+C)(\alpha^2+\beta^2)]}{\pi[(\omega^2-\alpha^2-\beta^2)^2 + 4\alpha^2\omega^2]} \tag{3.87}$$

若 $\beta = 0$，则式(3.86)和式(3.87)采取如下形式，即

$$K_x(\tau) = \sigma_x^2 \mathrm{e}^{-\alpha|\tau|}\left(1 + C\alpha|\tau|\right) \tag{3.88}$$

$$S_x(\omega) = \frac{\alpha\sigma_x^2[(1-C)\omega^2 + (1+C)\alpha^2]}{\pi(\omega^2+\alpha^2)^2} \tag{3.89}$$

设 $\omega^2 = -\lambda^2$，且令谱密度(3.87)的分母等于零，可得下式，即

$$(\lambda^2+\alpha^2+\beta^2)^2 - 4\alpha^2\lambda^2 = 0 \tag{3.90}$$

式(3.90)可等效为如下平方等式，即

$$\lambda^2 - 2\alpha\lambda + \alpha^2 + \beta^2 = 0 \tag{3.91}$$

$$\lambda^2 + 2\alpha\lambda + \alpha^2 + \beta^2 = 0 \tag{3.92}$$

式(3.91)的根为 $\lambda_{1,2}' = \alpha \pm \mathrm{i}\beta$。因为它们的实数部分 α 是正的，仿真时不会使用它们。式(3.92)的负实数部分具有根 λ_1 和 λ_2，并且

$$\lambda_{1,2} = -\alpha \pm \mathrm{i}\beta \tag{3.93}$$

当给定离散化步长 h 时，假定

$$\gamma = \mathrm{e}^{-\alpha h} \tag{3.94}$$

于是

$$\mathrm{e}^{\lambda_1 h} + \mathrm{e}^{\lambda_2 h} = a = 2\gamma\cos\beta h \tag{3.95}$$

$$\mathrm{e}^{(\lambda_1+\lambda_2)h} = \mathrm{e}^{-2\alpha h} = \gamma^2 \tag{3.96}$$

为了建立初始过程 $X(t)$ 的仿真算法，引入辅助的平稳正态随机过程，即

$$Y(t) = X(t+2h) - aX(t+h) + \gamma^2 X(t) \tag{3.97}$$

因为 $\bar{x} = 0$，所以对于 $Y(t)$，其数学期望 $\bar{y} = 0$。对于随机过程 $Y(t)$ 和 $X(t)$，其互相关函数为

$$K_{yx}(\tau) = M[Y(t+\tau)X(t)] = K_x(\tau+2h) - aK_x(\tau+h) + \gamma^2 K_x(\tau) \tag{3.98}$$

当 $\tau \geqslant 0$ 时，可得下式，即

$$\begin{aligned} K_{yx}(\tau) = \sigma_x^2\gamma^2\mathrm{e}^{-\alpha\tau}\{&[\cos\beta(\tau+2h) - 2\cos\beta h\cos\beta(\tau+h) + \cos\beta\tau] \\ &+ C\frac{\alpha}{\beta}[\sin\beta(\tau+2h) - 2\cos\beta h\sin\beta(\tau+h) + \sin\beta\tau]\} \end{aligned} \tag{3.99}$$

下列关系式是成立的，即

$$\begin{cases} \cos\beta(\tau+2h)+\cos\beta\tau=2\cos\beta(\tau+h)\cos\beta h \\ \sin\beta(\tau+2h)+\sin\beta\tau=2\sin\beta(\tau+h)\cos\beta h \end{cases} \tag{3.100}$$

因此

$$K_{yx}(\tau)=0, \quad \tau\geqslant 0 \tag{3.101}$$

对于随机过程 $Y(t)$ ，其相关函数为

$$K_y(\tau)=M[Y(t+\tau)Y(t)]=M\{Y(t+\tau)[X(t+2h)-aX(t+h)+\gamma^2 X(t)]\} \tag{3.102}$$

即

$$K_y(\tau)=K_{yx}(\tau-2h)-aK_{yx}(\tau-h)+\gamma^2 K_{yx}(\tau) \tag{3.103}$$

考虑式(3.101)，由此可得下式，即

$$K_y(\tau)=0, \quad \tau\geqslant 2h \tag{3.104}$$

当 $\tau=h$ 时，由式(3.103)可求出下式，即

$$K_y(h)=K_{yx}(-h)=(1+\gamma^2)K_x(h)-aK_x(0) \tag{3.105}$$

同样

$$K_y(h)=\sigma_x^2[(1+\gamma^2)r_x(h)-a] \tag{3.106}$$

并且

$$r_x(h)=\gamma\left(\cos\beta h+C\frac{\alpha}{\beta}\sin\beta h\right) \tag{3.107}$$

根据式(3.103)，对于随机过程 $Y(t)$ ，其方差为

$$\begin{aligned} K_y(0)&=K_{yx}(-2h)-aK_{yx}(-h)\\ &=[K_x(0)-aK_x(h)+\gamma^2 K_x(2h)]-a[(1+\gamma^2)K_x(h)-aK_x(0)] \end{aligned} \tag{3.108}$$

当 $\tau=0$ 时，由式(3.98)可求出下式，即

$$K_x(2h)=aK_x(h)-\gamma^2 K_x(0) \tag{3.109}$$

因此

$$K_y(0)=\sigma_x^2[1+a^2-\gamma^4-2ar_x(h)] \tag{3.110}$$

如果假设 $x_s=X(t_0+sh)$ 和 $y_s=Y(t_0+sh)$ $(s=0,1,\cdots)$ ，可把 $Y(t)$ 的表达式(3.97)在 $t=t_0+sh$ 时表示为如下形式，即

$$y_s=x_{s+2}-ax_{s+1}+\gamma^2 x_s, \quad s=0,1,\cdots \tag{3.111}$$

在序列 $y_0,y_1,\cdots$ 中，每个元素是数学期望等于零的正态随机变量。对于元素 y_{s+l} 和 y_s ，其相关矩为

$$M(y_{s+l}y_s)=M\{Y[t_0+(s+l)h]Y(t_0+sh)\}=K_y(lh) \tag{3.112}$$

考虑式(3.104)，可得下式，即

$$M(y_{s+l}y_s) = \begin{cases} K_y(0), & l=0 \\ K_y(h), & |l|=1 \\ 0, & |l|>1 \end{cases} \tag{3.113}$$

对于 $K_y(h)$ 和 $K_y(0)$ ，有式(3.106)和式(3.111)成立。

这样，对于序列 $y_0, y_1, \cdots$ 的每个元素，其方差等于 $K_y(0)$ 。元素之间只存在一阶关系式，即仅每对相邻元素是有联系的。这个序列的元素可以表示为

$$y_s = \sigma_x(b_1\zeta_{s+1} + b_2\zeta_s), \quad s=0,1,\cdots \tag{3.114}$$

其中， b_1 和 b_2 是非随机常数； ζ_s 和 ζ_{s+1} 是正态随机数。

因为 $D(\zeta_s) = 1$ ，而 $M(\zeta_s\zeta_{s+1}) = 0$ ，所以借助式(3.114)可得下式，即

$$M(y_{s+l}y_s) = \begin{cases} \sigma_x^2(b_1^2 + b_2^2), & l=0 \\ \sigma_x^2 b_1 b_2, & |l|=1 \\ 0, & |l|>1 \end{cases} \tag{3.115}$$

由式(3.113)和式(3.115)可推出下列等式，即

$$\sigma_x^2(b_1^2 + b_2^2) = K_y(0), \quad \sigma_x^2 b_1 b_2 = K_y(h) \tag{3.116}$$

因此

$$\begin{cases} (b_1 + b_2)^2 = A^2 = \dfrac{1}{\sigma_x^2}[K_y(0) + 2K_y(h)] \\ (b_1 - b_2)^2 = B^2 = \dfrac{1}{\sigma_x^2}[K_y(0) - 2K_y(h)] \end{cases} \tag{3.117}$$

将式(3.106)和式(3.111)代入式(3.117)可得下式，即

$$\begin{cases} A^2 = (1 - a + \gamma^2)[1 - a - \gamma^2 + 2r_x(h)] \\ B^2 = (1 + a + \gamma^2)[1 + a - \gamma^2 - 2r_x(h)] \end{cases} \tag{3.118}$$

因为 $a = 2\gamma\cos\beta h$ ，而对于 $r_x(h)$ ，式(3.107)是成立的，所以对于常数 A 和 B ，计算公式可以写为

$$\begin{cases} A = \sqrt{(1 - 2\gamma\cos\beta h + \gamma^2)\left(1 + 2C\gamma\dfrac{\alpha}{\beta}\sin\beta h - \gamma^2\right)} \\ B = \sqrt{(1 + 2\gamma\cos\beta h + \gamma^2)\left(1 - 2C\gamma\dfrac{\alpha}{\beta}\sin\beta h - \gamma^2\right)} \end{cases} \tag{3.119}$$

若 $\beta = 0$ ，则

$$\begin{cases} A = (1-\gamma)\sqrt{1 + 2C\gamma\alpha h - \gamma^2} \\ B = (1+\gamma)\sqrt{1 - 2C\gamma\alpha h - \gamma^2} \end{cases} \tag{3.120}$$

由式(3.117)可推出下列等式，即

$$b_1 + b_2 = A, \quad b_1 - b_2 = B \tag{3.121}$$

因此，借助下列关系式可以求出常数 b_1 和 b_2，即

$$b_1 = 0.5(A+B), \quad b_2 = 0.5(A-B) \tag{3.122}$$

由式(3.111)和式(3.114)可得二阶非齐次线性差分等式，即

$$x_{s+2} - ax_{s+1} + \gamma^2 x_s = \sigma_x(b_1\zeta_{s+1} + b_2\zeta_s), \quad s = 0,1,\cdots \tag{3.123}$$

为求解式(3.123)，必须知道初始数值 x_0 和 x_1。对于 x_0、x_1 和 x_s $(s=2,3,\cdots)$，相关函数 $K_x(\tau)$ 必须满足下列等式，即

$$D(x_0) = D(x_1) = \sigma_x^2 = K_x(0), \quad M(x_0 x_1) = K_x(h) \tag{3.124}$$

$$M(x_k x_s) = K_x[(s-k)h], \quad k = 0,1; s = 2,3,\cdots \tag{3.125}$$

第一个初始条件表示为 $x_0 = \sigma_x \eta_0$ 的形式，其中 η_0 是正态随机数。因此，$D(x_0) = \sigma_x^2$。把式(3.123)的左边乘以 x_0，右边乘以 $\sigma_x \eta_0$，两边取数学期望可得下列关系式，即

$$K_x[(s+2)h] - aK_x[(s+1)h] + \gamma^2 K_x(sh) = 0, \quad s = 0,1,\cdots \tag{3.126}$$

根据式(3.98)和式(3.101)，当 $\tau = sh \geqslant 0$ 时，这些等式得以满足。因此，对于 x_0，可以使用表达式 $x_0 = \sigma_x \eta_0$。

第二个初始条件可以表示为

$$x_1 = \sigma_x(c\zeta_0 + d_0\eta_0 + d_1\eta_1) \tag{3.127}$$

其中，c、d_0 和 d_1 是非随机常数；ζ_0、η_0 和 η_1 是正态随机数。

因此

$$D(x_1) = (c^2 + d_0^2 + d_1^2)\sigma_x^2 \tag{3.128}$$

由于 $D(x_1) = \sigma_x^2$，因此

$$c^2 + d_0^2 + d_1^2 = 1 \tag{3.129}$$

为了使 x_0 和 x_1 的相关矩 $M(x_0 x_1) = \sigma_x^2 d_0$ 与 $K_x(h)$ 相等，必须取

$$d_0 = r_x(h) \tag{3.130}$$

把式(3.123)的左边部分乘以 x_1，右边部分乘以 x_1 的表达式(3.127)，然后两边取数学期望，可得下式，即

$$K_x[(s+1)h] - aK_x(sh) + \gamma^2 K_x[(s-1)h] = \begin{cases} cb_2\sigma_x^2, & s = 0 \\ 0, & s \geqslant 1 \end{cases} \tag{3.131}$$

当 $s \geqslant 1$ 时，式(3.131)类似于式(3.126)。为了在 $s = 0$ 时等式得以满足，取

$$c = \frac{1}{b_2}[(1+\gamma^2)r_x(h) - a] = b_1 \tag{3.132}$$

当已知 $c = b_1$ 和 $d_0 = r_x(h)$ 时，由式(3.129)可得下式，即

$$d_1 = \sqrt{1 - b_1^2 - r_x^2(h)} \tag{3.133}$$

这样，式(3.124)和式(3.125)将被满足。如果对于差分等式(3.123)，初始条件取如下形式，即

$$x_0 = \sigma_x\eta_0, \quad x_1 = \sigma_x\left[\zeta_0 b_1 + \eta_0 r_x(h) + \eta_1\sqrt{1 - b_1^2 - r_x^2(h)}\right] \tag{3.134}$$

考虑初始条件(3.134)，差分等式(3.123)的解可写为

$$x_k = \frac{\sigma_x\gamma^k}{\sin\beta h}\left\{-\eta_0\sin[(k-1)\beta h] + \frac{1}{\gamma}\sin(k\beta h)\left[\zeta_0 b_1 + \eta_0 r_x(h)\right.\right.$$
$$\left.\left. + \eta_1\sqrt{1 - b_1^2 - r_x^2(h)}\right] + \sum_{s=0}^{k-2}\gamma^{-s-2}\sin[(k-s-1)\beta h](b_1\zeta_{s+1} + b_2\zeta_s)\right\}, \quad k = 2,3,\cdots \tag{3.135}$$

若 $\beta = 0$，则通过求式(3.135)在 $\beta \to 0$ 时的极限，可得下式，即

$$x_k = \sigma_x\gamma^k\left\{-(k-1)\eta_0 + \frac{k}{\gamma}[\zeta_0 b_1 + \eta_0 r_x(h) + \eta_1\sqrt{1 - b_1^2 - r_x^2(h)}]\right.$$
$$\left. + \sum_{s=0}^{k-2}(k-s-1)\gamma^{-s-2}(b_1\zeta_{s+1} + b_2\zeta_s)\right\}, \quad k = 0,1,\cdots \tag{3.136}$$

由式(3.135)和式(3.136)确定的随机变量 x_k $(k = 0,1,\cdots)$ 的相关矩为

$$M(x_{k+l}x_k) = K_x(lh) \tag{3.137}$$

其中，$K_x(\tau)$ 是初始随机过程 $X(t)$ 的相关函数，其表达式为式(3.86)或式(3.88)。

因此，随机变量 x_k $(k = 0,1,\cdots)$ 可以作为平稳正态随机过程 $X(t)$ 的离散值，其中随机过程 $X(t)$ 的概率特性在 $\beta \neq 0$ 时为式(3.86)和式(3.87)，或者在 $\beta = 0$ 时为式(3.88)和式(3.89)。

在对相关函数式(3.86)或者式(3.88)的平稳正态随机过程 $X(t)$ 进行仿真时，更简单的是利用下列等效为式(3.123)的递推关系式，即

$$x_{s+2} = ax_{s+1} - \gamma^2 x_s + \sigma_x(b_1\zeta_{s+1} + b_2\zeta_s), \quad s = 0,1,\cdots \tag{3.138}$$

和初始条件(3.134)。初始值 x_0 正比于正态随机数 η_0。另外一个初始值 x_1 可以通过 η_0 与附加的一对正态随机数 η_1 和 ζ_0 来表达。x_2 可以借助递推关系式(3.138)在 $s=0$ 时利用已知的变量 x_0、x_1、ζ_0 和附加的正态随机数 ζ_1 求出。所有的后续值 x_{s+2} $(s=1,2,\cdots)$ 类似地借助递推关系式(3.138)，依赖 x_s、x_{s+1}、ζ_s 和一个附加的正态随机数 ζ_{s+1}，一个接一个地被顺次求出。根据这些数值计算得到的值 $x_k = X(t_0 + kh)$ $(k = 0,1,\cdots)$ 是平稳正态随机过程 $X(t)$ 的离散值。

在部分情况下，当 $\beta = C = 0$ 时，相关函数(3.88)和谱密度(3.89)与式(3.59)和式(3.60)吻合，即

$$\begin{cases} a = 2\gamma, \quad r_x(h) = \gamma, \quad b_1 = \sqrt{1-\gamma^2} \\ b_2 = -\gamma\sqrt{1-\gamma^2}, \quad 1 - b_1^2 - r_x^2(h) = 0 \end{cases} \tag{3.139}$$

因此，差分等式(3.123)和初始条件(3.134)可以写为

$$x_{s+2} - 2\gamma x_{s+1} + \gamma^2 x_s = \sigma_x\sqrt{1-\gamma^2}\,(\zeta_{s+1} - \gamma\zeta_s), \quad s = 0,1,\cdots \tag{3.140}$$

$$x_0 = \sigma_x\eta_0, \quad x_1 = \sigma_x\sqrt{1-\gamma^2}\,\zeta_0 + \sigma_x\gamma\eta_0 \tag{3.141}$$

假定

$$w_s = x_{s+1} - \gamma x_s - \sigma_x\sqrt{1-\gamma^2}\,\zeta_s, \quad s = 0,1,\cdots \tag{3.142}$$

于是，式(3.140)可以表示为

$$w_{s+1} - \gamma w_s = 0, \quad s = 0,1,\cdots \tag{3.143}$$

根据式(3.141)，有等式 $w_0 = 0$ 成立。

初始条件 $w_0 = 0$ 的齐次差分等式(3.143)具有唯一解 $w_s = 0$ $(s = 0,1,\cdots)$。因此，二阶差分等式(3.140)等效为初始条件 $x_0 = \sigma_x\eta_0$ 的一阶差分等式，即

$$x_{s+1} - \gamma x_s = \sigma_x\sqrt{1-\gamma^2}\,\zeta_s, \quad s = 0,1,\cdots \tag{3.144}$$

式(3.144)与式(3.78)吻合，而它的解与式(3.140)的解吻合。

3.2.3　实例 3

平稳正态随机过程 $X(t)$ 是带最简单概率特性式(3.59)和式(3.60)的随机过程的综合。$X(t)$ 的相关函数为

$$K_x(\tau) = 0.5\sigma_x^2[(1-C)\mathrm{e}^{-\alpha_1|\tau|} + (1+C)\mathrm{e}^{-\alpha_2|\tau|}] \tag{3.145}$$

其中，$\alpha_1 > 0$ 和 $\alpha_2 > 0$。

若 $\alpha_1 = \alpha_2 = \alpha$，则表达式(3.145)在任意 C 时与式(10.1)吻合。当 $|C| = 1$ 时，相关函数(3.145)也与式(3.59)吻合，并且有

$$\alpha = \begin{cases} \alpha_1, & C = -1 \\ \alpha_2, & C = 1 \end{cases} \tag{3.146}$$

在这种情况下，平稳正态随机过程 $X(t)$ 可以利用初始条件 $x_0 = \sigma_x \zeta$ 的递推关系式(3.85)进行仿真。

若 $|C| < 1$，则随机过程可以用两个独立的平稳正态随机过程之和的形式 $X(t) = X_1(t) + X_2(t)$ 表示。这两个过程有下列最简单的相关函数，即

$$K_{x_1}(\tau) = \sigma_1^2 e^{-\alpha_1|\tau|}, \quad K_{x_2}(\tau) = \sigma_2^2 e^{-\alpha_2|\tau|} \tag{3.147}$$

其中

$$\sigma_1^2 = 0.5(1-C)\sigma_x^2, \quad \sigma_2^2 = 0.5(1+C)\sigma_x^2 \tag{3.148}$$

这个过程的仿真可以通过对两个独立的平稳正态随机过程进行仿真，然后把得到的离散值相加实现。

对应于相关函数(3.145)的是下列谱密度，即

$$\begin{aligned} S_x(\omega) &= \frac{\sigma_x^2}{2\pi}\left[\frac{\alpha_1(1-C)}{\omega^2+\alpha_1^2} + \frac{\alpha_2(1+C)}{\omega^2+\alpha_2^2}\right] \\ &= \frac{\sigma_x^2\{\omega^2[\alpha_1+\alpha_2-C(\alpha_1-\alpha_2)] + \alpha_1\alpha_2[\alpha_1+\alpha_2+C(\alpha_1-\alpha_2)]\}}{2\pi(\omega^2+\alpha_1^2)(\omega^2+\alpha_2^2)} \end{aligned} \tag{3.149}$$

式(3.149)不可能是负的。因此，当 $\alpha_1 \neq \alpha_2$ 时，下列条件必须得以满足，即

$$|C| \leqslant \frac{\alpha_1+\alpha_2}{|\alpha_1-\alpha_2|} \tag{3.150}$$

为了对相关函数(3.145)的平稳正态随机过程 $X(t)$ 建立仿真算法，令谱密度(3.149)的分母等于零，其中把 ω^2 替换成 $-\lambda^2$，即

$$(\lambda^2 - \alpha_1^2)(\lambda^2 - \alpha_2^2) = 0 \tag{3.151}$$

式(3.151)的负根为 $\lambda_1 = -\alpha_1$ 和 $\lambda_2 = -\alpha_2$。给定自变量 t 的离散化步长 h，假定

$$\gamma_1 = e^{-\alpha_1 h}, \quad \gamma_2 = e^{-\alpha_2 h} \tag{3.152}$$

引入辅助的平稳正态随机过程，即

$$Y(t) = X(t+2h) - (\gamma_1+\gamma_2)X(t+h) + \gamma_1\gamma_2 X(t) \tag{3.153}$$

因为 $\bar{x} = 0$，所以它的数学期望 $\bar{y} = 0$。对于随机过程 $Y(t)$ 和 $X(t)$，其互相关函数为

$$K_{yx}(\tau) = M[Y(t+\tau)X(t)] = K_x(\tau+2h) - (\gamma_1+\gamma_2)K_x(\tau+h) + \gamma_1\gamma_2 K_x(\tau) \tag{3.154}$$

当 $\tau \geqslant 0$ 时，运用式(3.145)可得下式，即

$$K_{yx}(\tau) = 0.5\sigma_x^2 \{ e^{-\alpha_1\tau}(1-C)[\gamma_1^2 - (\gamma_1+\gamma_2)\gamma_1 + \gamma_1\gamma_2]$$
$$+ e^{-\alpha_2\tau}(1+C)[\gamma_2^2 - (\gamma_1+\gamma_2)\gamma_2 + \gamma_1\gamma_2]\} \tag{3.155}$$

由此可推出下式，即

$$K_x(\tau) = 0, \quad \tau \geqslant 0 \tag{3.156}$$

对于随机过程 $Y(t)$ ，其相关函数为

$$K_y(\tau) = M[Y(t+\tau)Y(t)]$$
$$= M\{Y(t+\tau)[X(t+2h) - (\gamma_1+\gamma_2)X(t+h) + \gamma_1\gamma_2 X(t)]\} \tag{3.157}$$

即

$$K_y(\tau) = K_{yx}(\tau - 2h) - (\gamma_1+\gamma_2)K_{yx}(\tau - h) + \gamma_1\gamma_2 K_{yx}(\tau) \tag{3.158}$$

由式(3.156)可得下式，即

$$K_y(\tau) = 0, \quad \tau \geqslant 2h \tag{3.159}$$

当 $\tau = h$ 时，运用式(3.158)，由式(3.156)可求出下式，即

$$K_y(h) = K_{yx}(-h) = K_x(h)(1+\gamma_1\gamma_2) - (\gamma_1+\gamma_2)K_x(0) \tag{3.160}$$

式(3.160)可以表示为

$$K_y(h) = \sigma_x^2[(1+\gamma_1\gamma_2)r_x(h) - \gamma_1 - \gamma_2] \tag{3.161}$$

其中

$$r_x(h) = \frac{K_x(h)}{\sigma_x^2} = 0.5[\gamma_1 + \gamma_2 - C(\gamma_1 - \gamma_2)] \tag{3.162}$$

当 $\tau = 0$ 时，根据式(3.154)和式(3.158)可求出下式，即

$$K_x(2h) = (\gamma_1+\gamma_2)K_x(h) - \gamma_1\gamma_2 K_x(0) \tag{3.163}$$

$$K_y(0) = K_{yx}(-2h) - (\gamma_1+\gamma_2)K_{yx}(-h) = K_x(0) - (\gamma_1+\gamma_2)K_x(h)$$
$$+ \gamma_1\gamma_2 K_x(2h) - (\gamma_1+\gamma_2)[(1+\gamma_1\gamma_2)K_x(h) - (\gamma_1+\gamma_2)K_x(0)] \tag{3.164}$$

因此，对于随机过程 $Y(t)$ ，其方差为

$$K_y(0) = \sigma_x^2[1 + (\gamma_1+\gamma_2)^2 - \gamma_1^2\gamma_2^2 - 2(\gamma_1+\gamma_2)r_x(h)] \tag{3.165}$$

假设 $x_s = X(t_0 + sh)$ 和 $y_s = Y(t_0 + sh)$ $(s = 0,1,\cdots)$ ，把随机过程 $Y(t)$ 的表达式(3.153)在 $t = t_0 + sh$ 时表示为

$$y_s = x_{s+2} - (\gamma_1+\gamma_2)x_{s+1} + \gamma_1\gamma_2 x_s, \quad s = 0,1,\cdots \tag{3.166}$$

在序列 $y_0, y_1, \cdots$ 中，每个元素是数学期望等于零的正态随机变量。每个元素的方差完全相同且等于 $K_y(0)$ ，并且 $K_y(0)$ 的表达式为式(3.165)。因为当 $|l| > 1$ 时，$K_y(lh) = 0$ ，而 $K_y(h) \neq 0$ ，所以在序列的元素之间只存在一阶关系式，即只有每对相邻的随机变量是关联的。这个序列的一般元素可以表示为式(3.114)，即

$$y_s = \sigma_x(b_1\zeta_{s+1} + b_2\zeta_s), \quad s = 0,1,\cdots \tag{3.167}$$

非随机常数 b_1 和 b_2 可以借助式(3.122)确定，即

$$b_1 = 0.5(A+B), \quad b_2 = 0.5(A-B) \tag{3.168}$$

并且

$$A = \frac{1}{\sigma_x}\sqrt{K_y(0) + 2K_y(h)}, \quad B = \frac{1}{\sigma_x}\sqrt{K_y(0) - 2K_y(h)} \tag{3.169}$$

把式(3.161)和式(3.165)中的 $K_y(h)$ 和 $K_y(0)$，式(3.162)中的 $r_x(h)$ 代入式(3.169)，可得常数 A 和 B 的计算公式为

$$\begin{cases} A = \sqrt{(1-\gamma_1)(1-\gamma_2)[1-\gamma_1\gamma_2 - C(\gamma_1-\gamma_2)]} \\ B = \sqrt{(1+\gamma_1)(1+\gamma_2)[1-\gamma_1\gamma_2 + C(\gamma_1-\gamma_2)]} \end{cases} \tag{3.170}$$

把式(3.167)代入式(3.166)，可得二阶非齐次线性差分等式，即

$$x_{s+2} - (\gamma_1+\gamma_2)x_{s+1} + \gamma_1\gamma_2 x_s = \sigma_x(b_1\zeta_{s+1} + b_2\zeta_s), \quad s = 0,1,\cdots \tag{3.171}$$

对于式(3.171)，初始条件与式(3.123)一样，类似于式(3.134)的形式，即

$$x_0 = \sigma_x\eta_0, \quad x_1 = \sigma_x\left[\zeta_0 c + \eta_0 r_x(h) + \eta_1\sqrt{1-c^2-r_x^2(h)}\right] \tag{3.172}$$

并且

$$c = \frac{1}{b_2}[(1+\gamma_1\gamma_2)r_x(h) - \gamma_1 - \gamma_2] = b_1 \tag{3.173}$$

在求得的初始条件下，差分等式(3.171)的解为

$$x_k = \frac{\sigma_x}{\gamma_1-\gamma_2}\left\{\gamma_1\gamma_2(\gamma_2^{k-1}-\gamma_1^{k-1})\eta_0 + (\gamma_1^k-\gamma_2^k)\left[\zeta_0 b_1 + \eta_0 r_x(h)\right.\right.$$
$$\left.\left.+\eta_1\sqrt{1-b_1^2-r_x^2(h)}\right] + \sum_{s=0}^{k-2}(\gamma_1^{k-s-1}-\gamma_2^{k-s-1})(b_1\zeta_{s+1}+b_2\zeta_s)\right\}, \quad k = 0,1,\cdots \tag{3.174}$$

由式(3.174)确定的序列元素 $x_0, x_1, \cdots$ 的相关矩为

$$M(x_{k+l}x_k) = K_x(lh) \tag{3.175}$$

因此，由式(3.174)确定的随机变量 x_k $(k=0,1,\cdots)$ 可以作为相关函数为式(3.145)和谱密度为式(3.149)的随机过程 $X(t)$ 的离散值。

在仿真平稳正态随机过程 $X(t)$ 时，不是使用差分等式(3.171)，更简单的是使用下列递推关系式，即

$$x_{s+2} = (\gamma_1+\gamma_2)x_{s+1} - \gamma_1\gamma_2 x_s + \sigma_x(b_1\zeta_{s+1}+b_2\zeta_s), \quad s = 0,1,\cdots \tag{3.176}$$

和初始条件(3.172)。初始条件 x_0 和 x_1 通过 3 个正态随机数 η_0、η_1 和 ζ_0 来表示，这些随机数必须由随机数产生器产生。后续数值 x_2 通过在 $s=0$ 时的关

系式(3.176)，用 x_0、x_1、ζ_0 和附加的正态随机数 ζ_1 来表示。所有的后续数值 x_{s+2} $(s=1,2,\cdots)$ 通过使用递推关系式(3.176)，依赖 x_s、x_{s+1}、ζ_s 和附加的正态随机数 ζ_{s+1} 逐个求出。根据这些计算得到的变量 $x_k = X(t_0 + kh)$ $(k=0,1,\cdots)$ 是随机过程 $X(t)$ 在 $t \geqslant t_0$ 时的离散值。

如果 $\alpha_1 = \alpha_2 = \alpha$，那么 $\gamma_1 = \gamma_2 = \gamma$。在这种情况下，二阶差分等式(3.171)和初始条件(3.172)可表示为式(3.140)和式(3.141)。式(3.171)等效为初始条件 $x_0 = \sigma_x \eta_0$ 的一阶差分等式(3.144)。

当 $C = -1$ 时，有

$$
\begin{cases}
A = (1-\gamma_2)\sqrt{1-\gamma_1^2}, & B = (1+\gamma_2)\sqrt{1-\gamma_1^2}, & b_1 = \sqrt{1-\gamma_1^2} \\
b_2 = -\gamma_2\sqrt{1-\gamma_1^2}, & r_x(h) = \gamma_1, & 1 - c^2 - r_x^2(h) = 0
\end{cases}
\tag{3.177}
$$

式(3.171)可重新写为

$$
w_{s+1} - \gamma_2 w_s = 0, \quad s = 0,1,\cdots \tag{3.178}
$$

其中

$$
w_s = x_{s+1} - \gamma_1 x_s - \sigma_x \sqrt{1-\gamma_1^2}\,\zeta_s, \quad s = 0,1,\cdots \tag{3.179}
$$

并且 $w_0 = 0$。齐次线性差分等式(3.178)在初始条件 $w_0 = 0$ 时，具有唯一解 $w_s = 0$ $(s = 0,1,\cdots)$。因此，二阶差分等式(3.171)等效为带初始条件 $x_0 = \sigma_x \eta_0$ 的一阶差分等式，即

$$
x_{s+1} - \gamma_1 x_s = \sigma_x \sqrt{1-\gamma_1^2}\,\zeta_s, \quad s = 0,1,\cdots \tag{3.180}
$$

若 $C = 1$，可以证明，二阶差分等式(3.171)等效于带初始条件 $x_0 = \sigma_x \eta_0$ 的一阶差分等式，即

$$
x_{s+1} - \gamma_2 x_s = \sigma_x \sqrt{1-\gamma_2^2}\,\zeta_s, \quad s = 0,1,\cdots \tag{3.181}
$$

一阶差分等式(3.144)、式(3.180)、式(3.181)的解为式(3.82)。

3.2.4　实例 4

在一些情况下，当 $|C|<1$ 时，相关函数(3.145)可表示为

$$
K_x(\tau) = \sigma_1^2 e^{-\alpha_1|\tau|} + \sigma_2^2 e^{-\alpha_2|\tau|} \tag{3.182}
$$

对应这个相关函数的谱密度为

$$
S_x(\omega) = \frac{\alpha_1 \sigma_1^2}{\pi(\omega^2 + \alpha_1^2)} + \frac{\alpha_2 \sigma_2^2}{\pi(\omega^2 + \alpha_2^2)} \tag{3.183}
$$

平稳正态随机过程 $X(t)$ 可以借助初始条件为式(3.172)的二阶差分等式

(3.171)的解或者通过利用等效于指定等式的递推关系式(3.176)进行仿真。在式(3.171)和式(3.172)中，有

$$\begin{cases} \gamma_1 = \mathrm{e}^{-\alpha_1 h}, \quad \gamma_2 = \mathrm{e}^{-\alpha_2 h}, \quad \sigma_x = \sqrt{\sigma_1^2 + \sigma_2^2} \\ r_x(h) = \dfrac{1}{\sigma_x^2}(\gamma_1 \sigma_1^2 + \gamma_2 \sigma_2^2) \end{cases} \tag{3.184}$$

由式(3.148)可以推出下式，即

$$C = \frac{\sigma_2^2 - \sigma_1^2}{\sigma_x^2} \tag{3.185}$$

将式(3.185)代入式(3.170)，可得下式，即

$$\begin{cases} A = \dfrac{1}{\sigma_x} \sqrt{\sigma_1^2 (1-\gamma_1^2)(1-\gamma_2)^2 + \sigma_2^2 (1-\gamma_1)^2 (1-\gamma_2^2)} \\ B = \dfrac{1}{\sigma_x} \sqrt{\sigma_1^2 (1-\gamma_1^2)(1+\gamma_2)^2 + \sigma_2^2 (1+\gamma_1)^2 (1-\gamma_2^2)} \end{cases} \tag{3.186}$$

根据式(3.168)，常数 b_1 和 b_2 可借助下列关系式求出，即

$$b_1 = 0.5(A+B), \quad b_2 = 0.5(A-B) \tag{3.187}$$

具有相关函数(3.182)和谱密度(3.183)的随机过程 $X(t) = X_1(t) + X_2(t)$ 是两个独立的带有最简单的形如式(10.1)和式(10.2)的概率特性的平稳正态随机过程 $X_1(t)$ 和 $X_2(t)$ 在 $\sigma_x = \sigma_j$ 和 $\alpha = \alpha_j$ $(j=1,2)$ 时的和。这个随机过程也可以利用解算下列初始条件 $x_0^{(1)} = \sigma_1 \eta_0^{(1)}$ 和 $x_0^{(2)} = \sigma_2 \eta_0^{(2)}$ 的一阶非齐次线性差分等式进行仿真，即

$$x_{s+1}^{(1)} - \gamma_1 x_s^{(1)} = \sigma_1 \sqrt{1-\gamma_1^2}\, \zeta_s^{(1)}, \quad s = 0,1,\cdots \tag{3.188}$$

$$x_{s+1}^{(2)} - \gamma_2 x_s^{(2)} = \sigma_2 \sqrt{1-\gamma_2^2}\, \zeta_s^{(2)}, \quad s = 0,1,\cdots \tag{3.189}$$

其中，$\eta_0^{(1)}$、$\eta_0^{(2)}$、$\zeta_s^{(1)}$ 和 $\zeta_s^{(2)}$ 是正态随机数。

在式(3.188)中，把 s 替换成 $s+1$，且从替换结果中减去乘以 γ_2 后的表达式(3.188)，可得下式，即

$$x_{s+2}^{(1)} - (\gamma_1 + \gamma_2) x_{s+1}^{(1)} + \gamma_1 \gamma_2 x_s^{(1)} = \sigma_1 \sqrt{1-\gamma_1^2}\, [\zeta_{s+1}^{(1)} - \gamma_2 \zeta_s^{(1)}], \quad s = 0,1,\cdots \tag{3.190}$$

这个二阶差分等式等效于式(3.188)。

一阶差分等式(3.189)也可以用下列二阶等效差分等式替换，即

$$x_{s+2}^{(2)} - (\gamma_1 + \gamma_2) x_{s+1}^{(2)} + \gamma_1 \gamma_2 x_s^{(2)} = \sigma_2 \sqrt{1-\gamma_2^2}\, [\zeta_{s+1}^{(2)} - \gamma_1 \zeta_s^{(2)}], \quad s = 0,1,\cdots \tag{3.191}$$

假定

$$x_s = x_s^{(1)} + x_s^{(2)}, \quad s = 0,1,\cdots \tag{3.192}$$

由式(3.190)~式(3.192)可推出，变量 x_s $(s=0,1,\cdots)$ 可以由下列二阶差分等式得

到，即

$$x_{s+2} - (\gamma_1 + \gamma_2)x_{s+1} + \gamma_1\gamma_2 x_s = \sigma_x(b_1\zeta_{s+1} + b_2\zeta_s), \quad s = 0,1,\cdots \quad (3.193)$$

因此，常数 b_1 和 b_2 可以根据下列等式求出，即

$$\sigma_x(b_1\zeta_{s+1} + b_2\zeta_s) = \sigma_1\sqrt{1-\gamma_1^2}(\zeta_{s+1}^{(1)} - \gamma_2\zeta_s^{(1)}) + \sigma_2\sqrt{1-\gamma_2^2}[\zeta_{s+1}^{(2)} - \gamma_1\zeta_s^{(2)}], \quad s = 0,1,\cdots \quad (3.194)$$

把独立随机变量线性函数方差的计算运用到式(3.194)可得下式，即

$$\sigma_x^2(b_1^2 + b_2^2) = \sigma_1^2(1-\gamma_1^2)(1+\gamma_2^2) + \sigma_2^2(1-\gamma_2^2)(1+\gamma_1^2) \quad (3.195)$$

把式(3.194)中的 s 用 $s-1$ 代入，再与式(3.194)左右分别相乘，并且取数学期望，可得下式，即

$$\sigma_x^2 b_1 b_2 = -\sigma_1^2\gamma_2(1-\gamma_1^2) - \sigma_2^2\gamma_1(1-\gamma_2^2) \quad (3.196)$$

由式(3.195)和式(3.196)可以推出下列等式，即

$$(b_1 + b_2)^2 = A^2, \quad (b_1 - b_2)^2 = B^2 \quad (3.197)$$

并且 A 和 B 的表达式为式(3.186)。因此，差分等式(3.193)与式(3.171)吻合。

这样，概率特性为式(3.182)和式(3.183)的平稳正态随机过程 $X(t)$ 满足二阶差分等式(3.171)的离散值 x_s $(s = 0,1,\cdots)$ 可以借助式(3.192)求出。式(3.192)是把最简单概率特性的独立平稳正态随机过程 $X_1(t)$ 和 $X_2(t)$ 满足一阶差分等式(3.188)和式(3.189)的离散值 $x_s^{(1)}$ 和 $x_s^{(2)}$ $(s = 0,1,\cdots)$ 进行了相加。

下列相关函数(3.198)和谱密度(3.199)是概率特性(3.182)和概率特性(3.183)的概括，即

$$K_x(\tau) = \sum_{j=1}^{m} \sigma_j^2 e^{-\alpha_j|\tau|} \quad (3.198)$$

$$S_x(\omega) = \sum_{j=1}^{m} \frac{\alpha_j\sigma_j^2}{\pi(\omega^2 + \alpha_j^2)} \quad (3.199)$$

其中，m 是给定的正数；$\alpha_j > 0$ $(j = 1,2,\cdots,m)$。

这些概率特性的平稳正态随机过程 $X(t)$ 可能表示为形如 $X(t) = \sum_{j=1}^{m} X_j(t)$ 且被加数是下列最简单概率特性的独立的正态随机过程，即

$$K_{x_j}(\tau) = \sigma_j^2 e^{-\alpha_j|\tau|}, \quad S_{x_j}(\omega) = \frac{\alpha_j\sigma_j^2}{\pi(\omega^2 + \alpha_j^2)}, \quad j = 1,2,\cdots,m \quad (3.200)$$

被加数 $X_j(t)$ 可以通过利用一阶差分等式(3.201)和初始条件 $x_0^{(j)} = \sigma_j\eta_0^{(j)}$ 进行仿真，其中 $\gamma_j = e^{-\alpha_j h}$，$\eta_0^{(j)}$ 和 $\zeta_s^{(j)}$ 是正态随机数。

$$x_{s+1}^{(j)} - \gamma_j x_s^{(j)} = \sigma_j\sqrt{1-\gamma_j^2}\zeta_s^{(j)}, \quad s = 0,1,\cdots \quad (3.201)$$

随机过程 $X(t)$ 的离散值 x_s $(s=0,1,\cdots)$ 可以将被加数 $X_j(t)$ $(j=1,2,\cdots,m)$ 的离散值 $x_s^{(j)}$ $(s=0,1,\cdots)$ 进行相加得到，即

$$x_s = \sum_{j=1}^{m} x_s^{(j)}, \quad s=0,1,\cdots \tag{3.202}$$

变量 x_s $(s=0,1,\cdots)$ 也可以像带 m 个初始条件的 m 阶非齐次线性差分等式的解一样，或者借助相应的递推关系式得到。

与式(3.198)和式(3.199)相比，舰载武器控制中更常用的是下列相关函数和谱密度，即

$$K_x(\tau) = 0.5 \sum_{j=1}^{m} \sigma_{x_j}^2 [(1-C_j)e^{-\alpha_j|\tau|} + (1+C_j)e^{-\beta_j|\tau|}] \tag{3.203}$$

$$S_x(\omega) = \frac{1}{2\pi} \sum_{j=1}^{m} \sigma_{x_j}^2 \left[\frac{\alpha_j(1-C_j)}{\omega^2 + \alpha_j^2} + \frac{\beta_j(1+C_j)}{\omega^2 + \beta_j^2} \right] \tag{3.204}$$

其中，$\alpha_j > 0$；$\beta_j > 0$；$\beta_j \neq \alpha_j$。

$$|C_j| \leqslant \frac{\alpha_j + \beta_j}{|\alpha_j - \beta_j|}, \quad j=1,2,\cdots,m \tag{3.205}$$

这种概率特性的平稳正态随机过程 $X(t)$ 可表示为同种类型的独立随机过程和 $X(t) = \sum_{j=1}^{m} X_j(t)$ 的形式。$X(t)$ 的离散值 x_s $(s=0,1,\cdots)$ 可以根据式(3.202)将被加数的离散值 $x_s^{(j)}$ $(j=1,2,\cdots,m)$ 进行相加得到。随机过程 $X_j(t)$ 的离散值 $x_s^{(j)}$ $(s=0,1,\cdots)$ 是形如式(3.171)的二阶差分等式的解，即

$$x_{s+2}^{(j)} - [\gamma_1^{(j)} + \gamma_2^{(j)}]x_{s+1}^{(j)} + \gamma_1^{(j)}\gamma_2^{(j)}x_s^{(j)} = \sigma_{x_j}[b_1^{(j)}\zeta_{s+1}^{(j)} + b_2^{(j)}\zeta_s^{(j)}], \quad s=0,1,\cdots \tag{3.206}$$

并且

$$x_0^{(j)} = \sigma_{x_j}\eta_0^{(j)}$$

$$x_1^{(j)} = \sigma_{x_j} \left\{ \zeta_0^{(j)}b_1^{(j)} + \eta_0^{(j)}r_{x_j}(h) + \eta_1^{(j)}\sqrt{1-[b_1^{(j)}]^2 - r_{x_j}^2(h)} \right\} \tag{3.207}$$

其中，$\eta_0^{(j)}$、$\eta_1^{(j)}$ 和 $\zeta_s^{(j)}$ $(s=0,1,\cdots)$ 是正态随机数。

$$\begin{cases} \gamma_1^{(j)} = e^{-\alpha_j h}, \quad \gamma_2^{(j)} = e^{-\beta_j h}, \quad b_1^{(j)} = 0.5(A_j + B_j), \quad b_2^{(j)} = 0.5(A_j - B_j) \\ A_j = \sqrt{[1-\gamma_1^{(j)}][1-\gamma_2^{(j)}]\{1-\gamma_1^{(j)}\gamma_2^{(j)} - C_j[\gamma_1^{(j)} - \gamma_2^{(j)}]\}} \\ B_j = \sqrt{[1+\gamma_1^{(j)}][1+\gamma_2^{(j)}]\{1-\gamma_1^{(j)}\gamma_2^{(j)} + C_j[\gamma_1^{(j)} - \gamma_2^{(j)}]\}} \\ r_{x_j}(h) = 0.5\{\gamma_1^{(j)} + \gamma_2^{(j)} - C_j[\gamma_1^{(j)} - \gamma_2^{(j)}]\} \end{cases} \tag{3.208}$$

合成随机过程 $X(t)$ 的离散值 x_s $(s = 0,1,\cdots)$ 也可以像带 $2m$ 个初始条件的 $2m$ 阶非齐次线性差分等式的解一样，或者利用相应的递推关系式得到。

类似地，可以对相关函数(3.209)和谱密度(3.210)的平稳正态随机过程 $X(t)$ 进行仿真，即

$$K_x(\tau) = \sum_{j=1}^{m} \sigma_{x_j}^2 e^{-\alpha_j|\tau|} \left(\cos \beta_j \tau + C_j \frac{\alpha_j}{\beta_j} \sin \beta_j |\tau| \right) \tag{3.209}$$

$$S_x(\omega) = \frac{1}{\pi} \sum_{j=1}^{m} \frac{\alpha_j \sigma_{x_j}^2 [(1-C_j)\omega^2 + (1+C_j)(\alpha_j^2 + \beta_j^2)]}{(\omega^2 - \alpha_j^2 - \beta_j^2)^2 + 4\alpha_j^2 \omega^2} \tag{3.210}$$

其中，$\alpha_j > 0$；$\beta_j \geqslant 0$；$|C_j| \leqslant 1$ $(j = 1,2,\cdots,m)$。

因此，形如式(3.123)的二阶差分等式取代式(3.206)而被应用，即

$$x_{s+2}^{(j)} - a_j x_{s+1}^{(j)} + \gamma_j^2 x_s^{(j)} = \sigma_{x_j}[b_1^{(j)}\zeta_{s+1}^{(j)} + b_2^{(j)}\zeta_s^{(j)}], \quad s = 0,1,\cdots \tag{3.211}$$

与式(3.207)和式(3.208)参数取值有如下不同，即

$$\begin{cases} \gamma_j = e^{-\alpha_j h}, \quad a_j = 2\gamma_j \cos \beta_j h \\[2mm] A_j = \sqrt{(1 - 2\gamma_j \cos \beta_j h + \gamma_j^2)\left(1 + 2C_j \gamma_j \frac{\alpha_j}{\beta_j} \sin \beta_j h - \gamma_j^2\right)} \\[2mm] B_j = \sqrt{(1 + 2\gamma_j \cos \beta_j h + \gamma_j^2)\left(1 - 2C_j \gamma_j \frac{\alpha_j}{\beta_j} \sin \beta_j h - \gamma_j^2\right)} \\[2mm] r_{x_j}(h) = \gamma_j \left(\cos \beta_j h + C_j \frac{\alpha_j}{\beta_j} \sin \beta_j h \right) \end{cases} \tag{3.212}$$

若相关函数 $K_x(\tau)$ 是形如式(3.203)和式(3.209)的函数之和，则平稳正态随机过程 $X(t)$ 也可表示为独立平稳正态随机过程和的形式。它们中的每一个可以借助等效于二阶(部分情况下为一阶)非齐次线性差分等式相应的递推函数进行仿真。合成的随机过程的离散值由这些随机过程相应的仿真值进行相加得到。

3.3 成型滤波器的仿真算法

平稳随机过程 $X(t)$ 的离散序列记为 $\{x[n]\}$，平稳随机过程 $Y(t)$ 的离散序列记为 $\{y[n]\}$，$x[n]$ 为输入，$y[n]$ 为输出响应，其脉冲传递函数为 $k[s]$，并且当 $s < 0$ 时，$k[s] \equiv 0$，由于有

$$y[n] = \sum_{s=0}^{\infty} k[s] \cdot x[n-s] = \sum_{s=-\infty}^{\infty} k[s] \cdot x[n-s] \tag{3.213}$$

$$K_y[r] = E\{y[n] \cdot y[n+r]\} = E\left(\left\{\sum_{s=-\infty}^{\infty} k[s] \cdot x[n-s]\right\} \cdot \left\{\sum_{j=-\infty}^{\infty} k[j] \cdot x[n+r-j]\right\}\right) \tag{3.214}$$

$$= \sum_{s=-\infty}^{\infty} \sum_{j=-\infty}^{\infty} k[s] \cdot k[j] \cdot K_x[r+s-j]$$

令 $z = \mathrm{e}^{i\omega T}$，则离散序列 $y[n]$ 的谱密度为

$$\hat{S}_y(z) = \frac{T}{2\pi} \sum_{r=-\infty}^{\infty} z^{-r} \cdot K_y[r] = \frac{T}{2\pi} \sum_{r=-\infty}^{\infty} z^{-r} \cdot \left\{ \sum_{s=-\infty}^{\infty} \sum_{j=-\infty}^{\infty} k[s] \cdot k[j] \cdot K_x[r+s-j] \right\}$$

$$= \frac{T}{2\pi} \sum_{s=-\infty}^{\infty} z^{s} \cdot k[s] \cdot \sum_{j=-\infty}^{\infty} z^{-j} \cdot k[j] \cdot \sum_{r=-\infty}^{\infty} z^{-(r+s-j)} \cdot K_x[r+s-j] = \hat{K}(z^{-1}) \cdot \hat{K}(z) \cdot \hat{S}_x(z)$$

当输入离散序列 $x[n]$ 的相关函数为

$$K_x[n] = \delta[n] = \begin{cases} 1, & n = 0 \\ 0, & n \neq 0 \end{cases} \tag{3.215}$$

显然有 $\hat{S}_x(z) = \dfrac{T}{2\pi}$，而 $y[n]$ 的相关函数为 $R_{yy}[n]$，则

$$S_{yy}^{*}(z) = R_{yy}^{*}(z) + R_{yy}^{*}(z^{-1}) - R_{yy}[0] \tag{3.216}$$

其中，$R_{yy}^{*}(z) = \displaystyle\sum_{i=0}^{\infty} z^{-i} \cdot R_{yy}[i]$。

在武器系统中，$S_{yy}^{*}(z)$ 可表示为如下有理式的形式，即

$$S_{yy}^{*}(z) = \frac{\displaystyle\sum_{i=-(m-1)}^{m-1} s_i \cdot z^i}{\left(\displaystyle\sum_{i=0}^{m} c_i \cdot z^i\right) \cdot \left(\displaystyle\sum_{i=0}^{m} c_i \cdot z^{-i}\right)} \tag{3.217}$$

而

$$\sum_{i=-(m-1)}^{m-1} s_i \cdot z^i = \prod_{i=1}^{m-1} (v_i \cdot z + r_i) \cdot \prod_{i=1}^{m-1} (v_i \cdot z^{-1} + r_i) \tag{3.218}$$

由于

$$S_{yy}^{*}(z) = \Phi^{*}(z) \cdot \Phi^{*}(z^{-1}) \cdot S_{yy}^{*}(z) \tag{3.219}$$

因此，成型滤波器的脉冲传递函数为

$$\Phi^*(z) = \frac{\prod\limits_{i=1}^{m-1}(v_i \cdot z + r_i)}{\sum\limits_{i=0}^{m} c_i \cdot z^i} = \frac{\sum\limits_{i=0}^{m-1} g_i \cdot z^i}{\sum\limits_{i=0}^{m} c_i \cdot z^i} \tag{3.220}$$

若 $Y^*(z) = \Phi^*(z) \cdot X^*(z)$，则

$$\left(\sum_{i=0}^{m} c_i \cdot z^i\right) \cdot Y^*(z) = \left(\sum_{i=0}^{m-1} g_i \cdot z^i\right) \cdot X^*(z) \tag{3.221}$$

式(3.221)两边同时除以 $c_m \cdot z^m$，则

$$\left[1 + \sum_{i=1}^{m}\left(\frac{c_{m-i}}{c_m}\right) \cdot z^{-i}\right] \cdot Y^*(z) = \left[\sum_{i=1}^{m}\left(\frac{g_{m-i}}{c_m}\right) \cdot z^{-i}\right] \cdot X^*(z) \tag{3.222}$$

式(3.222)可转化为差分方程，即

$$y[n] = -\sum_{i=1}^{m}\left(\frac{c_{m-1}}{c_m}\right) \cdot y[n-i] + \sum_{i=1}^{m}\left(\frac{g_{m-i}}{c_m}\right) \cdot x[n-i] \tag{3.223}$$

例 3.2　利用离散成型滤波器，推导仿真舰炮火控系统中的距离、高低角和方位角测量误差的随机序列 $n_d(i)$、$n_\varepsilon(i)$ 和 $n_q(i)$ 的模型。

解　设测量目标间隔为 Δt，测量误差的随机序列可表示为 $n_d(i)$、$n_\varepsilon(i)$ 和 $n_q(i)(i=0,1,\cdots,k)$，则其相关函数可表示为

$$\begin{cases} E\left[n_d(i)n_d(j)\right] = R_d(n) = \sigma_d^2 \cdot e^{-\alpha_d|n|\cdot\Delta t} \cdot \cos(\beta_d \cdot n \cdot \Delta t) \\ E\left[n_\varepsilon(i)n_\varepsilon(j)\right] = R_\varepsilon(n) = \sigma_\varepsilon^2 \cdot e^{-\alpha_\varepsilon|n|\cdot\Delta t} \cdot \cos(\beta_\varepsilon \cdot n \cdot \Delta t), \quad n=i-j \\ E\left[n_q(i)n_q(j)\right] = R_q(n) = \sigma_q^2 \cdot e^{-\alpha_q|n|\cdot\Delta t} \cdot \cos(\beta_q \cdot n \cdot \Delta t) \end{cases} \tag{3.224}$$

以 $n_d(t)$ 为例推导仿真模型。

令 $a_d = e^{-\alpha_d \cdot \Delta t}$，$b_d = \cos(\beta_d \cdot \Delta t)$，对 $R_d(n)$ 进行 Z 变换可得下式，即

$$\begin{aligned} S_{n_d n_d}(z) &= \sum_{n=-\infty}^{\infty} z^{-n} R_d(n) = \sum_{n=0}^{\infty} z^{-n} R_d(n) + \sum_{n=0}^{-\infty} z^{-n} R_d(n) - R_d(0) \\ &= R_d(z) + R_d(z^{-1}) - R_d(0) \\ &= \sigma_d^2 \frac{z^2 - za_d b_d}{z^2 - 2za_d b_d + a_d^2} + \sigma_d^2 \frac{(z^{-1})^2 - (z^{-1})a_d b_d}{(z^{-1})^2 - 2(z^{-1})a_d b_d + a_d^2} - \sigma_d^2 \\ &= \sigma_d^2 \frac{1 - a_d^4 + a_d b_d(a_d^2 - 1)(z^{-1} + z)}{[z^2 - 2z \cdot a_d b_d + a_d^2][(z^{-1})^2 - 2(z^{-1})a_d b_d + a_d^2]} \\ &= \sigma_d^2 \frac{k_{1d}z + k_{2d}}{[z^2 - 2za_d b_d + a_d^2]} \frac{k_{1d}z^{-1} + k_{2d}}{[(z^{-1})^2 - 2(z^{-1})a_d b_d + a_d^2]} \\ &= \Phi(z)\Phi(z^{-1})S_{xx}(z) \end{aligned} \tag{3.225}$$

其中

$$k_{1d} = 0.5\left[\sqrt{1 - a_d^4 + 2a_d b_d(a_d^2 - 1)} + \sqrt{1 - a_d^4 - 2a_d b_d(a_d^2 - 1)}\right] \quad (3.226)$$

$$k_{2d} = 0.5\left[\sqrt{1 - a_d^4 + 2a_d b_d(a_d^2 - 1)} - \sqrt{1 - a_d^4 - 2a_d b_d(a_d^2 - 1)}\right] \quad (3.227)$$

所以

$$N_d(z) = \Phi(z)W(z) = \sigma_d \frac{k_{1d}z + k_{2d}}{z^2 - 2za_d b_d + a_d^2} X^*(z) \quad (3.228)$$

由此可得下式，即

$$n_d(i+2) - 2a_d b_d n_d(i+1) + a_d^2 n_d(i) = \sigma_d k_{1d} x(i+1) + \sigma_d k_{2d} x(i), \quad i = 0,1,\cdots,k$$

$$(3.229)$$

因为 $D[n_d(0)] = \sigma_d^2$，所以可令 $n_d(0) = \eta_0 \sigma_d$，η_0 为均值为 0、方差为 1 的正态随机数。

由于 $D[n_d(0)n_d(1)] = \sigma_d^2 a_d b_d$，可令 $n_d(1) = \sigma_d(a_d b_d \eta_0 + c_0 x(0) + c_1 \eta_1)$，$\eta_1$ 为均值为 0、方差为 1 的正态随机数。令式(3.229)中的 $i = 0$，并且两边乘以 $n_d(1)$ 后取数学期望，所以

$$a_d^2 b_d^2 + c_1^2 + c_0^2 = 1 \quad (3.230)$$

$$R_d(1) - 2a_d b_d R_d(0) + a_d^2 R_d(-1) = \sigma_d^2 k_{2d} c_0 \quad (3.231)$$

由式(3.230)和式(3.231)可得下式，即

$$c_0 = k_{1d}, \quad c_1 = \sqrt{1 - a_d^2 b_d^2 - k_{1d}^2} \quad (3.232)$$

由此可得仿真的初始值为

$$n_d(0) = \eta_0 \sigma_d, \quad n_d(1) = \sigma_d[a_d b_d \eta_0 + k_{1d}x(0) + \sqrt{1 - a_d^2 b_d^2 - k_{1d}^2}\eta_1] \quad (3.233)$$

仿真过程如下，随机产生均值为零、方差为 1 的各自独立的正态随机数 η_0、η_1、$x(i)$ $(i = 0,1,\cdots,k)$，然后由式(3.233)得到初值 $n_d(0)$ 和 $n_d(1)$，再代入式(3.229)，可得距离测量误差的随机序列 $n_d(i)$。类似可得，高低角和方位角测量误差的随机序列 $n_\varepsilon(i)$ 和 $n_q(i)$。

第4章　随　机　穿　越

许多实际问题的解算可以归结到随机穿越的研究。例如，在摇摆条件下研究舰船仪器的工作可靠性、存在干扰时雷达设备的运行、巡航导弹在小高度的飞行，以及目标进入武器射击域等问题。本章介绍随机过程穿越的基本概念及相应的概率特性计算公式，并通过实例分析给出相应计算公式的使用步骤。

4.1　随机穿越的概率特性

设随机过程 $X(t)$ 连续且至少一次可微，其数学期望 $\bar{x}(t)$ 和相关函数 $K_x(t,t')$ 已知。对于 $X(t)$ 的一阶导数 $V(t) = X'(t)$ ，数学期望 $\bar{v}(t) = \dfrac{\mathrm{d}\bar{x}(t)}{\mathrm{d}t}$ ，而相关函数 $K_v(t,t') = \dfrac{\partial^2 K_x(t,t')}{\partial t \partial t'}$ 。对于随机过程 $X(t)$ 和 $V(t)$ ，其互相关函数 $K_{x,v}(t,t') = \dfrac{\partial K_x(t,t')}{\partial t'}$ 。记随机过程集合 $[X(t),V(t)]$ 同一自变量 t 的二维概率密度函数为 $f_{x,v}(x,v;t,t)$ 。对于这个集合的 $X(t)$ 和 $V(t)$ ，一维概率密度函数 $f_x(x;t)$ 和 $f_v(v;t)$ 可以由下列通用公式确定，即

$$f_x(x;t) = \int_{-\infty}^{\infty} f_{x,v}(x,v;t,t)\mathrm{d}v \tag{4.1}$$

$$f_v(v;t) = \int_{-\infty}^{\infty} f_{x,v}(x,v;t,t)\mathrm{d}x \tag{4.2}$$

若初始随机过程 $X(t)$ 是正态的，则随机过程 $V(t)$ 也是正态的，其一维概率密度函数为

$$f_x(x;t) = \frac{1}{\sigma_x(t)\sqrt{2\pi}} \exp\left\{ -\frac{1}{2}\left[\frac{x - \bar{x}(t)}{\sigma_x(t)} \right]^2 \right\} \tag{4.3}$$

$$f_v(v;t) = \frac{1}{\sigma_v(t)\sqrt{2\pi}} \exp\left\{ -\frac{1}{2}\left[\frac{v - \bar{v}(t)}{\sigma_v(t)} \right]^2 \right\} \tag{4.4}$$

其中

$$\sigma_x(t) = \sqrt{K_x(t,t)}\ , \quad \sigma_v(t) = \sqrt{K_v(t,t)} \tag{4.5}$$

对于随机过程集合 $[X(t),V(t)]$ ，其二维概率密度函数为

$$f_{x,v}(x,v;t,t) = \frac{1}{2\pi\sigma_x(t)\sigma_v(t)\sqrt{1-r_{x,v}^2(t)}}$$

$$\times \exp\left(\frac{-1}{2[1-r_{x,v}^2(t)]}\left\{\left[\frac{x-\bar{x}(t)}{\sigma_x(t)}\right]^2 + \left[\frac{v-\bar{v}(t)}{\sigma_v(t)}\right]^2\right.\right. \tag{4.6}$$

$$\left.\left. -2r_{x,v}(t)\left[\frac{x-\bar{x}(t)}{\sigma_x(t)}\right]\left[\frac{v-\bar{v}(t)}{\sigma_v(t)}\right]\right\}\right)$$

其中

$$r_{x,v}(t) = \frac{K_{x,v}(t,t)}{\sigma_x(t)\sigma_v(t)} \tag{4.7}$$

如果正态随机过程 $X(t)$ 是平稳的，且数学期望 $\bar{x}(t)=\bar{x}$ ，相关函数 $K_x(t,t')=K_x(\tau)$ ，其中 $\tau=t-t'$ 。在这种情况下，有

$$\bar{v}=0\ , \quad K_v(\tau) = -K_x''(\tau) \tag{4.8}$$

$$\sigma_x = \sqrt{K_x(0)}\ , \quad \sigma_v = \sqrt{K_v(0)} \tag{4.9}$$

$$r_{x,v} = \frac{K_{x,v}(0)}{\sigma_x\sigma_v} = 0 \tag{4.10}$$

自变量 t 取任意值时，随机变量 $X(t)$ 和 $V(t)$ 均是独立的，于是

$$f_{x,v}(x,v;t,t) = f_{x,v}(x,v) = f_x(x)f_v(v) \tag{4.11}$$

其中

$$f_x(x) = \frac{1}{\sigma_x\sqrt{2\pi}}\exp\left[-\frac{1}{2}\left(\frac{x-\bar{x}}{\sigma_x}\right)^2\right] \tag{4.12}$$

$$f_v(v) = \frac{1}{\sigma_v\sqrt{2\pi}}\exp\left[-\frac{1}{2}\left(\frac{v}{\sigma_v}\right)^2\right] \tag{4.13}$$

记 $a(t)$ 为某一给定的单值函数，这个函数具有连续的一阶导数 $a'(t)$ 。如图 4.1 所示，在平面 Otx 上，平滑曲线 $a=a(t)$ 的纵坐标表示所容许的水平，即随机过程 $X(t)$ 的最大(最小)值。函数 $X(t)$ 曲线从下往上横穿平滑曲线 $a=a(t)$ ，称为随机变量 $X(t)$ 超出水平 $a(t)$ 之外的穿越(从下往上)，显然在穿越点处 $V(t)>a'(t)$ 。同理，有从上往下超出某个水平 $b(t)$ 之外的穿越，在穿越点处 $V(t)<b'(t)$ 。在人部分情况下，水平 $a(t)$ 不随时间而变化，为了简便，可以认为 $a=\text{const}$ 。

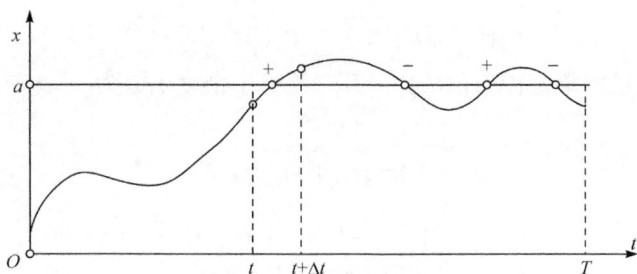

图 4.1　随机穿越示意图

将随机过程 $X(t)$ 在很小的时间区间 $(t, t+\Delta t)$ (图 4.1)穿越容许水平 a 之外的概率记为 $P_{\Delta}^{+}(t)$。若随机过程 $X(t)$ 在 t 点增长，即 $V(t) > 0$，并且有 $X(t) < a$，$X(t+\Delta t) > a$，则上述穿越事件发生，因此有

$$P_{\Delta}^{+}(t) = P[X(t) < a; X(t+\Delta t) > a; V(t) > 0] \tag{4.14}$$

当 Δt 很小时，对于任意在 t_0 点可微的函数 $\varphi(t)$，有近似等式 $\varphi(t_0 + \Delta t) = \varphi(t_0) + \varphi'(t_0)\Delta t$ 成立。因此，$X(t+\Delta t) \approx X(t) + V(t)\Delta t$，条件 $X(t+\Delta t) > a$ 可重新写为 $X(t) > a - V(t)\Delta t$，即

$$P_{\Delta}^{+}(t) = P[a - V(t)\Delta t < X(t) < a; V(t) > 0] \tag{4.15}$$

借助随机过程集合 $[X(t), V(t)]$ 的二维概率密度函数 $f_{x,v}(x, v; t, t)$，式(4.15)可以表示为

$$P_{\Delta}^{+}(t) = \int_{0}^{\infty} \mathrm{d}v \int_{a-v\Delta t}^{a} f_{x,v}(x, v; t, t) \mathrm{d}x \tag{4.16}$$

在内积分中，积分极限 $a - v\Delta t$ 和 a 在很小的 Δt 内，可以认为积分函数 $f_{x,v}(x, v; t, t)$ 为常数。因此，可以从积分符号中提出积分函数 $f_{x,v}(x, v; t, t)$，用数值 $x_{cp} \approx a$ 来替换自变量 x，剩下的积分等于积分极限的差值 $a - (a - v\Delta t) = v\Delta t$。随机过程 $X(t)$ 在区间 $(t, t+\Delta t)$ 穿越到水平 a 之外的概率为

$$P_{\Delta}^{+}(t) = \Delta t \int_{0}^{\infty} v f_{x,v}(a, v; t, t) \mathrm{d}v \tag{4.17}$$

如果用 $P_{\Delta}^{-}(t)$ 表示随机过程 $X(t)$ 在区间 $(t, t+\Delta t)$ 从上往下横穿常数水平 b 的概率，则可类似地得到下式，即

$$P_{\Delta}^{-}(t) = P[b < X(t) < b - V(t)\Delta t; V(t) < 0] = \int_{-\infty}^{0} \mathrm{d}v \int_{b}^{b-v\Delta t} f_{x,v}(x, v; t, t) \mathrm{d}x \tag{4.18}$$

即

$$P_\Delta^-(t) = \Delta t \int_{-\infty}^0 |v| f_{x,v}(b,v;t,t)\mathrm{d}v \tag{4.19}$$

随机过程 $X(t)$ 在 $0 \sim T$ 超出水平 a 之外的穿越次数记为 $Y^+(T)$，是一个随机变量，表示出现穿越的频率特性。为了求出这个随机变量的数学期望 $\overline{y}_a^+(T)$，可以把初始时间间隔 $[0,T]$ 拆分成 n 个时间段 $[t_j,t_{j+1}]$ $(j=0,1,\cdots,n-1)$，其中，$t_0=0$，$t_n=T$。合理选择 t_j 点，使得可以忽略在每一个区间 $[t_j,t_{j+1}]$ $(j=0,1,\cdots,n-1)$ 多于一次穿越的概率。Y_j 表示随机过程 $X(t)$ 在第 j 个区间超出水平 a 的穿越随机数，则穿越次数可表示为

$$Y_a^+(T) = \sum_{j=0}^{n-1} Y_j \tag{4.20}$$

其数学期望为

$$\overline{y}_a^+(T) = \sum_{j=0}^{n-1} M(Y_j) \tag{4.21}$$

随机变量 Y_j 是过程 $X(t)$ 在长度为 $\Delta t_j = t_{j+1} - t_j$ $(j=0,1,\cdots,n-1)$ 的区间 $[t_j,t_{j+1}]$ 超出水平 a 的穿越次数的指示器。如果发生穿越，这个随机变量等于单位 1，在相反的情况下等于零。对于这个变量，系列分布为

$$P(Y_j=1) = P_\Delta^+(t_j), \quad P(Y_j=0) = 1 - P_\Delta^+(t_j) \tag{4.22}$$

其中，穿越的概率 $P_\Delta^+(t_j)$ 按照式(4.17)确定。

指示器的数学期望为

$$M(Y_j) = P_\Delta^+(t_j) = \Delta t_j \int_0^\infty v f_{x,v}(a,v;t_j,t_j)\mathrm{d}v \tag{4.23}$$

考虑式(4.21)，可得下式，即

$$\overline{y}_a^+(T) = \sum_{j=0}^{n-1} \Delta t_j \int_0^\infty v f_{x,v}(a,v;t_j,t_j)\mathrm{d}v \tag{4.24}$$

当 $n \to \infty$ 和 $\max \Delta t_j \to 0$ 时，随机过程 $X(t)$ 在区间 $[0,T]$ 超出水平 a 的穿越次数 $Y_a^+(T)$ 的数学期望为

$$\overline{y}_a^+(T) = \int_0^T \mathrm{d}t \int_0^\infty v f_{x,v}(a,v;t,t)\mathrm{d}v \tag{4.25}$$

随机过程 $X(t)$ 在区间 $[0,T]$ 从上往下横穿水平 b 的穿越次数 $Y_b^-(T)$ 的数学期望为

$$\overline{y_b^-}(T) = \int\limits_0^T \mathrm{d}t \int\limits_{-\infty}^0 |v| \, f_{x,v}(b,v;t,t) \mathrm{d}v \tag{4.26}$$

通过 T_a^+ 来标记随机过程 $X(t)$ 在区间 $[0,T]$ 停留在高于水平 a 的随机时间。为了求出这个随机变量的数学期望，把区间 $[0,T]$ 拆分成 m 个时间段 $[t_s, t_{s+1}]$ $(s = 0,1,\cdots,m-1)$，并且选择 t_s 点，使在每一个区间 $[t_s, t_{s+1}]$ 的随机过程 $X(t)$ 高于或低于水平 a。用 T_s 表示随机过程 $X(t)$ 在区间 $[t_s, t_{s+1}]$ $(s = 0,1,\cdots,m-1)$ 停留在高于水平 a 的随机时间，于是有

$$T_a^+(t) = \sum_{s=0}^{m-1} T_s \tag{4.27}$$

其数学期望为

$$\overline{t}_a^+ = M(T_a^+) = \sum_{s=0}^{m-1} M(T_s) \tag{4.28}$$

若 $X(t_s) > a$，则随机变量 T_s 等于 $[t_s, t_{s+1}]$ 的长度 $\Delta t_s = t_s - t_{s+1}$，而若 $X(t_s) < a$，则等于零。它的数学期望为

$$M(T_s) = \Delta t_s P[X(t_s) > a] + 0 \cdot P[X(t_s) < a] = \Delta t_s \int\limits_a^\infty f_x(x;t_s)\mathrm{d}x, \quad s = 0,1,\cdots,m-1 \tag{4.29}$$

于是

$$\overline{t}_a^+ = \sum_{s=0}^{m-1} \Delta t_s \int\limits_a^\infty f_x(x;t_s)\mathrm{d}x \tag{4.30}$$

当 $m \to \infty$ 和 $\max \Delta t_s \to 0$ 时，随机过程 $X(t)$ 在区间 $[0,T]$ 超出水平 a 的随机时间 T_a^+ 的数学期望为

$$\overline{t}_a^+ = \int\limits_0^T \mathrm{d}t \int\limits_a^\infty f_x(x;t)\mathrm{d}x \tag{4.31}$$

随机过程 $X(t)$ 在区间 $[0,T]$ 停留在水平 b 之下的随机时间 T_b^- 的数学期望为

$$\overline{t}_b^- = \int\limits_0^T \mathrm{d}t \int\limits_{-\infty}^b f_x(x;t)\mathrm{d}t = T - \overline{t}_b^+ \tag{4.32}$$

随机变量 Y_a^+、Y_b^-、T_a^+ 和 T_b^- 的方差及其概率特性的计算与系统 $[X(t), V(t)]$ 的多维概率分布函数有关。

如果随机过程 $X(t)$ 是平稳的，那么得到的公式将被大大简化。在这种情况下，$X(t)$ 的一维概率密度函数 $f_x(x;t)$ 不依赖自变量 t，即 $f_x(x;t) = f_x(x)$，而集合

$[X(t), V(t)]$ 的二维概率密度函数 $f_{x,v}(x, v; t, t)$ 不依赖自变量 t 的起点，于是同样不依赖这个变量，即 $f_{x,v}(x, v; t, t) = f_{x,v}(x, v)$ 。因此，式(4.25)、式(4.26)、式(4.31)和式(4.32)可转换为

$$\bar{y}_a^+(T) = T \int_0^\infty v f_{x,v}(a, v) \mathrm{d}v \tag{4.33}$$

$$\bar{y}_b^-(T) = T \int_{-\infty}^0 |v| f_{x,v}(b, v) \mathrm{d}v \tag{4.34}$$

$$\bar{t}_a^+ = T \int_a^\infty f_x(x) \mathrm{d}x = T[1 - F_x(a)] \tag{4.35}$$

$$\bar{t}_b^- = T \int_{-\infty}^b f_x(x) \mathrm{d}x = T F_x(b) \tag{4.36}$$

其中，$F_x(x)$ 是 $X(t)$ 的一维概率分布函数。

用 L_a^+ 标识随机过程 $X(t)$ 在单位时间内超出水平 a 的穿越的随机次数，用 L_b^- 标识随机过程在单位时间内从上往下横穿水平 b 的随机次数，则有

$$L_a^+ = \frac{1}{T} Y_a^+(T) \tag{4.37}$$

$$L_b^- = \frac{1}{T} Y_b^-(T) \tag{4.38}$$

根据式(4.33)和式(4.34)，这些随机变量的数学期望为

$$\bar{l}_a^+ = \frac{1}{T} \bar{y}_a^+(T) = \int_0^\infty v f_{x,v}(a, v) \mathrm{d}v \tag{4.39}$$

$$\bar{l}_b^- = \frac{1}{T} \bar{y}_b^-(T) = \int_{-\infty}^0 |v| f_{x,v}(b, v) \mathrm{d}v \tag{4.40}$$

记 τ_a^+ 为平稳随机过程 $X(t)$ 超出水平 a 的穿越平均持续时间，即 τ_a^+ 是过程 $X(t)$ 的值超过 a 的一个平均时间。这个数值特性由下列公式来确定，即

$$\tau_a^+ = \frac{\bar{t}_a^+}{\bar{y}_a^+(T)} = \frac{1}{\bar{l}_a^+}[1 - F_x(a)] \tag{4.41}$$

类似地，超出水平 b 的反向穿越的平均持续时间 τ_b^- 为

$$\tau_b^- = \frac{\bar{t_b^-}}{\overline{y_b^-}(T)} = \frac{1}{\bar{l_b}}[1 - F_x(b)] \tag{4.42}$$

假设 $Y_0(T)$ 是随机过程 $X(t)$ 在区间 $[0,T]$ 变为零的随机次数。于是，$Y_0(T) = Y_0^+(T) + Y_0^-(T)$，其数学期望为

$$\overline{y_0}(T) = \overline{y_0^+}(T) + \overline{y_0^-}(T) = \int_0^T \mathrm{d}t \int_{-\infty}^{\infty} |v| f_{x,v}(0,v;t,t)\mathrm{d}v \tag{4.43}$$

当 $X(t)$ 为平稳随机过程时，式(4.43)变为

$$\overline{y_0}(T) = T \int_{-\infty}^{\infty} |v| f_{x,v}(0,v)\mathrm{d}v \tag{4.44}$$

平稳随机过程 $X(t)$ 在单位时间内变为零的次数 L_0 的数学期望 $\bar{l_0}$ 为

$$\bar{l_0} = \frac{1}{T}\overline{y_0}(T) = \bar{l_0^+} + \bar{l_0^-} = \int_{-\infty}^{\infty} |v| f_{x,v}(0,v)\mathrm{d}v \tag{4.45}$$

若平稳随机过程 $X(t)$ 是正态随机过程，则 $X(t)$ 和 $V(t)$ 是相互独立的。因此，二维概率密度函数 $f_{x,v}(x,v)$ 等于一维密度函数 $f_x(x)$ 和 $f_v(v)$ 的乘积，其表达式为式(4.12)和式(4.13)。显然，其一维概率分布函数为

$$F_x(x) = F_H\left(\frac{x-\bar{x}}{\sigma_x}\right) = 0.5\left[1 + \Phi\left(\frac{x-\bar{x}}{\sigma_x}\right)\right] \tag{4.46}$$

对于平稳正态随机过程 $X(t)$，根据式(4.35)和式(4.36)，在区间 $[0,T]$ 分别高于水平 a 和低于水平 b 的停留时间的数学期望为

$$\bar{t_a^+} = T\left[1 - F_H\left(\frac{x-\bar{x}}{\sigma_x}\right)\right] = 0.5T\left[1 - \Phi\left(\frac{a-\bar{x}}{\sigma_x}\right)\right] \tag{4.47}$$

$$\bar{t_b^-} = TF_H\left(\frac{b-\bar{x}}{\sigma_x}\right) = 0.5T\left[1 + \Phi\left(\frac{b-\bar{x}}{\sigma_x}\right)\right] \tag{4.48}$$

函数 $f_v(v)$ 是偶函数，因此有

$$\int_0^{\infty} vf_v(v)\mathrm{d}v = \int_{-\infty}^0 |v| f_v(v)\mathrm{d}v = -\frac{\sigma_v}{\sqrt{2\pi}}\mathrm{e}^{-\frac{1}{2}\left(\frac{v}{\sigma_v}\right)^2}\Bigg|_0^{\infty} = \frac{\sigma_v}{\sqrt{2\pi}} \tag{4.49}$$

对于平稳正态随机过程 $X(t)$，在单位时间内高出水平 a 的穿越次数的数学期望的计算公式可由式(4.39)得到，即

$$\bar{l_a^+} = \frac{\sigma_v}{\sqrt{2\pi}} f_x(a) = \frac{\sigma_v}{2\pi\sigma_x}\mathrm{e}^{-\frac{1}{2}\left(\frac{a-\bar{x}}{\sigma_x}\right)^2} \tag{4.50}$$

根据式(4.40)，可得下式，即

$$\bar{l}_b^- = \frac{\sigma_v}{\sqrt{2\pi}} f_x(b) = \frac{\sigma_v}{2\pi\sigma_x} e^{-\frac{1}{2}\left(\frac{b-\bar{x}}{\sigma_x}\right)^2} \tag{4.51}$$

平稳正态随机过程 $X(t)$ 的正向和反向穿越的平均持续时间 τ_a^+ 和 τ_b^- 按照式(4.41)和式(4.42)计算，有

$$\tau_a^+ = \frac{\bar{t}_a^+}{T\bar{l}_a^+} = \frac{\pi\sigma_x}{2\sigma_v} e^{\frac{1}{2}\left(\frac{a-\bar{x}}{\sigma_x}\right)^2} \left[1 - F_H\left(\frac{a-x}{\sigma_x}\right)\right] \tag{4.52}$$

$$\tau_b^- = \frac{\bar{t}_b^-}{T\bar{l}_b^-} = \frac{\pi\sigma_x}{2\sigma_v} e^{\frac{1}{2}\left(\frac{b-\bar{x}}{\sigma_x}\right)^2} F_H\left(\frac{b-\bar{x}}{\sigma_x}\right) \tag{4.53}$$

这个随机过程在单位时间内变为零的次数的数学期望为

$$\bar{l}_0 = 2\bar{l}_0^+ = \frac{\sigma_v}{\pi\sigma_x} e^{-\frac{1}{2}\left(\frac{\bar{x}}{\sigma_x}\right)^2} \tag{4.54}$$

运用这些得到的公式可以确定随机过程 $X(t)$ 的特性。例如，可以求出二次可微随机过程 $X(t)$ 在区间 $[0,T]$ 的最大值或者最小值次数的数学期望。在 $X(t)$ 取最小值的点上，导数 $V(t) = X'(t)$ 变为零，而函数 $V = V(t)$ 的线图从下往上横穿横坐标轴。因此，随机过程 $X(t)$ 在区间 $[0,T]$ 的最小值次数的数学期望 $\bar{y}_{\min}(T)$ 与随机过程 $V(t)$ 在同样区间超出零水平的穿越次数的数学期望吻合。应用式(4.25)可得下式，即

$$\bar{y}_{\min}(T) = \int_0^T dt \int_0^\infty w f_{v,w}(0,w;t,t) dw \tag{4.55}$$

其中，$f_{v,w}(v,w;t,t)$ 是随机过程 $V(t) = X'(t)$ 和 $W(t) = X''(t)$ 对于同一个数值自变量 t 的概率密度函数。

在随机过程 $X(t)$ 的最大值点上，函数 $V = V(t)$ 的线图从上往下横穿横坐标轴。因此，随机过程 $X(t)$ 在区间 $[0,T]$ 的最大值次数的数学期望 $\bar{y}_{\max}(T)$ 与 $V(t)$ 在相同区间超出零水平的反向穿越次数的数学期望吻合。根据式(4.26)可得下式，即

$$\bar{y}_{\max}(T) = \int_0^T dt \int_{-\infty}^0 |w| f_{v,w}(0,w;t,t) dw \tag{4.56}$$

在式(4.56)中，用 3 个过程的集合 $[X(t),V(t),W(t)]$ 对同一个数值自变量 t 的概率密度函数 $f_{x,v,w}(x,v,w;t,t,t)$ 来代替 $f_{v,w}(v,w;t,t)$，并且从 a 到 ∞ 对 x 进行积分，则可以得到随机过程 $X(t)$ 在区间 $[0,T]$ 的最大值次数的数学期望 $\bar{y}_{a,\max}(T)$。这些最大值超过给定值 a，即

$$\overline{y}_{a,\max}(T) = \int_0^T dt \int_a^\infty dx \int_{-\infty}^0 |w| f_{x,v,w}(x,0,w;t,t,t) dw \tag{4.57}$$

对于平稳正态随机过程 $X(t)$，在单位时间内取最大值次数的数学期望 $\overline{l}_{\max} = \frac{1}{T}\overline{y}_{\max}(T)$。同时，在单位时间内取最小值次数的数学期望 $\overline{l}_{\min} = \frac{1}{T}\overline{y}_{\min}(T)$。因为 $\overline{v} = 0$，所以根据式(4.50)和式(4.51)可得下式，即

$$\overline{l}_{\max} = \overline{l}_{\min} = \frac{\sigma_w}{2\pi\sigma_v} \tag{4.58}$$

在这种情况下，有

$$\begin{aligned}\overline{l}_{a,\max} &= \frac{1}{T}\overline{y}_{a,\max}(T) \\ &= \frac{\sigma_w}{4\pi\sigma_v}\left(1 - \Phi\left(\frac{a-\overline{x}}{c\sigma_x}\right) + \sqrt{1-c^2}\,e^{-\frac{1}{2}\left(\frac{a-\overline{x}}{\sigma_x}\right)^2}\left\{1 + \Phi\left[\frac{(a-\overline{x})\sqrt{1-c^2}}{c\sigma_x}\right]\right\}\right)\end{aligned} \tag{4.59}$$

其中

$$c = \sqrt{1 - \frac{\sigma_v^4}{\sigma_x^2\sigma_w^2}} \tag{4.60}$$

$$\sigma_w = \sqrt{K_w(0)}, \quad K_w(\tau) = K_x^{(4)}(\tau) \tag{4.61}$$

4.2 随机穿越的分布规律

在实际应用中，通常必须知道随机过程 $X(t)$ 在区间 $[0,T]$ 超出水平 a 的穿越随机次数 $Y_a^+(T)$ 的分布规律。通常情况下，这些分布规律不容易确定。如果在单位时间内穿越的平均次数 $\frac{1}{T}\overline{y}_a^+(T)$ 很小，可以认为在那些相邻穿越的时刻随机过程 $X(t)$ 的纵坐标都是独立的，随机次数 $Y_a^+(T)$ 具有泊松分布。于是，在区间 $[0,T]$ 的随机过程 $X(t)$ 具有 k 个高于水平 a 的穿越概率，可以根据下列公式求出，即

$$P[Y_a^+(T) = k] = \frac{1}{k!}[\overline{y}_a^+(T)]^k \exp[-\overline{y}_a^+(T)], \quad k = 0,1,\cdots \tag{4.62}$$

其中，没有一次穿越的概率为

$$P[Y_a^+(T) = 0] = \exp[-\overline{y}_a^+(T)] \tag{4.63}$$

平稳正态随机过程 $X(t)$ 的幅值(包络线) $U(t)$ 和相位 $\Phi(t)$ 的穿越概率特性在

舰载武器控制中经常遇见。随机过程 $X(t)$ 表示为

$$X(t) = \bar{x} + U(t)\cos\Psi(t) = \bar{x} + U(t)\cos[\omega_c t - \Phi(t)] \tag{4.64}$$

其中，ω_c 是为了分离出高频振荡而引入的载波频率，ω_c 可以取频率 ω 的任意固定值，常用的是将平均频率 ω_{cp} 作为 ω_c，ω_{cp} 由下列公式确定，即

$$\omega_{cp} = \frac{2}{\sigma_x^2}\int_0^\infty \omega S_x(\omega)\mathrm{d}\omega \tag{4.65}$$

幅值 $U(t)$ 代表一个长度矢量，与横坐标轴的角度为 $\Psi(t) = \omega_c t - \Phi(t)$，而它在横坐标轴上的投影等于 $\overset{0}{X}(t) = X(t) - \bar{x}$。因为 $|\overset{0}{X}(t)| \leqslant U(t)$，所以函数 $\overset{0}{X} = \overset{0}{X}(t)$ 和 $U = U(t)$ 的图线不交叉。当 $|\cos\Psi(t)| = 1$，即 $\Psi(t) = k\pi$ $(k = 0,1,\cdots)$ 时，有等式 $|\overset{0}{X}(t)| = U(t)$ 成立。由关系式 $\overset{0}{X}'(t) = U'(t)\cos\Psi(t) - U(t)\Psi'(t)\sin\Psi(t)$ 可知，在上述点上，等式 $|\overset{0}{X}'(t)| = |U'(t)|$ 也成立。因此，在切点上，曲线 $\overset{0}{X} = \overset{0}{X}(t)$ 的切线与 $U = U(t)$ 重合。于是，$U(t)$ 的幅值称为零均值的平稳正态随机过程 $\overset{0}{X}(t)$ 的包络线。随机幅值 $U(t)$ 实际扮演着随机过程 $\overset{0}{X}(t)$ 包络线的角色。

式(4.64)可以表示为

$$X(t) = \bar{x} + Z(t)\cos\omega_c t + W(t)\sin\omega_c t \tag{4.66}$$

其中

$$Z(t) = U(t)\cos\Phi(t), \quad W(t) = U(t)\sin\Phi(t) \tag{4.67}$$

幅值 $U(t)$ 和相位 $\Phi(t)$ 与 $Z(t)$ 和 $W(t)$ 的关系为

$$U(t) = \sqrt{[Z(t)]^2 + [W(t)]^2}, \quad \Phi(t) = \arctan\frac{W(t)}{Z(t)} \tag{4.68}$$

并且 $U(t) \geqslant 0$，$|\Phi(t)| \leqslant \pi$。

式(4.66)中平稳的，以及与平稳相关的随机过程 $Z(t)$ 和 $W(t)$ 都是正态的。它们的数学期望都等于零，即 $\bar{z} = \bar{w} = 0$。这些过程相关函数的属性由下列等式得到，即

$$\begin{aligned} K_x(\tau) = M[\overset{0}{X}(t+\tau)\overset{0}{X}(t)] = M\{[Z(t+\tau)\cos\omega_c(t+\tau) \\ + W(t+\tau)\sin\omega_c(t+\tau)][Z(t)\cos\omega_c t + W(t)\sin\omega_c t]\} \end{aligned} \tag{4.69}$$

即

$$\begin{aligned} K_x(\tau) = K_z(\tau)\cos\omega_c(t+\tau)\cos\omega_c t + K_w(\tau)\sin\omega_c(t+\tau)\sin\omega_c t \\ + K_{zw}(\tau)\cos\omega_c(t+\tau)\sin\omega_c t + K_{wz}(\tau)\sin\omega_c(t+\tau)\cos\omega_c t \end{aligned} \tag{4.70}$$

为了使式(4.70)的右边部分不依赖自变量 t，必须满足下式，即

$$K_w(\tau) \equiv K_z(\tau) \tag{4.71}$$

$$K_{zw}(\tau) \equiv -K_{zw}(\tau) \tag{4.72}$$

于是

$$K_x(\tau) = K_z(\tau)\cos\omega_c\tau - K_{zw}(\tau)\sin\omega_c\tau \tag{4.73}$$

因为 $K_{wz}(\tau) = K_{zw}(-\tau)$ ，所以

$$K_{zw}(-\tau) = -K_{zw}(\tau) \tag{4.74}$$

对于平稳相关正态随机过程 $Z(t)$ 和 $W(t)$ ，其相关函数 $k_z(\tau)$ 和 $k_w(\tau)$ 吻合，而互相关函数 $k_{zw}(\tau)$ 是奇函数，因此 $k_{zw}(0) = 0$ 。由式(4.73)可以推出，这些过程的方差 $k_z(0) = k_w(0) = k_x(0) = \sigma_x^2$ 。

零均值的正态随机过程 $Z(t)$ 和 $W(t)$ 满足上述条件的相关函数和互相关函数可以通过随机过程 $X(t)$ 的谱密度 $S_x(\omega)$ 表达，即

$$K_z(\tau) = K_w(\tau) = 2\int_0^\infty S_x(\omega)\cos(\omega - \omega_c)\tau \mathrm{d}\omega \tag{4.75}$$

$$K_{zw}(\tau) = -K_{wz}(\tau) = 2\int_0^\infty S_x(\omega)\sin(\omega - \omega_c)\tau \mathrm{d}\omega \tag{4.76}$$

对于独立正态随机过程 $[Z(t), W(t)]$ (在自变量取相同的数值时)，它们的数学期望均等于零，而方差均等于 σ_x^2 ，概率密度函数为

$$f_{z,w}(z,w) = \frac{1}{2\pi\sigma_x^2}\exp\left[\frac{-1}{2\sigma_x^2}(z^2 + w^2)\right] \tag{4.77}$$

则集合 $[U(t), \Phi(t)]$ ($[Z(t), W(t)]$ 的极坐标集合)的概率密度函数为

$$f_{u,\varphi}(u,\varphi) = f_{z,w}(u\cos\varphi, u\sin\varphi)u = f_u(u)f_\varphi(\varphi) \tag{4.78}$$

其中

$$f_u(u) = \begin{cases} \dfrac{u}{\sigma_x^2}\exp\left[-\dfrac{1}{2}\left(\dfrac{u}{\sigma_x^2}\right)^2\right], & u \geqslant 0 \\ 0, & u < 0 \end{cases} \tag{4.79}$$

$$f_\varphi(\varphi) = \begin{cases} \dfrac{1}{2\pi}, & |\varphi| \leqslant \pi \\ 0, & |\varphi| > \pi \end{cases} \tag{4.80}$$

因此，幅值 $U(t)$ 是参数为 $\theta = \sigma_x$ 的瑞利分布，而相位 $\Phi(t)$ 是 $(-\pi, \pi)$ 上的均匀分布。

四维正态系统 $[Z(t+\tau), W(t+\tau), Z(t), W(t)]$ 的相关矩阵为

$$R = \begin{bmatrix} 1 & 0 & r_1(\tau) & r_2(\tau) \\ 0 & 1 & -r_2(\tau) & r_1(\tau) \\ r_1(\tau) & -r_2(\tau) & 1 & 0 \\ r_2(\tau) & r_1(\tau) & 0 & 1 \end{bmatrix} \tag{4.81}$$

其中

$$r_1(\tau) = \frac{1}{\sigma_x^2} K_z(\tau), \quad r_2(\tau) = \frac{1}{\sigma_x^2} K_{zw}(\tau) \tag{4.82}$$

这个矩阵的行列式 $|R| = [1 - r^2(\tau)]^2$，并且

$$r(\tau) = \sqrt{r_1^2(\tau) + r_2^2(\tau)} = \frac{1}{\sigma_x^2} \sqrt{[K_x(\tau)]^2 + 4\left[\int_0^\infty S_x(\omega) \sin \omega\tau \mathrm{d}\tau\right]^2} \tag{4.83}$$

同时有

$$R_{jj} = 1 - r^2(\tau), \quad j = 1, 2, \cdots, 4$$

$$R_{12} = R_{34} = 0, \quad R_{13} = R_{24} = -r_1(\tau)[1 - r^2(\tau)], \quad R_{14} = -R_{23} = -r_2(\tau)[1 - r^2(\tau)] \tag{4.84}$$

因此，对于上述四维正态系统，其概率密度函数为

$$\begin{aligned} f_{z,w}(z_1, w_1, z, w; \tau) &= \frac{1}{(2\pi)^2 \sigma_x^4 [1 - r^2(\tau)]} \exp\left\{ \frac{-1}{2\sigma_x^2 [1 - r^2(\tau)]} [z_1^2 \right. \\ &\quad \left. + w_1^2 + z^2 + w^2 - 2r_1(\tau)(z_1 z + w_1 w) - 2r_2(\tau)(z_1 w - w_1 z)] \right\} \end{aligned} \tag{4.85}$$

从直角坐标系转换到极坐标系时，对于四维系统 $[U(t+\tau), \Phi(t+\tau), U(t), \Phi(t)]$，可得到如下形式的概率密度函数，即

$$\begin{aligned} f_{u,\varphi}(u_1, \varphi_1, u, \varphi; \tau) &= f_{z,w}(u_1 \cos\varphi_1, u_1 \sin\varphi_1, u\cos\varphi, u\sin\varphi) u u_1 \\ &= \frac{u u_1}{4\pi^2 \sigma_x^4 [1 - r^2(\tau)]} \exp\left\{ \frac{-1}{2\sigma_x^2 [1 - r^2(\tau)]} [u_1^2 + u^2 - 2r_1(\tau) u u_1 \cos(\varphi_1 - \varphi) \right. \\ &\quad \left. + 2r_2(\tau) u u_1 \sin(\varphi_1 - \varphi)] \right\} \end{aligned}$$

$$\tag{4.86}$$

若式 (4.86) 对自变量 φ_1 和 φ 的所有可能值从 $-\pi$ 到 π 进行积分，则可以得到系统 $[U(t), U(t+\tau)]$ 的概率密度函数，即幅值 $U(t)$ 的二维概率密度函数。当 $u < 0$ 或

$u_1 < 0$ 时，这个函数等于零，而当 $u \geqslant 0$ 和 $u_1 \geqslant 0$ 时，可以写为

$$f_u(u,u_1;\tau) = \frac{uu_1}{\sigma_x^4[1-r^2(\tau)]} \exp\left\{ \frac{-(u^2+u_1^2)}{2\sigma_x^2[1-r^2(\tau)]} \right\} I_0\left\{ \frac{r(\tau)uu_1}{\sigma_x^2[1-r^2(\tau)]} \right\} \tag{4.87}$$

其中，$I_0(z)$ 是零阶改进型的贝塞尔函数。

对式(4.86)的自变量 u 和 u_1 从 0 到 ∞ 进行积分，可以得到系统 $[\Phi(t),\Phi(t+\tau)]$ 的概率密度函数，即幅值 $\Phi(t)$ 的二维概率密度函数。当 $|\varphi| > \pi$ 或 $|\varphi_1| > \pi$ 时，函数等于零，而当 $|\varphi| \leqslant \pi$ 和 $|\varphi_1| \leqslant \pi$ 时，可以写为

$$f_\varphi(\varphi,\varphi_1;\tau) = \frac{1-r^2(\tau)}{4\pi^2[1-\theta^2(\tau)]}\left\{ 1 + \frac{\theta(\tau)}{\sqrt{1-\theta^2(\tau)}}\left[\frac{\pi}{2} + \arcsin\theta(\tau) \right] \right\} \tag{4.88}$$

其中

$$\theta(\tau) = r_1(\tau)\cos(\varphi_1-\varphi) - r_2(\tau)\sin(\varphi_1-\varphi) \tag{4.89}$$

为了求出集合 $[U'(t),\Phi'(t),U(t),\Phi(t)]$ 的四维概率密度函数，设当 $\Delta t \to 0$ 时，有近似关系式 $U(t+\Delta t) = U(t) + U'(t)\Delta t$ 和 $\Phi(t+\Delta t) = \Phi(t) + \Phi'(t)\Delta t$。为了从系统 $[U(t+\Delta t),\Phi(t+\Delta t),U(t),\Phi(t)]$ 转换到系统 $[U'(t),\Phi'(t),U(t),\Phi(t)]$，对这些近似关系式进行雅可比行列式变换，即

$$I = \frac{\partial}{\partial u'}(u+u'\Delta t)\frac{\partial}{\partial \varphi'}(\varphi+\varphi'\Delta t) = (\Delta t)^2 \tag{4.90}$$

由式(4.86)可得到下式，即

$$f(u',\varphi',u,\varphi) = \lim_{\Delta t \to 0}(\Delta t)^2 f_{u,\varphi}(u+u'\Delta t,\varphi+\varphi'\Delta t,u,\varphi;\Delta t) \tag{4.91}$$

从而得到下式，即

$$\begin{aligned} r^2(\Delta t) &= \frac{4}{\sigma_x^2}\left\{ \left[\int_0^\infty S_x(\omega)\cos(\omega\Delta t)\mathrm{d}\omega \right]^2 + \left[\int_0^\infty S_x(\omega)\sin(\omega\Delta t)\mathrm{d}\omega \right]^2 \right\} \\ &\approx \frac{4}{\sigma_x^2}\left(\left\{ \int_0^\infty S_x(\omega)\left[1-\frac{1}{2}(\Delta t)^2\omega^2 \right]\mathrm{d}\omega \right\}^2 + \left[\Delta t\int_0^\infty S_x(\omega)\omega\mathrm{d}\omega \right]^2 \right) \end{aligned} \tag{4.92}$$

$$\begin{aligned} r_1(\Delta t) &= \frac{1}{\sigma_x^2}K_z(\Delta t) = \frac{2}{\sigma_x^2}\int_0^\infty S_x(\omega)\cos[(\omega-\omega_c)\Delta t]\mathrm{d}\omega \\ &\approx \frac{2}{\sigma_x^2}\int_0^\infty S_x(\omega)\left[1-\frac{1}{2}(\Delta t)^2(\omega-\omega_c)^2 \right]\mathrm{d}\omega \end{aligned} \tag{4.93}$$

$$r_2(\Delta t) = \frac{1}{\sigma_x^2} K_{zw}(\Delta t) = \frac{2}{\sigma_x^2} \int_0^\infty S_x(\omega) \sin[(\omega - \omega_c)\Delta t] d\omega$$

$$\approx \frac{2\Delta t}{\sigma_x^2} \int_0^\infty S_x(\omega)(\omega - \omega_c) d\omega \tag{4.94}$$

假设

$$\omega_1^2 = \frac{K_{x'}(0)}{K_x(0)} = \frac{2}{\sigma_x^2} \int_0^\infty \omega^2 S_x(\omega) d\omega \tag{4.95}$$

$$\omega_0 = \omega_c - \omega_{cp} \tag{4.96}$$

$$\omega_2^2 = \omega_1^2 + \omega_c^2 - 2\omega_c\omega_{cp} - \omega_0^2 = \omega_1^2 - \omega_{cp}^2 \tag{4.97}$$

因为

$$\frac{2}{\sigma_x^2} \int_0^\infty S_x(\omega) d\omega = 1 \tag{4.98}$$

所以有下列近似的等式，即

$$r^2(\Delta t) = 1 - (\Delta t)^2(\omega_1^2 - \omega_{cp}^2) = 1 - (\Delta t)^2 \omega_2^2 \tag{4.99}$$

$$r_1(\Delta t) = 1 - \frac{1}{2}(\Delta t)^2(\omega_1^2 - 2\omega_c\omega_{cp} + \omega_c^2) = 1 - \frac{1}{2}(\Delta t)^2(\omega_2^2 + \omega_0^2) \tag{4.100}$$

$$r_2(\Delta t) = (\omega_{cp} - \omega_c)\Delta t = -\omega_0 \Delta t \tag{4.101}$$

考虑这些关系式，可得下式，即

$$(u + u'\Delta t)^2 + u^2 - 2r_1(\Delta t)(u + u'\Delta t)u\cos(\varphi'\Delta t)$$
$$+ 2r_2(\Delta t)(u + u'\Delta t)u\sin(\varphi'\Delta t) \tag{4.102}$$
$$\approx [(u')^2 + (u\varphi')^2 + u^2(\omega_2^2 + \omega_0^2) - 2u^2\varphi'\omega_0](\Delta t)^2$$

因此，对于集合 $[U'(t),\Phi'(t),U(t),\Phi(t)]$，其概率密度函数为

$$f(u',\varphi',u,\varphi) = \frac{u^2}{4\pi^2\sigma_x^4\omega_2^2} \exp\left\{\frac{-1}{2\sigma_x^2\omega_2^2}[(u')^2 + (u\varphi')^2 + u^2(\omega_2^2 + \omega_0^2) - 2u^2\varphi'\omega_0]\right\}$$

$$\tag{4.103}$$

对于幅值 $U(t)$ 及其导数 $U'(t)$，对式(4.103)的自变量 φ 和 φ' 分别从 $-\pi$ 到 π 和从 $-\infty$ 到 ∞ 进行积分，可以得到概率密度函数 $f_{u,u'}(u,u')$，即

$$\int_{-\infty}^\infty \exp\left\{\frac{-u^2}{2\sigma_x^2\omega_2^2}[(\varphi' - \omega_0)^2 - \omega_0^2]\right\} d\varphi' = \frac{\sigma_x\omega_2}{u} \exp\left(\frac{u^2\omega_0^2}{2\sigma_x^2\omega_2^2}\right) \int_{-\infty}^\infty e^{-\frac{t^2}{2}} dt$$

$$= \frac{\sigma_x\omega_2}{u}\sqrt{2\pi} \exp\left(\frac{u^2\omega_0^2}{2\sigma_x^2\omega_2^2}\right) \tag{4.104}$$

因此

$$f_{u,v'}(u',u) = \frac{u}{\sqrt{2\pi}\sigma_x^3\omega_2}\exp\left\{\frac{-1}{2\sigma_x^2\omega_2^2}[(u')^2 + u^2\omega_2^2]\right\} = f_u(u)f_{u'}(u') \qquad (4.105)$$

其中

$$f_{u'}(u') = \frac{1}{\sigma_x\omega_2\sqrt{2\pi}}\exp\left[\frac{-(u')^2}{2(\sigma_x\omega_2)^2}\right] \qquad (4.106)$$

对于同一个自变量 t，幅值 $U(t)$ 及其导数 $U'(t)$ 是相互独立的，并且幅值 $U(t)$ 具有带密度式(4.79)的瑞利分布，而 $U'(t)$ 是数学期望等于零和方差 $D[U'(t)] = (\sigma_x\omega_2)^2$ 的正态分布。

对于集合 $[\Phi(t), \Phi'(t)]$，对式(4.103)的自变量 u 和 u' 分别从 0 到 ∞ 和从 $-\infty$ 到 ∞ 进行积分，可以得到概率密度函数 $f_{\varphi,\varphi'}(\varphi,\varphi')$，即

$$\int_0^\infty u^2 \exp\left\{\frac{-u^2}{2\sigma_x^2\omega_2^2}[(\varphi'-\omega_0)^2 + \omega_2^2]\right\}du = \frac{1}{2}\left[\frac{\sigma_x\omega_2\sqrt{2}}{\sqrt{(\varphi'-\omega_0)^2 + \omega_2^2}}\right]^3\int_0^\infty t^{\frac{1}{2}}dt$$
$$= \frac{\sigma_x^3\omega_2^3\sqrt{2\pi}}{2[(\varphi'-\omega_0)^2 + \omega_2^2]^{3/2}} \qquad (4.107)$$

$$\int_{-\infty}^\infty \exp\left[\frac{-(u')^2}{2\sigma_x^2\omega_2^2}\right]du' = \sigma_x\omega_2\int_{-\infty}^\infty e^{-\frac{t^2}{2}}dt = \sigma_x\omega_2\sqrt{2\pi} \qquad (4.108)$$

因此

$$f_{\varphi,\varphi'}(\varphi,\varphi') = \frac{\omega_2^2}{4\pi[(\varphi'-\omega_0)^2 + \omega_2^2]^{3/2}} = f_\varphi(\varphi)f_{\varphi'}(\varphi') \qquad (4.109)$$

其中

$$f_{\varphi'}(\varphi') = \frac{\omega_2^2}{2[(\varphi'-\omega_0)^2 + \omega_2^2]^{3/2}} \qquad (4.110)$$

对于同一个自变量 t，相位 $\Phi(t)$ 的导数 $\Phi'(t)$ 是独立的，并且相位 $\Phi(t)$ 在 $(-\pi, \pi)$ 均匀分布，而对于 $\Phi'(t)$，其一维概率密度函数为式(4.110)。

正态随机过程 $X(t)$ 的 $U(t)$ (幅值)的包络线在 $[0,T]$ 超出水平 $a(a>0)$ 的穿越次数的数学期望可以根据式(4.33)求出，即

$$\xi_a^+(T) = T\int_0^\infty u'f_{u,u'}(a,u')du' = Tf_u(a)\left\{-\frac{\sigma_x\omega_2}{\sqrt{2\pi}}\exp\left[\frac{-(u')^2}{2(\sigma_x\omega_2)^2}\right]\right\}\bigg|_0^\infty \qquad (4.111)$$

因此

$$\xi_a^+(T) = \frac{T\sigma_x\omega_2}{\sqrt{2\pi}} f_u(a) = \frac{Ta\omega_2}{\sigma_x\sqrt{2\pi}} \mathrm{e}^{-\frac{1}{2}\left(\frac{a}{\sigma_x}\right)^2} \tag{4.112}$$

$U(t)$ 的包络线在 $[0,T]$ 超出水平 a 的时间数学期望可由式(4.35)得到，即

$$\bar{t}_a^+ = T[1 - F_u(a)] = T\mathrm{e}^{-\frac{1}{2}\left(\frac{a}{\sigma_x}\right)^2} \tag{4.113}$$

$U(t)$ 的包络线超出水平 a 的穿越的平均持续时间为

$$\tau_a^+(T) = \frac{\bar{t}_a^+}{\xi_a^+(T)} = \frac{\sigma_x\sqrt{2\pi}}{a\omega_2} \tag{4.114}$$

$U(t)$ 的包络线在间隔 $[0,T]$ 从上往下超出水平 $b(b>0)$ 的穿越次数的数学期望 $\xi_b^-(T)$ 与 $\xi_b^+(T)$ 一致，即

$$\xi_b^-(T) = \xi_b^+(T) = \frac{Tb\omega_2}{\sigma_x\sqrt{2\pi}} \mathrm{e}^{-\frac{1}{2}\left(\frac{b}{\sigma_x}\right)^2} \tag{4.115}$$

其时间的数学期望为 $\bar{t}_b^-$，$U(t)$ 包络线在这个期间内在 $[0,T]$ 低于水平 b，即

$$\bar{t}_b^- = TF_u(b) = T\left[1 - \mathrm{e}^{-\frac{1}{2}\left(\frac{b}{\sigma_x}\right)^2}\right] = T - \bar{t}_b^+ \tag{4.116}$$

$U(t)$ 包络线超出水平 b 的反向穿越的平均持续时间为

$$\tau_b^- = \frac{\bar{t}_b^-}{\xi_b^-(T)} = \frac{\sigma_x\sqrt{2\pi}}{b\omega_2}\left[\mathrm{e}^{\frac{1}{2}\left(\frac{b}{\sigma_x}\right)^2} - 1\right] \tag{4.117}$$

正态随机过程 $X(t)$ 的相位 $\Phi(t)$ 在区间 $[0,T]$ 超出水平 c $(|c|<\pi)$ 的穿越次数的数学期望为

$$\eta_c^+(T) = T\int_0^\infty \varphi' f_{\varphi,\varphi'}(c,\varphi')\mathrm{d}\varphi' = \frac{T\omega_2^2}{4\pi}\int_0^\infty \frac{\varphi'\mathrm{d}\varphi'}{[(\varphi'-\omega_0)^2 - \omega_2^2]^{3/2}} \tag{4.118}$$

即

$$\eta_c^+(T) = \frac{T\omega_2^2}{4\pi(\sqrt{\omega_2^2 + \omega_0^2} - \omega_0)} \tag{4.119}$$

这个数字特征不取决于 c 的数值，因为相位 $\Phi(\varphi)$ 的一维概率密度函数在 $|\varphi|<\pi$ 时是常数。

相位 $\Phi(t)$ 在 $[0,T]$ 超出水平 c 的时间数学期望为 $\bar{t}_c^+$，即

$$\bar{t}_c^+ = T\int_c^T f_\varphi(\varphi)\mathrm{d}\varphi = \frac{T(\pi-c)}{2\pi} \tag{4.120}$$

相位 $\Phi(t)$ 超出水平 c 的每次穿越的平均持续时间为

$$\tau_c^+ = \frac{\bar{t}_c^+}{\eta_c^+(T)} = \frac{2(\pi-c)}{\omega_2^2}\left(\sqrt{\omega_2^2+\omega_0^2}-\omega_0\right) \tag{4.121}$$

相位 $\Phi(t)$ 超出水平 c 的从上往下的穿越次数的数学期望为

$$\eta_c^-(T) = T\int_{-\infty}^0 |\varphi'|f_{\varphi,\varphi'}(c,\varphi')\mathrm{d}\varphi' = \frac{T\omega_2^2}{4\pi(\sqrt{\omega_2^2+\omega_0^2}+\omega_0)} \tag{4.122}$$

相位 $\Phi(t)$ 在 $[0,T]$ 低于水平 c 的时间数学期望为 $\bar{t}_c^-$，即

$$\bar{t}_c^- = T\int_{-\pi}^c f_\varphi(\varphi)\mathrm{d}\varphi = \frac{T(\pi+c)}{2\pi} = T-\bar{t}_c^+ \tag{4.123}$$

每个反向穿越的平均持续时间为

$$\tau_c^- = \frac{\bar{t}_c^-}{\eta_c^-(T)} = \frac{2(\pi+c)}{\omega_2^2}\left(\sqrt{\omega_2^2+\omega_0^2}+\omega_0\right) \tag{4.124}$$

相位 $\Phi(t)$ 在区间 $[0,T]$ 变为零的次数的数学期望为

$$\bar{\eta}_0 = \eta_0^+(T)+\eta_0^-(T) = \frac{T}{2\pi}\sqrt{\omega_2^2+\omega_0^2} \tag{4.125}$$

时间的数学期望为 $\bar{t}_\gamma$，在 $[0,T]$，相位 $\Phi(t)$ 按绝对值小于 γ $(0<\gamma<\pi)$，即

$$\bar{t}_\gamma = T\int_{-\gamma}^\gamma f_\varphi(\varphi)\mathrm{d}\varphi = \frac{T\gamma}{\pi} \tag{4.126}$$

4.3　实　例　分　析

例 4.1　火炮系统瞄准的误差 $X(t)$ 是正态随机过程，其数学期望等于零且相关函数 $K_x(\tau)=\sigma_x^2\mathrm{e}^{-\alpha|\tau|}(1+\alpha|\tau|)$。当瞄准误差的绝对值超出给定值 a 的误差时，射击电路会自动断开。当 $\sigma_x=2'$、$a=3'$、$\alpha=1.5\mathrm{s}^{-1}$ 时，求射击电路在时间

$T = 3\,\text{min}$ 的断开次数和电路断开时间的数学期望，以及每次断开的平均持续时间的数学期望。

解 射击电路断开发生在随机过程 $X(t)$ 超出水平 a 的正向穿越时和超出水平 $b = -a$ 的反向穿越时。电路在时间 T 内断开次数的数学期望为

$$\overline{y}(T) = \overline{y}^{+}(T) + \overline{y}^{-}(T) = T(l_a^{+} + l_{-a}^{-})$$

应用式(4.50)和式(4.51)，当 $\overline{x} = 0$ 时，可得下式，即

$$\overline{y}(T) = 2T\overline{l}_a^{+} = \frac{\sigma_v}{\pi \sigma_x} \text{e}^{-\frac{1}{2}\left(\frac{a}{\sigma_x}\right)^2}$$

因为 $K_v(\tau) = -K_x''(\tau) = \sigma_x^2 \alpha^2 \text{e}^{-\alpha|\tau|}(1 - \alpha|\tau|)$，所以 $\sigma_v = \sqrt{K_v(0)} = \alpha\sigma_x$。因此有

$$\overline{y}(T) = \frac{T\alpha}{\pi} \text{e}^{-\frac{1}{2}\left(\frac{a}{\sigma_x}\right)^2} = \frac{180 \times 1.5}{\pi} \text{e}^{-1.125} = 27.9$$

根据式(4.47)和式(4.48)，当 $\overline{x} = 0$ 时，射击电路的断开时间在时间 T 内的数学期望为

$$\overline{t} = \overline{t}_a^{+} + \overline{t}_{-a}^{-} = 2\overline{t}_a^{+} = T\left[1 - \Phi\left(\frac{a}{\sigma_x}\right)\right] = 180 \times [1 - \Phi(1.5)] = 180 \times (1 - 0.86639) = 24.05\text{s}$$

射击电路每次断开的平均持续时间为

$$\overline{\tau} = \frac{\overline{t}}{\overline{y}(T)} = 0.86\text{s}$$

例 4.2 巡航导弹的飞行高度 $H(t)$ 是平稳正态随机过程，其数学期望为给定的飞行高度 $\overline{h}$，相关函数 $K_h(\tau) = \sigma^2 \text{e}^{-\alpha|\tau|}\left(\cos\beta\tau + \frac{\alpha}{\beta}\sin\beta|\tau|\right)$。

如果 $\sigma = 1.2\,\text{m}$，$\alpha = 0.01\text{s}^{-1}$，$\beta = 0.1\text{s}^{-1}$，$T = 10\text{min}$，$\delta = 0.0001$。求在自主飞行的控制系统中可以调准到哪个最小高度 $\overline{h}$，以致在飞行时间 T 内，导弹因为与海平面发生碰撞而坠毁的概率小于 δ。

解 根据相关函数 $\sigma_h = \sqrt{K_h(0)} = \sigma$，$\sigma_v = \sqrt{K_v(0)} = \sqrt{-K_h''(0)} = \sigma\sqrt{\alpha^2 + \beta^2}$。由式(4.51)可知，随机过程 $H(t)$ 在时间间隔 T 内超出零水平的反向穿越次数的数学期望为

$$\overline{y_0^{-}}(T) = \frac{T\sigma_v}{2\pi\sigma_h} \text{e}^{-\frac{1}{2}\left(\frac{\overline{h}}{\sigma_h}\right)^2} = \frac{T}{2\pi}\sqrt{\alpha^2 + \beta^2} \text{e}^{-\frac{1}{2}\left(\frac{\overline{h}}{\sigma}\right)^2}$$

导弹因为与海平面发生碰撞而坠毁的概率是很小的，因此可以认为超出零水平的反向穿越的随机次数 $Y_0^{-}(T)$ 是按照参数 $\theta = \overline{y_0^{-}}(T)$ 的泊松分布。在时间 T 内将

不会有任何一次穿越的概率等于 $P_0 = \exp[-\overline{y}_0^-(T)]$。若发生一次超出零水平的反向穿越，则导弹坠毁，这个概率为 $P = 1 - P_0 = 1 - \exp[-\overline{y}_0^-(T)]$。因为 $\overline{y}_0^-(T)$ 很小，所以可以取 $P_0 = 1 - \overline{y}_0^-(T)$，于是 $P = \overline{y}_0^-(T)$。根据条件，必须有 $P < \delta$，即

$$\frac{T}{2\pi}\sqrt{\alpha^2 + \beta^2}\,\mathrm{e}^{-\frac{1}{2}\left(\frac{\overline{h}}{\sigma}\right)^2} < \delta$$

于是

$$\mathrm{e}^{\frac{1}{2}\left(\frac{\overline{h}}{\sigma}\right)^2} > \frac{T\sqrt{\alpha^2 + \beta^2}}{2\pi\delta} = \frac{600\sqrt{0.01^2 + 0.01}}{2\pi \times 0.0001} = 9.6 \times 10^4$$

对这个关系式两边取对数，可得 $\frac{(\overline{h})^2}{2\sigma^2} > 11.47$。当 $\sigma = 1.2\mathrm{m}$ 时，所求的导弹最小的平均飞行高度 $\overline{h} > 1.2\sqrt{22.94} = 5.75\mathrm{m}$。

例 4.3 舰船在不定期波浪中的横摇角度 $\Theta(t)$ 是正态随机过程，它的数学期望 $\overline{\theta} = 0$，相关函数 $K_\theta(\tau) = \sigma^2 \mathrm{e}^{-\alpha|\tau|}\left(\cos\beta\tau + \frac{\alpha}{\beta}\sin\beta|\tau|\right)$。其中，$\sigma$、$\alpha$ 和 β 是已知常数，并且 σ 取决于波浪强度，α 由舰船参数和波浪特性确定，β 主要取决于舰船固有摇摆的周期。

如果 $\sigma = 7.5°$，$\alpha = 0.1\mathrm{s}^{-1}$，$\beta = 0.7\mathrm{s}^{-1}$，$a = 15°$，$T = 10\mathrm{min}$。求：

(1) 在时间 T 内，角度 $\Theta(t)$ 按绝对值大于 a 的平均次数。

(2) 在时间 T 内，$|\Theta(t)| > a$ 的时间的数学期望和一次穿越的平均持续时间。

(3) 舰船横摇角度 $\Theta(t)$ 变为零时，相邻之间的时间间隔的数学期望。

解 随机过程 $\Theta(t)$ 在时间间隔 T 内超过水平 a 的穿越次数的数学期望 $\overline{y}(T)$ 等于随机过程 $\Theta(t)$ 超过水平 a 的穿越次数与超过水平 $b = -a$ 的反向穿越次数的数学期望之和，即 $\overline{y}(T) = \overline{y}_a^+(T) + \overline{y}_{-a}^-(T)$。因为 $\overline{\theta} = 0$，所以

$$\overline{y}(T) = 2T\overline{l}_a^+ = \frac{T\sigma_{\theta'}}{\pi\sigma_\theta}\mathrm{e}^{-\frac{1}{2}\left(\frac{a}{\sigma_\theta}\right)^2}$$

其中

$$\sigma_\theta = \sqrt{K_\theta(0)} = \sigma = 7.5°$$

$$\sigma_{\theta'} = \sqrt{K_{\theta'}(0)} = \sqrt{-K_\theta''(0)} = \sigma\sqrt{\alpha^2 + \beta^2} = 7.5\sqrt{0.5}$$

于是

$$\overline{y}(T) = \frac{600\sqrt{0.5}}{\pi}\mathrm{e}^{-2} = 18.3$$

在时间 T 内，舰船的横摇角按绝对值大于 $15°$ 的数学期望为

$$\bar{t} = \bar{t}_a^+ + \bar{t}_a^- = 2\bar{t}_a^+ = T\left[1 - \Phi\left(\frac{a}{\sigma_\theta}\right)\right] = 600 \times [1 - \Phi(2)] = 600 \times (1 - 0.9545) = 27.3\text{s}$$

一次穿越的平均持续时间为

$$\bar{\tau} = \frac{\bar{t}}{\bar{y}(T)} = 1.49\text{s}$$

根据式(4.52)和式(4.53)可得，当 $\bar{\theta} = 0$，随机过程 $\Theta(t)$ 变为零时，相邻之间的时间间隔的数学期望为

$$\tau_0^+ = \tau_0^- = \frac{\pi\sigma_\theta}{\sigma_{\theta'}} = \frac{\pi}{\sqrt{\alpha^2 + \beta^2}} = \frac{\pi}{\sqrt{0.5}} = 4.44\text{s}$$

例 4.4 同例 4.3 中不定期波浪中的舰船横摇角 $\Theta(t)$，取载波频率 ω_c 等于平均频率 ω_{cp}，求 $U(t)$ (幅值)的包络线超出水平 $a = 15°$ 且相位 $\Phi(t)$ 超出水平 $c = \pi/2$ 的穿越的概率特性。

解 因为 $\bar{\theta} = 0$，所以舰船横摇角表示为 $\Theta(t) = U(t)\cos[\omega_c t - \Phi(t)]$。下列谱密度对应给定的相关函数，即

$$S_\theta(\omega) = \frac{2\sigma_\theta^2 \alpha(\alpha^2 + \beta^2)}{\pi[(\omega^2 + \alpha^2 - \beta^2)^2 + 4\alpha^2\beta^2]}$$

载波(平均)频率为

$$\omega_c = \omega_{cp} = \frac{2}{\sigma_\theta^2}\int_0^\infty S_\theta(\omega)\mathrm{d}\omega = \frac{4\alpha(\alpha^2 + \beta^2)}{\pi}\int_0^\infty \frac{\omega\mathrm{d}\omega}{(\omega^2 + \alpha^2 - \beta^2)^2 + 4\alpha^2\beta^2}$$

令 $\omega^2 + \alpha^2 - \beta^2 = 2t\alpha\beta$，可得下式，即

$$\omega_c = \frac{\alpha^2 + \beta^2}{\beta\pi}\int_{\frac{\alpha^2 - \beta^2}{2\alpha\beta}}^\infty \frac{\mathrm{d}t}{t^2 + 1} = \frac{\alpha^2 + \beta^2}{\beta\pi}\arctan\bigg|_{\frac{\alpha^2 - \beta^2}{2\alpha\beta}}^\infty$$

因此

$$\omega_c = \omega_{cp} = \frac{\alpha^2 + \beta^2}{2\beta}\left(1 + \frac{2}{\pi}\arctan\frac{\beta^2 - \alpha^2}{2\alpha\beta}\right)$$

$$= \frac{0.5}{1.4}\left(1 + \frac{2}{\pi}\arctan\frac{0.48}{0.14}\right) = 0.6498\ \text{s}^{-1}$$

对于随机过程 $\theta'(t)$，其相关函数为

$$K_{\theta'}(\tau) = \sigma_\theta^2(\alpha^2 + \beta^2)\mathrm{e}^{-\alpha|\tau|}\left(\cos\beta\tau - \frac{\alpha}{\beta}\sin\beta|\tau|\right)$$

因此

$$\omega_1^2 = \frac{K_{\theta'}(0)}{K_\theta(0)} = \alpha^2 + \beta^2 = 0.5$$

于是，$\omega_0 = \omega_c - \omega_{cp} = 0$，$\omega_2 = \sqrt{\omega_1^2 - \omega_{cp}^2} = 0.2789 s^{-1}$。

对于 $U(t)$ 的包络线，超出水平 $a = 15°$ 的正向和负向穿越次数的数学期望是一致的，并且

$$\xi_a^+(T) = \xi_a^-(T) = \frac{T a \omega_2}{\sigma_\theta \sqrt{2\pi}} e^{-\frac{1}{2}\left(\frac{a}{\sigma_\theta}\right)^2} = \frac{600 \times 15 \times 0.2789}{7.5\sqrt{2\pi}} e^{-2} = 18.07$$

$U(t)$ 的幅值(包络线)高出或低于水平 $a = 15°$ 的停留时间的数学期望为

$$\bar{t}_a^+ = T e^{-\frac{1}{2}\left(\frac{a}{\sigma_\theta}\right)^2} = 600 \times e^{-2} = 81.2 s$$

$$\bar{t}_a^- = T - \bar{t}_a^+ = 600 - 81.2 = 518.8 s$$

正向和反向穿越的平均时间为

$$\tau_a^+ = \frac{\bar{t}_a^+}{\xi_a^+(T)} = \frac{\sigma_\theta \sqrt{2\pi}}{a \omega_2} = 4.49 s$$

$$\tau_a^- = \frac{\bar{t}_a^-}{\xi_a^-(T)} = \frac{518.8}{18.07} = 28.71 s$$

对于相位 $\Phi(t)$，(从下往上或者从上往下)超出给定水平 c 的穿越次数的数学期望为

$$\eta_c^+(T) = \eta_c^-(T) = \frac{T \omega_2}{4\pi} = \frac{600 \times 0.2789}{4\pi} = 13.32$$

相位 $\Phi(t)$ 大于 $c = \pi/2$ 的时间数学期望为

$$\bar{t}_c^+ = \frac{T(\pi - \pi/2)}{2\pi} = \frac{T}{4} = 150 s$$

因此，$\bar{t}_c^- = T - \bar{t}_c^+ = 450 s$。正向和反向穿越的平均持续时间为

$$\tau_c^+ = \frac{\bar{t}_c^+}{\eta_c^+(T)} = \frac{150}{13.32} = 11.26 s, \quad \tau_c^- = \frac{\bar{t}_c^-}{\eta_c^-(T)} = 3\tau_c^+ = 33.78 s$$

相位 $\Phi(t)$ 在时间 T 内变为零的次数的数学期望为

$$\bar{\eta}_0 = \eta_c^+(T) + \eta_c^-(T) = \frac{T \omega_2}{4\pi} = 26.62$$

例 4.5　在线性传感器中，正态随机过程 $X(t)$ 转换成 $X(t) = U(t)\cos[\omega_c t - \Phi(t)]$，其差值 $X(t) - \bar{x}(t) = \overset{0}{X}(t)$ 是平稳的，而数学期望 $\bar{x}(t) = A\cos(\omega_c t + \beta)$ 是已知幅值为 A、相位为 β 和载波频率为 ω_c 的谐波信号。对于零均值的平稳正态随

机过程 $\overset{0}{X}(t)$，相关函数 $K_x(\tau)$ 和谱密度 $S_x(\omega)$ 是已知的，谱密度在 $\omega \geqslant 0$ 时相对载波(平均)频率 ω_c 是对称的。求随机过程 $X(t)$ 的 $U(t)$ 包络线在单位时间内超出水平 a 的穿越次数的数学期望。对于相位 $\Phi(t)$，求在单位时间内从区间 $(-\gamma, \gamma)$ 穿越次数的数学期望，其中 $0 < \gamma < \pi$。

解　零均值的正态随机过程 $\overset{0}{X}(t) = \overset{0}{Z}(t)\cos\omega_c t + \overset{0}{W}(t)\sin\omega_c t$，其中 $\omega_c = \omega_{cp}$，根据式(4.65)可求出平均频率 ω_{cp}。对于平稳正态随机过程 $\overset{0}{Z}(t)$ 和 $\overset{0}{W}(t)$，其互相关函数由式(4.76)确定，即

$$K_{zw}(\tau) = 2\int_0^\infty S_x(\omega)\sin(\omega - \omega_c)\tau \mathrm{d}\omega$$

因为在 $\omega \geqslant 0$ 时，谱密度 $S_x(\omega)$ 相对于 ω_c 对称，则 $K_{zw}(\tau) \equiv 0$。这意味着，正态随机过程 $\overset{0}{Z}(t)$ 和 $\overset{0}{W}(t)$ 是独立的。根据式(4.71)和式(4.73)，它们的相关函数是完全相同的，并且 $K_z(\tau) = K_w(\tau) = K_x(\tau)/\cos\omega_c\tau$。

合成的随机过程 $X(t) = U(t)\cos[\omega_c t - \Phi(t)]$ 表示为

$$X(t) = \overset{0}{X}(t) + \overline{x}(t)$$
$$= \overset{0}{Z}(t)\cos\omega_c t + \overset{0}{W}(t)\sin\omega_c t$$
$$+ A(\cos\beta\cos\omega_c t - \sin\beta\sin\omega_c t)$$

即 $X(t) = Z(t)\cos\omega_c t + W(t)\sin\omega_c t$，其中 $Z(t) = \overset{0}{Z}(t) + \overline{z}$，$W(t) = \overset{0}{W}(t) + \overline{w}$，并且 $\overline{z} = A\cos\beta$，$\overline{w} = -A\sin\beta$。

平稳正态随机过程及其对于同一个自变量 t 的一阶导数是独立的。因此，在四维正态系统 $[Z(t), W(t), Z'(t), W'(t)]$ 中，所有成员都是独立的，并且 $K_z(0) = K_w(0) = K_x(0) = \sigma_x^2$。它们的数学期望 $\overline{z}$ 和 $\overline{w}$ 是常数。对于随机过程 $Z'(t)$ 和 $W'(t)$，其数学期望等于零，而它们的方差是相同的，且 $\sigma_v^2 = -K_z''(0)$，并且 $K_z''(0) = \omega_c^2 K_x''(0) + K_x(0)$。对于被研究的系统，其概率密度函数为

$$f_0(z, w, z', w') = \frac{1}{(2\pi\sigma_x\sigma_v)^2}\exp\left\{\frac{-1}{2\sigma_x^2}\left[(z - A\cos\beta)^2 + (w + A\sin\beta)^2\right]\right.$$
$$\left. - \frac{-1}{2\sigma_v^2}\left[(z')^2 + (w')^2\right]\right\}$$

由 $X(t) = U(t)\cos[\omega_c t - \Phi(t)]$ 可以推出 $Z(t) = U(t)\cos\Phi(t)$ 和 $W(t) = U(t)\sin\Phi(t)$。对于系统 $[U(t), \Phi(t), U'(t), \Phi'(t)]$，其概率密度函数为

$$f(u, \varphi, u', \varphi') = f_0(u\cos\varphi, u\sin\varphi, u'\cos\varphi - u\varphi'\sin\varphi, u'\sin\varphi + u\varphi'\cos\varphi)|I|$$

并且变换的雅可比行列式为

$$I = \frac{\partial(z,w,z',w')}{\partial(u,\varphi,u',\varphi')} = \begin{vmatrix} \cos\varphi & -u\sin\varphi & 0 & 0 \\ \sin\varphi & u\cos\varphi & 0 & 0 \\ -\varphi'\sin\varphi & -u'\sin\varphi-u\varphi'\cos\varphi & \cos\varphi & -u\sin\varphi \\ \varphi'\cos\varphi & u'\cos\varphi-u\varphi'\sin\varphi & \sin\varphi & u\cos\varphi \end{vmatrix}$$

按最后一行的元素展开行列式，可得到 $I = u\cos\varphi u\cos\varphi + u\sin\varphi u\sin\varphi = u^2$。因此有

$$f(u,\varphi,u',\varphi') = \frac{u^2}{(2\pi\sigma_x\sigma_v)^2}\exp\left\{\frac{-1}{2\sigma_x^2}\left[u^2 - 2uA\cos(\varphi+\beta) + A^2\right]\right.$$

$$\left. -\frac{1}{2\sigma_v^2}\left[(u')^2 + (u\varphi')^2\right]\right\}$$

对于包络线 $U(t)$ 和它在自变量 t 的同一个数值时的导数 $U'(t)$，其概率密度函数可以借助下列关系式求出，即

$$f_{u,u'}(u,u') = \int_{-\pi}^{\pi}\mathrm{d}\varphi\int_{-\infty}^{\infty}f(u,\varphi,u',\varphi')\mathrm{d}\varphi'$$

同时有下列等式，即

$$\int_{-\infty}^{\infty}\mathrm{e}^{-\frac{1}{2}\left(\frac{u\varphi'}{\sigma_v}\right)^2}\mathrm{d}\varphi' = \frac{\sigma_v}{u}\int_{-\infty}^{\infty}\mathrm{e}^{-\frac{t^2}{2}}\mathrm{d}t = \frac{\sigma_v}{u}\sqrt{2\pi}$$

$$\frac{1}{2\pi}\int_{-\pi}^{\pi}\mathrm{e}^{\frac{uA}{\sigma_x^2}\cos(\varphi+\beta)}\mathrm{d}\varphi = I_0\left(\frac{uA}{\sigma_x^2}\right)$$

因此

$$f_{u,u'}(u,u') = f_u(u)f_{u'}(u')$$

其中

$$f_u(u) = \frac{u}{\sigma_x^2}\mathrm{e}^{-\frac{1}{2\sigma_x^2}(u^2+A^2)}I_0\left(\frac{uA}{\sigma_x^2}\right),\quad u \geqslant 0$$

$$f_{u'}(u') = \frac{1}{\sigma_v\sqrt{2\pi}}\mathrm{e}^{-\frac{1}{2}\left(\frac{u'}{\sigma_v}\right)^2}$$

根据式(4.39)，包络线 $U(t)$ 在单位时间内超出水平 a 的穿越次数的数学期望为

$$l_a^+ = \int_0^{\infty}u'f_{u,u'}(a,u')\mathrm{d}u' = f_u(a)\frac{\sigma_v}{\sqrt{2\pi}}$$

$$= \frac{a\sigma_v}{\sigma_x^2\sqrt{2\pi}}\exp\left[\frac{-1}{2\sigma_x^2}(a^2+A^2)\right]I_0\left(\frac{aA}{\sigma_x^2}\right)$$

对于相位 $\Phi(t)$ 及其在同一个自变量 t 的导数 $\Phi'(t)$，其概率密度函数为

$$f_{\varphi,\varphi'}(\varphi,\varphi') = \int_0^\infty \mathrm{d}u \int_{-\infty}^\infty f(u,\varphi,u',\varphi')\mathrm{d}u'$$

$$= \frac{\sigma_v\sqrt{2\pi}}{(2\pi\sigma_x\sigma_v)^2} \int_0^\infty u^2 \exp\left(\frac{-1}{2\sigma_x^2}\{[u - A\cos(\varphi+\beta)]^2 \right.$$

$$\left. + A^2\sin^2(\varphi+\beta)\} - \frac{1}{2}\left(\frac{u\varphi'}{\sigma_v}\right)^2\right)\mathrm{d}u$$

$\Phi(t)$ 在单位时间内从 $(-\gamma,\gamma)$ 穿越次数的数学期望 $\bar{l}_\gamma$ 可以根据下列公式求出，即

$$\bar{l}_\gamma = l_\gamma^+ + l_{-\gamma}^- = \int_0^\infty \varphi' f_{\varphi,\varphi'}(\gamma,\varphi')\mathrm{d}\varphi' + \int_{-\infty}^\infty |\varphi'| f_{\varphi,\varphi'}(-\gamma,\varphi')\mathrm{d}\varphi'$$

因为

$$\int_0^\infty \varphi' \mathrm{e}^{-\frac{1}{2}\left(\frac{u\varphi'}{\sigma_v}\right)^2}\mathrm{d}\varphi' = \int_{-\infty}^0 |\varphi'| \mathrm{e}^{-\frac{1}{2}\left(\frac{u\varphi'}{\sigma_v}\right)^2}\mathrm{d}\varphi' = \frac{\sigma_v^2}{u^2}$$

所以

$$\bar{l}_\gamma = \frac{\sigma_v}{(2\pi)^{3/2}\sigma_x^2} \int_0^\infty \left[\exp\left(\frac{-1}{2\sigma_x^2}\{[u - A\cos(\gamma+\beta)]^2 + A^2\sin^2(\gamma+\beta)\}\right) \right.$$

$$\left. + \exp\left(\frac{-1}{2\sigma_x^2}\{[u - A\cos(\gamma-\beta)]^2 + A^2\sin^2(\gamma-\beta)\}\right)\right]\mathrm{d}u$$

因为

$$\frac{1}{\sigma_x\sqrt{2\pi}} \int_0^\infty \exp\left\{\frac{-1}{2\sigma_x^2}[u - A\cos(\gamma+\beta)]^2\right\}\mathrm{d}u = \frac{1}{\sqrt{2\pi}} \int_{-\frac{A}{\sigma_x}\cos(\gamma+\beta)}^\infty \mathrm{e}^{-\frac{1}{2}t^2}\mathrm{d}t$$

$$= 1 - F_H\left[-\frac{A}{\sigma_x}\cos(\gamma+\beta)\right]$$

$$= F_H\left[\frac{A}{\sigma_x}\cos(\gamma+\beta)\right]$$

所以

$$\bar{l}_\gamma = \frac{\sigma_v}{2\pi\sigma_x}\left\{F_H\left[\frac{A}{\sigma_x}\cos(\gamma+\beta)\right]\exp\left[\frac{-A^2}{2\sigma_x^2}\sin^2(\gamma+\beta)\right] \right.$$

$$\left. + F_H\left[\frac{A}{\sigma_x}\cos(\gamma-\beta)\right]\exp\left[\frac{-A^2}{2\sigma_x^2}\sin^2(\gamma-\beta)\right]\right\}$$

第5章 随 机 场

某些随机函数不是取决于一个非随机自变量，而是取决于两个或者更多个非随机自变量。这些随机函数称为随机场。例如，t时刻在高度z上的风速$W(z,t)$；t时刻在坐标点(x,y)上海洋表面相对于平衡水平面的垂直偏差$Z(x,y,t)$等。本章介绍随机场的概率特性、多维随机场特性和谱密度，并给出相应的实例分析。

5.1 随机场的概率特性

若随机过程$X(\xi_1,\xi_2,\cdots,\xi_n)$是$n$ $(n \geqslant 2)$个明确的(非随机的自变量)$\xi_1,\xi_2,\cdots,\xi_n$的函数，则这个随机过程称为随机n维场。这些自变量中的一个(如ξ_n)通常是时间，于是$\xi_n=t$。其他自变量$\xi_1,\xi_2,\cdots,\xi_{n-1}$可以看成是正交坐标系统$\xi_1\xi_2\cdots\xi_{n-1}$的$n-1$维空间中的点$(\xi_1,\xi_2,\cdots,\xi_{n-1})$的坐标。随时间变化且依赖随机场的附加自变量的例子有：与爆炸点距离ξ的环境温度和密度$X(\xi,t)$；在坐标点ξ_1和ξ_2上距离海水表面的平衡液面的或者导弹油箱中燃油的平衡液面(平面$0\xi_1\xi_2$)的偏差$X(\xi_1,\xi_2,t)$；相对于正交系统$\xi_1\xi_2\xi_3$，在坐标点ξ_1、ξ_2和ξ_3上，风速或者受导弹运动扰动的海水速度为$X(\xi_1,\xi_2,\xi_3,t)$。

在所有n个自变量ξ_j $(j=1,2,\cdots,n)$取固定值时，随机场$X(\xi_1,\xi_2,\cdots,\xi_n)$是随机变量，这个随机变量完全由随机场的一维概率密度函数$f_1(x;\xi_1,\xi_2,\cdots,\xi_n)$表征。自变量$x$的这个函数取决于数值$\xi_1,\xi_2,\cdots,\xi_n$，因此可以把概率密度函数看成$n+1$个自变量的函数或者自变量$x$和$n$个参数变量$\xi_1,\xi_2,\cdots,\xi_n$的函数。

借助一维概率密度函数可以求出随机场的一维概率特性。对于随机场$X(\xi_1,\xi_2,\cdots,\xi_n)$，其数学期望可以根据下列公式求出，即

$$\bar{x}(\xi_1,\xi_2,\cdots,\xi_n) = \int_{-\infty}^{\infty} x f_1(x;\xi_1,\xi_2,\cdots,\xi_n)\mathrm{d}x \tag{5.1}$$

零均值随机场为

$$\overset{0}{X}(\xi_1,\xi_2,\cdots,\xi_n) = X(\xi_1,\xi_2,\cdots,\xi_n) - \bar{x}(\xi_1,\xi_2,\cdots,\xi_n) \tag{5.2}$$

随机变量的方差等于这个随机变量平方的数学期望及其平方之间的差值，因

此对于实数随机场 $X(\xi_1,\xi_2,\cdots,\xi_n)$ ，其方差等于零均值随机场 $\overset{0}{X}(\xi_1,\xi_2,\cdots,\xi_n)$ 的平方的数学期望，即

$$D[X(\xi_1,\xi_2,\cdots,\xi_n)]=M\{[\overset{0}{X}(\xi_1,\xi_2,\cdots,\xi_n)]^2\}$$
$$=\int_{-\infty}^{\infty}x^2 f_1(x;\xi_1,\xi_2,\cdots,\xi_n)\mathrm{d}x-[\overline{x}(\xi_1,\xi_2,\cdots,\xi_n)]^2 \tag{5.3}$$

若固定随机场自变量的两个集合 $(\xi_1,\xi_2,\cdots,\xi_n)$ 和 $(\xi_1',\xi_2',\cdots,\xi_n')$ ，则可得到两个随机变量的系统 $[X(\xi_1,\xi_2,\cdots,\xi_n),X(\xi_1',\xi_2',\cdots,\xi_n')]$ 。这个系统完全由随机场的二维概率密度函数 $f_2(x,x';\xi_1,\cdots,\xi_n,\xi_1',\cdots,\xi_n')$ 表示。对于随机场 $X(\xi_1,\xi_2,\cdots,\xi_n)$ ，其更高阶的系统概率密度类似。

对于实数随机场 $X(\xi_1,\xi_2,\cdots,\xi_n)$ ，其相关函数为

$$K_x(\xi_1,\xi_2,\cdots,\xi_n;\xi_1',\xi_2',\cdots,\xi_n')=M[\overset{0}{X}(\xi_1,\xi_2,\cdots,\xi_n)\overset{0}{X}(\xi_1',\xi_2',\cdots,\xi_n')] \tag{5.4}$$

在 $\xi_j'=\xi_j\ (j=1,2,\cdots,n)$ 处，这个函数与随机场的方差吻合，于是

$$D[X(\xi_1,\xi_2,\cdots,\xi_n)]=K_x(\xi_1,\xi_2,\cdots,\xi_n;\xi_1,\xi_2,\cdots,\xi_n) \tag{5.5}$$

当已知二维概率密度函数时，随机场的相关函数可以根据下列公式确定，即

$$K_x(\xi_1,\xi_2,\cdots,\xi_n;\xi_1',\xi_2',\cdots,\xi_n')$$
$$=\iint_{-\infty}^{\infty}xx'f_2(x,x';\xi_1,\xi_2,\cdots,\xi_n,\xi_1',\xi_2',\cdots,\xi_n')\mathrm{d}x\mathrm{d}x'-\overline{x}(\xi_1,\xi_2,\cdots,\xi_n)\overline{x}(\xi_1',\xi_2',\cdots,\xi_n') \tag{5.6}$$

假设 $\xi_{1s},\xi_{2s},\cdots,\xi_{ns}\ (s=1,2,\cdots,N)$ 是随机场自变量 $\xi_1,\xi_2,\cdots,\xi_n$ 的任意组合，而 $X_s=X(\xi_{1s},\xi_{2s},\cdots,\xi_{ns})\ (s=1,2,\cdots,N)$ 。若在任意 N 时随机变量系统 $(X_1,X_2,\cdots,X_N)$ 是正态的，则随机场 $X(\xi_1,\xi_2,\cdots,\xi_n)$ 称为正态随机场。正态随机场的数学期望 $\overline{x}(\xi_1,\xi_2,\cdots,\xi_n)$ 和相关函数 $K_x(\xi_1,\xi_2,\cdots,\xi_n;\xi_1',\xi_2',\cdots,\xi_n')$ 能代表它的全部概率特性。正态随机场的一维概率密度函数具有这样的形式：如同数学期望 $\overline{x}=\overline{x}(\xi_1,\xi_2,\cdots,\xi_n)$ 和均方差 $\sigma_x=\sigma_x(\xi_1,\xi_2,\cdots,\xi_n)$ 的正态随机变量 X 的概率密度函数，并且

$$\sigma_x(\xi_1,\xi_2,\cdots,\xi_n)=\sqrt{K_x(\xi_1,\xi_2,\cdots,\xi_n;\xi_1,\xi_2,\cdots,\xi_n)} \tag{5.7}$$

因此，对于正态随机过程 $X(\xi_1,\xi_2,\cdots,\xi_n)$ ，其一维概率密度函数为

$$f_1(x;\xi_1,\xi_2,\cdots,\xi_n)=\frac{1}{\sigma_x(\xi_1,\xi_2,\cdots,\xi_n)\sqrt{2\pi}}\exp\left\{-\frac{1}{2}\left[\frac{x-\overline{x}(\xi_1,\xi_2,\cdots,\xi_n)}{\sigma_x(\xi_1,\xi_2,\cdots,\xi_n)}\right]^2\right\} \tag{5.8}$$

正态随机场的二维概率密度函数类似于二维正态系统 (X,Y) 的概率密度函数，这个二维正态系统具有数学期望 $\overline{x}=\overline{x}(\xi_1,\xi_2,\cdots,\xi_n)$ 、 $\overline{y}=\overline{x}(\xi_1',\cdots,\xi_n')$ ，均方差

$\sigma_x = \sigma_x(\xi_1, \xi_2, \cdots, \xi_n)$ 、 $\sigma_y = \sigma_x(\xi_1', \xi_2', \cdots, \xi_n')$ 和 相 关 系 数 $r_{xy} = r_x(\xi_1, \xi_2, \cdots, \xi_n;$ $\xi_1', \xi_2', \cdots, \xi_n')$ ，并且

$$r_x(\xi_1, \xi_2, \cdots, \xi_n; \xi_1', \xi_2', \cdots, \xi_n') = \frac{K_x(\xi_1, \xi_2, \cdots, \xi_n; \xi_1', \xi_2', \cdots, \xi_n')}{\sigma_x(\xi_1, \xi_2, \cdots, \xi_n)\sigma_x(\xi_1', \xi_2', \cdots, \xi_n')} \tag{5.9}$$

因此，对于正态随机场 $X(\xi_1, \xi_2, \cdots, \xi_n)$ ，其二维概率密度函数可由下列公式确定，即

$$f_2(x, x'; \xi_1, \xi_2, \cdots, \xi_n; \xi_1', \xi_2', \cdots, \xi_n')$$

$$= \frac{1}{2\pi\sigma_x(\xi_1, \xi_2, \cdots, \xi_n)\sigma_x(\xi_1', \xi_2', \cdots, \xi_n')\sqrt{1 - r_x^2(\xi_1, \xi_2, \cdots, \xi_n; \xi_1', \xi_2', \cdots, \xi_n')}}$$

$$\times \exp\left(\frac{-1}{2[1 - r_x^2(\xi_1, \xi_2, \cdots, \xi_n; \xi_1', \xi_2', \cdots, \xi_n')]}\left\{\left[\frac{x - \overline{x}(\xi_1, \xi_2, \cdots, \xi_n)}{\sigma_x(\xi_1, \xi_2, \cdots, \xi_n)}\right]^2\right.\right.$$

$$\left. + \left[\frac{x' - \overline{x}(\xi_1', \xi_2', \cdots, \xi_n')}{\sigma_x(\xi_1', \xi_2', \cdots, \xi_n')}\right]^2 - 2r_x(\xi_1, \xi_2, \cdots, \xi_n; \xi_1', \xi_2', \cdots, \xi_n')\right. \tag{5.10}$$

$$\left.\left.\times \left[\frac{x - \overline{x}(\xi_1, \xi_2, \cdots, \xi_n)}{\sigma_x(\xi_1, \xi_2, \cdots, \xi_n)}\right]\left[\frac{x'' - \overline{x}(\xi_1', \xi_2', \cdots, \xi_n')}{\sigma_x(\xi_1', \xi_2', \cdots, \xi_n')}\right]\right\}\right)$$

若随机场 $X(\xi_1, \xi_2, \cdots, \xi_n)$ 的数学期望 $\overline{x}(\xi_1, \xi_2, \cdots, \xi_n)$ 是常数，而相关函数 $K_x(\xi_1, \xi_2, \cdots, \xi_n; \xi_1', \xi_2', \cdots, \xi_n')$ 通过差值 $\xi_j - \xi_j'$ $(j = 1, 2, \cdots, n)$ 取决于自变量 ξ_j 和 ξ_j' $(j = 1, 2, \cdots, n)$ ，即

$$\overline{x}(\xi_1, \xi_2, \cdots, \xi_n) = \overline{x} = \text{const} \tag{5.11}$$

$$K_x(\xi_1, \xi_2, \cdots, \xi_n; \xi_1', \xi_2', \cdots, \xi_n') = K_x(\eta_1, \eta_2, \cdots, \eta_n) \tag{5.12}$$

其中

$$\eta_j = \xi_j - \xi_j', \quad j = 1, 2, \cdots, n \tag{5.13}$$

则此随机场称为齐次的。齐次随机场的方差是常数，并且

$$D[X(\xi_1, \xi_2, \cdots, \xi_n)] = \sigma_x^2 = K_x(\eta_1, \eta_2, \cdots, \eta_n)\big|_{\eta_1 = \eta_2 = \cdots = \eta_n = 0} \tag{5.14}$$

由式(5.8)和式(5.10)可以推出，对于齐次正态随机场，其一维概率密度函数只取决于一个变量 x ，而二维概率密度函数是自变量 x 、x' 和 $\eta_j = \xi_j - \xi_j'$ $(j = 1, 2, \cdots, n)$ 的函数，即

$$f_1(x; \xi_1, \xi_2, \cdots, \xi_n) = f_1(x) = \frac{1}{\sigma_x\sqrt{2\pi}}e^{-\frac{1}{2}\left(\frac{x - \overline{x}}{\sigma_x}\right)^2} \tag{5.15}$$

$$f_2(x, x'; \xi_1, \xi_2, \cdots, \xi_n; \xi_1', \xi_2', \cdots, \xi_n') = f_2(x, x'; \eta_1, \eta_2, \cdots, \eta_n)$$

$$= \frac{1}{2\pi\sigma_x^2 \sqrt{1 - r_x^2(\eta_1, \eta_2, \cdots, \eta_n)}} \exp\left\{ \frac{-1}{2\sigma_x^2[1 - r_x^2(\eta_1, \eta_2, \cdots, \eta_n)]} \right. \tag{5.16}$$

$$\left. \times \left[(x - \overline{x})^2 + (x' - \overline{x})^2 - 2r_x(\eta_1, \eta_2, \cdots, \eta_n)(x - \overline{x})(x' - \overline{x}) \right] \right\}$$

其中

$$r_x(\eta_1, \eta_2, \cdots, \eta_n) = \frac{1}{\sigma_x^2} K_x(\eta_1, \eta_2, \cdots, \eta_n) \tag{5.17}$$

5.2 随机场的谱密度

齐次随机场的谱分解可表示为

$$X(\xi_1, \xi_2, \cdots, \xi_n) = \overline{x} + \int_{-\infty}^{\infty} \cdots \int e^{i\sum_{j=1}^{n} \xi_j \omega_j} \Psi_x(\omega_1, \omega_2, \cdots, \omega_n) d\omega_1 d\omega_2 \cdots d\omega_n \tag{5.18}$$

复数随机场 $\Psi_x(\omega_1, \omega_2, \cdots, \omega_n)$ 的数学期望等于零, 即

$$M[\Psi_x(\omega_1, \omega_2, \cdots, \omega_n)] = 0 \tag{5.19}$$

它的相关函数为

$$M[\Psi_x(\omega_1, \omega_2, \cdots, \omega_n)\Psi_x^*(\omega_1', \omega_2', \cdots, \omega_n')] = S_x(\omega_1, \omega_2, \cdots, \omega_n) \prod_{j=1}^{n} \delta(\omega_j - \omega_j') \tag{5.20}$$

其中, $S_x(\omega_1, \omega_2, \cdots, \omega_n)$ 是随机场 $X(\xi_1, \xi_2, \cdots, \xi_n)$ 的谱密度。

借助式(5.18), 可得下式, 即

$$K_x(\eta_1, \eta_2, \cdots, \eta_n) = M[\overset{0}{X}(\xi_1, \xi_2, \cdots, \xi_n)\overset{0}{X}{}^*(\xi_1', \xi_2', \cdots, \xi_n')]$$

$$= \int_{-\infty}^{\infty} \cdots \int e^{i\sum_{j=1}^{n} \xi_j \omega_j} d\omega_1 \cdots d\omega_n \int \cdots \int e^{-i\sum_{j=1}^{n} \xi_j' \omega_j'} \tag{5.21}$$

$$\times M[\Psi_x(\omega_1, \omega_2, \cdots, \omega_n)\Psi_x^*(\omega_1', \omega_2', \cdots, \omega_n')]d\omega_1' d\omega_2' \cdots d\omega_n'$$

当在点 $\omega_j' = \omega_j$ $(j = 1, 2, \cdots, n)$ 处取任意连续函数 $\theta(\omega_1', \omega_2', \cdots, \omega_n')$ 时, 有下列等式成立, 即

$$\int_{-\infty}^{\infty} \cdots \int \theta(\omega_1', \omega_2', \cdots, \omega_n') \prod_{j=1}^{n} \delta(\omega_j' - \omega_j) d\omega_1' d\omega_2' \cdots d\omega_n' = \theta(\omega_1, \omega_2, \cdots, \omega_n) \tag{5.22}$$

因此，考虑式(5.20)，式(5.21)可重新写为

$$K_x(\eta_1,\eta_2,\cdots,\eta_n)=\int_{-\infty}^{\infty}\cdots\int e^{i\sum_{j=1}^{n}\eta_j\omega_j}S_x(\omega_1,\omega_2,\cdots,\omega_n)\mathrm{d}\omega_1\mathrm{d}\omega_2\cdots\mathrm{d}\omega_n \tag{5.23}$$

通过这个 n 维傅里叶积分变换，可以求出下列谱密度，即

$$S_x(\omega_1,\omega_2,\cdots,\omega_n)=\frac{1}{(2\pi)^n}\int_{-\infty}^{\infty}\cdots\int e^{-i\sum_{j=1}^{n}\eta_j\omega_j}K_x(\eta_1,\eta_2,\cdots,\eta_n)\mathrm{d}\eta_1\mathrm{d}\eta_2\cdots\mathrm{d}\eta_n \tag{5.24}$$

假设相关函数表示为

$$K_x(\eta_1,\eta_2,\cdots,\eta_n)=\varphi_1(\eta_1,\eta_2,\cdots,\eta_m)\varphi_2(\eta_{m+1},\eta_{m+2},\cdots,\eta_n) \tag{5.25}$$

由式(5.24)可推出，在这种情况下，其谱密度为

$$S_x(\omega_1,\omega_2,\cdots,\omega_n)=Q_1(\omega_1,\omega_2,\cdots,\omega_m)Q_2(\omega_{m+1},\omega_{m+2},\cdots,\omega_n) \tag{5.26}$$

并且

$$Q_1(\omega_1,\omega_2,\cdots,\omega_m)=\frac{1}{(2\pi)^m}\int_{-\infty}^{\infty}\cdots\int e^{-i\sum_{j=1}^{m}\eta_j\omega_j}\varphi_1(\eta_1,\eta_2,\cdots,\eta_m)\mathrm{d}\eta_1\mathrm{d}\eta_2\cdots\mathrm{d}\eta_m \tag{5.27}$$

$$Q_2(\omega_{m+1},\omega_{m+2},\cdots,\omega_n)=\frac{1}{(2\pi)^{n-m}}\int_{-\infty}^{\infty}\cdots\int e^{-i\sum_{j=m+1}^{n}\eta_j\omega_j}\varphi_2(\eta_{m+1},\eta_{m+2},\cdots,\eta_n)\mathrm{d}\eta_{m+1}\mathrm{d}\eta_{m+2}\cdots\mathrm{d}\eta_n$$

$$\tag{5.28}$$

当谱密度 $S_x(\omega_1,\omega_2,\cdots,\omega_n)$ 表示为式(5.26)时，相关函数 $K_x(\eta_1,\eta_2,\cdots,\eta_n)$ 具有式(5.25)所示的形式，并且

$$\varphi_1(\eta_1,\eta_2,\cdots,\eta_m)=\int_{-\infty}^{\infty}\cdots\int e^{i\sum_{j=1}^{m}\eta_j\omega_j}Q_1(\omega_1,\omega_2,\cdots,\omega_m)\mathrm{d}\omega_1\mathrm{d}\omega_2\cdots\mathrm{d}\omega_m \tag{5.29}$$

$$\varphi_2(\eta_{m+1},\eta_{m+2},\cdots,\eta_n)=\int_{-\infty}^{\infty}\cdots\int e^{i\sum_{j=m+1}^{n}\eta_j\omega_j}Q_2(\omega_{m+1},\omega_{m+2},\cdots,\omega_n)\mathrm{d}\omega_{m+1}\mathrm{d}\omega_{m+2}\cdots\mathrm{d}\omega_n \tag{5.30}$$

若下列表达式成立，即

$$K_x(\eta_1,\eta_2,\cdots,\eta_n)=\prod_{s=1}^{n}\varphi_s(\eta_s) \tag{5.31}$$

则

$$S_x(\omega_1,\omega_2,\cdots,\omega_n)=\prod_{s=1}^{n}Q_s(\omega_s) \tag{5.32}$$

这些等式右边部分的因子通过下列关系式相互关联，即

$$Q_s(\omega_s)=\frac{1}{2\pi}\int_{-\infty}^{\infty}e^{-i\omega_s\eta_s}\varphi_s(\eta_s)\mathrm{d}\eta_s \tag{5.33}$$

$$\varphi_s(\eta_s) = \int_{-\infty}^{\infty} e^{i\omega_s \eta_s} Q_s(\omega_s) d\omega_s , \quad s = 1, 2, \cdots, n \tag{5.34}$$

当齐次随机场的相关函数 $K_x(\eta_1, \eta_2, \cdots, \eta_n)$ 通过在坐标点 $(\xi_1, \xi_2, \cdots, \xi_n)$ 和 $(\xi_1', \xi_2', \cdots, \xi_n')$ 之间的距离依赖自变量 $\eta_1, \eta_2, \cdots, \eta_n$ 时，称该齐次随机场各向同性，即

$$K_x(\eta_1, \eta_2, \cdots, \eta_n) = K_x(\zeta) \tag{5.35}$$

其中

$$\zeta = \sqrt{\sum_{j=1}^{n}(\xi_j - \xi_j')^2} = \sqrt{\sum_{j=1}^{n}\eta_j^2} \tag{5.36}$$

对于各向同性的随机场，根据式(5.24)和式(5.35)，当 $n = 2$ 时，可得下式，即

$$S_x(\omega_1, \omega_2) = \frac{1}{(2\pi)^2} \iint_{-\infty}^{\infty} e^{-i(\eta_1\omega_1 + \eta_2\omega_2)} K_x \sqrt{\eta_1^2 + \eta_1^2} d\eta_1 d\eta_2 \tag{5.37}$$

假定 $\eta_1 = \zeta\cos\varphi$，$\eta_2 = \zeta\sin\varphi$，把积分变量 η_1 和 η_2 转换为极坐标 r 和 φ。除此之外，还假定 $\omega_1 = \omega\cos\psi$ 和 $\omega_2 = \omega\sin\psi$，其中

$$\omega = \sqrt{\omega_1^2 + \omega_2^2} , \quad \psi = \arctan\frac{\omega_2}{\omega_1} \tag{5.38}$$

因为 $d\eta_1 d\eta_2 = r dr d\varphi$，所以

$$S_x(\omega_1, \omega_2) = \frac{1}{(2\pi)^2} \int_0^{\infty} \zeta K_x(\zeta) d\zeta \int_0^{2\pi} e^{-i\zeta\cos(\varphi-\psi)} d\varphi \tag{5.39}$$

对于零阶贝塞尔函数 $J_0(Z)$，有下列形式的积分表达式，即

$$J_0(z) = \frac{1}{2\pi} \int_0^{2\pi} e^{\pm iz\cos(\varphi-\psi)} d\varphi \tag{5.40}$$

因此，对于二维各向同性的随机场，其谱密度为

$$S_x(\omega_1, \omega_2) = S_x(\omega) = \frac{1}{2\pi} \int_0^{\infty} \zeta J_0(\omega\zeta) K_x(\zeta) d\zeta \tag{5.41}$$

借助式(5.23)，当 $n = 2$ 时，类似地可以得到二维各向同性随机场的相关函数的表达式，即

$$K_x(\zeta) = 2\pi \int_0^{\infty} \omega J_0(\zeta\omega) S_x(\omega) d\omega \tag{5.42}$$

在任意 $n \geq 2$ 时，对于各向同性的随机场，式(5.23)和式(5.24)可以表示为

$$K_x(\zeta) = \frac{(2\pi)^{n/2}}{\zeta^{n/2-1}} \int_0^{\infty} \omega^{n/2} J_{n/2-1}(\zeta\omega) S_x(\omega) d\omega \tag{5.43}$$

$$S_x(\omega) = \frac{1}{(2\pi)^{n/2} \omega^{n/2-1}} \int_0^\infty \zeta^{n/2} J_{n/2-1}(\omega\zeta) K_x(\zeta) \mathrm{d}\zeta \tag{5.44}$$

其中

$$\omega = \sqrt{\sum_{j=1}^n \omega_j^2} \tag{5.45}$$

通过 $J_{n/2-1}(z)$ 可以标识 $n/2-1$ 阶贝塞尔函数。对于阶次 $v > -0.5$ 的贝塞尔函数 $J_v(z)$,有下列积分表达式,即

$$J_v(z) = \frac{(0.5z)^v}{\sqrt{\pi}\Gamma(v+0.5)} \int_0^\pi \mathrm{e}^{\pm iz\cos\varphi} \sin^{2v}\varphi \mathrm{d}\varphi \tag{5.46}$$

则

$$J_{0.5}(z) = \frac{\sqrt{z}}{\sqrt{2\pi}} \int_0^\pi \mathrm{e}^{\pm iz\cos\varphi} \sin\varphi \mathrm{d}\varphi = \pm \frac{i}{\sqrt{2\pi z}} \mathrm{e}^{\pm iz\cos\varphi} \cos\varphi \Big|_0^\pi = \sqrt{\frac{2}{\pi z}} \sin z \tag{5.47}$$

因此,对于三维各向同性的随机场,其相关函数 $K_x(\zeta)$ 和谱密度 $S_x(\omega)$ 通过下列关系式相互转换,即

$$K_x(\zeta) = \frac{4\pi}{\zeta} \int_0^\infty \omega S_x(\omega) \sin\omega\zeta \mathrm{d}\omega \tag{5.48}$$

$$S_x(\omega) = \frac{1}{2\pi^2 \omega} \int_0^\infty \zeta K_x(\zeta) \sin\omega\zeta \mathrm{d}\zeta \tag{5.49}$$

5.3　多维随机场特性

当自变量 t 取固定值时,随机过程 $X(t)$(一维随机场)是随机变量。二维随机场 $X(\xi_1, \xi_2)$ 在一个变量 ξ_1 或者 ξ_2 取固定值时是随机过程。若在 n 维随机场 $X(\xi_1, \xi_2, \cdots, \xi_n)$ 中,从 n 个自变量中固定某 $n-m$ 个自变量,则可以得到 m 维随机场。对于固定的自变量,差值 $\xi_j - \xi_j' = \eta_j$ 等于零。因此,对于 m 维齐次随机场,相关函数可以通过把 $n-m$ 个自变量 η_j 替换为零。从 $K_x(\eta_1, \eta_2, \cdots, \eta_n)$ 中得到,这些自变量的编号与固定自变量的编号吻合。例如,若 m 维随机场 $Y(\xi_1, \xi_2, \cdots, \xi_m)$ 可以从 n 维齐次随机场 $X(\xi_1, \xi_2, \cdots, \xi_n)$ 中得到,则

$$K_y(\eta_1, \eta_2, \cdots, \eta_m) = K_x(\eta_1, \eta_2, \cdots, \eta_m, 0, 0, \cdots, 0) \tag{5.50}$$

根据式(5.50),由式(5.23)可得下式,即

$$K_y(\eta_1,\eta_2,\cdots,\eta_m) = \int_{-\infty}^{\infty}\cdots\int e^{i\sum_{j=1}^{m}\eta_j\omega_j} S_x(\omega_1,\omega_2,\cdots,\omega_n)\mathrm{d}\omega_1\mathrm{d}\omega_2\cdots\mathrm{d}\omega_n \tag{5.51}$$

在同一个时刻，有

$$K_y(\eta_1,\eta_2,\cdots,\eta_m) = \int_{-\infty}^{\infty}\cdots\int e^{i\sum_{j=1}^{m}\eta_j\omega_j} S_y(\omega_1,\omega_2,\cdots,\omega_m)\mathrm{d}\omega_1\mathrm{d}\omega_2\cdots\mathrm{d}\omega_m \tag{5.52}$$

因此，对于齐次随机场 $Y(\xi_1,\xi_2,\cdots,\xi_m)$，其谱密度可由函数 $S_x(\omega_1,\omega_2,\cdots,\omega_n)$ 对自变量 ω_j $(j=m+1,m+2,\cdots,n)$ 的所有可能值进行积分得到，即

$$S_y(\omega_1,\omega_2,\cdots,\omega_m) = \int_{-\infty}^{\infty}\cdots\int S_x(\omega_1,\omega_2,\cdots,\omega_n)\mathrm{d}\omega_{m+1}\cdots\mathrm{d}\omega_n \tag{5.53}$$

若这个随机场存在连续的数学期望和相关函数，则随机场 $X(\xi_1,\xi_2,\cdots,\xi_n)$ 对自变量 $\xi_1,\xi_2,\cdots,\xi_n$ 是 $r_1,r_2,\cdots,r_n$ 次可微的，即

$$Z(\xi_1,\xi_2,\cdots,\xi_n) = \frac{\partial^{\sum_{j=1}^{n}r_j} X(\xi_1,\xi_2,\cdots,\xi_n)}{\partial\xi_1^{r_1}\partial\xi_2^{r_2}\cdots\partial\xi_n^{r_n}} \tag{5.54}$$

因此

$$\overline{z}(\xi_1,\xi_2,\cdots,\xi_n) = \frac{\partial^{\sum_{j=1}^{n}r_j} \overline{x}(\xi_1,\xi_2,\cdots,\xi_n)}{\partial\xi_1^{r_1}\partial\xi_2^{r_2}\cdots\partial\xi_n^{r_n}} \tag{5.55}$$

$$K_z(\xi_1,\xi_2,\cdots,\xi_n;\xi_1',\xi_2',\cdots,\xi_n') = \frac{\partial^{2\sum_{j=1}^{n}r_j} K_x(\xi_1,\xi_2,\cdots,\xi_n;\xi_1',\xi_2',\cdots,\xi_n')}{\partial\xi_1^{r_1}\partial\xi_2^{r_2}\cdots\partial\xi_n^{r_n}\partial\xi_1'^{r_1}\partial\xi_2'^{r_2}\cdots\partial\xi_n'^{r_n}} \tag{5.56}$$

若随机场 $X(\xi_1,\xi_2,\cdots,\xi_n)$ 是齐次的，则随机场 $Z(\xi_1,\xi_2,\cdots,\xi_n)$ 也是齐次的。当 $\sum_{j=1}^{n}r_j \neq 0$ 时，它的数学期望等于零，而相关函数为

$$K_z(\eta_1,\eta_2,\cdots,\eta_n) = (-1)^{\sum_{j=1}^{n}r_j} \frac{\partial^{2\sum_{j=1}^{n}r_j} K_x(\eta_1,\eta_2,\cdots,\eta_n)}{\partial\eta_1^{2r_1}\partial\eta_2^{2r_2}\cdots\partial\eta_n^{2r_n}} \tag{5.57}$$

式(5.57)右边部分的导数存在，意味着把式(5.23)的积分进行相应次数的微分是可能的。因此，下列关系式是成立的，即

$$K_z(\eta_1,\eta_2,\cdots,\eta_n) = \int_{-\infty}^{\infty}\cdots\int e^{i\sum_{j=1}^{n}\eta_j\omega_j} \left(\prod_{j=1}^{n}\omega_j^{2r_j}\right) S_x(\omega_1,\omega_2,\cdots,\omega_n)\mathrm{d}\omega_1\mathrm{d}\omega_2\cdots\mathrm{d}\omega_n \tag{5.58}$$

因为

$$\frac{1}{(2\pi)^n}\int_{-\infty}^{\infty}\cdots\int e^{-i\sum_{j=1}^{n}\eta_j\omega_j}K_z(\eta_1,\eta_2,\cdots,\eta_n)\mathrm{d}\eta_1\mathrm{d}\eta_2\cdots\mathrm{d}\eta_n=S_z(\omega_1,\omega_2,\cdots,\omega_n) \tag{5.59}$$

所以，根据式(5.58)的 n 维积分变换，对于随机场 $Z(\xi_1,\xi_2,\cdots,\xi_n)$ 的谱密度，可以得到下列表达式，即

$$S_z(\omega_1,\omega_2,\cdots,\omega_n)=\left(\prod_{j=1}^{n}\omega_j^{2r_j}\right)S_x(\omega_1,\omega_2,\cdots,\omega_n) \tag{5.60}$$

假设对自变量 $\xi_1,\xi_2,\cdots,\xi_n$ 的所有或者部分自变量运用了线性齐次算子 $L_{\xi_1,\xi_2,\cdots,\xi_n}$，随机场 $W(\xi_1,\xi_2,\cdots,\xi_n)$ 可以由 $X(\xi_1,\xi_2,\cdots,\xi_n)$ 得到，即

$$W(\xi_1,\xi_2,\cdots,\xi_n)=L_{\xi_1,\xi_2,\cdots,\xi_n}[X(\xi_1,\xi_2,\cdots,\xi_n)] \tag{5.61}$$

算子 $L_{\xi_1,\xi_2,\cdots,\xi_n}$ 可能是微分的、积分的或者混合的。若齐次算子是线性微分的，则式(5.61)具有如下形式，即

$$W(\xi_1,\xi_2,\cdots,\xi_n)=\sum_{r_1,r_2,\cdots,r_n}a_{r_1,r_2,\cdots,r_n}\frac{\partial^{\sum_{j=1}^{n}r_j}X(\xi_1,\xi_2,\cdots,\xi_n)}{\partial\xi_1^{r_1}\partial\xi_2^{r_2}\cdots\partial\xi_n^{r_n}} \tag{5.62}$$

其中，求和是对所有可能值 $r_1,r_2,\cdots,r_n$ 进行的；系数 $a_{r_1,r_2,\cdots,r_n}$ 是非随机常数或者自变量 $\xi_1,\xi_2,\cdots,\xi_n$ 的函数。

当齐次线性算子 $L_{\xi_1,\xi_2,\cdots,\xi_n}$ 是积分时，式(5.61)具有如下形式，即

$$W(\xi_1,\xi_2,\cdots,\xi_n)=\int_D\cdots\int\varphi(\xi_1,\xi_2,\cdots,\xi_n;v_1,v_2,\cdots,v_n)X(v_1,v_2,\cdots,v_n)\mathrm{d}v_1\mathrm{d}v_2\cdots\mathrm{d}v_n \tag{5.63}$$

其中，$\varphi(\xi_1,\xi_2,\cdots,\xi_n;v_1,v_2,\cdots,v_n)$ 是给定函数，而积分是对区域 D 进行的，区域的边界取决于 $\xi_1,\xi_2,\cdots,\xi_n$。

对于随机场 $W(\xi_1,\xi_2,\cdots,\xi_n)$ 的数学期望，由式(5.61)可以推出下式，即

$$\bar{w}(\xi_1,\xi_2,\cdots,\xi_n)=L_{\xi_1,\xi_2,\cdots,\xi_n}[\bar{x}(\xi_1,\xi_2,\cdots,\xi_n)] \tag{5.64}$$

其零均值随机场为

$$\begin{aligned}\overset{0}{W}(\xi_1,\xi_2,\cdots,\xi_n)&=W(\xi_1,\xi_2,\cdots,\xi_n)-\bar{w}(\xi_1,\xi_2,\cdots,\xi_n)\\&=L_{\xi_1,\xi_2,\cdots,\xi_n}[\overset{0}{X}(\xi_1,\xi_2,\cdots,\xi_n)]\end{aligned} \tag{5.65}$$

相关函数为

$$\begin{aligned}K_w(\xi_1,\xi_2,\cdots,\xi_n;\xi_1',\xi_2',\cdots,\xi_n')&=M[\overset{0}{W}(\xi_1,\xi_2,\cdots,\xi_n)\overset{0}{W}(\xi_1',\xi_2',\cdots,\xi_n')]\\&=L_{\xi_1,\xi_2,\cdots,\xi_n}\{L_{\xi_1',\xi_2',\cdots,\xi_n'}[K_x(\xi_1,\xi_2,\cdots,\xi_n;\xi_1',\xi_2',\cdots,\xi_n')]\}\end{aligned} \tag{5.66}$$

对于实数随机场 $X(\xi_1,\xi_2,\cdots,\xi_n)$ 和 $Y(\xi_1,\xi_2,\cdots,\xi_n)$，其互相关函数为

$$K_{xy}(\xi_1,\xi_2,\cdots,\xi_n;\xi_1',\xi_2',\cdots,\xi_n') = M[\overset{0}{X}(\xi_1,\xi_2,\cdots,\xi_n)\overset{0}{Y}(\xi_1',\xi_2',\cdots,\xi_n')] \tag{5.67}$$

若齐次随机场 $X(\xi_1,\xi_2,\cdots,\xi_n)$ 和 $Y(\xi_1,\xi_2,\cdots,\xi_n)$ 的互相关函数通过差值 $\xi_j-\xi_j'=\eta_j$ $(j=1,2,\cdots,n)$ 依赖自变量 ξ_j 和 ξ_j' $(j=1,2,\cdots,n)$，则称它们是齐次相关的，即

$$K_{xy}(\xi_1,\xi_2,\cdots,\xi_n;\xi_1',\xi_2',\cdots,\xi_n') = K_{xy}(\eta_1,\eta_2,\cdots,\eta_n) \tag{5.68}$$

对于齐次相关随机场，其互相关函数和互谱密度通过形式为式(5.23)和式(5.24)的关系式来联系，即

$$K_{xy}(\eta_1,\eta_2,\cdots,\eta_n) = \int_{-\infty}^{\infty}\cdots\int e^{i\sum_{j=1}^{n}\eta_j\omega_j}S_{xy}(\omega_1,\omega_2,\cdots,\omega_n)d\omega_1 d\omega_2\cdots d\omega_n \tag{5.69}$$

$$S_{xy}(\omega_1,\omega_2,\cdots,\omega_n) = \frac{1}{(2\pi)^n}\int_{-\infty}^{\infty}\cdots\int e^{-i\sum_{j=1}^{n}\eta_j\omega_j}K_{xy}(\eta_1,\eta_2,\cdots,\eta_n)d\eta_1 d\eta_2\cdots d\eta_n \tag{5.70}$$

当互相关函数 $K_{xy}(\eta_1,\eta_2,\cdots,\eta_n)$ 只取决于由式(5.36)确定的在点 $(\xi_1,\xi_2,\cdots,\xi_n)$ 和 $(\xi_1',\xi_2',\cdots,\xi_n')$ 之间的距离 ζ 时，有

$$K_{xy}(\eta_1,\eta_2,\cdots,\eta_n) = K_{xy}(\zeta) \tag{5.71}$$

各向同性的随机场 $X(\xi_1,\xi_2,\cdots,\xi_n)$ 和 $Y(\xi_1,\xi_2,\cdots,\xi_n)$ 称为各向同性相关。对于各向同性相关的随机场，其互相关函数 $K_{xy}(\zeta)$ 和互谱密度 $S_{xy}(\omega)$ 通过形式为式(5.43)和式(5.44)的关系式来联系，即

$$K_{xy}(\zeta) = \frac{(2\pi)^{n/2}}{\zeta^{n/2-1}}\int_0^{\infty}\omega^{n/2}J_{n/2-1}(\zeta\omega)S_{xy}(\omega)d\omega \tag{5.72}$$

$$S_{xy}(\omega) = \frac{1}{(2\pi)^{n/2}\omega^{n/2-1}}\int_0^{\infty}\zeta^{n/2}J_{n/2-1}(\omega\zeta)K_{xy}(\zeta)d\zeta \tag{5.73}$$

假设

$$U(\xi_1,\xi_2,\cdots,\xi_n;\xi_1',\xi_2',\cdots,\xi_n') = X(\xi_1,\xi_2,\cdots,\xi_n) - X(\xi_1',\xi_2',\cdots,\xi_n') \tag{5.74}$$

对于这个随机场，其数学期望和方差可以借助下列关系式求出，即

$$\bar{u}(\xi_1,\xi_2,\cdots,\xi_n;\xi_1',\xi_2',\cdots,\xi_n') = \bar{x}(\xi_1,\xi_2,\cdots,\xi_n) - \bar{x}(\xi_1',\xi_2',\cdots,\xi_n') \tag{5.75}$$

$$D_u(\xi_1,\xi_2,\cdots,\xi_n;\xi_1',\xi_2',\cdots,\xi_n') = M\{[\overset{0}{U}(\xi_1,\xi_2,\cdots,\xi_n;\xi_1',\xi_2',\cdots,\xi_n')]^2\} \tag{5.76}$$

如果对于 $U(\xi_1,\xi_2,\cdots,\xi_n;\xi_1',\xi_2',\cdots,\xi_n')$，其数学期望和方差通过差值 $\xi_j - \xi_j' = \eta_j$ $(j=1,2,\cdots,n)$ 依赖自变量 ξ_j 和 ξ_j' $(j=1,2,\cdots,n)$，则称随机场 $X(\xi_1,\xi_2,\cdots,\xi_n)$ 是局部齐次的，即

$$\bar{u}(\xi_1,\xi_2,\cdots,\xi_n;\xi_1',\xi_2',\cdots,\xi_n') = \bar{u}(\eta_1,\eta_2,\cdots,\eta_n) \qquad (5.77)$$

$$D_u(\xi_1,\xi_2,\cdots,\xi_n;\xi_1',\xi_2',\cdots,\xi_n') = D_u(\eta_1,\eta_2,\cdots,\eta_n) \qquad (5.78)$$

如果下列概率特性是单一自变量 $\zeta = \sqrt{\sum_{j=1}^{n}\eta_j^2}$ 的函数，即

$$\bar{u}(\eta_1,\eta_2,\cdots,\eta_n) = \bar{u}(\zeta) \qquad (5.79)$$

$$D_u(\eta_1,\eta_2,\cdots,\eta_n) = D_u(\zeta) \qquad (5.80)$$

则局部齐次随机场 $X(\xi_1,\xi_2,\cdots,\xi_n)$ 称为局部各向同性的。

5.4 实 例 分 析

例 5.1 对于齐次二维随机场 $X(\xi_1,\xi_2)$，已知相关函数为

$$K_x(\eta_1,\eta_2) = \sigma^2 e^{-\alpha|\eta_1|-\beta|\eta_2|}(1+C_1\alpha\,|\,\eta_1\,|)\left(\cos\alpha\eta_2 + C_2\frac{\beta}{\gamma}\sin\gamma\,|\,\eta_2\,|\right)$$

其中，$\alpha > 0$；$\beta > 0$；$|C_1|\leqslant 1$；$|C_2|\leqslant 1$。

求谱密度 $S_x(\omega_1,\omega_2)$，并说明在哪些条件下，随机场 $X(\xi_1,\xi_2)$ 是可微的。

解 给定的相关函数表示为 $K_x(\eta_1,\eta_2) = \varphi_1(\eta_1)\varphi_2(\eta_2)$，其中 $\varphi_1(\eta_1) = \sigma_1^2 e^{-\alpha|\eta_1|}(1+C_1\alpha\,|\,\eta_1\,|)$，$\varphi_2(\eta_2) = \sigma_2^2 e^{-\beta|\eta_2|}\left(\cos\gamma\eta_2 + C_2\frac{\beta}{\gamma}\sin\gamma\,|\,\eta_2\,|\right)$，并且 $\sigma_1\sigma_2 = \sigma$。所求的谱密度 $S_x(\omega_1,\omega_2) = \psi_1(\omega_1)\psi_2(\omega_2)$，其中 $\psi_1(\omega_1) = \frac{1}{2\pi}\times\int_{-\infty}^{\infty}e^{-i\omega_1\eta_1}\varphi_1(\eta_1)d\eta_1$，$\psi_2(\omega_2) = \frac{1}{2\pi}\int_{-\infty}^{\infty}e^{-i\omega_2\eta_2}\varphi_2(\eta_2)d\eta_2$。

函数 $\varphi_1(\eta_1)$ 和 $\varphi_2(\eta_2)$ 等效于式(1.184)和式(1.181)所示的一维随机过程的相关函数。相应的谱密度具有式(1.184)和式(1.179)所示的形式，因此

$$\psi_1(\omega_1) = \frac{\sigma_1^2\alpha[(1+C_1)\alpha^2+(1-C_1)\omega_1^2]}{\pi(\omega_1^2+\alpha^2)^2}$$

$$\psi_2(\omega_2) = \frac{\sigma_2^2\beta[(1+C_2)(\beta^2+\gamma^2)+(1-C_2)\omega_2^2]}{\pi[(\omega_2^2+\beta^2-\gamma^2)^2+4\beta^2\gamma^2]}$$

所求的谱密度为

$$S_x(\omega_1,\omega_2)=\psi_1(\omega_1)\psi_2(\omega_2)$$
$$=\frac{\sigma^2\alpha\beta[(1+C_1)\alpha^2+(1-C_1)\omega_1^2][(1+C_2)(\beta^2+\gamma^2)+(1-C_2)\omega_2^2]}{\pi^2(\omega_1^2+\alpha^2)^2[(\omega_2^2+\beta^2-\gamma^2)^2+4\beta^2\gamma^2]}$$

如果 $C_1\neq1$ 和 $C_2\neq1$，则分别在点 $\eta_1=0$ 和 $\eta_2=0$ 处，函数 $\varphi_1(\eta_1)$ 和 $\varphi_2(\eta_2)$ 不存在其一阶导数(参看例 1.9)。因此，当 $C_1\neq1$ 和 $C_2\neq1$ 时，随机场 $X(\xi_1,\xi_2)$ 是不可微的。当 $C_1=1$ 时，函数 $\varphi_1(\eta_1)$ 在 $\eta_1=0$ 时是二次可微的，由此随机场 $X(\xi_1,\xi_2)$ 对自变量 ξ_1 是一次可微的。如果 $C_2=1$，当 $\eta_2=0$ 时，函数 $\varphi_2(\eta_2)$ 是二次可微的，由此随机场 $X(\xi_1,\xi_2)$ 对自变量 ξ_2 是一次可微的。当 $C_1=C_2=1$ 时，随机场 $X(\xi_1,\xi_2)$ 对自变量 ξ_1 是一次可微的，并且对自变量 ξ_2 也是一次可微的。在这种情况下，对于随机场，即

$$Y_1(\xi_1,\xi_2)=\frac{\partial^2 X(\xi_1,\xi_2)}{\partial\xi_1\partial\xi_2}$$

谱密度为

$$S_y(\omega_1,\omega_2)=\omega_1^2\omega_2^2 S_x(\omega_1,\omega_2)$$

相关函数为

$$K_y(\eta_1,\eta_2)=\sigma^2\alpha^2(\beta^2+\gamma^2)\mathrm{e}^{-\alpha|\eta_1|-\beta|\eta_2|}(1-\alpha\,|\,\eta_1\,|)\left(\cos\gamma\eta_2-\frac{\beta}{\gamma}\sin\gamma\,|\,\eta_2\,|\right)$$

例 5.2　对于齐次随机场 $X(\xi_1,\xi_2)$，已知谱密度为

$$S_x(\omega_1\omega_2)=\frac{\sigma^2}{2\pi\alpha\beta\sqrt{1-\gamma^2}}\exp\left\{\frac{-1}{2(1-\gamma^2)}\left[\left(\frac{\omega_1}{\alpha}\right)^2+\left(\frac{\omega_2}{\beta}\right)^2-2\gamma\frac{\omega_1\omega_2}{\alpha\beta}\right]\right\}$$

其中，$\alpha>0$；$\beta>0$；$|\gamma|<1$。

求相关函数 $K_x(\eta_1,\eta_2)$。随机场 $X(\xi_1,\xi_2)$ 是多少次可微的？求随机场 $Y(\xi_1,\xi_2)=\dfrac{\partial X(\xi_1,\xi_2)}{\partial\xi_1}$ 和 $Z(\xi_1,\xi_2)=\dfrac{\partial X(\xi_1,\xi_2)}{\partial\xi_2}$ 的谱密度和相关函数。

解　根据已知的谱密度，相关函数可由下列公式确定，即

$$K_x(\eta_1,\eta_2)=\int\!\!\!\int_{-\infty}^{\infty}\mathrm{e}^{\mathrm{i}\eta_1\omega_1+\mathrm{i}\eta_2\omega_2}S_x(\omega_1,\omega_2)\mathrm{d}\omega_1\mathrm{d}\omega_2$$

利用类似的关系式，随机变量的二维系统 (X,Y) 的特征函数可以通过概率密

度函数 $f(x,y)$ 表达。所要求的谱密度类似于把二维正态系统 (X,Y) 的概率密度函数在 $\bar{x}=\bar{y}=0$、$\sigma_x=\alpha$、$\sigma_y=\beta$、$r_{xy}=\gamma$ 时的表达式乘以 σ^2。考虑指定系统的特征函数的表达式，可得随机场 $X(\xi_1,\xi_2)$ 的相关函数为

$$K_x(\eta_1,\eta_2)=\sigma^2\exp\left[-\frac{1}{2}(\alpha\eta_1)^2-\frac{1}{2}(\beta\eta_2)^2-\alpha\beta\gamma\eta_1\eta_2\right]$$

这个函数对于自变量 η_1 和 η_2 是任意次可微的。因此，随机场 $X(\xi_1,\xi_2)$ 对于每个自变量是无限次可微的。

对于如下随机场，即

$$Y(\xi_1,\xi_2)=\frac{\partial X(\xi_1,\xi_2)}{\partial\xi_1}\quad\text{和}\quad Z(\xi_1,\xi_2)=\frac{\partial X(\xi_1,\xi_2)}{\partial\xi_2}$$

其谱密度为

$$S_y(\omega_1,\omega_2)=\omega_1^2 S_x(\omega_1,\omega_2),\quad S_z(\omega_1,\omega_2)=\omega_2^2 S_x(\omega_1,\omega_2)$$

可得下式，即

$$\frac{\partial K_x(\eta_1,\eta_2)}{\partial\eta_1}=K_x(\eta_1,\eta_2)(-\alpha^2\eta_1-\alpha\beta\gamma\eta_2)$$

$$\frac{\partial^2 K_x(\eta_1,\eta_2)}{\partial\eta_1^2}=K_x(\eta_1,\eta_2)[\alpha^2(\alpha\eta_1+\beta\gamma\eta_2)^2-\alpha^2]$$

因此，对于随机场 $Y(\xi_1,\xi_2)$ 和 $Z(\xi_1,\xi_2)$，其相关函数为

$$K_y(\eta_1,\eta_2)=-\frac{\partial^2 K_x(\eta_1,\eta_2)}{\partial\eta_1^2}=\alpha^2[1-(\alpha\eta_1+\beta\gamma\eta_2)^2]K_x(\eta_1,\eta_2)$$

$$K_z(\eta_1,\eta_2)=-\frac{\partial^2 K_x(\eta_1,\eta_2)}{\partial\eta_2^2}=\beta^2[1-(\beta\eta_2+\alpha\gamma\eta_1)^2]K_x(\eta_1,\eta_2)$$

例 5.3　对于 n 维各向同性的随机场 $X(\xi_1,\xi_2,\cdots,\xi_n)$ 和 $Y(\xi_1,\xi_2,\cdots,\xi_n)$，已知其相关函数为

$$K_x(\zeta)=\sigma_x^2 e^{-\alpha\zeta},\quad K_y(\zeta)=\sigma_y^2 e^{-\alpha\zeta}(1+\alpha\zeta)$$

求谱密度 $S_x(\omega)$ 和 $S_y(\omega)$。

解　根据式(5.44)可得下式，即

$$S_x(\omega)=\frac{\sigma_x^2}{(2\pi)^{n/2}\omega^{n/2-1}}\int_0^\infty\zeta^{n/2}e^{-\alpha\zeta}J_{n/2-1}(\omega\zeta)d\zeta$$

$$S_y(\omega)=\frac{\sigma_y^2}{(2\pi)^{n/2}\omega^{n/2-1}}\int_0^\infty\zeta^{n/2}(1+\alpha\zeta)e^{-\alpha\zeta}J_{n/2-1}(\omega\zeta)d\zeta$$

$$=\left(\frac{\sigma_y}{\sigma_x}\right)^2\left[S_x(\omega)-\alpha\frac{\partial}{\partial\alpha}S_x(\omega)\right]$$

下列等式是成立的，即

$$\int_0^\infty \zeta^{n/2}\mathrm{e}^{-\alpha\zeta}J_{n/2-1}(\omega\zeta)\mathrm{d}\zeta = \frac{\alpha 2^{n/2}\omega^{n/2-1}\Gamma\left(\dfrac{n+1}{2}\right)}{\sqrt{\pi}(\omega^2+\alpha^2)^{\frac{n+1}{2}}}$$

因此

$$S_x(\omega) = \frac{\alpha\sigma_x^2\Gamma\left(\dfrac{n+1}{2}\right)}{\pi^{(n+1)/2}(\omega^2+\alpha^2)^{(n+1)/2}}$$

因为

$$S_x(\omega) - \alpha\frac{\partial}{\partial\alpha}S_x(\omega) = \frac{\alpha^3\sigma_x^2\Gamma\left(\dfrac{n+1}{2}\right)(n+1)}{\pi^{(n+1/2)}(\omega^2+\alpha^2)^{(n+3)/2}}$$

所以

$$S_y(\omega) = \frac{2\alpha^3\sigma_y^2\Gamma\left(\dfrac{n+3}{2}\right)}{\pi^{(n+1)/2}(\omega^2+\alpha^2)^{(n+3)/2}}$$

例 5.4　在坐标点 x 和 y，在 t 时刻，海水表面距离平衡水位的随机垂直偏差 $Z(x,y,t)$ 与势函数 $U(x,y,z,t)$ 有关，其关系为

$$Z(x,y,t) = -\frac{1}{g}\frac{\partial}{\partial t}U(x,y,0,t)$$

其中，g 是重力加速度。

对于势函数，有下列谱分解，即

$$U(x,y,z,t) = \int_{-\infty}^\infty\int e^{\mathrm{i}(x\omega_1+y\omega_2-t\sqrt{g\omega})+z\omega}\Psi_u(\omega_1,\omega_2)\mathrm{d}\omega_1\mathrm{d}\omega_2$$

其中，$\omega = \sqrt{\omega_1^2+\omega_2^2}$；$\Psi_u(\omega_1,\omega_2)$ 是随机场，它的数学期望等于零，相关函数为

$$M[\Psi_u(\omega_1,\omega_2)\Psi_u^*(\omega_1',\omega_2')] = S_u(\omega_1,\omega_2)\delta(\omega_1-\omega_1')\delta(\omega_2-\omega_2')$$

势函数的谱密度 $S_u(\omega_1,\omega_2)$ 是已知的。

通过谱密度 $S_u(\omega_1,\omega_2)$ 和 $S(\rho,\theta) = S_u(\rho\cos\theta,\rho\sin\theta)$，求随机场 $Z(x,y,t)$ 的相关函数的表达式，并求当时刻 t 取固定值时，随机场 $Z(x,y,t)$ 的谱密度 $S_0(\omega_1,\omega_2)$。

解　把势函数 $U(x,y,z,t)$ 的表达式对 t 进行微分，可得下式，即

$$Z(x,y,t) = -\frac{1}{g}\frac{\partial}{\partial t}U(x,y,0,t)$$

$$= \frac{\mathrm{i}}{\sqrt{g}}\int\limits_{-\infty}^{\infty}\int \mathrm{e}^{\mathrm{i}(x\omega_1 + y\omega_2 - t\sqrt{g\omega})}\sqrt{\omega}\,\Psi_u(\omega_1,\omega_2)\mathrm{d}\omega_1\mathrm{d}\omega_2$$

因为 $M[\Psi_u(\omega_1,\omega_2)] = 0$，所以对于齐次随机场 $Z(x,y,t)$，其数学期望等于零。相关函数为

$$K_z(\eta_2,\eta_2,\tau) = M\Big[Z(x+\eta_2, y+\eta_2, t+\tau)Z^*(x,y,t)\Big]$$

$$= \frac{1}{g}\int\limits_{-\infty}^{\infty}\int \mathrm{e}^{\mathrm{i}\big[(x+\eta_1)\omega_1 + (y+\eta_2)\omega_2 - (t+\tau)\sqrt{g\omega}\big]}\sqrt[4]{\omega_1^2 + \omega_2^2}\,\mathrm{d}\omega_1\mathrm{d}\omega_2$$

$$\times \int\limits_{-\infty}^{\infty}\int \mathrm{e}^{\mathrm{i}\big[(x\omega_1' + y\omega_2' - t\sqrt{g\omega'}\big]}\sqrt[4]{\omega_1'^2 + \omega_2'^2}\,M[\Psi_u(\omega_1,\omega_2)\Psi_u^*(\omega_1',\omega_2')]\mathrm{d}\omega_1'\mathrm{d}\omega_2'$$

考虑随机场 $\Psi_u(\omega_1,\omega_2)$ 相关函数的表达式，可得下式，即

$$K_z(\eta_1,\eta_2,\tau) = \frac{1}{g}\int\limits_{-\infty}^{\infty}\int \mathrm{e}^{\mathrm{i}(\eta_1\omega_1 + \eta_2\omega_2 - \tau\sqrt{g}\sqrt[4]{\omega_1^2+\omega_2^2})}S_u(\omega_1,\omega_2)\sqrt{\omega_1^2 + \omega_2^2}\,\mathrm{d}\omega_1\mathrm{d}\omega_2$$

假设 $\eta_1 = r\cos\varphi$、$\eta_2 = r\sin\varphi$、$\omega_1 = \rho\cos\theta$ 和 $\omega_2 = \rho\sin\theta$，把积分变量 ω_1 和 ω_2 转换成 ρ 和 θ。因为 $\mathrm{d}\omega_1\mathrm{d}\omega_2 = \rho\mathrm{d}\rho\mathrm{d}\varphi$，所以

$$K_z(r\cos\varphi, r\sin\varphi, \tau) = \frac{1}{g}\int\limits_0^{2\pi}\mathrm{d}\theta\int\limits_0^{\infty}\mathrm{e}^{\mathrm{i}[r\rho\cos(\varphi-\theta) - \tau\sqrt{g\rho}]}S(\rho,\theta)\rho^2\mathrm{d}\rho$$

当自变量 t 取固定值时，三维随机场 $Z(x,y,t)$ 变成带有相关函数 $K_z(\eta_1,\eta_2,0)$ 的二维随机场，并且

$$K_z(\eta_1,\eta_2,0) = \frac{1}{g}\int\limits_{-\infty}^{\infty}\int \mathrm{e}^{\mathrm{i}(\eta_1\omega_1 + \eta_2\omega_2)}S_u(\omega_1,\omega_2)\sqrt{\omega_1^2 + \omega_2^2}\,\mathrm{d}\omega_1\mathrm{d}\omega_2$$

转换为二维傅里叶积分，可得下式，即

$$\frac{1}{g}S_u(\omega_1,\omega_2)\sqrt{\omega_1^2 + \omega_2^2} = \frac{1}{(2\pi)^2}\int\limits_{-\infty}^{\infty}\int \mathrm{e}^{-\mathrm{i}(\eta_1\omega_1 + \eta_2\omega_2)}K_z(\eta_1,\eta_2,0)\mathrm{d}\eta_1\mathrm{d}\eta_2$$

这个表达式的右边部分与二维随机场 $Z(x,y,t)$ 在时刻 t 取固定值时的谱密度 $S_0(\omega_1,\omega_2)$ 吻合。因此

$$S_0(\omega_1,\omega_2) = \frac{1}{g}\sqrt{\omega_1^2 + \omega_2^2}\,S_u(\omega_1,\omega_2)$$

第6章 连续线性最优动态系统

本章介绍线性动态系统最优化准则、维纳-霍普夫积分方程、线性动态系统最优脉冲过渡函数和传递函数的两种求解方法,并通过实例分析,介绍两种求解方法的使用步骤。本章重点介绍利用频域法确定最优系统传递函数,给出典型结构最优调节器的求解方法,然后通过一个应用案例,完整分析该方法的使用步骤。

6.1 线性动态系统最优化准则

在通过动态系统分析随机过程的运行时,通常要研究两个问题。第一个问题是输入随机过程 $X(t)$ 的概率特性是已知的,且描述动态系统运行的微分等式是给定的,要确定系统输出端随机过程 $Y(t)$ 的概率特性。这个问题已在第 2 章中研究过。若输出端的随机过程 $Y(t)$ 是广义平稳过程,则它的谱密度 $S_y(\omega)$ 与输入随机过程 $X(t)$ 的谱密度 $S_x(\omega)$ 有关,即

$$S_y(\omega) = |\Phi(i\omega)|^2 S_x(\omega) \tag{6.1}$$

其中, $\Phi(i\omega)$ 是线性动态系统的传递函数。

第二个问题是输入端的随机过程 $X(t)$ 和系统输出端期望的随机过程 $Z(t)$ 的概率特性都是已知的。设动态系统的传递函数为 $\Phi(i\omega)$ 或者脉冲过渡函数为 $k(t)$,且这两个函数的关系为

$$k(t) = \frac{1}{2\pi} \int_{-\infty}^{\infty} e^{i\omega t} \Phi(i\omega) d\omega \tag{6.2}$$

确定系统最优的传递函数或脉冲过渡函数使系统输出端的随机过程 $Y(t)$ 在一定意义上以最好的方式逼近期望的随机过程 $Z(t)$ 。

输出端期望的和实际的随机过程之间的差值 $\Delta(t) = Z(t) - Y(t)$ 称为动态系统的误差,这个误差是随机过程。最优化准则要求误差 $\Delta(t)$ 的某些概率特性为最小,使输出端的随机过程 $Y(t)$ 能更精确地逼近期望的随机过程 $Z(t)$ 。不同的准则通常导致大致相同的结果,因此在大部分情况下,根据不同准则构建的系统的属性都没有很大的差别。应用时注意到,有时得到的最优系统在实际中可能实现不了,

因此对于系统的最优设计，得到接近于最优并且能够实现的系统就已足够了。

　　在很多情况下，很方便采用动态系统误差 $\Delta(t)$ 的方差 D_Δ 最小为最优化准则，也就是要求随机过程 $\Delta(t)$ 的方差最小，并以这个准则为基础进行，确定最优脉冲过渡函数 $k(t)$ 及其对应的最优传递函数 $\Phi(\mathrm{i}\omega)$，这个准则通常称为最小均方误差准则。

6.2　维纳-霍普夫积分方程

　　假设将随机过程 $X(t) = X_n(t) + V(t)$ 输入未知脉冲过渡函数 $k(t)$ 的线性动态系统，其中 $X_n(t)$ 是随机函数，为有效的输入，而 $V(t)$ 是扰动噪声。系统输出端期望的随机过程 $Z(t)$ 由有效输入随机过程 $X_n(t)$ 经线性变换得到。这个变换可以表示为

$$Z(t) = \int_{-\infty}^{\infty} h(\tau) X_n(t-\tau) \mathrm{d}\tau \tag{6.3}$$

其中，$h(\tau)$ 是理想变换函数，如 $h(\tau) = \delta(\tau + \tau_0)$，$\tau_0$ 是给定值，则

$$Z(t) = \int_{-\infty}^{\infty} \delta(\tau + \tau_0) X_n(t-\tau) \mathrm{d}\tau = X_n(t + \tau_0) \tag{6.4}$$

　　当没有扰动 $V(t)$ 时，在 $\tau_0 > 0$ 处，这个动态系统输出为输入随机过程的外推(超前)，而在 $\tau_0 < 0$ 处，为输入随机过程的平滑(延迟、滞后)。当存在扰动 $V(t)$ 时，意味着系统首先从输入随机过程 $X(t) = X_n(t) + V(t)$ 滤出有效成分 $X_n(t)$，然后进行外推或平滑，这就是对输入随机过程过滤的滤波器，如齐射提前器。齐射提前器是用来保证当舰艇处于某个指定位置时下达齐射的命令。在这种情况下，时间间隔 τ_0 指的是从射击电路闭合到射击完毕的时间间隔。有效随机过程 $X_n(t)$ 是舰船的摇摆，而扰动 $V(t)$ 是由于仪器存在的工作误差。无线电传输装置同样是滤波器系统的典型例子。

　　若在式(6.3)中，变换函数 $h(\tau) = \delta^{(l)}(\tau + \tau_0)$，则

$$Z(t) = \int_{-\infty}^{\infty} \delta^{(l)}(\tau + \tau_0) X_n(t-\tau) \mathrm{d}\tau = X_n^{(l)}(t + \tau_0) \tag{6.5}$$

　　在这种情况下，动态系统是对输入随机过程 $X(t) = X_n(t) + V(t)$ 的过滤，即滤出有效随机过程 $X_n(t)$，然后对其进行外推(当 $\tau_0 > 0$ 时)或平滑(当 $\tau_0 < 0$ 时)，最后得到随机过程的 l 次微分。

　　可以认为，对于大多数线性动态系统，在时刻 t 之前的无限时间区间内，即

当 $-\infty < t' < t$ 时，输出端的随机过程 $Y(t)$ 是根据输入随机过程 $X(t')$ 形成的。在这种情况下，有效输入随机过程 $X_n(t) = U(t)$，并且 $U(t)$ 和 $V(t)$ 是数学期望等于零的广义平稳相关随机过程。这些过程的相关函数 $K_u(\tau)$ 和 $K_v(\tau)$ 是已知的，同样互相关函数 $K_{uv}(\tau)$ 和 $K_{vu}(\tau) = K_{uv}(-\tau)$ 也是已知的。与这个函数对应的是谱密度 $S_u(\omega)$ 和 $S_v(\omega)$，以及互相关谱密度 $S_{uv}(\omega)$ 和 $S_{vu}(\omega)$。对于输入随机过程 $X(t) = U(t) + V(t)$，其相关函数为

$$K_x(\tau) = K_u(\tau) + K_v(\tau) + K_{uv}(\tau) + K_{vu}(\tau) \tag{6.6}$$

谱密度为

$$S_x(\omega) = S_u(\omega) + S_v(\omega) + S_{uv}(\omega) + S_{vu}(\omega) \tag{6.7}$$

更常见的动态系统是有限记忆的系统，输出端的随机过程 $Y(t)$ 是根据输入随机过程 $X(t')$ 在 $t - T \leqslant t' \leqslant t$ 形成的，即在有限的观测时间 T 内。这个系统输入端的随机过程同样可表示为有效随机过程 $X_\Pi(t)$ 和扰动 $V(t)$ 之和 $X(t) = X_\Pi(t) + V(t)$ 的形式。区别在于，$X_\Pi(t) = U(t) + R(t)$，有效输入的随机过程还包含额外的非平稳成分 $R(t)$。最经常见的是，$R(t)$ 是给定时间 t 的 r 阶多项式，即

$$R(t) = \sum_{k=0}^{r} c_k t^k \tag{6.8}$$

这个多项式的系数 c_k $(k = 0,1,\cdots,r)$ 是未知或给定的常数，而 $R(t)$ 是非随机(确定的)过程。有时，系数 c_k $(k = 0,1,\cdots,r)$ 作为带有已知数字特性的随机变量被研究。这时，$R(t)$ 是非平稳随机过程。当然，$R(t)$ 可能具有对自变量 t 更复杂的关系，如多项式函数、指数函数和三角函数等。本书假设有效输入随机过程 $X_\Pi(t)$ 的非平稳成分 $R(t)$ 在非随机系数 c_k $(k = 0,1,\cdots,r)$ 具有如式(6.8)所示的形式。因此，对于输入随机过程 $X(t) = U(t) + R(t) + V(t)$，相关函数 $K_x(\tau)$ 和谱密度 $S_x(\omega)$ 也同样由式(6.6)和式(6.7)来确定。

根据式(6.3)，动态系统输出端期望的随机过程为

$$Z(t) = \int_{-\infty}^{\infty} h(\tau)[U(t-\tau) + R(t-\tau)]\mathrm{d}\tau \tag{6.9}$$

其数学期望为

$$\bar{z}(t) = \int_{-\infty}^{\infty} h(\tau)R(t-\tau)\mathrm{d}\tau \tag{6.10}$$

因此

$$\overset{0}{Z}(t) = Z(t) - \overline{z}(t) = \int_{-\infty}^{\infty} h(\tau)U(t-\tau)\mathrm{d}\tau \tag{6.11}$$

对于随机过程 $Z(t)$ 和 $X(t)$，其互相关函数为

$$K_{zx}(\tau) = M[\overset{0}{Z}(t+\tau)\overset{0}{X}(t)] = \int_{-\infty}^{\infty} h(\tau')M\{U(t+\tau-\tau')[U(t)+V(t)]\}\mathrm{d}\tau' \tag{6.12}$$

即

$$K_{zx}(\tau) = \int_{-\infty}^{\infty} h(\tau')[K_u(\tau-\tau') + K_{uv}(\tau-\tau')]\mathrm{d}\tau' \tag{6.13}$$

互谱密度为

$$\begin{aligned}
S_{zx}(\omega) &= \frac{1}{2\pi} \int_{-\infty}^{\infty} \mathrm{e}^{-\mathrm{i}\omega\tau} K_{zx}(\tau)\mathrm{d}\tau \\
&= \frac{1}{2\pi} \int_{-\infty}^{\infty} h(\tau')\left\{ \int_{-\infty}^{\infty} \mathrm{e}^{-\mathrm{i}\omega\tau}[K_u(\tau-\tau') + K_{uv}(\tau-\tau')]\mathrm{d}\tau \right\}\mathrm{d}\tau'
\end{aligned} \tag{6.14}$$

把积分变量 τ 替换成 $\tau_1 = \tau - \tau'$，可得下式，即

$$S_{zx}(\omega) = [S_u(\omega) + S_{uv}(\omega)]H(\omega) \tag{6.15}$$

其中

$$H(\omega) = \int_{-\infty}^{\infty} \mathrm{e}^{-\mathrm{i}\omega\tau} h(\tau)\mathrm{d}\tau \tag{6.16}$$

对于有限记忆的动态系统，脉冲过渡函数 $k(t)$ 只在 $0 \leqslant t \leqslant T$ 时不等于零，因此

$$k(t) \equiv 0, \quad t < 0 \text{ 或 } t > T \tag{6.17}$$

在已知传递函数 $\Phi(\mathrm{i}\omega)$ 时，脉冲过渡函数可根据式(6.2)求出。通过傅里叶积分变换，由脉冲过渡函数可以得到传递函数，即

$$\Phi(\mathrm{i}\omega) = \int_{0-}^{T+} \mathrm{e}^{-\mathrm{i}\omega t} k(t)\mathrm{d}t \tag{6.18}$$

其中，符号 "$0-$" 和 "$T+$" 意味着，点 $t=0$ 和 $t=T$ 被纳入积分范围，这很重要，因为最优脉冲过渡函数包含在 t 和 $t-T$ 时的 δ 函数及其导数，当 $t=0$ 或者 $t=T$ 时，上述成分变成无穷大。

对于输出端的有限记忆的动态系统，有

$$Y(t) = \int_{0}^{T} k(\tau)X(t-\tau)\mathrm{d}\tau \tag{6.19}$$

系统误差为

$$\Delta(t) = Z(t) - Y(t)$$

$$= \int_{-\infty}^{\infty} h(\tau)\big[U(t-\tau) + R(t-\tau)\big]\mathrm{d}\tau - \int_{0}^{T} k(\tau)\big[U(t-\tau) + R(t-\tau) + V(t-\tau)\big]\mathrm{d}\tau \quad (6.20)$$

对于这个随机过程，其数学期望为

$$M[\Delta(t)] = \int_{-\infty}^{\infty} h(\tau)R(t-\tau)\mathrm{d}\tau - \int_{0}^{T} k(\tau)R(t-\tau)\mathrm{d}\tau \quad (6.21)$$

式(6.21)如果恒等于零，动态系统将无系统误差地再现非随机过程 $R(t)$ 的每个组成。因此，必须满足如下恒等式，即

$$\sum_{k=0}^{r} c_k \left[\int_{0}^{T} k(\tau)(t-\tau)^k \mathrm{d}\tau - \int_{-\infty}^{\infty} h(\tau)(t-\tau)^k \mathrm{d}\tau \right] \equiv 0 \quad (6.22)$$

只是当 t 的 r 阶多项式的所有 $r+1$ 个系数都等于零时，这个多项式才恒等于零，同时这个多项式的任意 l 阶导数也恒等于零，因此有下列关系式，即

$$\sum_{k=0}^{r} c_k \frac{k!}{(k-l)!} \left[\int_{0}^{T} k(\tau)(t-\tau)^{k-l}\mathrm{d}\tau - \int_{-\infty}^{\infty} h(\tau)(t-\tau)^{k-l}\mathrm{d}\tau \right] \equiv 0, \quad l = 0,1,\cdots,r \quad (6.23)$$

这 $r+1$ 个齐次代数等式方程组具有唯一解，即

$$\int_{0}^{T} k(\tau)(t-\tau)^s \mathrm{d}\tau - \int_{-\infty}^{\infty} h(\tau)(t-\tau)^s \mathrm{d}\tau \equiv 0, \quad s = 0,1,\cdots,r \quad (6.24)$$

这些恒等式在任意 t 时都要满足，因此式(6.25)必定成立，即

$$\int_{0}^{T} \tau^k k(\tau)\mathrm{d}\tau = \mu_k, \quad k = 0,1,\cdots,r \quad (6.25)$$

其中

$$\mu_k = \int_{-\infty}^{\infty} \tau^k h(\tau)\mathrm{d}\tau, \quad k = 0,1,\cdots,r \quad (6.26)$$

式(6.25)是 $r+1$ 个等式的集合，这意味着包含如式(6.8)所示的非随机分量的有效输入随机过程的动态系统要求的脉冲过渡函数 $k(t)$ 必须能满足这些条件。借助传递函数(6.18)，这些条件可表示为

$$\left. \frac{\mathrm{d}^k \Phi(\mathrm{i}\omega)}{\mathrm{d}\omega^k} \right|_{\omega=0} = (-\mathrm{i})^k \mu_k, \quad k = 0,1,\cdots,r \quad (6.27)$$

若在动态系统中，观测时间 $T = \infty$，则有效输入随机过程的非随机分量 $R(t)$ 不

存在，于是条件(6.25)或条件(6.27)将不再要求。

当条件(6.25)满足时，动态系统的误差表示为

$$\Delta(t) = \overset{0}{Z}(t) - \int_0^T k(\tau) \overset{0}{X}(t-\tau) \mathrm{d}\tau \tag{6.28}$$

对于这个随机过程，其方差为

$$D_\Delta = D_z - 2\int_0^T k(\tau) K_{zx}(\tau) \mathrm{d}\tau + \int_0^T k(t) \mathrm{d}t \int_0^T k(\tau) K_x(t-\tau) \mathrm{d}\tau \tag{6.29}$$

并且

$$D_z = \int_{-\infty}^\infty h(t) \mathrm{d}t \int_{-\infty}^\infty h(\tau) K_u(t-\tau) \mathrm{d}\tau \tag{6.30}$$

根据采用的最优化准则，所求的脉冲过渡函数 $k(t)$ 是使误差 $\Delta(t)$ 的方差 D_Δ 最小的函数，并且满足条件(6.25)。我们知道，条件极值的求取等效于下列泛函数的无条件极值的求取，即

$$I(k) = D_\Delta - 2\sum_{k=0}^r \lambda_k \left[\int_0^T \tau^k k(\tau) \mathrm{d}\tau - \mu_k \right] \tag{6.31}$$

其中，$\lambda_k \ (k=0,1,\cdots,r)$ 是未确定的拉格朗日因子。

假设 $k(t)$ 是最优的脉冲过渡函数，当它存在时，泛函数 $I(k)$ 最小。在式(6.31)中，把函数 $k(t)$ 替换成 $k(t) + \alpha\theta(t)$，其中 α 为任意参数，而 $\theta(t)$ 是任意函数。于是可得下式，即

$$I(k+\alpha\theta) = I(k) - 2\alpha\left[\int_0^T \theta(t) K_{zx}(t)\mathrm{d}t - \int_0^T \theta(t)\mathrm{d}t\int_0^T k(\tau) K_x(t-\tau)\mathrm{d}\tau + \sum_{k=0}^r \lambda_k \int_0^T \theta(t) t^k \mathrm{d}t \right]$$
$$+ \alpha^2 \int_0^T \theta(t)\mathrm{d}t \int_0^T \theta(\tau) K_x(t-\tau)\mathrm{d}\tau$$

$$\tag{6.32}$$

函数 $I(k+\alpha\theta)$ 在 $\alpha = 0$ 时取最小值，因此

$$\left.\frac{\partial I(k+\alpha\theta)}{\partial \alpha}\right|_{\alpha=0} = -2\int_0^T \theta(t)\left[K_{zx}(t) + \sum_{k=0}^r \lambda_k t^k - \int k(\tau) K_x(t-\tau)\mathrm{d}\tau \right]\mathrm{d}t = 0 \tag{6.33}$$

因为函数 $\theta(t)$ 是任意的，所以这个关系式只在如下情况是可能的，即

$$\int_0^T k(\tau) K_x(t-\tau)\mathrm{d}\tau = K_{zx}(t) + \sum_{k=0}^r \lambda_k t^k, \quad 0 \leqslant t \leqslant T \tag{6.34}$$

当满足这个条件时，有

$$I(k+\alpha\theta)=I(k)+\alpha^2\int_0^T\theta(t)\mathrm{d}t\int_0^T\theta(\tau)K_x(t-\tau)\mathrm{d}\tau$$

$$=I(k)+\alpha^2 M\left\{\left[\int_0^T\theta(t)\overset{0}{X}(t)\mathrm{d}t\right]^2\right\}\geqslant I(k) \tag{6.35}$$

根据式(6.34)确定的函数 $k(t)$ 使泛函数 $I(k)$ 最小，因此这个脉冲过渡函数是最优的。式(6.34)也称为有限记忆动态系统的维纳-霍普夫积分方程。

考虑式(6.25)和式(6.34)，有限记忆动态系统误差 $\Delta(t)$ 方差的表达式(6.29)可采用如下形式，即

$$D_\Delta=D_z-\int_0^T k(\tau)K_{zx}(\tau)\mathrm{d}\tau+\sum_{k=0}^r\lambda_k\mu_k \tag{6.36}$$

由式(6.19)可得最优动态系统输出端的随机过程 $Y(t)$ 的方差表达式，即

$$D_y=\int_0^T k(\tau)K_{zx}(\tau)\mathrm{d}\tau+\sum_{k=0}^r\lambda_k\mu_k \tag{6.37}$$

因此

$$D_\Delta=D_z-D_y+2\sum_{k=0}^r\lambda_k\mu_k \tag{6.38}$$

因为脉冲过渡函数 $k(t)$ 在 $t<0$ 和 $t>T$ 时等于零，所以考虑式(6.2)，可得下式，即

$$\int_0^T k(\tau)K_x(t-\tau)\mathrm{d}\tau=\int_{-\infty}^\infty K_x(t-\tau)\left[\frac{1}{2\pi}\int_{-\infty}^\infty\mathrm{e}^{\mathrm{i}\omega\tau}\varPhi(\mathrm{i}\omega)\mathrm{d}\omega\right]\mathrm{d}\tau$$

$$=\int_{-\infty}^\infty\mathrm{e}^{\mathrm{i}\omega t}\varPhi(\mathrm{i}\omega)\left[\frac{1}{2\pi}\int_{-\infty}^\infty\mathrm{e}^{-\mathrm{i}\omega(t-\tau)}K_x(t-\tau)\mathrm{d}\tau\right]\mathrm{d}\omega \tag{6.39}$$

把积分变量 τ 换成 $\tau'=t-\tau$，可得下式，即

$$\int_0^T k(\tau)K_x(t-\tau)\mathrm{d}\tau=\int_{-\infty}^\infty\mathrm{e}^{\mathrm{i}\omega t}\varPhi(\mathrm{i}\omega)S_x(\omega)\mathrm{d}\omega \tag{6.40}$$

由此，式(6.34)可重新写为

$$\int_{-\infty}^\infty\mathrm{e}^{\mathrm{i}\omega t}\varPhi(\mathrm{i}\omega)S_x(\omega)\mathrm{d}\omega=K_{zx}(t)+\sum_{k=0}^r\lambda_k t^k,\quad 0\leqslant t\leqslant T \tag{6.41}$$

　　对于有限记忆的动态系统，式(6.34)和式(6.41)分别对应最优脉冲过渡函数 $k(t)$ 和最优传递函数 $\Phi(\mathrm{i}\omega)$ 的积分等式。若在动态系统中，观测时间不是受限制的，即 $T=\infty$，则积分等式(6.34)和式(6.41)的右边部分没有 $\sum_{k=0}^{r}\lambda_k t^k$。由于这个原因，输入随机过程不包括形如式(6.8)所示的分量 $R(t)$。上述等式只确定了 $t \geqslant 0$ 时的情况，并且对于动态系统的最优脉冲过渡函数 $k(t)$，极限点 $t=0$ 是特殊的。

　　积分等式(6.34)和式(6.41)是等效的，于是可以解算出它们中的任意一个等式。若根据式(6.34)，最优脉冲过渡函数 $k(t)$ 被确定，则最优传递函数 $\Phi(\mathrm{i}\omega)$ 可借助式(6.18)求出。当由积分等式(6.41)求出 $\Phi(\mathrm{i}\omega)$ 时，最优脉冲过渡函数 $k(t)$ 可以利用式(6.2)求出。

　　积分等式(6.41)在 $T=\infty$ 时，等效为一对函数黎曼极限问题，在有限观测时间 T，等效为两对函数黎曼极限问题。通过求解相应的黎曼极限问题可以得到无限观测时间的动态系统的最优传递函数 $\Phi(\mathrm{i}\omega)$ 的解析表达式。在有限观测时间 T，由于黎曼极限问题的求解十分复杂，一般不能得到解析表达式。

6.3　最优脉冲过渡函数和传递函数的第一种求解方法

　　若对于输入端随机过程 $X(t)$，谱密度 $S_x(\omega)$ 是频率 ω^2 的有理分式函数，则对于任意观测时间 T，通过应用微分算子，积分等式(6.34)可以用一种方法来求解。这个函数可以表示为

$$S_x(\omega) = \left| \frac{L(\mathrm{i}\omega)}{N(\mathrm{i}\omega)} \right|^2 \tag{6.42}$$

其中

$$N(\mathrm{i}\omega) = \sum_{k=0}^{n} a_k (\mathrm{i}\omega)^k \tag{6.43}$$

$$L(\mathrm{i}\omega) = \sum_{s=0}^{m} b_s (\mathrm{i}\omega)^s \tag{6.44}$$

式中，$N(\mathrm{i}\omega)$ 和 $L(\mathrm{i}\omega)$ 的多项式的阶次分别为 n 和 m，并且 $n>m$；常数 a_k $(k=0,1,\cdots,n)$ 和 b_s $(s=0,1,\cdots,m)$ 总是使多项式 $N(\theta)$ 和 $L(\nu)$ 的所有零点都具有负实数部分，即

$$\sum_{k=0}^{n} a_k \theta^k = 0 \tag{6.45}$$

$$\sum_{s=0}^{m} b_s v^s = 0 \tag{6.46}$$

对应多项式(6.43)和多项式(6.44)的线性齐次微分算子可写为

$$N_t = \sum_{k=0}^{n} a_k \frac{\mathrm{d}^k}{\mathrm{d}t^k} \tag{6.47}$$

$$L_t = \sum_{s=0}^{m} b_s \frac{\mathrm{d}^s}{\mathrm{d}t^s} \tag{6.48}$$

与其共轭的微分算子为

$$N_t^* = \sum_{k=0}^{n} (-1)^k a_k \frac{\mathrm{d}^k}{\mathrm{d}t^k} \tag{6.49}$$

$$L_t^* = \sum_{s=0}^{m} (-1)^s b_s \frac{\mathrm{d}^s}{\mathrm{d}t^s} \tag{6.50}$$

对指数函数 $\mathrm{e}^{\mathrm{i}\omega t}$ 运用上述算子，可以得到下式，即

$$N_t[\mathrm{e}^{\mathrm{i}\omega t}] = \mathrm{e}^{\mathrm{i}\omega t} N(\mathrm{i}\omega), \quad N_t^*[\mathrm{e}^{\mathrm{i}\omega t}] = \mathrm{e}^{\mathrm{i}\omega t} N(-\mathrm{i}\omega) \tag{6.51}$$

$$L_t[\mathrm{e}^{\mathrm{i}\omega t}] = \mathrm{e}^{\mathrm{i}\omega t} L(\mathrm{i}\omega), \quad L_t^*[\mathrm{e}^{\mathrm{i}\omega t}] = \mathrm{e}^{\mathrm{i}\omega t} L(-\mathrm{i}\omega) \tag{6.52}$$

通过 $\zeta(t)$ 来标识这样的一个广义平稳随机过程。当对这个过程运用微分算子 L_t 时，其结果与 $\overset{0}{X}(t)$ 一致，即

$$L_t[\zeta(t)] = \overset{0}{X}(t) \tag{6.53}$$

同样也可通过 $\eta(t)$ 标识从 $\zeta(t)$ 运用微分算子 N_t 得到的一个广义平稳随机过程，即

$$\eta(t) = N_t[\zeta(t)] \tag{6.54}$$

对于随机过程 $\zeta(t)$，式(6.53)和式(6.54)可以作为带常数系数的非齐次线性微分等式来进行研究。相应的动态系统是稳定的，而它们的传递函数为

$$\Phi_x(\mathrm{i}\omega) = \frac{1}{L(\mathrm{i}\omega)} \tag{6.55}$$

$$\Phi_\eta(\mathrm{i}\omega) = \frac{1}{N(\mathrm{i}\omega)} \tag{6.56}$$

对于随机过程 $\zeta(t)$ 的谱密度 $S_\zeta(\omega)$，类似于式(6.1)，可以得到如下表达式，即

$$S_\zeta(\omega) = |\Phi_x(\mathrm{i}\omega)|^2 S_x(\omega) = \frac{1}{|N(\mathrm{i}\omega)|^2} \tag{6.57}$$

$$S_\zeta(\omega) = |\Phi_\eta(\mathrm{i}\omega)|^2 S_\eta(\omega) = \frac{1}{|N(\mathrm{i}\omega)|^2} S_\eta(\omega) \tag{6.58}$$

由此可得，$S_\eta(\omega) \equiv 1$。因此，随机过程 $\eta(t)$ 是广义平稳的白噪声，它的强度

等于 2π 。

对于这个随机过程，其相关函数为

$$K_\eta(\tau) = 2\pi\delta(\tau) \tag{6.59}$$

根据式(6.53)可得下式，即

$$K_x(t-\tau) = M[\overset{0}{X}(t)\overset{0}{X}(\tau)] = L_t L_\tau\{M[\zeta(t)\zeta(\tau)]\} \tag{6.60}$$

即

$$K_x(t-\tau) = L_t L_\tau[K_\zeta(t-\tau)] \tag{6.61}$$

因为

$$\frac{\partial^s}{\partial\tau^s}K_\zeta(t-\tau) = (-1)^s\frac{\partial^s}{\partial t^s}K_\zeta(t-\tau) \tag{6.62}$$

所以式(6.61)可重新写为

$$K_x(t-\tau) = L_t L_t^*[K_\zeta(t-\tau)] \tag{6.63}$$

根据式(6.54)可以得到类似的关系式，即

$$K_\eta(t-\tau) = N_t N_t^*[K_\zeta(t-\tau)] = 2\pi\delta(t-\tau) \tag{6.64}$$

由式(6.63)可得下式，即

$$N_t N_t^*[K_x(t-\tau)] = L_t L_t^*\{N_t N_t^*[K_\zeta(t-\tau)]\} \tag{6.65}$$

因此

$$N_t N_t^*[K_x(t-\tau)] = 2\pi L_t L_t^*[\delta(t-\tau)] \tag{6.66}$$

把微分算子 $N_t N_t^*$ 运用到积分等式(6.34)的两个部分，可得下式，即

$$N_t N_t^*\left[\int_{0-}^{T+} k(\tau)K_x(t-\tau)\mathrm{d}\tau\right] = N_t N_t^*[K_{zx}(t)] + N_t N_t^*\left(\sum_{k=0}^r \lambda_k t^k\right) \tag{6.67}$$

考虑式(6.66)，式(6.67)的左边部分可表示为

$$N_t N_t^*\left[\int_{0-}^{T+} k(\tau)K_x(t-\tau)\mathrm{d}\tau\right] = 2\pi L_t L_t^*\left[\int_{0-}^{T+} k(\tau)\delta(t-\tau)\mathrm{d}\tau\right] = 2\pi L_t L_t^*[k(t)] \tag{6.68}$$

对于式(6.67)的右边部分，有如下表达式，即

$$N_t N_t^*[K_{zx}(t)] = N_t N_t^*\left[\int_{-\infty}^{\infty} \mathrm{e}^{\mathrm{i}\omega t}S_{zx}(\omega)\mathrm{d}\omega\right] = \int_{-\infty}^{\infty} \mathrm{e}^{\mathrm{i}\omega t}N(\mathrm{i}\omega)N(-\mathrm{i}\omega)S_{zx}(\omega)\mathrm{d}\omega \tag{6.69}$$

$$N_t N_t^*\left(\sum_{k=0}^r \lambda_k t^k\right) = 2\pi\sum_{s=0}^r \lambda_s' t^s \tag{6.70}$$

其中，λ_s' $(s=0,1,\cdots,r)$ 是常数。

因此，当 $0 \leqslant t \leqslant T$ 时，式(6.67)可以表示为

$$L_t L_t^*[k(t)] = \sum_{s=0}^{r} \lambda_s' t^s + \frac{1}{2\pi} \int_{-\infty}^{\infty} e^{i\omega t} |N(i\omega)|^2 S_{zx}(\omega) d\omega \qquad (6.71)$$

式(6.71)是关于最优脉冲过渡函数 $k(t)$ 的 $2m$ 阶非齐次线性微分等式。这个等式的系数为常数，因此必须求出特征等式的根。特征等式是从式(6.71)的左边部分在把 $k(t)$ 替换成 e^{vt} 后得到的，即

$$L(v)L(-v) = 0 \qquad (6.72)$$

等式 $L(v) = 0$ 等效于式(6.46)。为了简化，可以认为这个等式有 m 个不同的带负实数部分的根 v_j $(j=1,2,\cdots,m)$。于是，其余的 m 个特征值 $v_{m+j} = -v_j$ $(j=1,2,\cdots,m)$ 也是不同的，且都有正实数部分。

对不同的特征值，齐次微分等式的通解有如下形式，即

$$k_0(t) = \sum_{j=1}^{2m} A_j e^{v_j t} \qquad (6.73)$$

其中，A_j $(j=1,2,\cdots,2m)$ 是任意常数。

非齐次微分等式(6.71)中对应 $\sum_{s=0}^{r} \lambda_s' t^s$ 的部分解，可以表示为

$$k_1(t) = \sum_{k=0}^{r} B_k t^k \qquad (6.74)$$

其中，B_k $(k=0,1,\cdots,r)$ 是常数，可以由式(6.75)确定，即

$$L_t L_t^* \left(\sum_{s=0}^{r} \lambda_s' t^s \right) = \sum_{k=0}^{r} B_k t^k \qquad (6.75)$$

因为

$$L_t L_t^* (e^{i\omega t}) = e^{i\omega t} L(i\omega) L(-i\omega) \qquad (6.76)$$

所以对应式(6.71)的右边部分的最后一个被加数的非齐次微分等式的部分解为

$$k_2(t) = \frac{1}{2\pi} \int_{-\infty}^{\infty} e^{i\omega t} \frac{|N(i\omega)|^2}{|L(i\omega)|^2} S_{zx}(\omega) d\omega = \frac{1}{2\pi} \int_{-\infty}^{\infty} e^{i\omega t} \frac{S_{zx}(\omega)}{S_x(\omega)} d\omega \qquad (6.77)$$

对任意常数 A_j $(j=1,2,\cdots,2m)$ 和未知常数 B_k $(k=0,1,\cdots,r)$，式(6.74)、式(6.75)和式(6.77)之和是微分等式(6.71)在 $0 < t < T$ 时的通解。为了求出最优脉冲过渡函数 $k(t)$，该函数是积分等式(6.34)在 $0 \leqslant t \leqslant T$ 时的解，还必须要弄清这个函数在区间极限点的状况，即在点 $t=0$ 和 $t=T$ 的状况。

最优传递函数 $\Phi(i\omega)$ 根据式(6.18)通过最优脉冲过渡函数 $k(t)$ 来表示。这个函数可表示为和的形式，包括被加数，即

$$\Phi_s(\mathrm{i}\omega) = \int_0^T \mathrm{e}^{-\mathrm{i}\omega t} k_s(t)\mathrm{d}t, \quad s = 0, 1, 2 \tag{6.78}$$

应用式(6.73)和式(6.74),可得下式,即

$$\Phi_0(\mathrm{i}\omega) = \sum_{j=1}^{2m} A_j \int_0^T \mathrm{e}^{(v_j - \mathrm{i}\omega)t}\mathrm{d}t = \sum_{j=1}^{2m} \frac{A_j}{\mathrm{i}\omega - v_j}\left[1 - \mathrm{e}^{(v_j - \mathrm{i}\omega)T}\right] \tag{6.79}$$

$$\Phi_1(\mathrm{i}\omega) = \sum_{k=0}^{r} B_k \int_0^T t^k \mathrm{e}^{-\mathrm{i}\omega t}\mathrm{d}t = \sum_{k=0}^{r} B_k \frac{k!}{(\mathrm{i}\omega)^{k+1}}\left[1 - \mathrm{e}^{-\mathrm{i}\omega T}\sum_{s=0}^{k}\frac{(\mathrm{i}\omega T)^s}{s!}\right] \tag{6.80}$$

根据积分运算,由式(6.77)可得到如下形式的函数,即

$$k_2(t) = \sum_{j=1}^{l} E_j \mathrm{e}^{\gamma_j t} \tag{6.81}$$

其中, E_j 和 γ_j $(j=1,2,\cdots,l)$ 是未知常数。于是

$$\Phi_2(\mathrm{i}\omega) = \sum_{j=1}^{l} \frac{E_j}{\mathrm{i}\omega - \gamma_j}\left[1 - \mathrm{e}^{(\gamma_j - \mathrm{i}\omega)T}\right] \tag{6.82}$$

额外的被加数不会改变最优传递函数与频率的关系,因此对于有限记忆的动态系统,其传递函数为

$$\Phi(\mathrm{i}\omega) = \Psi_1(\omega) + \mathrm{e}^{-\mathrm{i}\omega T}\Psi_2(\omega) \tag{6.83}$$

其中, $\Psi_1(\omega)$ 和 $\Psi_2(\omega)$ 是频率 ω 的有理分式函数。

这个函数可能包含多项式成分,可以通过 N 来标识指定的多项式的最大阶。于是,在传递函数 $\Phi(\mathrm{i}\omega)$ 的模的平方中,多项式成分的阶等于 $2N$ 。当输入端随机过程 $X(t)$ 的谱密度 $S_x(\omega)$ 具有如式(6.42)所示的形式,且当 $2(n-m) > 2N$ 时,乘积 $|\Phi(\mathrm{i}\omega)|^2 S_x(\omega)$ 在 $|\omega| \to \infty$ 时,变成零。对于系统输出端随机过程 $Y(t)$,其方差为

$$D_y = \int_{-\infty}^{\infty} S_y(\omega)\mathrm{d}\omega = \int_{-\infty}^{\infty} |\Phi(\mathrm{i}\omega)|^2 S_x(\omega)\mathrm{d}\omega \tag{6.84}$$

这个概率特性将只有在 $2(n-m) - 2N \geqslant 2$ 时是有限的,所以 $N \leqslant n-m-1$ 。因此,最优传递函数可能包含额外的如下成分,即

$$\Phi_3(\mathrm{i}\omega) = \sum_{l=0}^{n-m-1} (\mathrm{i}\omega)^l (C_l + D_l \mathrm{e}^{-\mathrm{i}\omega T}) \tag{6.85}$$

对于最优脉冲过渡函数,相应的成分为

$$k_3(t) = \frac{1}{2\pi} \int_{-\infty}^{\infty} \mathrm{e}^{\mathrm{i}\omega t} \Phi_3(\mathrm{i}\omega)\mathrm{d}\omega = \sum_{l=0}^{n-m-1} [C_l \delta^{(l)}(t) + D_l \delta^{(l)}(t-T)] \tag{6.86}$$

通过 $\delta^{(l)}(t-\gamma)$ 来标识 δ 函数 $\delta(t-\gamma)$ 的 l 阶导数。对于这个导数,有下列积分

表达式，即

$$\delta^{(l)}(t-\gamma)=\frac{1}{2\pi}\int_{-\infty}^{\infty}e^{i\omega(t-\gamma)}(i\omega)^l d\omega \tag{6.87}$$

若函数 $\varphi(t)$ 具有 l 阶导数，则

$$\int_{-\infty}^{\infty}\varphi(t-\tau)\delta^{(l)}(\tau-\gamma)d\tau=\varphi^{(l)}(t-\gamma),\quad l=0,1,\cdots \tag{6.88}$$

其中

$$\int_{-\infty}^{\infty}e^{i\omega(t-\tau)}\delta^{(l)}(\tau-\gamma)d\tau=e^{i\omega(t-\gamma)}(i\omega)^l,\quad l=0,1,\cdots \tag{6.89}$$

把式(6.73)、式(6.74)、式(6.77)和式(6.86)相加，可以得到有限记忆动态系统的最优脉冲过渡函数的表达式，其形式为

$$k(t)=\sum_{j=1}^{2m}A_j e^{\nu_j t}+\sum_{k=0}^{r}B_k t^k+\sum_{l=0}^{n-m-1}C_l\delta^{(l)}(t)+\sum_{l=0}^{n-m-1}D_l\delta^{(l)}(t-T)+\frac{1}{2\pi}\int_{-\infty}^{\infty}e^{i\omega t}\frac{S_{zx}(\omega)}{S_x(\omega)}d\omega \tag{6.90}$$

这个系统的最优传递函数可以写为

$$\Phi(i\omega)=\sum_{j=1}^{2m}\frac{A_j}{i\omega-\nu_j}[1-e^{(\nu_j-i\omega)T}]+\sum_{k=0}^{r}B_k\frac{k!}{(i\omega)^{k+1}}\left[1-e^{-i\omega T}\sum_{s=0}^{k}\frac{(i\omega T)^s}{s!}\right]$$
$$+\sum_{l=0}^{n-m-1}(i\omega)^l(C_l+D_l e^{-i\omega T})+\frac{1}{2\pi}\int_{0}^{T}e^{-i\omega T}dt\int_{-\infty}^{\infty}e^{i\omega' t}\frac{S_{zx}(\omega')}{S_x(\omega')}d\omega' \tag{6.91}$$

式(6.91)包含 $2m+(r+1)+2(n-m)=2n+r+1$ 个未知常数 A_j $(j=1,2,\cdots,2m)$、B_k $(k=0,1,\cdots,r)$、C_l 和 D_l $(l=0,1,\cdots,n-m-1)$。除此之外，还有引入积分等式(6.34)和式(6.41)的 $r+1$ 个拉格朗日因子 λ_k $(k=0,1,\cdots,r)$。为了确定这些常数，必须得到代数等式或者关系式。为了达到这个目的，将函数 $k(t)$ 的表达式(6.90)代入积分等式(6.34)。通过这些替换，可得在 $0\le t\le T$ 时的恒等式，即

$$\sum_{j=1}^{2m}A_j\int_{0}^{T}e^{\nu_j\tau}K_x(t-\tau)d\tau+\sum_{k=0}^{r}B_k\int_{0}^{T}\tau^k K_x(t-\tau)d\tau+\sum_{l=0}^{n-m-1}C_l K_x^{(l)}(t)+\sum_{l=0}^{n-m-1}D_l K_x^{(l)}(t-T)$$
$$\equiv K_{zx}(t)+\sum_{k=0}^{r}\lambda_k t^k-\frac{1}{2\pi}\int_{0}^{T}K_x(t-\tau)d\tau\int_{-\infty}^{\infty}e^{i\omega\tau}\frac{S_{zx}(\omega)}{S_x(\omega)}d\omega$$

$$\tag{6.92}$$

对于如式(6.42)所示谱密度 $S_x(\omega)$ 的随机过程 $X(t)$，当式(6.45)有不同的根 θ_s $(s=1,2,\cdots,n)$ 时，相关函数具有如下形式，即

$$K_x(\tau) = \sum_{s=1}^{n} d_s e^{\theta_s |\tau|} \tag{6.93}$$

其中，θ_s 和 d_s 通常是复数常数，并且 $\mathrm{Re}\,\theta_s < 0$ $(s=1,2,\cdots,n)$。

若式(6.45)具有倍数根，则在式(6.93)中，仅根据不同根的编号进行相加，并且用 $|\tau|$ 的多项式代替常数 d_s。

借助式(6.93)，当 $0 \leqslant t \leqslant T$ 时，可得下式，即

$$K_x^{(l)}(t) = \sum_{s=1}^{n} \theta_s^l d_s e^{\theta_s t} \tag{6.94}$$

$$K_x^{(l)}(t-T) = \sum_{s=1}^{n} (-\theta_s)^l d_s e^{\theta_s (T-t)} \tag{6.95}$$

当 $k \geqslant 0$ 时，可得下式，即

$$\int_0^T \tau^k e^{\theta|t-\tau|} d\tau = \int_0^t \tau^k e^{\theta(t-\tau)} d\tau + \int_t^T \tau^k e^{\theta(\tau-t)} d\tau$$
$$= \frac{k!}{\theta^{k+1}} \left\{ e^{\theta t} - \sum_{s=0}^{k} \frac{(\theta t)^s}{s!} [1+(-1)^{k+s}] + (-1)^k e^{\theta(T-\tau)} \sum_{s=0}^{k} \frac{(-\theta T)^s}{s!} \right\} \tag{6.96}$$

除此之外，有

$$\int_0^T e^{v\tau+\theta|t-\tau|} d\tau = \int_0^t e^{v\tau+\theta(t-\tau)} d\tau + \int_t^T e^{v\tau+\theta(\tau-t)} d\tau$$
$$= \frac{2\theta}{v^2-\theta^2} e^{vt} - \frac{1}{v-\theta} e^{\theta t} + \frac{1}{v+\theta} e^{(v+\theta)T-\theta t} \tag{6.97}$$

从上述表达式可以推出，恒等式(6.92)的左边部分是 t^k $(k=0,1,\cdots,r)$ 和指数 $e^{\theta_s t}$、$e^{-\theta_s t}$ $(s=1,2,\cdots,n)$ 的线性函数。在合成的总数中，带指数 $e^{v_j t}$ $(j=1,2,\cdots,2m)$ 的被加数将不存在。实际上，有

$$\int_0^T e^{v_j \tau} K_x(t-\tau) d\tau = \int_0^T e^{v_j \tau} d\tau \int_{-\infty}^{\infty} e^{i\omega(t-\tau)} S_x(\omega) d\omega = \int_{-\infty}^{\infty} e^{i\omega t} S_x(\omega) d\omega \int_0^T e^{(v_j-i\omega)\tau} d\tau \quad (6.98)$$

于是

$$\int_0^T e^{v_j \tau} K_x(t-\tau) d\tau = \int_{-\infty}^{\infty} e^{i\omega t} \left[e^{(v_j-i\omega)T} - 1 \right] \frac{S_x(\omega)}{v_j - i\omega} d\omega \tag{6.99}$$

在这些积分运算中，可以得到指数 $e^{\theta_s t}$ 和 $e^{-\theta_s t}$ $(s=1,2,\cdots,n)$ 的线性函数。

恒等式(6.92)的右边部分同样是 t^k $(k=0,1,\cdots,r)$、$e^{\theta_s t}$ 和 $e^{-\theta_s t}$ $(s=1,2,\cdots,n)$ 的线性函数。在恒等式(6.92)的左边部分和右边部分中，根据系数的比较，可以得到拉格朗日因子 λ_k $(k=0,1,\cdots,r)$ 的计算公式。只有确定上述 $2n+r+1$ 个常数，这些公式才可

以应用。对完全相同的指数函数 $e^{\theta_s t}$ 和 $e^{-\theta_s t}$ $(s=1,2,\cdots,n)$，根据系数的比较，可以得到关于未知常数 A_j $(j=1,2,\cdots,2m)$、B_k $(k=0,1,\cdots,r)$、C_l 和 D_l $(l=0,1,\cdots,n-m-1)$ 的 $2n$ 个线性等式，其余的 $r+1$ 个关系式可利用条件(6.25)得到。

若等式(6.45)的根 θ_s $(s=1,2,\cdots,n)$ 中的某些是复数的，即 $\theta_s=-\alpha_s+\mathrm{i}\beta_s$，则先在式(6.92)中换算实数变量和函数，然后比较 $e^{\pm\alpha_s t}\cos\beta_s t$ 和 $e^{\pm\alpha_s t}\sin\beta_s t$ 前的系数。当等式(6.45)有倍数根时，比较不同 l 下乘积 $t^l e^{\pm\alpha_s t}\cos\beta_s t$ 和 $t^l e^{\pm\alpha_s t}\sin\beta_s t$ 前的系数。这样，根据式(6.90)和式(6.92)，所有情况下的未知常数都能被单值地确定。

如果在系统中，随机过程的观测时间 T 不是限制的，即 $T=\infty$，那么得到的最优脉冲过渡函数和最优传递函数的表达式可以被大大地简化。此时，由式(6.8)确定的有效输入随机过程的非随机成分 $R(t)$ 不存在，因此拉格朗日因子 λ_k $(k=0,1,\cdots,r)$ 和常数 B_k $(k=0,1,\cdots,r)$ 等于零。脉冲过渡函数 $k(t)$ 在 $t\to\infty$ 时是有限的，因此常数 A_j $(j=m+1,m+2,\cdots,2m)$ 和 D_l $(l=0,1,\cdots,n-m-1)$ 必须等于零。根据式(6.90)和式(6.91)可得最优脉冲过渡函数和最优传递函数的表达式，即

$$\partial k(t)=\sum_{j=1}^{m}A_j e^{\nu_j t}+\sum_{l=0}^{n-m-1}C_l\delta^{(l)}(t)+\frac{1}{2\pi}\int_{-\infty}^{\infty}e^{\mathrm{i}\omega t}\frac{S_{zx}(\omega)}{S_x(\omega)}\mathrm{d}\omega \tag{6.100}$$

$$\Phi(\mathrm{i}\omega)=\sum_{j=1}^{m}\frac{A_j}{\mathrm{i}\omega-\nu_j}+\sum_{l=0}^{n-m-1}C_l(\mathrm{i}\omega)^l+\frac{1}{2\pi}\int_{0}^{\infty}e^{-\mathrm{i}\omega t}\mathrm{d}t\int_{-\infty}^{\infty}e^{-\mathrm{i}\omega' t}\frac{S_{zx}(\omega')}{S_x(\omega')}\mathrm{d}\omega' \tag{6.101}$$

式 (6.100) 和式 (6.101) 包含 n 个未知常数 A_j $(j=1,2,\cdots,m)$ 和 C_l $(l=0,1,\cdots,n-m-1)$。为了确定它们，可以应用下列在 $t\geqslant 0$ 时的恒等式，即

$$\sum_{j=1}^{m}A_j\int_{0}^{\infty}e^{\nu_j \tau}K_x(t-\tau)\mathrm{d}\tau+\sum_{l=0}^{n-m-1}C_l K_x^{(l)}(t)$$

$$\equiv K_{zx}(t)-\frac{1}{2\pi}\int_{0}^{\infty}K_x(t-\tau)\mathrm{d}\tau\int_{-\infty}^{\infty}e^{\mathrm{i}\omega\tau}\frac{S_{zx}(\omega)}{S_x(\omega)}\mathrm{d}\omega \tag{6.102}$$

函数 $K_x^{(l)}(\tau)$ 具有与式(6.94)相同的形式。除此之外，有

$$\int_{0}^{\infty}e^{\nu_j \tau}K_x(t-\tau)\mathrm{d}\tau=\int_{-\infty}^{\infty}e^{\mathrm{i}\omega\tau}\frac{S_x(\omega)}{\mathrm{i}\omega-\nu_j}\mathrm{d}\omega,\quad j=1,2,\cdots,m \tag{6.103}$$

当等式(6.45)有不同的根 θ_s $(s=1,2,\cdots,n)$ 时，在不同的指数函数 $e^{\theta_s t}$ $(s=1,2,\cdots,n)$ 下，通过系的比较，由式(6.102)可以得到由 n 个未知数的 n 个代数等式构成的系统。若这些根是复数的，则可以比较不同 s 和 l 值下的 $t^l e^{-\alpha_s t}\cos\beta_s t$ 和 $t^l e^{-\alpha_s t}\sin\beta_s t$ 前的系数。根据式(6.100)和式(6.101)，在这两种情况下，未知系数都能被单值地求出。

6.4 最优脉冲过渡函数和传递函数的第二种求解方法

现在研究另一种确定最优传递函数的方法，这个方法以把积分等式(6.41)简化成黎曼边界问题为基础。

通过 $F(\xi)$ 来标识实数自变量 ξ 的任意连续函数。若这个函数是绝对可积分的，则满足下列条件，即

$$\int_{-\infty}^{\infty} |F(\xi)| \mathrm{d}\xi < \infty \tag{6.104}$$

应用 δ 函数和它的积分表达式，可得下式，即

$$F(\xi) = \int_{-\infty}^{\infty} F(\xi')\delta(\xi'-\xi)\mathrm{d}\xi' = \frac{1}{2\pi}\int_{-\infty}^{\infty} F(\xi')\mathrm{d}\xi'\int_{-\infty}^{\infty} \mathrm{e}^{\mathrm{i}t(\xi'-\xi)}\mathrm{d}t \tag{6.105}$$

或者

$$F(\xi) = \frac{1}{2\pi}\int_{-\infty}^{\infty} \mathrm{e}^{-\mathrm{i}t\xi}\mathrm{d}t\int_{-\infty}^{\infty} \mathrm{e}^{\mathrm{i}t\xi'}F(\xi')\mathrm{d}\xi' \tag{6.106}$$

式(6.106)可以表示为如下形式，即

$$F(\xi) = \int_{-\infty}^{\infty} \mathrm{e}^{-\mathrm{i}t\xi}f(t)\mathrm{d}t \tag{6.107}$$

其中

$$f(t) = \frac{1}{2\pi}\int_{-\infty}^{\infty} \mathrm{e}^{\mathrm{i}t\xi}F(\xi)\mathrm{d}\xi \tag{6.108}$$

在满足条件(6.104)时，函数 $f(t)$ 是连续的，但可能是非可微的。当绝对可积分函数 $F(\xi)$ 在 $|\xi| \to \infty$ 时，像 $\xi^{-(k+1)}$ 一样减少，函数 $f(t)$ 就是 k 倍可微的。

由傅里叶积分理论可知，为了使函数 $F_1(\xi)$ 成为在复数变量 $\zeta = \xi + \mathrm{i}\eta$ 上半平面的解析函数 $F^+(\zeta)$ 在实轴上的极限值，即 $F_1(\xi) = F^+(\xi)$，满足式(6.109)是它的必要充分条件，即

$$\int_{-\infty}^{\infty} \mathrm{e}^{\mathrm{i}t\xi}F_1(\xi)\mathrm{d}\xi = 0, \quad t \geqslant 0 \tag{6.109}$$

同样，可以把函数 $F_2(\xi)$ 作为在复数变量 $\zeta = \xi + \mathrm{i}\eta$ 下半平面的解析函数 $F^-(\zeta)$ 在实轴上的极限值，即 $F_2(\xi) = F^-(\xi)$。其必要充分条件是满足下式，即

$$\int_{-\infty}^{\infty} e^{it\xi} F_2(\xi) d\xi = 0, \quad t \leqslant 0 \tag{6.110}$$

当 $|\xi| \to \infty$ 时，解析函数 $F^+(\zeta)$ 和 $F^-(\zeta)$，像函数 $F_1(\xi)$ 和 $F_2(\xi)$ 一样，变成同阶数的零。若被积分函数不是绝对可积分的，且包含形如 $\sum_{l=0}^{N} p_l \xi^l$ 的多项式成分，则式(6.109)和式(6.110)在 $t = 0$ 时不被满足，因为

$$\frac{1}{2\pi} \int_{-\infty}^{\infty} e^{it\xi} \sum_{l=0}^{N} p_l \xi^l d\xi = \sum_{l=0}^{N} (-i)^l p_l \delta^{(l)}(t) \tag{6.111}$$

函数 $\delta(t)$ 和它的导数 $\delta^{(l)}(t)$ $(l = 1, 2, \cdots, N)$ 仅在 $t \neq 0$ 时等于零。

由式(6.106)确定的绝对可积分函数 $F(\xi)$ 可表示为

$$F(\xi) = F_1(\xi) + F_2(\xi) \tag{6.112}$$

其中

$$F_1(\xi) = \frac{1}{2\pi} \int_{-\infty}^{0} e^{-it\xi} dt \int_{-\infty}^{\infty} e^{it\xi'} F(\xi') d\xi' \tag{6.113}$$

$$F_2(\xi) = \frac{1}{2\pi} \int_{0}^{\infty} e^{-it\xi} dt \int_{-\infty}^{\infty} e^{it\xi'} F(\xi') d\xi' \tag{6.114}$$

类似于式(6.106)，$F_1(\xi)$ 可以写为

$$F_1(\xi) = \frac{1}{2\pi} \int_{-\infty}^{\infty} e^{-it\xi} dt \int_{-\infty}^{\infty} e^{it\xi'} F_1(\xi') d\xi' \tag{6.115}$$

若满足式(6.109)，则式(6.115)与式(6.113)一致。除此之外，下列等式也是成立的，即

$$\int_{-\infty}^{\infty} e^{it\xi} [F(\xi) - F_1(\xi)] d\xi = 0, \quad t \leqslant 0 \tag{6.116}$$

式(6.116)等效于式(6.110)。当满足条件(6.110)和条件(6.109)时，对于函数 $F_2(\xi)$，式(6.115)和式(6.114)一致。因此，由式(6.113)和式(6.114)确定的公式 $F_1(\xi)$ 和 $F_2(\xi)$ 分别是解析函数 $F^+(\xi)$ 和 $F^-(\xi)$ 的复变量 $\zeta = \xi + i\eta$ 在上半平面和下半平面实轴上的极限值，即

$$F_1(\xi) = F^+(\xi), \quad F_2(\xi) = F^-(\xi) \tag{6.117}$$

因此，式(6.112)可重新写为

$$F(\xi) = F^+(\xi) + F^-(\xi) \tag{6.118}$$

根据式(6.118)，任意绝对可积分函数 $F(\xi)$ 可以表示为两个函数($F^{+}(\xi)$ 与 $F^{-}(\xi)$)之和的形式。这两个函数可以分别作为在复数变量 $\zeta = \xi + i\eta$ 的上半平面和下半平面的解析函数 $F^{+}(\xi)$ 和 $F^{-}(\xi)$ 从零到无穷大的实轴上的极限值来研究。若函数 $F(\xi)$ 表示为式(6.118)，则 $F^{+}(\xi) = F_1(\xi)$ 和 $F^{-}(\xi) = F_2(\xi)$ 可以按照式(6.113)和式(6.114)确定。

在无限观测时间 T 内，最优传递函数 $\Phi(i\omega)$ 的积分等式(6.41)可以写为

$$\int_{-\infty}^{\infty} e^{i\omega t}[S_{zx}(\omega) - S_x(\omega)\Phi(i\omega)]d\omega = 0, \quad t \geqslant 0 \tag{6.119}$$

式(6.119)等效于式(6.109)，因此有

$$S_{zx}(\xi) - S_x(\xi)\Phi(i\xi) = \Psi_1^{+}(\xi) \tag{6.120}$$

其中，$\Psi_1^{+}(\xi)$ 是未知函数，是在复数变量 $\zeta = \xi + i\eta$ 上半平面的解析函数 $\Psi_1^{+}(\zeta)$ 从零到无穷大的实轴上的极限值。

当 $|\xi| \to \infty$ 时，函数 $\Psi_1^{+}(\zeta)$ 变成同样阶数的零，如式(6.120)的左边。

动态系统实际可行的条件是，脉冲过渡函数 $k(t)$ 在 $t < 0$ 时恒等于零。根据式(6.2)所示的 $k(t)$ 的表达式，该条件可表示为

$$\int_{-\infty}^{\infty} e^{i\omega t}\Phi(i\omega)d\omega = 0, \quad t < 0 \tag{6.121}$$

对于最优传递函数 $\Phi(i\omega)$，绝对可积分的条件(6.104)可能不满足，因此根据式(6.121)可以写为

$$\Phi(i\xi) = \Psi_2^{-}(\xi) + \sum_{l=0}^{N} q_l(i\xi)^l \tag{6.122}$$

其中，$\Psi_2^{-}(\xi)$ 是未知函数，是在下半平面的解析函数从零到无穷大的实轴上的极限值，而 q_l ($l = 0,1,\cdots,N$) 是任意常数。把式(6.122)代入式(6.121)，可得下式，即

$$\int_{-\infty}^{\infty} e^{i\omega t}\Phi(i\omega)d\omega = 2\pi\sum_{l=0}^{N} q_l\delta^{(l)}(t) \tag{6.123}$$

因为函数 $\delta(t)$ 和它的导数 $\delta^{(l)}(t)$ ($l = 1, N$) 在 $t \neq 0$ 时等于零，所以当 $t < 0$ 时，式(6.123)的右边部分等于零。因此，对于由式(6.122)确定的函数 $\Phi(i\omega)$，式(6.121)对于任意 N 都满足。假设对于输入端随机过程 $X(t)$，谱密度 $S_x(\omega)$ 具有如式(6.42)所示的形式。由式(6.84)可推出，对于输出端随机过程 $Y(t)$，如果 $N \leqslant n - m - 1$，方差 D_y 将是有限的，因此可以认为 $N = n - m - 1$。借助式(6.120)可得，当 $|\xi| \to \infty$ 时，函数 $\Psi_1^{+}(\zeta)$ 变成 $2(n-m) - (n-m-1) = n - m + 1$ 阶的零。

谱密度的表达式(6.42)可表示为

$$S_x(\xi) = \frac{L(\mathrm{i}\xi)}{N(\mathrm{i}\xi)} \frac{L(-\mathrm{i}\xi)}{N(-\mathrm{i}\xi)} \tag{6.124}$$

多项式 $L(\theta)$ 和 $N(v)$ 的所有根具有负实数部分，即它们根的形式为 $-\alpha + \mathrm{i}\beta$，其中 $\alpha > 0$。当 $\mathrm{i}\zeta = -\alpha + \mathrm{i}\beta$，即 $\zeta = \beta + \mathrm{i}\alpha$ 时，$L(\mathrm{i}\zeta)$ 和 $N(\mathrm{i}\zeta)$ 的值为零。这个点位于复数变量 $\zeta = \xi + \mathrm{i}\eta$ 的上半平面。通过 $\Psi^+(\xi)$ 和 $\Psi^-(\xi)$ 分别标识在复数变量 $\zeta = \xi + \mathrm{i}\eta$ 上半平面和下半平面的解析函数 $\Psi^+(\zeta)$ 和 $\Psi^-(\zeta)$ 在实轴上的极限值。$\Psi^+(\zeta)$、$\Psi^-(\zeta)$ 和 $\Psi_1(\zeta)$、$\Phi(\mathrm{i}\zeta)$ 耦合，关系式为

$$\Psi^+(\zeta) = \frac{N(-\mathrm{i}\zeta)}{L(-\mathrm{i}\zeta)} \Psi_1(\zeta) \tag{6.125}$$

$$\Psi^-(\zeta) = \frac{L(\mathrm{i}\zeta)}{N(\mathrm{i}\zeta)} \Phi(\mathrm{i}\zeta) \tag{6.126}$$

当 $|\zeta| \to \infty$ 时，$\Psi^+(\zeta)$ 和 $\Psi^-(\zeta)$ 变成零。除此之外，假设

$$Q(\omega) = \frac{N(-\mathrm{i}\omega)}{L(-\mathrm{i}\omega)} S_{zx}(\omega) = \frac{L(\mathrm{i}\omega)}{N(\mathrm{i}\omega)} \frac{S_{zx}(\omega)}{S_x(\omega)} \tag{6.127}$$

那么，函数 $\Psi^+(\zeta)$ 和 $\Psi^-(\zeta)$ 的黎曼边界问题的边界条件(6.120)可以重新写为

$$\Psi^+(\xi) + \Psi^-(\xi) = Q(\xi) \tag{6.128}$$

式(6.128)等效于式(6.118)。根据式(6.113)和式(6.114)，对于函数 $\Psi^+(\zeta)$ 和 $\Psi^-(\zeta)$ 在实轴上的极限值，有下列公式，即

$$\Psi^+(\xi) = \frac{1}{2\pi} \int_{-\infty}^{0} \mathrm{e}^{-\mathrm{i}t\xi} \mathrm{d}t \int_{-\infty}^{\infty} \mathrm{e}^{\mathrm{i}t\xi'} Q(\xi') \mathrm{d}\xi' \tag{6.129}$$

$$\Psi^-(\xi) = \frac{1}{2\pi} \int_{0}^{\infty} \mathrm{e}^{-\mathrm{i}t\xi} \mathrm{d}t \int_{-\infty}^{\infty} \mathrm{e}^{\mathrm{i}t\xi'} Q(\xi') \mathrm{d}\xi' \tag{6.130}$$

在式(6.126)和式(6.130)的基础上，对于最优传递函数，有下列公式，即

$$\Phi(\mathrm{i}\omega) = \frac{N(\mathrm{i}\omega)}{2\pi L(\mathrm{i}\omega)} \int_{0}^{\infty} \mathrm{e}^{-\mathrm{i}\omega t} \mathrm{d}t \int_{-\infty}^{\infty} \mathrm{e}^{\mathrm{i}\omega' t} Q(\omega') \mathrm{d}\omega' \tag{6.131}$$

根据式(6.126)、式(6.128)和式(6.129)，对于最优传递函数，可以得到其他等效于上述表达式的公式，即

$$\Phi(\mathrm{i}\omega) = \frac{S_{zx}(\omega)}{S_x(\omega)} - \frac{N(\mathrm{i}\omega)}{2\pi L(\mathrm{i}\omega)} \int_{-\infty}^{0} \mathrm{e}^{-\mathrm{i}\omega t} \mathrm{d}t \int_{-\infty}^{\infty} \mathrm{e}^{\mathrm{i}\omega' t} Q(\omega') \mathrm{d}\omega' \tag{6.132}$$

互谱密度 $S_{zx}(\omega)$ 和函数 $Q(\omega)$ 正比于 $\mathrm{e}^{\mathrm{i}\omega\tau_0}$，其中在输入端随机过程的有效输入外推时，$\tau_0 > 0$；在内推时，$\tau_0 < 0$。把 ω 替换成 $\zeta = \xi + \mathrm{i}\eta$，可得到 $\mathrm{e}^{\mathrm{i}\zeta\tau_0} = \mathrm{e}^{-\eta\tau_0}\mathrm{e}^{\mathrm{i}\xi\tau_0}$。这个函数在 $\tau_0 \geqslant 0$ 时，在上半平面是有限的，而在 $\tau_0 \leqslant 0$ 时，在下半平面是有限的。这对用式(6.131)和式(6.132)计算对实轴的内积分时是很重要的。

用 $\zeta_j = a_j + \mathrm{i}b_j$ $(j = 1, 2, \cdots, k)$ 来标识函数 $Q(\zeta)$ 在上半平面的极点，而用 r_j $(j = 1, 2, \cdots, k)$ 来标识它们的倍数。当 $t \geqslant 0$ 和 $\tau_0 \geqslant 0$ 时，在用对上半平面的积分替换对实轴的积分之后，可得下式，即

$$\int_{-\infty}^{\infty} \mathrm{e}^{\mathrm{i}\zeta t} Q(\zeta) \mathrm{d}\zeta = 2\pi\mathrm{i} \sum_{j=1}^{k} \frac{1}{(r_j - 1)!} \frac{\mathrm{d}^{r_j - 1}}{\mathrm{d}\zeta^{r_j - 1}} [\mathrm{e}^{\mathrm{i}\zeta t} Q(\zeta)(\zeta - a_j - \mathrm{i}b_j)^{r_j}] \Big|_{\zeta = a_j + \mathrm{i}b_j} \tag{6.133}$$

假设

$$A_{js} = \frac{1}{(r_j - s)!} \frac{\mathrm{d}^{r_j - s}}{\mathrm{d}\zeta^{r_j - s}} [Q(\zeta)(\zeta - a_j - \mathrm{i}b_j)^{r_j}] \Big|_{\zeta = a_j + \mathrm{i}b_j}, \quad s = 1, 2, \cdots, r_j; j = 1, 2, \cdots, k \tag{6.134}$$

那么，式(6.133)可表示为

$$\int_{-\infty}^{\infty} \mathrm{e}^{\mathrm{i}\zeta t} Q(\zeta) \mathrm{d}\zeta = 2\pi\mathrm{i} \sum_{j=1}^{k} \sum_{s=1}^{r_j} A_{js} \frac{(\mathrm{i}t)^{s-1}}{(s-1)!} \mathrm{e}^{-(b_j - \mathrm{i}a_j)t} \tag{6.135}$$

由于下列等式成立，即

$$\int_{0}^{\infty} t^{s-1} \mathrm{e}^{-(b_j - \mathrm{i}a_j + \mathrm{i}\omega)t} \mathrm{d}t = \frac{\Gamma(s)}{(b_j - \mathrm{i}a_j + \mathrm{i}\omega)^s} \tag{6.136}$$

因此，当 $\tau_0 \geqslant 0$ 时，对于最优传递函数，由式(6.131)可以得到如下计算公式，即

$$\Phi(\mathrm{i}\omega) = \frac{N(\mathrm{i}\omega)}{L(\mathrm{i}\omega)} \sum_{j=1}^{k} \sum_{s=1}^{r_j} \frac{A_{js}}{(\omega - a_j - \mathrm{i}b_j)^s} \tag{6.137}$$

用 $\zeta_j = c_j - \mathrm{i}d_j$ $(j = 1, 2, \cdots, r)$ 标识函数 $Q(\zeta)$ 在下半平面的极点，用 $l_j (j = 1, 2, \cdots, r)$ 标识它们的倍数。在 $t \leqslant 0$ 和 $\tau_0 \leqslant 0$ 时，在用对下半平面的积分替换对实轴的积分之后，可得下式，即

$$\int_{-\infty}^{\infty} \mathrm{e}^{\mathrm{i}\zeta t} Q(\zeta) \mathrm{d}\zeta = -2\pi\mathrm{i} \sum_{j=1}^{r} \frac{1}{(l_j - 1)!} \frac{\mathrm{d}^{l_j - 1}}{\mathrm{d}\zeta^{l_j - 1}} [\mathrm{e}^{\mathrm{i}\zeta t} Q(\zeta)(\zeta - c_j - \mathrm{i}d_j)^{l_j}] \Big|_{\zeta = c_j - \mathrm{i}d_j} \tag{6.138}$$

假设

$$B_{js} = \frac{1}{(l_j - s)!} \frac{\mathrm{d}^{l_j - s}}{\mathrm{d}\zeta^{l_j - s}} [Q(\zeta)(\zeta - c_j + \mathrm{i}d_j)^{l_j}] \Big|_{\zeta = c_j - \mathrm{i}d_j}, \quad s = 1, 2, \cdots, l_j; j = 1, 2, \cdots, r \tag{6.139}$$

那么，式(6.138)可重新写为

$$\int_{-\infty}^{\infty} e^{i\zeta t} Q(\zeta) d\zeta = -2\pi i \sum_{j=1}^{r} \sum_{s=1}^{l_j} B_{js} \frac{(it)^{s-1}}{(s-1)!} e^{(d_j+ic_j)t} \tag{6.140}$$

设 $(i\omega - ic_j - d_j)t = t'$，则可得下式，即

$$\int_{-\infty}^{0} t^{s-1} e^{(d_j+ic_j-i\omega)t} dt = \frac{-\Gamma(s)}{(i\omega - ic_j - d_j)^s} \tag{6.141}$$

因此，对于最优传递函数，当 $\tau_0 \leqslant 0$ 时，由式(6.132)可推出如下计算公式，即

$$\Phi(i\omega) = \frac{S_{zx}(\omega)}{S_x(\omega)} - \frac{N(i\omega)}{L(i\omega)} \sum_{j=1}^{r} \sum_{s=1}^{l_j} \frac{B_{js}}{(\omega - c_j + id_j)^s} \tag{6.142}$$

根据边界条件(6.128)，可以更简单地得到最优传递函数的式(6.137)和式(6.142)。由式(6.128)可得下式，即

$$\Psi^-(\zeta) = Q(\zeta) - \Psi^+(\zeta) \tag{6.143}$$

式(6.143)的左边部分是函数 $\Psi^-(\zeta)$ 在实轴上的极限值，其范围是零到无穷，且在复数变量 ζ 的下半平面没有极点。当 $\tau_0 \geqslant 0$ 时，式(6.143)的右边部分可以作为在上半平面的解析函数在实轴的极限值来研究。这个函数范围是零到无穷，且在点 $\zeta_j = a_j + ib_j$ $(j = 1, 2, \cdots, k)$ 上有已知倍数为 r_j 的极点。根据相关定理，式(6.143)只有满足下列条件时才能成立：它的左边部分和右边部分是同一个解析函数 $\varphi(\zeta)$ 在实轴的极限值，且该函数的范围是零到无穷，在给定点上有已知倍数的极点。$\varphi(\zeta)$ 为

$$\varphi(\zeta) = \sum_{j=1}^{k} \sum_{s=1}^{r_j} \frac{A_{js}}{(\omega - a_j - ib_j)^s} \tag{6.144}$$

其中，A_{js} 是未知常数。

根据式(6.143)，有下列等式，即

$$\Psi^-(\zeta) = \varphi(\zeta) \tag{6.145}$$

$$\Psi^+(\zeta) = Q(\zeta) - \varphi(\zeta) \tag{6.146}$$

式(6.144)的左边部分在上半平面没有极点，因此它的右边部分也要没有极点。这个条件只有满足下列情况才能成立：当常数 A_{js} $(s = 1, 2, \cdots, r_j; j = 1, 2, \cdots, k)$ 由关系式(6.134)确定时。考虑式(6.126)，由式(6.145)可得到最优传递函数的计算公式，即

$$\Phi(i\omega) = \frac{N(i\omega)}{L(i\omega)} \varphi(\omega) \tag{6.147}$$

若 $\tau_0 \leqslant 0$ ，则为了求出最优传递函数，边界条件(6.128)必须表示为

$$\Psi^+(\zeta) = Q(\zeta) - \Psi^-(\zeta) \tag{6.148}$$

式(6.148)的左边部分是函数 $\Psi^+(\zeta)$ 在实轴上的极限值，其范围是零到无穷，且在上半平面没有极点。式(6.148)的右边部分可以作为下半平面解析函数在实轴上的极限值来研究。其范围是零到无穷，且在点 $\zeta_j = c_j - \mathrm{i}d_j$ $(j=1,2,\cdots,r)$ 上具有已知倍数为 l_j 的极点。式(6.148)只有满足下列情况时才能成立：当它的左边部分和右边部分是同一个解析函数 $\psi(\zeta)$ 在实轴上的极限值且这个函数的范围是零到无穷时，在给定点上具有已知倍数的极点。$\psi(\zeta)$ 为

$$\psi(\zeta) = \sum_{j=1}^{r} \sum_{s=1}^{l_j} \frac{B_{js}}{(\zeta - c_j + \mathrm{i}d_j)^s} \tag{6.149}$$

其中，B_{js} 是未知常数。

于是

$$\Psi^+(\zeta) = \psi(\zeta) \tag{6.150}$$

$$\Psi^-(\zeta) = Q(\zeta) - \psi(\zeta) \tag{6.151}$$

式(6.151)的左边部分在下半平面没有极点，因此它的右边部分也应没有极点。这个条件只有满足下列情况才能成立：当常数 B_{js} $(s=1,2,\cdots,l_j; j=1,2,\cdots,r)$ 由式(6.139)确定时。考虑式(6.126)，由式(6.151)可知，对于最优传递函数，可得到下列计算公式，即

$$\Phi(\mathrm{i}\omega) = \frac{N(\mathrm{i}\omega)}{L(\mathrm{i}\omega)}[Q(\omega) - \psi(\omega)] \tag{6.152}$$

式(6.152)与式(6.142)吻合。

对于有限记忆动态系统的最优传递函数 $\Phi(\mathrm{i}\omega)$ ，积分等式(6.41)可以表示为

$$\int_{-\infty}^{\infty} \mathrm{e}^{\mathrm{i}\xi t}[G(\xi) - S_x(\xi)\Phi(\mathrm{i}\xi)]\mathrm{d}\xi = 0, \quad 0 \leqslant t \leqslant T \tag{6.153}$$

其中，辅助函数 $G(\xi)$ 满足下式，即

$$\int_{-\infty}^{\infty} \mathrm{e}^{\mathrm{i}\xi t}G(\xi)\mathrm{d}\xi = K_{zx}(t) + \sum_{k=0}^{r} \lambda_k t^k, \quad 0 \leqslant t \leqslant T \tag{6.154}$$

显然，积分等式(6.153)在 $[0,T]$ 之外，式(6.154)的左边部分和右边部分等于零，即

$$\int_{-\infty}^{\infty} \mathrm{e}^{\mathrm{i}\xi t}G(\xi)\mathrm{d}\xi = 0, \quad t < 0 \text{ 和 } t > T \tag{6.155}$$

$$K_{zx}(t) + \sum_{k=0}^{r} \lambda_k t^k = 0, \quad t < 0 \text{ 和 } t > T \tag{6.156}$$

于是，对式(6.154)进行傅里叶积分变换，可得下式，即

$$
\begin{aligned}
G(\xi) &= \frac{1}{2\pi}\int_0^T \mathrm{e}^{-\mathrm{i}\xi t}\left[K_{zx}(t)+\sum_{k=0}^r \lambda_k t^k\right]\mathrm{d}t \\
&= \frac{1}{2\pi}\int_0^T \mathrm{e}^{-\mathrm{i}\xi t}K_{zx}(t)\mathrm{d}t + \frac{1}{2\pi}\sum_{k=0}^r \lambda_k \frac{k!}{(\mathrm{i}\xi)^{k+1}}\left[1-\mathrm{e}^{-\mathrm{i}\xi T}\sum_{s=0}^k \frac{(\mathrm{i}\xi T)^s}{s!}\right]
\end{aligned}
\tag{6.157}
$$

式(6.155)可以写为如下两种形式，即

$$
\int_{-\infty}^{\infty}\mathrm{e}^{\mathrm{i}\xi t}G(\xi)\mathrm{d}\xi = 0,\quad t<0
\tag{6.158}
$$

$$
\int_{-\infty}^{\infty}\mathrm{e}^{\mathrm{i}\xi t'}\left[\mathrm{e}^{\mathrm{i}\xi T}G(\xi)\right]\mathrm{d}\xi = 0,\quad t'=t-T>0
\tag{6.159}
$$

除了在 $t=0$ 和 $t'=0$ 点，式(6.158)和式(6.159)分别类似于式(6.110)和式(6.109)，因此有

$$
G(\xi)=G^-(\xi),\quad \mathrm{e}^{\mathrm{i}\xi T}G(\xi)=G^+(\xi)
\tag{6.160}
$$

其中，$G^-(\xi)$ 和 $G^+(\xi)$ 是函数 $G^-(\zeta)$ 和 $G^+(\zeta)$ 在实轴上的极限值。

这两个函数分别在复数变量 $\zeta=\xi+\mathrm{i}\eta$ 的下半平面和上半平面是解析的。当 $|\xi|\to\infty$ 时，函数 $G^-(\xi)$ 和 $G^+(\xi)$ 同 $|\xi|^{-1}$ 一样变为零。

对于有限记忆动态系统，脉冲过渡函数 $k(t)$ 在 $t<0$ 和 $t>T$ 时等于零，借助式(6.2)可写为

$$
\int_{-\infty}^{\infty}\mathrm{e}^{\mathrm{i}\xi t}\Phi(\mathrm{i}\xi)\mathrm{d}\xi = 0,\quad t<0 \text{ 和 } t>T
\tag{6.161}
$$

式(6.161)类似于式(6.155)，因此有

$$
\Phi(\mathrm{i}\xi)=H^-(\xi),\quad \mathrm{e}^{\mathrm{i}\xi T}\Phi(\mathrm{i}\xi)=H^+(\xi)
\tag{6.162}
$$

其中，$H^-(\xi)$ 和 $H^+(\xi)$ 是函数 $H^-(\zeta)$ 和 $H^+(\zeta)$ 在实轴的极限值，这两个函数分别在复数变量 ζ 的下半平面和上半平面是解析的；当 $|\xi|\to\infty$ 时，函数(6.162)同 $|\xi|^N$ 一样 (N 是正整数或者零) 趋向无穷。

对于输入端随机函数 $X(t)$，谱密度 $S_x(\omega)$ 具有如式(6.42)所示的形式，从输出端随机过程 $Y(t)$ 方差 D_y 的有限性条件 (类似于式(6.121)) 可以得到 $N=n-m-1$。

对于有限记忆动态系统，有下列函数，即

$$
\Psi^-(\zeta)=\frac{L(\mathrm{i}\zeta)}{N(\mathrm{i}\zeta)}\Phi(\mathrm{i}\zeta),\quad \Psi^+(\zeta)=\frac{L(-\mathrm{i}\zeta)}{N(-\mathrm{i}\zeta)}\mathrm{e}^{\mathrm{i}\zeta T}\Phi(\mathrm{i}\zeta)
\tag{6.163}
$$

可以通过 $F(\xi)$ 标识绝对可积分函数。该函数满足下式，即

$$\int_{-\infty}^{\infty} e^{i\xi t} F(\xi) d\xi = 0, \quad 0 \leqslant t \leqslant T \tag{6.164}$$

函数 $F(\xi)$ 的傅里叶公式如式(6.106)所示，且该函数可表示为

$$F(\xi) = F_1(\xi) + F_2(\xi) \tag{6.165}$$

并且 $F_1(\xi)$ 如式(6.113)所示，而

$$F_2(\xi) = \frac{1}{2\pi} \int_T^{\infty} e^{-it\xi} dt \int_{-\infty}^{\infty} e^{-it\xi'} F(\xi') d\xi' \tag{6.166}$$

设 $t = t' + T$，则可得下式，即

$$e^{i\xi T} F_2(\xi) = \frac{1}{2\pi} \int_0^{\infty} e^{-i\xi t'} dt' \int_{-\infty}^{\infty} e^{-i\xi t'} [e^{i\xi T} F(\xi')] d\xi' \tag{6.167}$$

式(6.167)类似于式(6.114)，因此可将式(6.165)重新写为

$$F(\xi) = F^+(\xi) + e^{-i\xi T} F^-(\xi) \tag{6.168}$$

其中

$$F^+(\xi) = F_1(\xi), \quad F^-(\xi) = e^{i\xi T} F_2(\xi) \tag{6.169}$$

函数 $F^+(\xi)$ 和 $F^-(\xi)$ 是函数 $F^+(\zeta)$ 和 $F^-(\zeta)$ 在实轴上的极限值。这两个函数分别在复数变量 $\zeta = \xi + i\eta$ 的上半平面和下半平面是解析的。当 $|\xi| \to \infty$ 时，式(6.169)同 $|\xi|^{-1}$ 一样变成了零。

积分等式(6.153)等效于式(6.164)，因此有

$$G(\xi) - S_x(\xi)\Phi(i\xi) = F^+(\xi) + e^{-i\xi T} F^-(\xi) \tag{6.170}$$

其中，$F^+(\xi)$ 和 $F^-(\xi)$ 是未知函数。

考虑式(6.124)、式(6.160)和式(6.163)，式(6.170)可以表示为

$$G^-(\xi) - \frac{L(-i\xi)}{N(-i\xi)}\Psi^-(\xi) = F^+(\xi) + e^{-i\xi T} F^-(\xi) \tag{6.171}$$

$$G^+(\xi) - \frac{L(i\xi)}{N(i\xi)}\Psi^+(\xi) = e^{i\xi T} F^+(\xi) + F^-(\xi) \tag{6.172}$$

由此可以得到下式，即

$$\frac{N(-i\xi)}{L(-i\xi)} F^+(\xi) = \frac{N(-i\xi)}{L(-i\xi)} \Big[G^-(\xi) - e^{-i\xi T} F^-(\xi) \Big] - \Psi^-(\xi) \tag{6.173}$$

$$\frac{N(i\xi)}{L(i\xi)} F^-(\xi) = \frac{N(i\xi)}{L(i\xi)} \Big[G^+(\xi) - e^{i\xi T} F^+(\xi) \Big] - \Psi^+(\xi) \tag{6.174}$$

式(6.173)和式(6.174)的左边部分是复数变量 ζ 分别在上半平面和下半平面解析的函数在实轴上的极限值。它们在指定区域的有限部分中不具有任何特殊性，

但在无穷远点可能同 $n-m-1$ 阶多项式一样变成无穷。式(6.173)和式(6.174)的右边部分同样是函数在实轴上的极限值，但这些函数是分别在下半平面和上半平面解析的。在无穷远点，这些函数具有类似的特殊性。除此之外，这些函数在这些点具有极点。这些点的坐标分别与多项式 $L(-\mathrm{i}\zeta)$ 和 $L(\mathrm{i}\zeta)$ 的零点一致。通过 $v_j=-\alpha_j+\mathrm{i}\beta_j$ $(j=1,2,\cdots,l)$ 来标识式(6.46)的根，而用 k_j $(j=1,2,\cdots,l)$ 来标识它们的倍数，所以 $\sum_{j=1}^{l}k_j=m$ 。于是，对于多项式 $L(-\mathrm{i}\zeta)$ 和 $L(\mathrm{i}\zeta)$ ，零点分别与 $\mathrm{i}v_j=-\beta_j-\mathrm{i}\alpha_j$ 和 $-\mathrm{i}v_j=\beta_j+\mathrm{i}\alpha_j$ $(j=1,2,\cdots,l)$ 一致。这些零点的倍数同样等于 k_j $(j=1,2,\cdots,l)$ 。

对于两对函数 $F^+(\zeta)$ 、 $F^-(\zeta)$ 和 $\Psi^+(\zeta)$ 、 $\Psi^-(\zeta)$ ，式(6.173)和式(6.174)的左边部分和右边部分是同一个解析函数 $\theta(\zeta)$ 在实轴上的有限值。函数在无穷远点同 $n-m-1$ 阶多项式一样变成无穷，而在下半平面的 $\zeta_j=-\beta_j-\mathrm{i}\alpha_j$ $(j=1,2,\cdots,l)$ 点，具有已知倍数 k_j $(j=1,2,\cdots,l)$ 的极点。 $\theta(\zeta)$ 为

$$\theta(\zeta)=\sum_{s=0}^{n-m-1}p_s\zeta^s+\sum_{j=1}^{l}\sum_{s=1}^{k_j}\frac{A_{js}}{(\zeta+\beta_j+\mathrm{i}\alpha_j)^s} \tag{6.175}$$

其中， p_s $(s=0,1,\cdots,n-m-1)$ 和 A_{js} $(s=1,2,\cdots,k_j;j=1,2,\cdots,l)$ 是未知常数，并且 $\sum_{j=1}^{l}k_j=m$ 。

式(6.174)的左边部分和右边部分是函数 $\gamma(\zeta)$ 在实轴上的极限值，这个函数在无穷远点同 $n-m-1$ 阶多项式一样变成无穷，而在上半平面的 $\zeta_j=\beta_j+\mathrm{i}\alpha_j$ $(j=1,2,\cdots,l)$ 点，具有已知倍数 k_j $(j=1,2,\cdots,l)$ 的极点。类似于式(6.175)， $\gamma(\zeta)$ 为

$$\gamma(\zeta)=\sum_{s=0}^{n-m-1}q_s\zeta^s+\sum_{j=1}^{l}\sum_{s=1}^{k_j}\frac{B_{js}}{(\zeta-\beta_j-\mathrm{i}\alpha_j)^s} \tag{6.176}$$

其中， q_s $(s=0,1,\cdots,n-m-1)$ 和 B_{js} $(s=1,2,\cdots,k_j;j=1,2,\cdots,l)$ 是未知常数。

由边界条件(6.173)和边界条件(6.174)可以推出，函数 $F^+(\zeta)$ 和 $F^-(\zeta)$ 由下列公式确定，即

$$F^+(\zeta)=\frac{L(-\mathrm{i}\zeta)}{N(-\mathrm{i}\zeta)}\theta(\zeta) \tag{6.177}$$

$$F^-(\zeta)=\frac{L(\mathrm{i}\zeta)}{N(\mathrm{i}\zeta)}\gamma(\zeta) \tag{6.178}$$

对于函数 $\Psi^-(\zeta)$ 和 $\Psi^+(\zeta)$ ，可以得到下列表达式，即

$$\Psi^-(\zeta)=\frac{N(-\mathrm{i}\zeta)}{L(-\mathrm{i}\zeta)}\left[G^-(\zeta)-\mathrm{e}^{-\mathrm{i}\zeta T}\frac{L(\mathrm{i}\zeta)}{N(\mathrm{i}\zeta)}\gamma(\zeta)\right]-\theta(\zeta) \tag{6.179}$$

$$\Psi^+(\zeta) = \frac{N(i\zeta)}{L(i\zeta)} \left[G^+(\zeta) - e^{i\zeta T} \frac{L(-i\zeta)}{N(-i\zeta)} \theta(\zeta) \right] - \gamma(\zeta) \tag{6.180}$$

根据式(6.163)，函数 $\Psi^-(\zeta)$ 和 $\Psi^+(\zeta)$ 正比于 $\Phi(i\zeta)$。因此，对于有限记忆动态系统的最优传递函数，计算公式可写为

$$\Phi(i\omega) = \frac{G(\omega)}{S_x(\omega)} - \frac{N(i\omega)}{L(i\omega)} \theta(\omega) - e^{-i\omega T} \frac{N(-i\omega)}{L(-i\omega)} \gamma(\omega) \tag{6.181}$$

式(6.181)取决于 $2n+r+1$ 个未知常数 λ_k $(k=0,1,\cdots,r)$、p_s、q_s $(s=0,1,\cdots,n-m-1)$ 和 A_{js}、B_{js} $(s=1,2,\cdots,k_j; j=1,2,\cdots,l)$，其中 $\sum_{j=1}^{l} k_j = m$。把式(6.181)代入条件(6.27)，可得求解未知常数的 $r+1$ 个线性代数等式方程组。

为了得到系数 p_s 和 q_s $(s=0,1,\cdots,n-m-1)$ 的计算公式，可以研究来自下半平面 $(\eta \to -\infty)$ 的自变量 $\zeta = \xi + i\eta$ 的较大数值的关系式(6.179)，而对于来自上半平面 $(\eta \to \infty)$ 的自变量 ζ 的较大数值，可以研究关系式(6.180)。在进行计算前，这些表达式可以大大地简化。函数 $\Psi^-(\zeta)$ 和 $\Psi^+(\zeta)$ 的范围为由零到无穷。当 $\eta \to -\infty$ 时，指数 $e^{-i\zeta T} = e^{-\eta T - i\xi T} \to 0$，当 $\eta \to \infty$ 时，指数 $e^{i\zeta T} = e^{-\eta T + i\xi T} \to 0$。由于包含这样的指数项，函数 $G^-(\zeta) = G(\zeta)$ 和 $G^+(\zeta) = e^{i\zeta T} G(\zeta)$ 同样可被简化。如果动态系统是对有效输入随机过程的平滑，那么函数 $G(\zeta)$ 包括同样的指数项 $e^{-i\zeta|\tau_0|}$，其中 $|\tau_0| < T$。因为当 $|\eta| \to \infty$ 时，$e^{-|\eta||\tau_0|} \to 0$ 且 $e^{-|\eta|(T-|\tau_0|)} \to 0$，所以在求系数 p_s 和 q_s $(s=0,1,\cdots,n-m-1)$ 时，指定的被加数同样可以不考虑。

记 $G_1(\zeta)$ 和 $G_2(\zeta)$ 表示由 $G^-(\zeta) = G(\zeta)$ 和 $G^+(\zeta) = e^{i\zeta T} G(\zeta)$ 进行简化后得到的函数。于是，当 $|\eta| \to \infty$ 时，式(6.179)和式(6.180)具有如下形式，即

$$\sum_{s=0}^{n-m-1} p_s \zeta^s = \frac{N(-i\zeta)}{L(-i\zeta)} G_1(\zeta) \tag{6.182}$$

$$\sum_{s=0}^{n-m-1} q_s \zeta^s = \frac{N(i\zeta)}{L(i\zeta)} G_2(\zeta) \tag{6.183}$$

设式(6.182)中 $\zeta = 1/\nu$，则可得到如下等式，即

$$\sum_{s=0}^{n-m-1} p_{n-m-s-1} \nu^s = \nu^{n-m-1} \frac{N(-i/\nu)}{L(-i/\nu)} G_1(1/\nu) \tag{6.184}$$

对式(6.184)微分 s 次，且认为 $\nu = 0$，可得下式，即

$$p_{n-m-s-1} = \frac{1}{s!} \frac{d^s}{d\nu^s} \left[\nu^{n-m-1} \frac{N(-i/\nu)}{L(-i/\nu)} G_1(1/\nu) \right]_{\nu=0}, \quad s=0,1,\cdots,n-m-1 \tag{6.185}$$

由式(6.183)类似可得下式，即

$$q_{n-m-s-1} = \frac{1}{s!}\frac{d^s}{d\nu^s}\left[\nu^{n-m-1}\frac{N(i/\nu)}{L(i/\nu)}G_2(1/\nu)\right]\Bigg|_{\nu=0}, \quad s=0,1,\cdots,n-m-1 \quad (6.186)$$

在下半平面，解析函数 $\Psi^-(\zeta)$ 在 $\zeta_j = -\beta_j - i\alpha_j$ $(j=1,2,\cdots,l)$ 不具有极点，这是由于表达式(6.179)的右边部分在指定点上没有特殊点。我们把式(6.179)的两个部分乘以 $(\zeta + \beta_j + i\alpha_j)^{k_j}$，并把结果对 ζ 进行 $k_j - s$ 次微分，然后假定 $\zeta = -\beta_j - i\alpha_j$。于是，可得下式，即

$$A_{js} = \frac{1}{(k_j-s)!}\frac{d^{k_j-s}}{d\zeta^{k_j-s}}\left\{(\zeta+\beta_j+i\alpha_j)^{k_j}\frac{N(-i\zeta)}{L(-i\zeta)}\left[G(\zeta)-e^{-i\zeta T}\frac{L(i\zeta)}{N(i\zeta)}\gamma(\zeta)\right]\right\}\Bigg|_{\zeta=-\beta_j-i\alpha_j},$$

$$s=1,2,\cdots,k_j; j=1,2,\cdots,l \quad (6.187)$$

根据式(6.180)，类似可得下式，即

$$B_{js} = \frac{1}{(k_j-s)!}\frac{d^{k_j-s}}{d\zeta^{k_j-s}}\left\{(\zeta-\beta_j-i\alpha_j)^{k_j}e^{i\zeta T}\frac{N(i\zeta)}{L(i\zeta)}\left[G(\zeta)-\frac{L(-i\zeta)}{N(-i\zeta)}\theta(\zeta)\right]\right\}\Bigg|_{\zeta=-\beta_j-i\alpha_j},$$

$$s=1,2,\cdots,k_j; j=1,2,\cdots,l \quad (6.188)$$

由式(6.187)、式(6.188)、式(6.27)、式(6.185)和式(6.186)能够求出有限记忆动态系统的最优传递函数的计算公式(6.181)的所有 $2n+r+1$ 个未知常数。

6.5　两种求解方法实例分析

例 6.1　在线性动态系统的输入端，输入随机过程 $X(t) = \Theta(t) + V(t)$，其中 $\Theta(t)$ 是舰船的横摇角，$V(t)$ 是扰动。对于非相关的广义平稳随机过程 $\Theta(t)$ 和 $V(t)$，数学期望等于零，而相关函数为

$$K_\theta(\tau) = \sigma_\theta^2 e^{-\alpha|\tau|}\left(\cos\beta\tau + \frac{\alpha}{\beta}\sin\beta|\tau|\right), \quad K_v(\tau) = \sigma_v^2 e^{-\gamma|\tau|}$$

线性动态系统输出端期望的随机过程为 $Z(t) = a\Theta(t+\tau_0) + b\Theta'(t+\tau_0)$，其中 a、b 和 τ_0 是给定常数，并且 $\tau_0 \geq 0$。求最优传递函数 $\Phi(i\omega)$ 和最优脉冲过渡函数 $k(t)$，以及 $\sigma_v = 0$ 和 $\sigma_v \neq 0$ 时，实际输出过程与期望输出随机过程 $Z(t)$ 的误差 $\Delta(t)$ 的方差 D_Δ。

解　在研究的动态系统中，观测时间没有限制，于是可以认为 $T = \infty$。输入

随机过程为 $X(t) = \Theta(t) + V(t)$。它的相关函数 $K_x(\tau) = K_\theta(\tau) + K_v(\tau)$，而谱密度为

$$S_x(\omega) = S_\theta(\omega) + S_v(\omega) = \frac{2\sigma_\theta^2\alpha(\alpha^2+\beta^2)}{\pi[(\omega^2+\alpha^2-\beta^2)^2+4\alpha^2\beta^2]} + \frac{\gamma\sigma_v^2}{\pi(\omega^2+\gamma^2)}$$

动态系统输出端期望的随机过程为

$$Z(t) = \int_{-\infty}^{\infty} h(\tau)\Theta(t-\tau)\mathrm{d}\tau = a\Theta(t+\tau_0) + b\Theta'(t+\tau_0)$$

因此，理想脉冲过渡函数为

$$h(\tau) = a\delta(\tau+\tau_0) + b\delta'(\tau+\tau_0)$$

对于随机过程 $Z(t)$ 和 $X(t)$，其互相关函数为

$$K_{zx}(\tau) = \int_{-\infty}^{\infty} h(\tau')K_\theta(\tau-\tau')\mathrm{d}\tau' = aK_\theta(\tau+\tau_0) + bK_\theta'(\tau+\tau_0)$$

因为

$$H(\omega) = \int_{-\infty}^{\infty} \mathrm{e}^{-\mathrm{i}\omega\tau}h(\tau)\mathrm{d}\tau = [a+b(\mathrm{i}\omega)]\mathrm{e}^{\mathrm{i}\omega\tau_0}$$

所以对于 $Z(t)$ 和 $X(t)$，其互谱密度为

$$S_{zx}(\omega) = S_\theta(\omega)H(\omega) = \frac{2\sigma_\theta^2\alpha(\alpha^2+\beta^2)[a+b(\mathrm{i}\omega)]}{\pi[(\omega^2+\alpha^2-\beta^2)^2+4\alpha^2\beta^2]}\mathrm{e}^{\mathrm{i}\omega\tau_0}$$

(1) 若 $\sigma_v = 0$，则扰动 $V(t)$ 不存在。在这种情况下，对于随机过程 $X(t) = \Theta(t)$，其谱密度类似于式(6.42)，即

$$S_x(\omega) = S_\theta(\omega) = \frac{L_\theta(\mathrm{i}\omega)L_\theta(-\mathrm{i}\omega)}{N_\theta(\mathrm{i}\omega)N_\theta(-\mathrm{i}\omega)}$$

其中

$$L_\theta(\mathrm{i}\omega) = L_\theta(-\mathrm{i}\omega) = L = \sigma_\theta\sqrt{\frac{2}{\pi}\alpha(\alpha^2+\beta^2)}$$

$$N_\theta(\mathrm{i}\omega) = (\mathrm{i}\omega+\alpha-\mathrm{i}\beta)(\mathrm{i}\omega+\alpha+\mathrm{i}\beta)$$

$$N_\theta(-\mathrm{i}\omega) = (-\mathrm{i}\omega+\alpha-\mathrm{i}\beta)(-\mathrm{i}\omega+\alpha+\mathrm{i}\beta)$$

于是

$$\frac{S_{zx}(\omega)}{S_x(\omega)} = H(\omega) = [a+b(\mathrm{i}\omega)]\mathrm{e}^{\mathrm{i}\omega\tau_0}$$

$$Q(\omega) = \frac{L(\mathrm{i}\omega)}{N(\mathrm{i}\omega)} \frac{S_{zx}(\omega)}{S_x(\omega)} = \frac{L[a + b(\mathrm{i}\omega)]\mathrm{e}^{\mathrm{i}\omega\tau_0}}{(\mathrm{i}\omega + \alpha - \mathrm{i}\beta)(\mathrm{i}\omega + \alpha + \mathrm{i}\beta)}$$

在复数变量 $\zeta = \xi + \mathrm{i}\eta$ 的上半平面，解析函数 $Q(\zeta)$ 在点 $\zeta_1 = \beta + \mathrm{i}\alpha$ 和 $\zeta_2 = -\beta + \mathrm{i}\alpha$ 具有两个简单的极点。根据式(6.137)，所求的最优传递函数为

$$\Phi(\mathrm{i}\omega) = \frac{N(\mathrm{i}\omega)}{L(\mathrm{i}\omega)}\left(\frac{A_{11}}{\omega - \beta - \mathrm{i}\alpha} + \frac{A_{21}}{\omega + \beta - \mathrm{i}\alpha}\right) = A_{11}'(\mathrm{i}\omega + \alpha + \mathrm{i}\beta) + A_{21}'(\mathrm{i}\omega + \alpha - \mathrm{i}\beta)$$

其中

$$A_{11}' = \frac{\mathrm{i}}{L}A_{11} = \frac{\mathrm{i}}{L}[Q(\omega)(\omega - \beta - \mathrm{i}\alpha)]\Big|_{\mathrm{i}\omega = -\alpha + \mathrm{i}\beta} = \frac{1}{2\beta\mathrm{i}}[(a - b\alpha) + \mathrm{i}b\beta]\mathrm{e}^{-(\alpha - \mathrm{i}\beta)\tau_0}$$

$$A_{21}' = \frac{\mathrm{i}}{L}A_{21} = \frac{\mathrm{i}}{L}[Q(\omega)(\omega + \beta - \mathrm{i}\alpha)]\Big|_{\mathrm{i}\omega = -\alpha + \mathrm{i}\beta} = \frac{-1}{2\beta\mathrm{i}}[(a - b\alpha) - \mathrm{i}b\beta]\mathrm{e}^{-(\alpha + \mathrm{i}\beta)\tau_0}$$

因此

$$A_{11}' + A_{21}' = \left[b\cos\beta\tau_0 + \frac{1}{\beta}(a - b\alpha)\sin\beta\tau_0\right]\mathrm{e}^{-\alpha\tau_0}$$

$$A_{11}' - A_{21}' = \frac{\mathrm{i}}{\beta}[b\beta\sin\beta\tau_0 - (a - b\alpha)\cos\beta\tau_0]\mathrm{e}^{-\alpha\tau_0}$$

所求的最优传递函数为

$$\Phi(\mathrm{i}\omega) = \left\{(\mathrm{i}\omega + \alpha)\left[b\cos\beta\tau_0 + \frac{1}{\beta}(a - b\alpha)\sin\beta\tau_0\right] + (a - b\alpha)\cos\beta\tau_0 - b\beta\sin\beta\tau_0\right\}\mathrm{e}^{-\alpha\tau_0}$$

由式(6.2)可以求得最优脉冲过渡函数，即

$$k(t) = \frac{1}{2\pi}\int_{-\infty}^{\infty}\mathrm{e}^{\mathrm{i}\omega t}\Phi(\mathrm{i}\omega)\mathrm{d}\omega$$

$$= \left\{a\cos\beta\tau_0 + \frac{1}{\beta}\left[a\alpha - b(\alpha^2 + \beta^2)\right]\sin\beta\tau_0\right\}\mathrm{e}^{-\alpha\tau_0}\delta(t)$$

$$+ \left[b\cos\beta\tau_0 + \frac{1}{\beta}(a - b\alpha)\sin\beta\tau_0\right]\mathrm{e}^{-\alpha\tau_0}\delta'(t)$$

利用式(6.100)同样能求出这个函数。多项式 $N(\mathrm{i}\omega)$ 和 $L(\mathrm{i}\omega)$ 分别具有阶次 $n = 2$ 和 $m = 0$，因此

$$k(t) = c_0\delta(t) + c_1\delta'(t) + \frac{1}{2\pi}\int_{-\infty}^{\infty}\mathrm{e}^{\mathrm{i}\omega t}[a + b(\mathrm{i}\omega)]\mathrm{e}^{\mathrm{i}\omega\tau_0}\mathrm{d}\omega$$

$$= c_0\delta(t) + c_1\delta'(t) + a\delta(t + \tau_0) + b\delta'(t + \tau_0)$$

　　因为 $t \geqslant 0$，所以在 $\tau_0 > 0$ 时，$\delta(t + \tau_0) = 0$ 和 $\delta'(t + \tau_0) = 0$。若 $\tau_0 = 0$，则第三个被加数类似于第一个，第四个类似于第二个。因此，当 $\tau_0 > 0$ 时，最优脉冲过渡函数具有如下形式，即

$$k(t) = c_0 \delta(t) + c_1 \delta'(t)$$

　　任意常数 c_0 和 c_1 可以借助式(6.102)求出。这个等式在这种情况下具有如下形式，即

$$c_0 K_\theta(t) + c_1 K_\theta'(t) \equiv K_{zx}(t) \equiv a K_\theta(t + \tau_0) + b K_\theta'(t + \tau_0)$$

并且

$$K_\theta(t) = \sigma_\theta^2 e^{-\alpha t}\left(\cos \beta t + \frac{\alpha}{\beta} \sin \beta t\right), \quad K_\theta'(t) = -\frac{\sigma_\theta^2 e^{-\alpha t}}{\beta}(\alpha^2 + \beta^2)\sin \beta t$$

　　在恒等式中，分别比较在 $e^{-\alpha t}\cos \beta t$ 和 $e^{-\alpha t}\sin \beta t$ 时的系数，可得下式，即

$$c_0 = e^{-\alpha \tau_0}\left[a\left(\cos \beta \tau_0 + \frac{\alpha}{\beta}\sin \beta \tau_0\right) - \frac{b}{\beta}(\alpha^2 + \beta^2)\sin \beta \tau_0\right]$$

$$\frac{\alpha}{\beta} c_0 - \frac{1}{\beta}(\alpha^2 + \beta^2)c_1 = e^{-\alpha \tau_0}\left[a\left(-\sin \beta \tau_0 + \frac{\alpha}{\beta}\cos \beta \tau_0\right) - \frac{b}{\beta}(\alpha^2 + \beta^2)\cos \beta \tau_0\right]$$

因此

$$c_1 = e^{-\alpha \tau_0}\left[\frac{a}{\beta}\sin \beta \tau_0 + b\left(\cos \beta \tau_0 - \frac{\alpha}{\beta}\sin \beta \tau_0\right)\right]$$

　　最优传递函数为

$$\Phi(i\omega) = \int_0^\infty e^{-i\omega \tau} k(\tau)\mathrm{d}\tau = \int_0^\infty e^{-i\omega \tau}\left[c_0 \delta(\tau) + c_1 \delta'(\tau)\right]\mathrm{d}\tau$$

即

$$\Phi(i\omega) = c_0 + c_1(i\omega)$$

这样，用两种不同的方法可得同样的最优脉冲过渡函数和传递函数。

　　对于自变量 $t + \tau_0$ 的同一个值，平稳随机过程 $\Theta(t + \tau_0)$ 及其导数 $\Theta'(t + \tau_0)$ 是非相关的，因此

$$D_z = D[a\Theta(t + \tau_0) + b\Theta'(t + \tau_0)] = a^2 \sigma_\theta^2 + b^2 \sigma_{\theta'}^2$$

即

$$D_z = [a^2 + b^2(\alpha^2 + \beta^2)]\sigma_\theta^2$$

根据式(6.37)，对于动态系统输出端随机过程 $Y(t)$，其方差为

$$D_y = \int_0^\infty k(\tau)K_{zx}(\tau)\mathrm{d}\tau = \int_{0^-}^\infty [c_0\delta(\tau) + c_1\delta'(\tau)][aK_\theta(\tau+\tau_0) + bK_\theta'(\tau+\tau_0)]\mathrm{d}\tau$$

$$= c_0[aK_\theta(\tau_0) + bK_\theta'(\tau_0)] - c_1[aK_\theta'(\tau_0) + bK_\theta''(\tau_0)]$$

因为

$$K_\theta''(\tau) = -\sigma_\theta^2(\alpha^2 + \beta^2)\mathrm{e}^{-\alpha|\tau|}\left(\cos\beta\tau - \frac{\alpha}{\beta}\sin\beta|\tau|\right)$$

$$D_y = \sigma_\theta^2 \mathrm{e}^{-\alpha\tau_0}\left[ac_0\left(\cos\beta\tau_0 + \frac{\alpha}{\beta}\sin\beta\tau_0\right) + (ac_1 - bc_0)\frac{1}{\beta}(\alpha^2 + \beta^2)\sin\beta\tau_0 \right.$$

$$\left. + bc_1(\alpha^2 + \beta^2)\left(\cos\beta\tau_0 - \frac{\alpha}{\beta}\sin\beta\tau_0\right) \right]$$

$$= \sigma_\theta^2[c_0^2 + (\alpha^2 + \beta^2)c_1^2]$$

利用式(6.84)也可以得到同样的结果。根据式(6.84)有

$$D_y = \int_{-\infty}^\infty |\varPhi(\mathrm{i}\omega)|^2 S_x(\omega)\mathrm{d}\omega$$

$$= \int_{-\infty}^\infty \frac{(c_0^2 + c_1^2\omega^2)L^2\mathrm{d}\omega}{(\mathrm{i}\omega + \alpha - \mathrm{i}\beta)(\mathrm{i}\omega + \alpha + \mathrm{i}\beta)(-\mathrm{i}\omega + \alpha - \mathrm{i}\beta)(-\mathrm{i}\omega + \alpha - \mathrm{i}\beta)}$$

用对上半平面的积分替换对实轴的积分，可得下式，即

$$D_y = 2\pi L^2\left[\frac{c_0^2 - c_1^2(\mathrm{i}\omega)^2}{(\mathrm{i}\omega + \alpha + \mathrm{i}\beta)(-\mathrm{i}\omega + \alpha - \mathrm{i}\beta)(-\mathrm{i}\omega + \alpha + \mathrm{i}\beta)}\bigg|_{\mathrm{i}\omega = -\alpha - \mathrm{i}\beta} \right.$$

$$\left. + \frac{c_0^2 - c_1^2(\mathrm{i}\omega)^2}{(\mathrm{i}\omega + \alpha - \mathrm{i}\beta)(-\mathrm{i}\omega + \alpha - \mathrm{i}\beta)(-\mathrm{i}\omega + \alpha + \mathrm{i}\beta)}\bigg|_{\mathrm{i}\omega = -\alpha - \mathrm{i}\beta} \right]$$

$$= [c_0^2 + c_1^2(\alpha^2 + \beta^2)]\sigma_\theta^2$$

所以

$$D_\Delta = [(a^2 - c_0^2) + (b - c_1^2)(\alpha^2 + \beta^2)]\sigma_\theta^2$$

(2) 若 $\sigma_v \neq 0$，则对于输入随机过程 $X(t)$，其谱密度为

$$S_x(\omega) = \frac{\gamma\sigma_v^2[(\omega^2 + \alpha^2 - \beta^2)^2 + 4\alpha^2\beta^2 + 2\varepsilon(\omega^2 + \gamma^2)]}{\pi[(\omega^2 + \alpha^2 - \beta^2)^2 + 4\alpha^2\beta^2](\omega^2 + \gamma^2)}$$

其中

$$\varepsilon = \frac{\sigma_\theta^2}{\sigma_v^2}\frac{\alpha}{\gamma}(\alpha^2 + \beta^2)$$

类似于式(6.42)，可以将这个函数表示为如下形式，即

$$S_x(\omega) = \frac{L(\mathrm{i}\omega)L(-\mathrm{i}\omega)}{N(\mathrm{i}\omega)N(-\mathrm{i}\omega)}$$

并且

$$N(\mathrm{i}\omega) = (\mathrm{i}\omega + \alpha - \mathrm{i}\beta)(\mathrm{i}\omega + \alpha + \mathrm{i}\beta)(\mathrm{i}\omega + \gamma)$$

$$L(\mathrm{i}\omega) = \sigma_v \sqrt{\frac{\gamma}{\pi}}(\mathrm{i}\omega - v_1)(\mathrm{i}\omega - v_2)$$

$$L(\mathrm{i}\omega)L(-\mathrm{i}\omega) = \frac{\gamma\sigma_v^2}{\pi}[(\omega^2 + \alpha^2 - \beta^2)^2 + 4\alpha^2\beta^2 + 2\varepsilon(\omega^2 + \gamma^2)]$$

引入如下辅助常数，即

$$A = \alpha^2 - \beta^2 + \varepsilon, \quad B = \sqrt{(\alpha^2 + \beta^2)^2 + 2\varepsilon\gamma^2}$$

且假设 $\mathrm{i}\omega = v$ ，于是

$$L(v)L(-v) = \frac{\gamma\sigma_v^2}{\pi}(v^4 - 2Av^2 + B^2)$$

这个多项式的根为 v_1、v_2、$v_3 = -v_1$、$v_4 = -v_2$ ，并且常数 A 和 B 必须使 $\mathrm{Re}\,v_1 < 0$ 和 $\mathrm{Re}\,v_2 < 0$ 。

　　解算关于 v^2 的平方方程式，可得下式，即

$$v^2 = A \pm \sqrt{A^2 - B^2}$$

若 $A \geqslant B$ ，则多项式 $L(v)$ 的根 v_1 和 v_2 是负实数，并且

$$v_{1,2} = -\sqrt{A \pm \sqrt{A^2 - B^2}}$$

当 $|A| < B$ 时，数字 v_1 和 v_2 是复数的。假设

$$\sqrt{A \pm \mathrm{i}\sqrt{B^2 - A^2}} = x \pm \mathrm{i}y$$

于是

$$A \pm \mathrm{i}\sqrt{B^2 - A^2} = x^2 - y^2 \pm 2\mathrm{i}xy$$

$$x^2 - y^2 = A, \quad 2xy = \sqrt{B^2 - A^2}$$

因此

$$(x^2 + y^2)^2 = A^2 + (B^2 - A^2), \quad x^2 + y^2 = B$$

即

$$x^2 = 0.5(B + A), \quad y^2 = 0.5(B - A)$$

因此，当 $|A| < B$ 时，可以将多项式 $L(v)$ 的根 v_1 和 v_2 表示为 $v_{1,2} = -\alpha_1 \pm \mathrm{i}\beta_1$ 的形式，其中 $\alpha_1 = \sqrt{0.5(B + A)}$ ，$\beta_1 = \sqrt{0.5(B - A)}$ 。

若 $A \leqslant -B$，则可得下式，即

$$v^2 = A \pm \sqrt{A^2 - B^2} < 0$$

在这种情况下，多项式 $L(v)$ 和 $L(-v)$ 的根是纯虚数的，并且

$$v_{1,2} = -v_{3,4} = \pm i\sqrt{-A \mp \sqrt{A^2 - B^2}}$$

这种情况不再研究，因为不满足条件 $\mathrm{Re}\,v_1 < 0$ 和 $\mathrm{Re}\,v_2 < 0$。

此外，因为

$$\frac{S_{zx}(\omega)}{S_x(\omega)} = \frac{N(i\omega)N(-i\omega)2\sigma_\theta^2(\alpha^2 + \beta^2)[a + b(i\omega)]}{L(i\omega)L(-i\omega)\pi[(\omega^2 + \alpha^2 - \beta^2)^2 + 4\alpha^2\beta^2]} e^{i\omega\tau_0}$$

$$= \frac{2\varepsilon[a + b(i\omega)](\omega^2 + \gamma^2)e^{i\omega\tau_0}}{(i\omega - v_1)(i\omega - v_2)(i\omega + v_1)(i\omega + v_2)}$$

$$Q(\omega) = \frac{N(-i\omega)}{L(-i\omega)}S_{zx}(\omega) = \frac{L(i\omega)}{N(i\omega)}\frac{S_{zx}(\omega)}{S_x(\omega)}$$

$$= 2\varepsilon\sigma_v\sqrt{\frac{\gamma}{\pi}}\frac{[a + b(i\omega)](-i\omega + \gamma)e^{i\omega\tau_0}}{(i\omega + \alpha - i\beta)(i\omega + \alpha + i\beta)(i\omega + v_1)(i\omega + v_2)}$$

在复数变量 $\zeta = \xi + i\eta$ 的上半平面，函数 $Q(\zeta)$ 在点 $\zeta_1 = \beta + i\alpha$ 和 $\zeta_2 = -\beta + i\alpha$ 具有两个简单的极点。根据式(6.137)，所求的最优传递函数为

$$\Phi(i\omega) = \frac{N(i\omega)}{L(i\omega)}\left(\frac{A_{11}}{\omega - \beta - i\alpha} + \frac{A_{21}}{\omega + \beta - i\alpha}\right) = \frac{(i\omega + \gamma)[B_1(i\omega + \alpha + i\beta) + B_2(i\omega + \alpha - i\beta)]}{(i\omega - v_1)(i\omega - v_2)}$$

其中

$$B_1 = \frac{iA_{11}}{\sigma_v}\sqrt{\frac{\pi}{\gamma}}[Q(\omega)(\omega - \beta - i\alpha)]\Big|_{i\omega=-\alpha+i\beta} = -i\frac{\varepsilon}{\beta}\frac{(a - b\alpha + ib\beta)(\alpha + \gamma - i\beta)}{(v_1 - \alpha + i\beta)(v_2 - \alpha + i\beta)}e^{-(\alpha - i\beta)\tau_0}$$

$$B_2 = \frac{iA_{21}}{\sigma_v}\sqrt{\frac{\pi}{\gamma}}[Q(\omega)(\omega + \beta - i\alpha)]\Big|_{i\omega=-\alpha-i\beta} = i\frac{\varepsilon}{\beta}\frac{(a - b\alpha - ib\beta)(\alpha + \gamma + i\beta)}{(v_1 - \alpha - i\beta)(v_2 - \alpha - i\beta)}e^{-(\alpha - i\beta)\tau_0} = B_1^*$$

因为 $\Phi(\infty) = B_1 + B_2 \neq 0$，所以最优脉冲过渡函数 $k(t)$ 包含带 δ 函数的被加数。这个函数可以借助下列关系式求出，即

$$k(t) = \frac{1}{2\pi}\int_{-\infty}^{\infty} e^{i\omega t}\Phi(i\omega)d\omega = (B_1 + B_2)\frac{1}{2\pi}\int_{-\infty}^{\infty} e^{i\omega t}d\omega$$

$$+ \frac{1}{2\pi}\int_{-\infty}^{\infty}\frac{e^{i\omega t}}{(i\omega - v_1)(i\omega - v_2)}\{(i\omega + \gamma)\left[B_1(i\omega + \alpha + i\beta) + B_2(i\omega + \alpha - i\beta)\right]$$

$$- (B_1 + B_2)(i\omega - v_1)(i\omega - v_2)\}d\omega$$

第一个积分与函数 $\delta(t)$ 一致，第二个积分可以借助减法计算，因此可得下式，即

$$k(t) = (B_1 + B_2)\delta(t) + \frac{1}{v_1 - v_2}\{e^{v_1 t}(v_1 + \gamma)[B_1(v_1 + \alpha + i\beta)$$
$$+ B_2(v_1 + \alpha - i\beta)] - e^{v_2 t}(v_2 + \gamma)[B_1(v_2 + \alpha + i\beta) + B_2(v_2 + \alpha - i\beta)]\}$$

在确定最优脉冲过渡函数 $k(t)$ 时，当已求得关系式 $\dfrac{S_{zx}(\omega)}{S_x(\omega)}$ 时，也可以使用式(6.100)。多项式 $N(i\omega)$ 和 $L(i\omega)$ 分别具有阶次 $n=3$ 和 $m=2$，因此所求的函数具有如下形式，即

$$k(t) = A_1 e^{v_1 t} + A_2 e^{v_2 t} + C\delta(t) + 2\varepsilon I_0(t)$$

其中

$$I_0(t) = \frac{1}{2\pi}\int_{-\infty}^{\infty} e^{i\omega(t+\tau_0)}\frac{[a + b(i\omega)](\omega^2 + \gamma^2)d\omega}{(i\omega - v_1)(i\omega - v_2)(i\omega + v_1)(i\omega + v_2)}$$

因为 $t \geq 0$ 和 $\tau_0 \geq 0$，由积分定理可得下式，即

$$I_0(t) = e^{i\omega(t+\tau_0)}\frac{[a+b(i\omega)](\omega^2+\gamma^2)}{(i\omega-v_2)(i\omega+v_1)(i\omega+v_2)}\bigg|_{i\omega=v_1} + e^{i\omega(t+\tau_0)}\frac{[a+b(i\omega)](\omega^2+\gamma^2)}{(i\omega-v_1)(i\omega+v_1)(i\omega+v_2)}\bigg|_{i\omega=v_2}$$
$$= \frac{1}{2(v_1^2-v_2^2)}\left[\frac{1}{v_1}(a+bv_1)(\gamma^2-v_1^2)e^{v_1(t+\tau_0)} - \frac{1}{v_2}(a+bv_2)(\gamma^2-v_2^2)e^{v_2(t+\tau_0)}\right]$$

在应用恒等式(6.102)后，未知常数 A_1、A_2 和 C 可被求出。在这种情况下，该恒等式具有如下形式，即

$$A_1\int_0^{\infty} e^{v_1 \tau}K_x(t-\tau)d\tau + A_2\int_0^{\infty} e^{v_2 \tau}K_x(t-\tau)d\tau + CK_x(t) \equiv K_{zx}(t) - 2\varepsilon\int_0^{\infty} I_0(\tau)K_x(t-\tau)d\tau$$

考虑 $I_0(t)$ 的表达式，这个恒等式可用下式表示，即

$$\left[A_1 + \frac{\varepsilon}{v_1(v_1^2-v_2^2)}(a+bv_1)(\gamma^2-v_1^2)e^{v_1\tau_0}\right]I_1(t)$$
$$+ \left[A_2 - \frac{\varepsilon}{v_2(v_1^2-v_2^2)}(a+bv_2)(\gamma^2-v_2^2)e^{v_2\tau_0}\right]I_2(t)$$
$$+ C\left[\sigma_\theta^2 e^{-\alpha t}\left(\cos\beta t + \frac{\alpha}{\beta}\sin\beta t\right) + \sigma_v^2 e^{-\gamma t}\right]$$
$$\equiv a\sigma_\theta^2 e^{-\alpha(t+\tau_0)}\left[\cos\beta(t+\tau_0) + \frac{\alpha}{\beta}\sin\beta(t+\tau_0)\right] - \frac{b\sigma_\theta^2}{\beta}(\alpha^2+\beta^2)e^{-\alpha(t+\tau_0)}\sin\beta(t+\tau_0)$$

其中

$$I_j(t) = \int_0^\infty e^{v_j t} K_x(t-\tau) d\tau, \quad j = 1, 2$$

在计算这个积分时,可以利用如下等式,即

$$\int e^{-\alpha\tau}(\cos\beta\tau + E\sin\beta\tau)d\tau = \frac{1}{\alpha^2 + \beta^2}e^{-\alpha\tau}[-(\alpha + \beta E)\cos\beta\tau + (\beta - \alpha E)\sin\beta\tau]$$

于是

$$I_j(t) = \int_{-t}^\infty e^{v_j(t+\tau)} K_x(-\tau) d\tau = \int_0^\infty e^{v_j(t+\tau)} K_x(\tau) d\tau + \int_0^t e^{v_j(t-\tau)} K_x(\tau) d\tau$$

$$= \frac{\sigma_\theta^2}{(\alpha - v_j)^2 + \beta^2} e^{v_j t - (\alpha - v_j)\tau} \left\{ -(2\alpha - v_j)\cos\beta\tau + \left[\beta - (\alpha - v_j)\frac{\alpha}{\beta}\right]\sin\beta\tau \right\} \Big|_0^\infty$$

$$+ \frac{\sigma_v^2}{v_j - \gamma} e^{v_j t + (v_j - \gamma)\tau} \Big|_0^\infty$$

$$+ \frac{\sigma_\theta^2}{(\alpha + v_j)^2 + \beta^2} e^{v_j t - (\alpha + v_j)\tau} \left\{ -(2\alpha + v_j)\cos\beta\tau + \left[\beta - (\alpha + v_j)\frac{\alpha}{\beta}\right]\sin\beta\tau \right\} \Big|_0^t$$

$$- \frac{\sigma_v^2}{v_j + \gamma} e^{v_j t + (v_j + \gamma)\tau} \Big|_0^t$$

因此

$$I_j(t) = G_j e^{\lambda_j t} + \frac{\sigma_\theta^2}{(\alpha + v_j)^2 + \beta^2}\Big[-(2\alpha + v_j)e^{-\alpha t}\cos\beta t$$

$$+ \frac{1}{\beta}(\beta^2 - \alpha^2 - \alpha v_j)e^{-\alpha t}\sin\beta t \Big] - \frac{\sigma_v^2}{\gamma + v_j}e^{-\gamma t}$$

其中

$$G_j = \frac{\sigma_\theta^2(2\alpha - v_j)}{(\alpha - v_j)^2 + \beta^2} + \frac{\sigma_\theta^2(2\alpha + v_j)}{(\alpha + v_j)^2 + \beta^2} + \frac{\sigma_v^2}{\gamma - v_j} + \frac{\sigma_v^2}{\gamma + v_j}$$

$$= \frac{2\gamma\sigma_v^2}{\gamma^2 - v_j^2} + \frac{4\sigma_\theta^2\alpha(\alpha^2 + \beta^2)}{(\alpha^2 + \beta^2 + v_j^2)^2 - 4\alpha^2 v_j^2}$$

因为

$$\sigma_\theta^2\alpha(\alpha^2 + \beta^2) = \varepsilon\gamma\sigma_v^2$$

$$v_j^4 - 2(\alpha^2 - \beta^2)v_j^2 + (\alpha^2 + \beta^2)^2 = \{v_j^4 - 2(\alpha^2 - \beta^2 + \varepsilon)v_j^2 + [(\alpha^2 + \beta^2)^2 + 2\varepsilon\gamma^2]\}$$
$$+ 2\varepsilon v_j^2 - 2\varepsilon\gamma^2$$
$$= 2\varepsilon(v_j^2 - \gamma^2)$$

所以 $G_1 = G_2 = 0$。因此，恒等式具有如下形式，即

$$\left[A_1 + \frac{\varepsilon}{v_1(v_1^2 - v_2^2)}(a + bv_1)(\gamma^2 - v_1^2)e^{v_1\tau_0} \right]$$

$$\times \left\{ \frac{\sigma_\theta^2}{(\alpha - v_1)^2 + \beta^2}\left[-(2\alpha + v_1)e^{-\alpha t}\cos\beta t + \frac{1}{\beta}(\beta^2 - \alpha^2 - \alpha v_1)e^{-\alpha t}\sin\beta t \right] - \frac{\sigma_v^2}{\gamma + v_1}e^{-\gamma t} \right\}$$

$$+ \left[A_2 - \frac{\varepsilon}{v_2(v_1^2 - v_2^2)}(a + bv_2)(\gamma^2 - v_2^2)e^{v_2\tau_0} \right]\left\{ \frac{\sigma_\theta^2}{(\alpha + v_2)^2 + \beta^2} \right.$$

$$\times \left[-(2\alpha + v_2)e^{-\alpha t}\cos\beta t + \frac{1}{\beta}(\beta^2 - \alpha^2 - \alpha v_2)e^{-\alpha t}\sin\beta t \right] - \frac{\sigma_v^2}{\gamma + v_2}e^{-\gamma t} \right\}$$

$$+ C\left[\sigma_\theta^2 e^{-\alpha t}\left(\cos\beta t + \frac{\alpha}{\beta}\sin\beta t \right) + \sigma_v^2 e^{-\gamma t} \right]$$

$$\equiv \sigma_\theta^2 e^{-\alpha(t+\tau_0)}\left\{ a\left[\cos\beta(t+\tau_0) + \frac{\alpha}{\beta}\sin\beta(t+\tau_0) \right] - \frac{b}{\beta}(\alpha^2 + \beta^2)\sin\beta(t+\tau_0) \right\}$$

假设

$$A_1 = [(\alpha + v_1)^2 + \beta^2]D_1 - \frac{\varepsilon}{v_1(v_1^2 - v_2^2)}(a + bv_1)(\gamma^2 - v_1^2)e^{v_1\tau_0}$$

$$A_2 = [(\alpha + v_2)^2 + \beta^2]D_2 - \frac{\varepsilon}{v_2(v_1^2 - v_2^2)}(a + bv_2)(\gamma^2 - v_2^2)e^{v_2\tau_0}$$

在上面的恒等式中，当函数相同时，比较两边系数，可以得到关于恒等式的下列代数方程组，即

$$-(2\alpha + v_1)D_1 - (2\alpha + v_2)D_2 + C$$

$$= \left[a\left(\cos\beta\tau_0 + \frac{\alpha}{\beta}\sin\beta\tau_0 \right) - \frac{b}{\beta}(\alpha^2 + \beta^2)\sin\beta\tau_0 \right]$$

$$e^{-\alpha\tau_0}(\beta^2 - \alpha^2 - \alpha v_1)D_1 + (\beta^2 - \alpha^2 - \alpha v_2)D_2 + \alpha C$$

$$= \left[\alpha\beta\left(-\sin\beta\tau_0 + \frac{\alpha}{\beta}\cos\beta\tau_0 \right) - b(\alpha^2 + \beta^2)\cos\beta\tau_0 \right]e^{-\alpha\tau_0}$$

$$\frac{(\alpha + v_1)^2 + \beta^2}{\gamma + v_1}D_1 + \frac{(\alpha + v_2)^2 + \beta^2}{\gamma + v_2}D_2 = C$$

由此可得下式，即

$$D_1 + D_2 = \left[\frac{a}{\beta}\sin\beta\tau_0 + b\left(\cos\beta\tau_0 - \frac{\alpha}{\beta}\sin\beta\tau_0\right)\right]$$

$$\cdot \mathrm{e}^{-\alpha\tau_0}\frac{\alpha^2 + \beta^2 - 2\alpha\gamma - \gamma v_1}{\gamma + v_1}D_1 + \frac{\alpha^2 + \beta^2 - 2\alpha\gamma - \gamma v_2}{\gamma + v_2}D_2$$

$$= \left[\alpha\left(\cos\beta\tau_0 + \frac{\alpha}{\beta}\sin\beta\tau_0\right) - \frac{b}{\beta}(\alpha^2 + \beta^2)\sin\beta\tau_0\right]\mathrm{e}^{-\alpha\tau_0}$$

因为

$$\alpha^2 + \beta^2 - 2\alpha\gamma - \gamma v_j = (\alpha - \gamma)^2 + \beta^2 - \gamma(\gamma + v_j)$$

所以最后一个等式可表示为如下形式，即

$$\frac{D_1}{\gamma + v_1} + \frac{D_2}{\gamma + v_2} = \frac{\mathrm{e}^{-\alpha\tau_0}}{(\alpha - \gamma)^2 + \beta^2}\left\{a\left(\cos\beta\tau_0 + \frac{\alpha}{\beta}\sin\beta\tau_0\right)\right.$$

$$\left. - \frac{b}{\beta}(\alpha^2 + \beta^2)\sin\beta\tau_0 + \gamma\left[\frac{a}{\beta}\sin\beta\tau_0 + b\left(\cos\beta\tau_0 - \frac{\alpha}{\beta}\sin\beta\tau_0\right)\right]\right\}$$

对上述两个方程组求解，可得下式，即

$$D_1 = \frac{(\gamma + v_1)\mathrm{e}^{-\alpha\tau_0}}{(v_2 - v_1)[(\alpha - \gamma)^2 + \beta^2]}\left\{(\gamma + v_2)\left[a\left(\cos\beta\tau_0 + \frac{\alpha}{\beta}\sin\beta\tau_0\right) - \frac{b}{\beta}(\alpha^2 + \beta^2)\sin\beta\tau_0\right]\right.$$

$$\left. - (\alpha^2 + \beta^2 - 2\alpha\gamma - \gamma v_2)\left[\frac{a}{\beta}\sin\beta\tau_0 + b\left(\cos\beta\tau_0 - \frac{\alpha}{\beta}\sin\beta\tau_0\right)\right]\right\}$$

$$D_2 = \left[\frac{a}{\beta}\sin\beta\tau_0 + b\left(\cos\beta\tau_0 - \frac{\alpha}{\beta}\sin\beta\tau_0\right)\right]\mathrm{e}^{-\alpha\tau_0} - D_1$$

$$= -\frac{(\gamma + v_2)\mathrm{e}^{-\alpha\tau_0}}{(v_2 - v_1)[(\alpha - \gamma)^2 + \beta^2]}\left\{(\gamma + v_1)\left[a\left(\cos\beta\tau_0 + \frac{\alpha}{\beta}\sin\beta\tau_0\right) - \frac{b}{\beta}(\alpha^2 + \beta^2)\sin\beta\tau_0\right]\right.$$

$$\left. - (\alpha^2 + \beta^2 - 2\alpha\gamma - \gamma v_1)\left[\frac{a}{\beta}\sin\beta\tau_0 + b\left(\cos\beta\tau_0 - \frac{\alpha}{\beta}\sin\beta\tau_0\right)\right]\right\}$$

所求的常数 A_1、A_2 和 C 可以借助前面列举的关系式，通过 D_1 和 D_2 来表示。

对于动态系统期望的随机过程与实际输出过程差的方差 $D_\Delta = D_z - D_y$，有

$$D_z = [a^2 + b^2(\alpha^2 + \beta^2)]\sigma_\theta^2$$

根据式(6.37)，对于动态系统输出端的随机过程 $Y(t)$，其方差为

$$D_y = \int_0^\infty k(\tau) K_{zx}(\tau) \mathrm{d}\tau$$

$$= \int_{0-}^\infty [A_1 \mathrm{e}^{\nu_1 \tau} + A_2 \mathrm{e}^{\nu_2 \tau} + C\delta(\tau) + 2\varepsilon I_0(\tau)][aK_\theta(\tau + \tau_0)$$

$$+ bK_\theta'(\tau + \tau_0)]\mathrm{d}\tau$$

$$= \left[A_1 + \frac{1}{2\nu_1(\nu_1^2 - \nu_2^2)}(a + b\nu_1)(\gamma^2 - \nu_1^2)\mathrm{e}^{\nu_1 \tau} \right] E_1$$

$$+ \left[A_2 - \frac{1}{2\nu_2(\nu_1^2 - \nu_2^2)}(a + b\nu_2)(\gamma^2 - \nu_2^2)\mathrm{e}^{\nu_2 \tau_0} \right] E_2$$

$$+ C[aK_\theta(\tau_0) + bK_\theta'(\tau_0)]$$

其中

$$E_j = \int_0^\infty \mathrm{e}^{\nu_j \tau}[aK_\theta(\tau + \tau_0) + bK_\theta'(\tau + \tau_0)]\mathrm{d}\tau$$

$$= \sigma_\theta^2 \int_0^\infty \mathrm{e}^{\nu_j \tau - \alpha(\tau + \tau_0)} \left\{ a\left[\cos\beta(\tau + \tau_0) + \frac{\alpha}{\beta}\sin\beta(\tau + \tau_0) \right] - \frac{b}{\beta}(\alpha^2 + \beta^2)\sin\beta(\tau + \tau_0) \right\}\mathrm{d}\tau, \quad j = 1, 2$$

则下列等式成立, 即

$$\int_0^\infty \mathrm{e}^{-p\tau}\cos(\beta\tau + \lambda)\mathrm{d}\tau = \frac{1}{p^2 + \beta^2}(p\cos\lambda - \beta\sin\lambda)$$

$$\int_0^\infty \mathrm{e}^{-p\tau}\sin(\beta\tau + \lambda)\mathrm{d}\tau = \frac{1}{p^2 + \beta^2}(\beta\cos\lambda + p\sin\lambda)$$

因此

$$E_j = \frac{\sigma_\theta^2 \mathrm{e}^{-\alpha\tau_0}}{(\alpha - \nu_j)^2 + \beta^2} \left\{ a[(\alpha - \nu_j)\cos\beta\tau_0 - \beta\sin\beta\tau_0] \right.$$

$$\left. + \frac{1}{\beta}[a\alpha - b(\alpha^2 + \beta^2)][\beta\cos\beta\tau_0 + (\alpha - \nu_j)\sin\beta\tau_0] \right\}, \quad j = 1, 2$$

例 6.2　目标距雷达站的距离 $X(t)$ 表示为 $X(t) = c_0 + c_1 t + U(t)$, 其中 c_0 和 c_1 是未知的确定常数, 它们取决于目标的起始位置和运动速度; $U(t)$ 是随机过程, 它是由目标速度随机变化(非有意机动)引起的目标距离测量偏差。对于 $U(t)$, 数学期望 $\bar{u} = 0$, 相关函数 $K_u(\tau) = \sigma^2 \mathrm{e}^{-\alpha|\tau|}(1 + \alpha|\tau|)$ 。求最优脉冲过渡函数 $k(t)$ 、最优传递函数 $\Phi(\mathrm{i}\omega)$ 和动态系统期望输出的随机过程 $Z(t) = aX(t + \tau_0) + bX'(t + \tau_0)$ 与实际输出误差的方差 D_Δ , 其中 a 、b 和 τ_0 是给定常数, 并且 $\tau_0 \geqslant 0$ 。输入随机过程

$X(t)$ 的观测时间是有限的且等于 T。

解 随机过程 $X(t) = R(t) + U(t)$ 是有限记忆动态系统的输入，其中 $R(t) = c_0 + c_1 t$，并且 c_0 和 c_1 是未知的非随机常数。扰动 $V(t)$ 不存在，因此有效随机过程 $X_\Pi(t) = X(t)$。对于有效过程的随机分量 $U(t)$，已知的是数学期望 $\overline{u} = 0$ 和相关函数 $K_u(\tau) = \sigma^2 e^{-\alpha|\tau|}(1 + \alpha|\tau|)$。零均值随机过程 $\overset{0}{X}(t) = U(t)$，它的相关函数 $K_x(\tau) = K_u(\tau)$，而谱密度为

$$S_x(\omega) = S_u(\omega) = \frac{2\sigma^2\alpha^3}{\pi(\omega^2 + \alpha^2)^2} = \frac{L(\mathrm{i}\omega)L(-\mathrm{i}\omega)}{N(\mathrm{i}\omega)N(-\mathrm{i}\omega)}$$

其中

$$L(\mathrm{i}\omega) = L(-\mathrm{i}\omega) = L = \sigma\sqrt{\frac{2\alpha^3}{\pi}}$$

$$N(\mathrm{i}\omega) = (\mathrm{i}\omega + \alpha)^2, \quad N(-\mathrm{i}\omega) = (-\mathrm{i}\omega + \alpha)^2$$

多项式 $L(\mathrm{i}\omega)$ 和 $N(\mathrm{i}\omega)$ 的阶次分别为 $m = 0$ 和 $n = 2$。

期望的输出随机过程为

$$Z(t) = aX(t + \tau_0) + bX'(t + \tau_0) = \int_{-\infty}^{\infty} h(\tau)X(t - \tau)\mathrm{d}\tau$$

其中

$$h(\tau) = a\delta(\tau + \tau_0) + b\delta'(\tau + \tau_0)$$

因此

$$H(\omega) = \int_{-\infty}^{\infty} \mathrm{e}^{-\mathrm{i}\omega\tau} h(\tau)\mathrm{d}\tau = [a + b(\mathrm{i}\omega)]\mathrm{e}^{\mathrm{i}\omega\tau_0}$$

互相关函数为

$$K_{zx}(\tau) = M[\overset{0}{Z}(t + \tau)\overset{0}{X}(t)] = M\{[aU(t + \tau + \tau_0) + bU'(t + \tau + \tau_0)]U(t)\}$$
$$= aK_x(\tau + \tau_0) + bK_x'(\tau + \tau_0)$$

并且 $K_x' = -\sigma^2\alpha^2\tau e^{-\alpha|\tau|}$。因此，互谱密度为

$$S_{zx}(\omega) = \frac{1}{2\pi}\int_{-\infty}^{\infty} \mathrm{e}^{-\mathrm{i}\omega\tau} K_{zx}(\tau)\mathrm{d}\tau = S_x(\omega)H(\omega)$$

当 $m = 0$、$n = 2$ 和 $r = 1$ 时，所求的最优脉冲过渡函数 $k(t)$ 具有如式(6.90)所示的形式，因此有

$$k(t) = B_0 + B_1 t + C_0\delta(t) + C_1\delta'(t) + D_0\delta(t - T) + D_1\delta'(t - T) + I(t)$$

其中

$$I(t) = \frac{1}{2\pi}\int_{-\infty}^{\infty} e^{i\omega t}\frac{S_{zx}(\omega)}{S_x(\omega)}d\omega = \frac{1}{2\pi}\int_{-\infty}^{\infty} e^{i\omega(t+\tau_0)}[a+b(i\omega)]d\omega = a\delta(t+\tau_0) + b\delta'(t+\tau_0)$$

因为 $t \geqslant 0$，所以在 $\tau_0 > 0$ 时，$\delta(t+\tau_0)$ 及其导数都等于零。在 $\tau_0 = 0$ 时，$I(t)$ 不改变所求函数 $k(t)$ 的形式，因此可以认为 $I(t) \equiv 0$。

未知的常数 B_0、B_1、C_0、C_1、D_0、D_1，以及拉格朗日因子 λ_0 和 λ_1，可以借助关系式(6.25)和恒等式(6.92)求出。关系式(6.25)可写为

$$\int_{0-}^{T+} k(\tau)d\tau = \mu_0, \quad \int_{0-}^{T+} \tau k(\tau)d\tau = \mu_1$$

其中

$$\mu_0 = \int_{-\infty}^{\infty} h(\tau)d\tau = a, \quad \mu_1 = \int_{-\infty}^{\infty} \tau h(\tau)d\tau = -(a\tau_0 + b)$$

将其代入函数 $k(t)$ 的表达式，可以得到如下两个等式，即

$$TB_0 + \frac{1}{2}T^2 B_1 + C_0 + D_0 = a$$

$$\frac{1}{2}T^2 B_0 + \frac{1}{3}T^3 B_1 - C_1 + TD_0 - D_1 = -(a\tau_0 + b)$$

恒等式(6.92)可写为

$$B_0\int_0^T K_x(t-\tau)d\tau + B_1\int_0^T \tau K_x(t-\tau)d\tau + C_0 K_x(t) + C_1 K_x'(t) + D_0 K_x(t-T) + D_1 K_x'(t-T)$$

$$\equiv K_{zx}(t) + \lambda_0 + \lambda_1 t$$

当 $0 \leqslant t \leqslant T$ 时，可得下式，即

$$\int_0^T \tau^s K_x(t-\tau)d\tau = \sigma^2\int_0^t \tau^s e^{-\alpha(t-\tau)}[1+\alpha(t-\tau)]d\tau + \sigma^2\int_t^T \tau^s e^{-\alpha(\tau-t)}[1+\alpha(\tau-t)]d\tau$$

$$= \sigma^2\int_0^t (t-\tau)^s e^{-\alpha\tau}(1+\alpha\tau)d\tau + \sigma^2\int_0^{T-t} (t+\tau)^s e^{-\alpha\tau}(1+\alpha\tau)d\tau$$

则下列等式是成立的，即

$$\int e^{-\alpha\tau}d\tau = -\frac{1}{\alpha}e^{-\alpha\tau}, \quad \int \tau e^{-\alpha\tau}d\tau = -\frac{1}{\alpha^2}(1+\alpha\tau)e^{-\alpha\tau}$$

$$\int \tau^2 e^{-\alpha\tau}d\tau = -\frac{1}{\alpha^3}(2+2\alpha\tau+\alpha^2\tau^2)e^{-\alpha\tau}$$

因此

$$\int_0^T K_x(t-\tau)\mathrm{d}\tau = \sigma^2\left[-\frac{1}{\alpha}(2+\alpha\tau)\mathrm{e}^{-\alpha\tau}\Big|_0^t - \frac{1}{\alpha}(2+\alpha\tau)\Big|_0^{T-\tau}\right]$$

$$= \frac{\sigma^2}{\alpha}\left\{4-(2+\alpha\tau)\mathrm{e}^{-\alpha t}-\left[2+\alpha(T-t)\right]\mathrm{e}^{-\alpha(T-t)}\right\}$$

$$\int_0^T \tau K_x(t-\tau)\mathrm{d}\tau = \sigma^2\left[-\frac{t}{\alpha}+\frac{1}{\alpha^2}(1-\alpha t)(1+\alpha\tau)+\frac{1}{\alpha^2}(2+2\alpha\tau+\alpha^2\tau^2)\right]\mathrm{e}^{-\alpha\tau}\Big|_0^t$$

$$+ \sigma^2\left[-\frac{t}{\alpha}-\frac{1}{\alpha^2}(1-\alpha t)(1+\alpha\tau)-\frac{1}{\alpha^2}(2+2\alpha\tau+\alpha^2\tau^2)\right]\mathrm{e}^{-\alpha\tau}\Big|_0^{T-\tau}$$

$$= \frac{\sigma^2}{\alpha}\left\{4t+\left(\frac{3}{\alpha}+t\right)\mathrm{e}^{-\alpha t}-\left[\left(\frac{3}{\alpha}+3T+\alpha T^2\right)-t(1+\alpha T)\right]\mathrm{e}^{-\alpha(T-t)}\right\}$$

借助这些表达式，恒等式(6.92)可表示为

$$\frac{B_0}{\alpha}\left\{4-(2+\alpha t)\mathrm{e}^{-\alpha t}-\left[2+\alpha(T-t)\right]\mathrm{e}^{-\alpha(T-t)}\right\}$$

$$+\frac{B_1}{\alpha}\left[4t+\left(\frac{3}{\alpha}+t\right)\mathrm{e}^{-\alpha t}-\left(\frac{3}{\alpha}+3T+\alpha T^2\right)\mathrm{e}^{-\alpha(T-t)}+t(1+\alpha T)\mathrm{e}^{-\alpha(T-t)}\right]$$

$$+C_0\mathrm{e}^{-\alpha t}(1+\alpha t)-C_1\alpha^2 t\mathrm{e}^{-\alpha t}+D_0\mathrm{e}^{-\alpha(T-t)}\left[1+\alpha(T-t)\right]-D_1\alpha^2(T-t)\mathrm{e}^{-\alpha(T-t)}$$

$$\equiv a\mathrm{e}^{-\alpha(t+\tau_0)}\left[1+\alpha(t+\tau_0)\right]-b\alpha^2(t+\tau_0)\mathrm{e}^{-\alpha(t+\tau_0)}+\lambda_0+\lambda_1 t$$

根据恒等式(6.92)的自由项和在自变量 t 时系数的比较，可以得到拉格朗日因子的表达式为 $\lambda_0=\frac{4}{\alpha}B_0$ 和 $\lambda_1=\frac{4}{\alpha}B_1$。分别比较在函数 $\mathrm{e}^{-\alpha t}$、$t\mathrm{e}^{-\alpha t}$、$\mathrm{e}^{-\alpha(T-t)}$ 和 $t\mathrm{e}^{-\alpha(T-t)}$ 前的系数，可得到如下表达式，即

$$-\frac{2}{\alpha}B_0+\frac{3}{\alpha^2}B_1+C_0=\left[a(1+\alpha\tau_0)-b\alpha^2\tau_0\right]\mathrm{e}^{-\alpha\tau_0}$$

$$-B_0+\frac{1}{\alpha}B_1+\alpha C_0-\alpha^2 C_1=(a-b\alpha)\alpha\mathrm{e}^{-\alpha\tau_0}$$

$$\frac{1}{\alpha}(2+\alpha T)B_0-\frac{1}{\alpha^2}(3+3\alpha T+\alpha^2 T^2)B_1+(1+\alpha T)D_0-\alpha^2 TD_1=0$$

$$B_0+\frac{1}{\alpha}(1+\alpha T)B_1-\alpha D_0+\alpha^2 D_1=0$$

从最后两个关系式中消去 D_1，可得下式，即

$$D_0=\frac{2}{\alpha}B_0+\frac{1}{\alpha^2}(3+2\alpha T)B_1$$

于是

$$D_1 = \frac{D_0}{\alpha} - \frac{B_0}{\alpha^2} - \frac{1}{\alpha^3}(1+\alpha T)B_1 = \frac{B}{\alpha^2} + \frac{1}{\alpha^3}(2+\alpha T)B_1$$

$$C_0 = \frac{2}{\alpha}B_0 - \frac{3}{\alpha^2}B_1 + \left[a(1+\alpha\tau_0) - b\alpha^2\tau_0\right]e^{-\alpha\tau_0}$$

$$C_1 = -\frac{B_0}{\alpha^2} + \frac{B_1}{\alpha^3} + \frac{C_0}{\alpha} - \frac{1}{\alpha}(a-b\alpha)e^{-\alpha\tau_0} = \frac{B_0}{\alpha^2} - \frac{2B_1}{\alpha^3} + \left[a\tau_0 + b(1-\alpha\tau_0)\right]e^{-\alpha\tau_0}$$

由此可得下列等式，即

$$\frac{1}{\alpha}(4+\alpha T)B_0 + \frac{T}{\alpha}\left(2+\frac{\alpha T}{2}\right)B_1 = a - \left[a(1+\alpha\tau_0) - b\alpha^2\tau_0\right]e^{-\alpha\tau_0}$$

$$\frac{1}{\alpha^2}\left(-2+2\alpha T+\frac{1}{2}\alpha^2 T^2\right)B_0 + \frac{T^2}{\alpha}\left(2+\frac{\alpha T}{3}\right)B_1 = \left[a\tau_0 + b(1-\alpha\tau_0)\right]e^{-\alpha\tau_0} - (\alpha\tau_0 + b)$$

这个方程组的解为

$$B_0 = \frac{\alpha^2 T}{F}\left(2+\frac{\alpha T}{3}\right)\left\{a - \left[a(1+\alpha\tau_0) - b\alpha^2\tau_0\right]e^{-\alpha\tau_0}\right\}$$

$$-\frac{\alpha^2}{F}\left(2+\frac{\alpha T}{2}\right)\left\{\left[a\tau_0 + b(1-\alpha\tau_0)\right]e^{-\alpha\tau_0} - (\alpha\tau_0 + b)\right\}$$

$$B_1 = \frac{\alpha^2}{TF}(4+\alpha T)\left\{\left[a\tau_0 + b(1-\alpha\tau_0)\right]e^{-\alpha\tau_0} - (\alpha\tau_0 + b)\right\}$$

$$-\frac{\alpha}{TF}\left(-2+2\alpha T+\frac{\alpha^2 T^2}{2}\right)\left\{a - \left[a(1+\alpha\tau_0) - b\alpha^2\tau_0\right]e^{-\alpha\tau_0}\right\}$$

其中

$$F = 4 + 5\alpha T + \frac{4}{3}\alpha^2 T^2 + \frac{\alpha^3 T^3}{12}$$

当求出常数 B_0、B_1、C_0、C_1、D_0 和 D_1 后，根据式(6.91)，所求的最优传递函数为

$$\Phi(i\omega) = \int_0^T e^{-i\omega t}k(t)dt = \frac{B_0}{i\omega}(1-e^{-i\omega T}) + \frac{B_1}{(i\omega)^2}[1-(1+i\omega T)e^{-i\omega T}]$$

$$+ C_0 + D_0 e^{-i\omega T} + (i\omega)(C_1 + D_1 e^{-i\omega T})$$

动态系统期望的随机过程 $Z(t)$ 与实际输出误差 $\Delta(t)$ 的方差可以用式(6.36)确定，根据这个公式，有

$$D_\Delta = D_z - \int_0^T k(\tau)K_{zx}(\tau)d\tau + \lambda_0\mu_0 + \lambda_1\mu_1$$

其中，$\mu_0 = a;\ \mu_1 = -(a\tau_0 + b)$ 。

因此有

$$D_z = D[aX(t+\tau_0) + bX'(t+\tau_0)] = a^2 K_x(0) + b^2 K_{x'}(0) = \sigma^2(a^2 + b^2\alpha^2)$$

当 $\tau + \tau_0 \geqslant 0$ 时，可得下式，即

$$K_{zx}(\tau) = aK_x(\tau+\tau_0) + bK_x'(\tau+\tau_0) = \mathrm{e}^{-\alpha\tau}(p+q\tau)$$

其中，$p = [a + \alpha\tau_0(a-b\alpha)]\mathrm{e}^{-\alpha\tau_0};\ q = \alpha(a-b\alpha)\mathrm{e}^{-\alpha\tau_0}$ 。

于是

$$
\begin{aligned}
\int_0^T \kappa(\tau)K_{zx}(\tau)\mathrm{d}\tau &= \int_{0-}^{T+} \big[B_0 + B_1\tau + C_0\delta(\tau) + C_1\delta'(\tau) \\
&\quad + D_0\delta(\tau-T) + D_1\delta'(\tau-T) \big]\mathrm{e}^{-\alpha\tau}(p+q\tau)\mathrm{d}\tau \\
&= B_0\left[-\frac{p}{\alpha} - \frac{q}{\alpha}(1+\alpha\tau) \right]\mathrm{e}^{-\alpha\tau}\bigg|_0^T \\
&\quad + B_1\left[-\frac{p}{\alpha^2}(1+\alpha\tau) - \frac{q}{\alpha^3}\big(2+2\alpha\tau+\alpha^2\tau^2\big) \right]\mathrm{e}^{-\alpha\tau}\bigg|_0^T \\
&\quad + D_1\mathrm{e}^{-\alpha\tau}\big[\alpha(p+q\tau)-q \big]\bigg|_{\tau=T} \\
&= \frac{B_0}{\alpha^2}\big\{ p\alpha + q - \big[p\alpha + q(1+\alpha T) \big]\mathrm{e}^{-\alpha\tau} \big\} \\
&\quad + \frac{B_1}{\alpha^3}\big\{ p\alpha + 2q - \big[p\alpha(1+\alpha T) + q\big(2+2\alpha T+\alpha^2 T^2\big) \big]\mathrm{e}^{-\alpha\tau} \big\} \\
&\quad + C_0 p + C_1(p\alpha-q) + D_0(p+qT)\mathrm{e}^{-\alpha T} + D_1\big[\alpha(p+qT)-q \big]\mathrm{e}^{-\alpha T}
\end{aligned}
$$

6.6　频域法确定最优系统传递函数

对于无限记忆随机线性系统，在很多情况下可以使用频域法来确定最优系统的传递函数问题。这种方法相对前面的通用解法更简洁。

6.6.1　求解最优系统传递函数

线性定常系统结构如图 6.1 所示。系统的传递函数为 $\Phi(\mathrm{i}\omega)$，其对应的脉冲响应函数为 $k(t)$；系统的理想输出响应函数为 $Z(t)$ 且与之对应的传递函数为 $H(\mathrm{i}\omega)$。有用输入信号 $U(t)$ 和附加噪声 $V(t)$ 均是广义平稳随机过程，所以系统输出 $Y(t)$ 也应是

广义平稳随机过程。$\varepsilon(t)$ 为理想输出响应函数 $Z(t)$ 与系统输出 $Y(t)$ 之差，且

$$Y(t) = \int_0^\tau k(\tau) X(t-\tau) \mathrm{d}\tau \tag{6.189}$$

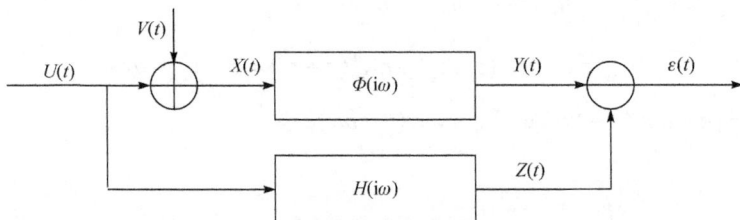

图 6.1　线性定常系统结构框图

当分析稳态下的输出响应时，式(6.189)可变为

$$Y(t) = \int_0^\infty k(\tau) X(t-\tau) \mathrm{d}\tau \tag{6.190}$$

同时考虑传递函数 $k(t)$ 在 $t < 0$ 时是恒等于零的，所以有下式，即

$$Y(t) = \int_{-\infty}^\infty k(\tau) X(t-\tau) \mathrm{d}\tau \tag{6.191}$$

$$\varepsilon(t) = Z(t) - \int_{-\infty}^\infty k(\tau) X(t-\tau) \mathrm{d}\tau \tag{6.192}$$

输出误差 $\varepsilon(t)$ 的相关函数为

$$K_\varepsilon(\tau) = M\left\{ \left[Z(t) - Y(t) \right] \left[Z(t+\tau) - Y(t+\tau) \right] \right\} = K_z(\tau) + K_y(\tau) - K_{zy}(\tau) - K_{yz}(\tau)$$

$$\tag{6.193}$$

因此，根据前面关于随机过程通过线性系统的谱密度分析知识可得误差 $\varepsilon(t)$ 的谱密度函数为

$$S_\varepsilon(\omega) = \left| H(\mathrm{i}\omega) \right|^2 S_u(\omega) + \left| \Phi(\mathrm{i}\omega) \right|^2 S_x(\omega) - H(\mathrm{i}\omega) \left[S_u(\omega) + S_{uv}(\omega) \right] \Phi(-\mathrm{i}\omega)$$
$$- \Phi(\mathrm{i}\omega) \left[S_u(\omega) + S_{vu}(\omega) \right] H(-\mathrm{i}\omega) \tag{6.194}$$

根据谱密度分解原理，误差 $\varepsilon(t)$ 的谱密度函数可分解为

$$S_\varepsilon(\omega) = \Psi_\varepsilon(\mathrm{i}\omega) \Psi_\varepsilon(-\mathrm{i}\omega) \tag{6.195}$$

其中，$\Psi_\varepsilon(\mathrm{i}\omega)$ 为有理函数，即

$$\Psi_\varepsilon(p) = \frac{c_{n-1}p^{n-1} + \cdots + c_1 p + c_0}{d_n p^n + d_{n-1}p^{n-1} + \cdots + d_1 p + d_0} = \frac{\sum\limits_{i=0}^{n-1}c_i p^i}{\sum\limits_{i=0}^{n}d_i p^i}, \quad p = \mathrm{i}\omega$$

当然，$S_\varepsilon(\omega)$ 也可展开为

$$S_\varepsilon(\omega) = \frac{\sum\limits_{i=0}^{n-1}b_i p^i}{\sum\limits_{i=0}^{n}d_i p^i} + \frac{\sum\limits_{i=0}^{n-1}(-1)^i b_i p^i}{\sum\limits_{i=0}^{n}(-1)^i d_i p^i} = \left[S_\varepsilon(p)\right]^+ + \left[S_\varepsilon(p)\right]^- \tag{6.196}$$

因为

$$M\left[\varepsilon^2(t)\right] = K_\varepsilon(0), \quad K_\varepsilon(0) = K_\varepsilon^+(0), \quad K_\varepsilon(\tau) = L^{-1}\left\{\left[S_\varepsilon(p)\right]^+\right\}$$

根据拉普拉斯变换的相关知识可得下式，即

$$M\left[\varepsilon^2(t)\right] = \lim_{p\to\infty} 2\pi p\left[S_\varepsilon(p)\right]^+ = 2\pi\frac{b_{n-1}}{d_n} \tag{6.197}$$

所以对于系统的输出误差这个问题，只要求出系数 b_{n-1} 和 d_n 就足够了。

根据式(6.194)，误差 $\varepsilon(t)$ 的谱密度函数可写为

$$S_\varepsilon(\omega) = S_h(\omega) + |\Phi(\mathrm{i}\omega)|^2 S_x(\omega) - S_{hx}(\omega)\Phi(-\mathrm{i}\omega) - \Phi(\mathrm{i}\omega)S_{xh}(\omega) \tag{6.198}$$

其中

$$S_h(\omega) = |H(\mathrm{i}\omega)|^2 S_u(\omega)$$

$$S_x(\omega) = S_u(\omega) + S_{uv}(\omega) + S_{vu}(\omega) + S_v(\omega)$$

$$S_{xh}(\omega) = \left[S_u(\omega) + S_{vu}(\omega)\right]H(-\mathrm{i}\omega) = S_{hx}(-\omega)$$

对输入信号 $X(t)$ 的谱密度进行谱分解，有

$$S_x(\omega) = \Psi(\mathrm{i}\omega)\Psi(-\mathrm{i}\omega)$$

而 $|S_{hx}(\omega)|^2 = S_{hx}(\omega)S_{hx}(-\omega) = S_{hx}(\omega)S_{xh}(\omega)$。由于

$$\left|\Phi(\mathrm{i}\omega)\Psi(\mathrm{i}\omega) - \frac{S_{hx}(\omega)}{\Psi(-\mathrm{i}\omega)}\right|^2 = \left[\Phi(\mathrm{i}\omega)\Psi(\mathrm{i}\omega) - \frac{S_{hx}(\omega)}{\Psi(-\mathrm{i}\omega)}\right]\left[\Phi(-\mathrm{i}\omega)\Psi(-\mathrm{i}\omega) - \frac{S_{xh}(\omega)}{\Psi(\mathrm{i}\omega)}\right]$$

$$= |\Phi(\mathrm{i}\omega)|^2\left[\Psi(\mathrm{i}\omega)\Psi(-\mathrm{i}\omega)\right]$$

$$- \Phi(\mathrm{i}\omega)S_{xh}(\omega) - S_{hx}(\omega)\Phi(-\mathrm{i}\omega) + \frac{S_{hx}(\omega)S_{xh}(\omega)}{\Psi(\mathrm{i}\omega)\Psi(-\mathrm{i}\omega)}$$

因此，系统输出误差的谱密度函数 $S_\varepsilon(\omega)$ 可转化为

$$S_\varepsilon(\omega) = \left| \Phi(\mathrm{i}\omega)\Psi(\mathrm{i}\omega) - \frac{S_{hx}(\omega)}{\Psi(-\mathrm{i}\omega)} \right|^2 + \left[-\frac{S_{hx}(\omega)S_{xh}(\omega)}{\Psi(\mathrm{i}\omega)\Psi(-\mathrm{i}\omega)} + S_h(\omega) \right] \tag{6.199}$$

由于 $D_\varepsilon = \sigma_\varepsilon^2 = \displaystyle\int_{-\infty}^{\infty} S_\varepsilon(\omega)\mathrm{d}\omega$，由式(6.199)可以看出，要使输出误差最小，则要求

$$\Phi(\mathrm{i}\omega)\Psi(\mathrm{i}\omega) - \frac{S_{hx}(\omega)}{\Psi(-\mathrm{i}\omega)} = 0 \Rightarrow \Phi(\mathrm{i}\omega) = \frac{1}{\Psi(\mathrm{i}\omega)}\left[\frac{S_{hx}(\omega)}{\Psi(-\mathrm{i}\omega)} \right] \tag{6.200}$$

为了能够在物理上实现，还要要求 $\Phi(\mathrm{i}\omega)$ 没有任何极点在 $\mathrm{i}\omega$ 的右半平面。要做到这一点，可以对 $\left[\dfrac{S_{hx}(\omega)}{\Psi(-\mathrm{i}\omega)} \right]$ 进行谱展开，即

$$\left[\frac{S_{hx}(\omega)}{\Psi(-\mathrm{i}\omega)} \right] = \left\{ \frac{S_{hx}(\omega)}{\Psi(-\mathrm{i}\omega)} \right\}^+ + \left\{ \frac{S_{hx}(\omega)}{\Psi(-\mathrm{i}\omega)} \right\}^- \tag{6.201}$$

式(6.201)的右边第一项是稳定的，右边第二项是不稳定的。为了 $\Phi(\mathrm{i}\omega)$ 能够在物理上实现，设最优系统传递函数为

$$\Phi_0(\mathrm{i}\omega) = \frac{1}{\Psi(\mathrm{i}\omega)}\left\{ \frac{S_{hx}(\omega)}{\Psi(-\mathrm{i}\omega)} \right\}^+ \tag{6.202}$$

这个最优系统传递函数可以在频域上求解得到，因此称为频域法。

例 6.3　设随机信号 $U(t)$ 和噪声 $V(t)$ 均是平稳随机过程，其相关函数为

$$K_u(t) = A\mathrm{e}^{-\alpha|t|}, \quad K_v(t) = N\delta(t), \quad K_{uv}(t) = 0$$

系统的理想脉冲响应函数 $H(t) = U(t)$。求系统最优传递函数 $\Phi_0(\mathrm{i}\omega)$，使输出误差 $\varepsilon(t) = H(t) - Y(t)$ 的绝对值最小。

解　由于 $H(t) = U(t)$，因此 $H(\mathrm{i}\omega) = 1$。

$$S_x(\omega) = S_u(\omega) + S_v(\omega) = \frac{2A\alpha}{2\pi(\omega^2 + \alpha^2)} + \frac{N}{2\pi}$$

$$= \frac{N\left\{ \omega^2 + \alpha^2\left[1 + 2A/(N\alpha) \right] \right\}}{2\pi(\omega^2 + \alpha^2)} = \Psi(\mathrm{i}\omega)\Psi(-\mathrm{i}\omega)$$

所以

$$\Psi(\mathrm{i}\omega) = \frac{\sqrt{N/(2\pi)}\left[\mathrm{i}\omega + \alpha\sqrt{1 + 2A/(N\alpha)} \right]}{\mathrm{i}\omega + \alpha}$$

$$S_{hx}(\omega) = S_u(\omega) = \frac{2A\alpha}{2\pi(\omega^2+\alpha^2)} = \frac{2A\alpha/(2\pi)}{(i\omega+\alpha)(-i\omega+\alpha)}$$

这样有

$$\left[\frac{S_{hx}(\omega)}{\Psi(-i\omega)}\right] = \left\{\frac{\dfrac{2A\alpha/(2\pi)}{(i\omega+\alpha)(-i\omega+\alpha)}}{\sqrt{N/(2\pi)}\left[-i\omega+\alpha\sqrt{1+2A/(N\alpha)}\right]/(i\omega+\alpha)}\right\}$$

$$= \frac{2A\alpha/\sqrt{2\pi N}}{(i\omega+\alpha)\left[-i\omega+\alpha\sqrt{1+2A/(N\alpha)}\right]}$$

$$\left[\frac{S_{hx}(\omega)}{\Psi(-i\omega)}\right] = \frac{k_1 2A\alpha/\sqrt{2\pi N}}{i\omega+\alpha} + \frac{k_2 2A\alpha/\sqrt{2\pi N}}{-i\omega+\alpha\sqrt{1+2A/(N\alpha)}}$$

$$= \frac{\dfrac{2A\alpha}{\sqrt{2\pi N}}\left[(k_2-k_1)i\omega+\left(k_2\alpha+k_1\alpha\sqrt{1+\dfrac{2A}{N\alpha}}\right)\right]}{(i\omega+\alpha)\left[-i\omega+\alpha\sqrt{1+2A/(N\alpha)}\right]}$$

所以

$$\begin{array}{l} k_2-k_1=0 \\ k_2\alpha+k_1\alpha\sqrt{1+\dfrac{2A}{N\alpha}}=1 \end{array} \Rightarrow \begin{array}{l} k_2=k_1 \\ k_1=1\bigg/\left[\alpha\left(1+\sqrt{1+\dfrac{2A}{N\alpha}}\right)\right] \end{array}$$

因此

$$\left[\frac{S_{xh}(\omega)}{\Psi(-i\omega)}\right]^+ = \frac{\dfrac{k_1 2A\alpha}{\sqrt{2\pi N}}}{i\omega+\alpha} = \frac{\dfrac{2A}{\sqrt{2\pi N}}\bigg/\left(1+\sqrt{1+\dfrac{2A}{N\alpha}}\right)}{i\omega+\alpha}$$

最终可得下式，即

$$\Phi_0(i\omega) = \frac{1}{\Psi(i\omega)}\left[\frac{S_{xh}(\omega)}{\Psi(-i\omega)}\right]^+ = \frac{\left(\dfrac{2A}{N}\right)\bigg/\left(1+\sqrt{1+\dfrac{2A}{N\alpha}}\right)}{i\omega+\alpha\sqrt{1+2A/(N\alpha)}}$$

令 $p=i\omega$，可以把 $\Phi_0(i\omega)$ 表达成更简洁的方式，即 $\Phi_0(p)=k_\Phi/(T_\Phi p+1)$，其中 $T_\Phi = 1\big/\left[\alpha\sqrt{1+2A/(N\alpha)}\right]$；$k_\Phi = (2A/N)T_\Phi\big/\left[1+\sqrt{1+2A/(N\alpha)}\right]$。

由此传递函数可求得系统的稳态输出误差谱密度，即

$$S_{\varepsilon}(\omega) = S_h(\omega) + |\Phi(\mathrm{i}\omega)|^2 S_x(\omega) - S_{hx}(\omega)\Phi(-\mathrm{i}\omega) - \Phi(\mathrm{i}\omega)S_{xh}(\omega)$$

$$= S_u(\omega) + |\Phi(\mathrm{i}\omega)|^2 S_x(\omega) - [\Phi(-\mathrm{i}\omega) + \Phi(\mathrm{i}\omega)]S_u(\omega)$$

$$= |\Phi(\mathrm{i}\omega)|^2 S_x(\omega) + [1 - \Phi(-\mathrm{i}\omega) - \Phi(\mathrm{i}\omega)]S_u(\omega)$$

由于 $p = \mathrm{i}\omega$，因此有

$$S_{\varepsilon}(p) = |\Phi(p)|^2 S_x(p) + [1 - \Phi(-p) - \Phi(p)]S_u(p)$$

$$= \frac{k_\Phi}{T_\Phi p + 1} \frac{k_\Phi}{-T_\Phi p + 1} \frac{N(-p^2 + 1/T_\Phi^2)}{2\pi(\omega^2 + \alpha^2)} + \left(1 - \frac{k_\Phi}{T_\Phi p + 1} - \frac{k_\Phi}{-T_\Phi p + 1}\right) \frac{2A\alpha}{2\pi(-p^2 + \alpha^2)}$$

$$= \frac{N(k_\Phi^2/T_\Phi^2)(-T_\Phi^2 p^2 + 1) + 2A\alpha(-T_\Phi^2 p^2 + 1 - 2k_\Phi)}{2\pi(T_\Phi p + 1)(-T_\Phi p + 1)(-p + \alpha)(p + \alpha)}$$

$$= \frac{-(Nk_\Phi^2 + 2A\alpha T_\Phi^2)p^2 + Nk_\Phi^2/T_\Phi^2 + 2A\alpha(1 - 2k_\Phi)}{2\pi(T_\Phi p + 1)(-T_\Phi p + 1)(-p + \alpha)(p + \alpha)}$$

设

$$S_{\varepsilon}(p) = \frac{b_1 p + b_0}{2\pi(T_\Phi p + 1)(p + \alpha)} + \frac{-b_1 p + b_0}{2\pi(-T_\Phi p + 1)(-p + \alpha)}$$

$$= \frac{(b_1 p + b_0)(-T_\Phi p + 1)(-p + \alpha) + (-b_1 p + b_0)(T_\Phi p + 1)(p + \alpha)}{2\pi(T_\Phi p + 1)(-T_\Phi p + 1)(-p + \alpha)(p + \alpha)}$$

$$= \frac{(b_1 p + b_0)[T_\Phi p^2 - (T_\Phi \alpha + 1)p + \alpha] + (-b_1 p + b_0)[T_\Phi p^2 + (T_\Phi \alpha + 1)p + \alpha]}{2\pi(T_\Phi p + 1)(-T_\Phi p + 1)(-p + \alpha)(p + \alpha)}$$

$$= \frac{-2b_1(T_\Phi \alpha + 1)p^2 + 2b_0 T_\Phi p^2 + 2b_0 \alpha}{2\pi(T_\Phi p + 1)(-T_\Phi p + 1)(-p + \alpha)(p + \alpha)}$$

因此

$$2b_1(T_\Phi \alpha + 1) - 2b_0 T_\Phi = Nk_\Phi^2 + 2A\alpha T_\Phi^2$$

$$2b_0 \alpha = Nk_\Phi^2/T_\Phi^2 + 2A\alpha(1 - 2k_\Phi)$$

由此可得下式，即

$$b_1 = \frac{T_\Phi[Nk_\Phi^2/(T_\Phi^2 \alpha) + 2A(1 - 2k_\Phi)] + Nk_\Phi^2 + 2A\alpha T_\Phi^2}{2(T_\Phi \alpha + 1)}$$

由 $M[\varepsilon^2(t)] = \lim\limits_{p \to \infty} 2\pi p[S_{\varepsilon}(p)]^+$ 可得系统的稳态输出误差为

$$\sigma_\varepsilon{}^2 = K_\varepsilon(0) = \frac{b_1}{T_\Phi} = \frac{Nk_\Phi{}^2 \big/ \left(T_\Phi{}^2\alpha\right) + 2A(1 - 2k_\Phi) + Nk_\Phi{}^2 / T_\Phi + 2A\alpha T_\Phi}{2\left(T_\Phi\alpha + 1\right)}$$

$$= \frac{\dfrac{Nk_\Phi{}^2}{T_\Phi{}^2\alpha}\left(1 + T_\Phi\alpha\right) + 2A\left(T_\Phi\alpha + 1\right) - 4Ak_\Phi}{2\left(T_\Phi\alpha + 1\right)}$$

$$= \frac{Nk_\Phi{}^2}{2T_\Phi{}^2\alpha} + A - \frac{2Ak_\Phi}{T_\Phi\alpha + 1}$$

设初始条件为 $A = 1 \times 10^{-6}\,\mathrm{rad}^2$、$N = 4 \times 10^{-10}\,\mathrm{rad}^2 \cdot \mathrm{s}$ 和 $\alpha = 0.11\mathrm{s}^{-1}$，代入上述公式可得

$$T_\Phi = 0.0447\mathrm{s}, \quad k_\Phi = 0.9955, \quad \sigma_\varepsilon = 9.44 \times 10^{-5}\,\mathrm{rad}$$

6.6.2 典型结构最优调节器

在舰载武器控制中常见如图 6.2 所示的控制结构，$\Phi_o(p)$ 为控制系统的传递函数；$\Phi_{oc}(p)$ 为反馈系统的传递函数；$\Phi_y(p)$ 为调节器的传递函数；$y(t)$ 为控制系统输出；$u(t)$ 为控制量(调节器输出)；$x(t)$ 为输入信号；$m(t)$ 为有用的输入信号；$n(t)$ 为输入噪声；$f(t)$ 为随机干扰。随机信号 $m(t)$、噪声 $n(t)$ 和随机干扰 $f(t)$ 均是平稳随机过程。

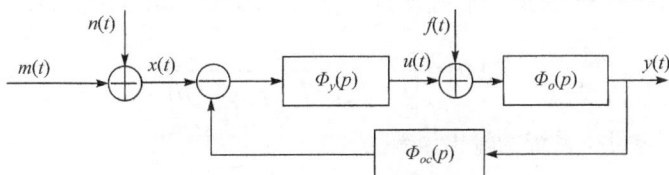

图 6.2 典型控制结构

系统是随动系统要求输出 $y(t)$ 紧随有用的输入信号 $m(t)$。在 $\Phi_o(p)$ 和 $\Phi_{oc}(p)$ 给定，并且 $m(t)$、$n(t)$ 和 $f(t)$ 谱密度已知的情况下，确定最优调节器 $\Phi_y(p)$，使损失函数 I 最小，即

$$I = M\left\{[m(t) - y(t)]^2\right\} + \lambda M\left\{[u(t)]^2\right\} \tag{6.203}$$

其中，第一部分是系统的跟踪误差的平方和；第二部分反映的是控制能量的消耗；系数 λ 通过实验的方法确定，或者选择这样的参数：在期望的工作条件下，系统不会进入饱和状态，即仍是线性系统。

把图 6.2 中的系统结构进行变换，可得如图 6.3 所示的结构。

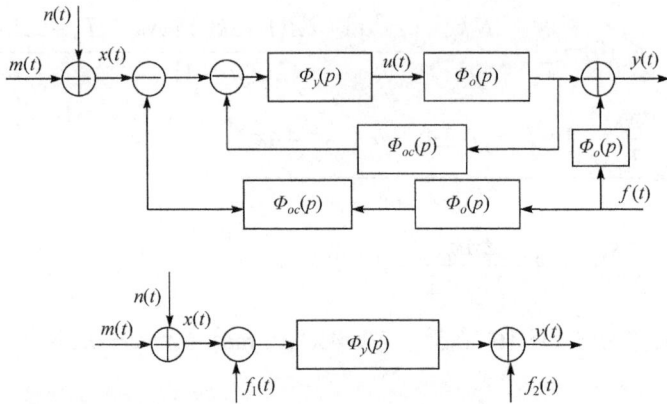

图 6.3　变换后的系统结构图

由图 6.3 容易得到下式，即

$$\Phi(p) = \frac{\Phi_o(p)\Phi_y(p)}{1 + \Phi_{oc}(p)\Phi_o(p)\Phi_y(p)} \tag{6.204}$$

$$f_1(p) = \Phi_{oc}(p)\Phi_o(p)f(p) \tag{6.205}$$

$$f_2(p) = \Phi_o(p)f(p) \tag{6.206}$$

$$u(p) = \left[\Phi(p)/\Phi_o(p)\right]\left[m(p) + n(p) - f_1(p)\right] \tag{6.207}$$

显然，若确定最优的闭环传递函数 $\Phi(p)$，则系统的最佳调节器的传递函数为

$$\Phi_y(p) = \frac{\Phi(p)}{\left[1 - \Phi(p)\Phi_{oc}(p)\right]\Phi_o(p)} \tag{6.208}$$

由图 6.3 也可得系统的输出误差为

$$\varepsilon(p) = m(p) - y(p) = m(p) - \Phi(p)\left[m(p) + n(p) - f_1(p)\right] - f_2(p) \tag{6.209}$$

一般情况下，认为随机信号 $m(t)$、噪声 $n(t)$ 和随机干扰 $f(t)$ 相互独立，统计不相关。但要注意的是，$f_1(t)$ 和 $f_2(t)$ 是统计相关的，因为它们都来自随机干扰 $f(t)$。由上述表达式可得系统输出误差的谱密度，即

$$
\begin{aligned}
S_\varepsilon(\omega) =& \left|1 - \Phi(\mathrm{i}\omega)\right|^2 S_m(\omega) + \left|\Phi(\mathrm{i}\omega)\right|^2 \left[S_n(\omega) + \left|\Phi_{oc}(\mathrm{i}\omega)\Phi_o(\mathrm{i}\omega)\right|^2 S_f(\omega)\right] + \left|\Phi_o(\mathrm{i}\omega)\right|^2 S_f(\omega) \\
& - \Phi_o(-\mathrm{i}\omega)S_f(\omega)\Phi_o(\mathrm{i}\omega)\Phi_{oc}(\mathrm{i}\omega)\Phi(\mathrm{i}\omega) - \Phi(-\mathrm{i}\omega)\Phi_{oc}(-\mathrm{i}\omega)\Phi_o(-\mathrm{i}\omega)S_f(\omega)\Phi_o(\mathrm{i}\omega) \\
=& \left[S_m(\omega) + \left|\Phi_o(\mathrm{i}\omega)\right|^2 S_f(\omega)\right] + \left|\Phi(\mathrm{i}\omega)\right|^2 \left[S_m(\omega) + S_n(\omega) + \left|\Phi_{oc}(\mathrm{i}\omega)\Phi_o(\mathrm{i}\omega)\right|^2 S_f(\omega)\right] \\
& - \left[S_m(\omega) + \left|\Phi_o(\mathrm{i}\omega)\right|^2 S_f(\omega)\Phi_{oc}(\mathrm{i}\omega)\right]\Phi(\mathrm{i}\omega) \\
& - \Phi(-\mathrm{i}\omega)\left[S_m(\omega) + \Phi_{oc}(-\mathrm{i}\omega)\left|\Phi_o(\mathrm{i}\omega)\right|^2 S_f(\omega)\right]
\end{aligned}
$$

$$\tag{6.210}$$

控制量 $u(t)$ 的谱密度为

$$S_u(\omega) = \left|\Phi(\mathrm{i}\omega)\right|^2 \left\{ \frac{1}{\left|\Phi_o(\mathrm{i}\omega)\right|^2}\left[S_m(\omega)+S_n(\omega)\right]+\left|\Phi_{oc}(\mathrm{i}\omega)\right|^2 S_f(\omega)\right\} \qquad (6.211)$$

根据损失函数的定义可得损失函数的谱密度，即

$$
\begin{aligned}
S_I(\omega) &= S_\varepsilon(\omega)+\lambda S_u(\omega)\\
&=\left[S_m(\omega)+\left|\Phi_o(\mathrm{i}\omega)\right|^2 S_f(\omega)\right]+\left|\Phi(\mathrm{i}\omega)\right|^2\left[S_m(\omega)+S_n(\omega)+\left|\Phi_{oc}(\mathrm{i}\omega)\Phi_o(\mathrm{i}\omega)\right|^2 S_f(\omega)\right]\\
&\quad-\left[S_m(\omega)+\left|\Phi_o(\mathrm{i}\omega)\right|^2 S_f(\omega)\Phi_{oc}(\mathrm{i}\omega)\right]\Phi(\mathrm{i}\omega)-\Phi(-\mathrm{i}\omega)\\
&\quad\times\left[S_m(\omega)+\Phi_{oc}(-\mathrm{i}\omega)\left|\Phi_o(\mathrm{i}\omega)\right|^2 S_f(\omega)\right]\\
&\quad+\lambda\left|\Phi(\mathrm{i}\omega)\right|^2\left\{\frac{1}{\left|\Phi_o(\mathrm{i}\omega)\right|^2}\left[S_m(\omega)+S_n(\omega)\right]+\left|\Phi_{oc}(\mathrm{i}\omega)\right|^2 S_f(\omega)\right\}
\end{aligned}
$$

$$(6.212)$$

令

$$
\begin{aligned}
S_X(\omega)&=\left\{\left[1+\lambda\big/\left|\Phi_o(\mathrm{i}\omega)\right|^2\right]\left[S_m(\omega)+S_n(\omega)\right]+\left[\left|\Phi_o(\mathrm{i}\omega)\right|^2+\lambda\right]\left|\Phi_{oc}(\mathrm{i}\omega)\right|^2 S_f(\omega)\right\}\\
&=\Psi(\mathrm{i}\omega)\Psi(-\mathrm{i}\omega)
\end{aligned}
$$

$$S_{hx}(\omega)=\left[S_m(\omega)+\Phi_{oc}(-\mathrm{i}\omega)\left|\Phi_o(\mathrm{i}\omega)\right|^2 S_f(\omega)\right]$$

因此

$$S_I(\omega)=\left|\Phi(\mathrm{i}\omega)\right|^2 S_X(\omega)-\Phi(-\mathrm{i}\omega)S_{hx}(\omega)-S_{xh}(\omega)\Phi(\mathrm{i}\omega)+\left[S_m(\omega)+\left|\Phi_o(\mathrm{i}\omega)\right|^2 S_f(\omega)\right]$$

$$(6.213)$$

对比频域法求解最优系统传递函数的公式，可知最优的闭环传递函数 $\Phi(\mathrm{i}\omega)$ 为

$$\left[\Phi(\mathrm{i}\omega)\right]_{\text{最优}}=\frac{1}{\Psi(\mathrm{i}\omega)}\left[\frac{S_{hx}(\omega)}{\Psi(-\mathrm{i}\omega)}\right]^{+} \qquad (6.214)$$

进而可得最佳调节器的传递函数为

$$\left[\Phi_y(\mathrm{i}\omega)\right]_{\text{最优}}=\frac{\left[\Phi(\mathrm{i}\omega)\right]_{\text{最优}}}{\left\{1-\left[\Phi(\mathrm{i}\omega)\right]_{\text{最优}}\Phi_{oc}(\mathrm{i}\omega)\right\}\Phi_o(\mathrm{i}\omega)} \qquad (6.215)$$

6.6.3　应用实例

1. 问题概述

当导弹在巡航段时,导弹沿某一固定的航向在预定的巡航高度上平飞。海浪、风等因素的影响会造成测高误差,加上地球曲率的影响,导弹在俯仰通道上的控

制误差是巡航阶段的主要导航误差，因此这里以反舰导弹在巡航阶段俯仰通道上的控制误差为例，说明最优调节器的求解过程。

导弹惯性导航的原理是首先测量导弹的加速度，然后对其积分，得到导弹的速度，最后对速度进行积分，得到导弹的航程。为了测量导弹质量中心在弹道上的纵向加速度，加速度测量计放在水平稳定平台上，并且它的轴心方向指向导弹预定的运动方向。为了保证加速度测量计的定位方向且稳定在水平面，采用陀螺稳定平台。当导弹沿海面在预定的巡航高度上平飞时，由于地球是一个圆球，会产生一个绕地球中心的角速度 ω_v(图 6.4)，即

$$\omega_v = \mathrm{d}\alpha_v/\mathrm{d}t = V/R$$

其中，V 为导弹的巡航速度；R 为导弹与地球中心的距离。

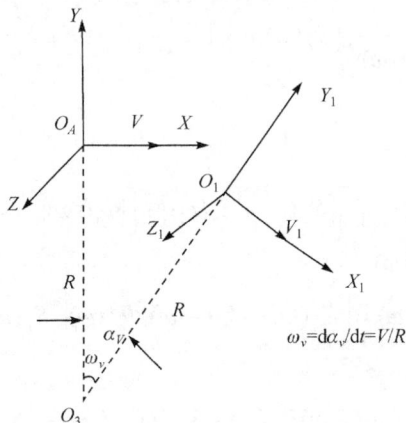

图 6.4　导弹惯性导航的受力分析

此外，由于地球自转(角速度为 ω_3)还会产生由地球自转投影到 Z 轴的角速度 $(\omega_3)_Z$，即

$$(\omega_3)_Z = \omega_3 \cos\varphi \sin k$$

其中，φ 为导弹所在的纬度；k 为导弹的航向。

这样，导弹平飞平面(图 6.4 中的水平面 $O_A XZ$ 和 $O_1 X_1 Z_1$)在惯性参考坐标系的垂直面上的角速度 ω 包含上述两个角速度，即

$$\omega = \frac{\mathrm{d}\alpha}{\mathrm{d}t} = \frac{V}{R} + (\omega_3)_Z$$

相应地，导弹在惯性参考坐标系的垂直面旋转的角度 α 为

$$\alpha = \int_{t_0}^{t} \left[\frac{V}{R} + (\omega_3)_Z \right] \mathrm{d}t$$

这个旋转角度 α 在惯性导航系统中必须跟踪测量。

　　为了跟踪导弹平飞水平面在惯性参考坐标系位置的变化，在导弹惯性导航系统中的力矩传感器输出正比于 $V/R+(\omega_3)_z$ 信号，使陀螺仪以要求的角速度进动，如图 6.5 所示。图中 ω_{k3} 为补偿 $(\omega_3)_z$ 的输入；α_n 为水平陀螺稳定平台的误差。垂直加速度计测量的值就是这个误差与重力加速度 g 相乘的值，这个误差也是控制系统尽力去消除的误差。为了提示导弹导航系统的主要动态特性，令垂直加速度计是传递系数为 K_u 的比例环节，而陀螺稳定平台为积分环节。根据导弹惯性导航的原理和采用的控制结构，导弹在俯仰通道上的控制结构如图 6.6 所示。图中下标"0"表示该参数的初始值，如 V_0 表示导弹的初始速度，X_0 表示导弹的初始航程；下标"n"表示该参数是控制系统的输出值，如 V_n 表示导弹惯性导航系统测量得到的导弹速度，X_n 表示导弹惯性导航系统测量得到的导弹航程；$\omega_{\varPi p}$ 为陀螺稳定平台的漂移；α_0 为水平陀螺稳定平台的初始校准误差，由海况条件和初始校准准备时间决定；δ 为垂直加速度计测量误差。

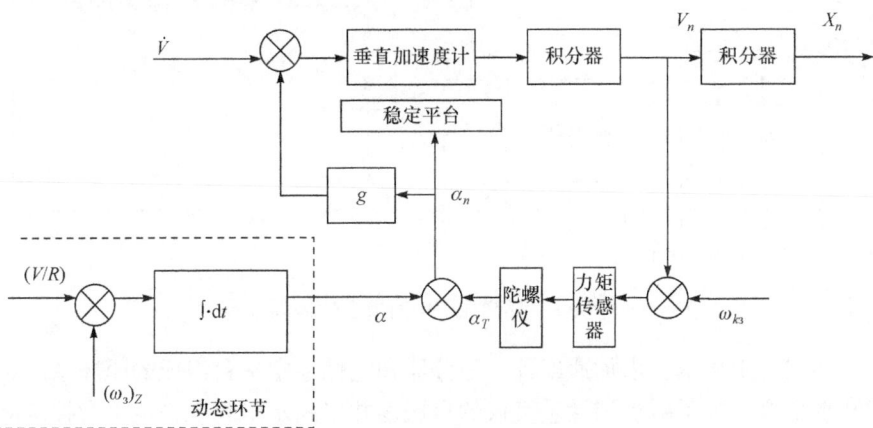

图 6.5　导弹惯性导航的控制过程

　　由图 6.6 可以得到如下结果。

　　(1) 水平陀螺稳定平台的输出稳定误差 α_n。

　　(2) 惯性导航系统输出误差 $\Delta X = X - X_n$。

　　(3) 参数 K_u 和 $\Delta K = (K - K_n)$ 的值。当控制系统采用这个参数值时，导弹巡航航程 $X(t)$ 的加速度 $\ddot{X}(t)$ 不影响控制系统的精度(虽然导弹巡航平飞时 $\ddot{X}(t) \approx 0$，但是由于飞行过程中存在摇摆，加速度 $\ddot{X}(t)$ 在零值附近变化微小)。

　　(4) 控制系统的稳定性。

　　(5) 下列参数对控制系统精度产生影响：

$$\Delta V = (V_0 - V_{n0}), \ \Delta K = (K - K_n), \ \Delta K = 1 - K_u, \ \delta, \ \alpha_0, \ \omega_{\varPi p}, \ \Delta\omega_{k3} = (\omega_3)_z - \omega_{k3}$$

　　知道了导弹惯性导航系统的各种输入误差，以及导弹的飞行时间，根据上述控制结构就可以得出导弹自控终点纵向散布误差。

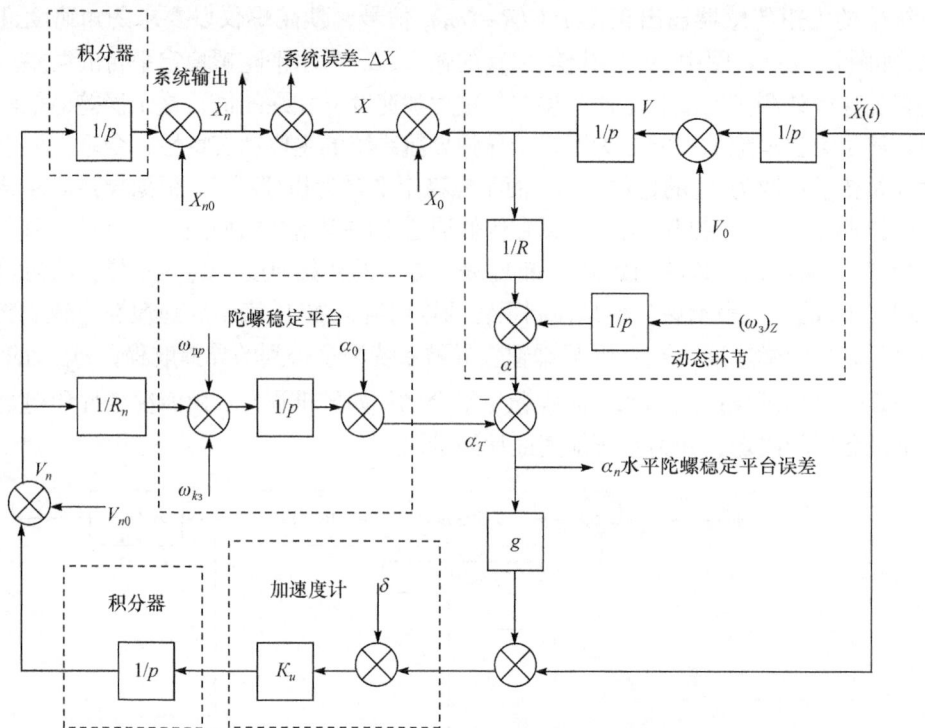

图 6.6　导弹在俯仰通道上的控制结构

如图 6.6 所示，由加速度计、积分器和陀螺稳定平台组成的闭环系统又称为惯性垂直仪。为了减少惯性垂直仪的自振荡并提高水平陀螺稳定平台控制能力，引入陀螺稳定平台传动机构控制电路。从惯性导航理论的角度来看，引入控制环节可能破坏系统的稳定性，增加惯性垂直仪和惯性导航系统误差对导弹加速度的敏感性。但是，当导弹在巡航高度平飞时，它的速度几乎是恒定不变的，导弹的加速度实际上为零，因此在惯性垂直仪中引入调节器 $\Phi_y(p)$ 在技术上是可行的。引入调节器 $\Phi_y(p)$ 后的闭环系统的控制结构如图 6.7 所示。

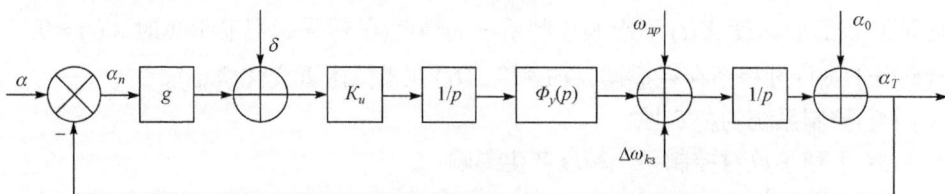

图 6.7　引入调节器后的闭环系统的控制结构

　　这个控制系统就是一个随动跟踪系统。要解决的问题就是确定满足维纳-霍普夫积分方程的最优调节器 $\Phi_y(p)$ ，使随动跟踪系统最大消除补偿 $(\omega_3)_Z$ 的程序信号误差 $\Delta\omega_{k3}$ 、陀螺稳定平台的漂移 $\omega_{Дp}$ 、垂直加速度计测量误差 δ 等影响，使水平陀螺稳定平台的输出稳定误差 α_n 最小。

　　按 6.2 节的求解方法，把上述随动跟踪系统控制结构图变换成如图 6.8 所示的控制结构，其中补偿 $(\omega_3)_Z$ 的程序信号误差 $\Delta\omega_{k3}$ 合并到陀螺稳定平台的漂移 $\omega_{Дp}$ 中，形成新的变量，如等效漂移 $\omega^*_{Дp} = \omega_{Дp} + \Delta\omega_{k3}$ 。

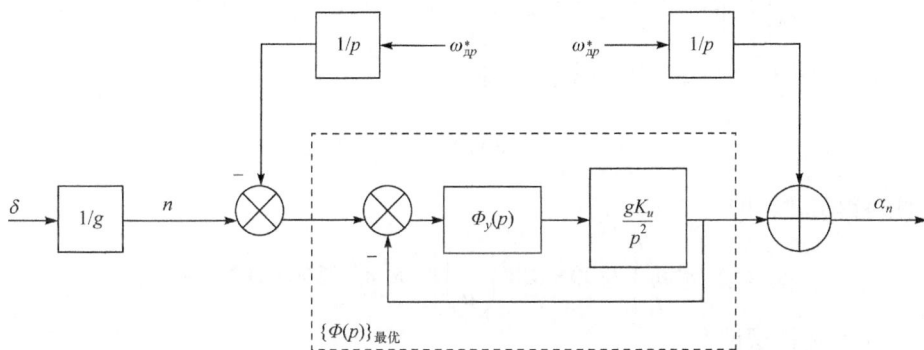

图 6.8　合并后的控制结构图

　　惯性垂直仪中的垂直加速度计测量随机误差 δ 引起的原因主要是导弹飞行中非正常的摇摆和测量传感器没有位于导弹质量中心。设误差 $\delta(t)$ 为

$$\delta(t) = LM(t) = L\ddot{q}(t)$$

其中，L 为测量传感器与导弹质量中心的距离；$q(t)$ 为导弹的倾斜角；$M(t)$ 为导弹的倾斜角加速度。

2. 输入误差统计特性

1) 陀螺平台等效漂移的统计特性

陀螺平台等效漂移 $\omega^*_{Дp}$ 的相关函数为

$$K_w(\tau) = \sigma_w^2 e^{-\mu|\tau|}$$

其中，$\mu = 1/T_k$ 为时间常数，单位是 s^{-1}；σ_w 的单位是 rad/s。

由拉普拉斯变换可得其光谱密度函数为

$$S_w(-ip) = \sigma_w^2\mu \Big/ \left[\pi\left(-p^2 + \mu^2\right) \right]$$

在实际应用中，陀螺平台漂移速度常用的单位是(°)/h，而衡量陀螺平台稳定性的指标是 1h 陀螺平台漂移的角度误差 "n"，单位是(°)^2。

若已知漂移速度相关函数 $K_w(\tau)$，则可求在时间 t 内陀螺平台漂移角度的均方差 $D_\alpha(t)$ 为

$$D_\alpha(t) = M\left[\int_0^t \omega^*_{\text{Др}}(\tau)\mathrm{d}\tau \cdot \int_0^t \omega^*_{\text{Др}}(\eta)\mathrm{d}\eta\right] = \iint_0^t K_{ww}(\eta-\tau)\mathrm{d}\eta\mathrm{d}\tau$$

$$= \int_0^t\left[\int_0^\eta K_{ww}(\eta-\tau)\mathrm{d}\tau + \int_\eta^t K_{ww}(\eta-\tau)\mathrm{d}\tau\right]\mathrm{d}\eta = \int_0^t\left[\frac{1}{\mu}\left(2 - \mathrm{e}^{-\mu\eta} - \mathrm{e}^{-\mu(t-\eta)}\right)\right]\mathrm{d}\eta$$

$$= \sigma_w^2\left(\frac{2}{\mu}\right)\left[t - \frac{1}{\mu}\left(1 - \mathrm{e}^{-\mu t}\right)\right] \approx \left(\frac{2\sigma_w^2}{\mu}\right)t$$

由上式可得，1h 时有下列等式，即

$$\left(\frac{2\sigma_w^2}{\mu}\right) \times 3600 = \left(\frac{\pi}{180}\right)^2 n$$

由此可得下式，即

$$\sigma_w^2 = \pi^2 n\bigg/\left[7200 \times 180^2\left(\frac{1}{\mu}\right)\right] = \pi^2 n\big/\left(7200 \times 180^2 T_k\right)$$

2) 普通摇摆模型

导弹在预定巡航高度平飞的过程中，其倾斜角是一个平稳的随机过程，谱密度函数为

$$S_q(-\mathrm{i}p) = \frac{\sigma_q^2(\alpha - m\beta)\left(-p^2 + \dfrac{\alpha + m\beta}{\alpha - m\beta}\omega_0^2\right)}{\pi\left(p^2 + 2\alpha p + \omega_0^2\right)\left(p^2 - 2\alpha p + \omega_0^2\right)}$$

其中，$\omega_0^2 = \alpha^2 + \beta^2$。

其相关函数为

$$K_q(\tau) = \sigma_q^2 \mathrm{e}^{-\alpha|\tau|}\left[\cos(\beta\tau) + m\sin(\beta|\tau|)\right]$$

令 $m = \dfrac{\alpha}{\beta}$，则

$$S_q(-\mathrm{i}p) = \frac{2\sigma_q^2\alpha\omega_0^2}{\pi\left(p^2 + 2\alpha p + \omega_0^2\right)\left(p^2 - 2\alpha p + \omega_0^2\right)}$$

导弹的倾斜角加速度 $e(t)$ 是导弹倾斜角的两次微分。由拉普拉斯变换的相关理论可得下式，即

$$S_e(-\mathrm{i}p) = p^4 S_q(-\mathrm{i}p) = \frac{2\sigma_q^2\alpha\omega_0^2 p^4}{\pi\left(p^2 + 2\alpha p + \omega_0^2\right)\left(p^2 - 2\alpha p + \omega_0^2\right)}$$

由此可得，导弹的倾斜角加速度 $e(t)$ 的相关函数 $K_e(\tau)$ 为

$$K_e(\tau) = 4\sigma_q^2 \alpha (\alpha^2 + \beta^2) \left\{ \delta(\tau) + e^{-\alpha|\tau|} \left[\frac{\beta^2 - 3\alpha^2}{4\alpha} \cos(\beta\tau) - \frac{3\beta^2 - \alpha^2}{4\alpha} \sin(\beta|\tau|) \right] \right\}$$

3) 改进型的摇摆模型

改进型的导弹倾斜角的谱密度函数为

$$S_q(-ip) = \frac{\theta}{2\pi(p+\alpha)(p^2 + 2\eta\omega_0 p + \omega_0^2)(-p+\alpha)(p^2 - 2\eta\omega_0 p + \omega_0^2)}$$

其中， $\theta = \dfrac{4\sigma_q^2(\eta\omega_0^3\alpha)(\omega_0^2 + 2\eta\omega_0\alpha + \alpha^2)(\omega_0^2 - 2\eta\omega_0\alpha + \alpha^2)}{2\eta\omega_0^3 + \alpha(\omega_0^2 + \alpha^2 - 4\eta^2\omega_0^2)}$ ； $\eta < 1$ 。

导弹的倾斜角速度的谱密度函数为

$$S_v(-ip) = \frac{-\theta p^2}{2\pi(p+a)(p^2 + 2\eta\omega_{op} + \omega_0^2)(-p+a)(p^2 - 2\eta\omega_{op} + \omega_0^2)}$$

导弹的倾斜角加速度的谱密度函数为

$$S_e(-ip) = p^4 S_q(-ip) = \frac{\theta p^4}{2\pi(p+\alpha)(p^2 + 2\eta\omega_0 p + \omega_0^2)(-p+\alpha)(p^2 - 2\eta\omega_0 p + \omega_0^2)}$$

为了求这些随机过程的相关函数，先建立一个统一的谱密度函数，即

$$S_{o\sigma}(-ip) = \frac{b_2 p^4 + b_1 p^2 + b_0}{2\pi(p+\alpha)(p^2 + 2\eta\omega_0 p + \omega_0^2)(-p+\alpha)(p^2 - 2\eta\omega_0 p + \omega_0^2)}$$

显然，对于导弹倾斜角的谱密度函数 $S_q(-ip)$ ： $b_2 = b_1 = 0$ ， $b_0 = \theta$ ；对于导弹倾斜角速度的谱密度函数 $S_v(-ip)$ ： $b_2 = b_0 = 0$ ， $b_1 = -\theta$ ；对于导弹的倾斜角加速度的谱密度函数 $S_e(-ip)$ ： $b_1 = b_0 = 0$ ， $b_2 = \theta$ 。

对谱密度函数进行分解，有

$$S_{o\sigma}(-ip) = [S_{o\sigma}(-ip)]^+ + [S_{o\sigma}(-ip)]^-$$

$$= \frac{c_2 p^2 + c_1 p + c_0}{2\pi(p+\alpha)(p^2 + 2\eta\omega_0 p + \omega_0^2)} + \frac{c_2 p^2 - c_1 p + c_0}{2\pi(-p+\alpha)(p^2 - 2\eta\omega_0 p + \omega_0^2)}$$

显然有

$$(c_2 p^2 + c_1 p + c_0)[(-p+\alpha)(p^2 - 2\eta\omega_0 p + \omega_0^2)]$$
$$+ (c_2 p^2 - c_1 p + c_0)[(p+\alpha)(p^2 + 2\eta\omega_0 p + \omega_0^2)]$$
$$= 2(\{c_2(2\eta\omega_0 + \alpha)p^4 + [c_2\omega_0^2\alpha + c_0(2\eta\omega_0 + \alpha)]p^2$$
$$+ c_0\omega_0^2\alpha\} - [c_1 p^4 + c_1(\omega_0^2 + 2\eta\omega_0\alpha)p^2])$$
$$= b_2 p^4 + b_1 p^2 + b_0$$

由此可得下式，即

$$c_2(2\eta\omega_0 + \alpha) - c_1 1 + c_0 0 = 0.5b_2$$

$$c_2\omega_0^2\alpha - c_1(\omega_0^2 + 2\eta\omega_0\alpha) + c_0(2\eta\omega_0 + \alpha) = 0.5b_1$$

$$2c_2 0 - c_1 0 + c_0\omega_0^2\alpha = 0.5b_0$$

用矩阵形式表示上式，可表示为

$$\begin{bmatrix} 2\eta\omega_0 + \alpha & -1 & 0 \\ \omega_0^2\alpha & -(\omega_0^2 + 2\eta\omega_0\alpha) & 2\eta\omega_0 + \alpha \\ 0 & 0 & \omega_0^2\alpha \end{bmatrix} \begin{bmatrix} c_2 \\ c_1 \\ c_0 \end{bmatrix} = \begin{bmatrix} 0.5b_2 \\ 0.5b_1 \\ 0.5b_0 \end{bmatrix}$$

计算可得矩阵的行列式，即

$$\det = -(2\eta\omega_0 + \alpha)(\omega_0^2 + 2\eta\omega_0\alpha)(\omega_0^2\alpha) + (\omega_0^4\alpha^2)$$

$$= -(2\eta\omega_0^3 + 4\eta^2\omega_0^2\alpha + \omega_0^2\alpha + 2\eta\omega_0\alpha^2)(\omega_0^2\alpha) + (\omega_0^4\alpha^2)$$

$$= -2\eta\omega_0^5\alpha - 4\eta^2\omega_0^4\alpha^2 - \omega_0^4\alpha^2 - 2\eta\omega_0^3\alpha^3 + \omega_0^4\alpha^2$$

$$= -2\eta\omega_0^3\alpha(\omega_0^2 + 2\eta\omega_0\alpha + \alpha^2)$$

而伴随矩阵 $\begin{bmatrix} a_{11} & a_{12} & a_{13} \\ a_{21} & a_{22} & a_{23} \\ a_{31} & a_{32} & a_{33} \end{bmatrix}$ 的各元素为

$$a_{11} = -(\omega_0^2\alpha)(\omega_0^2 + 2\eta\omega_0\alpha)$$

$$a_{12} = (\omega_0^2\alpha)$$

$$a_{13} = -(2\eta\omega_0 + \alpha)$$

$$a_{21} = -(\omega_0^4\alpha^2)$$

$$a_{22} = (\omega_0^2\alpha)(2\eta\omega_0 + \alpha)$$

$$a_{23} = -(2\eta\omega_0 + \alpha)^2$$

$$a_{31} = 0$$

$$a_{32} = 0$$

$$a_{33} = -(2\eta\omega_0 + \alpha)(\omega_0^2 + 2\eta\omega_0\alpha) + \omega_0^2\alpha = -2\eta\omega_0^3 - \alpha\omega_0^2 - 4\eta^2\omega_0^2\alpha - 2\eta\omega_0 a^2 + \omega_0^2\alpha$$

$$= -2\eta\omega_0(\omega_0^2 + 2\eta\omega_0\alpha + \alpha^2)$$

由此可得下式，即

$$\begin{bmatrix} c_2 \\ c_1 \\ c_0 \end{bmatrix} = \begin{bmatrix} -(\omega_0^2\alpha)(\omega_0^2 + 2\eta\omega_0\alpha)/\det & (\omega_0^2\alpha)/\det \\ -(\omega_0^4\alpha^2)/\det & (\omega_0^2\alpha)(2\eta\omega_0 + \alpha)/\det \\ 0/\det & 0/\det \end{bmatrix}$$

$$\begin{matrix} -(2\eta\omega_0 + \alpha)/\det \\ -(2\eta\omega_0 + \alpha)^2/\det \\ -2\eta\omega_0(\omega_0^2 + 2\eta\omega_0\alpha + \alpha^2)/\det \end{matrix} \begin{bmatrix} 0.5b_2 \\ 0.5b_1 \\ 0.5b_0 \end{bmatrix}$$

$$\begin{bmatrix} c_2 \\ c_1 \\ c_0 \end{bmatrix} = \left[-\frac{1}{2\det}\right]\begin{bmatrix} (\omega_0^2\alpha)(\omega_0^2 + 2\eta\omega_o\alpha) & -(\omega_0^2\alpha) \\ (\omega_0^4\alpha^2) & -(\omega_0^2\alpha)(2\eta\omega_0 + \alpha) \\ 0 & 0 \end{bmatrix}$$

$$\begin{bmatrix} (2\eta\omega_0 + \alpha) \\ (2\eta\omega_0 + \alpha)^2 \\ 2\eta\omega_0(\omega_0^2 + 2\eta\omega_0\alpha + \alpha^2) \end{bmatrix}\begin{bmatrix} b_2 \\ b_1 \\ b_0 \end{bmatrix}$$

其中，$-2\det = 4\eta\omega_0^3\alpha\left(\omega_0^2 + 2\eta\omega_0\alpha + \alpha^2\right)$。

对 $\left[S_{oo}(-\mathrm{i}p)\right]^+$ 进行分解，有

$$\frac{c_2 p^2 + c_1 p + c_0}{2\pi(p+\alpha)\left(p^2 + 2\eta\omega_0 p + \omega_0^2\right)} = \frac{\left\{\left[g/(p+\alpha)\right] + \left[(f_1 p + f_0)\big/\left(p^2 + 2\eta\omega_0 p + \omega_0^2\right)\right]\right\}}{2\pi}$$

显然有

$$g\left(p^2 + 2\eta\omega_0 p + \omega_0^2\right) + \left(f_1 p + f_0\right)(p + \alpha)$$
$$= gp^2 + 2\eta\omega_0 gp + g\omega_0^2 + f_1 p^2 + f_1\alpha p + f_0 p + f_0\alpha$$
$$= p^2\left(g + f_1\right) + p\left(2\eta\omega_0 g + f_1\alpha + f_0\right) + \left(g\omega_0^2 + f_0\alpha\right)$$
$$= c_2 p^2 + c_1 p + c_0$$

用矩阵形式可表示为

$$\begin{bmatrix} 1 & 1 & 0 \\ 2\eta\omega_0 & \alpha & 1 \\ \omega_0^2 & 0 & \alpha \end{bmatrix}\begin{bmatrix} g \\ f_1 \\ f_0 \end{bmatrix} = \begin{bmatrix} c_2 \\ c_1 \\ c_0 \end{bmatrix}$$

计算可得矩阵的行列式，即

$$\det = \alpha^2 + \omega_0^2 - 2\eta\omega_0\alpha = \alpha^2 - 2\eta\omega_0\alpha + \omega_0^2$$

通过求解矩阵的伴随矩阵可得

$$\begin{bmatrix} g \\ f_1 \\ f_0 \end{bmatrix} = \left(\frac{1}{\det}\right)\begin{bmatrix} \alpha^2 & -\alpha & 1 \\ -\left(2\eta\omega_0\alpha + \omega_0^2\right) & \alpha & -1 \\ -\alpha\omega_0^2 & \omega_0^2 & \alpha - 2\eta\omega_0 \end{bmatrix}\begin{bmatrix} c_2 \\ c_1 \\ c_0 \end{bmatrix}$$

因此

$$\begin{bmatrix} g \\ f_1 \\ f_0 \end{bmatrix} = \left(\frac{1}{\det}\right)\begin{bmatrix} \alpha^2 & -\alpha & 1 \\ -\left(2\eta\omega_0\alpha + \omega_0^2\right) & \alpha & -1 \\ -\alpha\omega_0^2 & \omega_0^2 & \alpha - 2\eta\omega_0 \end{bmatrix}$$

$$\times \left[-\frac{1}{2\det}\right] \begin{bmatrix} (\omega_0^2\alpha)(\omega_0^2+2\eta\omega_o\alpha) & -(\omega_0^2\alpha) & (2\eta\omega_0+\alpha) \\ \omega_0^4\alpha^2 & -(\omega_0^2\alpha)(2\eta\omega_0+\alpha) & (2\eta\omega_0+\alpha)^2 \\ 0 & 0 & 2\eta\omega_0(\omega_0^2+2\eta\omega_0\alpha+\alpha^2) \end{bmatrix} \begin{bmatrix} b_2 \\ b_1 \\ b_0 \end{bmatrix}$$

最终可得下式，即

$$\begin{bmatrix} g \\ f_1 \\ f_0 \end{bmatrix} = \frac{1}{A} \begin{bmatrix} 2\eta\omega_0^3\alpha^4 & 2\eta\omega_0^3\alpha^2 & 2\eta\omega_0^3 \\ (\omega_0^4\alpha)(\omega_0^2-4\eta^2\alpha^2+\alpha^2) & -(\omega_0^2\alpha)(\omega_0^2+\alpha^2) & \alpha(\omega_0^2-4\eta^2\omega_0^2+\alpha^2) \\ -2\eta\omega_0^5\alpha^3 & -2\eta\omega_0^5\alpha & 2\eta\omega_0\alpha(2\omega_0^2+\alpha^2-4\eta^2\omega_0^2) \end{bmatrix} \begin{bmatrix} b_2 \\ b_1 \\ b_0 \end{bmatrix}$$

其中，$A=4\eta\omega_0^3\alpha(\alpha^2+2\eta\omega_0\alpha+\omega_0^2)(\alpha^2-2\eta\omega_0\alpha+\omega_0^2)$。

对于导弹倾斜角的谱密度函数，$b_2=b_1=0$、$b_0=\theta$，所以有

$$\begin{aligned}
2\pi\left[S_q(-\mathrm{j}p)\right]^+ &= (\theta/A)\{2\eta\omega_0^3/(p+\alpha) \\
&\quad + \left[\alpha\left(\omega_0^2+\alpha^2-4\eta^2\omega_0^2\right)p + 2\eta\omega_0\alpha\left(2\omega_0^2+\alpha^2-4\eta^2\omega_0^2\right)\right] \\
&\quad \div \left(p^2+2\eta\omega_0 p+\omega_0^2\right)\} \\
&= (\theta/A)\{2\eta\omega_0^3[1/(p+\alpha)] \\
&\quad + \alpha(\omega_0^2+\alpha^2-4\eta^2\omega_0^2)[(p+2\eta\omega_0) \\
&\quad \div (p^2+2\eta\omega_0 p+\omega_0^2)] + \omega_0^2\alpha[(2\eta\omega_0)/(p^2+2\eta\omega_0 p+\omega_0^2)]\} \\
&= (\theta/A)\{2\eta\omega_0^3[1/(p+\alpha)] + \alpha(\omega_0^2+\alpha^2-4\eta^2\omega_0^2) \\
&\quad \times \left\{\left[(p+\eta\omega_0)+\eta\omega_0\big/\sqrt{1-\eta^2}\,\omega_0\right]\sqrt{1-\eta^2}\,\omega_0 \right. \\
&\quad \div (p^2+2\eta\omega_0 p+\omega_0^2) \\
&\quad + 2\omega_0^2\alpha\eta\omega_0\big/\left(\sqrt{1-\eta^2}\,\omega_0\right) \\
&\quad \left. \times \left[\left(\sqrt{1-\eta^2}\,\omega_0\right)\big/(p^2+2\eta\omega_0 p+\omega_0^2)\right]\right\}\}
\end{aligned}$$

由拉普拉斯变换可得导弹倾斜角的相关函数 $K_q(\tau)$，即

$$\begin{aligned}
K_q(\tau) = \left(\frac{\theta}{A}\right)\cdot&\left\{2\eta\omega_0^3\mathrm{e}^{-\alpha|\tau|} + \mathrm{e}^{-\eta\omega_0|\tau|}\left[\alpha\left(\omega_0^2+\alpha^2-4\eta^2\omega_0^2\right)\cos\left(\omega_0\tau\sqrt{1-\eta^2}\right)\right.\right. \\
&\left.\left. + \alpha\left(3\omega_0^2+\alpha^2-4\eta^2\omega_0^2\right)\left(\frac{\eta}{\sqrt{1-\eta^2}}\right)\sin\left(\omega_0|\tau|\sqrt{1-\eta^2}\right)\right]\right\}
\end{aligned}$$

3. 确定最优调节器 $\varPhi_y(p)$

比较图 6.2 中求最优调节器的控制结构与惯性垂直仪控制结构，可得 $m(t)=0$、

$n(t)=(1/g)\delta(t)$、$f_1(p)=(1/p)\omega_{\text{Дp}}^*$、$f_2(p)=(1/p)\omega_{\text{Дp}}^*$。不考虑控制能量的消耗，则 $\lambda=0$。相应的传递函数 $\Phi_o(p)=1/p$、$\Phi_{oc}(p)=1$、$f(p)=\omega_{\text{Дp}}^*$，由 $n(t)=(1/g)$ $\delta(t)=(1/g)L\ddot{q}(t)$，可得下式，即

$$S_{nn}(-ip)=(L/g)^2[p^2(-p)^2]S_{qq}(-ip)$$

根据最优调节器的求解思路，可得下式，即

$$S_x(\omega)=S_n(\omega)+\left|\Phi_o(i\omega)\Phi_{oc}(i\omega)\right|^2 S_f(\omega)=\Psi(i\omega)\Psi(-i\omega)$$

$$S_{hx}(\omega)=\Phi_{oc}(-i\omega)\left|\Phi_o(i\omega)\right|^2 S_f(\omega)$$

$$\left[\Phi(i\omega)\right]_{\text{最优}}=\left[1/\Psi(i\omega)\right]\left[S_{hx}(\omega)/\Psi(-i\omega)\right]^+$$

最终可得最优调节器 $\Phi_y(p)$ 为

$$\Phi_y(p)=\frac{1}{gK_{\text{и}}}\frac{p^2\left[\Phi(p)\right]_{\text{最优}}}{1-\left[\Phi(p)\right]_{\text{最优}}}$$

1) 普通摇摆模型的最优调节器 $W_y(p)$

当导弹倾斜角 $q(t)$ 的光谱密度采用普通模型时，相应的输入噪声谱密度 $S_n(-ip)$ 和随机干扰谱密度 $S_f(-ip)$ 为

$$S_n(-ip)=(L/g)^2 S_e(-ip)=p^4 S_q(-ip)=\frac{(L/g)^2 4\sigma_q^2\alpha\omega_0^2 p^4}{2\pi\left(p^2+2\alpha p+\omega_0^2\right)\left(p^2-2\alpha p+\omega_0^2\right)}$$

$$S_f(-ip)=S_w(-ip)=\frac{\sigma_W^2\mu}{\pi\left(-p^2+\mu^2\right)}=\frac{\sigma_W^2\mu}{\pi(p+\mu)(-p+\mu)}$$

记 $\sigma_n^2=(L/g)^2\sigma_e^2$、$\sigma_e^2=4\sigma_q^2\alpha\omega_0^2$、$\xi=\sigma_W^2/\sigma_n^2$，则

$$S_x(-ip)=S_n(-ip)+\left|\Phi_o(p)\Phi_{oc}(p)\right|^2 S_f(-ip)=\Psi(p)\Psi(-p)$$

$$=\sigma_n^2 p^4\Big/\left[2\pi\left(p^2+2\alpha p+\omega_0^2\right)\left(p^2-2\alpha p+\omega_0^2\right)\right]+2\sigma_W^2\mu$$

$$\div\left[2\pi p(-p)(p+\mu)(-p+\mu)\right]$$

$$=\frac{\sigma_n^2 p^4\left[-p^2\left(-p^2+\mu^2\right)\right]+2\sigma_W^2\mu\left[\left(p^2+2\alpha p+\omega_0^2\right)\left(p^2-2\alpha p+\omega_0^2\right)\right]}{2\pi\left[p(p+\mu)\left(p^2+2\alpha p+\omega_0^2\right)\right]\left[-p(-p+\mu)\left(p^2-2\alpha p+\omega_0^2\right)\right]}$$

$$=\frac{\sigma_n^2\left[p^8-\mu^2 p^6+2\xi\mu p^4+4\xi\mu\left(\omega_0^2-2\alpha^2\right)p^2+2\xi\mu\omega_0^4\right]}{2\pi\left[p(p+\mu)\left(p^2+2\alpha p+\omega_0^2\right)\right]\left[-p(-p+\mu)\left(p^2-2\alpha p+\omega_0^2\right)\right]}$$

为了求 $\Psi(p)$，必须对 $S_x(-\mathrm{i}p)$ 进行谱分解，上式分母已经分解，下面对分子进行分解。由于 $S_{xx}(-\mathrm{j}p)$ 的分子有 8 阶，所以必有

$$p^8 - \mu^2 p^6 + 2\xi\mu p^4 + 4\xi\mu(\omega_0^2 - 2\alpha^2)p^2 + 2\xi\mu\omega_0^4$$
$$= [(p^2 + 2\alpha_1 p + \omega_1^2)(p^2 + 2\alpha_2 p + \omega_2^2)][(p^2 - 2\alpha_1 p + \omega_1^2)(p^2 - 2\alpha_2 p + \omega_2^2)]$$

令 $z = -p^2$，等式左边可变为

$$z^4 + Tz^3 + Uz^2 + Vz + W = (z^2 + Gz + J)(z^2 + Oz + P)$$

其中，$T = \mu^2; U = 2\xi\mu; V = 4\xi\mu(\omega_0^2 - 2\alpha^2); W = 2\xi\mu\omega_0^4$。

为了完成这个分解，引入三次方程，求解它的最大实根，即

$$x^3 + Qx^2 + Rx + S = 0$$

其中，$Q = -U; R = TV - 4W; S = 4UW - V^2 - T^2W$。

可以利用数值法解出这个三次方程的最大实根，记为 z_1。然后，由下列式子求解 G、J、O 和 P，即

$$J = z_1/2 + \sqrt{z_1^2/4 - W}, \quad P = z_1/2 - \sqrt{z_1^2/4 - W}$$
$$G = (TJ - U)/(J - P), \quad O = T - G$$

记 $S_x(-\mathrm{i}p)$ 分子的根为

$$\lambda_1 = -\alpha_1 + j\beta_1, \quad \lambda_2 = -\alpha_1 - j\beta_1, \quad \lambda_3 = -\lambda_2 + j\beta_2, \quad \lambda_4 = -\lambda_2 - j\beta_2$$

显然有

$$[(p - \lambda_1)(p - \lambda_2)][(-p - \lambda_1)(-p - \lambda_2)] = p^4 - p^2 2(\alpha_1^2 - \beta_1^2) + (\alpha_1^2 + \beta_1^2)^2$$
$$[(p - \lambda_3)(p - \lambda_4)][(-p - \lambda_3)(-p - \lambda_4)] = p^4 - p^2 2(\alpha_2^2 - \beta_2^2) + (\alpha_2^2 + \beta_2^2)^2$$

令 $z = -p^2$，把方程组的第一项与 $z^2 + Gz + J$ 相比，方程组的第二项与 $z^2 + Oz + P$ 相比可得下式，即

$$\omega_1^2 = \alpha_1^2 + \beta_1^2 = P, \quad 2\alpha_1 = \sqrt{O + 2\omega_1^2}$$
$$\omega_2^2 = \alpha_2^2 + \beta_2^2 = J, \quad 2\alpha_2 = \sqrt{G + 2\omega_2^2}$$

根据前面的结果可得 $S_x(-\mathrm{i}p)$ 的谱分解 $\Psi(p)$ 为

$$\Psi(p) = \sigma_n(p^2 + 2\alpha_1 p + \omega_1^2)(p^2 + 2\alpha_2 p + \omega_2^2) \Big/ \left[\sqrt{2\pi} p(p + \mu)(p^2 + 2\alpha p + \omega_0^2) \right]$$

由于 $\Phi_o(p) = 1/p$、$\Phi_{oc}(p) = 1$、$S_f(-\mathrm{i}p) = 2\sigma_W^2 \mu/[2\pi(p + \mu)(-p + \mu)]$，则

$$S_{hx}(-\mathrm{i}p) = \Phi_{oc}(p)|\Phi_o(p)|^2 S_f(-\mathrm{i}p) = 2\sigma_W^2 \mu/[2\pi p(p + \mu)(-p)(-p + \mu)]$$

下面对表达式 $S_{hx}(-ip)/\Psi(-p)$ 进行分解，即

$$S_{hx}(-ip)/\Psi(-p)=\frac{2\mu\sigma_W^2}{\sigma_n}\frac{(p^2+2\alpha p+\omega_0^2)}{\sqrt{2\pi}p(p+\mu)(p^2-2\alpha_1 p+\omega_1^2)(p^2-2\alpha_2 p+\omega_2^2)}$$

$$=\frac{2\mu\sigma_W^2}{\sigma_n\sqrt{2\pi}}\left[\frac{Ap+B}{p(p+\mu)}+\frac{C'p^3+D'p^2+E'p^1+F'}{(p^2-2\alpha_1 p+\omega_1^2)(p^2-2\alpha_2 p+\omega_2^2)}\right]$$

比较上式的左右项，可得下式，即

$$B=\omega_0^2/(\omega_1^2\omega_2^2),\quad A=[BC-(\mu+2\alpha)]/(C\mu+\omega_1^2\omega_2^2)$$

其中，$C=[\omega_1^2+\omega_2^2+2\alpha_1 2\alpha_2+(2\alpha_1+2\alpha_2+\mu)\mu]\mu+2\alpha_1\omega_2^2+2\alpha_2\omega_1^2$。

显然

$$[S_{hx}(-ip)/\Psi(-p)]^+=[(2\mu\sigma_W^2/\sigma_n)/\sqrt{2\pi}]\{(Ap+B)/[p(p+\mu)]\}$$

为了方便，引入参数，即

$$\lambda=2\mu(\sigma_W^2/\sigma_n^2)A=2\mu\xi A,\quad \mu_1=B/A$$

可得下式，即

$$[\Phi(p)]_{最优}=[1/\Psi(p)][S_{hx}(-ip)/\Psi(-p)]^+=\lambda\frac{(p+\mu_1)(p^2+2\alpha p+\omega_o^2)}{(p^2+2\alpha_1 p+\omega_1^2)(p^2+2\alpha_2 p+\omega_2^2)}$$

$$=\frac{\lambda[p^3+p^2(\mu_1+2\alpha)+p(\mu_1 2\alpha+\omega_o^2)+\mu_1\omega_o^2]}{p^4+p^3(2\alpha_1+2\alpha_2)+p^2(\omega_1^2+\omega_2^2+2\alpha_1 2\alpha_2)+p(2\alpha_1\omega_2^2+2\alpha_2\omega_1^2)+\omega_1^2\omega_2^2}$$

最终可得最优调节器 $\Phi_y(p)$ 为

$$\Phi_y(p)=\frac{1}{gK_И}\frac{p^2[W(p)]_{最优}}{1-[W(p)]_{最优}}$$

$$=\frac{1}{gK_И}\frac{\lambda p(p+\mu_1)(p^2+2\alpha p+\omega_o^2)}{p^3+p^2(2\alpha_1+2\alpha_2-\lambda)+p[\omega_1^2+\omega_2^2+2\alpha_1 2\alpha_2-\lambda(2\alpha+\mu_1)]}{+[2\alpha_1\omega_2^2+2\alpha_2\omega_1^2-\lambda(\omega_o^2+2\alpha\mu_1)]}$$

2) 改进型摇摆模型的最优调节器

求解改进型摇摆模型的最优调节器 $\Phi_y(p)$ 类似普通摇摆模型的情况。由于改进型的导弹倾斜角谱密度函数为

$$S_q(-ip)=\frac{\theta}{2\pi(p+\alpha)(p^2+2\eta\omega_0 p+\omega_0^2)(-p+\alpha)(p^2-2\eta\omega_0 p+\omega_0^2)}$$

因此，输入噪声谱密度 $S_n(-ip)$ 和随机干扰谱密度 $S_f(-ip)$ 为

$$S_n(-\mathrm{i}p) = (L/g)^2 p^4 S_q(-\mathrm{i}p)$$

$$= \frac{(L/g)^2 \theta p^4}{2\pi(p+\alpha)(p^2 + 2\eta\omega_0 p + \omega_0^2)(-p+\alpha)(p^2 - 2\eta\omega_0 p + \omega_0^2)}$$

$$S_f(-\mathrm{i}p) = \frac{2\sigma_W^2 \mu}{2\pi(-p^2 + \mu^2)} = \frac{2\sigma_W^2 \mu}{2\pi(p+\mu)(-p+\mu)}$$

记 $\sigma_n^2 = (L/g)^2 \theta$，$\xi = \sigma_W^2/\sigma_n^2$，则

$$S_x(-\mathrm{i}p) = S_n(-\mathrm{i}p) + \left\{1/\left[(p)(-p)\right]\right\} S_f(-\mathrm{i}p) = \Psi(p)\Psi(-p)$$

$$= \sigma_n^2 \frac{\begin{Bmatrix} p^8 - p^6(\mu^2 + 2\xi\mu) + p^4 2\xi\mu[\alpha^2 + 2(2\eta^2 - 1)\omega_0^2] \\ -p^2 2\xi\mu\omega_0^2[\omega_0^2 + 2(2\eta^2 - 1)\alpha^2] + 2\xi\mu\alpha^2\omega_0^4 \end{Bmatrix}}{2\pi\left[p(p+\alpha)(p+\mu)(p^2 + 2\alpha p + \omega_0^2)\right]}$$

$$\times[-p(-p+\alpha)(-p+\mu)(p^2 - 2\alpha p + \omega_0^2)]$$

对上式进行谱分解，利用先前的方法，引入辅助方程 $z^4 + Tz^3 + Uz^2 + Vz + W$，其中 $T = (\mu^2 + 2\xi\mu)$；$U = 2\xi\mu[\alpha^2 + 2(2\eta^2 - 1)\omega_0^2]$；$V = 2\xi\mu\omega_0^2 \times [\omega_0^2 + 2(2\eta^2 - 1)\alpha^2]$；$W = 2\xi\mu\alpha^2\omega_0^4$。

然后，按前面的方法可得 $S_x(-\mathrm{i}p)$ 的谱分解，即

$$\Psi(p) = \sigma_n \frac{(p^2 + 2\alpha_1 p + \omega_1^2)(p^2 + 2\alpha_2 p + \omega_2^2)}{\sqrt{2\pi} p(p+\alpha)(p+\mu)(p^2 + 2\eta\omega_0 p + \omega_0^2)}$$

$$S_{hx}(-\mathrm{i}p) = 2\sigma_W^2 \mu / \left\{2\pi\left[p(p+\mu)\right][-p(-p+\mu)]\right\}$$

$S_{hx}(-\mathrm{i}p)/\Psi(-p)$ 可分解为

$$\left[S_{hx}(-\mathrm{i}p)/\Psi(-p)\right] = \frac{2\sigma_W^2 \mu}{\sigma_n\sqrt{2\pi}} \frac{-p(-p+\alpha)(-p+\mu)\left(p^2 - 2\eta\omega_0 p + \omega_0^2\right)}{\left[p(p+\mu)\right][-p(-p+\mu)](p^2 - 2\alpha_1 p + \omega_1^2)(p^2 - 2\alpha_2 p + \omega_2^2)}$$

$$= \frac{\sigma_n 2\mu\xi}{\sqrt{2\pi}} \frac{(-p+\alpha)(p^2 - 2\eta\omega_0 p + \omega_0^2)}{p(p+\mu)(p^2 - 2\alpha_1 p + \omega_1^2)(p^2 - 2\alpha_2 p + \omega_2^2)}$$

$$= \frac{\sigma_n 2\mu\xi}{\sqrt{2\pi}} \left[\frac{Ap+B}{p(p+\mu)} + \frac{C'p^3 + D'p^2 + E'p + F'}{(p^2 - 2\alpha_1 p + \omega_1^2)(p^2 - 2\alpha_2 p + \omega_2^2)}\right]$$

显然

$$\left[S_{hx}(-\mathrm{i}p)/\Psi(-p)\right]^+ = \frac{2\sigma_W^2 \mu}{\sigma_n\sqrt{2\pi}} \frac{Ap+B}{p(p+\mu)}$$

按前面指定的结构可计算系数 A 和 B，$B = \alpha\omega_0^2 / (\omega_1^2\omega_2^2)$，$A$ 由下式决定，即

$$A(\omega_1^2\omega_2^2 + \mu\{(2\alpha_1\omega_2^2 + 2\alpha_2\omega_1^2) + \mu[(\omega_1^2 + \omega_2^2 + 2\alpha_1 2\alpha_2) + \mu(2\alpha_1 + 2\alpha_2 + \mu)]\})$$
$$= B\{(2\alpha_1\omega_2^2 + 2\alpha_2\omega_1^2) + \mu[(\omega_1^2 + \omega_2^2 + 2\alpha_1 2\alpha_2) + \mu(2\alpha_1 + 2\alpha_2 + \mu)]\}$$
$$- (\omega_0^2 + 2\eta\omega_0\alpha) - \mu(2\eta\omega_0 + \alpha + \mu)$$

为了方便计算，上式可写为

$$AK = BN - C$$

可得下式，即

$$A = B(N - C/B)/K$$

引入参数 $\mu_1 = K/(N - C/B)$，这时 $A = B/\mu_1$，$\lambda = 2\mu(\sigma_W^2/\sigma_n^2)A = 2\mu\xi A$，可得下式，即

$$[\Phi(p)]_{最优} = 2\mu\xi A \frac{(p+\alpha)(p+\mu_1)(p^2 + 2\eta\omega_0 p + \omega_0^2)}{(p^2 + 2\alpha_1 p + \omega_1^2)(p^2 + 2\alpha_2 p + \omega_2^2)}$$

$$= \lambda \frac{\begin{aligned}\{p^4 &+ p^3(2\eta\omega_0 + \alpha + \mu_1) + p^2[\omega_0^2 + 2\eta\omega_0(\mu_1 + \alpha) + \mu_1\alpha]\\ &+ p[2\eta\omega_0\mu_1\alpha + \omega_0^2(\mu_1 + \alpha)] + \omega_0^2\mu_1\alpha\}\end{aligned}}{p^4 + p^3(2\alpha_1 + 2\alpha_2) + p^2(\omega_1^2 + \omega_2^2 + 2\alpha_1 2\alpha_2) + p(2\alpha_1\omega_2^2 + 2\alpha_2\omega_1^2) + \omega_1^2\omega_2^2}$$

最终可得最优调节器 $\Phi_y(p)$ 为

$$\Phi_y(p) = \frac{1}{gK_{\text{и}}} \frac{\lambda p(p+\mu_1)(p+\alpha)(p^2 + 2\eta\omega_0 p + \omega_0^2)}{\mathcal{R}_1 p^3 + \mathcal{R}_2 p^2 + \mathcal{R}_3 p + \mathcal{R}_4}$$

其中，$\mathcal{R}_1 = 1 - \lambda$；$\mathcal{R}_2 = 2\alpha_1 + 2\alpha_2 - \lambda(2\eta\omega_0 + \alpha + \mu_1)$；$\mathcal{R}_3 = \omega_1^2 + \omega_2^2 + 2\alpha_1 2\alpha_2 - \lambda[\omega_0^2 + 2\eta\omega_0(\mu_1 + \alpha) + \mu_1\alpha]$；$\mathcal{R}_4 = 2\alpha_1\omega_2^2 + 2\alpha_2\omega_1^2 - \lambda[2\eta\omega_0\mu_1\alpha + \omega_0^2(\mu_1 + \alpha)]$。

4. 确定水平陀螺稳定平台的输出稳定误差

由简化的系统控制结构图可得下式，即

$$\alpha_{\Pi}(p) = [\Phi(p)]_{最优}(1/g)\delta(p) + \{1 - [\Phi(p)]_{最优}\}(1/p)\omega_{\text{Др}}(p)$$

由于垂直加速度计测量随机误差 $\delta(t)$ 和陀螺平台等效漂移 $\omega_{\text{Др}}^*$ 不相关，因此

$$S_a(-\mathrm{i}p) = [\Phi(p)]_{最优}[\Phi(-p)]_{最优}S_n(-\mathrm{i}p)$$

$$+ \left[\{1 - [\Phi(p)]_{最优}\}(1/p)\right]\left[\{1 - [\Phi(-p)]_{最优}\}(-1/p)\right]S_f(-\mathrm{i}p)$$

令 $\mathrm{i}\omega = p$，则水平陀螺稳定平台的输出稳定误差可由下列积分求得，即

$$\sigma_a^2 = \int_{-\infty}^{\infty} S_a(\omega)\mathrm{d}\omega = (\sigma_a^2)_n + (\sigma_a^2)_f$$

　　为了便于计算，可以把稳定误差 σ_a^2 分为两部分计算，一部分是由 $S_n(\omega)$ 引起的 $(\sigma_a^2)_n$，另一部分是由 $S_f(\omega)$ 引起的 $(\sigma_a^2)_f$。把 $S_n(\omega)$ 和 $S_f(\omega)$ 分别进行谱分解，即

$$S_n(\omega) = \Psi_n(\mathrm{i}\omega)\Psi_n(-\mathrm{i}\omega), \quad S_f(\omega) = \Psi_f(\mathrm{i}\omega)\Psi_f(-\mathrm{i}\omega)$$

显然

$$\Psi_n(\mathrm{i}\omega) = (\sigma_n/\sqrt{2\pi})(\mathrm{i}\omega)^2/[(\mathrm{i}\omega)^2 + 2\alpha\mathrm{i}\omega + \omega_0^2], \quad \Psi_f(\mathrm{i}\omega) = \sigma_W\sqrt{\mu/\pi}/(\mathrm{i}\omega + \mu)$$

最终可得两部分的计算通式为

$$(\sigma_a^2)_n = \int_{-\infty}^{\infty} \{[\Phi(\mathrm{i}\omega)]_{最优} \times [\Phi(-\mathrm{i}\omega)]_{最优} \times S_n(\omega)\}\mathrm{d}\omega$$

$$= (\sigma_n^2\lambda^2)\int_{-\infty}^{\infty} C_n(\mathrm{i}\omega)C_n(-\mathrm{i}\omega)/[D_n(\mathrm{i}\omega)D_n(-\mathrm{i}\omega)]\,\mathrm{d}\omega$$

$$(\sigma_a^2)_f = \int_{-\infty}^{\infty} \left(\{1-[W(\mathrm{i}\omega)]_{最优}\}(1/\mathrm{i}\omega)\right)\left(\{1-[W(-\mathrm{i}\omega)]_{最优}\}(-1/\mathrm{i}\omega)\right)S_f(\omega)\mathrm{d}\omega$$

$$= (\sigma_W^2 2\mu)\int_{-\infty}^{\infty} C_f(\mathrm{i}\omega)C_f(-\mathrm{i}\omega)/[D_f(\mathrm{i}\omega)D_f(-\mathrm{i}\omega)]\,\mathrm{d}\omega$$

第 7 章　离散线性最优动态系统

本章介绍离散线性最优动态系统，包括求解最优传递函数算法、离散线性系统有限记忆滤波器用于最优脉冲过渡函数和最优参数估计的求解方法。

7.1　求解最优传递函数算法

对于离散线性系统，确定最优传递函数 $\Phi(\mathrm{i}\omega)$ 的问题为：当系统输入端的输入 $X(t)$、输出端的实际输出 $Y(t)$ 和系统输出端的期望输出 $Z(t)$ 三个随机序列的概率特性给定时，求使系统输出端随机序列 $Y(t)$ 逼近期望的随机序列 $Z(t)$ 的误差 $\varepsilon(t)=Y(t)-Z(t)$ 的方差取最小值时的最优传递函数。

离散系统的输入端最常见的随机序列 $X(t)$ 可表示为有效随机序列 $U(t)$ 和扰动 $V(t)$ 之和的形式，即 $X(t)=U(t)+V(t)$。它们的数学期望等于零，即 $\bar{u}=\bar{v}=0$，于是 $\bar{x}=0$。随机序列 $U(t)$ 和 $V(t)$ 是广义平稳相关的。因此，对于 $X(t)$，其相关函数为

$$K_x[r]=M(\overset{0}{X}_{k+r}\,\overset{0}{X}_k)=K_u[r]+K_v[r]+K_{uv}[r]+K_{vu}[r] \tag{7.1}$$

谱密度为

$$\hat{S}_x(\omega)=\hat{S}_u(\omega)+\hat{S}_v(\omega)+\hat{S}_{uv}(\omega)+\hat{S}_{vu}(\omega) \tag{7.2}$$

假设离散系统用于有效随机序列 $U(t)$ 的滤波和预测，因此对于序列 $Z(t)$，$Z_j=U_{j+m}$，其中 m 是正整数。对于 $Z(t)$ 和 $X(t)$，其互相关函数为

$$K_{zx}[r]=M(U_{k+r+m}X_k)=K_u[r+m]+K_{uv}[r+m] \tag{7.3}$$

根据式(1.392)，其互谱密度为

$$\hat{S}_{zx}(\omega)=\frac{T}{2\pi}\sum_{r=-\infty}^{\infty}K_{zx}[r]\mathrm{e}^{-\mathrm{i}r\theta}=\frac{T}{2\pi}\mathrm{e}^{\mathrm{i}m\theta}\sum_{s=-\infty}^{\infty}\{K_u[s]\mathrm{e}^{-\mathrm{i}s\theta}+K_{uv}[s]\mathrm{e}^{-\mathrm{i}s\theta}\} \tag{7.4}$$

因此

$$\hat{S}_{zx}(\omega)=\zeta^m[\hat{S}_u(\omega)+\hat{S}_{uv}(\omega)] \tag{7.5}$$

其中

$$\zeta=\mathrm{e}^{\mathrm{i}\omega T} \tag{7.6}$$

谱密度 $\hat{S}_x(\omega)$ 通常是自变量 $\zeta = \mathrm{e}^{\mathrm{i}\omega T}$ 的有理分式函数。这个函数可以表示为

$$\hat{S}_x(\omega) = G(\zeta)G(\zeta^{-1}) \tag{7.7}$$

其中，$G(\zeta)$ 是复数变量 ζ 的有理分式函数，所有零值和极值分布在中心为坐标原点，半径为 1 的圆上，即在 $|\zeta| < 1$ 上。

对于离散系统的最优传递函数，式(7.8)成立，即

$$\Phi(\mathrm{i}\omega) = \frac{1}{2\pi \mathrm{i} G(\zeta)} \sum_{k=0}^{\infty} \zeta^{-k} \int_{|\zeta|=1} \frac{\hat{S}_{zx}(\omega)}{G(\zeta^{-1})} \zeta^{k-1} \mathrm{d}\zeta \tag{7.8}$$

包含对区域 $|\zeta| < 1$ 的环积分。复现信号误差的方差为

$$D[\varepsilon_{\mathrm{opt}}(t)] = K_z[0] + \frac{\mathrm{i}}{T} \int_{\zeta=1} |\Phi(\mathrm{i}\omega)|^2 \, \hat{S}_x(\omega) \frac{\mathrm{d}\zeta}{\zeta} \tag{7.9}$$

随机序列 $X(t)$ 线性函数 $Y_j = \sum_{s=0}^{n} a_s X_{j-s}$ 的系数 a_s $(s = 0, 1, \cdots, n)$ 在本质上很容易求解。

例如，当对输入序列 $X(t) = U(t) + V(t)$ 进行滤波和预测时，$Z_j = U_{j+m}$ $(j = 0, 1, \cdots)$。复现这个信号的误差为

$$\varepsilon_j = Y_j - Z_j = \sum_{s=0}^{n} a_s X_{j-s} - U_{j+m} \tag{7.10}$$

误差的数学期望等于零，而方差为

$$D(\varepsilon_j) = M(\varepsilon_j^2) = M\left[\left(\sum_{s=0}^{n} a_s X_{j-s} - U_{j+m}\right)\left(\sum_{k=0}^{n} a_k X_{j-s} - U_{j+m}\right)\right] \tag{7.11}$$

即

$$D(\varepsilon_j) = \sum_{s=0}^{n} \sum_{k=0}^{n} a_s a_k K_x[k-s] - 2\sum_{s=0}^{n} a_s K_{xu}[s+m] + K_u[0] \tag{7.12}$$

对于系数 a_s $(s = 0, 1, \cdots, n)$，当 $\dfrac{\partial D(\varepsilon_j)}{\partial a_k} = 0 (k = 0, 1, \cdots, n)$ 时，方差 $D(\varepsilon_j)$ 取极值。因此，必定有下式，即

$$\sum_{s=0}^{n} a_s K_x[k-s] = K_{xu}[m+k], \quad k = 0, 1, \cdots, n \tag{7.13}$$

由式(7.13)可求出 $a_s(s = 0, 1, \cdots, n)$。由式(7.13)可知，误差 ε_j 方差的表达式(7.12)可以重新写为

$$D(\varepsilon_j) = K_u[0] - \sum_{s=0}^{n} a_s K_{xu}[m+s] \tag{7.14}$$

如果扰动 $V(t)$ 不存在，则对于输入随机序列 $X(t)=U(t)$ ，其相关函数 $K_x[r]=D_x\gamma^{|r|}$ 。因此， $K_{xu}[r]=K_x[r]=K_u[r]$ ，等式方程组(7.13)变为

$$\sum_{s=0}^{n} a_s \gamma^{|k-s|} = \gamma^{m+k}, \quad k=0,1,\cdots,n \tag{7.15}$$

这个方程组行列式的第一列为 $[1,\gamma,\cdots,\gamma^n]^{\mathrm{T}}$ 。由等式右边部分元素组成的列为 $[\gamma^m,\gamma^{m+1},\cdots,\gamma^{m+n}]^{\mathrm{T}}=\gamma^m[1,\gamma,\cdots,\gamma^n]^{\mathrm{T}}$ 。当两列的元素吻合时，行列式等于零。因此，这个方程组的解为 $a_0=\gamma^m$ 、 $a_s=0\ (s=1,2,\cdots,n)$ 。因此，随机序列 $Y(t)$ 的元素 $Y_j=\gamma^m X_j\ (j=0,1,\cdots)$ 与预测信号 X_{j+m} 误差的最小方差为

$$D(\varepsilon_j) = D_x - a_0 K_x[m] = D_x(1-\gamma^{2m})$$

例 7.1　随机序列 $X(t)=U(t)+V(t)$ 进入系统输入端。有效信号 $U(t)$ 和扰动 $V(t)$ 是非相关的广义平稳随机序列。对于 $U(t)$ ，相关函数 $K_u[r]=D_u\gamma^{|r|}$ ，其中 $0<\gamma<1$ 。扰动 $V(t)$ 是已知方差 D_v 的离散白噪声。

求使系统输出端期望的信号为 $Z(t)=U(t+mT)$ 时(m 是正整数或者零)的最优脉冲线性系统的传递函数 $\Phi(i\omega)$ ，并给出重现期望信号误差的方差。

解　根据式(1.400)和式(1.401)，相关函数 $K_u[r]=D_u\gamma^{|r|}$ 的谱密度为

$$\hat{S}_u(\omega) = \frac{TD_u(1-\gamma^2)}{2\pi(1-2\gamma\cos\theta+\gamma^2)} = \frac{TD_u(1-\gamma^2)}{2\pi(\zeta-\gamma)(\zeta^{-1}-\gamma)}$$

其中， $\theta=\omega T$ ； $\zeta=\mathrm{e}^{\mathrm{i}\theta}$ 。

对于离散白噪声 $V(t)$ ，谱密度 $S_v(\omega)=\dfrac{TD_v}{2\pi}$ 。随机序列 $U(t)$ 和 $V(t)$ 是非相关的。因此，对于输入随机序列 $X(t)=U(t)+V(t)$ ，其谱密度为

$$\hat{S}_x(\omega) = \hat{S}_u(\omega) + \hat{S}_v(\omega) = \frac{T}{2\pi}\left[\frac{D_u(1-\gamma^2)}{(\zeta-\gamma)(\zeta^{-1}-\gamma)} + D_v \right] = \lambda^2 \frac{(\zeta-\beta)(\zeta^{-1}-\beta)}{(\zeta-\gamma)(\zeta^{-1}-\gamma)}$$

当下列关系式中的自变量 ζ 取不同阶次时，可以从系数等式中求出常数 λ^2 和 β ，即

$$\frac{T}{2\pi}[D_u(1-\gamma^2)+D_v(1+\gamma^2-\gamma\zeta-\gamma\zeta^{-1})] = \lambda^2(1+\beta^2-\beta\zeta-\beta\zeta^{-1})$$

因此

$$\beta\lambda^2 = \frac{T\gamma}{2\pi}D_v, \quad (1+\beta^2)\lambda^2 = \frac{T}{2\pi}[D_u(1-\gamma^2)+D_v(1+\gamma^2)]$$

由此可得下式，即

$$\beta^2 - \frac{\beta}{\gamma}[1+\gamma^2+\mu(1-\gamma^2)]+1 = 0$$

其中， $\mu=D_u/D_v$ 。

这个等式根的乘积等于 1，而它们的和是正的。这个等式满足条件 $0 < \beta < 1$ 的解为

$$\beta = \frac{1}{2\gamma}\left\{1+\gamma^2+\mu(1-\gamma^2)-\sqrt{[(1+\mu^2)(1-\gamma^2)+2\mu(1+\gamma^2)](1-\gamma^2)}\right\}$$

常数 $\lambda = \sqrt{\dfrac{T\gamma}{2\pi\beta}}D_v$。对于随机序列 $X(t)$，谱密度可以表示为形如 $\hat{S}_x(\omega)=G(\zeta)G(\zeta^{-1})$ 的等式，其中 $G(\zeta)=\dfrac{\lambda(\zeta-\beta)}{\zeta-\gamma}$，$G(\zeta^{-1})=\dfrac{\lambda(\beta-\zeta^{-1})}{\gamma-\zeta^{-1}}=\dfrac{\lambda(1-\beta\zeta)}{1-\gamma\zeta}$。

对于随机序列 $Z(t)=U(t+mT)$ 和 $X(t)=U(t)+V(t)$，其互相关函数为

$$K_{zx}[r]=M(Z_{k+r}X_k)=M(U_{r+m+k}U_k)=K_u[r+m]$$

互谱密度为

$$\hat{S}_{zx}(\omega)=\frac{T}{2\pi}\sum_{r=-\infty}^{\infty}K_{zx}[r]e^{-ir\theta}=e^{im\theta}\frac{T}{2\pi}\sum_{r=-\infty}^{\infty}K_u[r+m]e^{-i(r+m)\theta}$$

即 $\hat{S}_{zx}(\omega)=\zeta^m\hat{S}_u(\omega)$。于是

$$\frac{\hat{S}_{zx}(\omega)}{G(\zeta^{-1})}=\frac{TD_u(1-\gamma^2)\zeta^{m+1}}{2\pi\lambda(\zeta-\gamma)(1-\beta\zeta)}$$

根据式(7.8)，最优传递函数为

$$\Phi(i\omega)=\frac{TD_u(1-\gamma^2)}{2\pi\lambda G(\zeta)}\sum_{k=0}^{\infty}\zeta^{-k}I_k$$

其中

$$I_k=\frac{1}{2\pi i}\int_{|\zeta|=1}\frac{\zeta^{m+k}d\zeta}{(\zeta-\gamma)(1-\beta\zeta)}$$

在区域 $|\zeta|<1$，被积分表达式在点 $\zeta=\gamma$ 时具有一个简单的极点。因此有

$$I_k=\left.\frac{\zeta^{m+k}}{1-\beta\zeta}\right|_{\zeta=\gamma}=\frac{\gamma^{m+k}}{1-\beta\gamma}$$

因为 $\left|\dfrac{\gamma}{\zeta}\right|<1$，所以

$$\sum_{k=0}^{\infty}\left(\frac{\gamma}{\zeta}\right)^k=\frac{1}{1-\gamma/\zeta}$$

因此

$$\Phi(\mathrm{i}\omega) = \frac{TD_u(1-\gamma^2)\zeta\gamma^m}{2\pi\lambda G(\zeta)(1-\beta\gamma)(\zeta-\gamma)} = \frac{\mu\beta\gamma^{m-1}(1-\gamma^2)\zeta}{(1-\beta\gamma)(\zeta-\beta)}$$

或者

$$\Phi(\mathrm{i}\omega) = \frac{\mu\beta\gamma^{m-1}(1-\gamma^2)}{(1-\beta\gamma)(1-\beta\mathrm{e}^{-\mathrm{i}\omega T})}$$

因为

$$(1-\beta\mathrm{e}^{-\mathrm{i}\omega T})(1-\beta\mathrm{e}^{\mathrm{i}\omega T}) = (1-\beta/\zeta)(1-\beta\zeta) = \frac{1}{\zeta}(\zeta-\beta)(1-\beta\zeta)$$

所以传递函数模的平方为

$$|\Phi(\mathrm{i}\omega)|^2 = \left[\frac{\mu\beta\gamma^{m-1}(1-\gamma^2)}{1-\beta\gamma}\right]^2 \frac{\zeta}{(\zeta-\beta)(1-\beta\zeta)}$$

根据式(7.9)，对于期望的随机序列 $Z(t) = U(t+mT)$，其再现误差的方差为

$$D[\varepsilon(t)] = D_u + \frac{\mathrm{i}}{T}\left[\frac{\mu\lambda\beta\gamma^{m-1}(1-\gamma^2)}{1-\beta\gamma}\right]^2 \int_{\zeta=1} \frac{\mathrm{d}\zeta}{(\zeta-\gamma)(1-\gamma\zeta)}$$

在区域 $|\zeta|<1$ 内，被积分表达式在点 $\zeta=\gamma$ 具有一个简单的极点，积分等于 $2\pi\mathrm{i}/(1-\gamma^2)$，因此

$$D[\varepsilon(t)] = D_u\left[1 - \frac{\mu\beta\gamma^{2m-1}(1-\gamma^2)}{(1-\beta\gamma)^2}\right]$$

7.2　离散线性系统有限记忆滤波器

7.2.1　最优脉冲过渡函数

在舰艇武器控制中，常见输入信号的形式为

$$x(t_\eta) = \sum_{i=1}^{n} f_i(t_\eta)h_i + m(t_\eta) + n(t_\eta) \tag{7.16}$$

其中，$\sum_i^n f_i(t_\eta)h_i + m(t_\eta) = g(t_\eta)$ 为系统的有用输入；$m(t_\eta)$ 为随机量；$n(t_\eta)$ 为随机干扰；$f_i(t_\eta)$ 为已知自变量为 t_η 的函数；系数 h_i 为随机变化的，它们的随机特性是已知的，且与随机干扰无关。

在离散系统中，为了方便，往往用 η 代替 t_η，因此输入信号 $x(t_\eta)$ 可记为 $x(\eta)$，式(7.16)变为

$$x(\eta) = \sum_{i}^{n} f_i(\eta) h_i + m(\eta) + n(\eta) \tag{7.17}$$

设 $k(\eta, \rho)$ 为离散线性系统 N 步记忆滤波器的脉冲过渡函数，则离散系统滤波器的输出 $y(\eta)$ 为

$$y(\eta) = \sum_{\rho=1}^{N} k(\eta, \rho) x(\eta - \rho) \tag{7.18}$$

显然，$y(\eta)$ 只与 η 时刻之前的 N 个输入响应 $x(\eta-1), \cdots, x(\eta-N)$ 有关。

设 η 时刻期望的理想系统输出响应为 $z(\eta)$，则实际输出与理想输出的误差为

$$\varepsilon(\eta) = z(\eta) - y(\eta) = z(\eta) - \sum_{\rho=1}^{N} k(\eta, \rho) x(\eta - \rho) \tag{7.19}$$

这里采用最小方差准则，记 η 时刻损失函数 $I(\eta)$ 为

$$I(\eta) = M\left[\varepsilon^2(\eta)\right] = M\left[z^2(\eta)\right] - 2\sum_{\rho=1}^{N} k(\eta, \rho) M\left[x(\eta-\rho)z(\eta)\right]$$

$$+ \sum_{\rho=1}^{N}\sum_{\tau=1}^{N} k(\eta, \rho) k(\eta, \tau) M\left[x(\eta-\rho)x(\eta-\tau)\right] \tag{7.20}$$

$$= q_{zz}(\eta, \eta) - 2\sum_{\rho=1}^{N} k(\eta, \rho) q_{xz}(\eta-\rho, \eta) + \sum_{\rho=1}^{N}\sum_{\tau=1}^{N} k(\eta, \rho) k(\eta, \tau) q_{xx}(\eta-\rho, \eta-\tau)$$

其中，$q_{zz}(\eta, \eta) = M\left[z^2(\eta)\right]$；$q_{xz}(\eta-\rho, \eta) = M\left[x(\eta-\rho)z(\eta)\right]$；$q_{xx}(\eta-\rho, \eta-\tau) = M\left[x(\eta-\rho)x(\eta-\tau)\right]$。

设 $k_o(\eta, \rho)$ 为使损失函数 $I(\eta)$ 为最小损失函数 $I_{\min}(\eta)$ 的最优脉冲过渡函数。任何其他脉冲过渡函数是最优脉冲过渡函数 $k_o(\eta, \rho)$ 和某一函数 $\mu\lambda(\eta, \rho)$ 之和，即

$$k(\eta, \rho) = k_o(\eta, \rho) + \mu\lambda(\eta, \rho) \tag{7.21}$$

其中，μ 为独立于 η 和 ρ 的参数；$\lambda(\eta, \rho)$ 为自变量 η 和 ρ 的任意函数。

当脉冲过渡函数为 $k(\eta, \rho)$ 时，其损失函数为 $I(\eta)$。显然，它不小于最小值，也就是 $I(\eta)$ 为最小损失函数 $I_{\min}(\eta)$ 和摄动 $\delta I(\eta)$ 之和，即

$$I(\eta) = I_{\min}(\eta) + \delta I(\eta) \geqslant I_{\min}(\eta) \tag{7.22}$$

把式(7.21)代入式(7.20)可得下式，即

$$I(\eta) = I_{\min}(\eta) + \delta I(\eta) = I_{\min}(\eta) + 2\mu I_1(\eta) + \mu^2 I_2(\eta) \tag{7.23}$$

其中

$$I_1(\eta) = \sum_{\rho=1}^{N} \lambda(\eta, \rho) \left[\sum_{\tau=1}^{N} k_o(\eta, \tau) q_{xx}(\eta-\rho, \eta-\tau) - q_{xz}(\eta-\rho, \eta)\right] \tag{7.24}$$

$$I_2(\eta) = \sum_{\rho=1}^{N}\sum_{\tau=1}^{N} \lambda(\eta, \rho) \lambda(\eta, \tau) q_{xx}(\eta-\rho, \eta-\tau)$$

由摄动理论可知，$I(\eta)$ 取最小值的必要条件是，在任意 $\lambda(\eta,\rho)$ 和 $\mu=0$ 时，$I(\eta)$ 对 μ 的导数等于零，即

$$\frac{\partial}{\partial\mu}\left[I_{\min}(\eta)+\delta I(\eta)\right]_{\mu=0}=0 \tag{7.25}$$

把式(7.23)代入式(7.25)可得下式，即

$$\frac{\partial}{\partial\mu}\left[I_{\min}(\eta)+\delta I(\eta)\right]_{\mu=0}=\left[2I_1(\eta)+2\mu I_2(\eta)\right]_{\mu=0}=2I_1(\eta)=0 \tag{7.26}$$

由于式(7.26)对任意的 $\lambda(\eta,\rho)$ 都满足，因此由式(7.24)可得下式，即

$$\sum_{\tau=1}^{N}k_{\mathrm{o}}(\eta,\tau)q_{xx}(\eta-\rho,\eta-\tau)-q_{xz}(\eta-\rho,\eta),\quad \rho=1,2,\cdots,N \tag{7.27}$$

由式(7.27)中的 N 个方程可求解最优脉冲过渡函数 $k_{\mathrm{o}}(\eta,\rho)$。

在滤波任务中，理想输出响应为有用信号 $g(\eta)$。一般情况下，有用输入的随机部分、确定性输入部分和随机干扰之间是不相关的。在这种情况下，相关函数 $q_{xz}(\eta-\rho,\eta)$ 和 $q_{xx}(\eta-\rho,\eta-\tau)$ 分别为

$$
\begin{aligned}
q_{xz}(\eta-\rho,\eta) &= M\left[x(\eta-\rho)g(\eta)\right] \\
&= M\left\{\left[\sum_{i}^{n}f_i(\eta-\rho)h_i+m(\eta-\rho)+n(\eta-\rho)\right]\left[\sum_{j}^{n}f_j(\eta)h_j+m(\eta)\right]\right\} \\
&= \sum_{i}^{n}\sum_{j=1}^{n}f_i(\eta-\rho)M(h_ih_j)f_j(\eta)+M\left[m(\eta-\rho)m(\eta)\right] \\
&= \sum_{i}^{n}\sum_{j=1}^{n}f_i(\eta-\rho)\gamma_{ij}f_j(\eta)+q_{mm}(\eta-\rho,\eta)
\end{aligned} \tag{7.28}
$$

$$
\begin{aligned}
q_{xx}(\eta-\rho,\eta-\tau) &= M\left[x(\eta-\rho)x(\eta-\tau)\right] \\
&= M\left\{\begin{bmatrix}\sum_{i}^{n}f_i(\eta-\rho)h_i+m(\eta-\rho)+n(\eta-\rho)\end{bmatrix} \\ \times\begin{bmatrix}\sum_{j}^{n}f_j(\eta-\tau)h_j+m(\eta-\tau)+n(\eta-\tau)\end{bmatrix}\right\} \\
&= \sum_{i=1}^{n}\sum_{j=1}^{n}f_i(\eta-\rho)\gamma_{ij}f_j(\eta-\tau)+q_{mm}(\eta-\rho,\eta-\tau)+q_{nn}(\eta-\rho,\eta-\tau)
\end{aligned}
$$

$$\tag{7.29}$$

其中

$$\gamma_{ij}=M(h_ih_j)$$

$$q_{mm}(\eta-\rho,v)=M\left[m(\eta-\rho)m(v)\right],\quad v=\eta,\eta-\tau$$

$$q_{nn}(\eta - \rho, \eta - \tau) = M\left[n(\eta - \rho)n(\eta - \tau)\right]$$

把式(7.28)和式(7.29)代入式(7.27)可得下式，即

$$\sum_{\tau=1}^{N}\left[\sum_{i=1}^{n}\sum_{j=1}^{n}f_i(\eta-\rho)\gamma_{ij}f_j(\eta-\tau) + q_{mm}(\eta-\rho,\eta-\tau) + q_{nn}(\eta-\rho,\eta-\tau)\right]k_o(\eta,\tau)$$

$$-\left[\sum_{i=1}^{n}\sum_{j=1}^{n}f_i(\eta-\rho)\gamma_{ij}f_j(\eta) + q_{mm}(\eta-\rho,\eta)\right], \quad \rho = 1,2,\cdots,N$$

对这个等式进行转换，可得下式，即

$$\sum_{i}^{n}f_i(\eta-\rho)\left\{\sum_{j=1}^{n}\gamma_{ij}\left[f_j(\eta) - \sum_{\tau=1}^{N}f_j(\eta-\tau)k_o(\eta,\tau)\right]\right\} + q_{mm}(\eta-\rho,\eta)$$

$$= \sum_{\tau=1}^{N}\left[q_{mm}(\eta-\rho,\eta-\tau) + q_{nn}(\eta-\rho,\eta-\tau)\right]k_o(\eta,\tau), \quad \rho = 1,2,\cdots,N \tag{7.30}$$

引入以下参数，即

$$\alpha_i(\eta) = \sum_{j=1}^{n}\gamma_{ij}\left[f_j(\eta) - \sum_{\tau=1}^{N}f_j(\eta-\tau)k_o(\eta,\tau)\right] \tag{7.31}$$

$$q_{ss}(\eta-\rho,\eta-\tau) = q_{mm}(\eta-\rho,\eta-\tau) + q_{nn}(\eta-\rho,\eta-\tau) \tag{7.32}$$

则式(7.30)变为

$$\sum_{i}^{n}f_i(\eta-\rho)\alpha_i(\eta) + q_{mm}(\eta-\rho,\eta) = \sum_{\tau=1}^{N}q_{ss}(\eta-\rho,\eta-\tau)k_o(\eta,\tau), \quad \rho = 1,2,\cdots,N \tag{7.33}$$

引入函数 $u_i(\eta,\tau)(i=1,2,\cdots,n)$ 和 $v(\eta,\tau)$，它们满足下式，即

$$f_i(\eta-\rho) = \sum_{\tau=1}^{N}q_{ss}(\eta-\rho,\eta-\tau)u_i(\eta,\tau), \quad \rho = 1,2,\cdots,N; i = 1,2,\cdots,n \tag{7.34}$$

$$q_{mm}(\eta-\rho,\eta) = \sum_{\tau=1}^{N}q_{ss}(\eta-\rho,\eta-\tau)v(\eta,\tau), \quad \rho = 1,2,\cdots,N \tag{7.35}$$

把式(7.34)和式(7.35)代入式(7.33)，可得下式，即

$$\sum_{\tau=1}^{N}q_{ss}(\eta-\rho,\eta-\tau)\left[\sum_{i}^{n}u_i(\eta,\tau)\alpha_i(\eta) + v(\eta,\tau) - k_o(\eta,\tau)\right] = 0, \quad \rho = 1,2,\cdots,N \tag{7.36}$$

显然，由式(7.36)可得最优脉冲过渡函数 $k_o(\eta,\tau)$，即

$$k_o(\eta,\tau) = \sum_{i}^{n}u_i(\eta,\tau)\alpha_i(\eta) + v(\eta,\tau) \tag{7.37}$$

进一步，计算式(7.37)可用矩阵的方法。引入以下矩阵，即

$$F = \begin{bmatrix} f_1(\eta-1) & \cdots & f_n(\eta-1) \\ \vdots & & \vdots \\ f_1(\eta-N) & \cdots & f_n(\eta-N) \end{bmatrix}, \quad Q = \begin{bmatrix} q_{ss}(\eta-1,\eta-1) & \cdots & q_{ss}(\eta-1,\eta-N) \\ \vdots & & \vdots \\ q_{ss}(\eta-N,\eta-1) & \cdots & q_{ss}(\eta-N,\eta-N) \end{bmatrix}$$

$$Q_m = \begin{bmatrix} q_{mm}(\eta-1,\eta) \\ \vdots \\ q_{mm}(\eta-N,\eta) \end{bmatrix}, \quad U = \begin{bmatrix} u_1(\eta,1) & \cdots & u_n(\eta,1) \\ \vdots & & \vdots \\ u_1(\eta,N) & \cdots & u_n(\eta,N) \end{bmatrix}, \quad V = \begin{bmatrix} v(\eta,1) \\ \vdots \\ v(\eta,N) \end{bmatrix}, \quad A = \begin{bmatrix} \alpha_1(\eta) \\ \vdots \\ \alpha_n(\eta) \end{bmatrix}$$

$$K = \begin{bmatrix} k_o(\eta,1) \\ \vdots \\ k_o(\eta,N) \end{bmatrix}^{\mathrm{T}}, \quad \tilde{F} = \begin{bmatrix} f_1(\eta) \\ \vdots \\ f_n(\eta) \end{bmatrix}, \quad \Gamma = \begin{bmatrix} \gamma_{11} & \cdots & \gamma_{1n} \\ \vdots & & \vdots \\ \gamma_{n1} & \cdots & \gamma_{nn} \end{bmatrix}$$

这样，式(7.34)~式(7.36)和式(7.31)变为矩阵的形式为

$$F = QU \tag{7.38}$$

$$Q_m = QV \tag{7.39}$$

$$K^{\mathrm{T}} = UA + V \tag{7.40}$$

$$A = \Gamma(\tilde{F} - F^{\mathrm{T}}K^{\mathrm{T}}) \tag{7.41}$$

由式(7.38)和式(7.39)可得下式，即

$$U = Q^{-1}F \tag{7.42}$$

$$V = Q^{-1}Q_m \tag{7.43}$$

把式(7.42)和式(7.43)代入式(7.40)，然后代入式(7.41)，可得下式，即

$$A = \Gamma\left[\tilde{F} - F^{\mathrm{T}}\left(Q^{-1}FA + Q^{-1}Q_m\right)\right] \tag{7.44}$$

由此可得下式，即

$$A = \left(I + \Gamma F^{\mathrm{T}}Q^{-1}F\right)^{-1}\Gamma\left(\tilde{F} - F^{\mathrm{T}}Q^{-1}Q_m\right) = \left(\Gamma^{-1} + F^{\mathrm{T}}Q^{-1}F\right)^{-1}\left(\tilde{F} - F^{\mathrm{T}}Q^{-1}Q_m\right) \tag{7.45}$$

把式(7.42)~式(7.44)代入式(7.40)可得最优脉冲过渡函数，即

$$K = \left(\tilde{F} - F^{\mathrm{T}}Q^{-1}Q_m\right)^{\mathrm{T}}\left(\Gamma^{-1} + F^{\mathrm{T}}Q^{-1}F\right)^{-1}F^{\mathrm{T}}Q^{-1} + Q_m^{\mathrm{T}}Q^{-1} \tag{7.46}$$

利用这个结果可得到实际输出与理想输出的误差的方差，即

$$\begin{aligned} M\left[\varepsilon^2(\eta)\right] &= \tilde{F}^{\mathrm{T}}\Gamma\tilde{F} + q_{mm}(\eta,\eta) \\ &\quad - \left[\left(\tilde{F} - F^{\mathrm{T}}Q^{-1}Q_m\right)^{\mathrm{T}}\left(\Gamma^{-1} + F^{\mathrm{T}}Q^{-1}F\right)^{-1}F^{\mathrm{T}} + Q_m^{\mathrm{T}}\right]Q^{-1}\left(F\Gamma\tilde{F} + Q_m\right) \end{aligned} \tag{7.47}$$

当 Γ 是未知的或系数 $h_i(i=1,2,\cdots)$ 的均方比较大时，可以认为 Γ^{-1} 为零，所以式(7.46)和式(7.47)变为

$$K = \left(\tilde{F} - F^{\mathrm{T}}Q^{-1}Q_m\right)^{\mathrm{T}}\left(F^{\mathrm{T}}Q^{-1}F\right)^{-1}F^{\mathrm{T}}Q^{-1} + Q_m^{\mathrm{T}}Q^{-1} \tag{7.48}$$

$$M\left[\varepsilon^2(\eta)\right]=q_{mm}(\eta,\eta)-\left(\tilde{F}-F^{\mathrm{T}}Q^{-1}Q_m\right)^{\mathrm{T}}\left(F^{\mathrm{T}}Q^{-1}F\right)^{-1}F^{\mathrm{T}}Q^{-1}Q_m-Q_m^{\mathrm{T}}Q^{-1}Q_m \tag{7.49}$$

需要特别说明的是，以上所有随机变量的均值都设为零，否则需要先进行转换。

7.2.2　最优参数估计

离散线性系统有限记忆滤波器可用于参数估计。在这种情况下，输入信号就不是一个 $x(\eta)$ 了，而是多个。常见输入信号的形式为

$$x_i(\eta)=\sum_{j=1}^{n}f_{ij}(\eta)h_i+n_i(\eta),\quad i=1,2,\cdots,m \tag{7.50}$$

其中，系数 h_i 为待估计参数；$f_{ij}(\eta)$ 为已知函数；$n_i(\eta)$ 为第 i 个输入信号的随机干扰。

设 $k_{ki}(\eta,\rho)$ 为第 k 个通道滤波器对第 i 个输入信号的脉冲过渡函数，则离散系统滤波器第 k 个通道的输出 $y_k(\eta)$ 为

$$y_k(\eta)=\sum_{i=1}^{m}\sum_{\rho=1}^{N}k_{ki}(\eta,\rho)x_i(\eta-\rho),\quad k=1,2,\cdots,n \tag{7.51}$$

设 η 时刻第 k 个通道期望的理想系统输出响应为 $z_k(\eta)$，则实际输出与理想输出的误差为

$$\varepsilon_k(\eta)=z_k(\eta)-y_k(\eta)=z_k(\eta)-\sum_{i=1}^{m}\sum_{\rho=1}^{N}k_{ki}(\eta,\rho)x_i(\eta-\rho),\quad k=1,2,\cdots,n \tag{7.52}$$

类似前面的方法，第 k 个通道的损失函数 $I_k(\eta)$ 为

$$
\begin{aligned}
I_k(\eta)=M\left[\varepsilon_k^2(\eta)\right]&=q_{zz}^{kk}(\eta,\eta)-2\sum_{i=1}^{m}\sum_{\rho=1}^{N}k_{ki}(\eta,\rho)q_{xz}^{ik}(\eta-\rho,\eta)\\
&\quad+\sum_{i=1}^{m}\sum_{l=1}^{m}\sum_{\rho=1}^{N}\sum_{\tau=1}^{N}k_{ki}(\eta,\rho)k_{kl}(\eta,\tau)q_{xx}^{il}(\eta-\rho,\eta-\tau)
\end{aligned}
\tag{7.53}
$$

其中，$q_{zz}^{kk}(\eta,\eta)=M\left[z_k^2(\eta)\right]$；$q_{xz}^{ik}(\eta-\rho,\eta)=M\left[x_i(\eta-\rho)z_k(\eta)\right]$；$q_{xx}^{il}(\eta-\rho,\eta-\tau)=M\left[x_i(\eta-\rho)x_i(\eta-\tau)\right]$。

任意脉冲过渡函数 $k_{kr}(\eta,\rho)$ 是最优脉冲过渡函数 $k_{kro}(\eta,\rho)$ 和某一函数 $\mu_r\lambda_{kr}(\eta,\rho)$ 之和，即

$$k_{kr}(\eta,\rho)=k_{kro}(\eta,\rho)+\mu_r\lambda_{kr}(\eta,\rho),\quad k=1,2,\cdots,n;r=1,2,\cdots,m \tag{7.54}$$

设最小损失函数为 $I_{k\min}(\eta)$，则第 k 个通道的损失函数为

$$I_k(\eta)=I_{k\min}(\eta)+\delta I_k(\eta)=I_{k\min}(\eta)+2\sum_{i=1}^{m}\mu_i I_{k1}^i(\eta)+\sum_{i=1}^{m}\sum_{l}^{m}\mu_i\mu_l I_{k2}^{il}(\eta) \tag{7.55}$$

其中

$$I_{k1}^i(\eta) = \sum_{\rho=1}^{N} \lambda_{ki}(\eta,\rho) \left[\sum_{l=1}^{m}\sum_{\tau=1}^{N} q_{xx}^{il}(\eta-\rho,\eta-\tau)k_{klo}(\eta,\tau) - q_{xz}^{ik}(\eta-\rho,\eta) \right]$$

$$I_{k2}^{il}(\eta) = \sum_{\rho=1}^{N}\sum_{\tau=1}^{N} \lambda_{ki}(\eta,\rho)\lambda_{kl}(\eta,\tau)q_{xx}^{il}(\eta-\rho,\eta-\tau)$$

(7.56)

$I_k(\eta)$ 取得最小值的充分必要条件是在任意 $\lambda_{kr}(\eta,\rho)$ 和所有的 $\mu_r = 0(r = 1,2,\cdots,m)$，$I_k(\eta)$ 对 μ_r 的导数等于零，即

$$\frac{\partial}{\partial \mu_r}\left[I_{k\min}(\eta) + \delta I_k(\eta)\right]_{\mu_1=0,1,\cdots,\mu_m=0} = 0, \quad r=1,2,\cdots,m$$

(7.57)

把式(7.55)代入式(7.57)可得下式，即

$$I_{k1}^r(\eta) = 0, \quad r=1,2,\cdots,m$$

(7.58)

由此可得最优脉冲过渡函数 $k_{kro}(\eta,\rho)$ 的等式方程组为

$$\sum_{l=1}^{m}\sum_{\tau=1}^{N} q_{xx}^{rl}(\eta-\rho,\eta-\tau)k_{klo}(\eta,\tau) - q_{xz}^{rk}(\eta-\rho,\eta) = 0, \quad \rho=1,2,\cdots,N; r=1,2,\cdots,m$$ (7.59)

在参数估计任务中，第 k 个通道期望的理想系统输出响应为 h_k。按先前的假设，h_k 与 $n_k(\eta)$ 无关，所以有

$$q_{xz}^{rk}(\eta-\rho,\eta) = \sum_{j=1}^{n} f_{rj}(\eta-\rho)\gamma_{jk}$$

(7.60)

$$q_{xx}^{rl}(\eta-\rho,\eta-\tau) = \sum_{j=1}^{n}\sum_{i=1}^{n} f_{rj}(\eta-\rho)\gamma_{ij}f_{li}(\eta-\tau) + q_{nn}^{rl}(\eta-\rho,\eta-\tau)$$

(7.61)

代入式(7.59)可得下式，即

$$\sum_{j=1}^{n} f_{rj}(\eta-\rho)\gamma_{jk}$$
$$= \sum_{l=1}^{m}\sum_{\tau=1}^{N}\left[\sum_{j=1}^{n}\sum_{i=1}^{n} f_{rj}(\eta-\rho)\gamma_{ij}f_{li}(\eta-\tau) + q_{nn}^{rl}(\eta-\rho,\eta-\tau)\right]$$
$$\times k_{klo}(\eta,\tau), \quad \rho=1,2,\cdots,N; r=1,2,\cdots,m$$

(7.62)

对式(7.62)进行变换，可得下式，即

$$\sum_{j=1}^{n} f_{rj}(\eta-\rho)\left\{\sum_{i=1}^{n}\gamma_{ji}\left[\delta_{ki} - \sum_{l=1}^{m}\sum_{\tau=1}^{N} f_{li}(\eta-\tau)k_{klo}(\eta,\tau)\right]\right\}$$
$$= \sum_{l=1}^{m}\sum_{\tau=1}^{N} q_{nn}^{rl}(\eta-\rho,\eta-\tau)k_{klo}(\eta,\tau), \quad \rho=1,2,\cdots,N; r=1,2,\cdots,m$$

(7.63)

其中，$\delta_{ki} = \begin{cases} 1, & k=i \\ 0, & k \neq i \end{cases}$；$q_{nn}^{rl}(\eta-\rho,\eta-\tau) = M\left[n_r(\eta-\rho)n_l(\eta-\tau)\right]$。

引入如下参数，即

$$\alpha_{jk} = \sum_{i=1}^{n}\gamma_{ji}\left[\delta_{ki} - \sum_{l=1}^{m}\sum_{\tau=1}^{N}f_{li}(\eta-\tau)k_{klo}(\eta,\tau)\right], \quad j,k=1,2,\cdots,n \tag{7.64}$$

则式(7.63)变为

$$\sum_{j=1}^{n}f_{rj}(\eta-\rho)\alpha_{jk} = \sum_{l=1}^{m}\sum_{\tau=1}^{N}q_{nn}^{rl}(\eta-\rho,\eta-\tau)k_{klo}(\eta,\tau), \quad \rho=1,2,\cdots,N; r=1,2,\cdots,m \tag{7.65}$$

引入函数 $u_{lj}(\eta,\tau)(l=1,2,\cdots,m; j=1,2,\cdots,n)$，它满足以下等式，即

$$f_{rj}(\eta-\rho) = \sum_{l=1}^{m}\sum_{\tau=1}^{N}q_{nn}^{rl}(\eta-\rho,\eta-\tau)u_{lj}(\eta,\tau), \quad \rho=1,2,\cdots,N; r=1,2,\cdots,m \tag{7.66}$$

把式(7.66)代入式(7.65)可得下式，即

$$\sum_{l=1}^{m}\sum_{\tau=1}^{N}q_{nn}^{rl}(\eta-\rho,\eta-\tau)\left[\sum_{j=1}^{n}u_{lj}(\eta,\tau)\alpha_{jk} - k_{klo}(\eta,\tau)\right] = 0, \quad \rho=1,2,\cdots,N; r=1,2,\cdots,m$$

$$\tag{7.67}$$

显然，由式(7.67)可得最优脉冲过渡函数为

$$k_{klo}(\eta,\tau) = \sum_{j=1}^{n}u_{lj}(\eta,\tau)\alpha_{jk}, \quad \tau=1,2,\cdots,N; l=1,2,\cdots,m; k=1,2,\cdots,n \tag{7.68}$$

引入以下矩阵，即

$$F_r = \begin{bmatrix} f_{r1}(\eta-1) & \cdots & f_{rn}(\eta-1) \\ \vdots & & \vdots \\ f_{r1}(\eta-N) & \cdots & f_{rn}(\eta-N) \end{bmatrix}, \quad F = \begin{bmatrix} F_1 \\ \vdots \\ F_m \end{bmatrix}, \quad Q = \begin{bmatrix} Q_{11} & \cdots & Q_{1m} \\ \vdots & & \vdots \\ Q_{m1} & \cdots & Q_{mm} \end{bmatrix}$$

$$Q_{rl} = \begin{bmatrix} q_{nn}^{rl}(\eta-1,\eta-1) & \cdots & q_{nn}^{rl}(\eta-1,\eta-N) \\ \vdots & & \vdots \\ q_{nn}^{rl}(\eta-N,\eta-1) & \cdots & q_{nn}^{rl}(\eta-N,\eta-N) \end{bmatrix}, \quad U = \begin{bmatrix} U_{11} & \cdots & U_{1n} \\ \vdots & & \vdots \\ U_{m1} & \cdots & U_{mn} \end{bmatrix}$$

$$U_{rj} = \begin{bmatrix} u_{rj}(\eta,1) \\ \vdots \\ u_{rj}(\eta,N) \end{bmatrix}, \quad K_{il} = \begin{bmatrix} k_{ilo}(\eta,1) \\ \vdots \\ k_{ilo}(\eta,N) \end{bmatrix}^{\mathrm{T}}, \quad K = \begin{bmatrix} K_{11} & \cdots & K_{1m} \\ \vdots & & \vdots \\ K_{n1} & \cdots & K_{nm} \end{bmatrix}, \quad A = \begin{bmatrix} \alpha_{11} & \cdots & \alpha_{1n} \\ \vdots & & \vdots \\ \alpha_{n1} & \cdots & \alpha_{nn} \end{bmatrix}$$

$$\Gamma = \begin{bmatrix} \gamma_{11} & \cdots & \gamma_{1n} \\ \vdots & & \vdots \\ \gamma_{n1} & \cdots & \gamma_{nn} \end{bmatrix}, \quad I = \begin{bmatrix} \delta_{11} & \cdots & \delta_{1n} \\ \vdots & & \vdots \\ \delta_{n1} & \cdots & \delta_{nn} \end{bmatrix}, \quad X_i = \begin{bmatrix} x_i(\eta-1) \\ \vdots \\ x_i(\eta-N) \end{bmatrix}, \quad X = \begin{bmatrix} X_1 \\ \vdots \\ X_m \end{bmatrix}, \quad H = \begin{bmatrix} h_1 \\ \vdots \\ h_n \end{bmatrix}$$

$$N_i = \begin{bmatrix} n_i(\eta-1) \\ \vdots \\ n_i(\eta-N) \end{bmatrix}, \quad N = \begin{bmatrix} N_1 \\ \vdots \\ N_m \end{bmatrix}, \quad Y = \begin{bmatrix} y_1(\eta) \\ \vdots \\ y_n(\eta) \end{bmatrix}$$

这样，式(7.68)、式(7.66)和式(7.64)变为矩阵的形式，即

$$F = QU \tag{7.69}$$

$$K^{\mathrm{T}} = UA \tag{7.70}$$

$$A = \Gamma(I - F^{\mathrm{T}}K^{\mathrm{T}}) \tag{7.71}$$

由式(7.69)可得下式，即

$$U = Q^{-1}F \tag{7.72}$$

把式(7.72)代入式(7.70)，然后代入式(7.71)可得下式，即

$$A = \Gamma\left(I - F^{\mathrm{T}}Q^{-1}FA\right) \tag{7.73}$$

由此可得下式，即

$$A = \left(I + \Gamma F^{\mathrm{T}}Q^{-1}F\right)^{-1}\Gamma = \left(\Gamma^{-1} + F^{\mathrm{T}}Q^{-1}F\right)^{-1} \tag{7.74}$$

把式(7.74)和式(7.72)代入式(7.40)可得最优脉冲过渡函数为

$$K = \left(\Gamma^{-1} + F^{\mathrm{T}}Q^{-1}F\right)^{-1}F^{\mathrm{T}}Q^{-1} \tag{7.75}$$

利用这个结果可得实际输出与理想输出误差的方差，即

$$M\left[\varepsilon_i(\eta)\varepsilon_j(\eta)\right]_1^n = A = \left(I + \Gamma F^{\mathrm{T}}Q^{-1}F\right)^{-1}\Gamma = \left(\Gamma^{-1} + F^{\mathrm{T}}Q^{-1}F\right)^{-1} \tag{7.76}$$

利用矩阵，可以把输入信号和输出响应变为

$$X = FH + N \tag{7.77}$$

$$Y = KX \tag{7.78}$$

当Γ^{-1}不为零时，最优参数估计方程总是有解的。当Γ^{-1}为零，而$F^{\mathrm{T}}F$不为零时，方程有解，但当$F^{\mathrm{T}}F$为零时，设它的秩为k，小于n，此时在$[(\eta-N),\cdots,(\eta-1)]$测量的$x_i(\eta)$只能决定$k$个$h_j$参数。这$k$个参数称为可观测参数。当参数$h_j(j=1,2,\cdots,n)$只有前$k$个参数可观测，而其余的$n-k$个参数不可观测时，相应的矩阵$H$、$F_r$和$F$可写成如下形式，即

$$H = \begin{bmatrix} H_{(k)} \\ H_{(n-k)} \end{bmatrix}, \quad F_r = \begin{bmatrix} F_r^{(k)} & F_r^{(n-k)} \end{bmatrix}, \quad F = \begin{bmatrix} F_{(k)} & F_{(n-k)} \end{bmatrix} \tag{7.79}$$

其中

$$F_r^{(k)} = \begin{bmatrix} f_{r1}(\eta-1) & \cdots & f_{rk}(\eta-1) \\ \vdots & & \vdots \\ f_{r1}(\eta-N) & \cdots & f_{rk}(\eta-N) \end{bmatrix}, \quad F_r^{(n-k)} = \begin{bmatrix} f_{rk+1}(\eta-1) & \cdots & f_{rn}(\eta-1) \\ \vdots & & \vdots \\ f_{rk+1}(\eta-N) & \cdots & f_{rn}(\eta-N) \end{bmatrix}$$

$$F_{(k)} = \begin{bmatrix} F_1^{(k)} \\ \vdots \\ F_m^{(k)} \end{bmatrix}, \quad F_{(n-k)} = \begin{bmatrix} F_1^{(n-k)} \\ \vdots \\ F_m^{(n-k)} \end{bmatrix}$$

而矩阵 U 、 K 、 A 和 Y 减少了维数，变为

$$U_{(k)} = \begin{bmatrix} U_{11} & \cdots & U_{1k} \\ \vdots & & \vdots \\ U_{m1} & \cdots & U_{mk} \end{bmatrix}, \quad K_{(k)} = \begin{bmatrix} K_{11} & \cdots & K_{1m} \\ \vdots & & \vdots \\ K_{k1} & \cdots & K_{km} \end{bmatrix}, \quad A = \begin{bmatrix} \alpha_{11} & \cdots & \alpha_{1k} \\ \vdots & & \vdots \\ \alpha_{k1} & \cdots & \alpha_{kk} \end{bmatrix}, \quad Y_{(k)} = \begin{bmatrix} y_1 \\ \vdots \\ y_k \end{bmatrix}$$

$$\tag{7.80}$$

因为 Γ^{-1} 为零，所以有

$$A_{(k)} = \left[F_{(k)}^{\mathrm{T}} Q^{-1} F_{(k)} \right]^{-1}, \quad K_{(k)} = \left[F_{(k)}^{\mathrm{T}} Q^{-1} F_{(k)} \right]^{-1} F_{(k)}^{\mathrm{T}} Q^{-1} \tag{7.81}$$

考虑式(7.77)和式(7.78)可得下式，即

$$Y_{(k)} = K_{(k)} X = K_{(k)} \left[\begin{bmatrix} F_{(k)} & F_{(n-k)} \end{bmatrix} \begin{bmatrix} H_{(k)} \\ H_{(n-k)} \end{bmatrix} + N \right]$$

$$= \left\{ H_{(k)} + \left[F_{(k)}^{\mathrm{T}} Q^{-1} F_{(k)} \right]^{-1} \left[F_{(k)}^{\mathrm{T}} Q^{-1} \right] H_{(n-k)} \right\} + K_{(k)} N \tag{7.82}$$

由式(7.82)可以看出， $\left[F_{(k)}^{\mathrm{T}} Q^{-1} F_{(k)} \right]^{-1} \left[F_{(k)}^{\mathrm{T}} Q^{-1} \right] H_{(n-k)}$ 为由于参数 $h_{k+1}, \cdots, h_n$ 不可观测造成的系统估计误差，而 $K_{(k)} N$ 为参数估计的随机误差。

当参数 $h_j (j=1,2,\cdots,n)$ 不是零均值随机变量，而已知它的数学期望为 $\bar{h}_j (j=1,2,\cdots,n)$ 和数学期望偏差的协方差 $\gamma_{ij} (i,j=1,2,\cdots,n)$ ，同时随机干扰 $n_i(\eta)(i=1,2,\cdots,m)$ 是零均值随机过程时，式(7.77)和式(7.78)变为

$$X = FH + N, \quad \tilde{H} = H - \bar{H}, \quad \tilde{X} = F\tilde{H} + N, \quad Y = K\tilde{X} + \bar{H} \tag{7.83}$$

由此可得下式，即

$$Y = K\left[F(H - \bar{H}) + N \right] + \bar{H} = K(FH + N) - KF\bar{H} + \bar{H} = (I - KF)\bar{H} + KX \tag{7.84}$$

因此，评价参数 $h_j (j=1,2,\cdots,n)$ 可按式(7.84)进行。可以看出， $(I-KF)\bar{H}$ 是有先验知识(已知数学期望)的评价，而 KX 则是根据测量值 (X) 的后验评价。

在有限记忆滤波器应用中，运用的测量信息是在 $[(\eta-N),\cdots,(\eta-1)]$ 中测量的，也就是说输出信号或参数估计是延迟一个节拍的。如果运用的测量信息包括 η 时刻，则上述方程中的 $\rho = 0,1,\cdots,N; \tau = 0,1,\cdots,N$ 。

第8章　随机线性系统最优控制参数

本章通过实例介绍解析法和随机法,确定随机线性系统最优控制参数的步骤,重点介绍非梯度随机搜索法,并通过一个应用案例给出确定最优控制参数的思路和步骤。

8.1　解析法确定随机线性系统最优控制参数

当系统结构已给定,只有一个或几个参数未定时,按参数最优化问题处理最小方差问题。在这个问题中,随机控制系统的传递函数结构是给定的,但它的控制参数要通过选取确定。这就意味着,选择控制参数使随机系统的稳态输出误差最小,这时输出误差就是控制参数的指标函数。这种求出最优控制参数的方法称为均方误差最小原则。

在实际应用中,由于控制系统的执行系统和放大系统能量总是有限的,因此在选择控制参数时应存在某种约束。解析法求解有约束条件下的最优控制参数问题应用拉格朗日法。

8.1.1　随动系统输出误差

舰艇武器控制中典型随动系统的控制结构如图 8.1 所示。系统输入包括正常输入 $g(t)$ 和伴随正常输入的随机噪声 $n(t)$。$g(t)$ 包含确定性分量 $\beta(t) = B_0 + B_1 t$ 和随机分量 $m(t)$,即

$$g(t) = B_0 + B_1 t + m(t) \tag{8.1}$$

其中,系数 B_0 和 B_1 是随机变化的,它们的随机特性是已知的,即 $M[B_0^2] = M_0$、$M[B_1^2] = M_1$、$M[B_0 B_1] = 0$;随机信号 $m(t)$ 和噪声 $n(t)$ 均是平稳随机过程,相关函数为 $K_m(t) = Ae^{-\alpha|t|}$、$K_n(t) = N\delta(t)$、$K_{mn}(t) = 0$;系数 B_0、B_1 和随机分量 $m(t)$ 相互独立。

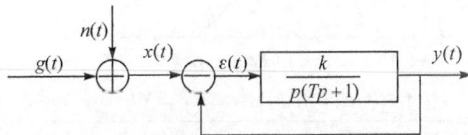

图 8.1　典型随动系统控制结构图

　　由于这个随动系统是一个线性系统，系统稳态情况下的输出误差可以分为系统确定性输入引起的动态误差 $\varepsilon_g(t)$ 和随机输入引起的随机误差 $\varepsilon_s(t)$。由自动控制原理有

$$\varepsilon_g(t) = c_0\beta(t) + c_1\dot{\beta}(t) \tag{8.2}$$

其中，$c_0 = 0$；$c_1 = 1/k$。

　　显然，$\dot{\beta}(t) = B_1$，因此 $\varepsilon_g(t) = B_1/k$。由 $M[B_1^2] = M_1$ 可得动态误差的均方差，即

$$M[\varepsilon_g^2(t)] = \frac{M[B_1]^2}{k^2} = M_1/k^2 \tag{8.3}$$

　　由图 8.1 可知，随动系统的闭环传递函数 $\Phi(p)$ 为

$$\Phi(p) = \frac{\dfrac{k}{p(Tp+1)}}{1 + \dfrac{k}{p(Tp+1)}} = \frac{k}{Tp^2 + p + k} \tag{8.4}$$

　　由于

$$K_s(\tau) = M\{[m(t) - y(t)][m(t+\tau) - y(t+\tau)]\} = K_{mm}(\tau) + K_{yy}(\tau) - K_{ym}(\tau) - K_{my}(\tau) \tag{8.5}$$

$$S_s(-\mathrm{i}p) = S_m(-\mathrm{i}p) + S_y(-\mathrm{i}p) - S_{ym}(-\mathrm{i}p) - S_{my}(-\mathrm{i}p) \tag{8.6}$$

$$S_m(-\mathrm{i}p) = \frac{2A\alpha}{2\pi(-p^2 + \alpha^2)} = \frac{2A\alpha}{2\pi(p+\alpha)(-p+\alpha)} \tag{8.7}$$

$$S_n(-\mathrm{i}p) = N/(2\pi) \tag{8.8}$$

$$S_y(-\mathrm{i}p) = \Phi(-p)[S_m(-\mathrm{i}p) + S_n(-\mathrm{i}p)]\Phi(p) \tag{8.9}$$

$$S_{ym}(-\mathrm{i}p) = \Phi(p)S_{mm}(-\mathrm{i}p) \tag{8.10}$$

$$S_{my}(-\mathrm{i}p) = S_{mm}(-\mathrm{i}p)\Phi(-p) \tag{8.11}$$

则有

$$
\begin{aligned}
S_s(-\mathrm{i}p) &= S_m(-\mathrm{i}p) + \Phi(-p)[S_m(-\mathrm{i}p) + S_n(-\mathrm{i}p)]\Phi(p) \\
&\quad - \Phi(-p)S_m(-\mathrm{i}p) - S_m(-\mathrm{i}p)\Phi(p) \\
&= [1 - \Phi(p)][1 - \Phi(-p)]S_m(-\mathrm{i}p) + \Phi(-p)S_n(-\mathrm{i}p)\Phi(p)
\end{aligned} \tag{8.12}
$$

因此

$$
\begin{aligned}
S_s(-\mathrm{i}p) &= \frac{Tp^2 + p}{(Tp^2 + p + k)}\frac{Tp^2 - p}{(Tp^2 - p + k)}\frac{2A\alpha}{2\pi(p+\alpha)(-p+\alpha)} \\
&\quad + \frac{k}{(Tp^2 + p + k)}\frac{k}{(Tp^2 - p + k)}\frac{N}{2\pi} \\
&= \frac{2A\alpha(Tp^2 + p)(Tp^2 - p) + Nk^2(p+\alpha)(-p+\alpha)}{2\pi[(Tp^2 + p + k)(p+\alpha)][(Tp^2 - p + k)(-p+\alpha)]}
\end{aligned} \tag{8.13}
$$

$$= \frac{2A\alpha T^2 p^4 - (2A\alpha + Nk^2)p^2 + N\alpha^2 k^2}{2\pi D(p)D(-p)}$$

其中，$D(p) = [Tp^3 + (1+\alpha T)p^2 + (k+\alpha)p + \alpha k]$。

因为 $S_s(-\mathrm{i}p)$ 的分母是 p 的 6 次方，所以

$$2\pi[S_s(-\mathrm{i}p)]^+ = \frac{b_2 p^2 + b_1 p + b_0}{Tp^3 + (1+\alpha T)p^2 + (k+\alpha)p + \alpha k} \tag{8.14}$$

由 $S_s(-\mathrm{i}p) = [S_s(-\mathrm{i}p)]^+ + [S_s(-\mathrm{i}p)]^-$，可知

$$(b_2 p^2 + b_1 p + b_0)D(-p) + (b_2 p^2 - b_1 p + b_0)D(p)$$
$$= 2[b_2(1+\alpha T) - b_1 T]p^4 + 2[b_2 \alpha k - b_1(\alpha + k) + b_0(1+\alpha T)]p^2 + 2b_0 \alpha k$$
$$= 2A\alpha T^2 p^4 - (2A\alpha + Nk^2)p^2 + N\alpha^2 k^2$$

所以

$$b_2(1+\alpha T) - b_1 T = A\alpha T^2 \tag{8.15}$$

$$b_2 \alpha k - b_1(\alpha + k) + b_0(1+\alpha T) = -(A\alpha + 0.5Nk^2) \tag{8.16}$$

$$b_0 \alpha k = 0.5N\alpha^2 k^2 \tag{8.17}$$

方程组可用矩阵形式表示为

$$\begin{bmatrix} 1+\alpha T & -T & 0 \\ -(\alpha k) & \alpha + k & -(1+\alpha T) \\ 0 & 0 & \alpha k \end{bmatrix} \begin{bmatrix} b_2 \\ b_1 \\ b_0 \end{bmatrix} = \begin{bmatrix} A\alpha T^2 \\ A\alpha + 0.5Nk^2 \\ 0.5N\alpha^2 k^2 \end{bmatrix} \tag{8.18}$$

根据 $M[\varepsilon_s^2(t)] = \lim_{n \to \infty} 2\pi p[S_s(p)]^+ = \dfrac{b_{n-1}}{d_n}$，可知 $M[\varepsilon_s^2(t)] = \dfrac{b_2}{T}$，所以只要求出参数 b_2，即

$$b_2 = TA\left[\frac{k\alpha T + \alpha(1+\alpha T)}{k + \alpha(1+\alpha T)} + \left(\frac{N}{2A}\right)k\right] \tag{8.19}$$

所以

$$M[\varepsilon_s^2(t)] = \frac{b_2}{T} = A\left[\frac{k\alpha T + \alpha(1+\alpha T)}{k + \alpha(1+\alpha T)} + \left(\frac{N}{2A}\right)k\right] \tag{8.20}$$

因为随动系统的输出误差包括系统动态误差和随机误差，又因为系统动态误差和随机误差不相关，所以随动系统的稳态输出误差为

$$M[\varepsilon^2(t)] = M[\varepsilon_g^2(t)] + M[\varepsilon_s^2(t)]$$

$$= \frac{M_1}{k^2} + A\left[\left(\frac{k\alpha T + \alpha(1+\alpha T)}{k + \alpha(1+\alpha T)}\right) + \left(\frac{N}{2A}\right)k\right] \tag{8.21}$$

当 各 参 数 的 初 始 值 给 定 时 ， $k = 40\text{s}^{-1}$, $T = 0.1\text{s}$, $M_0 = 10^{-2}\text{rad}^2$, $M_1 = 10^{-4}(\text{rad}^2/\text{s})^2$, $A = 10^{-6}\text{rad}^2$, $\alpha = 0.1\text{s}^{-1}$, $N = 4 \times 10^{-10}\text{rad}^2 \cdot \text{s}$。由式(8.21)可得 $M[\varepsilon^2(t)] = 8.3 \times 10^{-8}\text{rad}^2$，则随动系统的稳态输出误差的均方差为

$$\sigma_\varepsilon = \sqrt{M[\varepsilon^2(t)]} = 2.88 \times 10^{-4}\text{rad}$$

8.1.2　无约束随动系统参数优化

下面以实例说明无约束情况下的随动系统的最优控制参数求解过程。

考虑只有随机输入的情况，求解的问题是选取控制系统的系数 k 和 T，使系统的随机误差 $M[\varepsilon_s^2(t)]$ 最小。为了方便计算，引入两个参数 $\delta = \alpha T$ 和 $\tau = N/(2A)$，同时引入目标损失函数 $I_2 = M[\varepsilon_s^2(t)]/A$。这样，问题就转化为求解参数 k 和 δ，使损失函数 I_2 最小，计算公式变为

$$I_2 = \frac{k\delta + \alpha(1+\delta)}{k + \alpha(1+\delta)} + \tau k \tag{8.22}$$

对 k 和 δ 求偏导，并令其等于零，即

$$\frac{\partial I_2}{\partial k} = \frac{\delta[k + \alpha(1+\delta)] - [k\delta + \alpha(1+\delta)]}{[k + \alpha(1+\delta)]^2} + \tau$$

$$= \frac{\tau[k + \alpha(1+\delta)]^2 - \alpha(1-\delta^2)}{[k + \alpha(1+\delta)]^2} = 0 \tag{8.23}$$

$$\frac{\partial I_2}{\partial \delta} = \frac{(k+\alpha)[k + \alpha(1+\delta)] - \alpha[k\delta + \alpha(1+\delta)]}{[k + \alpha(1+\delta)]^2} = \frac{k(k+2\alpha)}{[k + \alpha(1+\delta)]^2} = 0 \tag{8.24}$$

所以，$\tau[k + \alpha(1+\delta)]^2 - \alpha(1-\delta^2) = 0$，$k(k+2\alpha) = 0$。由第二个方程可求出 $k = 0$ 或 $k = -2\alpha$。由于 $\alpha > 0$，因此 $k = -2\alpha$ 是负数，这将使系统不稳定，在实际中不可实现；$k = 0$ 意味着不存在随动系统。由目标损失函数 I_2 可以看出，I_2 是 δ 的单调函数，因此当 $\delta = 0$ 时，I_2 取得极值。但是，δ 决定了参数 T，T 是随动系统的时间参数，不可能为零，所以 δ 是在控制系统允许的范围内取一个最小值。

由上所述可知，进一步确定最优参数是在 δ 给定的情况下确定 k。由式(8.23)可得下式，即

$$k = \pm\sqrt{\frac{\alpha(1-\delta^2)}{\tau}} - \alpha(1+\delta) = (1+\delta)\left(\pm\sqrt{\frac{1-\delta}{1+\delta}\frac{1}{\alpha\tau}} - 1\right) \tag{8.25}$$

按照控制系统稳定性的条件，k 必须为正，所以最优 k 为

$$k_0 = \begin{cases} (1+\delta)\left(\sqrt{\dfrac{1-\delta}{1+\delta}\dfrac{1}{\alpha\tau}}-1\right), & \delta < (1-\alpha\tau)/(1+\alpha\tau) \\ 0, & \text{其他} \end{cases} \tag{8.26}$$

当 k_0 取零值时，意味着伴随系统输入的随机噪声超过系统的正常输入信号，所以首先要做的是降低输入噪声。这样可得系统的随机输出误差为

$$\begin{aligned} \{M[\varepsilon_s^2(t)]\}_{\min} &= A\left\{\left[\frac{k_0\delta+\alpha(1+\delta)}{k_0+\alpha(1+\delta)}\right]+\tau k_0\right\} \\ &= A\left[\delta+2\sqrt{(\alpha\tau)(1-\delta^2)}-(\alpha\tau)(1+\delta)\right] \\ &= A\left[\delta+2\tau k_0+(\alpha\tau)(1+\delta)\right] \end{aligned} \tag{8.27}$$

仍然按前面给的初值，取 $T = 0.1\text{s}$，相应的 $\delta = 0.01$，可得 $k_0 = 22.26$，$\{M[\varepsilon_s^2(t)]\}_{\min} = 1.89\times10^{-8}\text{rad}^2$，$(\sigma_s)_{\min} = \sqrt{\{M[\varepsilon_s^2(t)]\}_{\min}} = 1.38\times10^{-4}\text{rad}$。

8.1.3　有约束随动系统参数优化

在上述例子中没有考虑随动系统执行元件功率是有限的，下面分析在有约束条件下，最优参数确定的问题。

为了计算简单，设系统输入 $g(t) = B_0 + m(t)$。对于随动系统，其输出旋转加速度最大的时刻应该是系统刚输入参数时。此时系统处在初始振荡变化期，因此对于随动系统的限制主要是初始阶跃输入信号 B_0 的影响。随动系统在输入为 $f(t) = B_0 \cdot 1[t]$ 时的输出旋转加速度 $\ddot{y}(t)$ 的拉普拉斯变换为

$$L[\ddot{y}(t)] = p^2\left(\frac{k}{Tp^2+p+k}\frac{B_0}{2\pi p}\right) = \frac{B_0 kp}{2\pi(Tp^2+p+k)} \tag{8.28}$$

由拉普拉斯变换相关定理可知

$$\int_0^\infty [\ddot{y}(t)]^2\,\mathrm{d}t = \frac{1}{2\pi\mathrm{i}}\int_{-\infty}^\infty \left(\frac{B_0 kp}{Tp^2+p+k}\right)\left(\frac{-B_0 kp}{Tp^2-p+k}\right)\mathrm{d}p \tag{8.29}$$

由相关的积分表可得下式，即

$$\int_0^\infty [\ddot{y}(t)]^2\,\mathrm{d}t = \frac{B_0^2 k^2}{2T} \tag{8.30}$$

由于 B_0 是一个随机变量，因此输出旋转加速度的全积分的期望为

$$M\left\{\int_0^\infty [\ddot{y}(t)]^2\,\mathrm{d}t\right\} = \frac{M[B_0^2]k^2}{2T} = \frac{M_0 k^2}{2T} \tag{8.31}$$

由于功率有限，这个参数是受限的，因此

$$R = \left(\frac{M_0 k^2}{2T}\right)_{\max} \tag{8.32}$$

若按前面的无约束条件得到的最优参数满足以上约束，则这些最优参数就是我们所求的；若不能满足，则要用拉格朗日法求约束条件下的最优控制参数。建立新的目标损失函数 I_y，即

$$I_y = I_2 + \rho\left(\frac{M_0 k^2}{2T}\right) \tag{8.33}$$

其中，ρ 是待求的拉格朗日算子。

为了方便计算，引入参数 $\delta = (\alpha T)$，因此目标损失函数 I_y 可变为

$$I_y = I_2 + \rho M_0 \alpha\left(\frac{k^2}{2\delta}\right) = I_2 + \lambda\left(\frac{k^2}{2\delta}\right) \tag{8.34}$$

为了简化计算，设系统输入时没有随机噪声，即 $N = 0$，因此可得下式，即

$$M[\varepsilon_s^2(t)] = A\left[\frac{k\alpha T + \alpha(1 + \alpha T)}{k + \alpha(1 + \alpha T)}\right] \tag{8.35}$$

目标损失函数最终为 $I_y = \dfrac{k\delta + \alpha(1 + \delta)}{k + \alpha(1 + \delta)} + \lambda\left(\dfrac{k^2}{2\delta}\right)$。对 k 和 δ 求偏导，并使其等于零，即

$$\frac{\partial I_y}{\partial k} = \frac{-\alpha(1 - \delta^2)}{[k + \alpha(1 + \delta)]^2} + \lambda\left(\frac{k}{\delta}\right) = 0 \tag{8.36}$$

$$\frac{\partial I_y}{\partial \delta} = \frac{k(k + 2\alpha)}{[k + \alpha(1 + \delta)]^2} - \lambda\left(\frac{k^2}{2\delta^2}\right) = 0 \tag{8.37}$$

实际上，参数 α 和 δ 都很小，略去它们的高阶项对最优参数的确定影响很小，因此可得下式，即

$$\frac{\partial I_y}{\partial k} \approx \frac{-\alpha}{k^2} + \lambda\left(\frac{k}{\delta}\right) = 0 \tag{8.38}$$

$$\frac{\partial I_y}{\partial \delta} = 1 - \lambda\left(\frac{k^2}{2\delta^2}\right) = 0 \tag{8.39}$$

由式(8.38)可得 $\delta = \lambda(k^3/\alpha)$，由式(8.39)可得 $\lambda = 2\delta^2/k^2$，这样就得到下式，即

$$\delta = \frac{2\delta^2}{k^2}\frac{k^3}{\alpha} = \delta^2\frac{2k}{\alpha} \tag{8.40}$$

因为 δ 不能为零，所以 $\delta = \alpha/2k$，代入式 (8.38) 可得 $\lambda(k^3/\alpha) = \alpha/2k \Rightarrow$
$k = \sqrt[4]{\alpha^2/2\lambda}$，而

$$\delta = \frac{\alpha}{2k} = \frac{\alpha}{2}\sqrt[4]{\frac{2\lambda}{\alpha^2}} = \frac{1}{2}\sqrt[4]{2\lambda\alpha^2} \tag{8.41}$$

为了计算 λ，把得到的 k 和 δ 的表达式代入约束方程可得下式，即

$$\frac{M_0 k^2}{2T} = M_0\alpha\left(\frac{k^2}{2\delta}\right) = M_0\alpha\frac{\sqrt[4]{(\alpha^2/2\lambda)^2}}{\sqrt[4]{2\lambda\alpha^2}} = M_0\alpha\sqrt[4]{\frac{\alpha^2}{8\lambda^3}} = R \tag{8.42}$$

所以

$$\lambda = \frac{\alpha^2 M_0}{2R}\sqrt[3]{\frac{M_0}{R}} \tag{8.43}$$

$$k_0 = \sqrt[4]{\frac{\alpha^2}{2\lambda}} \tag{8.44}$$

$$\delta_0 = \frac{\alpha}{2k_0} \tag{8.45}$$

当 $R = 0.9 \times 10^3 [(\text{rad/s}^2)^2 \cdot \text{s}]$ 时，把其他各参数的初值代入，可得下式，即

$$\lambda = 1.24 \times 10^{-9}$$

$$k_0 = 44.814\text{s}^{-1}$$

$$\delta_0 = 1.116 \times 10^{-3}, \quad T = 0.0116\text{s}$$

$$M[\varepsilon_s^2(t)] = (5.78 \times 10^{-5}\text{rad})^2$$

8.1.4　随机特性变化下的随动系统参数优化

前面两个例子分别是无约束条件和有约束条件下的控制参数优化问题。两个例子中的随机输入 $m(t)$ 的相关函数符合指数分布，但在舰载雷达跟踪机动目标时，随机输入 $m(t)$ 的随机特性为其速率的相关函数，符合指数分布。下面阐述在这种情况下如何求解最优控制参数。

设系统的输入 $g(t) = B_1 t + m(t)$，随机输入 $m(t)$ 速率的相关函数为 $R_{\dot{m}\dot{m}}(t) = A\text{e}^{-\alpha|t|}$，$A = (50 \times 10^{-3}\text{rad/s})^2$，$N = 10^{-6}\text{rad}^2 \cdot \text{s}$。

根据输出随机误差的谱密度分析和拉普拉斯变换原理可得下式，即

$$L[\varepsilon_s(t)] = \left(\frac{Tp^2 + p}{Tp^2 + p + k}\right)L[m(t)] + \left(\frac{k}{Tp^2 + p + k}\right)L[n(t)]$$

$$= \left(\frac{Tp + 1}{Tp^2 + p + k}\right)L[\dot{m}(t)] + \left(\frac{k}{Tp^2 + p + k}\right)L[n(t)] \tag{8.46}$$

$$S_s(-ip) = \left(\frac{Tp+1}{Tp^2+p+k}\right)\left(\frac{-Tp+1}{Tp^2-p+k}\right)S_{\dot{m}}(-ip) + \left(\frac{k}{Tp^2+p+k}\right)\left(\frac{k}{Tp^2-p+k}\right)S_n(-ip)$$

$$= \frac{(Tp+1)(-Tp+1)}{(Tp^2+p+k)(Tp^2-p+k)}\frac{2A\alpha}{2\pi(p+\alpha)(-p+\alpha)}$$

$$+ \left(\frac{k}{Tp^2+p+k}\right)\left(\frac{k}{Tp^2-p+k}\right)\frac{N}{2\pi}$$

$$= \frac{-(2A\alpha T^2+Nk^2)p^2+(2A\alpha+Nk^2\alpha^2)}{2\pi\left[Tp^3+(1+\alpha T)p^2+(k+\alpha)p+k\alpha\right]\left[-Tp^3+(1+\alpha T)p^2-(k+\alpha)p+k\alpha\right]}$$

$$(8.47)$$

同前面的分析类似，由 $S_s(-ip) = [S_s(-ip)]^+ + [S_s(-ip)]^-$ 可知

$$2[b_2(1+\alpha T)-b_1 T]p^4+2[b_2\alpha k-b_1(\alpha+k)+b_0(1+\alpha T)]p^2+2b_0\alpha k$$
$$= -(2A\alpha T^2+Nk^2)p^2+(2A\alpha+Nk^2\alpha^2) \qquad (8.48)$$

所以

$$\begin{bmatrix} 1+\alpha T & -b_1 & 0 \\ -\alpha k & \alpha+k & -(1+\alpha T) \\ 0 & 0 & \alpha k \end{bmatrix}\begin{bmatrix} b_2 \\ b_1 \\ b_0 \end{bmatrix} = \begin{bmatrix} 0 \\ A\alpha T^2+0.5Nk^2 \\ A\alpha+0.5N\alpha^2k^2 \end{bmatrix} \qquad (8.49)$$

由这个矩阵方程组可得下式，即

$$b_2 = \left(A\left\{\frac{k\alpha T^2+(1+\alpha T)}{k[k+\alpha(1+\alpha T)]}+\left(\frac{N}{2A}\right)k\right\}\right)T \qquad (8.50)$$

令 $\delta = \alpha T$，可得下式，即

$$M[\varepsilon_s^2(t)] = \frac{b_2}{T} = A\left\{\frac{k\delta^2+(1+\delta)}{(k\alpha)[k+\alpha(1+\delta)]}+\left(\frac{N}{2A}\right)k\right\} \qquad (8.51)$$

随动系统输出误差包括随机误差和动态误差，因此有

$$M[\varepsilon^2(t)] = M[\varepsilon_s^2(t)] + M[\varepsilon_g^2(t)] = \frac{M_1^2}{k^2} + A\left\{\frac{k\delta^2+(1+\delta)}{(k\alpha)[k+\alpha(1+\delta)]}+\left(\frac{N}{2A}\right)k\right\}$$

$$= A\left\{\frac{k\delta^2+\alpha(1+\delta)}{(k\alpha)[k+\alpha(1+\delta)]}+\tau^3 k+\frac{\gamma}{k^2}\right\} \qquad (8.52)$$

其中，$\tau^3 = N/(2A)$；$\gamma = M_1/A$。

为了确定最优参数 k，将式(8.52)对 k 求导，同时参数 α 和 δ 都很小，可以略去它们的高阶项，这样可得下式，即

$$\frac{1}{A}\left\{\frac{\partial M[\varepsilon^2(t)]}{\partial k}\right\} = \frac{-k^2\alpha\delta^2 - 2k\alpha^2(1+\delta) - \alpha^3(1+\delta)^2}{(k\alpha)^2[k+\alpha(1+\delta)]^2} + \tau^3 - \frac{2\gamma}{k^3}$$

$$\approx -\frac{k\delta^2 + 2\alpha}{k^3\alpha} + \tau^3 - \frac{2\gamma}{k^3} \tag{8.53}$$

令式(8.53)为零，可得求最优参数 k_0 的方程为

$$k_0{}^3 - \left(\frac{\delta^2}{\alpha\tau^3}\right)k_0 - \frac{2(1+\gamma)}{\tau^3} = 0 \tag{8.54}$$

求解该三次方程，并简化可得下式，即

$$k_0 = \sqrt[3]{\left(\frac{1+\gamma}{\tau^3}\right) + \sqrt{\left(\frac{1+\gamma}{\tau^3}\right)^2 - \left(\frac{\delta^2}{3\alpha\tau^3}\right)^3}} + \sqrt[3]{\left(\frac{1+\gamma}{\tau^3}\right) - \sqrt{\left(\frac{1+\gamma}{\tau^3}\right)^2 - (\delta^2/3\alpha\tau^3)^3}}$$

$$\approx \sqrt[3]{\frac{2(1+\gamma)}{\tau^3}} + \sqrt[3]{\frac{\delta^6}{54\alpha^3\tau^6(1+\gamma)}} \tag{8.55}$$

$$= \left[\frac{\sqrt[3]{2(1+\gamma)}}{\tau}\right]\left\{1 + \left[\sqrt[3]{\frac{2(1+\gamma)}{\tau^3}}\right]\left[\frac{\delta^2}{6\alpha(1+\gamma)}\right]\right\}$$

把前面给定的初值代入可得下式，即

$$k_0 = 27.21$$

$$M[\varepsilon^2(t)] = \sigma_\varepsilon^2 = 2.047\times10^{-5}\,\text{rad}^2 = (4.52\times10^{-3}\,\text{rad})^2$$

8.2　非梯度随机搜索法确定随机系统的最优控制参数

在有些情况下，无法使用解析法求解最优控制参数，因此本节介绍参数优化的随机搜索法，重点讨论非梯度随机搜索法，包括自学习和非自学习随机搜索法。

8.2.1　随机系统参数优化问题

假设最优系统的结构为

$$Y = A(S, Y, X, t)X \tag{8.56}$$

其中，$X = [X_1, X_2, \cdots, X_n]^{\text{T}}$ 为输入向量；$Y = [Y_1, Y_2, \cdots, Y_n]^{\text{T}}$ 为输出向量；A 为系统算子；$S = [s_1, s_2, \cdots, s_n]^{\text{T}}$ 为最优参数向量；t 为时间。

系统结构由算子结构 A 确定。通过获得系统参数，就可以完全确定整个系统。算子 A 与 X 和 Y 的非线性依赖关系确定了系统的非线性特性；A 与 t 的依赖关系决定了系统的时变性。若 A 只依赖参数 S，即 $A = A(S)$，则系统是时不变线性系统。一般情况下，不对系统结构进行限制。

系统参数优化问题是确定向量 $S = S_0$，使其满足下式，即

$$I(S_0) = \min_{s \subseteq \Omega_s} I(S) \tag{8.57}$$

其中，S_0 为参数向量 S 的最优值；$I(S)$ 为系统的损失函数；Ω_s 为 S 的可达集。

由于参数优化问题就是从一类参数集 Ω_s 中寻找某个 S_0，使损失函数 $I(S)$ 在 S_0 处达到最小值。集合 Ω_s 可以是参数向量 S 的约束集或无约束集。

由等式表示的约束集 $\Omega_s: q_i(S) = 0(i = 1, 2, \cdots, m)$ 称为第一类约束集。

由不等式表示的约束集 $\Omega_s: h_i(S) \geqslant 0(i = m+1, m+2, \cdots, p)$ 称为第二类约束集。

一般情况下，约束集 Ω_s 既包含第一类，也包含第二类，即

$$\Omega_s: \begin{cases} q_i(S) = 0, & i = 1, 2, \cdots, m \\ h_i(S) \geqslant 0, & i = m+1, m+2, \cdots, p \end{cases} \tag{8.58}$$

其中，$p \leqslant r$，r 为 S 的维数。

这样，系统参数优化的问题就转化为确定系统参数的向量 $S = S_0$，满足限制条件(8.58)，使损失函数 $I(S)$ 在 S_0 达到最小值。一般情况下，$I(S)$ 可表示为

$$I(S) = F(S, Y, Y_T, t_k) \tag{8.59}$$

其中，Y 和 Y_T 分别为实际的输出信号和需求信号；t_k 为系统终止时间，可以是固定的，也可以是不固定的；$F(S, Y, Y_T, t_k)$ 为给定的泛函，例如当系统的输出为一维时，可以有 $F(S, Y, Y_T, t_k) = Y(S, t_k) - Y_T(S, t_k)$。

由于往往考虑的是系统稳态后的情况(即 $t_k > t_n$，t_n 为控制系统稳定所需时间)，因此 $I(S)$ 可表示为

$$I(S) = F(S, Y, Y_T) \tag{8.60}$$

由于输出信号 Y 和 Y_T 是随机变量，因此函数 $F(S, Y, Y_T)$ 是一个随机值。系统的损失函数往往取的是它的数学期望，即

$$I(S) = M[F(S, Y, Y_T)] \tag{8.61}$$

所以

$$I(S_0) = \min_{s \subseteq \Omega_s} I(S) = \min_{s \subseteq \Omega_s} M[F(S, Y, Y_T)] \tag{8.62}$$

可令函数 $F(S, Y, Y_T)$ 的取值为 a 和 0，即

$$F(S, Y, Y_T) = \begin{cases} 0, & \theta \\ a, & \bar{\theta}(\text{非}\theta) \end{cases} \tag{8.63}$$

其中，θ 为某个概率事件，反映系统的某些需求及约束分量，例如当系统的输出为一维时，要求实际的输出信号和需求信号之间的差值小于某个允许值 ΔY，则 θ 表示 $|Y - Y_T| < \Delta Y$ 的事件。

事件 θ 也可能是多个子事件 $\theta_i(i = 1, 2, \cdots)$，如 θ_1 表示系统的精度，θ_2 为系统的复杂度，θ_3 为系统的经济性等，即

$$\theta = \theta_1 + \theta_2 + \theta_3 + \cdots = \sum_{i=1}^{n} \theta_i \text{ 或 } \theta = \theta_1 \cdot \theta_2 \cdot \theta_3 \cdots = \prod_{i=1}^{n} \theta_i \quad (8.64)$$

引入概率 $p(\theta|S)$ ，其表示当 S 在可达集 Ω_s 取某个值时，事件 θ 出现的概率，则 $p(\overline{\theta}|S)$ 表示当 S 在可达集 Ω_s 取某个值时，不出现事件 θ 的概率。易得下式，即

$$p(\theta|S) + p(\overline{\theta}|S) = 1 \quad (8.65)$$

所以有

$$I(S) = M[F(S,Y,Y_T)] = 0 \cdot p(\theta|S) + ap(\overline{\theta}|S) = ap(\overline{\theta}|S) \quad (8.66)$$

这样有

$$I(S_0) = \min_{s \subseteq \Omega_s} I(S) = \min_{s \subseteq \Omega_s} M[F(S,Y,Y_T)] = \min_{s \subseteq \Omega_s} [ap(\overline{\theta}|S)] \quad (8.67)$$

因为 a 不影响参数向量 S 的最优值 S_0 ，所以

$$I(S_0) = \min_{s \subseteq \Omega_s} I(S) = \min_{s \subseteq \Omega_s} p(\overline{\theta}|S) \quad (8.68)$$

由式(8.65)可知，式(8.68)也可写为

$$I(S_0) = \min_{s \subseteq \Omega_s} p(\overline{\theta}|S) = \max_{s \subseteq \Omega_s} p(\theta|S) \quad (8.69)$$

8.2.2　非梯度随机搜索法

1. 参数优化的随机搜索法

随机搜索法与通常介绍的各种调节算法不同。在随机搜索法中，序列 $S(n)(n=1,2,\cdots)$ 是随机的。在随机系统中，序列的随机性既与函数 $F(S)$ 的随机性有关，也与计算过程中每一步所选的系统参数 S 的随机性有关。

在自然界中，随机搜索法的最好例子就是达尔文的进化论——自然或人工抽样。随机元素以变异的形式出现，它具有随机特性。这种变异可能是好的，也可能是不好的。通常情况下，前一种变异存活的机会，以及随机繁殖子代的能力比后一种大。这样，在下一次人工或自然选择时，存活下来的子代的存活能力就更强。这个过程就像本书将要介绍的随机搜索法。

1) 被动随机搜索法

此算法可表示为

$$S = A^\Gamma (f_c(S)) \quad (8.70)$$

其中，A^Γ 为带有概率密度 $f_c(S)$ 的随机状态向量 S 的振荡发生器运算。

被动随机搜索算法的主要特点是，在搜索过程中，它的概率分布规则 $f_c(S)$ 是不变的。它的主要任务就是在 $f_c(S)$ 的某一确定概率分布规则下，通过对随机搜索结果的统计处理来确定系统参数向量的最优值 S_0 。

2) 参数递归的随机搜索法

此算法可表示为

$$S_{n+1} = S_n + r_n \Delta_n^0 \tag{8.71}$$

其中，r_n 为搜索步长；Δ_n^0 为单位向量，由它来确定搜索方向。

一般情况下，搜索步长 r_n 及单位向量 Δ_n^0 是随机的，但在有些搜索步骤中它们也可以是确定的。

3) 特征概率可调节的随机搜索法

此算法可表示为

$$S_{n+1} = A^\Gamma [f_{n+1}^{(c)}(S)] \tag{8.72}$$

其中，$f_{n+1}^{(c)}(S) = f_n^{(c)}(S) + \Delta_n f_c(S)$。

在状态参量 S 的每一次搜索中，随机选择的概率密度 $f_c(S)$ 可随方程进行相应的改变。在有些情况下，该方程可以表示成特征矩阵的形式。它由产生随机向量 S 的随机振荡器 A^Γ 的分布规律确定。此方法是由格拉德科夫首先提出的，称为非梯度随机搜索法。概率特征的调节问题可以由搜索过程的"区域"来刻画。当 $\Delta_n f_c(S)$ 确定后，可以使用在前面迭代步骤中获得的后验信息。例如，在非梯度随机搜索法中，由概率密度 $f_c(S)$ 确定搜索区域，当 $n \to \infty$ 时，它收敛于系统参数向量的最优值。

4) 混合随机搜索法

混合随机搜索法是由以上几种方法组合而成的。在有些情况下，组合算法既包含参数调节，又包含概率特征调节。随机算法可以在每一个独立的搜索步骤中使用不同的组合算法。

若在搜索过程中，进行下一步计算时使用前一步获得的关于系统的后验信息，则称此搜索算法为自适应搜索算法。根据自适应算法的原理，既可以构造参数调节算法，也可以构造概率特征调节算法。

由自适应搜索算法的定义容易看出，被动随机搜索法不是自适应的。它的概率密度 $f_c(S)$ 在搜索过程中是固定不变的，通常是基于先验知识事先给定的。

因此，需要研究一种针对不连续随机函数的随机搜索法。在这里，执行所有需求的最大概率准则非常适用。

2. 非梯度非自学习搜索法

设随机系统控制器的结构和形式已确定，但需要调整控制器的参数 $S = [s_1, s_2, \cdots, s_r]$（$r$ 为 S 的维数），使某个目标函数最优，也就是从可达集 Ω_s 中确定系统参数的向量 $S = S_0$，使 $I(S_0) = \max_{s \subset \Omega_s} p(\theta | S)$。

在非自学习搜索法中，系统参数的向量 S 在每一次搜索中，根据给定概率密度 $f_c(S)$（常取均匀分布）的随机样本选择系统优化的参数向量 S，即

$$S = A^\Gamma [f_c(S)] \tag{8.73}$$

其中，A^{Γ} 为带有概率密度 $f_c(S)$ 的随机向量 S 发生器。

记 $p(\theta)$ 为事件 θ 出现时的无条件概率，$f_\theta(S|\theta)$ 为事件 θ 出现时，向量 S 的概率密度函数。由概率论知识可知

$$f_c(S)p(\theta|S) = p(\theta)f_\theta(S|\theta) \tag{8.74}$$

由此可得下式，即

$$p(\theta|S) = p(\theta)\frac{f_\theta(S|\theta)}{f_c(S)} \tag{8.75}$$

系统参数最优化的最优性条件为

$$I(S_0) = \max_{s \subseteq \Omega_s} p(\theta|S) = p(\theta|S_0) = \max_{S \subseteq \Omega_s}\left[p(\theta)\frac{f_\theta(S|\theta)}{f_c(S)}\right] \tag{8.76}$$

其中，概率 $p(\theta)$ 不依赖 S，这样有

$$
\begin{aligned}
I(S_0) &= \max_{s \subseteq \Omega_s} p(\theta|S) = \max_{S \subseteq \Omega_s}\left[p(\theta)\frac{f_\theta(S|\theta)}{f_c(S)}\right] \Leftrightarrow I(S_0) \\
&= \max_{S \subseteq \Omega_s}\left[p(\theta)\frac{f_\theta(S|\theta)}{f_c(S)}\right]
\end{aligned}
\tag{8.77}
$$

最优参数 S_0 为下列函数的最大值，即

$$f^*(S) = \frac{f_\theta(S|\theta)}{f_c(S)} \tag{8.78}$$

一般情况下，可以通过求解下列方程得到，即

$$\nabla f^*(S) = \left[\frac{\partial f^*(S)}{\partial S}\right]^{\mathrm{T}} = 0 \tag{8.79}$$

函数 $f_c(S)$ 通常是指定的，称为先验函数。函数 $f_\theta(S|\theta)$ 通常是由搜索结果得到的，称为后验函数。

非梯度非自学习搜索法结构如图 8.2 所示。

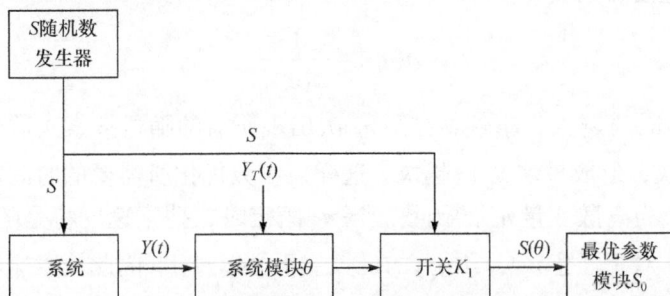

图 8.2　非梯度非自学习搜索法结构图

每一次搜索过程都需要重构输入信号 $X(t)$ (含随机误差)，并根据指定的 $f_c(S)$

产生随机参数向量 S, $X(t)$ 和 S 输入随机系统后输出信号 $Y(t)$。当系统稳定后, 在事件模块 θ 中, 将实际输出信号 $Y(t)$ 与理论需求信号 $Y_T(t)$ 进行比较, 并检查是否满足所有限制条件。若系统满足所有限制条件, 则认为事件 θ 发生了, 这时打开开关 K_1, 该参数向量 S 通过开关 K_1 进入模块 S_0, 记为 $S(\theta)$, 并存储起来; 若在某指定的搜索过程中事件 θ 没有发生, 则开关 K_1 保持关闭, 这时该参数向量 S 不能进入模块 S_0。这样不断地重复搜索, 当进入模块 S_0 的参数向量 $S(\theta)$ 数量满足要求时, 设总搜索次数为 m, 得到的参数向量 $S(\theta)$ 的数量为 n, 显然有 $m > n$。根据得到的 n 个 $S(\theta)$ 值, 由统计知识可得到后验函数 $f_\theta(S|\theta)$, 从而可求解出满足 $\max_{S \subseteq \Omega_s} \left[\dfrac{f_\theta(S|\theta)}{f_c(S)} \right]$ 的最优系统参数向量 S_0。

在有些情况下, 求解 $f^*(S)$ 的最大值问题非常简单。例如, 若先验函数为等概率分布, 即

$$f_c(S) = \begin{cases} a, & S \in \Omega_s \\ 0, & S \notin \Omega_s \end{cases} \tag{8.80}$$

其中, Ω_s 为 S 的允许集; a 为常数。

后验概率密度函数 $f_\theta(S|\theta)$ 为正态分布函数, 则

$$S_0 = M[S|\theta] = M_0 \tag{8.81}$$

显然, 模块 S_0 就是待求后验数学期望向量。

3. 搜索速度

假设 $\Omega(n_{k_1})$ 为事件从第一次出现到第 n_{k_1} 次出现所有随机搜索的次数, 则事件第 n_{k_1} 次出现时需要的随机搜索次数为

$$\Delta(n_{k_1}) = \Omega(n_{k_1}) - \Omega(n_{k_1} - 1) \tag{8.82}$$

因此, 搜索速度可定义为

$$\Lambda(n_{k_1}) = \frac{1}{\Delta(n_{k_1})} \tag{8.83}$$

显然, $\Lambda(n_{k_1})$ 越大, 事件 θ 在第 n_{k_1} 次出现所需的随机搜索次数越少, 从而搜索速度越快, 形成模块 S_0 就越快。这样, 参数优化所需要的时间就越少。搜索速度 $\Lambda(n_{k_1})$ 为离散变量 n_{k_1} 的函数。当 n_{k_1} 固定时, 搜索速度将是随机离散值, 但只取正数, 对于任意 n_{k_1}, $\Lambda(n_{k_1})$ 的最大值不会超过 1, 因此搜索速度的最大可能值为 1, 即

$$\max \left[\Lambda(n_{k_1}) \right] = 1 \tag{8.84}$$

通常使用平均搜索速度 $\overline{\Lambda}$ 来讨论搜索过程的有效性。若事件 θ 仅出现一次，搜索的平均次数记为 $\overline{\Lambda}$，则

$$\overline{\Lambda} = \frac{1}{\overline{\Delta}} \tag{8.85}$$

其中，$\overline{\Delta} = \dfrac{1}{n_{k_1}} \sum\limits_{\nu=1}^{n_{k_1}} \Delta(\nu)$ 为事件 θ 出现的平均搜索速度。

可以证明，平均搜索速度等于 $p(\theta)$。实际上，当搜索次数 n 很大时，在相同的条件下，概率 $p(\theta)$ 为

$$p(\theta) = \frac{n_{k_1}}{n} \tag{8.86}$$

其中，n_{k_1} 为事件 θ 出现的次数；总搜索次数 n 为

$$n = \sum_{\nu=1}^{n_{k_1}} \Delta(\nu) \tag{8.87}$$

利用式(8.86)和式(8.87)可以将 $p(\theta)$ 表示为

$$p(\theta) = \frac{n_{k_1}}{\sum\limits_{\nu=1}^{n_{k_1}} \Delta(\nu)} = \frac{1}{\dfrac{1}{n_{k_1}} \sum\limits_{\nu=1}^{n_{k_1}} \Delta(\nu)}$$

或利用

$$\frac{1}{n_{k_1}} \sum_{\nu=1}^{n_{k_1}} \Delta(\nu) = \overline{\Delta}$$

可得下式，即

$$p(\theta) = \frac{1}{\overline{\Delta}} \tag{8.88}$$

这样，由式(8.85)和式(8.88)可得 $p(\theta) = \overline{\Lambda}$。从而，概率 $p(\theta)$ 刻画了搜索过程的有效性。由式(8.75)可知，概率 $p(\theta)$ 可表示为

$$p(\theta) = p(\theta|S) \frac{f_c(S)}{f_\theta(S|\theta)}$$

可以看出，若先验概率分布函数 $f_c(S)$ 选择得不合理，则随机搜索效果很差；若先验概率分布函数 $f_c(S)$ 选择合理，则搜索速度非常快，最优参数向量 S_0 很快形成。

4. 非梯度自学习搜索法

1) 自学习搜索过程

从非梯度非自学习搜索法可以看出，搜索过程的效率取决于先验概率密度函

数 $f_c(S)$ 。那么，是否可以通过调整任意选取的先验概率密度函数 $f_c(S)$ ，提高搜索效率并缩短求解优化问题的时间呢？回答是肯定的，可以通过后验信息来解决此问题。由于下列不等式成立，即

$$p(\theta) \leqslant p(\theta|S_0) \tag{8.89}$$

因为

$$p(\theta) = \int_{\Omega_c} p(\theta|S) f_c(S) \mathrm{d}S \tag{8.90}$$

而

$$p(\theta|S_0) = \sup_{s \in \Omega_c}[p(\theta|S)] \tag{8.91}$$

则 $p(\theta)$ 为关于所有可能值 $S \in \Omega_c$ 的函数 $p(\theta|S)$ 的平均； $p(\theta|S_0)$ 为函数 $p(\theta|S)$ 对 S 的最大值，因此不等式(8.89)成立。

搜索过程的最大效率对应于下式，即

$$p(\theta) = p(\theta|S_0) \tag{8.92}$$

其中， S_0 为最优参数向量。

一般情况下，当 $p(\theta|S)(S \in \Omega_c)$ 接近 $p(\theta|S_0)$ 时，概率函数 $p(\theta|S)$ 的变化趋于平缓。因此，存在集合 Ω_0 ，对任意的 $S \in \Omega_0$ ， $p(\theta|S)$ 接近 $p(\theta|S_0)$ 。在实际应用中，搜索的最大效率为

$$p(\theta) = p(\theta|S_0), \quad S \in \Omega_0 \tag{8.93}$$

由式(8.74)和式(8.93)可得下式，即

$$f_\theta(S|\theta) = f_c(S), \quad S \in \Omega_0 \tag{8.94}$$

式(8.94)可以理解为非梯度随机搜索过程的最大效率特征。

当分布函数 $f_c(S)$ 任意选定时,在最大搜索速度意义下,若等式(8.94)不满足,搜索过程不可能是最优的。通过观察分布函数 $f_c(S)$ 与 $f_\theta(S|\theta)$ 的差，可以了解搜索过程是否变得更有效。可以用其偏差值形成新的、更有效的先验分布函数 $f_c(S)$ 。

与后验信息有关的先验分布函数 $f_c(S)$ 的调整可以通过反向连接来实现，通过不断地调整， $f_c(S)$ 逐渐向 $f_\theta(S|\theta)$ 靠近，称此调整过程为自学习过程。图 8.3 为自学习非梯度搜索结构图。

当开关 K_2 断开时，自学习过程停止，概率密度函数 $f_c(S)$ 与 $f_\theta(S|\theta)$ 将不依赖搜索步骤 n ，搜索过程是平稳的；当开关 K_2 闭合后，自学习过程开始，概率分布函数 $f_c(S;n)$ 与 $f_\theta(S|\theta;n)$ 依赖 n ，搜索过程是非平稳的。当搜索步骤 n 增加时，函数 $f_c(S;n)$ 接近于函数 $f_\theta(S|\theta;n)$ 。任意参数集 Ω_c 收缩到 Ω_0 ，从而函数 $f_c(S)$ 可能等于 $f_\theta(S|\theta)$ ，而当 $n \geqslant n_0$ （ n_0 为某个固定值）时，函数 $f_c(S;n)$ 与 $f_\theta(S|\theta;n)$ 相等。

此时 $\Omega_c = \Omega_0$，搜索过程又转为平稳，说明搜索过程已结束。

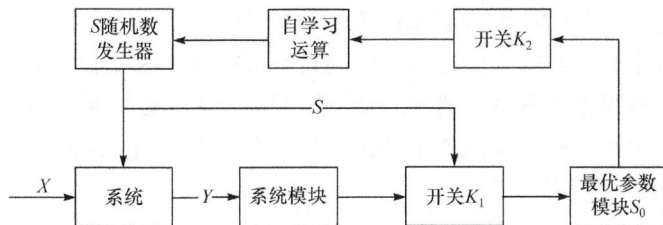

图 8.3　自学习非梯度搜索结构图

$f_c(S)$ 逼近 $f_\theta(S|\theta)$ 的过程可以表示为如下迭代算法，即

$$f_c(S;n+1) = f_c(S;n) + \Delta f_c(S;n) \qquad (8.95)$$

其中，$f_c(S;n)$ 为函数 $f_c(S)$ 在第 n 步逼近时的函数值；$f_c(S;n+1)$ 为此函数在第 $n+1$ 步逼近时的函数值；$\Delta f_c(S;n)$ 为 $f_c(S)$ 的增量函数。

增量函数 $\Delta f_c(S;n)$ 应与后验信息有关，这可以从自学习结构中得到。由于 $f_c(S)$ 逼近 $f_\theta(S|\theta)$，因此增量为

$$\Delta f_c(S;n) = f_\theta(S|\theta;n) - f_c(S;n) \qquad (8.96)$$

将式(8.94)代入式(8.95)可得下式，即

$$f_c(S;n+1) = f_\theta(S|\theta;n) + \Delta f_c(S;n) \qquad (8.97)$$

由此可得，在自学习搜索过程中，第 $n+1$ 步搜索时的先验概率密度函数等于第 n 步搜索时的条件概率分布密度函数。

式(8.95)与式(8.96)称为自学习过程，可以表示为差分或微分的形式，即

$$\Delta f_c(S;n) = f_\theta(S|\theta;n) - f_c(S;n), \quad f_c(S;0) = f_0(S)$$

其中

$$\Delta f_c(S;n) = f_c(S;n+1) - f_c(S;n) \qquad (8.98)$$

或

$$\frac{\mathrm{d}f_c(S,t)}{\mathrm{d}t} = f_\theta(S|\theta) - f_c(S;t), \quad f_c(S;0) = f_0(S) \qquad (8.99)$$

其中，$f_0(S)$ 为 S 的先验概率密度函数，是优化过程的初始值。

2) 非梯度搜索解析算法

(1) 概率矩分析法。

综上可知，利用非梯度随机搜索法寻找最优参数的自学习过程必须调节向量 S 的概率特性，即

$$f_c(S;n+1) = f_\theta(S|0;n) + \Delta f_c(S;n) \qquad (8.100)$$

式(8.100)说明在第 $n+1$ 步，先验概率密度函数 $f_c(S;n+1)$ 必须等于前 n 步搜索有关的信息的后延概率密度函数 $f_\theta(S|\theta)$。显然，这里必须要解决如下两个问题。

① 根据后验信息进行学习，构造后验概率密度函数 $f_{\theta}(S|\theta;n)$ 。

② 根据 $f_{\theta}(S|\theta;n)$ 的变化改变函数 $f_c(S;n+1)$ 。

一般情况下，实际解答上述两个问题是不可能的，因此必须进行简化。简化的本质就是从多维概率密度问题转到特征矩问题上来，也就是用数学期望、协方差矩阵近似地刻画概率密度函数 $f_c(S;n+1)$ 和 $f_{\theta}(S|\theta;n)$ 。随机参数变量 S 和 S_{θ} 的数学期望分别为

$$m_c(n+1) = M[S(n+1)]$$
$$m_{\theta}(n) = M[S_{\theta}(n)]$$
(8.101)

它们的协方差矩阵分别为

$$K_c(n+1) = M\{[(S(n+1)-m_c(n+1)][S(n+1)-m_c(n+1)]^{\mathrm{T}}\}$$
$$K_{\theta}(n) = M\{[S_{\theta}(n)-m_{\theta}(n)][S_{\theta}(n)-m_{\theta}(n)]^{\mathrm{T}}\}$$
(8.102)

因为在实际应用中，大多数的概率分布为正态分布，因此用数学期望和协方差矩阵进行描述已经足够。经过替换后可得下式，即

$$m_c(n+1) = m_{\theta}(n)$$
$$K_c(n+1) = K_{\theta}(n)$$
(8.103)

根据后验数据对矩阵 $m_{\theta}(n)$ 及 $K_{\theta}(n)$ 进行估计在原理上并不难。因此，下面构造向量 $S(n+1)$ 的迭代算法，使其数学期望和协方差矩阵分别为 $m_{\theta}(n)$ 和 $K_{\theta}(n)$ 。此算法可表示为

$$S(n+1) = m_s(n+1) + \Gamma(n+1)S_{\Gamma}$$
(8.104)

其中，S_{Γ} 为随机数值向量，满足 $M[S_{\Gamma}]=0, K_{\Gamma}=M[S_{\Gamma}S_{\Gamma}^{\mathrm{T}}]=I$ ，I 为单位矩阵；$\Gamma(n+1)$ 和 $m_s(n+1)$ 分别为待定的非随机矩阵和向量。

求待定的非随机矩阵 $\Gamma(n+1)$ 和向量 $m_s(n+1)$ ，使式(8.104)确定的随机向量 $S(n+1)$ 的概率特征满足式(8.103)。对式(8.104)两边求数学期望，可得下式，即

$$M[S(n+1)] = m_s(n+1) + \Gamma(n+1)M[S_{\Gamma}]$$

利用式(8.104)可得下式，即

$$M[S(n+1)] = m_s(n+1)$$

根据式(8.101)，有

$$m_c(n+1) = m_s(n+1)$$
(8.105)

将式(8.104)转化为 $S(n+1)-m_s(n+1) = \Gamma(n+1)S_{\Gamma}$ ，则有

$$[S(n+1)-m_s(n+1)][S(n+1)-m_s(n+1)]^{\mathrm{T}} = \Gamma(n+1)S_{\Gamma}S_{\Gamma}^{\mathrm{T}}\Gamma^{\mathrm{T}}(n+1)$$

对上式两边取数学期望，并利用等式 $M[S_{\Gamma}S_{\Gamma}^{\mathrm{T}}]=I$ ，可得下式，即

$$K_c(n+1) = \Gamma(n+1)\Gamma^{\mathrm{T}}(n+1)$$

将上式和式(8.105)分别代入式(8.103)，可得下式，即

$$m_s(n+1) = m_\theta(n)$$
$$\Gamma(n+1)\Gamma^{\mathrm{T}}(n+1) = K_\theta(n) \tag{8.106}$$

下面求矩阵 $F(n+1)$ 和向量 $m_s(n+1)$ 的分量 $m_i^{(s)}(n+1)(i=1,2,\cdots,r_0)$。由式 (8.106) 可求出 $m_i^{(s)}(n+1) = m_i^{(s)}(n)(i=1,2,\cdots,r)$ ，而对于矩阵 $\Gamma(n+1)$ 的分量 $\gamma_{ij}(i,j=1,2,\cdots,r)$ 的计算，为了达到简化计算的目的，可选其为下三角矩阵，即

$$\Gamma = \begin{bmatrix} \gamma_{11} & 0 & 0 & \cdots & 0 \\ \gamma_{21} & \gamma_{22} & 0 & \cdots & 0 \\ \vdots & \vdots & \vdots & & \vdots \\ \gamma_{r1} & \gamma_{r2} & \gamma_{r3} & \cdots & \gamma_{rr} \end{bmatrix}$$

则式(8.106)可以表示为

$$\sum_{v=1}^{r} \gamma_{iv}(n+1)\gamma_{(j)v}(n+1) = K_{ij}^{\theta}(n), \quad i,j=1,2,\cdots,r; \mu=v; \gamma_{\mu v}=0$$

可以求出上述标量方程的解析解。

当 $i=j=1$ 时，有 $\gamma_{11}(n+1)\gamma_{11}(n+1) = K_{11}^{(\theta)}(n)$ ，可得下式，即

$$\gamma_{11}(n+1) = \sqrt{K_{11}^{(\theta)}(n)}$$

当 $i=2, j=1$ 时，有 $\gamma_{21}(n+1)\gamma_{11}(n+1) = K_{21}^{(\theta)}(n)$ ，可得下式，即

$$\gamma_{21}(n+1) = \frac{K_{21}^{(\theta)}(n)}{\sqrt{K_{11}^{(\theta)}(n)}}$$

当 $i=2, j=2$ 时，有 $\gamma_{21}(n+1)\gamma_{21}(n+1) + \gamma_{22}(n+1)\gamma_{22}(n+1) = K_{22}^{(\theta)}(n)$ ，可得下式，即

$$\gamma_{22}(n+1) = \sqrt{K_{22}^{(\theta)}(n) - \frac{K_{21}^{(\theta)}(n)K_{21}^{(\theta)}(n)}{K_{11}^{(\theta)}(n)}}$$

继续下去，可以求出每个元素，即

$$\gamma_{ij} = \begin{cases} \sqrt{K_{ij}^{(\theta)}}, & i=j=1 \\ \dfrac{K_{ij}^{(\theta)}}{\gamma_{jj}}, & i=2,3,\cdots,r; j=1 \\ \sqrt{K_{ij}^{(\theta)} - \gamma_{i(j-1)}^2 - \cdots - \gamma_{r1}^2}, & i=j=2,3,\cdots,r \\ \dfrac{K_{ij}^{(\theta)} - \gamma_{i(j-1)}\gamma_{j(j-1)} - \cdots - \gamma_{i1}\gamma_{j1}}{\gamma_{jj}}, & i=3,4,\cdots,r; j=2,3,\cdots,r; i>j \end{cases} \tag{8.107}$$

(2) 自学习非梯度随机搜索过程。

图 8.4 为自学习非梯度随机搜索法的一般结构。

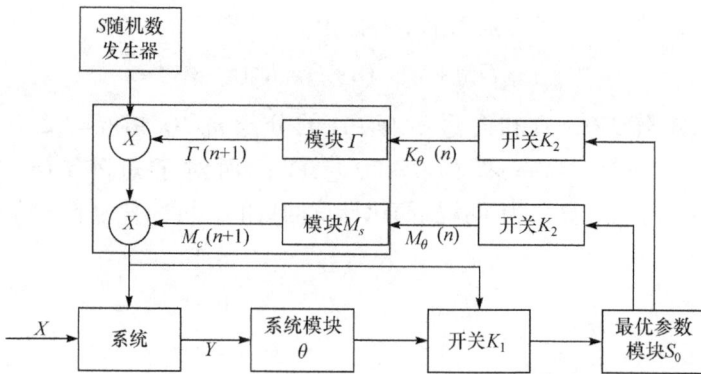

图 8.4　自学习非梯度随机搜索法一般结构图

在式(8.104)中,构造向量 $S(n+1)$,它的概率特性随着概率特性 $m_\theta(n)$ 及 $K_\theta(n)$ 的变化而变化。可以通过研究向量 S_θ 的样本实现过程进行统计分析。在图 8.4 中,模块 Γ 由式 (8.107) 确定的矩阵 $\Gamma(n+1)$ 的元素 γ_{ij} 计算,模块 M_s 实现 $m_s(n+1)=m_\theta(n)$ 的功能,模块 S_0 计算向量 $S(n)$ 的数学期望向量 $m_\theta(n)$ 及协方差矩阵 $K_\theta(n)$,并形成 S_0 的估计 $\hat{S}_0$ 。

搜索过程可以按以下两种方式进行,即离散自学习搜索过程及连续自学习搜索过程。

(3) 离散自学习搜索过程。

在此搜索过程中,自学习运算器通过开关 K_2 与模块 S_0 相连。此时,在模块 S_0 中, 按式(8.108)和式(8.109)计算概率特征 m_θ 和 K_θ 的估计值 $\hat{m}_\theta$ 和 $\hat{K}_\theta$,即

$$\hat{m}_\theta(n_{K_2})=\frac{1}{n_{K_1}^*}\sum_{\nu=1}^{n_{K_1}^*}S_\theta(n_{k_2},\nu) \tag{8.108}$$

$$\hat{K}_\theta(n_{K_2})=\frac{1}{n_{K_1}^*-1}\sum_{\nu=1}^{n_{K_1}^*}[S_\theta(n_{k_2},\nu)-m_\theta(n_{K_2})][S_\theta(n_{k_2},\nu)-m_\theta(n_{K_2})]^{\mathrm{T}} \tag{8.109}$$

当开关 K_2 打开时, 在 n_{K_2} 与 $n_{K_2}+1$ 内, 随机向量 S_θ 的实现样本可用来估计 $\hat{m}_\theta(n_{K_2})$ 和 $\hat{K}_\theta(n_{K_2})$; $n_{K_1}^*$ 为在开关 K_2 闭合期间指定的事件 θ 出现的次数。显然, $n_{K_1}^*$ 越大,概率特征 m_θ 和 K_θ 的估计越准确。

搜索停止的条件是 $m_\theta(n_{K_2})$ 和 $K_\theta(n_{K_2})$ 趋于平稳, 此停止条件可以根据是否满足下列不等式来确定, 即

$$\frac{1}{n_0}\sum_{\nu=1}^{n_0}\frac{|H_{n^*-\nu}-H_{n^*-\nu-1}|}{H_{n^*-\nu}}\leqslant\varepsilon_0 \tag{8.110}$$

其中，$n^* = n_{K_2}$、H_{n^*-v}、H_{n^*-v-1} 为相应搜索中 m_θ 的归一化向量；n_0 为平均记忆容量参数；ε_0 为事先制定的正数。

当搜索结束时，向量 m_θ 被当作向量参数 S_0 的最优估计 $\hat{S}_0$。

(4) 连续自学习搜索过程。

在连续自学习过程中，已知开关 K_2 是闭合的，先验信息连续进入自学习运算器中，模块 S_0 根据式(8.111)计算概率特征 $m_\theta(n)$ 和 $K_\theta(n)$，即

$$m_\theta(n) = \rho_0(n_{K_1})m_0 + \rho_1(n_{K_1})\hat{m}_\theta(n)$$

$$K_\theta(n) = \rho_0(n_{K_1})K_0 + \rho_1(n_{K_1})\hat{K}_\theta(n) \tag{8.111}$$

其中

$$\hat{m}_\theta(n) = \frac{1}{n_{K_1}}\sum_{v=1}^{n_{K_1}} S_0(v) \tag{8.112}$$

$$\hat{K}_\theta(n) = \frac{1}{n_{K_1}-1}\sum_{v=1}^{n_{K_1}}[S_\theta(v) - \hat{m}_\theta(n)][S_\theta(v) - \hat{m}_\theta(n)]^{\mathrm{T}} \tag{8.113}$$

m_0 和 K_0 分别为事先给定的初始值；标量系数 $\rho_0(n_{K_1})$ 和 $\rho_1(n_{K_1})$ 的形式由自学习算法的类型确定。

在梯形自学习算法中，$\rho_0(n_{K_1})$ 和 $\rho_1(n_{K_1})$ 可分别表示为

$$\rho_0(n_{K_1}) = \begin{cases} 1, & n_{K_1} \leqslant n_c \\ 0, & n_{K_1} > n_c \end{cases} \tag{8.114}$$

$$\rho_1(n_{K_1}) = \begin{cases} 0, & n_{K_1} \leqslant n_c \\ 1, & n_{K_1} > n_c \end{cases} \tag{8.115}$$

参数 n_c 确定保持自学习开关 K_2 接通的时间大小，可根据在自学习搜索中获得的关于确定 $\hat{m}_\theta$ 和 $\hat{K}_\theta$ 的信息确定。

在均匀自学习算法中，$\rho_0(n_{K_1})$ 和 $\rho_1(n_{K_1})$ 由下列公式计算，即

$$\rho_0(n_{K_1}) = \begin{cases} 1 - \dfrac{n_{K_1}}{n_c}, & n_{K_1} \leqslant n_c \\ 0, & n_{K_1} > n_c \end{cases} \tag{8.116}$$

$$\rho_1(n_{K_1}) = \begin{cases} \dfrac{n_{K_1}}{n_c}, & n_{K_1} \leqslant n_c \\ 1, & n_{K_1} > n_c \end{cases} \tag{8.117}$$

参数 n_c 决定从确定 m_0 和 K_0 的先验信息到确定 m_θ 和 K_θ 的后验信息的转换速度。在实际应用中，此参数通常取为 5~12。随机搜索总是从概率特性 $m_c(0) = m_0$、$K_c(0) = K_0$ 开始，这些初始值是通过初步分析 S_0 所在的区域得到的。

搜索停止的条件是 $m_\theta(n)$ 和 $K_\theta(n)$ 趋于平稳，可以根据是否满足下列不等式来确定，即

$$\frac{1}{n_0} \sum_{\nu=1}^{n_0} \frac{\left| H_{n^*-\nu} - H_{n^*-\nu-1} \right|}{H_{n^*-\nu}} \leqslant \varepsilon_0 \tag{8.118}$$

其中，$n^* = n_{K_2}$、$H_{n^*-\nu}$、$H_{n^*-\nu-1}$ 为相应搜索中 m_θ 的归一化向量；n_0 为平均记忆容量参数；ε_0 为事先制定的正数。

当搜索结束时，向量 m_θ 被当作向量参数 S_0 的最优估计 $\hat{S}_0$。

8.2.3　应用实例

图 8.5 为舰空导弹制导系统的结构示意图。该结构由两部分组成，一部分为导引系统，另一部分为控制系统。雷达等传感器测出目标的运动参数，经过导引指令形成装置进入计算机。计算机通过控制数据流控制系统中的作动装置、导弹的舵面、导弹的姿态变化，再由导弹姿态敏感元件反馈至目标导弹传感器，调整导弹的飞行方式。

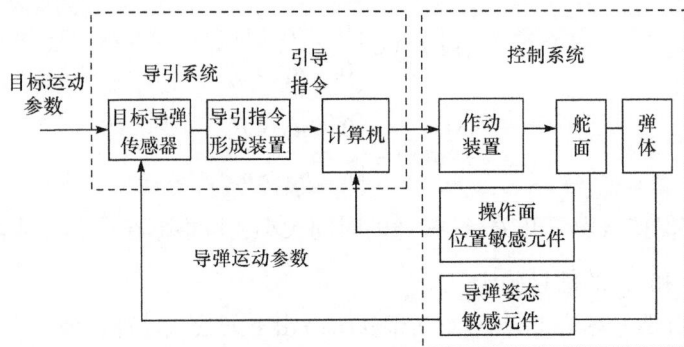

图 8.5　航空导弹制导系统结构图

整个系统最重要的雷达测角方式如图 8.6 所示。

目标角位置指方位角或仰角。在雷达技术中，测量这两个角的位置基本上都是利用天线的方向性来实现的。雷达天线将电磁能量汇集在窄波束内，当天线波束轴对准目标时，回波信号最强，所以在舰空导弹导引头目标定位器控制系统中，总是尽量使天线波束轴对准目标。在图 8.6 中，ε_n 为天线波束轴相对 OX 轴的仰角，ε 为

目标相对 OX 轴的仰角，$\Delta\varepsilon = \varepsilon - \varepsilon_n$ 是目标定位器控制系统尽量消除的量。舰空导弹导引头目标定位器控制系统结构如图 8.7 所示。

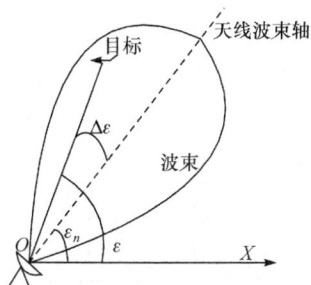

图 8.6　雷达测角

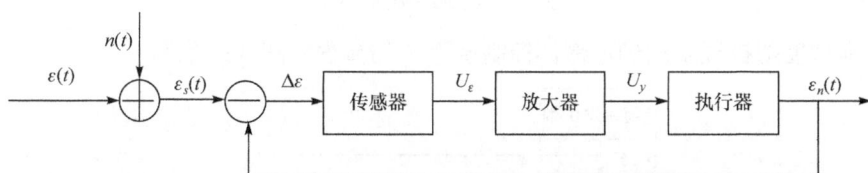

图 8.7　舰空导弹导引头目标定位器控制系统结构图

显然，图 8.7 是一个随动系统的控制结构，目的是使误差 $\Delta\varepsilon$ 为零。图中传感器是把两仰角之差 $\Delta\varepsilon$ 转换为电压信号 U_ε，放大器把初始电压信号 U_ε 放大为 U_y，根据电压信号 U_y 的大小，执行器旋转雷达天线方向，使天线波束轴的仰角为 ε_n。

导引头目标定位器各子系统的传递函数如下。

传感器：

$$W_n(p) = \frac{U_\varepsilon(p)}{\Delta\varepsilon(p)} = k_n \tag{8.119}$$

放大器：

$$W_y(p) = \frac{U_y(p)}{U_\varepsilon(p)} = \frac{k_y}{T_y p + 1} \tag{8.120}$$

执行器：

$$W_g(p) = \frac{\varepsilon_n(p)}{U_y(p)} = \frac{k_g}{p(T_g p + 1)} \tag{8.121}$$

这样，导引头目标定位器控制系统中的参数有 k_n、k_y、T_y、k_g 和 T_g，其中 k_n、k_g 和 T_g 这三个参数是给定的，现在要确定的是 k_y 和 T_y。用矩阵 S_c 表示要寻优的多个参数，即

$$S_c = (k_y, T_y)^{\mathrm{T}} \tag{8.122}$$

非梯度随机搜索法确定舰空导弹导引头目标定位器最优控制参数的实质就是确定最佳控制矩阵 S_c，使输出误差 $\Delta\varepsilon = \varepsilon - \varepsilon_n$ 小于指定的值 $\Delta\varepsilon_g$，如图 8.8 所示。事件 θ 满足下式，即

$$\left|\varepsilon(t)_{t=t_k} - \varepsilon_n(t)_{t=t_k}\right| \leqslant \Delta\varepsilon_g \tag{8.123}$$

其中，$\Delta\varepsilon_g$ 是允许对目标角 ε 的测量误差；t_k 是信号比较时刻，$t_k > t_n$，t_n 为目标定位器控制系统稳定所需时间。

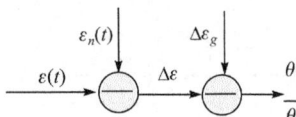

图 8.8　控制结构简化图

非梯度随机搜索法确定最佳控制矩阵 S_c 的流程如图 8.9 所示。

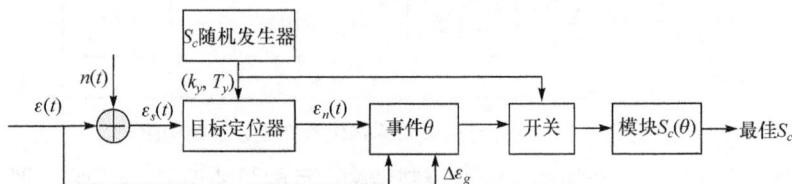

图 8.9　最佳控制矩阵 S_c 流程图

为了便于计算机计算，要将传递函数转换为微分方程的形式。

传感器：

$$W_n(p) = \frac{U_\varepsilon(p)}{\Delta\varepsilon(p)} = k_n \Rightarrow U_\varepsilon(p) = k_n\Delta\varepsilon(p) \xrightarrow{\text{拉普拉斯反变换}} u_\varepsilon(t) = k_n\Delta\varepsilon(t) \tag{8.124}$$

放大器：

$$W_y(p) = \frac{U_y(p)}{U_\varepsilon(p)} = \frac{k_y}{T_y p + 1} \Rightarrow T_y p u_y(p) + u_y(p) = k_y u_\varepsilon(p)$$

$$\xrightarrow{\text{拉普拉斯反变换}} T_y \frac{\mathrm{d}u_y(t)}{\mathrm{d}t} + u_y(t) = k_y u_\varepsilon(t) \Rightarrow \frac{\mathrm{d}u_y(t)}{\mathrm{d}t} = \frac{1}{T_y}[-u_y(t) + k_y u_\varepsilon(t)] \tag{8.125}$$

执行器：

$$W_g(p) = \frac{\varepsilon_n(p)}{U_y(p)} = \frac{k_g}{p(T_g p + 1)} \Rightarrow T_g p^2 \varepsilon_n(p) + p\varepsilon_n(p) = k_g U_y(p)$$

$$\xrightarrow{\text{拉普拉斯反变换}} T_g \frac{\mathrm{d}^2\varepsilon_n(t)}{\mathrm{d}t^2} + \frac{\mathrm{d}\varepsilon_n(t)}{\mathrm{d}t} = k_g u_y(t) \tag{8.126}$$

$$\xrightarrow{\;\diamondsuit\frac{\mathrm{d}\varepsilon_n(t)}{\mathrm{d}t}=\varepsilon_{n1}(t)\;}\quad \frac{\mathrm{d}\varepsilon_{n1}(t)}{\mathrm{d}t}=\frac{1}{T_g}[-\varepsilon_{n1}(t)+k_g u_y(t)]$$

这样，可得控制系统微分方程组为

$$\varepsilon_s(t)=\varepsilon(t)+n(t) \tag{8.127}$$

$$\Delta\varepsilon(t)=\varepsilon_s(t)-\varepsilon_n(t) \tag{8.128}$$

$$u_\varepsilon(t)=k_n\Delta\varepsilon(t) \tag{8.129}$$

$$\mathrm{d}u_y(t)=\frac{1}{T_y}[-u_y(t)+k_y u_\varepsilon(t)]\mathrm{d}t \tag{8.130}$$

$$\mathrm{d}\varepsilon_{n1}(t)=\frac{1}{T_g}[-\varepsilon_{n1}(t)+k_g u_y(t)]\mathrm{d}t \tag{8.131}$$

$$\mathrm{d}\varepsilon_n(t)=\varepsilon_{n1}(t)\mathrm{d}t \tag{8.132}$$

根据系统的控制方程和参数产生方式，仿真流程如图 8.10 和图 8.11 所示。

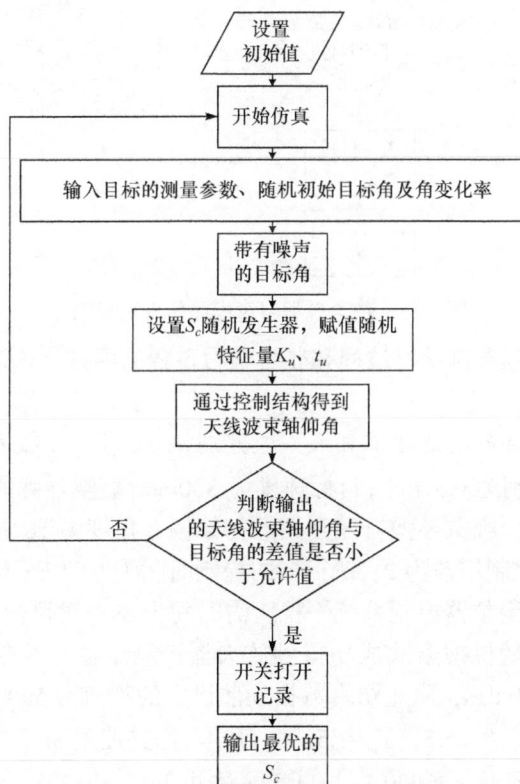

图 8.10　非自学习过程的仿真流程图

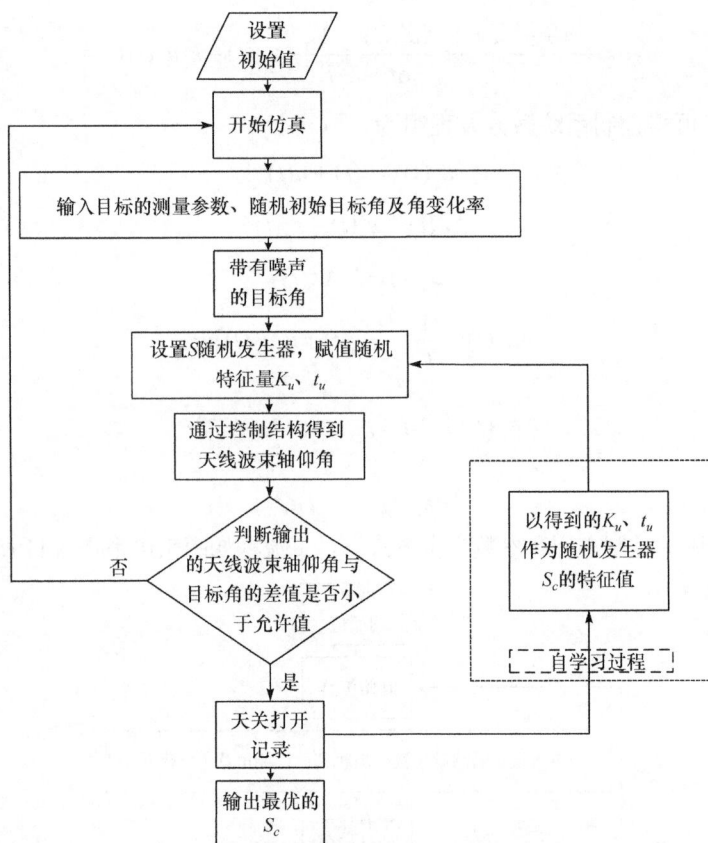

图 8.11 包含自学习过程的仿真流程图

下面分别通过包含自学习过程和非自学习过程的两种方式进行仿真。仿真初始条件如下。

放大器控制增益 k_y 的最小值和最大值分别为 0.5 和 10；放大器控制时间 T_y 的最小值和最大值分别为 0.5 和 3；目标速度为 300m/s；舰空导弹的速度为 800m/s；目标距离为 3000m；舰空导弹自导开始的初始偏差角度为 10°；传感器的控制增益为 1；执行器的控制增益为 2；执行器的控制时间为 0.017s；输入噪声的谱密度为 0.000001；目标定位器控制系统平稳所需时间为 3s；对目标角 ε 的测量允许误差为 0.1°；非梯度随机搜索法成功得到放大器控制增益和控制时间的总个数为 5000；仿真间隔为 0.01s；防止仿真数据发散设定的阈值为 500。

根据仿真结果，k_y=5.5，T_y=1.5。非自学习法共搜索 m=2237375 步，成功得到符合条件的控制参数 n=5000 次。自学习法共搜索 m=5728272 步，成功得到符合条件的控制参数 n=20190 次，与非自学习过程相比搜索成功率提高 58%。

第9章 随机非线性系统线性化

对于实际系统，特别是大系统，常常采用线性化分析法。它用一种线性化方程去等效并代替原有的非线性方程，从而采用一整套线性系统理论与方法来研究非线性系统。针对非周期、周期、随机三种输入与某些非线性特性，物理与工程上常用三类线性化方法或其组合。

输入 $x(t)$ 和输出响应 $y(t)$ 均可由均值和随机分量组成，即

$$x(t) = m_x(t) + x_0(t) \tag{9.1}$$

$$y(t) = m_y(t) + y_0(t) \tag{9.2}$$

设 $f(x)$ 为输入 $x(t)$ 的概率密度函数。由于 $y(t)$ 是输入 $x(t)$ 经非线性系统 $F(x)$ 的输出响应，因此

$$m_y(t) = \int_{-\infty}^{\infty} F(x)f(x)\mathrm{d}x \tag{9.3}$$

$$D_y(t) = \int_{-\infty}^{\infty} [F(x) - m_y(t)]^2 f(x)\mathrm{d}x \tag{9.4}$$

设 $u(t)$ 为 $y(t)$ 的线性化近似，即

$$u(t) = F_0 + k_1 x_0(t) \tag{9.5}$$

则线性化的任务就是按某一最优原则寻求系数 F_0 和 k_1。

9.1 直接线性化法

对于在工作点或均值附近连续、可微，且变化不大的非线性函数，即

$$y(t) = F[x(t), t] \tag{9.6}$$

在点 $m_x(t)$ 处，将函数 $F[x(t),t]$ 按 $x_0(t) = x(t) - m_x(t)$ 展成泰勒级数，并只取前两项，可得线性化近似函数为

$$y(t) \approx u(t) = F[m_x(t), t] + \frac{\partial F[m_x(t), t]}{\partial m_x(t)} [x(t) - m_x(t)] = \overline{F} + \frac{\partial \overline{F}}{\partial m_x(t)} x_0(t) \tag{9.7}$$

式(9.7)仅对 $x_0(t)$ 为线性的，且在 $m_x(t)$ 点同 $F[x,t]$ 相切。

9.2　统计线性化法

在随机输入下，用线性化随机函数等效并代替非线性随机函数，因等效准则不同而有多种方法。

9.2.1　统计方差等效线性化法

该方法的实质是使线性化输出 $u(t)$ 与真实输出 $y(t)$ 的均值和方差相等，即

$$m_u(t) = m_y(t) \tag{9.8}$$

$$D_u(t) = D_y(t) \tag{9.9}$$

由 $u(t) = F_0 + k_1 x_0(t)$ 可得下式，即

$$m_u(t) = F_0 \tag{9.10}$$

$$D_u(t) = M\{[k_1 x_0(t)]^2\} = k_1^2 D_x(t) \tag{9.11}$$

所以

$$F_0 = m_y(t) \tag{9.12}$$

$$k_1 = \pm\sqrt{[D_y(t)/D_x(t)]} \tag{9.13}$$

$$D_x(t) = \int_{-\infty}^{\infty} [x - m_x(t)]^2 f(t)\mathrm{d}x \tag{9.14}$$

系数 k_1 前的正负号取决于输入信号经非线性系统 $F(x)$ 的输出响应的符号是否与输入信号的符号一致，一般情况下取正号。系数 F_0 为输出响应的数学期望，称为均值等效准则。基于统计线性化法的各种方法在确定系数时都采用均值等效准则。

9.2.2　统计相关等效线性化法

该方法的实质是使线性化输出 $u(t)$ 与真实输出 $y(t)$ 之差 $\varepsilon(t)$ 的均方差最小，即

$$\varepsilon(t) = y(t) - u(t) \tag{9.15}$$

$$\begin{aligned}
\overline{\varepsilon^2(t)} &= M\{[m_y(t) + y_0(t) - F_0 - k_1 x_0(t)]^2\} \\
&= m_y^2(t) + D_y(t) + F_0^2 + k_1^2 D_x(t) - 2F_0 m_y(t) - 2k_1 \overline{y_0(t)x_0(t)}
\end{aligned} \tag{9.16}$$

记 $\overline{y_0(t)x_0(t)} = K_{y_0 x_0}(t)$，则

$$\overline{\varepsilon^2(t)} = m_y^2(t) + D_y(t) + F_0^2 + k_1^2 D_x(t) - 2F_0 m_y(t) - 2k_1 K_{y_0 x_0}(t) \tag{9.17}$$

对 F_0、k_1 求导并令其等于零，即

$$\frac{\partial \overline{\varepsilon^2(t)}}{\partial F_0} = 2F_0 - 2m_y(t) = 0 \tag{9.18}$$

$$\frac{\partial \overline{\varepsilon^2(t)}}{\partial k_1} = 2k_1 D_x(t) - 2K_{y_0 x_0}(t) = 0 \tag{9.19}$$

所以

$$F_0 = m_y(t) \tag{9.20}$$

$$k_1 = K_{y_0 x_0}(t) / D_x(t) \tag{9.21}$$

为了区别统计方差等效线性化法，令 k_1 为 $k_1^{(2)}$，将统计方差等效线性化法确定的 k_1 记为 $k_1^{(1)}$。

由于

$$K_{yx_0}(t) = M[y(t)x_0(t)] = m_y(t)M[x_0(t)] + M[y_0(t)x_0(t)] = K_{y_0 x_0}(t) \tag{9.22}$$

因此

$$k_1^{(2)} = \frac{K_{yx_0}(t)}{D_x(t)} = \frac{1}{D_x(t)} \int_{-\infty}^{\infty} F(x)[x - m_x(t)]f(x)\mathrm{d}x \tag{9.23}$$

考虑具有 k 个输入的非线性情况，即

$$Y = F(x_1, x_2, \cdots, x_k, t) \tag{9.24}$$

其中，$x_i(i = 1, 2, \cdots, k)$ 是由确定分量 m_{xi} 和随机分量 x_{0i} 组成的随机输入。

式(9.24)的近似式为

$$Y \approx F_0 + KX_0 \tag{9.25}$$

其中，$K = [k_1, k_2, \cdots, k_k]$；$X_0 = [x_{01}, x_{02}, \cdots, k_{0k}]^{\mathrm{T}}$，$X_0$ 是随机分量向量；F_0 和 K 是待定量，可用最小均方误差法确定，即

$$\hat{\varepsilon}^2 = E\left[\left(Y - F_0 - \sum_{j=1}^{k} k_j x_{0j}\right)^2\right] \tag{9.26}$$

令均方差对 F_0 和 x_{0j} 的偏导数等于零，得到满足误差最小的条件为

$$\begin{cases} \dfrac{\partial \hat{\varepsilon}^2}{\partial F_0} = 2E\left[\left(Y - F_0 - \sum_{j=1}^{k} k_j x_{0j}\right)(-1)\right] = 0 \\[4mm] \dfrac{\partial \hat{\varepsilon}^2}{\partial x_{0i}} = 2E\left[\left(Y - F_0 - \sum_{j=1}^{k} k_j x_{0j}\right)(-x_{0i})\right] = 0, \quad i = 1, 2, \cdots, k \end{cases} \tag{9.27}$$

考虑 $E[x_{0i}]=0$ ，$E[F_0 x_{0i}]=0$ ，由式(9.27)可得下式，即

$$\begin{cases} F_0 = E[Y] = m_y(t) \\ K = E[YX_0^T]/E[X_0 X_0^T] = E[YX_0^T]P^{-1} \end{cases} \tag{9.28}$$

其中，$P = E[X_0 X_0^T]$ 是随机输入 X_0 的协方差阵。

进一步计算二阶偏导数，可得下式，即

$$\frac{\partial^2 \hat{\varepsilon}^2}{\partial F_0^2} = 1 > 0 \tag{9.29}$$

$$\frac{\partial^2 \hat{\varepsilon}^2}{\partial k_j^2} = E[x_{0j}^2] > 0, \quad j=1,2,\cdots,k \tag{9.30}$$

说明满足局部极小值条件。

要计算期望向量 $F_0 = E[Y] = E[F(x_1,x_2,\cdots,x_k,t)]$ ，必须知道 X 向量 $(x_1,x_2,\cdots,x_k)^T$ 的概率密度函数 $f(X)$ 。上式的计算一般比较复杂，甚至求不出解析式，但是当假设 X 向量为正态分布时，即

$$f(X) = \frac{1}{\sqrt{(2\pi)^k |P|}} \exp\left(-\frac{1}{2} X_0^T P^{-1} X_0\right) \tag{9.31}$$

定义 $\hat{F} = F_0 = E[Y]$ ，则有

$$\hat{F} = \frac{1}{\sqrt{(2\pi)^k |P|}} \int_{-\infty}^{\infty}\cdots\int_{-\infty}^{\infty} F(X,t)\exp\left[-\frac{1}{2}(X-m_x)^T P^{-1}(X-m_x)\right]dx_1 dx_2\cdots dx_k \tag{9.32}$$

其中，$m_x = (m_{x1},m_{x2},\cdots,m_{xk})^T$ 是由 X 的确定性分量组成的向量，因此

$$\frac{d\hat{F}}{dm^T} = \left[\frac{\partial \hat{F}}{\partial m_{x1}} \quad \cdots \quad \frac{\partial \hat{F}}{\partial m_{xk}}\right]$$

$$= \frac{1}{\sqrt{(2\pi)^k |P|}} \int_{-\infty}^{\infty}\cdots\int_{-\infty}^{\infty} F(X,t)\exp\left(-\frac{1}{2}X_0^T P^{-1} X_0\right) X_0^T P^{-1}dx_1 dx_2\cdots dx_k \tag{9.33}$$

$$= E[F(X,t)X_0^T]P^{-1}$$

$$= E[YX_0^T]P^{-1}$$

对照式(9.33)，可得下式，即

$$K = \frac{d\hat{F}}{dm^T} \tag{9.34}$$

因此，在假设 X 向量为联合正态分布的条件下，线性化系数的计算可简化为

$$\begin{cases} \hat{F} = F_0 = E[F(X,t)] = \int_{-\infty}^{\infty} F(X,t)f(X)\mathrm{d}X \\ K = \dfrac{\mathrm{d}\hat{F}}{\mathrm{d}m^{\mathrm{T}}} \end{cases} \tag{9.35}$$

9.2.3　统计平均线性化法

经验证明，统计方差等效线性化法(式(9.13))确定的 $k_1^{(1)}$ 偏大，而统计相关等效线性化法(式(9.21))确定的 $k_1^{(2)}$ 偏小，因此取其平均值，即

$$k_1 = \frac{k_1^{(1)} + k_1^{(2)}}{2} \tag{9.36}$$

9.2.4　统计折合线性化法

因为 k_1 的上下限 $k_1^{(1)}$ 与 $k_1^{(2)}$ 有时相差很大，取均值并非合适，精确解与大量实验表明，采用 k_1、$k_1^{(1)}$、$k_1^{(2)}$ 的误差有时仍很大。为此产生一种新方法，将两种精确的理论解同两种实验值同时折算为新的线性解，并得到折合系数 ρ，且有

$$k_1^{(\rho)} = \rho[k_1^{(1)} + k_1^{(2)}] = 2\rho k_1 \tag{9.37}$$

对于 x^2 和 x^3 等五种非线性函数，求得 $\rho = 0.32 \sim 0.40$。

9.2.5　统计频谱等效线性化法

当随机输入 $x(t)$ 是平稳随机过程时，它的谱密度为 $S_x(\omega)$。由输出响应 $y(t)$ 近似 $u(t) = F_0 + k_1 x_0(t)$，可得下式，即

$$S_u(\omega) = k_1^2 S_x(\omega) \tag{9.38}$$

设输出响应的谱密度为 $S_y(\omega)$，按频谱等效的准则，有

$$S_u(\omega) = S_y(\omega) \tag{9.39}$$

$$k_1^{(\omega)} = k_1 = \sqrt{\frac{S_y(\omega)}{S_x(\omega)}} \tag{9.40}$$

在正态平稳输入情况下，输出响应 $y(t)$ 的自相关函数可展开成 $x(t)$ 自相关函数 $K_x(\tau)$ 的幂级数形式，即

$$K_y(\tau) = \sum_{n=1}^{\infty} c_n^2 K_x^n(\tau) = \sum_{n=1}^{\infty} C_n^2 K_x^n(\tau) \tag{9.41}$$

其中

$$c_n = \sigma_x^n C_n = C_n(m_x, \sigma_x, F) = \frac{(-1)^n}{\sqrt{n!}} \int_{-\infty}^{+\infty} F[\mu\sigma_x + m_x]\varphi^{(n)}(\mu)\mathrm{d}\mu, \quad \mu = \frac{x - m_x}{\sigma_x} \tag{9.42}$$

$$\varphi^{(n)}(\mu) = (-1)^n H_n(\mu)\varphi(\mu) = \frac{\mathrm{d}^n}{\mathrm{d}\mu^n}\varphi(\mu), \quad \varphi(\mu) = \frac{1}{\sqrt{2\pi}}\mathrm{e}^{-\frac{1}{2}\mu^2} \tag{9.43}$$

$H_n(\mu)$ 为 n 阶切比雪夫多项式。

对式(9.41)进行拉普拉斯变换，因为 C_n 与 ω 无关，可得下式，即

$$
\begin{aligned}
S_y(\omega) &= \int_{-\infty}^{\infty} K_y(\tau)\mathrm{e}^{-\mathrm{j}\omega\tau}\mathrm{d}\tau = \int_{-\infty}^{\infty}\sum_{n=1}^{\infty}C_n^2 K_x^n(\tau)\mathrm{e}^{-\mathrm{j}\omega\tau}\mathrm{d}\tau \\
&= \sum_{n=1}^{\infty}C_n^2\int_{-\infty}^{\infty}K_x^n(\tau)\mathrm{e}^{-\mathrm{j}\omega\tau}\mathrm{d}\tau = \sum_{n=1}^{\infty}C_n^2 S_x^n(\omega)
\end{aligned}
\tag{9.44}
$$

所以

$$k_1^{(\omega)} = \sqrt{\frac{S_y(\omega)}{S_x(\omega)}} = \sqrt{\frac{\sum_{n=1}^{\infty}C_n^2 S_x^n(\omega)}{S_x(\omega)}} \tag{9.45}$$

9.3　统计谐波线性化法

统计谐波线性化法也称谐波平衡法或描述函数法，是经典控制理论中处理非线性问题行之有效的方法。

设随机非线性系统 $y = F(x,\dot{x})$ 的输入为

$$x(t) = x^0(t) + x^*(t) \tag{9.46}$$

其中，$x^*(t) = A\sin(\Omega t)$，A 为频率为 Ω 的输入信号的幅值；$x^0(t)$ 为慢速变化输入分量，在 $\Delta t = 2\pi/\Omega$ 内可将其视为常数，即 $x^0(t) = x_0^0$。

一般情况下，当非线性系统的输入信号 $x(t)$ 包含正弦函数时，非线性系统的稳态输出 $y = F(x,\dot{x})$ 是与输入信号同频率的非正弦周期函数，且此周期函数可以展开为傅里叶级数，即

$$y(t) = \frac{a_0}{2} + \sum_{k=1}^{\infty}\left[a_k\cos(k\Omega t) + b_k\sin(k\Omega t)\right] \tag{9.47}$$

其中

$$a_k = \frac{1}{\pi}\int_0^{2\pi} F(x^0 + A\sin\psi; \ \Omega A\cos\psi)\cos(k\psi)\mathrm{d}\psi$$

$$b_k = \frac{1}{\pi}\int_0^{2\pi} F(x^0 + A\sin\psi; \ \Omega A\cos\psi)\sin(k\psi)\mathrm{d}\psi$$

因为傅里叶级数的一般规律是 k 越大，即谐波分量的频率越高，a_k 和 b_k 越小。

在用谐波平衡法线性化随机非线性系统时，假设非线性系统具有较好的低通滤波性能，高次谐波分量已被充分衰减，因此可近似认为非线性系统的稳态输出仅有一次谐波分量，即

$$y(t) = \frac{a_0}{2} + b_1 \sin(\Omega t) + a_1 \cos(\Omega t) \tag{9.48}$$

考虑 $\dfrac{\mathrm{d}}{\mathrm{d}t}[x^*(t)] = \Omega A \cos(\Omega t)$，统计谐波线性化法得到非线性系统的线性化稳态输出为

$$y(t) = F^0 + qx^*(t) + \frac{q'}{\Omega}\dot{x}^*(t) \tag{9.49}$$

其中

$$F^0 = F^0(x^0, A, \Omega) = \frac{1}{2\pi}\int_0^{2\pi} F(x^0 + A\sin\psi; \Omega A\cos\psi)\mathrm{d}\psi$$

$$q = q(x^0, A, \Omega) = \frac{1}{\pi A}\int_0^{2\pi} F(x^0 + A\sin\psi; \Omega A\cos\psi)\sin\psi\,\mathrm{d}\psi$$

$$q' = q'(x^0, A, \Omega) = \frac{1}{\pi A}\int_0^{2\pi} F(x^0 + A\sin\psi; \Omega A\cos\psi)\cos\psi\,\mathrm{d}\psi$$

线性化法的选择主要取决于输入的类型与大小、非线性函数的特性与强弱。非线性与随机性均弱的非周期输入，以及函数连续可微时可用直接线性化法，但因未考虑输入的方差而带片面性。纯周期输入下可用统计谐波线性化法，实际上宜选用统计谐波组合线性化法。统计线性化法(实为拟线性化法)考虑输入的均值与方差，较为全面，应尽量采用。对于大系统，可视情况采用一部分直接线性化法以使计算简便。对于统计线性化，可优先选用统计平均线性化法，但 $k_1^{(1)}$ 较大时，应采用统计折合线性化法。

第 10 章　随机过程统计分析

在舰艇武器控制中，传感器探测误差、不规则海浪的特性(浪高、波浪倾斜角等)、描述舰艇在海浪中特性的角参数(横倾角、纵倾角和艏摇)、炮弹发射时的振动、炮弹的散布误差、大气紊流特性、空气温度、大气压力和湿度等随机过程的概率特性对舰载武器的使用和控制影响很大，需要进行深入分析和研究。本章首先给出估计非平稳随机过程和各态历经平稳随机过程概率特性的计算公式，然后给出平稳随机过程光谱特性估计的公式，最后给出一些在舰艇武器控制中常见相关函数未知参数的有效估计。

10.1　非平稳随机过程的概率特性估计

随机变量 X 分布规律的数字特征和未知参数估计可以借助样本 $x_1, x_2, \cdots, x_n$ 获得。为了得到这些样本，可以通过在相同条件下进行 n 批独立实验。对于待估计随机变量分布规律的任何参数，若其数学期望与 θ 相符，则估计 $\widetilde{\Theta}$ 是无偏估计。当样本量 n 无限增大时，若估计方差趋于零，那么估计是相容估计。当样本量 n 有限时，若其方差比任何其他参数 θ 的估计方差都要小，则有效估计 $\widetilde{\Theta}_\varepsilon$ 被认为是最佳估计。对于两个随机变量方程组 (X, Y) 的数字特征，通过二维抽样 $(x_j, y_j)(j = 1, 2, \cdots, n)$ 可以得到估计。

与随机变量二阶系统或者随机变量数字特征的估计类似，就任意随机过程 $X(t)$ 而言，可以得到数学期望 $\bar{x}(t)$ 的无偏相容估计和有效估计、方差 $D_x(t) = K_x(t, t)$、相关函数 $K_x(t, t')$ 和其他概率特性。对于非稳定随机过程 $X(t)$ 估计，不同于一维和二维抽样，使用的是 $0 \leqslant t \leqslant T$ 内持续时间为 T 的观测样本集合 $x_1(t), x_2(t), \cdots, x_n(t)$。上述样本应该在相同条件下进行 n 个独立实验获得。如果实验的条件发生变化，那么样本 $x_j(t)(j = 1, 2, \cdots, n)$ 就可能是不同精确度的样本或相关样本。在对非稳定随机过程 $X(t)$ 和 $Y(t)$ 求互相关函数 $K_{x,y}(t, t')$ 的估计时，要增加 $Y(t)$ 在 $0 \leqslant t \leqslant T$ 的观测样本集合 $y_1(t), y_2(t), \cdots, y_n(t)$。

对于随机过程 $X(t)$，有时只可能得到一个非常长的样本 $x(t)$ 来代替样本集合，这个样本称为时间序列。如果对区间 $[0, T]$ 内 t 的所有值而言，可以观察到样本 $x(t)$，那么时间序列称为连续时间序列。若在观察结果中获得的是序列值 $x(t_s)(s=1,2,\cdots)$，则时间序列是离散的。对于非稳定随机过程，时间序列是非稳定的；对于稳定随机过程，时间序列是稳定的。借助随机过程 $X(t)$ 的一个样本 $x(t)$，只有在这个过程是稳定的(广义上而言)且满足各态历经性的额外条件下，才可以非常精确地确定基本概率特征的估计。本章不研究通过使用一个时间序列就得到任意非稳定随机过程 $X(t)$ 概率特征无偏相容估计的方法，而是研究将非稳定随机过程简化为一个或者几个稳定过程，得到上述特征的近似估计，要根据非稳定性的类型使用不同的方法。最常见的是把非稳定过程替换成分段稳定过程，也就是可以用得到的几个稳定时间序列来替代一个稳定样本。例如，巡航导弹在指定高度范围内水平飞行时，其俯仰角(或者迎角)就是随机过程。这个过程是非稳定的，因为俯仰角的设定值取决于飞行的高度。当高度值固定时，俯仰角可以视为广义上的稳定随机过程。如果导弹在不同固定高度水平飞行时得到其俯仰角的样本，那么其中每个样本都是稳定的时间序列。在这种情况下，非稳定随机过程的统计分析就变成多个稳定随机过程(其中的每个过程都有时间序列)的综合统计分析。

在某些情况下，随机过程 $X(t)$ 只是由于其平均值随着时间变化，才导致非稳定的。这样，随机过程 $X(t)-a(t)$ 就接近稳定的过程，其中 $a(t)$ 是未知数学期望 $\bar{x}(t)$ 的近似函数。如果采用某种方法计算出函数 $a(t)$，那么可以借助一个时间序列得出原始随机过程的概率特征。有时，随机过程 $X(t)/b(t)$ 或者 $[X(t)-a(t)]/c(t)$ 会接近稳定随机过程，并且 $[b(t)]^2 \approx M\{[X(t)]^2\}$，$[c(t)]^2 \approx D_x(t)$。

把非稳定随机过程简化为稳定随机过程的运算不总是可行的，在某些情况下甚至是不合理的。因此，本节研究怎样通过 n 个样本 $x_j(t)(j=1,2,\cdots,n)$ 来求出非稳定随机过程 $X(t)$ 主要概率特性的估计。就理论结论而言，该函数可以视为随机过程，其中的每个随机过程都有相同的分布和概率特性，自然也可以视为原始随机过程。在得到任何估计样本的计算公式后，就必须将其视为确切函数(非随机函数)。求不同自变量的未知估计时通常使用这些值。

对估计随机过程 $X(t)$ 概率特性提出的要求与估计随机变量数字特征提出的要求相同。这些估计应该是无偏或者渐近无偏估计和相容估计。估计的无偏性意味着，其数学期望与被估计的概率特性相符，而渐近无偏性规定在 $n\to\infty$ 时才有这种相符。如果为了求出估计而使用 $0\le t\le T$ 时的一个样本 $x(t)$，那么渐近无偏性意味着在 $T\to\infty$ 时，估计的数学期望与被估计概率特性收敛。相容性味着，在 $n\to\infty$ 或者 $T\to\infty$ 时，概率估计分别向被估计概率特性收敛。

本节分析在不相关样本、相关样本和一个样本情况下，非平稳随机过程的数学期望、方差等概率特性的估计，并给出这些不同估计方法的效果。

10.1.1　不相关样本下的估计

在自变量 t 为任意固定值的情况下，随机过程 $X(t)$ 都是随机变量。对这个时刻而言，不相关样本的集合 $\{x_1(t), x_2(t), \cdots, x_n(t)\}$ 就是数量为 n 的抽样。抽样平均数就是随机变量的数学期望估计。所以，区间 $[0, T]$ 的自变量 t 为任意值时，随机过程 $X(t)$ 的数学期望估计为

$$\tilde{\overline{x}}(t) = \frac{1}{n} \sum_{j=1}^{n} x_j(t) \tag{10.1}$$

如果将样本 $x_j(t)(j = 1, 2, \cdots, n)$ 视为随机过程，且其概率特性与原始过程 $X(t)$ 的概率特性相同，那么它们的数学期望与 $\overline{x}(t)$ 相符，即 $M[x_j(t)] = \overline{x}(t)$ $(j = 1, 2, \cdots, n)$，那么

$$M[\tilde{\overline{x}}(t)] = \frac{1}{n} \sum_{j=1}^{n} M[x_j(t)] = \overline{x}(t) \tag{10.2}$$

即式(10.1)计算出的 $X(t)$ 的数学期望估计是无偏估计。在不相关样本 $x_j(t)(j = 1, 2, \cdots, n)$ 下，其方差是相同的，并且等于随机过程 $X(t)$ 的方差，即 $D[x_j(t)] = D_x(t)(j = 1, 2, \cdots, n)$。由式(10.1)可以求出下式，即

$$D[\tilde{\overline{x}}(t)] = \frac{1}{n^2} \sum_{j=1}^{n} D[x_j(t)] = \frac{1}{n} D_x(t) \tag{10.3}$$

由式(10.3)可以得出结论，当 $D_x(t) < \infty$ 时，数学期望 $\overline{x}(t)$ 的方差在 $n \to \infty$ 的情况下趋于零。由此可知，式(10.1)计算出的随机过程数学期望估计是相容估计。如果原始随机过程 $X(t)$ 是正态随机过程，那么该估计是有效的，即在 t 和 n 为任意固定值时，这个估计的方差比 $\overline{x}(t)$ 任何其他估计的方差都要小一些。

现在通过 $\theta_x(t)$ 表示随机过程 $X(t)$ 平方的数学期望。这个随机过程的平方称为均方，即假设

$$\theta_x(t) = M\{[X(t)]^2\} = [\overline{x}(t)]^2 + D_x(t) \tag{10.4}$$

与式(10.1)类似，对于该概率特性，可通过下式估计，即

$$\tilde{\Theta}_x(t) = \frac{1}{n} \sum_{j=1}^{n} [x_j(t)]^2 \tag{10.5}$$

因为 $M\{[x_j(t)]^2\} = \theta_x(t)(j = 1, 2, \cdots, n)$，所以

$$M[\widetilde{\Theta}_x(t)] = \frac{1}{n}\sum_{j=1}^{n}M\{[x_j(t)]^2\} = \theta_x(t) \tag{10.6}$$

由此可见，对均方 $\theta_x(t)$ 而言，式(10.5)是无偏估计，其方差为

$$D[\widetilde{\Theta}_x(t)] = \frac{1}{n^2}\sum_{j=1}^{n}D\{[x_j(t)]^2\} = \frac{1}{n}D\{[X(t)]^2\} \tag{10.7}$$

因此

$$\begin{aligned} D\{[X(t)]^2\} &= M\{[X(t)]^4\} - (M\{[X(t)]^2\})^2 \\ &= M\{[\overset{\circ}{X}(t) + \overline{x}(t)]^4\} - [\theta_x(t)]^2 \end{aligned} \tag{10.8}$$

如果随机过程 $X(t)$ 是正态随机过程，那么 $M\{[\overset{\circ}{X}(t)]^3\}=0$ ，而 $M\{[\overset{\circ}{X}(t)]^4\}=3[D_x(t)]^2$ ，那么就有

$$D\{[X(t)]^2\} = 3[D(t)]^2 + 6[\overline{x}(t)]^2 D_x(t) + [\overline{x}(t)]^4 - \{[\overline{x}(t)]^2 + D_x(t)\}^2 \tag{10.9}$$

由此可得下式，即

$$D[\widetilde{\Theta}_x(t)] = \frac{2}{n}D_x(t)\{D_x(t) + 2[\overline{x}(t)]^2\} \tag{10.10}$$

结合式(10.4)，式(10.10)可以表示为

$$D[\widetilde{\Theta}_x(t)] = \frac{2}{n}\{[\theta_x(t)]^2 - [\overline{x}(t)]^4\} \tag{10.11}$$

当 $n \to \infty$ 时，估计 $\widetilde{\Theta}_x(t)$ 的方差趋于零，因此估计(10.5)对于均方 $\theta_x(t)$ 而言是相容估计。

假设

$$\hat{D}_x(t) = \widetilde{\Theta}_x(t) - [\overline{x}(t)]^2 \tag{10.12}$$

对式(10.12)使用数学期望运算，可得

$$M[\hat{D}_x(t)] = M[\widetilde{\Theta}_x(t)] - M\{[\widetilde{\overline{x}}(t)]^2\} = \theta_x(t) - \{[\overline{x}(t)]^2 + D[\widetilde{\overline{x}}(t)]\} \tag{10.13}$$

即

$$M[\hat{D}_x(t)] = \{[\overline{x}(t)]^2 + D_x(t)\} - \left\{[\overline{x}(t)]^2 + \frac{1}{n}D_x(t)\right\} = \frac{n-1}{n}D_x(t) \tag{10.14}$$

由式(10.14)可知，乘以 $\dfrac{n-1}{n}$ 后可以由 $\hat{D}_x(t)$ 得到随机过程 $X(t)$ 方差的无偏估计 $\widetilde{D}_x(t)$ ，因此

$$\widetilde{D}_x(t) = \frac{n}{n-1}\{\widetilde{\Theta}_x(t) - [\widetilde{\overline{x}}(t)]^2\} \tag{10.15}$$

该估计可以表示为

$$\widetilde{D}_x(t) = \frac{1}{n-1} \sum_{j=1}^{n} [x_j(t) - \widetilde{\overline{x}}(t)]^2 \tag{10.16}$$

该估计的方差为

$$D[\widetilde{D}_x(t)] = \frac{1}{n} \left(M\{[\overset{o}{X}(t)]^4\} - \frac{n-3}{n-3}[D_x(t)]^2 \right) \tag{10.17}$$

如果随机过程 $X(t)$ 是正态随机过程，那么

$$D[\widetilde{D}_x(t)] = \frac{2}{n-1}[D_x(t)]^2 \tag{10.18}$$

当 $n \to \infty$ 时，估计 $\widetilde{D}_x(t)$ 的方差趋于零，因此这个估计是相容估计。就正态随机过程 $X(t)$ 而言，方差 $D_x(t)$ 的估计 $\widetilde{D}_x(t)$ 是渐近有效估计。在这种情况下，式(10.16)可以表示为

$$\widetilde{D}_x(t) = \frac{D_x(t)}{n-1} \chi_{n-1}^2 \tag{10.19}$$

其中，χ_{n-1}^2 为随机变量，是拥有自由度为 $n-1$ 的 χ^2 分布。

对于随机过程 $X(t)$ 的均方根误差 $\sigma_x(t) = \sqrt{D_x(t)}$，渐近无偏估计可以通过式(10.20)求出，即

$$\widetilde{\sigma}_x(t) = \sqrt{\widetilde{D}_x(t)} \tag{10.20}$$

假设

$$Z = \frac{\sqrt{n}}{\sigma_x(t)}[\widetilde{\overline{x}}(t) - \overline{x}(t)] \tag{10.21}$$

如果 $X(t)$ 是正态随机过程，那么在 t 为任意固定值的情况下，随机变量 Z 都是自由度为 $n-1$ 的 t 分布。因此，对正态随机分布 $X(t)$ 的数学期望而言，在自变量 t 为任意值时，置信区间为

$$I_{\overline{x}(t)} = \left[\widetilde{\overline{x}}(t) - \frac{\widetilde{\sigma}_x(t) z_c}{\sqrt{n}}; \widetilde{\overline{x}}(t) + \frac{\widetilde{\sigma}_x(t) z_c}{\sqrt{n}} \right] \tag{10.22}$$

其中，$z_c = F_c^{-1}\left(\frac{1+\alpha}{2}; n-1 \right)$ 是概率为 $\frac{1+\alpha}{2}$ 的自由度为 $n-1$ 的 t 分布的相应分位点。

若置信概率为 α，随机过程 $X(t)$ 的数学期望 $\overline{x}(t)$ 的未知数字特征位于式(10.22)所示的区间。如果 $n \geq 10$，那么对于任何分布规律的随机过程 $X(t)$，都可以对数学期望 $\overline{x}(t)$ 使用如式(10.22)所示形式的置信区间。

对于正态随机过程 $X(t)$ 的均方根误差 $\sigma_x(t)$ 而言，置信区间可以表示为

$$I_{\sigma_x(t)} = \left[\frac{\widetilde{\sigma}_x(t)\sqrt{n-1}}{\sqrt{y_H}}; \frac{\widetilde{\sigma}_x(t)\sqrt{n-1}}{\sqrt{y_B}} \right] \tag{10.23}$$

其中，y_H 和 y_B 分别对应自由度为 $n-1$ 的 χ^2 分布的分位点概率 $\dfrac{1+\alpha}{2}$ 和 $\dfrac{1-\alpha}{2}$，即

$$y_H = F_n^{-1}\left(\frac{1+\alpha}{2}; n-1\right), \quad y_B = F_n^{-1}\left(\frac{1-\alpha}{2}; n-1\right) \tag{10.24}$$

对于随机过程 $X(t)$ 自变量的任意固定值 t 和 t'，样本的集合 $x_j(t)(j=1,2,\cdots,n)$ 形成容量为 n 的二阶随机变量 $[X(t),X(t')]$ 的二维抽样 $[x_j(t),x_j(t')](j=1,2,\cdots,n)$。这个系统的相关矩与随机过程 $X(t)$ 的相关函数 $K_x(t,t')$ 相符。与相关矩的估计类似，相关函数的无偏相容估计由式(10.25)决定，即

$$\begin{aligned}
\widetilde{K}_x(t,t') &= \frac{1}{n-1}\sum_{j=1}^{n}[x_j(t)-\widetilde{\overline{x}}(t)][x_j(t')-\widetilde{\overline{x}}(t')] \\
&= \frac{1}{n-1}\left[\sum_{j=1}^{n}x_j(t)x_j(t') - n\widetilde{\overline{x}}(t)\widetilde{\overline{x}}(t')\right]
\end{aligned} \tag{10.25}$$

该估计的方差为

$$\begin{aligned}
D[\widetilde{K}_x(t,t')] = \frac{1}{n}\bigg(&M\{[\overset{\circ}{X}(t)\overset{\circ}{X}(t')]^2\} + \frac{1}{n-1}D_x(t)D_x(t') \\
&- \frac{n-2}{n-1}[K_x(t,t')]^2 \bigg)
\end{aligned} \tag{10.26}$$

就正态随机过程 $X(t)$ 而言，相关函数 $\widetilde{K}_x(t,t')$ 的估计(10.25)是渐近有效估计，并且其方差为

$$D[\widetilde{K}_x(t,t')] = \frac{1}{n-1}\{D_x(t)D_x(t') + [K_x(t,t')]^2\} \tag{10.27}$$

对于观察区间 $[0,T]$ 的任意自变量 t 和 t'，由式(10.25)可以求得随机过程 $X(t)$ 相关函数 $K_x(t,t')$ 的无偏估计。只有 $t \geqslant t'$ 时，才可以进行计算，这是因为式(10.28)是正确的，即

$$\widetilde{K}_x(t',t) = \widetilde{K}_x(t,t') \tag{10.28}$$

在计算时，使用式(10.29)较为方便，即

$$\widetilde{K}_x(t,t-\tau) = \frac{1}{n-1}[Q_x(t,t-\tau) - n\widetilde{\overline{x}}(t)\widetilde{\overline{x}}(t-\tau)] \tag{10.29}$$

其中

$$Q_x(t,t-\tau)=\sum_{j=1}^{n}x_j(t)x_j(t-\tau) \tag{10.30}$$

根据式(10.30)，对于区间$[0,T-\tau]$的每个自变量值t，当自变量的固定位移$\tau \geqslant 0$时，使用整个样本的当前值和之前获得的值$x_j(t)$和$x_j(t-\tau)(j=1,2,\cdots,n)$，通过上述值的乘积之和，可以求出$Q_x(t,t-\tau)$。

对于随机过程$X(t)$和$Y(t)$的互相关函数$K_{x,y}(t,t')=M[\overset{\circ}{X}(t)\overset{\circ}{Y}(t')]$，通过式(10.31)可以算出无偏相容估计，即

$$\widetilde{K}_{x,y}(t,t')=\frac{1}{n-1}\sum_{j=1}^{n}[x_j(t)-\widetilde{\overline{x}}(t)][y_j(t)-\widetilde{\overline{y}}(t)]$$
$$=\frac{1}{n-1}\left[\sum_{j=1}^{n}x_j(t)y_j(t')-n\widetilde{\overline{x}}(t)\widetilde{\overline{y}}(t')\right] \tag{10.31}$$

其中

$$\widetilde{\overline{y}}(t')=\frac{1}{n}\sum_{j=1}^{n}y_j(t') \tag{10.32}$$

这个估计的方差为

$$D[\widetilde{K}_{x,y}(t,t')]=\frac{1}{n}\left(M\{[\overset{\circ}{X}(t)\overset{\circ}{Y}(t')]^2\}+\frac{1}{n-1}D_x(t)D_y(t')\right.$$
$$\left.-\frac{n-2}{n-1}[K_{x,y}(t,t')]^2\right) \tag{10.33}$$

如果系统$[X(t),Y(t')]$是正态的，那么有

$$D[\widetilde{K}_{x,y}(t,t')]=\frac{1}{n-1}\{D_x(t)D_y(t')+[K_{x,y}(t,t')]^2\} \tag{10.34}$$

10.1.2　相关样本下的估计

在某些情况下，对于非稳定随机过程$X(t)$，样本$x_j(t)(j=1,2,\cdots,n)$是相关样本。借助式(10.35)计算出的空间互相关函数，可以对样本的成对关系进行计算，即

$$L_s(s-j,t)=M\{[x_j(t)-\overline{x}(t)][x_s(t)-\overline{x}(t)]\}$$
$$=M\{x_j(t)x_s(t)-[\overline{x}(t)]^2\} \tag{10.35}$$

该函数相对第一个自变量而言是偶函数，即

$$L_x(-k,t)=L_x(k,t) \tag{10.36}$$

若第一个自变量为零，则该函数等于随机过程$X(t)$的方差，即

$$L_x(0,t)=\theta_x(t)-[\overline{x}(t)]^2=D_x(t) \tag{10.37}$$

当样本是完全相关样本(完全吻合样本)时，式(10.38)是正确的，即

$$L_x(k,t)=L_x(0,t)=D_x(t) \tag{10.38}$$

当样本是不相关时，即

$$L_x(k,t)=0, \quad k \neq 0 \tag{10.39}$$

用 $\rho_x(k,t)$ 表示标准空间的互相关函数，即

$$\rho_x(k,t)=\frac{L_x(k,t)}{D_x(t)} \tag{10.40}$$

相对第一个自变量而言，该函数也是偶函数，即

$$\rho_x(-k,t)=\rho_x(k,t) \tag{10.41}$$

根据式(10.37)，式(10.42)是正确的，即

$$\rho_x(0,t)=1 \tag{10.42}$$

一般情况下，有

$$\left|\rho_x(k,t)\right| \leqslant 1 \tag{10.43}$$

如果样本是完全相关样本，那么在 k 为任意值的情况下， $\rho_x(k,t)=1$ 。当样本为不相关样本时，在 $k \neq 0$ 的情况下， $\rho_x(k,t)=0$ 。

当自变量 t 为任意固定值时，函数 $\rho_x(s-j,t)$ 类似于两个随机自变量 $x_j(t)$ 和 $x_s(t)$ 的相关系数 。应用于 n 个样本 $x_j(t)(j=1,2,\cdots,n)$ 的集合时，函数 $\rho_x(k,t)(k=0,1,\cdots,n-1)$ 可以由下列相关矩阵的方式写出，即

$$R_x(t)=\begin{bmatrix} 1 & \rho_x(1,t) & \cdots & \rho_x(n-1,t) \\ \rho_x(1,t) & 1 & \cdots & \rho_x(n-2,t) \\ \vdots & \vdots & & \vdots \\ \rho_x(n-1,t) & \rho_x(n-2,t) & \cdots & 1 \end{bmatrix} \tag{10.44}$$

该 n 阶方阵是对称矩阵。如果样本是不相关的，那么 $R_x(t)$ 是单位矩阵。在完全相关样本的条件下，该矩阵的所有单元都等于 1 。当样本不完全相关时，相关矩阵 $R_x(t)$ 的行列式 $|R_x(t)|$ 不为 0 ，所以存在下列逆矩阵，即

$$R_x^{-1}(t)=\left\|\rho_{jl}^{-1}(t)\right\| \tag{10.45}$$

式(10.1)所求的数学期望 $\bar{x}(t)$ 的估计 $\tilde{\bar{x}}(t)$ 在相关样本时也是无偏估计。为了求出这个估计的方差，可以使用下式，即

$$D[\tilde{\bar{x}}(t)]=M\{[\tilde{\bar{x}}(t)]^2\}-[\bar{x}(t)]^2 \tag{10.46}$$

这时

$$M\{[\tilde{\overline{x}}(t)]^2\} = \frac{1}{n^2}M\left\{\left[\sum_{j=1}^{n}x_j(t)\right]^2\right\} = \frac{1}{n^2}\sum_{j=1}^{n}\sum_{s=1}^{n}M[x_j(t)x_s(t)] \tag{10.47}$$

由式(10.35)和式(10.40)可知，式(10.48)是正确的，即

$$M[x_j(t)x_s(t)] = [\overline{x}(t)]^2 + D_x(t)\rho_x(s-j,t) \tag{10.48}$$

所以

$$M\{[\tilde{\overline{x}}(t)]^2\} = [\overline{x}(t)]^2 + \frac{1}{n^2}D_x(t)\left[n\rho_x(0,t) + 2\sum_{j=1}^{n-1}\sum_{s=j+1}^{n}\rho_x(s-j,t)\right] \tag{10.49}$$

令 $s = j+k$，可以得到下式，即

$$\sum_{j=1}^{n-1}\sum_{s=j+1}^{n}\rho_x(s-j,t) = \sum_{j=1}^{n-1}\sum_{k=1}^{n-j}\rho_x(k,t) = \sum_{k=1}^{n-1}(n-k)\rho_x(k,t) \tag{10.50}$$

因此，式(10.49)可以表示为

$$M\{[\tilde{\overline{x}}(t)]^2\} = [\overline{x}(t)]^2 + \frac{\alpha(t)}{n}D_x(t) \tag{10.51}$$

其中

$$\alpha(t) = 1 + \frac{2}{n}\sum_{k=1}^{n-1}(n-k)\rho_x(k,t) \tag{10.52}$$

对于由式(10.1)计算出的随机过程 $X(t)$ 的数学期望的估计，通过将式(10.46)和式(10.51)替代式(10.3)，可以得到下式，即

$$D[\tilde{\overline{x}}(t)] = \frac{\alpha(t)}{n}D_x(t) \tag{10.53}$$

如果是不相关样本，那么 $\rho_x(k,t) = 0(k = 1,2,\cdots,n-1)$，因此 $\alpha(t) = 1$。这时，式(10.53)与式(10.3)相符。当样本为完全相关样本时，等式 $\rho_x(k,t) = 1$ 在 k 为任何值时都正确。因为

$$\sum_{k=1}^{n-1}(n-k) = \sum_{s=1}^{n-1}s = \frac{n(n-1)}{2} \tag{10.54}$$

在这种情况下，即

$$\alpha(t) = 1 + \frac{2}{n}\frac{n(n-1)}{2} = n \tag{10.55}$$

根据式(10.53)，有

$$D[\tilde{\overline{x}}(t)] = D_x(t) \tag{10.56}$$

由此可见，在完全相关样本的条件下，式(10.1)计算出的数学期望 $\overline{x}(t)$ 的估计 $\tilde{\overline{x}}(t)$ 方差不取决于样本的数量 n，并且与随机过程 $X(t)$ 的方差 $D_x(t)$ 是相符的。

在一般情况下，即

$$1 \leqslant \alpha(t) \leqslant n \tag{10.57}$$

随着随机过程 $X(t)$ 样本之间的相关度增大，式(10.1)的估计方差会增加，因此该估计的效果会降低。

在相关样本条件下，由式(10.5)计算出的 $\theta_x(t) = M\{[X(t)]^2\}$ 的均方估计 $\widetilde{\Theta}(t)$ 也是无偏估计。这个估计的方差可通过式(10.58)求出，即

$$D[\widetilde{\Theta}_x(t)] = M\{[\widetilde{\Theta}_x(t)]^2\} - [\theta_x(t)]^2 \tag{10.58}$$

因此

$$
\begin{aligned}
M\{[\widetilde{\Theta}_x(t)]^2\} &= \frac{1}{n^2} M\left\{\left[\sum_{j=1}^{n} x_j^2(t)\right]^2\right\} \\
&= \frac{1}{n^2} M\left\{\sum_{j=1}^{n} [x_j(t)]^4 + 2\sum_{j=1}^{n-1} \sum_{s=j+1}^{n} [x_j(t)]^2 [x_s(t)]^2\right\}
\end{aligned} \tag{10.59}
$$

对于 4 个正态随机变量乘积的数学期望，式(10.60)是正确的，即

$$
\begin{aligned}
M(X_1 X_2 X_3 X_4) = {} & k_{12}k_{34} + k_{13}k_{24} + k_{14}k_{23} + \bar{x}_1\bar{x}_2 k_{34} + \bar{x}_1\bar{x}_3 k_{24} \\
& + \bar{x}_1\bar{x}_4 k_{23} + \bar{x}_2\bar{x}_3 k_{14} + \bar{x}_2\bar{x}_4 k_{13} + \bar{x}_3\bar{x}_4 k_{12} + \bar{x}_1\bar{x}_2\bar{x}_3\bar{x}_4
\end{aligned} \tag{10.60}
$$

其中

$$k_{js} = M[(X_j - \bar{x}_j)(X_s - \bar{x}_s)] \tag{10.61}$$

就正态随机过程 $X(t)$ 的样本而言，式(10.60)可写为

$$
\begin{aligned}
M[x_j(t)x_s(t)x_l(t)x_i(t)] = {} & [D_x(t)]^2 [\rho_x(s-j,t)\rho_x(i-l,t) \\
& + \rho_x(l-j,t)\rho_x(i-s,t) + \rho_x(i-j,t)\rho_x(l-s,t)] \\
& + D_x(t)[\bar{x}(t)]^2 [\rho_x(i-l,t) + \rho_x(i-s,t) + \rho_x(l-s,t) \\
& + \rho_x(i-j,t) + \rho_x(l-j,t) + \rho_x(s-j,t)] + [\bar{x}(t)]^4
\end{aligned} \tag{10.62}
$$

因为 $\rho_x(0,t) = 1$，所以在 $i = l = s = j$ 的情况下，根据式(10.62)可以求出下式，即

$$M\{[x_j(t)]^4\} = 3[D_x(t)]^2 + 6D_x(t)[\bar{x}(t)]^2 + [\bar{x}(t)]^4 = 3[\theta_x(t)]^2 - 2[\bar{x}(t)]^4 \tag{10.63}$$

当 $l = j$ 和 $i = s$ 时，可以得到下式，即

$$
\begin{aligned}
M\{[x_j(t)]^2 [x_s(t)]^2\} = {} & [D_x(t)]^2 + 2[D_x(t)]^2 [\rho_x(s-j,t)]^2 \\
& + 2D_x(t)[\bar{x}(t)]^2 + 4D_x(t)[\bar{x}(t)]^2 \rho_x(s-j,t) + [\bar{x}(t)]^4
\end{aligned} \tag{10.64}
$$

通过式(10.64)，式(10.59)可以写为

$$M\{[\widetilde{\Theta}_x(t)]^2\} = \frac{1}{n^2}\{3[\theta_x(t)]^2 - 2[\overline{x}(t)]^4\} + [\theta_x(t)]^2$$
$$+ \frac{4}{n^2}[D_x(t)]^2\sum_{k=1}^{n-1}(n-k)[\rho_x(k,t)]^2 \qquad (10.65)$$
$$+ \frac{8}{n^2}D_x(t)[\overline{x}(t)]^2\sum_{k=1}^{n-1}(n-k)\rho_x(k,t)$$

根据式(10.58)，对于式(10.5)计算出的正态随机过程 $X(t)$ 均方估计 $\widetilde{\Theta}_x(t)$ 的方差，式(10.66)是正确的，即

$$D\{[\widetilde{\Theta}_x(t)]^2\} = \frac{2}{n}\{[\theta_x(t)]^2 - [\overline{x}(t)]^4\} + \frac{4}{n^2}[D_x(t)]^2\sum_{k=1}^{n-1}(n-k)[\rho_x(k,t)]^2$$
$$+ \frac{8}{n^2}D_x(t)[\overline{x}(t)]^2\sum_{k=1}^{n-1}(n-k)\rho_x(k,t) \qquad (10.66)$$

如果样本是不相关的，那么 $\rho_x(k,t)=0(k=1,2,\cdots,n-1)$。在这种情况下，由式 (10.66)可以得到式(10.11)。在完全相关样本的情况下，$\rho_x(k,t)=1$，因此有

$$D[\widetilde{\Theta}_x(t)] = \frac{2}{n}\{[\theta_x(t)]^2 - [\overline{x}(t)]^4\} + \frac{4}{n^2}\frac{n(n-1)}{2}D_x(t)\{D_x(t) + 2[\overline{x}(t)]^2\}$$
$$= 2\{[\theta_x(t)]^2 - [\overline{x}(t)]^4\} \qquad (10.67)$$

因此得到的表达式不取决于样本的数量 n，并且在一次样本下以式(10.5)的形式与 $\widetilde{\Theta}_x(t)$ 的估计方差相符。样本之间的相关度为任意值时，正态随机过程均方 $\theta_x(t)$ 的估计方差不小于 $\frac{2}{n}\{[\theta_x(t)]^2 - [\overline{x}(t)]^4\}$，不大于 $2\{[\theta_x(t)]^2 - [\overline{x}(t)]^4\}$。随着样本之间相关度的增加，上述方差会增加，因此式(10.5)所示形式的估计效果会降低。

为了检查式(10.15)或者式(10.16)计算出的随机过程方差 $D_x(t)$ 的估计 $\widetilde{D}_x(t)$ 的无偏性，在相关样本的情况下，对式(10.15)的两个部分使用数学期望计算。因为均方 $\theta_x(t)$ 的估计 $\widetilde{\Theta}_x(t)$ 为无偏估计，所以

$$M[\widetilde{D}_x(t)] = \frac{n}{n-1}(\theta_x(t) - M\{[\widetilde{\overline{x}}(t)]^2\}) \qquad (10.68)$$

使用式(10.51)和式(10.52)，可以得到下式，即

$$M[\widetilde{D}_x(t)] = \beta(t)D_x(t) \qquad (10.69)$$

其中

$$\beta(t) = \frac{n}{n-1}\left[1 - \frac{\alpha(t)}{n}\right] = 1 - \frac{2}{n(n-1)}\sum_{k=1}^{n-1}(n-k)\rho_x(k,t) \qquad (10.70)$$

如果样本是不相关的，那么 $\alpha(t)=\beta(t)=1$，所研究的方差 $D_x(t)$ 的估计为无

偏估计。在完全相关样本的条件下，$\alpha(t)=n$，系数 $\beta(t)=0$，因此估计 $\widetilde{D}_x(t)$ 的数学期望等于零。因为 $D_x(t) \geqslant 0$，所以表达式 $M[\widetilde{D}_x(t)] = 0$ 只有在 $\widetilde{D}_x(t) = 0$ 是可能的。由式(10.16)可知，只有在完全相关样本 $x_j(t)(j=1,2,\cdots,n)$ 与随机过程 $X(t)$ 数学期望的估计 $\widetilde{x}(t)$ 相符时，这个表达式才成立。

在不同的(不完全相关)样本条件下，系数 $\beta(t) \neq 0$。由式(10.70)可知，在这种情况下用原始表达式除以 $\beta(t)$ 就可以获得方差估计的无偏性。根据式(10.15)和式(10.16)可以得到随机过程方差 $D_x(t)$ 的无偏估计的计算公式，即

$$\widetilde{D}_x(t) = \frac{n}{(n-1)\beta(t)}\{\widetilde{\Theta}_x(t) - [\widetilde{x}(t)]^2\} = \frac{1}{(n-1)\beta(t)}\sum_{j=1}^{n}[x_j(t) - \widetilde{x}(t)]^2 \qquad (10.71)$$

该估计的方差可以通过式(10.72)求出，即

$$D[\widetilde{D}_x(t)] = \left[\frac{n}{(n-1)\beta(t)}\right]^2 (M\{[\widetilde{\Theta}_x(t)]^2\} + M\{[\widetilde{x}(t)]^4\} \\ - 2M\{\widetilde{\Theta}_x(t)[\widetilde{x}(t)]^2\}) - [D_x(t)]^2 \qquad (10.72)$$

就正态随机过程 $X(t)$ 的样本而言，根据式(10.62)可以求出下式，即

$$M\{[\widetilde{x}(t)]^4\} = \frac{1}{n^4} M\left\{\left[\sum_{j=1}^{n} x_j(t)\right]^4\right\}$$

$$= \frac{1}{n^4}\sum_{j,s,l,i=1}^{n} M[x_j(t)x_s(t)x_l(t)x_i(t)] = \frac{3}{n^4}[D_x(t)]^2\left[\sum_{j,s=1}^{n}\rho_x(s-j,t)\right]^2 \qquad (10.73)$$

$$+ \frac{6}{n^2}D_x(t)[\overline{x}(t)]^2\sum_{j=1}^{n}\rho_x(s-j,t) + [\overline{x}(t)]^4$$

因为

$$\sum_{j,s=1}^{n}\rho_x(s-j,t) = n\left[1 + \frac{2}{n}\sum_{k=1}^{n-1}\rho_x(k,t)\right] = n\alpha(t) \qquad (10.74)$$

所以式(10.73)可以表示为

$$M\{[\overline{x}(t)]^4\} = \frac{3}{n^2}[D_x(t)\alpha(t)]^2 + \frac{6}{n}D_x(t)\alpha(t)[\overline{x}(t)]^2 + [x(t)]^4 \qquad (10.75)$$

与其类似，可以求出下式，即

$$M\{\widetilde{\Theta}_x(t)[\widetilde{x}(t)]^2\} = \frac{1}{n^3}\sum_{l,j,s=1}^{n} M\{[x_l(t)]^2 x_j(t)x_s(t)\}$$

$$= \frac{1}{n^3}\sum_{l,j,s=1}^{n}\{[D_x(t)]^2[\rho_x(s-j,t) + 2\rho_x(l-j,t)\rho_x(l-s,t)]$$

$$+D_x(t)[\overline{x}(t)]^2[\rho_x(s-j,t)+2\rho_x(l-j,t)+2\rho_x(l-s,t)+1]+[\overline{x}(t)]^4\}$$

$$(10.76)$$

结合式(10.74)，式(10.76)可以写为

$$M\{\widetilde{\Theta}_x(t)[\widetilde{\overline{x}}(t)]^2\}=[\overline{x}(t)]^4+D_x(t)[\overline{x}(t)]^2\left[1+\frac{5}{n}\alpha(t)\right]+\frac{1}{n}[D_x(t)]^2\alpha(t)$$

$$+\frac{2}{n^3}[D_x(t)]^2\sum_{l,j,s=1}^{n}\rho_x(l-j,t)\rho_x(l-s,t)$$

$$(10.77)$$

这时

$$\sum_{l,j,s=1}^{n}\rho_x(l-j,t)\rho_x(l-s,t)=\sum_{l=1}^{n}\sum_{j=1}^{n}[\rho_x(l-j,t)]^2+\rho_x(l-j,t)\sum_{\substack{s=1\\s\neq j}}^{n}\rho_x(l-s,t)$$

$$=\sum_{l=1}^{n}\left\{[\rho_x(0,t)]^2+\sum_{\substack{j=1\\j\neq l}}^{n}[\rho_x(l-j,t)]^2+\rho_x(0,t)\sum_{\substack{s=1\\s\neq j}}^{n}\rho_x(l-s,t)\right.$$

$$\left.+\sum_{\substack{j=1\\j\neq l}}^{n}\rho_x(l-j,t)\rho_x(0,t)+\sum_{\substack{s=1\\s\neq j\neq l}}^{n}\rho_x(l-s,t)\right\}$$

$$(10.78)$$

因此

$$\sum_{l,j,s=1}^{n}\rho_x(l-j,t)\rho_x(l-s,t)=n+2\sum_{k=1}^{n-1}(n-k)[\rho_x(k,t)]^2+4\sum_{k=1}^{n}(n-k)\rho_x(k,t)$$

$$+\sum_{l=1}^{n}\sum_{\substack{s=1\\s\neq j\neq l}}^{n}\rho_x(l-j,t)\sum_{\substack{s=1\\s\neq j\neq l}}^{n}\rho_x(l-s,t)$$

$$(10.79)$$

借助式(10.65)、式(10.75)、式(10.77)和式(10.79)，根据式(10.72)，可以得到应用式(10.71)的正态随机过程 $X(t)$ 方差的估计方差，其表达式为

$$D[\widetilde{D}_x(t)]=2\left[\frac{D_x(t)}{n-\alpha(t)}\right]^2\left\{n+2-4\alpha(t)+[\alpha(t)]^2\right.$$

$$\left.+\frac{2(n-2)}{n}\sum_{k=1}^{n-1}(n-k)[\rho_x(k,t)]^2-\frac{2}{n}\sum_{l=1}^{n}\sum_{\substack{j=1\\j\neq l}}^{n}\rho_x(l-j,t)\sum_{\substack{s=1\\s\neq j\neq l}}^{n}\rho_x(l-s,t)\right\}$$

$$(10.80)$$

如果样本是不相关的，那么 $\rho_x(k,t)=0(k=1,2,\cdots,n-1)$，$\alpha(t)=1$。这时由式(10.80)可以得到式(10.18)。在完全相关样本的极端情况下，等式 $\rho_x(k,t)=1$ 在 k 为任意值的情况下都正确，而 $\alpha(t)=n$。这时，$D_x(t)$ 的估计方差不确定，因为

式(10.80)的第一部分具有 0/0 型不定式。

对于拥有在 $0 \leq t \leq T$ 的相关样本 $x_j(t)(j = 1,2,\cdots,n)$ 的随机过程 $X(t)$，可以用数学期望 $\bar{x}(t)$ 的其他估计 $\tilde{x}(t)$ 来替代式(10.1)。对此，把 $\bar{x}(t)$ 变成线性样本函数，即假设

$$\tilde{x}(t) = \sum_{j=1}^{n} a_j(t)x_j(t) + b(t) \tag{10.81}$$

其中，$a_j(t)(j = 1,2,\cdots,n)$ 和 $b(t)$ 为非随机函数。

这个估计的数学期望为

$$M[\tilde{x}(t)] = \bar{x}(t)\sum_{j=1}^{n} a_j(t) + b(t) \tag{10.82}$$

若 $b(t) \equiv 0$ 且满足下列条件，则对于 $\bar{x}(t)$ 而言，该估计为无偏估计，即

$$\sum_{j=1}^{n} a_j(t) = 1 \tag{10.83}$$

对式(10.81)使用方差运算，可得下式，即

$$\begin{aligned}
D[\tilde{x}(t)] &= M\{[\tilde{x}(t) - \bar{x}(t)]^2\} \\
&= \sum_{j=1}^{n}\sum_{s=1}^{n} a_j(t)a_s(t)M\{[x_j(t) - \bar{x}(t)][x_s(t) - \bar{x}(t)]\}
\end{aligned} \tag{10.84}$$

即

$$\begin{aligned}
D[\tilde{x}(t)] &= \sum_{j=1}^{n}\sum_{s=1}^{n} a_j(t)a_s(t)L_x(s-j,t) \\
&= D_x(t)\sum_{j=1}^{n}\sum_{s=1}^{n} a_j(t)a_s(t)\rho_x(s-j,t)
\end{aligned} \tag{10.85}$$

其中，系数 $a_j(t)(j = 1,2,\cdots,n)$ 满足式(10.83)，其取值使得 t 为每个固定值时，$\bar{x}(t)$ 的估计方差都最小。

根据拉格朗日方法，求方差 $D[\tilde{x}(t)]$ 的条件极值可归并为求泛函数的无条件极值，即

$$\psi[a_1(t),a_2(t),\cdots,a_n(t)] = D[\tilde{x}(t)] - 2\lambda(t)D_x(t)\left[\sum_{j=1}^{n} a_j(t) - 1\right] \tag{10.86}$$

其中，$\lambda(t)$ 为未知因子。

极值的必要条件以如下形式写出，即

$$\frac{\partial \psi}{\partial a_j(t)} = 2D_x(t)\left[\sum_{s=1}^{n} a_s(t)\rho_x(s-j,t) - \lambda(t)\right] = 0, \quad j = 1,2,\cdots,n \tag{10.87}$$

式(10.87)与下列方程组等价，即

$$\sum_{s=1}^{n} a_s(t)\rho_x(s-j,t) = \lambda(t), \quad j = 1,2,\cdots,n \tag{10.88}$$

利用式(10.44)计算出的相关矩阵 $R_x(t) = \left\| \rho_x(s-j,t) \right\|$，式(10.88)可以变为

$$[a_1(t), a_2(t), \cdots, a_n(t)]R_x(t) = \lambda(t)E_n \tag{10.89}$$

其中，E_n 为 n 阶矩阵，所有单元等于 1。

用该表达式的两个部分右乘以逆矩阵 $R_x^{-1}(t) = \left\| \rho_{jl}^{(-1)}(t) \right\|$ 可得下式，即

$$[a_1(t), a_2(t), \cdots, a_n(t)] = \lambda(t)E_n R_x^{-1}(t) \tag{10.90}$$

因此有

$$a_j(t) = \lambda(t)c_j(t), \quad j = 1,2,\cdots,n \tag{10.91}$$

其中

$$c_j(t) = \sum_{l=1}^{n} \rho_{jl}^{(-1)}(t), \quad j = 1,2,\cdots,n \tag{10.92}$$

对于式(10.91)，结合式(10.83)可得下式，即

$$\lambda(t) = \frac{1}{c(t)} \tag{10.93}$$

其中

$$c(t) = \sum_{j=1}^{n} c_j(t) \tag{10.94}$$

由此可知

$$a_j(t) = \frac{c_j(t)}{c(t)}, \quad j = 1,2,\cdots,n \tag{10.95}$$

根据式(10.81)，对于随机过程 $X(t)$ 的数学期望，具有最小方差的估计 $\tilde{x}(t)$ 由式(10.96)算出，即

$$\tilde{x}(t) = \frac{1}{c(t)} \sum_{j=1}^{n} c_j(t)x_j(t) \tag{10.96}$$

其方差为

$$\begin{aligned} D[\tilde{x}(t)] &= \frac{D_x(t)}{[c(t)]^2} \sum_{j=1}^{n} \sum_{s=1}^{n} c_j(t)c_s(t)\rho_x(s-j,t) \\ &= \frac{D_x(t)}{[c(t)]^2} \sum_{j=1}^{n} c_j(t) \sum_{s=1}^{n} \rho_x(s-j,t) \sum_{l=1}^{n} \rho_{sl}^{-1}(t) \end{aligned} \tag{10.97}$$

矩阵 $R_x(t)R_x^{-1}(t)$ 是单位矩阵，所以

$$\sum_{s=1}^{n} \rho_x(s-j,t)\rho_{sl}^{-1}(t) = \delta_{jl} = \begin{cases} 1, & l=j \\ 0, & l \neq j \end{cases} \tag{10.98}$$

$$D[\tilde{\bar{x}}(t)] = \frac{D_x(t)}{[c(t)]^2}\sum_{j=1}^{n}c_j(t)\sum_{l=1}^{n}\delta_{jl} = \frac{D_x(t)}{[c(t)]^2}\sum_{j=1}^{n}c_j(t) \tag{10.99}$$

即

$$D[\tilde{\bar{x}}(t)] = \frac{D_x(t)}{c(t)} \tag{10.100}$$

如果样本是独立的，那么 $\rho_x(0,t) = \rho_{jj}^{-1}(t) = 1$，当 $s \neq j$ 时，有 $\rho_x(s-j,t)=0$ 和 $\rho_{jj}^{(-1)}(t) = 0$。于是，$c_j(t) = 1 (j=1,2,\cdots,n)$，而 $c(t) = n$。这时由式(10.96)和式(10.100)分别可以得到式(10.1)和式(10.3)。

就正态随机过程 $X(t)$ 而言，估计样本集合 $x_1(t), x_2(t), \cdots, x_n(t)$ 在自变量 t 为任意固定值的情况下都可以视为正态系统。该 n 阶系统的概率分布密度为

$$f[x_1, x_2, \cdots, x_n; \bar{x}(t), D_x(t)]$$

$$= (2\pi)^{-\frac{n}{2}}|R_x(t)|^{-\frac{1}{2}}[D_x(t)]^{-\frac{n}{2}}\exp\left\{\frac{-1}{2D_x(t)}\sum_{j=1}^{n}\sum_{s=1}^{n}\rho_{js}^{-1}(t) \right. \tag{10.101}$$

$$\left. \times[x_j - \bar{x}(t)][x_s - \bar{x}(t)]\right\}$$

其中，$|R_x(t)|$ 为相关矩阵 $R_x(t)$ 的行列式。

数学期望的估计 $\bar{x}(t)$ 和正态随机过程 $X(t)$ 的方差 $D_x(t)$ 可以如解似然方程式一样算出。第一个似然方程可以写为

$$\frac{\partial \ln f}{\partial \bar{x}(t)} = \frac{1}{2D_x(t)}\sum_{j=1}^{n}\sum_{s=1}^{n}\rho_{js}^{-1}(t)[x_j + x_s - 2\bar{x}(t)] = 0 \tag{10.102}$$

结合式(10.92)和式(10.94)，可以得到下式，即

$$\sum_{j=1}^{n}\sum_{s=1}^{n}\rho_{js}^{-1}(t)[x_j - \bar{x}(t)] = \sum_{j=1}^{n}c_j(t)x_j - c(t)\bar{x}(t) \tag{10.103}$$

所以式(10.102)可以表示为

$$\sum_{j=1}^{n}c_j(t)x_j = c(t)\bar{x}(t) \tag{10.104}$$

式(10.104)与式(10.96)是等价的。由此可见，正态随机过程 $X(t)$ 的数学期望 $\bar{x}(t)$

的极大似然值与式(10.96)计算出的具有最小方差的无偏线性估计 $\tilde{\bar{x}}(t)$ 相符。

第二个似然方程是对 $D_x(t)$ 求导，即

$$\frac{\partial \ln f}{\partial D_x(t)}=\frac{-n}{2D_x(t)}+\frac{1}{2\left[D_x(t)\right]^2}\sum_{j=1}^{n}\sum_{s=1}^{n}\rho_{js}^{-1}(t)[x_j-\bar{x}(t)][x_s-\bar{x}(t)]=0 \quad (10.105)$$

因此，在 $\bar{x}(t)$ 已知的情况下，正态随机过程 $X(t)$ 的方差估计 $\tilde{D}_{\bar{x}}(t)$ 可由式(10.106)算出，即

$$\tilde{D}_{\bar{x}}(t)=\frac{1}{n}\sum_{j=1}^{n}\sum_{s=1}^{n}\rho_{js}^{-1}(t)[x_j-\bar{x}(t)][x_s-\bar{x}(t)] \quad (10.106)$$

用 $0x_1x_2\cdots x_n$ 表示 n 维空间中的正交坐标系。对于正态系统 $[x_1(t),x_2(t),\cdots,x_n(t)]$，分布的 n 维单位椭球体表面方程可以写为

$$\frac{1}{D_x(t)}\sum_{j=1}^{n}\sum_{s=1}^{n}\rho_{js}^{-1}(t)[x_j-\bar{x}(t)][x_s-\bar{x}(t)]=1 \quad (10.107)$$

为了简化式(10.107)，以正态系统分布中心为原点，把 $x_1x_2\cdots x_n$ 向其他正交坐标系 $\xi_1\xi_2\cdots\xi_n$ 转化。这个坐标系的坐标轴沿着 n 维椭球体的各个主轴。坐标 $\xi_1,\xi_2,\cdots,\xi_n$ 是正态随机变量的线性函数，所以它们也是正态随机变量，并且是不相关的，它们的数学期望等于 0。如果对这些自变量进行标准化，就会得到不相关随机自变量的正态系统 $(\eta_1,\eta_2,\cdots,\eta_n)$，并且其数学期望等于 0、方差等于 1。在正交坐标系中，分布的椭球体(10.107)是具有单位半径的 n 维球体。因此，用于估计方差的式(10.106)可以表示为

$$\tilde{D}_{\bar{x}}(t)=\frac{1}{n}D_x(t)\chi_n^2 \quad (10.108)$$

其中

$$\chi_n^2=\sum_{j=1}^{n}n_j^2 \quad (10.109)$$

该随机自变量具有自由度为 n 的 χ^2 分布。其数学期望 $M(\chi_n^2)=n$，而方差 $D(\chi_n^2)=2n$。由此可知

$$M[\tilde{D}_{\bar{x}}(t)]=D_x(t) \quad (10.110)$$

$$D[\tilde{D}_{\bar{x}}(t)]=\frac{2}{n}[D_x(t)]^2 \quad (10.111)$$

因此，对于具有已知数学期望 $\bar{x}(t)$ 的正态随机过程 $X(t)$ 而言，式(10.106)计算出的方差 $D_x(t)$ 的估计是无偏估计。该估计有效，且估计的方差可以通过式(10.111)求出。

如果数学期望 $\bar{x}(t)$ 不是已知的，那么就要用式(10.96)计算出的估计 $\tilde{\bar{x}}(t)$ 替换它。因此，对于方差 $D_x(t)$ ，极大似然值的估计为

$$\hat{D}_x(t)=\frac{1}{n}\sum_{j=1}^{n}\sum_{s=1}^{n}\rho_{js}^{(-1)}(t)[x_j-\tilde{\bar{x}}(t)][x_s-\tilde{\bar{x}}(t)] \tag{10.112}$$

因为 $x_j(t)-\tilde{\bar{x}}(t)=[x_j(t)-\bar{x}(t)]-[\tilde{\bar{x}}(t)-\bar{x}(t)]$ ，所以式(10.113)是正确的，即

$$\hat{D}_x(t)=\tilde{D}_{\bar{x}}(t)-\frac{1}{n}c(t)[\tilde{\bar{x}}(t)-\bar{x}(t)]^2 \tag{10.113}$$

因此

$$M[\hat{D}_x(t)]=D_x(t)-\frac{1}{n}c(t)D[\tilde{\bar{x}}(t)]=\left(1-\frac{1}{n}\right)D_x(t) \tag{10.114}$$

由此可见，正态随机过程 $X(t)$ 方差 $D_x(t)$ 的无偏估计可由式(10.115)算出，即

$$\tilde{D}_x(t)=\frac{n}{n-1}\hat{D}_x(t)=\frac{1}{n-1}\sum_{j=1}^{n}\sum_{s=1}^{n}\rho_{js}^{(-1)}(t)[x_j-\tilde{\bar{x}}(t)][x_s-\tilde{\bar{x}}(t)] \tag{10.115}$$

该估计是渐近有效的估计。结合式(10.113)， $\tilde{D}_x(t)$ 的表达式可以表示为

$$\tilde{D}_x(t)=\frac{1}{n-1}\{n\tilde{D}_{\bar{x}}(t)-c(t)[\tilde{\bar{x}}(t)-\bar{x}(t)]^2\} \tag{10.116}$$

假设

$$\eta_n=\sqrt{\frac{c(t)}{D_x(t)}}[\tilde{\bar{x}}(t)-\bar{x}(t)]=\frac{1}{\sqrt{c(t)D_x(t)}}\sum_{j=1}^{n}c_j(t)[x_j(t)-\bar{x}(t)]$$

该随机自变量的数学期望等于 0 ，而方差等于 1 。通过式(10.108)和式(10.109)，由式(10.116)可得下式，即

$$\tilde{D}_x(t)=\frac{1}{n-1}D_x(t)\left(\sum_{j=1}^{n}\eta_j^2-\eta_n^2\right)=\frac{1}{n-1}D_x(t)\chi_{n-1}^2 \tag{10.117}$$

其中， χ_{n-1}^2 为随机自变量，它拥有自由度为 $n-1$ 的 χ^2 分布。

因为 $D(\chi_{n-1}^2)=2(n-1)$ ，所以有

$$D[\tilde{D}_x(t)]=\frac{2}{n-1}[D_x(t)]^2 \tag{10.118}$$

如果正态随机过程 $X(t)$ 的样本为不相关样本，那么当 $s\neq j$ 时， $\rho_{js}^{(-1)}(t)=0$ ，而当 $s=j$ 时， $\rho_{js}^{(-1)}(t)=1$ 。

10.1.3　一个样本下的估计

当不稳定随机过程 $X(t)$ 只有一个样本 $x(t)$ 时，为了算出数学期望 $\bar{x}(t)$ 和均方

$\theta_x(t)=M\{[X(t)]^2\}$ 的估计 $\tilde{\bar{x}}(t)$ 和 $\tilde{\Theta}_x(t)$，要使用不同的近似计算法。对于 $X(t)$，方差的估计可以通过式(10.119)求出，即

$$\tilde{D}_x(t)=\tilde{\Theta}_x(t)-[\tilde{\bar{x}}(t)]^2 \tag{10.119}$$

对于大部分随机过程，数学期望 $\bar{x}(t)$ 的变化会小于零均值随机过程 $\overset{0}{X}(t)=X(t)-\bar{x}(t)$ 的低频分量，所以对于 $\bar{x}(t)$ 的估计 $\tilde{\bar{x}}(t)$，可以通过专门的滤波器或者相应的计算机程序对样本 $x(t)$ 进行滤波来获得。滤波器就是一个动态系统。该动态系统的输入端为随机过程 $X(t)=\bar{x}(t)+\overset{0}{X}(t)$ 的样本 $x(t)$，系统输出端的理想输出就是所求的数学期望，即滤波器输出端的实际随机过程被视为数学期望 $\bar{x}(t)$ 的估计 $\tilde{\bar{x}}(t)$。该估计的概率特性取决于滤波器工作的脉冲过渡函数(传递函数)，以及原始随机过程 $X(t)$ 的概率特性，即取决于其数学期望 $\bar{x}(t)$ 和相关函数 $K_x(t,t')$。如果以类似的方式对随机过程 $Y(t)=[X(t)]^2$ 的样本 $y(t)=[x(t)]^2$ 进行过滤，那么可以得到均方 $\theta_x(t)=\bar{y}(t)$ 的估计 $\tilde{\Theta}_x(t)$。

不稳定随机过程 $X(t)$ 的数学期望估计 $\tilde{\bar{x}}(t)$ 的近似值，在任何 t 值下都可以通过一个样本 $x(t)$，在区间 $(t-\Delta t, t+\Delta t)$ 取其平均值来获得，其中 Δt 为自变量 t 的固定增量。这时，为了估计数学期望，通常使用下式，即

$$\tilde{\bar{x}}(t)=\frac{1}{2\Delta t}\int_{t-\Delta t}^{t+\Delta t}x(t')\mathrm{d}t' \tag{10.120}$$

该估计的数学期望为

$$M[\tilde{\bar{x}}(t)]=\frac{1}{2\Delta t}\int_{t-\Delta t}^{t+\Delta t}\bar{x}(t')\mathrm{d}t' \tag{10.121}$$

对于可微分函数 $\bar{x}(t')$，按照 $t'-t$ 差数幂展成级数的展开式，可以写为

$$\bar{x}(t')=\bar{x}(t)+(t'-t)\bar{x}'(t)+\frac{1}{2}(t'-t)^2\bar{x}''(t)+\cdots \tag{10.122}$$

结合展开式的项，由式(10.121)可得下式，即

$$M[\tilde{\bar{x}}(t)]=\bar{x}(t)+\frac{1}{6}\bar{x}''(t)(\Delta t)^2 \tag{10.123}$$

由式(10.123)可以得出结论，当 $\bar{x}''(t)\neq 0$ 时，由式(10.120)计算出的数学期望 $\bar{x}(t)$ 的估计包含系统误差 $\frac{1}{6}\bar{x}''(t)(\Delta t)^2$。该误差在取平均值区间长度减小的情况下会减小。该估计的方差为

$$D[\widetilde{\overline{x}}(t)] = \frac{1}{(2\Delta t)^2} \iint\limits_{t-\Delta t}^{t+\Delta t} K_x(t',t'')\, \mathrm{d}t'\mathrm{d}t'' \tag{10.124}$$

当 Δt 较小时，可以把被积函数替换成 $K_x(t,t)=D_x(t)$。于是就有 $D[\widetilde{\overline{x}}(t)] \approx D_x(t)$。随着 Δt 的增大，数学期望的估计方差会减小。例如，$K_x(t,t')=D_x\mathrm{e}^{-\alpha|t-t'|}$，那么式 (10.124) 可以写为

$$
\begin{aligned}
D[\widetilde{\overline{x}}(t)] &= \frac{1}{(2\alpha\Delta t)^2} D_x(2\alpha\Delta t - 1 + \mathrm{e}^{-2\alpha\Delta t}) \\
&\approx D_x\left[1 - \frac{2}{3}\alpha\Delta t + \frac{1}{3}(\alpha\Delta t)^2\right]
\end{aligned}
\tag{10.125}
$$

由此可得出结论，估计 $\widetilde{\overline{x}}(t)$ 的精度在 $\alpha\Delta t$ 增大时提高。因此，在使用式(10.120)计算非稳定随机过程 $X(t)$ 的数学期望 $\overline{x}(t)$ 的估计 $\widetilde{\overline{x}}(t)$ 时，不应该取非常小的 Δt 值。Δt 的最佳值可以通过试探法和误差法求出。

与式(10.120)类似，通过 $X(t)$ 的一个样本 $x(t)$，根据式(10.126)就可以计算均方近似估计 $\theta_x(t)=M\{[X(t)]^2\}$，即

$$\widetilde{\Theta}_x(t) = \frac{1}{2\Delta t} \int\limits_{t-\Delta t}^{t+\Delta t} [x(t')]^2 \mathrm{d}t' \tag{10.126}$$

对于这个估计，其数学期望为

$$M[\widetilde{\Theta}_x(t)] = \frac{1}{2\Delta t} \int\limits_{t-\Delta t}^{t+\Delta t} \theta_x(t')\mathrm{d}t' \approx \theta_x(t) + \frac{1}{6}\theta_x''(t)(\Delta t)^2 \tag{10.127}$$

估计的方差可以通过式(10.128)求出，即

$$D[\widetilde{\Theta}_x(t)] = \frac{1}{(2\Delta t)^2} \iint\limits_{t-\Delta t}^{t+\Delta t} K_y(t',t'')\, \mathrm{d}t'\mathrm{d}t'' \tag{10.128}$$

其中，$K_y(t',t'')$ 为随机过程 $Y(t')=[X(t')]^2$ 的相关函数。

如果令原始随机过程 $X(t)$ 为正态随机过程，那么有

$$K_y(t,t')=2[K_x(t,t')]^2 + 4\overline{x}(t)\overline{x}(t')K_x(t,t') \tag{10.129}$$

时间序列就是不稳定随机过程 $X(t)$ 的单个样本，通常具有某种变化倾向。该变化倾向是随机过程在整体上周期性或者其他特性变化增加或降低的结果，称为趋势。随机过程 $X(t)$ 的数学期望 $\overline{x}(t)$ 的估计 $\widetilde{\overline{x}}(t)$ 可以视为趋势估计。在估计 $\widetilde{\overline{x}}(t)$ 未知的情况下，为了通过一个样本 $x(t)$ 发现随机过程 $X(t)$ 的趋势，可以采用不同的方法。通常，趋势 $v(t)$ 可以近似表示为

$$v(t) = \sum_{s=0}^{m} \theta_s u_s(t) \tag{10.130}$$

其中，θ_s $(s=0,1,\cdots,m)$ 为未知常数；$u_s(t)(s=0,1,\cdots,m)$ 为已知线性独立函数。

最常采用的是 $u_s(t)=t^s(s=0,1,\cdots,m)$，所以趋势 $v(t)$ 近似一个 m 固定阶多项式(m 阶通常不大)。当趋势恒定不变，即随机过程总体没有变化倾向时，$m=0$。如果观察到过程均匀增加或者降低，那么趋势可以表示为自变量为 t 的线性函数，即 $m=1$。当过程的增加(降低)趋势超过直线，以及过程的增加(降低)从一开始就超过，之后又降低(增加)时，$m=2$。当趋势非常复杂时，使用阶数超过 2 的多项式形式的近似方程，同时多项式自变量可能用 $(t_0+t)^{-1}$ 替代 t。为了由式(10.130)得到简便的估计系数 θ_s $(s=0,1,\cdots,m)$ 的计算公式，一般使用正交多项式的函数 $u_s(t)(s=0,1,\cdots,m)$。当 $u_s(t)(s=0,1,\cdots,m)$ 为三角函数 $\cos s\beta t$ 和 $\sin s\beta t$ 时，式(10.130)是傅里叶级数的一部分。

趋势 $v(t)$ 的近似表达式(10.130)可以在任何区间 $[t_1,t_N]$ 使用，该区间有一个连续或者离散的样本 $x(t)$。根据自变量 t 增加的 N $(N>m)$ 个样本(时间序列)离散值 $x(t_j)(j=1,2,\cdots,N)$，利用最小二乘法求出系数 θ_s $(s=0,1,\cdots,m)$。根据上述方法，当 $\theta_s=\widetilde{\Theta}_s$ $(s=0,1,\cdots,m)$ 时，平方和最小，即

$$Q(\theta_0,\theta_1,\cdots,\theta_m) = \sum_{j=1}^{N}\left[\sum_{s=0}^{m}\theta_s u_s(t_j) - x(t_j)\right]^2 \tag{10.131}$$

于是就有

$$\frac{\partial Q}{\partial \theta_r} = 2\sum_{j=1}^{N}\left[\sum_{s=0}^{m}\theta_s u_s(t_j) - x(t_j)\right]u_r(t_j)=0, \quad r=0,1,\cdots,m \tag{10.132}$$

由式(10.132)可得下列非齐次代数方程，即

$$\sum_{s=0}^{m} b_{sr}\theta_s = h_r, \quad r=0,1,\cdots,m \tag{10.133}$$

其中

$$b_{sr}=b_{rs} = \sum_{j=1}^{N}u_s(t_j)u_r(t_j), \quad s,r=0,1,\cdots,m \tag{10.134}$$

$$h_r = \sum_{j=1}^{N}x(t_j)u_r(t_j), \quad r=0,1,\cdots,m \tag{10.135}$$

所求的近似表达式(10.130)系数的估计 $\widetilde{\Theta}_s(s=0,1,\cdots,m)$ 可以通过解方程组(10.133)获得。趋势的估计可以表示为

$$\tilde{v}(t) = \sum_{s=0}^{m} \widetilde{\Theta}_s u_s(t) \tag{10.136}$$

使用已知的最小二乘法公式，可以为系数 $\theta_s (s=0,1,\cdots,m)$ 建立置信区间，为趋势 $v(t)$ 建立置信区域。在有几个样本(时间序列)的情况下，可以检查式(10.130)的相符性。

如果 $u_s(t) = t^s (s=0,1,\cdots,m)$ ，那么式(10.134)和式(10.135)可以写为

$$b_{sr} = b_{s+r} = \sum_{j=1}^{N} t_j^{s+r}, \quad h_r = \sum_{j=1}^{N} t_j^r x(t_j), \quad s,r = 0,1,\cdots,m \tag{10.137}$$

在这种情况下，当 $m=0$ 时，固定趋势的估计为

$$\tilde{v} = \widetilde{\Theta}_0 = \frac{1}{N} \sum_{j=1}^{N} x(t_j) \tag{10.138}$$

当 $m=1$ 时，趋势的估计为 $\tilde{v}(t) = \widetilde{\Theta}_0 + \widetilde{\Theta}_1 t$ ，$\widetilde{\Theta}_0$ 和 $\widetilde{\Theta}_1$ 为下列方程组的解，即

$$\begin{cases} b_0\theta_0 + b_1\theta_1 = h_0 \\ b_1\theta_0 + b_2\theta_1 = h \end{cases} \tag{10.139}$$

所以就有

$$\widetilde{\Theta}_0 = \frac{b_1 h_1 - b_2 h_0}{b_1^2 - b_0 b_2}, \quad \widetilde{\Theta}_1 = \frac{b_1 h_0 - b_0 h_1}{b_1^2 - b_0 b_2} \tag{10.140}$$

当 $m=2$ 时，趋势的估计为 $\tilde{v}(t) = \widetilde{\Theta}_0 + \widetilde{\Theta}_1 t + \widetilde{\Theta}_2 t^2$ ，其中 $\widetilde{\Theta}_0$ 、$\widetilde{\Theta}_1$ 和 $\widetilde{\Theta}_2$ 可以通过解下列方程组求出，即

$$\begin{cases} b_0\theta_0 + b_1\theta_1 + b_2\theta_2 = h_0 \\ b_1\theta_0 + b_2\theta_1 + b_3\theta_2 = h_1 \\ b_2\theta_0 + b_3\theta_1 + b_4\theta_2 = h_2 \end{cases} \tag{10.141}$$

当 $m \geqslant 3$ 时，若 $u_s(t) = t^s (s=0,1,\cdots,m)$ ，则趋势的估计 $\tilde{v}(t)$ 和系数 $\widetilde{\Theta}_s$ $(s=0,1,\cdots,m)$ 以类似的方式求解。

自变量 t 为等距值的情况下，即 $t_j = t_1 + (j-1)\Delta t (j=1,2,\cdots,N)$ 时，把下列切比雪夫多项式作为式(10.130)中的函数 $u_s(t)$ 使用更为方便，即

$$P_{s,N-1}(\tau) = 1 + \sum_{l=1}^{s} (-1)^l C_s^l C_{s+l}^l \frac{\tau(\tau-1)\cdots(\tau-l+1)}{(N-1)(N-2)\cdots(N-l)} \tag{10.142}$$

特别是

$$\begin{cases} P_{0,N-1}(\tau)=1, \quad P_{1,N-1}(\tau)=1-\dfrac{2\tau}{N-1} \\[2mm] P_{2,N-1}(\tau)=1-\dfrac{6\tau}{N-1}+\dfrac{6\tau(\tau-1)}{(N-1)(N-2)} \\[2mm] P_{3,N-1}(\tau)=1-\dfrac{12\tau}{N-1}+\dfrac{30\tau(\tau-1)}{(N-1)(N-2)}-\dfrac{20\tau(\tau-1)(\tau-2)}{(N-1)(N-2)(N-3)} \end{cases} \tag{10.143}$$

自变量 τ 与 t 通过关系式 $\tau=\dfrac{t-t_1}{\Delta t}$ 联系起来,所以 $\tau_j=\dfrac{t_j-t_1}{\Delta t}=j-1$ $(j=1,2,\cdots,n)$。

式(10.143)中的切比雪夫多项式是正交多项式,对它们而言,式(10.144)是正确的,即

$$\sum_{j=0}^{N-1}P_{s,N-1}(j)P_{k,N-1}(j)=0, \quad k\neq s \tag{10.144}$$

除此之外,有

$$\sum_{j=0}^{N-1}[P_{s,N-1}(j)]^2=\frac{(N+s)(N+s-1)\cdots N}{(2s+1)(N-1)(N-2)\cdots(N-s)} \tag{10.145}$$

结合 $u_s(t)=P_{s,N-1}(s=0,1,\cdots,m)$ 时的关系式,根据式(10.134)可得下式,即

$$\begin{cases} b_{sr}=0, \quad s\neq r \\[2mm] b_{00}=N \\[2mm] b_{ss}=\dfrac{(N+s)(N+s-1)\cdots N}{(2s+1)(N-1)(N-2)\cdots(N-s)}, \quad s=0,1,\cdots,m \end{cases} \tag{10.146}$$

代数方程组(10.133)可分解为单个方程。该方程的解为

$$\widetilde{\Theta}_s=\frac{h_s}{b_{ss}}=\frac{1}{b_{ss}}\sum_{j=1}^{N-1}x(t_{j+1})P_{s,N-1}(j), \quad s=0,1,\cdots,m \tag{10.147}$$

趋势的估计可通过式(10.148)求出,即

$$\tilde{v}(t)=\sum_{s=0}^{m}\widetilde{\Theta}_sP_{s,N-1}(\tau) \tag{10.148}$$

如果趋势为线性($m=2$),那么其估计为 $\tilde{v}(t)=\widetilde{\Theta}_0+\widetilde{\Theta}_1P_{1,N-1}(\tau)$。这时有

$$\widetilde{\Theta}_0=\frac{h_0}{b_{00}}=\frac{1}{N}\sum_{j=1}^{N}x(t_j)P_{s,N-1}(j) \tag{10.149}$$

$$\widetilde{\Theta}_1=\frac{h_1}{b_{11}}=\frac{3(N-1)}{N(N+1)}\sum_{j=0}^{N-1}x(t_{j+1})P_{1,N-1}(j) \tag{10.150}$$

$$P_{1,N-1}(\tau)=1-\frac{2\tau}{N-1}=1-\frac{2(t-t_1)}{(N-1)\Delta t} \tag{10.151}$$

对于二次趋势($m=2$)，估计以如下形式写出，即

$$\tilde{v}(t)=\widetilde{\Theta}_0+\widetilde{\Theta}_1 P_{1,N-1}(\tau)+\Theta_2 P_{2,N-1}(\tau) \tag{10.152}$$

其中

$$\Theta_2=\frac{h_2}{b_{22}}=\frac{5(N-1)(N-2)}{(N+2)(N+1)N}\sum_{j=0}^{N-1}x(t_{j+1})P_{2,N-1}(j) \tag{10.153}$$

估计 $\widetilde{\Theta}_0$ 和 $\widetilde{\Theta}_1$ 通过式(10.149)和式(10.150)求出。自变量 $\tau=\dfrac{t-t_1}{\Delta t}$ 的多项式 $P_{1,N-1}(j)$ 和 $P_{2,N-1}(j)$ 由式(10.143)中的公式求出。

对于正态随机过程 $X(t)$ 在 $0\le t\le 2\pi$ 的一个样本 $x(t)$，周期性趋势也可以近似为如下形式的部分傅里叶级数，即

$$v(t)=\theta_0+\sum_{s=1}^{m}(\theta_s\cos st+\omega_s\sin st) \tag{10.154}$$

借助 $t_j=\dfrac{2\pi j}{N}$ $(j=0,1,\cdots,N-1)$ 时的值 $x(t_j)$，$N>2m$，式(10.154)中的系数估计可以根据下列贝塞尔公式求出，即

$$\begin{cases}\widetilde{\Theta}_0=\dfrac{1}{N}\sum_{j=1}^{N-1}x(t_j)\\[3mm]\widetilde{\Theta}_s=\dfrac{2}{N}\sum_{j=1}^{N-1}x(t_j)\cos st_j,\quad \widetilde{\omega}_s=\dfrac{2}{N}\sum_{j=0}^{N-1}x(t_j)\sin st_j,\quad s=1,2,\cdots,m\end{cases} \tag{10.155}$$

代入估计系数后，趋势估计可由式(10.154)求出。

10.1.4　实例分析

例 10.1　如果标准空间互相关函数为 $\rho_k(k,t)=\rho_x(k)=\gamma^{|k|}$，其中 $0<\gamma<1$。计算随机过程 $X(t)$ 的数学期望 $\bar{x}(t)$ 由于其样本相关性 $x(t_j)(j=1,2,\cdots,N)$ 降低而造成的不同估计效果，并计算 $n=5$ 和 $\gamma=0.5$ 时不同估计的相对效果。

解　数学期望 $\bar{x}(t)$ 的估计 $\tilde{\bar{x}}(t)$ 可以根据式(10.1)求出，即 $\tilde{\bar{x}}(t)=\dfrac{1}{n}\sum_{j=1}^{n}x_j(t)$。根据式(10.53)，对于这个估计，其方差为 $D[\tilde{\bar{x}}(t)]=\dfrac{\alpha(t)}{n}D_x(t)$。如果样本是非相关的，那么 $\alpha(t)=1$。在相关样本的条件下，根据式(10.52)可以求出下式，即

$$\alpha(t)=1+\frac{2}{n}\sum_{k=1}^{n-1}(n-k)\rho_x(k,t)=1+\frac{2}{n}\sum_{k=1}^{n-1}(n-k)\gamma^k$$

假设

$$G(\gamma) = \sum_{k=1}^{n-1} \gamma^k = \frac{\gamma - \gamma^n}{1 - \gamma}$$

这时

$$G'(\gamma) = \sum_{k=1}^{n-1} k\gamma^{k-1} = \frac{1}{(1-\gamma)^2}[(1 - n\gamma^{n-1})(1-\gamma) + (\gamma - \gamma^n)]$$

于是就有

$$\alpha(t) = \alpha = 1 + \frac{2}{n}[nG(\gamma) - \gamma G'(\gamma)] = \frac{1}{(1-\gamma)^2}\left[1 - \gamma^2 - \frac{2\gamma}{n}(1 - \gamma^n)\right]$$

如果 $n = 5$、$\gamma = 0.5$，那么

$$\alpha = 4 \times \left[\frac{3}{4} - \frac{1}{5} \times \left(1 - \frac{1}{32}\right)\right] = \frac{89}{40} = 2.225$$

由于样本的相关性，数学期望的估计方差增大为 $\alpha = 2.225$ 倍。所研究的估计的相对效果 e_n 等于相关样本条件下数学期望估计方差与非相关样本条件下相应方差的比值，因此 $e_n = \dfrac{1}{\alpha} = \dfrac{40}{89} = 0.449$。

在相关样本条件下，具有最小方差的线性估计 $\tilde{x}(t)$ 根据式(10.96)求出，即

$$\tilde{x}(t) = \frac{1}{c(t)} \sum_{j=1}^{n} c_j(t) x_j(t)$$

这时

$$c(t) = \sum_{j=1}^{n} c_j(t), \quad c_j(t) = \sum_{l=1}^{n} \rho_{jl}^{(-1)}(t), \quad j = 1, 2, \cdots, n$$

因为 $\rho_k(k, t) = \rho_x(k) = \gamma^{|k|}$，所以在该情况下相关矩阵为

$$R_x = \begin{bmatrix} 1 & \gamma & \gamma^2 & \gamma^3 & \cdots & \gamma^{n-2} & \gamma^{n-1} \\ \gamma & 1 & \gamma & \gamma^2 & \cdots & \gamma^{n-3} & \gamma^{n-2} \\ \gamma^2 & \gamma & 1 & \gamma & \cdots & \gamma^{n-4} & \gamma^{n-3} \\ \gamma^3 & \gamma^2 & \gamma & 1 & \cdots & \gamma^{n-5} & \gamma^{n-4} \\ \vdots & \vdots & \vdots & \vdots & & \vdots & \vdots \\ \gamma^{n-2} & \gamma^{n-3} & \gamma^{n-4} & \gamma^{n-5} & \cdots & 1 & \gamma \\ \gamma^{n-1} & \gamma^{n-2} & \gamma^{n-3} & \gamma^{n-4} & \cdots & \gamma & 1 \end{bmatrix}$$

其逆矩阵为

$$R_x^{(-1)} = \left\| \rho_{js}^{(-1)} \right\| = \frac{1}{1-\gamma^2} \begin{bmatrix} 1 & -\gamma & 0 & 0 & \cdots & 0 & 0 \\ -\gamma & 1+\gamma^2 & -\gamma & 0 & \cdots & 0 & 0 \\ 0 & -\gamma & 1+\gamma^2 & -\gamma & \cdots & 0 & 0 \\ 0 & 0 & -\gamma & 1+\gamma^2 & \cdots & 0 & 0 \\ \vdots & \vdots & \vdots & \vdots & & \vdots & \vdots \\ 0 & 0 & 0 & 0 & \cdots & 1+\gamma^2 & -\gamma \\ 0 & 0 & 0 & 0 & \cdots & -\gamma & 1 \end{bmatrix}$$

由此可见

$$\rho_{11}^{(-1)} = \rho_{nn}^{(-1)} = \frac{1}{1-\gamma^2}, \quad \rho_{jj}^{(-1)} = \frac{1+\gamma^2}{1-\gamma^2}, \quad j = 2,3,\cdots,n-1$$

$$\rho_{j,j+1}^{(-1)} = \rho_{j+1,j}^{(-1)} = \frac{-\gamma}{1-\gamma^2}, \quad j = 1,2,\cdots,n-1$$

$$\rho_{js}^{(-1)} = 0, \quad |s-j| \geqslant 2$$

于是就有 $c_j(t) = c_j (j=1,2,\cdots,N)$ 和 $c(t) = c$ ，并且

$$c_1 = c_n = \frac{1-\gamma}{1-\gamma^2} = \frac{1}{1+\gamma}, \quad c_j = \frac{-\gamma+(1+\gamma^2)-\gamma}{1-\gamma^2} = \frac{1-\gamma}{1+\gamma}, \quad j = 2,3,\cdots,n-1$$

$$c = \sum_{j=1}^{n} c_j = \frac{n-(n-2)\gamma}{1+\gamma}$$

数学期望的估计为

$$\tilde{\bar{x}}(t) = \frac{1}{c}\sum_{j=1}^{n} c_j x_j(t) = \frac{1}{n-(n-2)\gamma}\left[x_1(t) + x_n(t) + (1-\gamma)\sum_{j=2}^{n-1} x_j(t) \right]$$

根据式(10.100)，这个估计的方差为

$$D[\tilde{\bar{x}}(t)] = \frac{D_x(t)}{c(t)} = \frac{1+\gamma}{n-(n-2)\gamma}D_x(t)$$

该数学期望估计的相对效果等于 $\frac{1}{n}D_x(t)$ 与 $D[\tilde{\bar{x}}(t)]$ 的比值，所以就有

$$e_n' = \frac{n-(n-2)\gamma}{n(1+\gamma)}$$

如果 $n = 5$、$\gamma = 0.5$ ，那么 $e_n' = 0.476$ ，显然有 $e_n' > e_n = 0.449$ 。但是，这个最小方差的线性估计 $\tilde{\bar{x}}(t)$ 的效果并没有提升很高。在实际应用中，两种估计区别不大。

例 10.2 针对相关样本的正态随机过程 $X(t)$ ，按照例 10.1 的条件，计算均方

$\theta_x(t)$ 的估计 $\widetilde{\Theta}_x(t)$ 方差。

解 根据式(10.5)求均方的估计，即 $\widetilde{\Theta}_x(t)=\dfrac{1}{n}\sum\limits_{j=1}^{n}[x_j(t)]^2$。如果样本是非相关的，那么根据式(10.10)和式(10.11)，对于这个估计，其方差为

$$D[\widetilde{\Theta}_x(t)]=\frac{2}{n}D_x(t)\{D_x(t)+2[\bar{x}(t)]^2\}=\frac{2}{n}\{[\theta_x(t)]^2-[\bar{x}(t)]^4\}$$

当样本是相关样本时，根据式(10.66)，对于估计 $\widetilde{\Theta}_x(t)$，其方差为

$$D[\widetilde{\Theta}_x(t)]=\frac{2}{n}\{[\theta_x(t)]^2-[\bar{x}(t)]^4\}+\frac{4}{n^2}[D_x(t)]^2\sum_{k=1}^{n-1}(n-k)[\rho_x(k,t)]^2$$

$$+\frac{8}{n^2}D_x(t)[\bar{x}(t)]^2\sum_{k=1}^{n-1}(n-k)\rho_x(k,t)$$

正因为 $\rho_x(k,t)=\gamma^{|k|}$，所以有

$$\frac{2}{n}\sum_{k=1}^{n-1}(n-k)\rho_x(k,t)=\alpha-1=\frac{1}{(1-\gamma)^2}\left[1-\gamma^2-\frac{2\gamma}{n}(1-\gamma^n)\right]-1$$

$$=\frac{2\gamma}{(1-\gamma)^2}\left[1-\gamma-\frac{1}{n}(1-\gamma^n)\right]$$

类似的，可以求出下式，即

$$\frac{2}{n}\sum_{k=1}^{n-1}(n-k)[\rho_x(k,t)]^2=\frac{2\gamma^2}{(1-\gamma^2)^2}\left[1-\gamma^2-\frac{1}{n}(1-\gamma^{2n})\right]$$

于是就有

$$D[\widetilde{\Theta}_x(t)]=\frac{2}{n}D_x(t)\{D_x(t)+2[\bar{x}(t)]^2\}+\frac{4\gamma^2}{n(1-\gamma^2)^2}\Big[1-\gamma^2$$

$$-\frac{1}{n}(1-\gamma^{2n})\Big][D_x(t)]^2+\frac{8\gamma}{n(1-\gamma)^2}\left[1-\gamma-\frac{1}{n}(1-\gamma^n)\right]D_x(t)[\bar{x}(t)]^2$$

当 $n=5$、$\gamma=0.5$ 时，可得下式，即

$$D[\widetilde{\Theta}_x(t)]=0.60[D_x(t)]^2+1.78D_x(t)[\bar{x}(t)]^2$$

如果样本是非相关的，那么就有下式，即

$$D[\widetilde{\Theta}_x(t)]=0.4[D_x(t)]^2+0.8D_x(t)[\bar{x}(t)]^2$$

例10.3 对于正态随机过程 $X(t)$，根据例10.1的条件，求方差 $D_x(t)$ 的不同无偏估计和这些估计的方差。

解 通过式(10.115)计算出正态随机过程 $X(t)$ 方差的渐近有效无偏估计，即

$$\widetilde{D}_x(t) = \frac{n}{n-1}\sum_{j=1}^{n}\sum_{s=1}^{n}\rho_{js}^{-1}(t)[x_j - \widetilde{\overline{x}}(t)][x_s - \widetilde{\overline{x}}(t)]$$

根据式(10.118)，这个估计的方差与非相关样本情况相同，即

$$D[\widetilde{D}_x(t)] = \frac{2}{n-1}[D_x(t)]^2$$

代入例 10.1 可以求得 ρ_{js}^{-1}，得到如下方差估计，即

$$\widetilde{D}_x(t) = \frac{1}{(n-1)(1-\gamma^2)}\left\{[x_1(t) - \widetilde{\overline{x}}(t)]^2 + [x_n(t) - \widetilde{\overline{x}}(t)]^2\right.$$
$$\left. + (1+\gamma^2)\sum_{j=2}^{n-1}[x_j(t) - \widetilde{\overline{x}}(t)]^2 - 2\gamma\sum_{j=1}^{n-1}[x_j(t) - \widetilde{\overline{x}}(t)][x_{j+1}(t) - \widetilde{\overline{x}}(t)]\right\}$$

如果 $n=5$、$\gamma=0.5$，那么可得下式，即

$$\widetilde{D}_x(t) = \frac{1}{3}\left\{[x_1(t) - \widetilde{\overline{x}}(t)]^2 + [x_5(t) - \widetilde{\overline{x}}(t)]^2\right.$$
$$\left. + 1.25\sum_{j=2}^{4}[x_j(t) - \widetilde{\overline{x}}(t)]^2 - \sum_{j=1}^{4}[x_j(t) - \widetilde{\overline{x}}(t)][x_{j+1}(t) - \widetilde{\overline{x}}(t)]\right\}$$

并且

$$D[\widetilde{D}_x(t)] = 0.5[D_x(t)]^2$$

在相关样本的条件下，可以根据式(10.71)求出正态随机过程 $X(t)$ 方差的其他无偏估计，即

$$\widetilde{D}_x(t) = \frac{1}{(n-1)\beta(t)}\sum_{j=1}^{n}[x_j(t) - \widetilde{\overline{x}}(t)]^2$$

其中

$$\beta(t) = \frac{1}{n-1}[n-\alpha(t)]$$

这个估计的方差可以通过式(10.80)算出。

如果 $\rho_x(k,t)=\gamma^{|k|}$，那么就有

$$\alpha(t) = \alpha = \frac{1}{(1-\gamma)^2}\left[1-\gamma^2 - \frac{2\gamma}{n}(1-\gamma^n)\right]$$

这时

$$D[\widetilde{D}_x(t)] = 2\left[\frac{D_x(t)}{n-\alpha}\right]^2 \left\{ n + 2 - 4\alpha + \alpha^2 \right.$$

$$\left. + (n-2)\frac{2\gamma^2}{(1-\gamma^2)^2}\left[1 - \gamma^2 - \frac{1}{n}(1-\gamma^{2n})\right] - \frac{2}{n}E \right\}$$

其中

$$E = \sum_{l=1}^{n}\sum_{\substack{j=1 \\ j \neq l}}^{n} \gamma^{|l-j|} \sum_{\substack{s=1 \\ s \neq j \neq l}}^{n} \gamma^{|l-s|}$$

于是

$$\sum_{\substack{s=1 \\ s \neq j \neq l}}^{n} \gamma^{|l-s|} = \sum_{s=l+1}^{n} \gamma^{s-l} + \sum_{s=1}^{l-1} \gamma^{l-s} - \gamma^{|l-j|} = \frac{\gamma - \gamma^{n-l+1}}{1-\gamma} + \frac{\gamma^{l-1}-1}{1-\gamma^{-1}} - \gamma^{|l-j|}$$

$$= \frac{1}{1-\gamma}(2\gamma - \gamma^l - \gamma^{n-l+1}) - \gamma^{|l-j|}$$

$$E = \frac{1}{1-\gamma}\sum_{l=1}^{n}(2\gamma - \gamma^l - \gamma^{n-l+1})\sum_{\substack{j=1 \\ j \neq l}}^{n} \gamma^{|l-j|} - \sum_{l=1}^{n}\sum_{\substack{j=1 \\ j \neq l}}^{n} \gamma^{2|l-j|}$$

与前面所述一样，有

$$\sum_{\substack{j=1 \\ j \neq l}}^{n} \gamma^{|l-j|} = \frac{1}{1-\gamma}(2\gamma - \gamma^l - \gamma^{n-l+1})$$

所以

$$E = \frac{1}{(1-\gamma)^2}\sum_{l=1}^{n}(2\gamma - \gamma^l - \gamma^{n-l+1})^2 - \frac{1}{1-\gamma^2}\sum_{l=1}^{n}(2\gamma^2 - \gamma^{2l} - \gamma^{2(n-l+1)})$$

并且

$$(2\gamma - \gamma^l - \gamma^{n-l+1})^2 = (4\gamma^2 + 2\gamma^{n+l}) - 4\gamma\gamma^l - 4\gamma\gamma^{n-l+1} + \gamma^{2l} + \gamma^{2(n-l+1)}$$

则下列等式是正确的，即

$$\sum_{l=1}^{n} \gamma^{n-l+1} = \sum_{s=1}^{n} \gamma^s = \frac{\gamma(1-\gamma^n)}{1-\gamma}$$

由此可见

$$E = \frac{2\gamma^2}{(1-\gamma)^2}\left[(2+\gamma^{n-1})n - 4\frac{1-\gamma^n}{1-\gamma} + \frac{1-\gamma^{2n}}{1-\gamma^2}\right] - \frac{2\gamma^2}{1-\gamma^2}\left(n - \frac{1-\gamma^{2n}}{1-\gamma^2}\right)$$

如果 $n=5$、$\gamma=0.5$，那么 $E=5.34375$，这时有

$$D[\widetilde{D}_x(t)] = 0.5[D_x(t)]^2 \times 1.2364 = 0.6182[D_x(t)]^2$$

该方差估计的相对有效性为 $e_n = 1/1.2364 = 0.809$。

10.2　各态历经平稳随机过程的概率特性估计

本节首先分析广义上的稳定随机过程的数学期望、协方差函数和相关函数的估计通式，然后给出各态历经平稳随机过程的数学期望、协方差函数和相关函数的估计及相应的估计方差。为了提高概率特性的估计精度，本节给出多个独立样本的估计方法，以及一维和二维概率分布密度的估计方法。

10.2.1　广义上的稳定随机过程概率特性估计通式

对于广义上的稳定随机过程 $X(t)$，数学期望是固定的，即 $M[X(t)] = \overline{x} = \mathrm{const}$。该概率特性是随机过程 $X(t)$ 的平均值，可以通过求平均值算出。理论上，数学期望 $\overline{x}$ 是曲线 $X = X(t)$ 面积与自变量可能值区间长度 T 的比值在 T 无限增大情况下的极限，即

$$\overline{x} = \lim_{T\to\infty} \frac{1}{T}\int_0^T X(t)\mathrm{d}t \tag{10.156}$$

广义上的稳定随机过程 $X(t)$ 的相关函数 $K_x(t,t')$ 只与自变量的差值 $\tau = t - t'$ 有关，所以

$$K_x(\tau) = M\{[X(t+\tau)-\overline{x}][X(t)-\overline{x}]\} \tag{10.157}$$

式(10.157)可表示为

$$K_x(\tau) = R_x(\tau) - (\overline{x})^2 \tag{10.158}$$

其中，$R_x(\tau)$ 为协方差函数，即

$$R_x(\tau) = M[X(t+\tau)X(t)] \tag{10.159}$$

与式(10.156)类似，在自变量 τ 为任意固定值时，协方差函数 $R_x(\tau)$ 的计算可等效为计算随机过程 $U(t) = X(t+\tau)X(t)$ 的平均值，所以有

$$R_x(\tau) = \lim_{T\to\infty} \frac{1}{T}\int_0^T X(t+\tau)X(t)\mathrm{d}t \tag{10.160}$$

对于相关函数，类似地有下列表达式，即

$$K_x(\tau) = \lim_{T \to \infty} \frac{1}{T} \int_0^T [X(t+\tau) - \overline{x}][X(t) - \overline{x}] \mathrm{d}t \qquad (10.161)$$

在概率特性估计中，使用随机过程样本代替在式(10.156)、式(10.160)和式(10.161)中的 $X(t)$。当其中一个样本为 $x_j(t)$ 时，根据式(10.156)和式(10.160)，可计算出数学期望 $\overline{x}$ 的估计 $\overline{x}_j$ 和协方差函数 $R_x(\tau)$ 的和函数 $R_{x_j}(\tau)$，即

$$\overline{x}_j = \lim_{T \to \infty} \frac{1}{T} \int_0^T x_j(t) \mathrm{d}t \qquad (10.162)$$

$$R_{x_j}(\tau) = \lim_{T \to \infty} \frac{1}{T} \int_0^T x_j(t+\tau) x_j(t) \mathrm{d}t \qquad (10.163)$$

当样本 $x(t_j)(j=1,2,\cdots,n)$ 的 n 较大时，随机过程的协方差函数 $R_x(\tau)$ 和数学期望 $\overline{x}$ 可以通过求样本相应估计值的平均值算出，即

$$\overline{x} = \frac{1}{n} \sum_{j=1}^n \overline{x}_j \qquad (10.164)$$

$$R_x(\tau) = \frac{1}{n} \sum_{j=1}^n R_{x_j}(\tau) \qquad (10.165)$$

10.2.2　各态历经性随机过程概率特性估计

1. 随机过程各态历经性

如果式(10.162)和式(10.163)算出的常数 $\overline{x}_j$ 和函数 $R_{x_j}(\tau)(j=1,2,\cdots,n)$ 不取决于样本 $x(t_j)(j=1,2,\cdots,n)$ 的序号，那么广义上的稳定随机过程 $X(t)$ 称为弱(广义上)各态历经性随机过程。在这种情况下，有

$$\overline{x} = \overline{x}_j, \quad R_x(\tau) = R_{x_j}(\tau), \quad j = 1,2,\cdots,n \qquad (10.166)$$

由此可见，在计算弱各态历经性随机过程 $X(t)$ 的协方差函数 $R_x(\tau)$ 和数学期望 $\overline{x}$ 时，不需要对样本取平均值，所以没必要得到大量样本。上述概率特性可以借助任何一个样本 $x(t)$，通过对自变量 t 求平均值算出。因此，当使用式(10.156)和式(10.160)时，随机过程 $X(t)$ 可被其样本 $x(t)$ 代替。

如果稳定随机过程的任何概率特征和分布规律都可借助一个样本 $x(t)$ 算出，那么稳定随机过程 $X(t)$ 称为各态历经随机过程。对于稳定正态随机过程 $X(t)$，所有概率特征和任意阶的分布规律都可以通过数学期望 $\overline{x}$ 和相关函数 $K_x(\tau)$ 来表示，因此对于正态随机过程，弱各态历经性和各态历经性是等效的。

对于广义上相关的稳定随机过程 $X(t)$ 和 $Y(t)$，其互相关函数为

$$K_{xy}(\tau) = M\{[X(t+\tau) - \overline{x}][Y(t) - \overline{y}]\} = R_{xy}(\tau) - \overline{x}\,\overline{y} \tag{10.167}$$

其中，$R_{xy}(\tau)$ 为互协方差函数，即

$$R_{xy}(\tau) = M[X(t+\tau)Y(t)] \tag{10.168}$$

如果弱各态历经随机过程 $X(t)$ 和 $Y(t)$ 的互协方差函数 $R_{xy}(\tau)$ 可借助任意一组样本 $x(t)$ 和 $y(t)$ 算出，那么弱各态历经随机过程 $X(t)$ 和 $Y(t)$ 是弱各态历经相关随机过程，即

$$R_{xy}(\tau) = \lim_{T \to \infty} \frac{1}{T} \int_0^T x(t+\tau)y(t)\mathrm{d}t \tag{10.169}$$

对于稳定相关随机过程 $X(t)$ 和 $Y(t)$，如果借助两个样本 $x(t)$ 和 $y(t)$ 可以确定任何概率特性和分布规律，那么它们称为各态历经相关随机过程。

2. 数学期望和方差估计

对于弱各态历经随机过程 $X(t)$，借助一个样本 $x(t)$（时间序列的），针对自变量 t 变化的有限区间 $(0, T)$，求出下列估计可代替数学期望 $\overline{x}$，即

$$\widetilde{x} = \frac{1}{T} \int_0^T x(t)\mathrm{d}t \tag{10.170}$$

当估计 $\widetilde{x}$ 的数学期望与 $\overline{x}$ 相符，并且其方差在 T 无限增大的情况下趋向零时，该随机变量的数值特征不取决于随机过程的样本序号。上述要求中的第一条意味着估计 $\widetilde{x}$ 的无偏性，而第二条则意味着估计 $\widetilde{x}$ 是相容估计。

在验证估计 $\widetilde{x}$ 的无偏性和相容性时，把样本 $x(t)$ 作为具有数学期望 $\overline{x}$ 和相关函数 $K_x(\tau)$ 的随机过程进行研究。对式 (10.170) 实施数学期望运算后，可得到下式，即

$$M(\widetilde{x}) = \frac{1}{T} \int_0^T \overline{x}\mathrm{d}t = \overline{x} \tag{10.171}$$

由此可见，所研究的估计是无偏估计。

广义上的稳定随机过程 $X(t)$ 的积分方差为

$$D\left[\int_0^T X(t)\mathrm{d}t\right] = 2\int_0^T (T-\tau)K_x(\tau)\mathrm{d}\tau \tag{10.172}$$

因此，对于数学期望估计方差，有下列表达式，即

$$D(\tilde{\overline{x}}) = \frac{2}{T} \int_0^T \left(1 - \frac{\tau}{T}\right) K_x(\tau) \mathrm{d}\tau \tag{10.173}$$

当 $T \to \infty$ 时，该数值特征趋于零，若存在下列情况，即

$$\lim_{T \to 0} \frac{1}{T} \int_0^T \left(1 - \frac{\tau}{T}\right) K_x(\tau) \mathrm{d}\tau = 0 \tag{10.174}$$

则估计 $\tilde{\overline{x}}$ 对于 $\overline{x}$ 是相容的。当满足这个条件时，由式(10.170)计算出的广义平稳随机过程 $X(t)$ 的数学期望 $\overline{x}$ 的估计 $\tilde{\overline{x}}$ 将不取决于其样本的序号。这样，对于其数学期望，这个过程是各态历经过程。

当下列情况成立时，即

$$\int_{-\infty}^{\infty} \left| K_x(\tau) \right| \mathrm{d}\tau < \infty \tag{10.175}$$

对于绝对可积分相关函数而言，极限等式(10.174)是正确的。极限等式(10.174)同样在相关函数 $K_x(\tau)$ 的无穷大处等于零时得以满足，即

$$\lim_{\tau \to \infty} K_x(\tau) = 0 \tag{10.176}$$

例如，下列形式的相关函数，即

$$K_x(\tau) = \frac{\varphi(\tau)}{a^2 + |\tau|^\alpha} \tag{10.177}$$

其中，$a \neq 0; 0 < \alpha < 1$；$\varphi(\tau)$ 为有界函数，即 $|\varphi(\tau)| \leqslant C < \infty$。

这时就有

$$D(\tilde{\overline{x}}) = \frac{2}{T^2} \int_0^T (T - \tau) \frac{\varphi(\tau)}{a^2 + \tau^\alpha} \mathrm{d}\tau \leqslant \frac{2C}{T^2} \int_0^T \frac{T - \tau}{\tau^\alpha} \mathrm{d}\tau$$

$$= \frac{2C}{T^2} \left(\frac{T}{1-\alpha} \tau^{1-\alpha} - \frac{\tau^{2-\alpha}}{2-\alpha} \right) \Bigg|_0^T \tag{10.178}$$

即

$$D(\tilde{\overline{x}}) = \frac{2C}{T^\alpha} \left(\frac{1}{1-\alpha} - \frac{1}{2-\alpha} \right) \tag{10.179}$$

当 $T \to \infty$ 时，式(10.179)的右边部分趋于零，因此式(10.174)所示的条件得以实现。

假设 $X(t) = V(t) + Z$，其中 $V(t)$ 是各态历经随机过程，而 Z 是与 $V(t)$ 不相关的随机变量，那么 $K_x(\tau) = K_v(\tau) + D_z$。随机过程 $V(t)$ 的相关函数 $K_v(\tau)$ 满足式(10.174)的条件，所以由式(10.173)可得下式，即

$$\lim_{T \to \infty} D(\widetilde{\overline{x}}) = \lim_{T \to \infty} \frac{2D_z}{T} \int_0^T 1 - \frac{\tau}{T} \mathrm{d}\tau = D_z \qquad (10.180)$$

因为 $D_z \neq 0$ ，所以式(10.174)所示的各态历经性条件不能满足。因此，如果相关函数 $K_x(\tau)$ 在无穷大时绝对可积或者等于零，那么由式(10.170)计算出的随机过程 $X(t)$ 的数学期望 $\overline{x}$ 的无偏估计 $\widetilde{\overline{x}}$ 是相容估计。当 $\lim_{\tau \to \infty} K_x(\tau) = c \neq 0$ 时，式(10.174)所示的各态历经性条件不能满足。这时，即使通过延长随机过程 $X(t)$ 的样本 $x(t)$ 的持续时间 T ，也不能使估计 $\widetilde{\overline{x}}$ 的相容性条件得到满足，因此带有这种相关函数的广义平稳随机过程的数学期望估计不可能通过一个样本来确定。

对于弱各态历经随机过程 $X(t)$ ，其数学期望 $\overline{x}$ 的无偏相容估计 $\widetilde{\overline{x}}$ 根据式(10.170)来确定，即 $0 \leqslant t \leqslant T$ 时，曲线 $x = x(t)$ 的面积与自变量 t 区间长度 T 的比值。为了计算上述面积，可以使用面积分析仪或者特殊仪器，即所谓的相关分析仪。估计数学期望经常用到的是计算机，在 $0 \leqslant t \leqslant T$ 时，代替连续样本 $x(t)$ 使用的是离散值 $x(t_j)(j = 1,2,\cdots,N)$ ，其中 $t_j = j\Delta t(j = 1,2,\cdots,N), \Delta t = \dfrac{T}{N}$ 。数学期望 $\overline{x}$ 的估计为上述 $N+1$ 个相关值的算术平均值，即

$$\widetilde{\overline{x}} = \frac{1}{N+1} \sum_{j=0}^{N} x(t_j) \qquad (10.181)$$

当 N 为较大数时，式(10.181)与式(10.170)是等价的。

对于广义平稳随机过程 $X(t)$ ，均方 $\theta_x = M\{[X(t)]^2\}$ 是恒定的，并且与协方差函数 $R_x(\tau)$ 在 $\tau = 0$ 时的值相等。如果过程 $X(t)$ 是弱各态历经过程，那么与式(10.170)一样，针对均方 θ_x 使用一个样本 $x(t)$ ，按照下列公式求出估计，即

$$\widetilde{\Theta}_x = \frac{1}{T} \int_0^T [x(t)]^2 \mathrm{d}t \qquad (10.182)$$

取该表达式的数学期望，可得下式，即

$$M(\widetilde{\Theta}_x) = \frac{1}{T} \int_0^T \theta_x \mathrm{d}t = \theta_x \qquad (10.183)$$

由此可见，式(10.182)对均方 θ_x 的估计是无偏估计。

对于广义平稳随机过程 $X(t)$ ，方差 D_x 是固定方差，即

$$D_x = K_x(0) = \theta_x - (\overline{x})^2 \qquad (10.184)$$

这个概率特性的估计可以通过式(10.185)求出，即

$$\widetilde{D}_x = \widetilde{\Theta}_x - (\widetilde{\overline{x}})^2 \qquad (10.185)$$

因为对于 θ_x 和 $\bar{x}$，估计 $\widetilde{\Theta}_x$ 和 $\widetilde{\bar{x}}$ 是无偏估计，那么就有

$$M(\widetilde{D}_x) = \theta_x - [(\bar{x})^2 + D(\widetilde{\bar{x}})] = D_x - D(\widetilde{\bar{x}}) \tag{10.186}$$

随机过程方差 D_x 的估计 $\widetilde{D}_x$ 的数学期望不等于 D_x，因此该估计是有偏估计。如果满足式(10.174)中的各态历经条件，那么 $D(\widetilde{\bar{x}})$ 会在 $T \to \infty$ 的情况下趋于零，因此对于 D_x，估计(10.185)是渐近无偏估计。

3. 相关函数和协方差函数估计

当随机过程 $X(t)$ 是弱各态历经时，可借助 $0 \leqslant t \leqslant T$ 时的一个样本 $x(t)$，通过式(10.187)求出，在自变量 $\tau < T$ 的任意固定值下，协方差函数 $R_x(\tau)$ 的估计 $\widetilde{R}_x(\tau)$ 为

$$\widetilde{R}_x(\tau) = \frac{1}{T-\tau} \int_0^{T-\tau} x(t+\tau)x(t)\mathrm{d}t \tag{10.187}$$

该估计是无偏估计，因为

$$M[\widetilde{R}_x(\tau)] = \frac{1}{T-\tau} \int_0^{T-\tau} R_x(\tau)\mathrm{d}t = R_x(\tau) \tag{10.188}$$

这个估计的方差为

$$\begin{aligned} D[\widetilde{R}_x(\tau)] &= M\{[\widetilde{R}_x(\tau)]^2\} - [R_x(\tau)]^2 \\ &= \frac{1}{(T-\tau)^2} \int_0^{T-\tau} \mathrm{d}t \int_0^{T-\tau} M[x(t+\tau)x(t)x(t'+\tau)x(t')]\mathrm{d}t' - [R_x(\tau)]^2 \end{aligned} \tag{10.189}$$

如果随机过程 $X(t)$ 为正态过程，那么由式(10.60)可得下式，即

$$\begin{aligned} M[x(t+\tau)x(t)x(t'+\tau)x(t')] = &[K_x(\tau)]^2 + [K_x(t-t')]^2 \\ &+ K_x(t-t'+\tau)K_x(t-t'-\tau) + (\bar{x})^2[2K_x(\tau) \\ &+ 2K_x(t-t') + K_x(t-t'-\tau)] + K_x(t-t'+\tau) + (\bar{x})^4 \end{aligned} \tag{10.190}$$

因为

$$[K_x(\tau) + (\bar{x})^2]^2 = [R_x(\tau)]^2 \tag{10.191}$$

所以式(10.189)可以改写为

$$D[\widetilde{R}_x(\tau)] = \frac{1}{(T-\tau)^2} \int_0^{T-\tau} \mathrm{d}t \int_0^{T-\tau} \varphi(t-t')\mathrm{d}t' \tag{10.192}$$

并且有

$$\varphi(\xi) = [K_x(\xi)]^2 + K_x(\xi+\tau)K_x(\xi-\tau) + (\overline{x})^2[K_x(\xi) \tag{10.193}$$
$$+ K_x(\xi+\tau) + K_x(\xi-\tau)]$$

相关函数 $K_x(\tau)$ 是偶函数，因此函数 $\varphi(\xi)$ 也是偶函数。把积分变量 t' 替换为 $\xi = t - t'$，然后对各部分求积分，即

$$(T-\tau)^2 D[\widetilde{R}_x(\tau)] = \int_0^{T-\tau} dt \int_{t-T+\tau}^{t} \varphi(\xi)d\xi = t \int_{t-T+\tau}^{t} \varphi(\xi)d\xi \Big|_0^{T-t}$$
$$- \int_0^{T-\tau} t[\varphi(t) - \varphi(t+\tau-T)]dt \tag{10.194}$$

即

$$(T-\tau)^2 D[R_x(\tau)] = (T-\tau)\int_0^{T-\tau} \varphi(\xi)d\xi - \int_0^{T-\tau} t\varphi(t)dt + \int_0^{T-\tau} t[\varphi(t+\tau-T)]dt \tag{10.195}$$

设 $t + \tau - T = -\xi$，由函数 $\varphi(\xi)$ 的偶数性可得下式，即

$$\int_0^{T-\tau} t[\varphi(t+\tau-T)]dt = \int_0^{T-\tau} (T-\tau-\xi)\varphi(\xi)d\xi \tag{10.196}$$

所以就有

$$D[\widetilde{R}_x(\tau)] = \frac{2}{(T-\tau)^2} \int_0^{T-\tau} (T-\tau-\xi)\varphi(\xi)d\xi \tag{10.197}$$

把式(10.193)所示的 $\varphi(\xi)$ 代入式(10.197)，可以得到平稳正态随机过程 $X(t)$ 协方差函数 $R_x(\tau)$ 的估计方差，其形式为

$$D[\widetilde{R}_x(\tau)] = \frac{2}{T-\tau} \int_0^{T-\tau} \left(1 - \frac{\xi}{T-\tau}\right)\{[K_x(\xi)]^2 + K_x(\xi+\tau)K_x(\xi-\tau)$$
$$+ (\overline{x})^2[2K_x(\xi) + K_x(\xi+\tau) + K_x(\xi-\tau)]\}d\xi \tag{10.198}$$

当 $\tau = 0$ 时，根据式(10.198)可得均值 $\theta_x = R_x(0)$ 估计 $\widetilde{\Theta}_x$ 的方差。

若下列极限等式成立，则协方差函数 $R_x(\tau)$ 的估计 $\widetilde{R}_x(\tau)$ 是相容估计，即

$$\lim_{(T-\tau)\to\infty} D[\widetilde{R}_x(\tau)] = 0 \tag{10.199}$$

当相关函数 $K_x(\tau)$ 是绝对可积函数时，式(10.199)成立。在这种情况下，平稳正态随机过程 $X(t)$ 是各态历经过程，因此可以借助一个样本 $x(t)$，通过式(10.187)求得其协方差函数 $R_x(\tau)$ 的无偏估计 $\widetilde{R}_x(\tau)$。

为了计算乘积 $x(t+\tau)x(t)$ 的积分，通常使用相关分析仪。当使用计算机计算

时，在 $0 \leqslant t \leqslant T$ 的情况下替代连续样本 $x(t)$ 使用的是离散值 $x(t_j)(j=1,2,\cdots,N)$，此处 $t_j = j\Delta t$，而 $\Delta t = \dfrac{T}{N}$。在 $\tau = l\Delta t$ 时，协方差函数 $R_x(\tau)$ 的估计可借助与式(10.187)等价的式(10.200)求出，即

$$\widetilde{R}_x(l\Delta t) = \frac{1}{N-l} \sum_{j=0}^{N-l} x(t_j)x(t_{j+l}), \quad l = 0,1,\cdots,m \tag{10.200}$$

其中，l 称为位移；m 称为最大位移，此时应该有 $m \ll N$。

当随机过程 $X(t)$ 的数学期望 $\overline{x}$ 已知时，其相关函数 $K_x(\tau)$ 的估计可以按照估计协方差函数的方式求出，即

$$\widetilde{K}_x(\tau) = \frac{1}{T-\tau} \int_0^{T-\tau} [x(t+\tau) - \overline{x}][x(t) - \overline{x}]\mathrm{d}t \tag{10.201}$$

该估计为无偏估计，因为

$$M[\widetilde{K}_x(\tau)] = \frac{1}{T-\tau} \int_0^{T-\tau} K_x(\tau)\mathrm{d}t = K_x(\tau) \tag{10.202}$$

根据式(10.198)，就正态随机过程 $X(t)$ 而言，结合等式 $M[X(t) - \overline{x}] = 0$ 可以得到估计(10.201)的方差，其形式为

$$D[\widetilde{K}_x(\tau)] = \frac{2}{T-\tau} \int_0^{T-\tau} \left(1 - \frac{\xi}{T-\tau}\right)\{[K_x(\xi)]^2 + K_x(\xi+\tau)K_x(\xi-\tau)\}\mathrm{d}\xi \tag{10.203}$$

如果相关函数 $K_x(\tau)$ 是绝对可积分函数，当 $T - \tau \to \infty$ 时，该概率特性趋于零，那么式(10.201)是相容估计。当随机过程 $X(t)$ 的分布规律与正态分布不同时，上述条件对于其各态历经性而言可能是不够的。

为了在计算机上算出相关函数 $K_x(\tau)$ 的估计值，当数学期望 $\overline{x}$ 已知时，使用式(10.200)所示形式的表达式，即

$$\widetilde{K}_x(l\Delta t) = \frac{1}{N-l} \sum_{j=0}^{N-l} [x(t_j) - \overline{x}][x(t_{j+l}) - \overline{x}], \quad l = 0,1,\cdots,m \tag{10.204}$$

当数学期望 $\overline{x}$ 已知时，可以得到随机过程 $X(t)$ 的相关函数 $K_x(\tau)$ 的其他估计，其形式为

$$\widetilde{K}_x(\tau) = R_x(\tau) - (\overline{x})^2 \tag{10.205}$$

该估计也是无偏估计，因为

$$M[\widetilde{K}_x(\tau)] = R_x(\tau) - (\overline{x})^2 = K_x(\tau) \tag{10.206}$$

这个估计的方差取决于 $\overline{x}$，并且与式(10.198)计算出的协方差函数的估计方差

相符，即 $D[\widetilde{K}_x(\tau)] = D[\widetilde{R}_x(\tau)]$。

当数学期望 $\bar{x}$ 未知时，与式(10.205)一样，借助式(10.207)可以算出随机过程 $X(t)$ 的相关函数估计，即

$$\widetilde{K}_x(\tau) = \widetilde{R}_x(\tau) - (\widetilde{\bar{x}})^2 \tag{10.207}$$

因为 $R_x(\tau)$ 和 $\bar{x}$ 的估计 $\widetilde{R}_x(\tau)$ 和 $\widetilde{\bar{x}}$ 是无偏估计，那么就有

$$M[\widetilde{K}_x(\tau)] = R_x(\tau) - [(\bar{x})^2 + D(\widetilde{\bar{x}})] = K_x(\tau) - D(\widetilde{\bar{x}}) \tag{10.208}$$

因为 $D(\widetilde{\bar{x}}) \neq 0$，所以式(10.207)对 $K_x(\tau)$ 的估计是有偏的。对于弱各态历经随机过程 $X(t)$，当 $T \to \infty$ 时，数学期望 $D(\widetilde{\bar{x}})$ 的估计方差趋于零，所以式(10.207)计算出的相关函数 $K_x(\tau)$ 的估计 $\widetilde{K}_x(\tau)$ 是渐近无偏估计。

相关函数的其他估计可以取如下形式，即

$$\widetilde{K}_x(\tau) = \frac{1}{T-\tau} \int_0^{T-\tau} [x(t+\tau) - \widetilde{\bar{x}}][x(t) - \widetilde{\bar{x}}]\mathrm{d}t \tag{10.209}$$

该表达式可以改写成如下形式，即

$$\widetilde{K}_x(\tau) = \widetilde{R}_x(\tau) + (\widetilde{\bar{x}})^2 - \frac{\widetilde{\bar{x}}}{T-\tau} \int_0^{T-\tau} [x(t) + x(t+\tau)]\mathrm{d}t \tag{10.210}$$

因为

$$M[\widetilde{\bar{x}}x(t)] = \frac{1}{T}\int_0^T M[x(t)x(\xi)]\mathrm{d}\xi = \frac{1}{T}\int_0^T [(\bar{x})^2 + K_x(t-\xi)]\mathrm{d}\xi \tag{10.211}$$

所以相关函数估计(10.209)的数学期望为

$$M[\widetilde{K}_x(\tau)] = K_x(\tau) + D(\widetilde{\bar{x}}) - \frac{1}{T(T-\tau)}\int_0^T \mathrm{d}t \int_0^{T-\tau} [K_x(t-\xi) + K_x(t+\tau-\xi)]\mathrm{d}t \tag{10.212}$$

当 $T \to \infty$ 时，式(10.212)的右边部分趋于 $K_x(\tau)$，因此以式(10.209)的形式写出的相关函数的估计也是渐近无偏估计。

对于式(10.207)和式(10.209)，未知数学期望 $\bar{x}$ 的正态随机过程 $X(t)$ 的相关函数 $K_x(\tau)$ 的估计方差类似式(10.203)。如果相关函数 $K_x(\tau)$ 是绝对可积函数，那么这些概率特性就在 $T-\tau \to \infty$ 的情况下趋于零，因此估计(10.207)和估计(10.209)实际上是相容估计。这时，正态随机过程 $X(t)$ 是各态历经过程，其相关函数 $K_x(\tau)$ 的估计可以通过一个样本 $x(t)$ 求出。用计算机计算时，函数 $K_x(\tau)$ 可通过如式(10.204)所示形式的表达式来计算。在该表达式中，未知的数学期望 $\bar{x}$ 用其估计 $\widetilde{\bar{x}}$ 来代替。

4. 互相关协方差函数估计

对于弱各态历经相关随机过程 $X(t)$ 和 $Y(t)$，在 $0 \leqslant t \leqslant T$ 的情况下具有两个样本 $x(t)$ 和 $y(t)$ 时，其互相关协方差函数 $R_{xy}(\tau)$ 的估计为

$$\widetilde{R}_{xy}(\tau) = \frac{1}{T-\tau} \int_0^{T-\tau} x(t+\tau)y(t)\mathrm{d}t \tag{10.213}$$

该估计是无偏估计，因为

$$M[\widetilde{R}_{xy}(\tau)] = \frac{1}{T-\tau} \int_0^{T-\tau} R_{xy}(\tau)\mathrm{d}t = R_{xy}(\tau) \tag{10.214}$$

方差为

$$D[\widetilde{R}_{xy}(\tau)] = \frac{1}{(T-\tau)^2} \int_0^{T-\tau} \mathrm{d}t \int_0^{T-\tau} M[x(t+\tau)y(t)x(t'+\tau)y(t')]\mathrm{d}t' - [R_{xy}(\tau)]^2 \tag{10.215}$$

对于正态分布的 $[X(t), Y(t)]$，与式(10.190)一样，可以求出下式，即

$$\begin{aligned} M[x(t+\tau)y(t)x(t'+\tau)y(t')] &= [K_{xy}(\tau)]^2 + K_x(t-t')K_y(t-t') \\ &\quad + K_{xy}(t-t'+\tau)K_{yx}(t-t'-\tau) + 2\overline{x}\,\overline{y}K_{xy}(\tau) \\ &\quad + (\overline{x})^2 K_y(t-t') + \overline{x}\,\overline{y}K_{yx}(t-t'-\tau) \\ &\quad + \overline{x}\,\overline{y}K_{xy}(t-t'+\tau) + (\overline{y})^2 K_x(t-t') + (\overline{x}\,\overline{y})^2 \end{aligned} \tag{10.216}$$

因为

$$[K_{xy}(\tau)+\overline{x}\,\overline{y}]^2 = [R_{xy}(\tau)]^2 \tag{10.217}$$

所以式(10.215)可改写为

$$\begin{aligned} D[\widetilde{R}_{xy}(\tau)] &= \frac{1}{(T-\tau)^2} \int_0^{T-\tau} \mathrm{d}t \int_0^{T-\tau} [K_x(t-t')K_y(t-t') \\ &\quad + K_{xy}(t-t'+\tau)K_{yx}(t-t'-\tau) + (\overline{x})^2 K_y(t-t') + (\overline{y})^2 K_x(t-t') \\ &\quad + \overline{x}\,\overline{y}K_{xy}(t-t'+\tau) + \overline{x}\,\overline{y}K_{yx}(t-t'-\tau)]\mathrm{d}t' \end{aligned} \tag{10.218}$$

式(10.218)具有如式(10.192)所示的形式。按照与式(10.198)类似的方法，可得下式，即

$$\begin{aligned} D[\widetilde{R}_{xy}(\tau)] &= \frac{2}{T-\tau} \int_0^{T-\tau} \left(1-\frac{\xi}{T-\tau}\right)[K_x(\xi)K_y(\xi) + K_{xy}(\xi+\tau)K_{yx}(\xi-\tau) \\ &\quad + (\overline{x})^2 K_y(\xi) + (\overline{y})^2 K_x(\xi) + \overline{x}\,\overline{y}K_{xy}(\xi+\tau) + \overline{x}\,\overline{y}K_{yx}(\xi-\tau)]\mathrm{d}\tau \end{aligned} \tag{10.219}$$

如果函数 $K_x(\tau)$、$K_y(\tau)$ 和 $K_{xy}(\tau)$ 是绝对可积分函数，那么式(10.219)的右边部

分在 $T - \tau \to \infty$ 的情况下趋于零,所以互协方差函数 $R_{xy}(\tau)$ 的估计 $\widetilde{R}_{xy}(\tau)$ 是相容估计,因此可以只使用一对样本 $x(t)$ 和 $y(t)$。在计算机上计算估计 $\widetilde{R}_{xy}(\tau)$ 时,使用如式(10.200)所示形式的公式,即

$$\widetilde{R}_{xy}(l\Delta t) = \frac{1}{N-l} \sum_{j=0}^{N-l} x(t_j) y(t_{j+l}), \quad l = 0,1,\cdots,m \tag{10.220}$$

其中,$t_j = j\Delta t (j = 1, 2, \cdots, N); \Delta t = \dfrac{T}{N}$。

如果随机过程 $X(t)$ 和 $Y(t)$ 的数学期望 $\bar{x}$ 和 $\bar{y}$ 是已知的,那么互相关函数 $K_{xy}(\tau)$ 的无偏估计可以通过下列关系式求出,即

$$\widetilde{K}_{xy}(\tau) = \frac{1}{T-\tau} \int_0^{T-\tau} [x(t+\tau) - \bar{x}][y(t) - \bar{y}] \mathrm{d}t \tag{10.221}$$

对于正态分布的 $[X(t), Y(t)]$,这个估计的方差为

$$D[\widetilde{K}_{xy}(\tau)] = \frac{2}{T-\tau} \int_0^{T-\tau} \left(1 - \frac{\xi}{T-\tau}\right) [K_x(\xi) K_y(\xi) \\ + K_{xy}(\xi+\tau) K_{yx}(\xi-\tau)] \mathrm{d}\xi \tag{10.222}$$

在计算机上计算时,代替式(10.221)使用的是

$$\widetilde{K}_{xy}(l\Delta t) = \frac{1}{N-l} \sum_{j=0}^{N-l} [x(t_{j+l}) - \bar{x}][y(t_j) - \bar{y}], \quad l = 0,1,\cdots,m \tag{10.223}$$

互相关函数 $K_{xy}(\tau)$ 的其他无偏估计具有下列形式,即

$$\widetilde{K}_{xy}(\tau) = \widetilde{R}_{xy}(\tau) - \bar{x}\,\bar{y} \tag{10.224}$$

这时

$$D[\widetilde{K}_{xy}(\tau)] = D[\widetilde{R}_{xy}(\tau)] \tag{10.225}$$

如果对于随机过程 $X(t)$ 和 $Y(t)$,其数学期望 $\bar{x}$ 和 $\bar{y}$ 是未知的,那么可以把互相关函数 $K_{xy}(\tau)$ 的估计写为

$$\widetilde{K}_{xy}(\tau) = \widetilde{R}_{xy}(\tau) - \widetilde{\bar{x}}\,\widetilde{\bar{y}} \tag{10.226}$$

对式(10.226)的两个部分都求取数学期望,可得下式,即

$$M[\widetilde{K}_{xy}(\tau)] = \widetilde{R}_{xy}(\tau) - M(\widetilde{\bar{x}}\,\widetilde{\bar{y}}) = K_{xy}(\tau) - M[(\widetilde{\bar{x}} - \bar{x})(\widetilde{\bar{y}} - \bar{y})] \tag{10.227}$$

并且

$$M[(\widetilde{\bar{x}} - \bar{x})(\widetilde{\bar{y}} - \bar{y})] = \frac{1}{T^2} \int_0^T \mathrm{d}t \int_0^T K_{xy}(t - t') \mathrm{d}t' \tag{10.228}$$

式(10.228)可以表示为

$$M[(\widetilde{\overline{x}} - \overline{x})(\widetilde{\overline{y}} - \overline{y})] = \frac{1}{T}\int_0^T \left(1 - \frac{\tau}{T}\right)[K_{xy}(\tau) + K_{yx}(\tau)]\mathrm{d}\tau \tag{10.229}$$

如果互相关函数 $K_{xy}(\tau)$ 是绝对可积分函数, 那么当 $T \to \infty$ 时, 这个相关矩趋于零, 因此 $K_{xy}(\tau)$ 的估计(10.226)是渐近无偏估计。

与式(10.221)一样, 互相关函数 $K_{xy}(\tau)$ 的另一个渐近无偏估计可以写为

$$\widetilde{K}_{xy}(\tau) = \frac{1}{T-\tau}\int_0^{T-\tau} [x(t+\tau) - \widetilde{\overline{x}}][y(t) - \widetilde{\overline{y}}]\mathrm{d}t \tag{10.230}$$

这个估计可以通过下列形式表示, 即

$$\widetilde{K}_{xy}(\tau) = \widetilde{R}_{xy}(\tau) + \widetilde{\overline{x}}\,\widetilde{\overline{y}} - \frac{\widetilde{\overline{x}}}{T-\tau}\int_0^{T-\tau} [\widetilde{\overline{x}}y(t) + \widetilde{\overline{y}}x(t)]\mathrm{d}t \tag{10.231}$$

所以

$$\begin{aligned}
M[\widetilde{K}_{xy}(\tau)] &= R_{xy}(\tau) + \overline{x}\,\overline{y} + M[(\widetilde{\overline{x}} - \overline{x})(\widetilde{\overline{y}} - \overline{y})] \\
&\quad - \frac{1}{T(T-\tau)}\int_0^T \mathrm{d}\xi \int_0^{T-\tau} [R_{yx}(t-\xi) + R_{xy}(t-\xi)]\mathrm{d}t
\end{aligned} \tag{10.232}$$

或者

$$\begin{aligned}
M[\widetilde{K}_{xy}(\tau)] &= R_{xy}(\tau) + \frac{1}{T}\int_0^T \left(1 - \frac{\tau}{T}\right)[K_{xy}(\tau) + K_{yx}(\tau)]\mathrm{d}\tau \\
&\quad - \frac{1}{T(T-\tau)}\int_0^T \mathrm{d}\xi \int_0^{T-\tau} [K_{yx}(t-\xi) + K_{xy}(t-\xi)]\mathrm{d}\xi
\end{aligned} \tag{10.233}$$

如果互相关函数 $K_{xy}(\tau)$ 是绝对可积分函数, 那么式(10.233)的右边部分在 $T - \tau \to \infty$ 的情况下趋于 $K_{xy}(\tau)$。

互相关函数 $K_{xy}(\tau)$ 估计(10.226)和(10.230)的方差可以通过如式(10.222)所示形式的表达式计算。如果相关函数 $K_x(\tau)$、$K_y(\tau)$ 和互相关函数 $K_{xy}(\tau)$ 是绝对可积分函数, 那么对于正态分布的 $[X(t), Y(t)]$, 上述估计是相容估计。

在计算机上计算估计 $\widetilde{K}_{xy}(\tau)$ 时, 代替式(10.230)使用的是式(10.223)。式(10.223)中未知的数学期望 $\overline{x}$ 和 $\overline{y}$ 分别被估计 $\widetilde{\overline{x}}$ 和 $\widetilde{\overline{y}}$ 替代。

5. 多样本下概率特性估计

为了提高弱各态历经随机过程 $X(t)$ 的相关函数 $K_x(\tau)$、协方差函数 $R_x(\tau)$ 和

数学期望 $\bar{x}$ 的估计 $\widetilde{K}_x(\tau)$、$\widetilde{R}_x(\tau)$ 和 $\tilde{x}$ 的精度，在某些情况下使用的不是一个样本 $x(t)$，而是具有不同持续时间 $T_j(j=1,2,\cdots,r)$ 的独立样本 $x_j(t)(j=1,2,\cdots,r)$ 集合。借助每一个样本 $x_j(t)$，根据上述所列的公式，就可以求出相应的估计 $\tilde{x}_j$、$\widetilde{R}_{x_j}(\tau)$ 和 $\widetilde{K}_{x_j}(\tau)(j=1,2,\cdots,r)$。通过对这些估计的加权求平均值，就可以得到所研究概率特性的估计，即

$$\tilde{\tilde{x}} = \sum_{j=1}^{r} \alpha_j \tilde{\tilde{x}}_j \tag{10.234}$$

$$\widetilde{R}_x(\tau) = \sum_{j=1}^{r} \beta_j R_{x_j}(\tau) \tag{10.235}$$

$$\widetilde{K}_x(\tau) = \sum_{j=1}^{r} \gamma_j K_{x_j}(\tau) \tag{10.236}$$

其中，估计权系数 α_j、β_j 和 $\gamma_j(j=1,2,\cdots,r)$ 为正常数，且满足下式，即

$$\sum_{j=1}^{r} \alpha_j = 1, \quad \sum_{j=1}^{r} \beta_j = 1, \quad \sum_{j=1}^{r} \gamma_j = 1 \tag{10.237}$$

当 $\tilde{x}$ 和 $\widetilde{R}_x(\tau)$ 已知时，借助式(10.207)可以求出相关函数 $K_x(\tau)$ 的估计 $\widetilde{K}_x(\tau)$。

权系数 α_j、β_j 和 γ_j 的求取与每次的独立实验结果的精度相关，即

$$\alpha_j = [D(\tilde{\tilde{x}}_j)]^{-1} \bigg/ \sum_{s=1}^{r} [D(\tilde{\tilde{x}}_s)]^{-1} \tag{10.238}$$

$$\beta_j = \{D[\widetilde{R}_{x_j}(\tau)]\}^{-1} \bigg/ \sum_{s=1}^{r} \{D[\widetilde{R}_{x_s}(\tau)]\}^{-1} \tag{10.239}$$

$$\gamma_j = \{D[\widetilde{K}_{x_j}(\tau)]\}^{-1} \bigg/ \sum_{s=1}^{r} \{D[\widetilde{K}_{x_s}(\tau)]\}^{-1}, \quad j=1,2,\cdots,r \tag{10.240}$$

由式(10.173)可以看出，当 T_j 足够大时，可以认为估计 $\tilde{x}_j$ 的方差与 $T_j(j=1,2,\cdots,r)$ 是成反比的。根据式(10.198)和式(10.203)，可以近似地认为估计 $\widetilde{R}_{x_j}(\tau)$ 和 $\widetilde{K}_{x_j}(\tau)$ 的方差与 $T_j-\tau(j=1,2,\cdots,r)$ 成反比。因此，在近似计算时，可以采用式(10.241)代替式(10.238)～式(10.240)，即

$$\alpha_j = \frac{T_j}{T}, \quad \beta_j = \gamma_j = \frac{T_j-\tau}{T-r\tau}, \quad j=1,2,\cdots,r \tag{10.241}$$

其中，$T = \sum_{j=1}^{r} T_j$。

这时，用于估计数学期望的公式可以写为

$$\widetilde{\bar{x}} = \frac{1}{T}\sum_{j=1}^{r}\int_{0}^{T_j} x_j(t)\mathrm{d}t \tag{10.242}$$

根据式(10.187)，协方差函数的估计为

$$\widetilde{R}_x(\tau) = \frac{1}{T-r\tau}\sum_{j=1}^{r}\int_{0}^{T_j-\tau} x_j(t+\tau)x_j(t)\mathrm{d}t \tag{10.243}$$

根据式(10.209)，相关函数的估计为

$$\widetilde{K}_x(\tau) = \frac{1}{T-r\tau}\sum_{j=1}^{r}\int_{0}^{T_j-\tau} [x_j(t+\tau)-\widetilde{\bar{x}}_j][x_j(t)-\widetilde{\bar{x}}_j]\mathrm{d}t \tag{10.244}$$

因为样本 $x_j(t)(j=1,2,\cdots,r)$ 是独立的，所以式(10.234)～式(10.236)的估计方差为

$$D(\widetilde{\bar{x}}) = \sum_{j=1}^{r}\alpha_j^2 D(\widetilde{\bar{x}}_j) \tag{10.245}$$

$$D[\widetilde{R}_x(\tau)] = \sum_{j=1}^{r}\beta_j^2 D[\widetilde{R}_{x_j}(\tau)] \tag{10.246}$$

$$D[\widetilde{K}_x(\tau)] = \sum_{j=1}^{r}\gamma_j^2 D[\widetilde{K}_{x_j}(\tau)] \tag{10.247}$$

如果样本 $x_j(t)(j=1,2,\cdots,r)$ 的持续时间 T_j 是相同的，那么根据式(10.241)，有

$$\alpha_j = \beta_j = \gamma_j = \frac{1}{r}, \quad j=1,2,\cdots,r \tag{10.248}$$

根据式(10.245)～式(10.247)，在这种情况下得到的估计 $\widetilde{\bar{x}}$、$\widetilde{R}_x(\tau)$ 和 $\widetilde{K}_x(\tau)$ 比通过 r 个样本中任何一个样本求得的相应估计方差都小，并且是后者的 $1/r$。

互协方差函数 $R_{xy}(\tau)$ 和互相关函数 $K_{xy}(\tau)$ 同样可以通过类似使用 r 对样本 $x_j(t)$ 和 $y_j(t)(j=1,2,\cdots,r)$ 来计算。

通过计算广义平稳随机过程 $X(t)$ 和 $Y(t)$ 的数学期望 $\bar{x}$ 和 $\bar{y}$ 的估计，可以获得固定值 $\widetilde{\bar{x}}$ 和 $\widetilde{\bar{y}}$。协方差函数和相关函数 $R_x(\tau)$、$R_y(\tau)$、$R_{xy}(\tau)$ 和 $K_{xy}(\tau)$ 的估计取决于自变量 τ。为了能够绘制足够精确的 $\widetilde{R}_x(\tau)$、$\widetilde{K}_x(\tau)$、$\widetilde{R}_{xy}(\tau)$ 和 $\widetilde{K}_{xy}(\tau)$ 曲线图，需要求出这些参数在自变量值 $\tau \geqslant 0$ 取较大时的估计。当 $\tau < 0$ 时，根据下列条件求估计，即

$$\widetilde{R}_x(-\tau) = \widetilde{R}_x(\tau), \quad \widetilde{K}_x(-\tau) = \widetilde{K}_x(\tau) \tag{10.249}$$

$$\widetilde{R}_{xy}(-\tau) = \widetilde{R}_{yx}(\tau), \quad \widetilde{K}_{xy}(-\tau) = \widetilde{K}_{yx}(\tau) \tag{10.250}$$

每个估计可以通过自变量为 τ 的特定形式的函数进行逼近。近似表达式的未知系数可以通过最小二乘法求出。

10.2.3　概率分布密度估计

对于平稳随机过程 $X(t)$，其一维概率分布密度 $f_1(x;t)$ 不取决于自变量 t，即 $f_1(x;t)=f_1(x)$。其数学表达式是随机坐标为 $X(t)$ 的点（t 为任意固定值），进入以 x 点为中心的区间 $I_x=\left(x-\dfrac{1}{2}\Delta x;\ x+\dfrac{1}{2}\Delta x\right)$ 的概率与这个区间长度 Δx 比值的极限，即

$$f_1(x)=\lim_{\Delta x\to 0}\frac{1}{\Delta x}P\left[x-\frac{1}{2}\Delta x<X(t)<x+\frac{1}{2}\Delta x\right] \tag{10.251}$$

平稳随机过程 $X(t)$ 的二维概率分布密度 $f_2(x,x';t,t+\tau)$ 取决于自变量 t 和 $t+\tau$ 的时间间隔 $(t+\tau)-t=\tau$，即 $f_2(x,x';t,t+\tau)=f_2(x,x';\tau)$。其数学表达式是当自变量 τ 为每个固定值时的随机坐标点 $[X(t),X(t+\tau)]$ 进入矩形 $\left(x\mp\dfrac{1}{2}\Delta x;\ x'\mp\dfrac{1}{2}\Delta x'\right)$ 的概率与这个矩形面积比值的极限。当矩形的边 Δx 和 $\Delta x'$ 趋于零时，有

$$f_2(x,x';\tau)=\lim_{\substack{\Delta x\to 0\\ \Delta x'\to 0}}\frac{1}{\Delta x\Delta x'}P\left[x-\frac{1}{2}\Delta x<X(t)<x+\frac{1}{2}\Delta x;\right.$$
$$\left. x'-\frac{1}{2}\Delta x'<X(t+\tau)<x'+\frac{1}{2}\Delta x'\right] \tag{10.252}$$

对于平稳相关随机过程 $X(t)$ 和 $Y(t)$，其二维概率分布密度 $f(x,y;t,t+\tau)$ 同样取决于时间间隔 $(t+\tau)-t=\tau$，并且也以类似的方式算出，即

$$f(x,y;\tau)=\lim_{\substack{\Delta x\to 0\\ \Delta y\to 0}}\frac{1}{\Delta x\Delta y}P\left[x-\frac{1}{2}\Delta x<X(t)<x+\frac{1}{2}\Delta x;\right.$$
$$\left. y-\frac{1}{2}\Delta y<Y(t+\tau)<y+\frac{1}{2}\Delta y\right] \tag{10.253}$$

对于各态历经随机过程 $X(t)$，估计 $\tilde{f}_1(x)$ 和 $\tilde{f}_2(x,x';\tau)$ 可以借助 $0\leqslant t\leqslant T$ 时的一个足够长的样本 $x(t)$，通过一维和二维概率分布密度计算。为了计算各态历经相关随机过程 $X(t)$ 和 $Y(t)$ 的二维概率分布密度的估计 $\tilde{f}(x,y;\tau)$，需要有两个样本 $x(t)$ 和 $y(t)$。

当 $0\leqslant t\leqslant T$ 时，随机过程 $X(t)$ 的样本 $x(t)$ 处在区间 I_x 的总时间间隔与持续时间 T 之比是点 $X(t)$ 进入区间 $I_x=\left(x-\dfrac{1}{2}\Delta x;\ x+\dfrac{1}{2}\Delta x\right)$ 的概率 $P\left[x-\dfrac{1}{2}\Delta x<X(t)<\right.$

$x+\dfrac{1}{2}\Delta x$ 的估计。上述估计可表示为

$$\widetilde{P}\left[x-\frac{1}{2}\Delta x<X(t)<x+\frac{1}{2}\Delta x\right]=\frac{1}{T}\sum_{i=1}^{m(x)}\Delta T_i(x) \tag{10.254}$$

其中，$m(x)$ 为样本 $x(t)$ 进入区间 I_x 的总数；$\Delta T_i(x)$ 为第 i 次进入区间时，样本在区间 I_x 逗留持续时间。

该估计是渐近无偏估计，当样本 $x(t)$ 的持续时间 T 无限增大时，估计向相应的概率收敛，即

$$\lim_{T\to\infty}\frac{1}{T}\sum_{i=1}^{m(x)}\Delta T_i(x)=P\left[x-\frac{1}{2}\Delta x<X(t)<x+\frac{1}{2}\Delta x\right] \tag{10.255}$$

由式(10.251)可得下式，即

$$f_1(x)=\lim_{\Delta x\to 0}\frac{1}{\Delta x}\lim_{T\to\infty}\frac{1}{T}\sum_{i=1}^{m(x)}\Delta T_i(x) \tag{10.256}$$

对于一维概率分布密度 $f_1(x)$，其估计可表示为

$$\widetilde{f}_1(x)=\frac{1}{T\Delta x}\sum_{i=1}^{m(x)}\Delta T_i(x) \tag{10.257}$$

当 $T\to\infty$，并且 Δx 很小时，式(10.257)可写为

$$\widetilde{f}_1(x)=\frac{1}{\Delta x}P\left[x-\frac{1}{2}\Delta x<X(t)<x+\frac{1}{2}\Delta x\right]=\frac{1}{\Delta x}\int_{x-\frac{1}{2}\Delta x}^{x+\frac{1}{2}\Delta x}f_1(x')\mathrm{d}x' \tag{10.258}$$

如果概率分布密度 $f_1(x')$ 在点 x 求微分，那么就有下式，即

$$f_1(x')=f_1(x)+(x'-x)f_1'(x)+\frac{1}{2}(x'-x)^2f_1''(x)+\cdots \tag{10.259}$$

结合上述展开式的项，可得下式，即

$$\widetilde{f}_1(x)=f_1(x)+\frac{(\Delta x)^2}{24}f_1''(x) \tag{10.260}$$

由式(10.260)，以式(10.257)所示形式表示的 $f_1(x)$ 的估计 $\widetilde{f}_1(x)$ 就是在 $T\to\infty$ 时也是有偏估计，当 $\Delta x\to 0$ 时，偏差趋于零。

在计算机上计算时，连续样本 $x(t)$ 被 $N+1$ 个值 $x_j(t)(j=0,1,\cdots,N)$ 的集合替代。这些值的范围 (a,b) 可分为相同长度 $\Delta x=\dfrac{1}{l}(b-a)$ 的 l 个区间 $I_s=(c_{s-1},c_s](s=1,2,\cdots,l)$，因此 $c_s=a+s\Delta x(s=0,1,\cdots,l)$。借助专门的程序可以计算属于第 s 个区间 I_s 的 $x(t_j)$ 的数量 N_s，即满足条件 $c_{s-1}<x(t_j)\leqslant c_s(s=1,2,\cdots,l)$

的 $x(t_j)$ 的数量 N_s。这些数的总和为 $\sum_{s=1}^{l} N_s = N+1$。当 Δt 较小时，式(10.254)的概率为属于区间 I_s 的 $x(t_j)$ 的数量 N_s 与 $x_j(t)$ 总和 $N+1$ 的比例。一维概率分布密度 $f_1(x)$ 的估计(10.257)在每个区间 I_s 都视为常数，并且可以表示为

$$\widetilde{f}_1(x) = \frac{N_s}{(N+1)\Delta x}, \quad c_{s-1} < x \leqslant c_s, \quad s = 1, 2, \cdots, l \tag{10.261}$$

式(10.261)与频率分布图类似，是连续随机变量概率分布密度的估计。

对于具有随机坐标的点 $[X(t), Y(t+\tau)]$ 进入矩形(以 $(x \mp \Delta x, y \mp \Delta y)$ 为顶点)的概率可以表示为

$$\widetilde{P}\left[x - \frac{1}{2}\Delta x < X(t) < x + \frac{1}{2}\Delta x; y - \frac{1}{2}\Delta y < Y(t+\tau) < y + \frac{1}{2}\Delta y\right]$$
$$= \frac{1}{T-\tau}\sum_{i=1}^{m}\Delta T_i(x,y) \tag{10.262}$$

其中，用 $\sum_{i=1}^{m}\Delta T_i(x,y)$ 表示 $0 \leqslant t \leqslant T-\tau$ 时，样本 $X(t)$ 和 $Y(t+\tau)$ 同时分别处在区间 $I_x = \left(x - \frac{1}{2}\Delta x;\ x + \frac{1}{2}\Delta x\right)$ 和 $I_y = \left(y - \frac{1}{2}\Delta y;\ y + \frac{1}{2}\Delta y\right)$ 的时间间隔总长度。

这些区间的数量取决于 x 和 y，即 $m = m(x,y)$。下列极限等式是正确的，即

$$\lim_{T-\tau\to\infty}\frac{1}{T-\tau}\sum_{i=1}^{m}\Delta T_i(x,y)$$
$$= P\left[x - \frac{1}{2}\Delta x < X(t) < x + \frac{1}{2}\Delta x; y - \frac{1}{2}\Delta y < Y(t+\tau) < y + \frac{1}{2}\Delta y\right] \tag{10.263}$$

根据式(10.253)，对于各态历经相关随机过程 $X(t)$ 和 $Y(t)$，二维概率分布密度为

$$f(x,y;\tau) = \lim_{\substack{\Delta x\to 0 \\ \Delta y\to 0}}\frac{1}{\Delta x\Delta y}\lim_{T-\tau\to\infty}\frac{1}{T-\tau}\sum_{i=1}^{m}\Delta T_i(x,y) \tag{10.264}$$

对于这个概率分布密度，估计通过式(10.265)算出，即

$$\widetilde{f}(x,y;\tau) = \frac{1}{(T-\tau)\Delta x\Delta y}\sum_{i=1}^{m}\Delta T_i(x,y) \tag{10.265}$$

在计算机上计算时，当 $0 \leqslant t \leqslant T-\tau$ 时，连续样本 $x(t)$ 和 $y(t+\tau)$ 被值 $x(t_j)$ 和 $y(t_{j+v})(j = 0,1,\cdots,N-v)$ 的集合代替，其中 $t_j = j\Delta t$、$\Delta t = \frac{T}{N}$ 和 $v = \frac{\tau}{\Delta t}$。第一个分量 $x(t)$ 的值 $x(t_j)(j = 0,1,\cdots,N-v)$ 的范围 (a,b) 可以分为 l 个长度同为 $\Delta x = \frac{1}{l}(b-a)$

的区间 $(c_{s-1},\ c_s](s=1,2,\cdots,l)$。对于第二个分量 $y(t+\tau)$，这些值 $y(t_{j+v})(j=0,1,\cdots,N-v)$ 的范围 (a',b') 也可以分成长度同为 $\Delta y=\dfrac{1}{l'}(b'-a')$ 的 l' 个区间 $(c'_{r-1},\ c'_r](r=1,2,\cdots,l')$。这时，$c'_r=a'+r\,\Delta y(r=0,1,\cdots,l')$。

通过专门的程序可以求出 $[x(t_j),y(t_{j+v})]$ 同时满足条件 $c_{s-1}<x(t_j)\leqslant c_s$ 和 $c'_{r-1}<y(t_{j+v})\leqslant c'_r(s=1,2,\cdots,l;r=1,2,\cdots,l')$ 的数量 N_{sr}。这些数的总数为 $N-v+1$，即 $\sum\limits_{s=1}^{l}\sum\limits_{r=1}^{l'}N_{sr}=N-v+1$。当 Δt 很小时，式(10.262)所示的概率等于进入矩形 $c_{s-1}<x\leqslant c_s,c'_{r-1}<y\leqslant c'_r$ 中的 $[x(t_j),y(t_{j+v})]$ 的数量 N_{sr} 与总数 $N-v+1$ 的比值。在上述每个矩形内，二维概率分布密度 $f(x,y;\tau)$ 的估计(10.265)为常数，等于 $\dfrac{N_{sr}}{N-v+1}$ 与矩形面积 $\Delta x\Delta y$ 的比值，即

$$\widetilde{f}(x,y;\tau)=\frac{N_{sr}}{(N-v+1)\Delta x\Delta y},\quad c_{s-1}<x\leqslant c_s;$$
$$c'_{r-1}<y\leqslant c'_r;s=1,2,\cdots,l;r=1,2,\cdots,l' \tag{10.266}$$

10.2.4　实例分析

例 10.4　平稳正态随机过程 $X(t)$ 的表达式为

$$X(t)=a+\sum_{k=1}^{n}(U_k\cos\omega_k t+V_k\sin\omega_k t)$$

其中，$\omega_k(k=1,2,\cdots,n)$ 和 a 为已知常数；U 和 $V_k(k=1,2,\cdots,n)$ 为数学期望等于零且方差已知的正态随机变量，并且 $D(U_k)=D(V_k)=D_k\neq0(k=1,2,\cdots,n)$。

请验证随机过程 $X(t)$ 是否为各态历经过程。

解　对于随机过程 $X(t)$，其数学期望和相关函数为

$$\bar{x}(t)=\bar{x}=a,\quad K_x(\tau)=\sum_{k=1}^{n}D_k\cos\omega_k\tau$$

当自变量 τ 无限增大时，相关函数 $K_x(\tau)$ 不会趋于零，即对于其数学期望 $\bar{x}$ 而言，不满足随机过程 $X(t)$ 各态历经性的充分条件。

根据式(10.173)，数学期望的估计方差为

$$D(\widetilde{\bar{x}})=\frac{2}{T}\int_0^T\left(1-\frac{\tau}{T}\right)K_x(\tau)\mathrm{d}\tau=\frac{2}{T}\sum_{k=1}^{n}\int_0^T\left(1-\frac{\tau}{T}\right)\cos\omega_k\tau\mathrm{d}\tau$$

当 $\omega_k\neq0$ 时，有

$$\int_0^T\left(1-\frac{\tau}{T}\right)\cos\omega_k\tau\mathrm{d}\tau=\frac{1}{\omega_k}\left(1-\frac{\tau}{T}\right)\sin\omega_k\tau\bigg|_0^T+\frac{1}{T\omega_k}\int_0^T\sin\omega_k\tau\mathrm{d}\tau$$

$$=\frac{1}{T\omega_k^2}(1-\cos\omega_kT)$$

所以有

$$D(\widetilde{\bar{x}})=\frac{2}{T^2}\sum_{k=1}^n\frac{D_k}{\omega_k^2}(1-\cos\omega_kT)$$

如果所有的频率 $\omega_k(k=1,2,\cdots,n)$ 不为零，那么当 $T\to\infty$ 时，方差 $D(\widetilde{\bar{x}})$ 趋于零，所以数学期望 $\bar{x}$ 的估计 $\widetilde{\bar{x}}$ 是相容估计。这时，随机过程 $X(t)$ 针对其数学期望 $\bar{x}=a$ 而言是各态历经的，因此在 $0\leqslant t\leqslant T$ 的情况下，通过一个样本 $x(t)$ 可以求出估计 $\widetilde{\bar{x}}$。

假设其中一个频率为 $\omega_k=0$，那么有

$$\int_0^T\left(1-\frac{\tau}{T}\right)\cos\omega_k\tau\mathrm{d}\tau=\int_0^T\left(1-\frac{\tau}{T}\right)\mathrm{d}\tau=\left(\tau-\frac{\tau^2}{2T}\right)\bigg|_0^T=\frac{T}{2}$$

这时

$$\lim_{T\to\infty}D(\widetilde{\bar{x}})=D_k\neq0$$

因此，借助一个样本 $x(t)$ 计算出的数学期望 $\bar{x}$ 的估计 $\widetilde{\bar{x}}$ 不是相容的。为了求出数学期望 $\bar{x}$ 的精确估计，需要使用样本集合。原始随机过程 $X(t)$ 就是针对其数学期望也不是各态历经的。

通过一个样本 $x(t)$ 计算出正态随机过程 $X(t)$ 方差 D_x 的估计 $\widetilde{D}_x$。为了检查其相容性，同时为了简单，可以认为其数学期望 $\bar{x}=a$ 是已知的。根据式(10.203)，在 $\tau=0$ 时，对于估计 $\widetilde{D}_x$，其方差为

$$D(\widetilde{D}_x)=\frac{4}{T}\int_0^T\left(1-\frac{\xi}{T}\right)[K_x(\xi)]^2\mathrm{d}\xi=\frac{4}{T}\int_0^T\left(1-\frac{\xi}{T}\right)\left(\sum_{k=1}^nD_k\cos\omega_k\tau\right)^2\mathrm{d}\tau$$

$$=\frac{4}{T}\int_0^T\left(1-\frac{\tau}{T}\right)\left[\sum_{k=1}^nD_k^2\cos^2\omega_k\tau+2\sum_{k=1}^{n-1}\sum_{s=k+1}^nD_kD_s\cos\omega_k\tau\cos\omega_s\tau\right]\mathrm{d}\tau$$

$$=\frac{2}{T}\int_0^T\left(1-\frac{\tau}{T}\right)\left\{\sum_{k=1}^nD_k^2(1+2\cos\omega_k\tau)+2\sum_{k=1}^{n-1}\sum_{s=k+1}^nD_kD_s[\cos(\omega_k-\omega_s)\tau\right.$$

$$\left.+\cos(\omega_k+\omega_s)\tau]\right\}\mathrm{d}\tau$$

如果 $\omega_k \neq 0(k=1,2,\cdots,n)$ ，那么积分计算之后可以得到下式，即

$$D(\widetilde{D}_x) = \sum_{k=1}^{n} D_k^2 + \frac{2}{T^2}\left\{\sum_{k=1}^{n} D_k^2 \frac{(1-2\cos\omega_k T)}{(2\omega_k)^2}\right.$$
$$\left. + 2\sum_{k=1}^{n-1}\sum_{s=k+1}^{n} D_k D_s \left[\frac{1-\cos(\omega_k-\omega_s)T}{(\omega_k-\omega_s)^2} + \frac{1-\cos(\omega_k+\omega_s)T}{(\omega_k+\omega_s)^2}\right]\right\}$$

这时

$$\lim_{T\to\infty} D(\widetilde{D}_x) = \sum_{k=1}^{n} D_k^2 \neq 0$$

当其中一个频率 $\omega_k = 0$ 时，将额外增加如下分量，即

$$\lim_{T\to\infty}\left[\frac{2}{T^2}\frac{(2\omega_k T)^2}{2(2\omega_k)^2}D_k^2\right] = D_k^2$$

在两种情况下，当 $T\to\infty$ 时，估计 $\widetilde{D}_x$ 的方差不会降低至零。对于所研究的随机过程 $X(t)$ ，通过一个样本计算出的方差 D_x 的估计是不相容的估计，因此随机过程 $X(t)$ 不是各态历经的过程。

例 10.5　对于低频(窄频带或者频率受限的)标准白噪声 $X(t)$ ，其谱密度为

$$S_x(\omega) = \begin{cases} \dfrac{D_x}{2b}, & |\omega| \leqslant b \\ 0, & |\omega| > b \end{cases}$$

其中，b 为已知频带半宽度。

求数学期望 $\bar{x}$ 、方差 D_x 和相关函数 $K_x(\tau)$ 的估计 $\widetilde{x}$ 、$\widetilde{D}_x$ 和 $\widetilde{K}_x(\tau)$ 的方差。给定如下无量纲参数值，即

$$\eta_{\bar{x}} = \frac{D(\widetilde{\bar{x}})}{D_x}, \quad \eta_D = \frac{D(\widetilde{D}_x)}{D_x^2}, \quad \eta_k = \frac{D[\widetilde{K}_x(\tau)]}{D_x^2}$$

对于上述所示的估计，求随机过程 $X(t)$ 的样本 $x(t)$ 所需(最小)持续时间 $T_{\min}$ 的近似值，以及在计算机上计算时所使用的离散值 $x_j(t)(j=0,1,\cdots,N)$ 的最小数 $N_{\min} = \dfrac{b}{\pi}T_{\min}$ 的近似值。

如果 $\eta_{\bar{x}} = \eta_D = \eta_k = 0.01$ ，计算 $T_{\min}$ 和 $N_{\min}$ 。

解　对于原始随机过程 $X(t)$ ，其相关函数为

$$K_x(\tau) = \int_{-\infty}^{\infty} e^{i\omega\tau} S_x(\omega)d\omega = \frac{D_x}{2b}\int_{-b}^{b} e^{i\omega\tau}d\omega = \frac{D_x}{2b}\frac{1}{i\tau}(e^{ib\tau} - e^{-ib\tau})$$

即

$$K_x(\tau) = D_x\left(\frac{\sin b\tau}{b\tau}\right)$$

数学期望 $\bar{x}$ 的估计 $\tilde{\bar{x}}$ 的方差可以根据式(10.173)求出，即

$$D(\tilde{\bar{x}}) = \frac{2}{T}\int_0^T \left(1 - \frac{\tau}{T}\right) K_x(\tau)\mathrm{d}\tau = \frac{2D_x}{T}\int_0^T \left(1 - \frac{\tau}{T}\right)\frac{\sin b\tau}{b\tau}\mathrm{d}\tau$$

$$= \frac{2D_x}{T}\int_0^{bT}\left(\frac{\sin t}{t} - \frac{\sin t}{bT}\right)\mathrm{d}t$$

由此可知

$$D(\tilde{\bar{x}}) = \frac{2D_x}{bT}\left[\mathrm{Si}(bT) - \frac{1}{bT}(1 - \cos bT)\right]$$

其中，$\mathrm{Si}(z)$ 为正弦积分，即

$$\mathrm{Si}(z) = \int_0^z \frac{\sin t}{t}\mathrm{d}t$$

当自变量 z 的值较大时，有下列渐近展开式，即

$$\mathrm{Si}(z) = \frac{\pi}{2} - \frac{\cos z}{z}\left(1 - \frac{2!}{z^2} + \frac{4!}{z^4} - \cdots\right) - \frac{\sin z}{z^2}\left(1 - \frac{3!}{z^2} + \frac{5!}{z^4} - \cdots\right) \approx \frac{\pi}{2} - \frac{\cos z}{z}$$

因此，当 bT 很大时，会得到下式，即

$$D(\tilde{\bar{x}}) \approx \frac{2D_x}{bT}\left(\frac{\pi}{2} - \frac{1}{bT}\right) \approx \frac{\pi D_x}{bT}$$

通过比较简单的方式，也可以获得这种结果，即

$$D(\tilde{\bar{x}}) = \frac{2}{T}\int_0^T \left(1 - \frac{\tau}{T}\right)K_x(\tau)\mathrm{d}\tau \approx \frac{1}{T}\int_{-\infty}^{\infty} K_x(\tau)\mathrm{d}\tau = \frac{1}{T}2\pi S_x(0) = \frac{\pi D_x}{bT}$$

当比值 $\eta_{\bar{x}} = \dfrac{D(\tilde{\bar{x}})}{D_x} = 0.01$ 已知时，对于所需样本持续时间，就得到 $T_{\bar{x}} = \dfrac{\pi}{b\eta_{\bar{x}}} = \dfrac{314}{b}$。如果 $b = 1\mathrm{s}^{-1}$，那么 $T_{\bar{x}} = 314\mathrm{s}$；如果 $b = 10\mathrm{s}^{-1}$，那么 $T_{\bar{x}} = 31.4\mathrm{s}$。所求离散值的最小数为 $N_{\bar{x}} = \dfrac{b}{\pi}T_{\bar{x}} = \dfrac{1}{\eta_{\bar{x}}} = 100$。

对于正态随机过程 $X(t)$ 的相关函数 $K_x(\tau)$ 的估计 $\widetilde{K}_x(\tau)$ 的方差，由式(10.203)有

$$D[\widetilde{K}_x(\tau)] = \frac{2}{T-\tau}\int_0^{T-\tau}\left(1 - \frac{\xi}{T-\tau}\right)\{[K_x(\xi)]^2 + K_x(\xi+\tau)K_x(\xi-\tau)\}\mathrm{d}\xi$$

当差值 $T-\tau$ 较大时，该表达式可以简化为

$$D[\widetilde{K}_x(\tau)] \approx \frac{2}{T-\tau} \int_{-\infty}^{\infty} \{[K_x(\xi)]^2 + K_x(\xi+\tau)K_x(\xi-\tau)\} \mathrm{d}\xi$$

假设 $\tau = 0$，可以得到下式，即

$$D(\widetilde{D}_x) \approx \frac{2}{T} \int_{-\infty}^{\infty} [K_x(\xi)]^2 \mathrm{d}\xi = \frac{4D_x^2}{T} \int_0^{\infty} \left(\frac{\sin b\tau}{b\tau}\right)^2 \mathrm{d}\tau = \frac{4D_x^2}{bT} \int_0^{\infty} \left(\frac{\sin t}{t}\right)^2 \mathrm{d}t$$

对各部分求积分后，可得下式，即

$$D(\widetilde{D}_x) \approx \frac{4D_x^2}{bT} \left(-\frac{\sin^2 t}{t} \Big|_0^{\infty} + \int_0^{\infty} \frac{\sin 2t}{t} \mathrm{d}t \right) = \frac{4D_x^2}{bT} \frac{\pi}{2}$$

即 $D(\widetilde{D}_x) \approx \frac{2\pi D_x^2}{bT}$。当比值 $\eta_D = \frac{D(D_x)}{D_x^2} = 0.01$ 已知时，所需的样本持续时间为

$T_D = \frac{2\pi}{b\eta_D} = \frac{628}{b}$，而样本离散值的最小数为 $N_D = \frac{b}{\pi}T_D = \frac{2}{\eta_D} = 200$。

结合 $D(\widetilde{D}_x)$ 的表达式，可得下式，即

$$D[\widetilde{K}_x(\tau)] \approx \frac{T}{2(T-\tau)} D(\widetilde{D}_x) + \frac{D_x^2}{b^2(T-\tau)} I(\tau)$$

其中

$$I(\tau) = \int_{-\infty}^{\infty} \frac{\sin b(\xi+\tau)\sin b(\xi-\tau)}{(\xi+\tau)(\xi-\tau)} \mathrm{d}\xi$$

$$= \frac{1}{2\tau} \int_{-\infty}^{\infty} \sin b(\xi+\tau)\sin b(\xi-\tau) \left(\frac{1}{\xi-\tau} - \frac{1}{\xi+\tau}\right) \mathrm{d}\xi$$

$$= \frac{1}{2\tau} \int_{-\infty}^{\infty} [\sin(t+2b\tau) - \sin(t-2b\tau)] \frac{\sin t}{t} \mathrm{d}t$$

即

$$I(\tau) = \frac{\sin 2b\tau}{\tau} \int_0^{\infty} \frac{\sin 2t}{t} \mathrm{d}t = \frac{\pi \sin 2\beta\tau}{2\tau}$$

由此可知

$$D[\widetilde{K}_x(\tau)] \approx \frac{\pi D_x^2}{b(T-\tau)} \left(1 + \frac{\sin 2b\tau}{2b\tau}\right)$$

当 $\eta_k = \dfrac{D[\widetilde{K}_x(\tau)]}{D_x^2} = 0.01$ 已知时，所需的样本持续时间为

$$T_k = \tau + \frac{\pi}{b\eta_k}\left(1 + \frac{\sin 2b\tau}{2b\tau}\right) = \tau + \frac{314}{b}\left(1 + \frac{\sin 2b\tau}{2b\tau}\right)$$

样本离散值的最小数为

$$N_k = \frac{b}{\pi}(T_k - \tau) = \frac{1}{\eta_k}\left(1 + \frac{\sin 2b\tau}{2b\tau}\right)$$

例 10.6　舰艇倾斜的角度 $\Theta(t)$ 是各态历经的正态随机过程，其数学期望为 $\overline{\theta} = 0$，相关函数为

$$K_\theta(\tau) = D_\theta \mathrm{e}^{-\alpha|\tau|}\left(\cos\beta\tau + \frac{\alpha}{\beta}\sin\beta|\tau|\right)$$

针对 T 时间内舰艇摇晃处理结果中获得的倾斜角方差 D_θ 和数学期望 $\overline{\theta}$ 的估计 $\widetilde{D}_\theta$ 和 $\widetilde{\overline{\Theta}}$，计算均方差。如果 $\sigma_\theta = \sqrt{D_\theta} = 6°$、$\alpha = 0.05\mathrm{s}^{-1}$、$\beta = 0.15\mathrm{s}^{-1}$、$T = 10\mathrm{min}$，求上述估计的方差值。

解　下列谱密度与相关函数 $K_\theta(\tau)$ 相符，即

$$S_\theta(\omega) = \frac{2D_\theta\alpha(\alpha^2 + \beta^2)}{\pi[(\omega^2 - \alpha^2 - \beta^2)^2 + 4\alpha^2\omega^2]}$$

针对倾斜角 $\Theta(t)$ 数学期望 $\overline{\theta}$ 的估计 $\widetilde{\overline{\Theta}}$，根据式(10.173)可求出方差，即

$$D(\widetilde{\overline{\Theta}}) = \frac{2}{T}\int_0^T\left(1 - \frac{\tau}{T}\right)K_\theta(\tau)\mathrm{d}\tau$$

当持续时间 T 很大时，这个表达式可以表示为

$$D(\widetilde{\overline{\Theta}}) \approx \frac{1}{T}\int_{-\infty}^{\infty}K_\theta(\tau)\mathrm{d}\tau = \frac{1}{T}2\pi S_\theta(0)$$

因此

$$D(\widetilde{\overline{\Theta}}) \approx \frac{4D_\theta\alpha}{T(\alpha^2 + \beta^2)} = \frac{4\times 36 \times 0.05}{600 \times (0.0025 + 0.0225)} = 0.48$$

对于估计 $\widetilde{\overline{\Theta}}$，其均方差为

$$\sigma_{\widetilde{\overline{\theta}}} = \sqrt{D(\widetilde{\overline{\Theta}})} = 0.69282° = 41'34''$$

通过下列等式可以求出 $D(\widetilde{\overline{\Theta}})$ 的精确表达式，即

$$D(\widetilde{\widetilde{\Theta}}) = \frac{2D_\theta}{T}\int_0^T \left(1 - \frac{\tau}{T}\right)e^{-\alpha\tau}\left(\cos\beta\tau + \frac{\alpha}{\beta}\sin\beta\tau\right)d\tau$$

假设

$$\int\left(1 - \frac{\tau}{T}\right)e^{-\alpha\tau}\left(\cos\beta\tau + \frac{\alpha}{\beta}\sin\beta\tau\right)d\tau = e^{-\alpha\tau}[(A + B\tau)\cos\beta\tau + (C + D\tau)\sin\beta\tau]$$

通过 τ 求这个表达式的微分，并把结果简化为 $e^{-\alpha\tau}$，可以得出下列相互关系，即

$$\left(1 - \frac{\tau}{T}\right)\left(\cos\beta\tau + \frac{\alpha}{\beta}\sin\beta\tau\right) = -\alpha(A + B\tau)\cos\beta\tau - \alpha(C + D\tau)\sin\beta\tau$$

$$+ (B + BC + \beta D\tau)\cos\beta\tau + (D - \beta A - \beta B\tau)\sin\beta\tau$$

在函数相同的情况下对比系数，可以得到如下代数方程组，即

$$\begin{cases}1 = -\alpha A + B + \beta C \\ \dfrac{\alpha}{\beta} = -\alpha C + D - \beta A\end{cases}, \quad \begin{cases}\dfrac{1}{T} = \alpha B - \beta D \\ \dfrac{\alpha}{\beta T} = \alpha D + \beta B\end{cases}$$

解这个方程组为

$$B = \frac{2\alpha}{T(\alpha^2 + \beta^2)}, \quad D = \frac{\alpha^2 - \beta^2}{T\beta(\alpha^2 + \beta^2)}$$

$$A = -\frac{2\alpha}{\alpha^2 + \beta^2} + \frac{3\alpha^2 - \beta^2}{T(\alpha^2 + \beta^2)^2}, \quad C = \frac{\beta^2 - \alpha^2}{\beta(\alpha^2 + \beta^2)} + \frac{\alpha(\alpha^2 - 3\beta^2)}{T\beta(\alpha^2 + \beta^2)^2}$$

置换积分后，可得下式，即

$$D(\widetilde{\widetilde{\Theta}}) = \frac{2D_\theta}{T}\left\{e^{-\alpha\tau}[(A + BT)\cos\beta\tau + (C + DT)\sin\beta\tau] - A\right\}$$

于是

$$A + BT = \frac{3\alpha^2 - \beta^2}{T(\alpha^2 + \beta^2)^2}, \quad C + DT = \frac{\alpha(\alpha^2 - 3\beta^2)}{T\beta(\alpha^2 + \beta^2)^2}$$

因此，对于估计 $\widetilde{\widetilde{\Theta}}$ 的方差，精确表达式可以写为

$$D(\widetilde{\widetilde{\Theta}}) = \frac{2D_\theta}{T(\alpha^2 + \beta^2)}\left\{2\alpha - \frac{3\alpha^2 - \beta^2}{T(\alpha^2 + \beta^2)^2}\right.$$

$$\left. - \frac{e^{-\alpha\tau}}{T(\alpha^2 + \beta^2)}\left[(3\alpha^2 - \beta^2)\cos\beta T + (\alpha^2 - 3\beta^2)\frac{\alpha}{\beta}\sin\beta T\right]\right\}$$

$$= 0.48 \times 1.03 = 0.4944$$

这时，均方差为

$$\sigma_{\tilde{\bar{\theta}}} = \sqrt{D(\tilde{\bar{\Theta}})} = 0.70314^\circ \approx 42'11''$$

当 $\tau = 0$ 时，根据式(10.203)，对于舰艇倾斜角方差估计的方差，下列表达式是正确的，即

$$D(\tilde{D}_\theta) = \frac{4}{T}\int_0^T\left(1-\frac{\tau}{T}\right)[K_\theta(\tau)]^2\,\mathrm{d}\tau = \frac{4D_\theta^2}{T}\int_0^T\left(1-\frac{\tau}{T}\right)\mathrm{e}^{-\alpha\tau}\left(\cos\beta\tau+\frac{\alpha}{\beta}\sin\beta\tau\right)\mathrm{d}\tau$$

因为

$$\cos^2\beta\tau = \frac{1}{2}(1+\cos 2\beta\tau),\quad \sin^2\beta\tau = \frac{1}{2}(1-\cos 2\beta\tau)$$

所以

$$D(\tilde{D}_\theta) = \frac{2D_\theta^2}{T}\int_0^T\left(1-\frac{\tau}{T}\right)\mathrm{e}^{-2\alpha\tau}\left[\left(1+\frac{\alpha^2}{\beta^2}\right)+\left(1-\frac{\alpha^2}{\beta^2}\right)\cos 2\beta\tau+\frac{2\alpha}{\beta}\sin 2\beta\tau\right]\mathrm{d}\tau$$

对各部分求积分后，可得下式，即

$$\int_0^T\left(1-\frac{\tau}{T}\right)\mathrm{e}^{-2\alpha\tau}\,\mathrm{d}\tau = -\frac{1}{2\alpha}\left(1-\frac{\tau}{T}\right)\mathrm{e}^{-2\alpha\tau}\Big|_0^T - \frac{1}{2\alpha T}\int_0^T\mathrm{e}^{-2\alpha\tau}\,\mathrm{d}\tau = \frac{1}{2\alpha}-\frac{1}{4\alpha^2 T}(1-\mathrm{e}^{-2\alpha\tau})$$

可得下式，即

$$D(\tilde{D}_\theta) = \frac{2D_\theta^2}{T}\left\{\frac{1}{2\alpha}\left(1+\frac{\alpha^2}{\beta^2}\right)\left[1-\frac{1}{2\alpha T}(1-\mathrm{e}^{-2\alpha\tau})\right]+I(T)\right\}$$

其中

$$I(T) = \int_0^T\left(1-\frac{\tau}{T}\right)\mathrm{e}^{-2\alpha\tau}\left[\left(1-\frac{\alpha^2}{\beta^2}\right)\cos 2\beta\tau+\frac{2\alpha}{\beta}\sin 2\beta\tau\right]\mathrm{d}\tau$$

对于所研究概率特性，其近似表达式为

$$D(\tilde{D}_\theta) \approx \frac{2D_\theta^2}{T}\left[\frac{\alpha^2+\beta^2}{2\alpha\beta^2}+I(\infty)\right]$$

并且

$$I(\infty) = \int_0^T\mathrm{e}^{-2\alpha\tau}\left[\left(1-\frac{\alpha^2}{\beta^2}\right)\cos 2\beta\tau+\frac{2\alpha}{\beta}\sin 2\beta\tau\right]\mathrm{d}\tau$$

假设

$$\int\mathrm{e}^{-2\alpha\tau}\left[\left(1-\frac{\alpha^2}{\beta^2}\right)\cos 2\beta\tau+\frac{2\alpha}{\beta}\sin 2\beta\tau\right]\mathrm{d}\tau = \mathrm{e}^{-2\alpha\tau}(A_1\cos 2\beta\tau+B_1\sin 2\beta\tau)$$

对这个等式微分后可以得到下列关系式，即

$$\left(1 - \frac{\alpha^2}{\beta^2}\right)\cos 2\beta\tau + \frac{2\alpha}{\beta}\sin 2\beta\tau = -2\alpha(A_1\cos 2\beta\tau + B_1\sin 2\beta\tau)$$

$$-2\beta A_1\sin 2\beta\tau + 2\beta B_1\cos 2\beta\tau$$

在相同的三角函数下比对系数后，可以得到下列代数方程组，即

$$\frac{\beta^2 - \alpha^2}{2\beta^2} = -\alpha A_1 + \beta B_1, \quad \frac{\alpha}{\beta} = -\alpha B_1 - \beta A_1$$

解这个方程组得

$$A_1 = -\frac{\alpha(3\beta^2 - \alpha^2)}{2\beta^2(\alpha^2 + \beta^2)}, \quad B_1 = \frac{\beta^2 - 3\alpha^2}{2\beta(\alpha^2 + \beta^2)}$$

这时

$$I(\infty) = e^{-2\alpha\tau}(A_1\cos 2\beta\tau + B_1\sin 2\beta\tau)\Big|_0^\infty = -A_1 = \frac{\alpha(3\beta^2 - \alpha^2)}{2\beta^2(\alpha^2 + \beta^2)}$$

由此可见

$$D(\widetilde{D}_\theta) \approx \frac{D_\theta^2}{T\alpha\beta^2}\left[\alpha^2 + \beta^2 + \frac{\alpha^2(3\beta^2 - \alpha^2)}{\alpha^2 + \beta^2}\right] = \frac{D_\theta^2(5\alpha^2 + \beta^2)}{T\alpha(\alpha^2 + \beta^2)}$$

$$= \frac{1296 \times (5 \times 0.0025 + 0.0225)}{600 \times 0.05 \times 0.025} = 60.48$$

舰艇倾斜角方差估计的均方差近似值为

$$\sigma_{\widetilde{D}_\theta} = \sqrt{D(\widetilde{D}_\theta)} \approx \sqrt{60.48} = 7.777 \, {}^{\circ 2}$$

为了得到 $D(\widetilde{D}_\theta)$ 的精确表达式，假设

$$\int\left(1 - \frac{\tau}{T}\right)e^{-2\alpha\tau}\left[\left(1 - \frac{\alpha^2}{\beta^2}\right)\cos 2\beta\tau + \frac{2\alpha}{\beta}\sin 2\beta\tau\right]d\tau$$

$$= e^{-2\alpha\tau}[(A + B\tau)\cos 2\beta\tau + (C + D\tau)\sin 2\beta\tau]$$

在求微分的结果中，可以得到下列关系式，即

$$\left(1 - \frac{\tau}{T}\right)\left[\left(1 - \frac{\alpha^2}{\beta^2}\right)\cos 2\beta\tau + \frac{2\alpha}{\beta}\sin 2\beta\tau\right] = -2\alpha(A + B\tau)\cos 2\beta\tau - 2\alpha(C$$

$$+ D\tau)\sin 2\beta\tau + (B + 2\beta C + 2\beta D\tau)\cos 2\beta\tau$$

$$+ (D - 2\beta A - 2\beta B\tau)\sin 2\beta\tau$$

在相同函数下比对系数，可以得到下列代数方程组，即

$$\begin{cases} \dfrac{\beta^2 - \alpha^2}{\beta^2} = -2\alpha A + B + 2\beta C \\ \dfrac{2\alpha}{\beta} = -2\alpha C + D - 2\beta A \end{cases}, \quad \begin{cases} \dfrac{\alpha^2 - \beta^2}{2T\beta^2} = -\alpha B + \beta D \\ \dfrac{\alpha}{T\beta} = \alpha D + \beta B \end{cases}$$

解这个方程组可得下式，即

$$D = \frac{3\alpha^2 - \beta^2}{2T\beta(\alpha^2 + \beta^2)}, \quad B = \frac{\alpha(\alpha^2 - 3\beta^2)}{2T\beta^2(\alpha^2 + \beta^2)}$$

$$A = \frac{\alpha(\alpha^2 - 3\beta^2)}{2\beta^2(\alpha^2 + \beta^2)} - \frac{\alpha^4 + \beta^4 - 6\alpha^2\beta^2}{4T\beta^2(\alpha^2 + \beta^2)^2}, \quad C = \frac{\beta^2 - 3\alpha^2}{2\beta(\alpha^2 + \beta^2)} + \frac{\alpha(\alpha^2 - \beta^2)}{T\beta(\alpha^2 + \beta^2)^2}$$

对于积分 $I(T)$，下列表达式是正确的，即

$$I(T) = \mathrm{e}^{-2\alpha\tau}[(A + BT)\cos 2\beta T + (C + DT)\sin 2\beta T] - A$$

这时

$$A + BT = -\frac{\alpha^4 + \beta^4 - 6\alpha^2\beta^2}{4T\beta^2(\alpha^2 + \beta^2)^2}, \quad C + DT = \frac{\alpha(\alpha^2 - \beta^2)}{2\beta(\alpha^2 + \beta^2)^2}$$

除此之外

$$\frac{\alpha^2 + \beta^2}{2\alpha\beta^2}\left(1 - \frac{1}{2\alpha T}\right) - A = \frac{5\alpha^2 + \beta^2}{2\alpha(\alpha^2 + \beta^2)} - \frac{9\alpha^4 + 2\alpha^2\beta^2 + \beta^4}{4T\alpha^2(\alpha^2 + \beta^2)}$$

因此，对于舰艇倾斜角方差 D_θ 的估计 $\widetilde{D}_\theta$ 所求的方差，下列表达式是正确的，即

$$D(\widetilde{D}_\theta) = \frac{D_\theta^2}{T(\alpha^2 + \beta^2)}\left\{ 5\alpha + \frac{\beta^2}{\alpha} - \frac{9\alpha^4 + 2\alpha^2\beta^2 + \beta^4}{4T\alpha^2(\alpha^2 + \beta^2)^2} \right.$$

$$+ \mathrm{e}^{-2\alpha\tau}\frac{(\alpha^2 + \beta^2)^2}{2T\alpha^2\beta^2} + \frac{\mathrm{e}^{-2\alpha\tau}}{2T\beta^2(\alpha^2 + \beta^2)}[4\alpha\beta(\alpha^2 - \beta^2)\sin 2\beta T$$

$$\left. -(\alpha^4 + \beta^4 - 6\alpha^2\beta^2)\cos 2\beta T] \right\} = 60.48 \times (1 - 0.01181) \approx 59.766$$

这时，$\sigma_{D_\theta} = \sqrt{D(\widetilde{D}_\theta)} = 7.731(^\circ)^2$。

10.3 平稳随机过程的光谱特性估计

本节首先给出平稳随机过程的谱密度、谱密度函数和单向谱密度的概念，然后给出谱密度和互相关谱密度的估计方法，最后介绍谱密度的估计平滑。

10.3.1　谱密度、谱密度函数和单向谱密度

对于广义平稳随机过程 $X(t)$ ，谱密度 $S_x(\omega)$ 是频率的非负实数和偶函数，所以有

$$S_x(-\omega) = S_x(\omega) = S_x^*(\omega) \geqslant 0 \tag{10.267}$$

谱密度与相关函数 $K_x(\tau) = M\{[X(t+\tau) - \overline{x}][X(t) - \overline{x}]\}$ 的关系为

$$S_x(\omega) = \frac{1}{2\pi} \int_{-\infty}^{\infty} e^{-i\omega\tau} K_x(\tau) d\tau = \frac{1}{\pi} \int_{0}^{\infty} K_x(\tau) \cos\omega\tau d\tau \tag{10.268}$$

谱密度 $S_x(\omega)$ 的估计 $\widetilde{S}_x(\omega)$ 也应该满足式(10.267)所示的条件，所以只需求出自变量 ω 为非负数的估计就足够了。

有时替代 $S_x(\omega)$ 使用的是谱密度函数 $Q_x(\omega)$ ，该函数将式(10.268)中的相关函数通过协方差函数 $R_x(\tau) = M[X(t+\tau)X(t)]$ 来表示，即

$$Q_x(\omega) = \frac{1}{2\pi} \int_{-\infty}^{\infty} e^{-i\omega\tau} R_x(\tau) d\tau = \frac{1}{\pi} \int_{0}^{\infty} R_x(\tau) \cos\omega\tau d\tau \tag{10.269}$$

该函数也是非负实函数和偶函数，因此

$$Q_x(-\omega) = Q_x(\omega) = Q_x^*(\omega) \geqslant 0 \tag{10.270}$$

只需求出 $\omega \geqslant 0$ 时 $Q_x(\omega)$ 的估计 $Q_x(\omega)$ 就足够了。

因为 $R_x(\tau) = K_x(\tau) + (\overline{x})^2$ ，所以下列关系式是正确的，即

$$Q_x(\omega) = S_x(\omega) + (\overline{x})^2 \delta(\omega) \tag{10.271}$$

其中， $\delta(\omega)$ 为狄拉克函数(δ 函数)。

对该函数而言，下列积分表示是正确的，即

$$\delta(\omega) = \frac{1}{2\pi} \int_{-\infty}^{\infty} e^{\pm i\omega\tau} d\tau = \frac{1}{\pi} \int_{0}^{\infty} \cos\omega\tau d\tau \tag{10.272}$$

如果随机过程 $X(t)$ 的数学期望等于零，即 $\overline{x} = 0$ ，那么函数 $Q_x(\omega)$ 和 $S_x(\omega)$ 相符。

除了谱密度 $S_x(\omega)$ 和谱密度函数 $Q_x(\omega)$ ，有时要对单向谱密度 $G_x(\omega)$ 进行研究，即

$$G_x(\omega) = \begin{cases} 2Q_x(\omega), & \omega \geqslant 0 \\ 0, & \omega < 0 \end{cases} \tag{10.273}$$

根据式(10.269)和式(10.273)，当 $\omega \geqslant 0$ 时，下列表达式是正确的，即

$$G_x(\omega) = \frac{2}{\pi} \int_{0}^{\infty} R_x(\tau) \cos\omega\tau d\tau \tag{10.274}$$

广义上的平稳相关随机过程 $X(t)$ 和 $Y(t)$ 的互相关谱密度 $S_{xy}(\omega)$ 与互相关函数 $K_{xy}(\tau) = M\{[X(t+\tau)-\overline{x}][Y(t)-\overline{y}]\}$ 的关系为

$$S_{xy}(\omega) = \frac{1}{2\pi}\int_{-\infty}^{\infty} e^{-i\omega\tau} K_{xy}(\tau)d\tau \tag{10.275}$$

该函数在一般情况下是复函数，并且

$$S_{xy}(-\omega) = S_{yx}(\omega) = S_{xy}^{*}(\omega) \tag{10.276}$$

由这些等式可知，下列关系式是正确的，即

$$\begin{cases} \operatorname{Re}S_{xy}(-\omega) = \operatorname{Re}S_{xy}(\omega) \\ \operatorname{Im}S_{xy}(-\omega) = -\operatorname{Im}S_{xy}(\omega) \end{cases} \tag{10.277}$$

因此，只要求出互相关谱密度 $S_{xy}(\omega)$ 自变量 ω 为非负值的估计 $\tilde{S}_{xy}(\omega)$ 就足够了。

互相关谱密度函数 $Q_{xy}(\tau)$ 与互协方差函数 $R_{xy}(\tau) = M[X(t+\tau)Y(t)]$ 的关系类似式(10.275)，即

$$Q_{xy}(\omega) = \frac{1}{2\pi}\int_{-\infty}^{\infty} e^{-i\omega\tau} R_{xy}(\tau)d\tau \tag{10.278}$$

这时

$$Q_{xy}(\omega) = S_{xy}(\omega) + \overline{x}\,\overline{y}\delta(\omega) \tag{10.279}$$

$$Q_{xy}(-\omega) = Q_{yx}(\omega) = Q_{xy}^{*}(\omega) \tag{10.280}$$

$$\begin{cases} \operatorname{Re}Q_{xy}(-\omega) = \operatorname{Re}Q_{xy}(\omega) \\ \operatorname{Im}Q_{xy}(-\omega) = -\operatorname{Im}Q_{xy}(\omega) \end{cases} \tag{10.281}$$

只需求出 $\omega \geqslant 0$ 时，函数 $Q_{xy}(\omega)$ 的估计 $\tilde{Q}_{xy}(\omega)$ 就足够了。如果 $\overline{x}\,\overline{y} = 0$，那么互相关谱密度的函数 $Q_{xy}(\omega)$ 和互相关谱密度 $S_{xy}(\omega)$ 相符。

与式(10.273)类似，引入下列单向互相关谱密度，即

$$G_{xy}(\omega) = \begin{cases} 2Q_{xy}(\omega), & \omega \geqslant 0 \\ 0, & \omega < 0 \end{cases} \tag{10.282}$$

根据式(10.278)和式(10.282)，当 $\omega \geqslant 0$ 时，下列表达式是正确的，即

$$G_{xy}(\omega) = \frac{1}{\pi}\int_{-\infty}^{\infty} e^{-i\omega\tau} R_{xy}(\tau)d\tau \tag{10.283}$$

互协方差函数 $R_{xy}(\tau)$ 是实函数，并且 $R_{xy}(-\tau) = R_{yx}(\tau)$，所以

$$\operatorname{Re} G_{xy}(\omega) = \frac{1}{\pi} \int_{-\infty}^{\infty} R_{xy}(\tau)\cos\omega\tau\mathrm{d}\tau = \frac{1}{\pi}\int_{0}^{\infty}[R_{xy}(\tau) + R_{yx}(\tau)]\cos\omega\tau\mathrm{d}\tau \quad (10.284)$$

$$\operatorname{Im} G_{xy}(\omega) = -\frac{1}{\pi} \int_{-\infty}^{\infty} R_{xy}(\tau)\sin\omega\tau\mathrm{d}\tau = \frac{1}{\pi}\int_{0}^{\infty}[R_{yx}(\tau) - R_{xy}(\tau)]\sin\omega\tau\mathrm{d}\tau \quad (10.285)$$

由所列公式可以看出，当 $\omega \geqslant 0$ 时，谱密度 $S_x(\omega)$、谱密度函数 $Q_x(\omega)$ 或者单向谱密度 $G_x(\omega)$ 三个实函数中的任何一个函数都能完全表现广义上的平稳随机过程 $X(t)$ 的光谱特性。为了在这些函数之间建立关系式，需要知道数学期望 $\overline{x}$。对于广义上的两个平稳相关随机过程 $X(t)$ 和 $Y(t)$，其光谱特性完全由 $\omega \geqslant 0$ 时 $S_{xy}(\omega)$、$Q_{xy}(\omega)$ 或单向互相关谱密度 $G_{xy}(\omega)$ 的任何一个函数来表现。为了能在这些复函数之间建立联系，需要知道随机过程 $X(t)$ 和 $Y(t)$ 数学期望的乘积 $\overline{x}\,\overline{y}$。只要求出频率 ω 为非负值时的光谱特性估计，就可以知道所有光谱特性的估计。

10.3.2　谱密度估计

如果随机过程 $X(t)$ 的相关函数 $K_x(\tau)$ 的形式是已知的，那么计算出谱密度 $S_x(\omega)$ 的估计 $\widetilde{S}_x(\omega)$ 就非常容易。在这种情况下，通过一个非常大的样本可以得到相关函数 $K_x(\tau)$ 的估计 $\widetilde{K}_x(\tau)$。根据式(10.268)，谱密度 $S_x(\omega)$ 的估计可以通过下列公式求出，即

$$\widetilde{S}_x(\omega) = \frac{1}{2\pi} \int_{-\infty}^{\infty} \mathrm{e}^{-\mathrm{i}\omega\tau} \widetilde{K}_x(\tau)\mathrm{d}\tau \quad (10.286)$$

或者

$$\widetilde{S}_x(\omega) = \frac{1}{\pi} \int_{0}^{\infty} \widetilde{K}_x(\tau)\cos\omega\tau\mathrm{d}\tau \quad (10.287)$$

如果相关函数 $K_x(\tau)$ 的形式未知，那么使用式(10.286)和式(10.287)得不到令人满意的谱密度 $S_x(\omega)$ 的估计 $\widetilde{S}_x(\omega)$。产生这种情况的原因是，$K_x(\tau)$ 的估计 $\widetilde{K}_x(\tau)$ 是通过持续时间 T 受限的样本 $x(t)$ 求出来的。当正的自变量 τ 增大时，估计 $\widetilde{K}_x(\tau)$ 的估计精度会降低。当 $|\tau|$ 很大时，无法计算出估计 $\widetilde{K}_x(\tau)$。把式(10.287)中的无穷上限替换成有限值，就可能从本质上歪曲随机过程 $X(t)$ 实际谱密度 $S_x(\omega)$ 的估计 $\widetilde{S}_x(\omega)$。

目前已经研究制定了不同的方法，可以获得谱密度和互相关谱密度更加精确的估计。经常使用的方法是基于使用零均值的随机过程样本有限变换。

如果数学期望不等于零，那么就要提前从随机过程的样本中减去数学期望估计的常数。

　　假设零均值的随机过程 $X(t)$ 和 $Y(t)$ 在 $0 \leqslant t \leqslant T$ 时存在样本 $x(t)$ 和 $y(t)$。对于这些样本，式(10.288)和式(10.289)确定的复函数 $X(\omega, T)$ 和 $Y(\omega, T)$ 称为傅里叶有限变换，即

$$X(\omega, T) = \int_0^T e^{-i\omega t} x(t) dt \tag{10.288}$$

$$Y(\omega, T) = \int_0^T e^{-i\omega t} y(t) dt \tag{10.289}$$

　　假设

$$I_{xy}(\omega, T) = \frac{1}{2\pi T} X(\omega, T) Y^*(\omega, T) = \frac{1}{2\pi T} \int_0^T dt \int_0^T e^{-i\omega(t-t')} x(t) y(t') dt' \tag{10.290}$$

　　如果把样本 $x(t)$ 和 $y(t)$ 作为数学期望等于零且互相关函数为 $K_{xy}(\tau)$ 的广义平稳相关随机过程进行研究，那么就有

$$M[x(t) y(t')] = K_{xy}(t - t') \tag{10.291}$$

于是

$$
\begin{aligned}
M[I_{xy}(\omega, T)] &= \frac{1}{2\pi T} \int_0^T dt \int_0^T e^{-i\omega(t-t')} K_{xy}(t - t') dt' \\
&= \frac{1}{2\pi T} \int_0^T dt \int_{t-T}^t e^{-i\omega\tau} K_{xy}(\tau) d\tau
\end{aligned}
\tag{10.292}
$$

对各部分求积分后，可得下式，即

$$
\begin{aligned}
M[I_{xy}(\omega, T)] &= \frac{1}{2\pi T} \left\{ t \int_{t-T}^t e^{-i\omega\tau} K_{xy}(\tau) d\tau \Bigg|_{t=0}^{t=T} - \int_0^T t [e^{-i\omega t} K_{xy}(t) \right. \\
&\quad \left. - e^{-i\omega(t-T)} K_{xy}(t - T)] dt \right\} = \frac{1}{2\pi T} \left[T \int_0^T e^{-i\omega\tau} K_{xy}(\tau) d\tau \right. \\
&\quad \left. - \int_0^T \tau e^{-i\omega\tau} K_{xy}(\tau) d\tau + \int_{-T}^0 (T + \tau) e^{-i\omega\tau} K_{xy}(\tau) d\tau \right]
\end{aligned}
\tag{10.293}
$$

因此

$$M[I_{xy}(\omega,T)] = \frac{1}{2\pi} \int_{-T}^{T} \left(1 - \frac{|\tau|}{T}\right) \mathrm{e}^{-\mathrm{i}\omega\tau} K_{xy}(\tau)\mathrm{d}\tau \tag{10.294}$$

当 $T \to \infty$ 时，可得下式，即

$$M[I_{xy}(\omega,\infty)] = \frac{1}{2\pi} \int_{-\infty}^{\infty} \mathrm{e}^{-\mathrm{i}\omega\tau} K_{xy}(\tau)\mathrm{d}\tau = S_{xy}(\omega) \tag{10.295}$$

因此，式(10.290)计算出的函数 $I_{xy}(\omega,T)$ 在自变量 ω 为任何固定值的情况下，都可以作为互相关谱密度 $S_{xy}(\omega)$ 的渐近无偏估计，即

$$\widetilde{S}_{xy}(\omega) = I_{xy}(\omega,T) = \frac{1}{2\pi T} X(\omega,T)Y^*(\omega,T) \tag{10.296}$$

在式(10.296)中，把随机过程 $Y(t)$ 替换成 $X(t)$ 后，可以得到随机过程 $X(t)$ 的谱密度 $S_x(\omega)$ 的渐近无偏估计，其形式为

$$\widetilde{S}_x(\omega) = I_x(\omega,T) = \frac{1}{2\pi T} |X(\omega,T)|^2 \tag{10.297}$$

对于随机过程 $Y(t)$ 的谱密度 $S_y(\omega)$，其渐近无偏估计为

$$\widetilde{S}_y(\omega) = I_y(\omega,T) = \frac{1}{2\pi T} |Y(\omega,T)|^2 \tag{10.298}$$

函数 $I_x(\omega,T)$ 和 $I_y(\omega,T)$ 分别称为随机过程 $X(t)$ 和 $Y(t)$ 的周期图。当 $T \to \infty$ 时，它们的数学期望向相应过程的谱密度收敛，即

$$M[I_x(\omega,\infty)] = S_x(\omega) \tag{10.299}$$

$$M[I_y(\omega,\infty)] = S_y(\omega) \tag{10.300}$$

假设

$$Z(\omega,T) = \frac{1}{\sqrt{2\pi T}} X(\omega,T) = Z_1(\omega,T) - \mathrm{i}Z_2(\omega,T) \tag{10.301}$$

其中

$$\begin{cases} Z_1(\omega,T) = \dfrac{1}{\sqrt{2\pi T}} \displaystyle\int_0^T X(t)\cos\omega t\,\mathrm{d}t \\[4mm] Z_2(\omega,T) = \dfrac{1}{\sqrt{2\pi T}} \displaystyle\int_0^T X(t)\sin\omega t\,\mathrm{d}t \end{cases} \tag{10.302}$$

因为 $\bar{x} = 0$，所以在 ω 和 T 为任意固定值的情况下，这些随机变量的数学期值等于零，即

$$M[Z(\omega,T)] = M[Z_1(\omega,T)] = M[Z_2(\omega,T)] = 0 \tag{10.303}$$

周期图 $I_x(\omega, T)$ 的表现形式为

$$I_x(\omega, T) = |Z(\omega, T)|^2 = [Z_1(\omega, T)]^2 + [Z_2(\omega, T)]^2 \tag{10.304}$$

对式(10.304)取数学期望运算后，可以得到下式，即

$$M[I_x(\omega, T)] = D[Z(\omega, T)] = D[Z_1(\omega, T)] + D[Z_2(\omega, T)] \tag{10.305}$$

根据式(10.299)和式(10.305)，可得下式，即

$$D[Z_1(\omega, \infty)] + D[Z_2(\omega, \infty)] = S_x(\omega) \tag{10.306}$$

与式(10.292)一样，可得下式，即

$$M\{[Z(\omega, T)]^2\} = \frac{1}{2\pi T} \int_0^T \mathrm{d}t \int_0^T \mathrm{e}^{-\mathrm{i}\omega(t+t')} K_x(t - t')\mathrm{d}t'$$

$$= \frac{1}{2\pi T} \int_0^T \mathrm{e}^{-2\mathrm{i}\omega t}\mathrm{d}t \int_{t-T}^t \mathrm{e}^{\mathrm{i}\omega\tau} K_x(\tau)\mathrm{d}\tau \tag{10.307}$$

对各部分求积分后，可得下式，即

$$M\{[Z(\omega, T)]^2\} = \frac{1}{2\pi T \cdot 2\mathrm{i}\omega}\left\{ -\mathrm{e}^{-2\mathrm{i}\omega t}\int_{t-T}^t \mathrm{e}^{\mathrm{i}\omega\tau} K_x(\tau)\mathrm{d}\tau \Big|_{t=0}^{t=T}\right.$$

$$\left. + \int_0^T \mathrm{e}^{-2\mathrm{i}\omega t}[\mathrm{e}^{\mathrm{i}\omega t} K_x(t) - \mathrm{e}^{\mathrm{i}\omega(t-T)} K_x(t-T)]\mathrm{d}t\right\}$$

$$= \frac{1}{4\mathrm{i}\pi\omega T}\left[\int_{-T}^0 \mathrm{e}^{\mathrm{i}\omega\tau} K_x(\tau)\mathrm{d}\tau - \mathrm{e}^{-2\mathrm{i}\omega T}\int_0^T \mathrm{e}^{\mathrm{i}\omega\tau} K_x(\tau)\mathrm{d}\tau \right.$$

$$\left. + \int_0^T \mathrm{e}^{-\mathrm{i}\omega\tau} K_x(\tau)\mathrm{d}\tau - \mathrm{e}^{-2\mathrm{i}\omega T}\int_{-T}^0 \mathrm{e}^{-\mathrm{i}\omega\tau} K_x(\tau)\mathrm{d}\tau \right] \tag{10.308}$$

相关函数 $K_x(\tau)$ 是偶函数，所以式(10.308)可以表示为

$$M\{[Z(\omega, T)]^2\} = \frac{1}{2\mathrm{i}\pi\omega T}\left[\int_0^T \mathrm{e}^{-\mathrm{i}\omega\tau} K_x(\tau)\mathrm{d}\tau - \mathrm{e}^{-2\mathrm{i}\omega T}\int_0^T \mathrm{e}^{\mathrm{i}\omega\tau} K_x(\tau)\mathrm{d}\tau \right] \tag{10.309}$$

在点 $\omega = 0$ 处，得到的表达式的右边部分具有不定式。该不定式可按照洛必达法则展开，结果为

$$M\{[Z(0, T)]^2\} = \frac{1}{\pi}\int_0^T \left(1 - \frac{\tau}{T}\right) K_x(\tau)\mathrm{d}\tau \tag{10.310}$$

因为 $Z(0, T) = Z_1(0, T)$，所以有

$$D[Z(0,\infty)] = M\{[Z(0,\infty)]^2\} = \frac{1}{2\pi}\int_{-\infty}^{\infty} K_x(\tau)\mathrm{d}\tau = S_x(0) \tag{10.311}$$

如果 $\omega \neq 0$，那么由式(10.309)可以得到下列极限等式，即

$$M\{[Z(\omega,\infty)]^2\} = 0 \tag{10.312}$$

根据式(10.301)，可得下式，即

$$M\{[Z(\omega,T)]^2\} = D[Z_1(\omega,T)] - D[Z_2(\omega,T)] - 2\mathrm{i}M[Z_1(\omega,T)Z_2(\omega,T)] \tag{10.313}$$

根据式(10.312)，当 $T = \infty$ 时，式(10.313)的左边部分等于零，因此其实数部分和虚数部分等于零，即

$$D[Z_1(\omega,\infty)] - D[Z_2(\omega,\infty)] = 0 \tag{10.314}$$

$$M[Z_1(\omega,\infty)Z_2(\omega,\infty)] = 0 \tag{10.315}$$

由式(10.303)和式(10.315)，在 $\omega \neq 0$ 的任意固定值下，随机变量 $Z_1(\omega,\infty)$ 和 $Z_2(\omega,\infty)$ 是不相关的。根据式(10.314)，这些随机变量的方差是相同的。结合式(10.306)，当 $\omega \neq 0$ 时，可得下式，即

$$D[Z_1(\omega,\infty)] = D[Z_2(\omega,\infty)] = 0.5S_x(\omega) \tag{10.316}$$

如果随机过程 $X(t)$ 是正态随机过程，那么由式(10.302)计算出的随机变量 $Z_1(\omega,T)$ 和 $Z_2(\omega,T)$ 是正态的。根据式(10.304)，周期图 $I_x(\omega,T)$ 等于两个正态随机变量的平方和。当 $\omega \neq 0$ 和 $T = \infty$ 时，这些随机变量是独立的随机变量，它们的数学期望等于零，而方差是相同的，等于 $0.5S_x(\omega)$，所以有

$$I_x(\omega,\infty) = 0.5S_x(\omega)\chi_2^2 \tag{10.317}$$

其中，χ_2^2 为随机变量，具有带两个自由度的 χ^2 分布。

因为 $M(\chi_2^2) = 2$，而 $D(\chi_2^2) = 4$，所以由式(10.317)可以得到式(10.299)和下式，即

$$D[I_x(\omega,\infty)] = [S_x(\omega)]^2 \tag{10.318}$$

根据式(10.299)，周期图 $I_x(\omega,T)$ 是谱密度 $S_x(\omega)$ 的渐近无偏估计。由式(10.318)，周期图 $I_x(\omega,T)$ 的方差在随机过程 $X(t)$ 样本持续时间 T 无限增大的情况下不会趋于零。因此，对于 $S_x(\omega)$，渐近无偏估计 $I_x(\omega,T)$ 不是相容估计。随机过程 $X(t)$ 和 $Y(t)$ 的互相关谱密度 $S_{xy}(\omega)$ 和谱密度 $S_y(\omega)$ 的渐近无偏估计 $I_{xy}(\omega,T)$ 和 $I_y(\omega,T)$ 也是不相容估计。

为了得到更加有效(具有最小方差)的随机过程 $X(t)$ 的谱密度 $S_x(\omega)$ 估计，可以将其样本 $x(t)$ 打散成 n 个相同的持续时间 $T_0 = \dfrac{T}{n}$ 的样本集合。用 $x_j(t)$ 表示位于第 j 个区间 $(j-1)T_0 \leqslant t \leqslant jT_0$ 的样本，即

$$x_j(t) = x[(j-1)T_0 + t], \quad j = 1, 2, \cdots, n; \ 0 \leqslant t \leqslant T_0 \tag{10.319}$$

这样可以用 n 个复函数代替一个有限傅里叶变换 $X(\omega, T)$，即

$$X_j(\omega, T_0) = \int_0^{T_0} \mathrm{e}^{-\mathrm{i}\omega t} x_j(t)\mathrm{d}t, \quad j = 1, 2, \cdots, n \tag{10.320}$$

同样数量的周期图与其匹配，即

$$I_{xj}(\omega, T_0) = \frac{1}{2\pi T_0} \left| X_j(\omega, T_0) \right|^2, \quad j = 1, 2, \cdots, n \tag{10.321}$$

每个周期图都是谱密度 $S_x(\omega)$ 的渐近无偏估计，因为与式(10.299)一样，下列极限等式也是正确的，即

$$M[I_{xj}(\omega, \infty)] = S_x(\omega), \quad j = 1, 2, \cdots, n \tag{10.322}$$

作为替代周期图 $I_x(\omega, T)$ 的谱密度 $S_x(\omega)$ 的估计，可以使用下列表达式，即

$$\widetilde{S}_x(\omega) = \frac{1}{n} \sum_{j=1}^{n} I_{xj}(\omega, T_0) \tag{10.323}$$

对于这个估计，其数学期望为

$$M[\widetilde{S}_x(\omega)] = \frac{1}{n} \sum_{j=1}^{n} M[I_{xj}(\omega, T_0)] \tag{10.324}$$

当 $T = \infty$ 时，式(10.324)的右边部分等于 $S_x(\omega)$，所以如式(10.323)所示的 $S_x(\omega)$ 的估计 $\widetilde{S}_x(\omega)$ 是渐近无偏估计。

如果随机过程 $X(t)$ 是正态随机过程，那么与式(10.317)相同，在 $\omega \neq 0$ 的情况下可得下式，即

$$I_{xj}(\omega, \infty) = 0.5 S_x(\omega) \chi_{2j}^2 \tag{10.325}$$

其中，χ_{2j}^2 为随机变量，具有带两个自由度的 χ^2 分布。

因此有

$$\frac{1}{n} \sum_{j=1}^{n} I_{xj}(\omega, \infty) = \frac{1}{2n} S_x(\omega) \chi^2 \tag{10.326}$$

$$\chi^2 = \sum_{j=1}^{n} \chi_{2j}^2 \tag{10.327}$$

当持续时间 T 很长时，可以把周期图 $I_{xj}(\omega, T_0)$ 视为互相独立的周期图。因为随机变量 χ^2 是 $2n$ 个自由度的 χ^2 分布，这时 $M(\chi^2) = 2n$，而 $D(\chi^2) = 4n$，所以有

$$M\left[\frac{1}{n}\sum_{j=1}^{n}I_{xj}(\omega,\infty)\right]=S_x(\omega) \tag{10.328}$$

$$D\left[\frac{1}{n}\sum_{j=1}^{n}I_{xj}(\omega,\infty)\right]=\left[\frac{1}{2n}S_x(\omega)\right]^2\cdot 4n=\frac{1}{n}[S_x(\omega)]^2 \tag{10.329}$$

极限等式(10.328)意味着，式(10.323)计算出的谱密度 $S_x(\omega)$ 的估计 $\tilde{S}_x(\omega)$ 是渐近无偏估计。当 $T=\infty$ 时，式(10.323)估计的方差是式(10.297)估计方差的 $1/n$。

因此，如果随机过程 $X(t)$ 的样本 $x(t)$ 的总持续时间 T 非常长，足以将其分成 n 个持续时间非常长的互不重叠的区间 $T_0=\dfrac{T}{n}$，那么谱密度 $S_x(\omega)$ 的估计(10.323) 是渐近无偏相容估计。为了通过有限持续时间 T 的样本 $x(t)$ 得到谱密度 $S_x(\omega)$ 的最佳估计，在选择等式 $nT_0=T$ 联系起来的"很大"的值 T_0 和 n 时，必须采取折中的方案。每个区间的持续时间 T_0 都应该非常大，从而使 $S_x(\omega)$ 的估计 $\tilde{S}_x(\omega)$ 可以被认为是无偏估计，而数值 n 也应该大到可以计算这个估计的较小方差。

根据式(10.321)和式(10.323)，确定持续时间 T_0 和区间的数值 n 后，可以通过式(10.330)求出谱密度 $S_x(\omega)$ 的估计 $\tilde{S}_x(\omega)$，即

$$\tilde{S}_x(\omega)=\frac{1}{2\pi nT_0}\sum_{j=1}^{n}\left|X_j(\omega,T_0)\right|^2 \tag{10.330}$$

计算时，式(10.320)右边部分的积分以 N 个离散值相加来表示，即

$$X_j(\omega,T_0)=\Delta t\sum_{v=0}^{N-1}x_j(v\Delta t)\mathrm{e}^{-\mathrm{i}\omega v\Delta t},\quad j=1,2,\cdots,n \tag{10.331}$$

其中，$\Delta t=\dfrac{T_0}{N}$。

根据式(10.330)，针对如下非负离散频率可以求出估计 $\tilde{S}_x(\omega)$，即

$$\omega_k=\frac{2\pi k}{T_0}=\frac{2\pi k}{N\Delta t},\quad k=0,1,\cdots \tag{10.332}$$

频率的增量为

$$\Delta\omega=\omega_{k+1}-\omega_k=\frac{2\pi}{T_0}=\frac{2\pi}{N\Delta t} \tag{10.333}$$

借助式(10.331)，当 $\omega=\omega_k$ 时，式(10.330)可以表示为

$$\tilde{S}_x(\omega_k)=\frac{\Delta t}{2\pi nN}\sum_{j=1}^{n}\left|\sum_{v=0}^{N-1}x_j(v\Delta t)E(kv)\right|^2 \tag{10.334}$$

并且

$$E(r) = \mathrm{e}^{-\mathrm{i}\frac{2\pi r}{N}} = \cos\frac{2\pi r}{N} - \mathrm{i}\sin\frac{2\pi r}{N} \qquad (10.335)$$

复函数 $E(r)$ 值的计算可以通过使用某些属性进行简化。改变复函数 $E(r)$ 自变量的符号可以得到其共轭复数值，即

$$E(-r) = E^*(r) \qquad (10.336)$$

如果自变量 r 是数值 N 的倍数，那么该函数等于 1，即 $E(vN)=1$。在一般情况下，式(10.337)是正确的，即

$$E(r + k + vN) = E(r)E(k) \qquad (10.337)$$

结合

$$\omega_{k+vN} = \frac{2\pi}{N\Delta t}(k + vN) = \omega_k + v\omega_N \qquad (10.338)$$

由式(10.334)可以得到下式，即

$$\tilde{S}_x(\omega_{k+vN}) = \tilde{S}_x(\omega_k + v\omega_N) = \tilde{S}_x(\omega_k) \qquad (10.339)$$

由此可见，式(10.334)计算出的估计 $\tilde{S}_x(\omega_k)$ 是具有周期 $\omega_N = 2\omega_\mathrm{c}$ 的估计，即

$$\omega_\mathrm{c} = \frac{\omega_N}{2} = \frac{\pi}{\Delta t} \qquad (10.340)$$

当式(10.339)中的 $v=-1$ 时，可得下式，即

$$\tilde{S}_x(\omega_k - 2\omega_\mathrm{c}) = \tilde{S}_x(\omega_k) \qquad (10.341)$$

对于随机过程 $X(t)$ 的谱密度 $S_x(\omega)$，式(10.339)和式(10.341)所示形式的表达式在一般情况下不会实现。所以对于频率 ω 的非负值 ω_k，只有在 $\omega \leqslant \omega_\mathrm{c}$ 的情况下才可以根据式(10.334)计算谱密度 $S_x(\omega)$ 的估计 $\tilde{S}_x(\omega)$。如果根据式(10.334)求出区间 $(\omega_\mathrm{c}, 2\omega_\mathrm{c})$ 频率的值 $\tilde{S}_x(\omega_k)$，那么根据式(10.341)，将在 $\omega_k' = \omega_k - 2\omega_\mathrm{c}$ 的情况下，即在区间 $(-\omega_\mathrm{c}, 0)$ 得到谱密度 $S_x(\omega)$ 的估计值。因为函数 $\tilde{S}_x(\omega)$ 是偶函数，所以

$$\tilde{S}_x(\omega_k - 2\omega_\mathrm{c}) = \tilde{S}_x(2\omega_\mathrm{c} - \omega_k) = \tilde{S}_x(\omega_k) \qquad (10.342)$$

由于函数 $\tilde{S}_x(\omega)$ 的周期性，其值在自变量为 $\omega_k + 2v\omega_\mathrm{c}$ 和 ω_k 的情况下也是相符的，因此根据式(10.334)，只有针对区间 $[-\omega_\mathrm{c}, \omega_\mathrm{c}]$ 的频率值 ω 时，才能计算出谱密度 $S_x(\omega)$ 的估计 $\tilde{S}_x(\omega)$。从式(10.340)可以得出结论，只有在 $\Delta t = \frac{T_0}{N}$ 减小的情况下，即通过增大表达式(10.334)中的 N，这个区间才可能增大。

用于估计谱密度 $S_x(\omega_k)$ 的计算公式(10.334)可以表示为

$$\tilde{S}_x(\omega_k) = \frac{\Delta t}{2\pi n N} \sum_{j=1}^{n} \left| V_j(k) \right|^2 \tag{10.343}$$

其中

$$V_j(k) = \sum_{v=0}^{N-1} U_j(v) E(kv), \quad k = 0, 1, \cdots, N-1 \tag{10.344}$$

$$U_j(v) = x_j(v\Delta t), \quad j = 1, 2, \cdots, n \tag{10.345}$$

式(10.344)是同一类型的关系式，可以忽略函数 $U_j(v)$ 和 $V_j(k)$ 的下标 j，表示为

$$V(k) = \sum_{v=0}^{N-1} U(v) E(kv), \quad k = 0, 1, \cdots, N-1 \tag{10.346}$$

为了简化 $V(k)$ 的计算，在式(10.346)中，当 N 很大时可取 $N = 2^p$，此处 p 为正整数。在这种情况下，式(10.346)中的数字 k 和 v 可以表示为

$$k = \sum_{r=0}^{p-1} 2^r k_r \tag{10.347}$$

$$v = \sum_{s=0}^{p-1} 2^s v_s \tag{10.348}$$

其中，k_r 和 v_s $(r, s = 0, 1, \cdots, p-1)$ 等于 0 或者 1。

如果 $k_r = 0$ $(r = 0, 1, \cdots, p-1)$，那么 $k = 0$。当 $k_r = 1$ $(r = 0, 1, \cdots, p-1)$ 时，可得下式，即

$$k = \sum_{r=0}^{p-1} 2^r = \frac{1 - 2^p}{1 - 2} = 2^p - 1 = N - 1 \tag{10.349}$$

使用式(10.347)计算 $k = k_{p-1} k_{p-2} \cdots k_1 k_0$ 时，要结合二进制系统中二进位符号 p 一起使用，此时 k_r 等于 0 或者 1。如果在二进制系统中 $k = 101$，那么二进位符号的数量 $p = 3$，并且 $k_2 = 1$、$k_1 = 0$ 和 $k_0 = 1$；在十进制系统中，数字 $k = 1 + 0 \times 2^1 + 1 \times 2^2 = 5$。当二进制系统中 $k = 1000$ 时，二进位符号的数量 $p = 4$，并且 $k_3 = 1$，而 $k_2 = k_1 = k_0 = 0$；在十进制系统中，$k = 1 + 0 \times 2^1 + 0 \times 2^2 + 1 \times 2^3 = 8$。

因此

$$kv = k \sum_{s=1}^{p} 2^{p-s} v_{p-s} = \sum_{s=1}^{p} 2^{p-s} v_{p-s} \left(\sum_{r=0}^{s-1} 2^r k_r + 2^s \sum_{r=s}^{p-1} 2^{r-s} k_r \right) \tag{10.350}$$

因为 $2^{p-s} \times 2^s = 2^p = N$，所以根据式(10.337)和式(10.350)可得下式，即

$$E(kv) = \prod_{s=1}^{p} E\left(2^{p-s} v_{p-s} \sum_{r=0}^{s-1} 2^r k_r \right) \tag{10.351}$$

且式(10.352)是正确的，即

$$E(2^{p-s} v_{p-s} \cdot 2^{s-1} k_{s-1}) = E\left(\frac{N}{2} k_{s-1} v_{p-s} \right) = e^{-i\pi k_{s-1} v_{p-s}} \tag{10.352}$$

并且

$$e^{-i\pi k_{s-1} v_{p-s}} = \begin{cases} 1, & k_{s-1} v_{p-s} = 0 \\ -1, & k_{s-1} v_{p-s} = 1 \end{cases} \tag{10.353}$$

式(10.351)可以表示为

$$E(kv) = \prod_{s=1}^{p} T(k_0, k_1, \cdots, k_{s-2}; v_{p-s}) e^{-i\pi k_{s-1} v_{p-s}} \tag{10.354}$$

其中

$$T(k_0, k_1, \cdots, k_{s-2}; v_{p-s}) = \begin{cases} 1, & s = 1 \\ E\left(2^{p-s} v_{p-s} \sum_{r=0}^{s-2} 2^r k_r \right), & 2 \leqslant s \leqslant p \end{cases} \tag{10.355}$$

假设

$$V(k) = V(k_0, k_1, \cdots, k_{p-1}) \tag{10.356}$$

$$U(v) = U(v_0, v_1, \cdots, v_{p-1}) \tag{10.357}$$

那么式(10.346)可以表示为

$$V(k_0, k_1, \cdots, k_{p-1}) = \sum_{v_0=0}^{1} \sum_{v_1=0}^{1} \cdots \sum_{v_{p-1}=0}^{1} U(v_0, v_1, \cdots, v_{p-1}) E(kv) \tag{10.358}$$

式(10.358)与下列序列关系式是等价的，即

$$W_1(k_0; v_0, v_1, \cdots, v_{p-2}) = \sum_{v_{p-1}=0}^{1} U(v_0, v_1, \cdots, v_{p-1}) e^{-i\pi k_0 v_{p-1}}$$

$$= U(v_0, v_1, \cdots, v_{p-2}, 0) + U(v_0, v_1, \cdots, v_{p-2}, 1) e^{-i\pi k_0} \tag{10.359}$$

$$W_r(k_0,k_1,\cdots,k_{r-1};v_0,v_1,\cdots,v_{p-r-1})$$

$$=\sum_{v_{p-r}=0}^{1} W_{r-1}(k_0,k_1,\cdots,k_{r-2};v_0,v_1,\cdots,v_{p-r})\times T(k_0,k_1,\cdots,k_{r-2};v_{p-r})\mathrm{e}^{-\mathrm{i}\pi k_{r-1}v_{p-r}}$$

$$=W_{r-1}(k_0,k_1,\cdots,k_{r-2};v_0,v_1,\cdots;v_{p-r-1},0)T(k_0,k_1,\cdots,k_{r-2};0)$$

$$+W_{r-1}(k_0,k_1,\cdots,k_{r-2};v_0,v_1,\cdots;v_{p-r-1},1)T(k_0,k_1,\cdots,k_{r-2};1)\mathrm{e}^{-\mathrm{i}\pi k_{r-1}},\quad r=2,3,\cdots,p-1$$

$$V(k)=V(k_0,k_1,\cdots,k_{p-1})=W_p(k_0,k_1,\cdots,k_{p-1})$$

$$=W_{p-1}(k_0,k_1,\cdots,k_{p-2};0)T(k_0,k_1,\cdots,k_{p-2};0)$$

$$+W_{p-1}(k_0,k_1,\cdots,k_{p-2};1)T(k_0,k_1,\cdots,k_{p-2};1)\mathrm{e}^{-\mathrm{i}\pi k_{p-1}}$$

(10.360)

(10.361)

这些关系式对于计算函数 $V_j(k)$ $(k=0,1,\cdots,N-1;j=1,2,\cdots,n)$ 的值而言是傅里叶快速变换算法之一。

随机过程 $X(t)$ 和 $Y(t)$ 的互相关谱密度 $S_{xy}(\omega)$ 的估计 $\tilde{S}_{xy}(\omega)$ 可以通过相同持续时间 T 的两个样本 $x(t)$ 和 $y(t)$ 求出。为了保证估计的相容性，每个样本可以分成数值很大的 n 个持续时间 $T_0=\dfrac{T}{n}$ 的样本集合，因此在 $0\leqslant t\leqslant T_0$ 的情况下会得到 n 对样本 $x_j(t)$ 和 $y_j(t)$ $(j=1,2,\cdots,n)$。与式(10.343)类似，所求估计的计算公式可以表示为

$$\tilde{S}_{xy}(\omega)=\frac{\Delta t}{2\pi nN}\sum_{j=1}^{n}V_{xj}(k)V_{yj}(k)$$ (10.362)

其中

$$\begin{cases}V_{xj}(k)=\sum_{v=0}^{N-1}U_{xj}(v)E(kv)\\ V_{yj}(k)=\sum_{v=0}^{N-1}U_{yj}(v)E(kv)\end{cases},\quad k=0,1,\cdots,N-1$$ (10.363)

$$U_{xj}(v)=x_j(v\Delta t),\quad U_{yj}(v)=y_j(v\Delta t),\quad j=1,2,\cdots,n$$ (10.364)

函数 $V_{xj}(k)$ 和 $V_{yj}(k)$ 分别是样本 $x_j(t)$ 和 $y_j(t)$ 的傅里叶变换。它们的值分别通过使用上述研究的傅里叶快速变换求得。如果 $V_{xj}(k)$ 和 $V_{yj}(k)$ 可以同时求出，那么实际上可以简化计算。为此，必须使用如下复函数，即

$$U_j(v)=x_j(v\Delta t)+\mathrm{i}y_j(v\Delta t)$$ (10.365)

$$V_j(k)=V_{xj}(k)+\mathrm{i}V_{yj}(k)$$ (10.366)

那么，可以得到式(10.367)用于替换式(10.363)，即

$$V_j(k) = \sum_{v=0}^{N-1} U_j(v)E(kv), \quad k = 0,1,\cdots,N-1 \tag{10.367}$$

式(10.367)与式(10.344)是等价的。当 j $(j=1,2,\cdots,n)$ 为任意固定值时，复函数 $V_j(k)$ $(k=0,1,\cdots,N-1)$ 可以通过傅里叶快速变换算法求出。为了求出 $V_{xj}(k)$ 和 $V_{yj}(k)$ ，可以利用下列等式，即

$$V_j(k) = \sum_{v=0}^{N-1} [x_j(v\Delta t) + \mathrm{i} y_j(v\Delta t)]E(kv) \tag{10.368}$$

$$V_j^*(N-k) = \sum_{v=0}^{N-1} [x_j(v\Delta t) - \mathrm{i} y_j(v\Delta t)]E^*[(N-k)v] \tag{10.369}$$

其中

$$E^*[(N-k)v] = E^*(-kv) = E(kv) \tag{10.370}$$

则

$$V_{xj}(k) = \sum_{v=0}^{N-1} x_j(v\Delta t)E(kv) = \frac{1}{2}[V_j(k) + V_j^*(N-k)] \tag{10.371}$$

$$V_{yj}(k) = \sum_{v=0}^{N-1} y_j(v\Delta t)E(kv) = \frac{-\mathrm{i}}{2}[V_j(k) + V_j^*(N-k)] \tag{10.372}$$

针对提高谱密度 $S_x(\omega)$ 和互相关谱密度 $S_{xy}(\omega)$ 的估计精度，可以使用几种不同的方法，其中一个方法就是在重叠时间区间使用随机过程 $X(t)$ 和 $Y(t)$ 的部分样本 $x_j(t)$ 和 $y_j(t)$ ，即

$$I_j = \{\beta(j-1)T_0; \ [\beta(j-1)+1]T_0\}, \quad j = 1,2,\cdots,n \tag{10.373}$$

如果 $\beta=1$ ，那么时间区间 $I_\beta[(j-1)T_0;jT_0](j=1,2,\cdots,n)$ 不重叠。当 $\beta=0.5$ 时，区间重叠位置为 50%，该区间数为 $n/\beta=2n$ 。这种方法的不足之处是，由于区间数量的增大，计算量实质上也会增大。

10.3.3　谱密度的估计平滑

通过把相关函数或者谱密度的估计平滑，可以顺利提高所研究的随机过程光谱特性的估计精度。这些运算实际上是借助时间平滑函数或者频率平滑函数来实现的。这些函数通常称为窗口，即相应估计的不同加权函数。以上所述的这种函数对于估计谱密度和互相关谱密度而言是相同的，所以接下来将只研究谱密度 $S_x(\omega)$ 的估计 $\tilde{S}_x(\omega)$ 。

当相关函数 $K_x(\tau)$ 的无偏估计 $\tilde{K}_x(\tau)$ 已知时，谱密度 $S_x(\omega)$ 的无偏估计可以通

过式(10.286)求出。更常用的谱密度 $S_x(\omega)$ 估计 $\tilde{S}_x(\omega)$ 公式可以描述为

$$\tilde{S}_x(\omega) = \frac{1}{2\pi} \int_{-\infty}^{\infty} e^{-i\omega\tau} h(\tau)\tilde{K}_x(\tau)d\tau \tag{10.374}$$

其中，$h(\tau)$ 表示时间平滑函数，是 $K_x(\tau)$ 的估计 $\tilde{K}_x(\tau)$ 的加权函数。

频率平滑函数 $H(\omega)$ 与时间平滑函数 $h(\tau)$ 的关系为

$$H(\omega) = \frac{1}{2\pi} \int_{-\infty}^{\infty} e^{-i\omega\tau} h(\tau)d\tau \tag{10.375}$$

$$h(\tau) = \int_{-\infty}^{\infty} e^{i\omega\tau} H(\omega)d\omega \tag{10.376}$$

对式(10.374)的两边取数学期望运算后，考虑 $h(\tau)$ 的表达式(10.376)和估计 $\tilde{K}_x(\tau)$ 的无偏性，可以得到下式，即

$$M[\tilde{S}_x(\omega)] = \frac{1}{2\pi} \int_{-\infty}^{\infty} e^{-i\omega\tau} h(\tau)\tilde{K}_x(\tau)d\tau = \frac{1}{2\pi} \int_{-\infty}^{\infty} H(\omega')d\omega' \int_{-\infty}^{\infty} e^{-i(\omega-\omega')\tau} \tilde{K}_x(\tau)d\tau \tag{10.377}$$

即

$$M[\tilde{S}_x(\omega)] = \int_{-\infty}^{\infty} H(\omega')\tilde{S}_x(\omega-\omega')d\omega' \tag{10.378}$$

由式(10.378)可以得出谱密度 $S_x(\omega)$ 的平滑估计公式，即

$$\tilde{S}_x(\omega) = \int_{-\infty}^{\infty} H(\omega')\tilde{S}_x(\omega-\omega')d\omega' = \int_{-\infty}^{\infty} H(\omega-\omega')\tilde{S}_x(\omega')d\omega' \tag{10.379}$$

在积分表达式中，函数 $\tilde{S}_x(\omega)$ 由式(10.297)或式(10.330)算出。这时，频率平滑函数 $H(\omega)$ 是 $S_x(\omega)$ 估计 $\tilde{S}_x(\omega)$ 的加权函数。与式(10.374)的相关估计不同，根据式(10.379)计算出的谱密度 $S_x(\omega)$ 的估计称为平滑估计。

时间平滑函数 $h(\tau)$ 或者频率平滑函数 $H(\omega)$ 的选择，应该实质上降低谱密度 $S_x(\omega)$ 的估计 $\tilde{S}_x(\omega)$ 的方差。这时必须关注估计 $\tilde{S}_x(\omega)$ 的偏移，该偏移可能增加。当平滑为最佳时，在允许估计偏差范围内的 $S_x(\omega)$ 的估计方差应该是最小的。例如，最优准则为

$$M\{[\tilde{S}_x(\omega)]^2\} = D[\tilde{S}_x(\omega)] + M\{[\tilde{S}_x(\omega)]\}^2 \tag{10.380}$$

在实际计算时，时间平滑函数 $h(\tau)$ 通过简单表达式给出，而频率平滑函数 $H(\omega)$ 通过式(10.375)确定。可以借助函数 $H(\omega)$ 对周期图进行平滑。在计算时，希望的是这个函数只在较短的频率区间内不为零。因此，为了便于计算，有时通过简

单表达式给出频率平滑函数 $H(\omega)$ ，而时间平滑函数 $h(\tau)$ 则通过式(10.376)求出。

相关函数 $K_x(\tau)$ 的估计 $\tilde{S}_x(\tau)$ 的精度在自变量绝对值增大时下降。因此，在根据式(10.374)计算谱密度 $S_x(\omega)$ 的相关估计 $\tilde{S}_x(\omega)$ 时，不建议在 $|\tau| > \tau_0$ 时使用估计 $\tilde{K}_x(\tau)$ 。此时， τ_0 为自变量 τ 的某个固定值，明显要比样本 $x(t)$ 的持续时间 T 小一些。若在式(10.374)中有如下假设，则该要求将得到满足，即

$$h(\tau) = h_1(\tau) = \begin{cases} 1, & |\tau| \leqslant \tau_0 \\ 0, & |\tau| > \tau_0 \end{cases} \tag{10.381}$$

函数 $h(\tau)$ 是单位高度的矩形图像，该矩形的底边是线段 $[-\tau_0, \tau_0]$ 。从其表面看，函数 $h(\tau)$ 的图像还可以称为窗。与时间窗口 $h(\tau)$ 对应的频率平滑函数为

$$H_1(\omega) = \frac{1}{2\pi} \int_{-\infty}^{\infty} \mathrm{e}^{-\mathrm{i}\omega\tau} h_1(\tau) \mathrm{d}\tau = \frac{-1}{2\pi\mathrm{i}\omega} \mathrm{e}^{-\mathrm{i}\omega\tau} \bigg|_{-\tau_0}^{\tau_0} \tag{10.382}$$

即

$$H_1(\omega) = \frac{1}{\pi\omega} \sin \omega\tau_0 \tag{10.383}$$

借助函数 $H_1(\omega)$ 可以描述其中一个频谱窗，其最大高度为 $H_1(0) = \dfrac{\tau_0}{\pi}$ 。当 $\omega = \dfrac{k\pi}{\tau_0} (k = 1, 2, \cdots)$ 时，函数变为零。随着 $|\omega|$ 的增加，旁瓣高度会减小，但不是非常快。由式(10.379)计算谱密度 $S_x(\omega)$ 的平滑估计 $\tilde{S}_x(\omega)$ 时，要考虑自变量 ω 较大的变化范围，因此这不总是合理的。当通过函数 $H_1(\omega)$ 进行平滑，谱密度 $S_x(\omega)$ 的值在平滑区域内的值相比其他区域较小时，可能产生较大的估计偏差。这意味着，频谱窗有旁瓣可能导致光谱畸变。这个畸变值由光谱最大功率的分量决定，并且会使较小谱密度值的估计产生偏差。由频谱窗旁瓣引起的效应通常称为频谱能量泄漏。

最好是使用那些旁瓣会快速衰减或者完全没有的谱频窗。最简单的频谱窗是矩形频谱窗。这种类型频谱窗的频率平滑函数为

$$H(\omega) = H_2(\omega) = \begin{cases} \dfrac{\pi}{\omega_0}, & |\omega| \leqslant \omega_0 \\ 0, & |\omega| > \omega_0 \end{cases} \tag{10.384}$$

其中， ω_0 为给定频率 ω 的正值。

在这种情况下，时间平滑函数为

$$h_2(\tau) = \int_{-\infty}^{\infty} \mathrm{e}^{\mathrm{i}\omega\tau} H_2(\omega) \mathrm{d}\omega = \frac{\pi}{\mathrm{i}\omega_0\tau} \mathrm{e}^{\mathrm{i}\omega\tau} \bigg|_{-\omega_0}^{\omega_0} \tag{10.385}$$

即

$$h_2(\tau) = \frac{2\pi}{\omega_0 \tau} \sin \omega_0 \tau \tag{10.386}$$

该函数原则上可用于式(10.374)中谱密度的相关估计，但实际上平滑函数 $h_2(\tau)$ 用得较少，因为其随 $|\tau|$ 的减小反应不够快速。这实际上造成必须知道整个样本 $x(t)$ 在持续时间 T 内的相关函数 $K_x(\tau)$ 的估计 $\widetilde{K}_x(\tau)$。

在时间序列理论中，研究了很多不同的时间窗口。下面列出应用在舰艇武器控制中的主要时间平滑函数及其对应的频率平滑函数。

式(10.387)确定的时间平滑函数称为三角形窗(巴特利特窗)，即

$$h_3(\tau) = \begin{cases} 1 - \dfrac{|\tau|}{\tau_0}, & |\tau| \leqslant \tau_0 \\ 0, & |\tau| \geqslant \tau_0 \end{cases} \tag{10.387}$$

在这种情况下，频率平滑函数为

$$H_3(\omega) = \frac{2}{\pi \omega^2 \tau_0} \sin^2 \frac{\omega \tau_0}{2} \tag{10.388}$$

对于改进的巴特利特窗，有

$$h_4(\tau) = \begin{cases} \left(1 - \dfrac{|\tau|}{\tau_0}\right)\left(1 - \dfrac{|\tau|}{T}\right), & |\tau| \leqslant \tau_0 \\ 0, & |\tau| \geqslant \tau_0 \end{cases} \tag{10.389}$$

$$H_4(\omega) = \frac{1}{\pi \omega^3 T \tau_0} [(T - \tau_0)\omega - (T - \tau_0)\omega \cos \omega \tau_0 - 2 \sin \omega \tau_0] \tag{10.390}$$

若窗的表达为式(10.391)，则该窗称为余弦曲线窗，即

$$h_5(\tau) = \begin{cases} \cos \dfrac{\pi \tau}{2\tau_0}, & |\tau| \leqslant \tau_0 \\ 0, & |\tau| \geqslant \tau_0 \end{cases} \tag{10.391}$$

$$H_5(\omega) = \frac{\cos \omega \tau_0}{2\tau_0 \left[\left(\dfrac{\pi}{2\tau_0}\right)^2 - \omega^2\right]} \tag{10.392}$$

对于带有支架的 Hanning 余弦曲线窗，有

$$h_6(\tau) = \begin{cases} 0.5\left(1 + \cos\dfrac{\pi\tau}{\tau_0}\right), & |\tau| \leqslant \tau_0 \\ 0, & |\tau| \geqslant \tau_0 \end{cases} \tag{10.393}$$

$$H_6(\omega) = \frac{1}{2\pi}\left[1 - \frac{\omega^2}{\omega^2 - \left(\dfrac{\pi}{\tau_0}\right)^2}\right]\frac{\sin\omega\tau_0}{\omega} = \frac{\pi\sin\omega\tau_0}{2\omega[\pi^2 - (\omega\tau_0)^2]} \tag{10.394}$$

对于带有支架的 Hanning 余弦曲线变形窗，有

$$h_7(\tau) = \begin{cases} 0.54 + 0.46\cos\dfrac{\pi\tau}{\tau_0}, & |\tau| \leqslant \tau_0 \\ 0, & |\tau| \geqslant \tau_0 \end{cases} \tag{10.395}$$

$$H_7(\omega) = \frac{1}{\pi}\left[0.54 - 0.46\frac{\omega^2}{\omega^2 - \left(\dfrac{\pi}{\tau_0}\right)^2}\right]\frac{\sin\omega\tau_0}{\omega} \tag{10.396}$$

在求谱密度估计时，还会使用其他时间平滑函数和频率平滑函数。

10.4 平稳随机过程相关函数的参数估计

本节通过给定在舰艇武器控制中常见的逼近函数，给出相关函数参数估计的方法，然后通过实例，给出这些方法的使用步骤。

10.4.1 近似相关函数

在对广义平稳随机过程 $X(t)$ 的样本进行统计处理时，可以得到相关函数 $K_x(\tau)$ 的估计 $\widetilde{K}_x(\tau)$ 在自变量为 $\tau_k = \tau_0 + kh$ 时的 $n+1$ 个值 $y_k = \tilde{K}_x(\tau_k)(k = 0,1,\cdots,n)$。相关函数的估计可以用常见的相关函数表达式来近似逼近。逼近计算的实质就是求解这个近似函数的所有未知参数。这些近似函数中的一个可以表示为

$$K_x^{(a)}(\tau) = \sum_{r=1}^{m} A_r \mathrm{e}^{-\gamma_r|\tau|} \tag{10.397}$$

其中，A_r 和 $\gamma_r(r = 1,2,\cdots,m)$ 为实常数或者复常数，γ_r 的值各不相同，其实数部分是正数。

一般情况下，假设 m 个参数 $\gamma_r(r=1,2,\cdots,m)$ 中的前 l 个是实数，因为剩余复常数的相关函数是实函数，所以复常数 γ_{2r-1} 和 $\gamma_{2r}(r=l+1,l+2,\cdots,(m+l)/2)$ 是成对出现的，同理，复常数 A_{2r-1} 和 A_{2r} 也是成对出现的。令常数 γ_r 和 $A_r(r=1,2,\cdots,m)$ 由正参数 D_r、$\alpha_r(r=1,2,\cdots,(m+l)/2)$ 和 $\beta_r(r=l+1,l+2,\cdots,(m+l)/2)$，以及绝对值不超过 1 的参数 $\theta_r(r=l+1,l+2,\cdots,(m+l)/2)$ 来表示，则有

$$\gamma_r=\alpha_r,\quad A_r=D_r,\quad r=1,2,\cdots,l \tag{10.398}$$

$$\begin{cases}\gamma_{2r-1}=\alpha_r-\mathrm{i}\beta_r,\quad \gamma_{2r}=\gamma_{2r-1}^*=\alpha_r+\mathrm{i}\beta_r\\ A_{2r-1}=0.5D_r\left(1-\mathrm{i}\theta_r\dfrac{\alpha_r}{\beta_r}\right),\quad A_{2r}=A_{2r-1}^*=0.5D_r\left(1+\mathrm{i}\theta_r\dfrac{\alpha_r}{\beta_r}\right),\\ \qquad\qquad r=l+1,l+2,\cdots,(l+m)/2\end{cases} \tag{10.399}$$

式(10.397)可以改写为

$$K_x^{(a)}(\tau)=\sum_{r=1}^{l}D_r\mathrm{e}^{-\alpha_r|\tau|}+\sum_{r=l+1}^{(l+m)/2}D_r\mathrm{e}^{-\alpha_r|\tau|}\left(\cos\beta_r\tau+\theta_r\frac{\alpha_r}{\beta_r}\sin\beta_r|\tau|\right) \tag{10.400}$$

其相关函数的谱密度为

$$S_x^{(a)}(\omega)=\frac{1}{\pi}\sum_{r=1}^{l}\frac{\alpha_rD_r}{\omega^2+\alpha_r^2}+\frac{1}{\pi}\sum_{r=l+1}^{(l+m)/2}\frac{\alpha_rD_r[(1-\theta_r)\omega^2+(1+\theta_r)(\alpha_r^2+\beta_r^2)]}{(\omega^2+\alpha_r^2+\beta_r^2)^2-4\beta_r^2\omega^2} \tag{10.401}$$

当 $l=m=1$ 时，由式(10.400)可以得到最简单的近似相关函数，即

$$K_x^{(a,1)}(\tau)=D\mathrm{e}^{-\alpha|\tau|} \tag{10.402}$$

其中，$D=K_x^{(a,1)}(0)$；$\alpha>0$。

当 $l=m=2$ 时，近似相关函数为

$$K_x^{(a,2)}(\tau)=D_1\mathrm{e}^{-\alpha_1|\tau|}+D_2\mathrm{e}^{-\alpha_2|\tau|} \tag{10.403}$$

在舰艇武器控制中，经常使用下列近似相关函数，即

$$K_x^{(a,3)}(\tau)=D\mathrm{e}^{-\alpha|\tau|}\left(\cos\beta\tau+\theta\frac{\alpha}{\beta}\sin\beta|\tau|\right) \tag{10.404}$$

该函数可以在 $l=0$ 和 $m=2$ 的情况下由式(10.400)得到，其谱密度为

$$S_x^{(a,3)}(\omega)=\frac{\alpha D[(1-\theta)\omega^2+(1+\theta)(\alpha^2+\beta^2)]}{\pi[(\omega^2+\alpha^2+\beta^2)^2-4\beta^2\omega^2]} \tag{10.405}$$

因为谱密度不可能取负值，所以满足条件 $|\theta|\leqslant1$。

有时，代替式(10.397)使用如下近似相关函数，即

$$K_x^{(b)}(\tau)=\mathrm{e}^{-\alpha|\tau|}\sum_{r=1}^{m}B_r|\tau|^{r-1} \tag{10.406}$$

其中，$\alpha > 0$；$B_r(r=1,2,\cdots,m)$ 为实常数。

如果假设 $B_1 = D = K_x^{(b)}(0)$，并采用下列无量纲参数，即

$$\theta_r = \frac{B_{r+1}}{\alpha^r D}, \quad r=1,2,\cdots,m-1 \tag{10.407}$$

那么式(10.406)变为

$$K_x^{(b)}(\tau) = D\mathrm{e}^{-\alpha|\tau|}\left[1 + \sum_{r=1}^{m-1}\theta_r(\alpha|\tau|)^r\right] \tag{10.408}$$

该相关函数的谱密度为

$$S_x^{(b)}(\omega) = \frac{D}{\pi}\sum_{r=0}^{m-1}(-1)^r\alpha^r\theta_r\frac{\partial^r}{\partial\alpha^r}\left(\frac{\alpha}{\omega^2+\alpha^2}\right) \tag{10.409}$$

当 $m=1$ 时，由式(10.408)可以得到近似相关函数 $K_x^{(b,1)}(\tau)$，它与 $K_x^{(a,1)}(\tau)$ 是等价的。当 $m=2$ 时，近似相关函数为

$$K_x^{(b,2)}(\tau) = D\mathrm{e}^{-\alpha|\tau|}(1+\theta\alpha|\tau|) \tag{10.410}$$

式(10.410)与式(10.404)在 $\beta=0$ 的情况下是等价的，因此也有 $|\theta|\leqslant 1$。当 $m=3$ 时，近似相关函数为

$$K_x^{(b,3)}(\tau) = D\mathrm{e}^{-\alpha|\tau|}(1+\theta_1\alpha|\tau|+\theta_2\alpha^2\tau^2) \tag{10.411}$$

其谱密度为

$$S_x^{(b,3)}(\omega) = \frac{\alpha D}{\pi(\omega^2+\alpha^2)^3}[(1-\theta_1)\omega^4 + 2\alpha^2(1-3\theta_2)\omega^2 + \alpha^4(1+\theta_1+2\theta_2)] \tag{10.412}$$

如果满足下列条件，当自变量 ω 为任意值时，式(10.412)都是非负函数，即

$$\theta_1 \leqslant 1, \quad \theta_2 \leqslant 1/3, \quad \theta_1+2\theta_2 \geqslant -1 \tag{10.413}$$

通过式(10.397)或者式(10.406)来逼近相关函数 $K_x(\tau)$ 的估计，可等效为未知参数 A_r 和 $\gamma_r(r=1,2,\cdots,m)$ 或者 α 和 $B_r(r=1,2,\cdots,m)$ 的估计。相关函数的已知估计值 $y_k = \widetilde{K}_x(\tau_k)(k=0,1,\cdots,n)$ 可用于未知参数的估计，该已知值的数量 $n+1$ 应该大于 m。对于参数 $\gamma_r(r=1,2,\cdots,m)$ 和 α，估计可以通过线性齐次差分方程求解，式(10.397)和式(10.406)满足该方程的要求。求解参数 A_r 和 $B_r(r=1,2,\cdots,m)$ 的估计，归根结底还是要解那些通过最小二乘法获得的代数方程组。

10.4.2　第一种近似相关函数的参数估计

为了求出式(10.397)近似相关函数参数 $\gamma_r(r=1,2,\cdots,m)$ 的估计 $\tilde{\gamma}_r$，假设

$$z_k = K_x^{(a)}(\tau_k) = \sum_{r=1}^m A_r\mathrm{e}^{-\gamma_r(\tau_0+kh)}, \quad k=0,1,\cdots \tag{10.414}$$

式(10.414)可以用下列形式表示，即

$$z_k = \sum_{r=1}^{m} C_r \lambda_r^k, \quad k = 0, 1, \cdots \tag{10.415}$$

其中

$$C_r = A_r e^{-\gamma_r \tau_0}, \quad r = 1, 2, \cdots, m \tag{10.416}$$

$$\lambda_r = e^{-h\gamma_r}, \quad r = 1, 2, \cdots, m \tag{10.417}$$

式(10.415)可作为 m 阶线性齐次差分方程的通解进行研究，即

$$z_{k+m} + \sum_{s=0}^{m-1} a_s z_{k+s} = 0, \quad k = 0, 1, \cdots \tag{10.418}$$

其中，系数 $a_s(s = 0, 1, \cdots, m-1)$ 是未知的。将 z_{k+s} 替换成 λ^{k+s}，z_{k+m} 替换成 λ^{k+m}，两边同时约去 λ^k，由式(10.418)可以得到下列特征方程，即

$$\lambda^m + \sum_{s=0}^{m-1} a_s \lambda^s = 0 \tag{10.419}$$

如果在式(10.418)中用相关函数 $K_x(\tau)$ 的估计 $\widetilde{K}_x(\tau)$ 的已知值 $y_{k+s}(s = 0, 1, \cdots, m)$ 替换近似相关函数 $K_x^{(a)}(\tau)$ 的未知值 $z_{k+s}(s = 0, 1, \cdots, m)$，那么可得下式，即

$$y_{k+m} + \sum_{s=0}^{m-1} a_s y_{k+s} = \varepsilon_k, \quad k = 0, 1, \cdots, n-m \tag{10.420}$$

式(10.420)中的 $\varepsilon_k(k = 0, 1, \cdots, n-m)$ 是进行的替换的误差。由式(10.420)可以得出结论，当 $y_k(k = 0, 1, \cdots, n)$ 已知时，误差 $\varepsilon_k(k = 0, 1, \cdots, n-m)$ 完全由特征方程(10.419)的系数 $a_s(s = 0, 1, \cdots, m-1)$ 决定。使误差 $\varepsilon_k(k = 0, 1, \cdots, n-m)$ 达到极小化的系数 $a_s(s = 0, 1, \cdots, m-1)$ 是最佳估计值。根据最小二乘原理，特征方程(10.419)系数的最佳估计是使下列表达式为最小值，即

$$\sum_{k=0}^{n-m} \varepsilon_k^2 = S^{(a)}(a_0, a_1, \cdots, a_{n-1}) = \sum_{k=0}^{n-m} \left(y_{k+m} + \sum_{s=0}^{m-1} a_s y_{k+s} \right)^2 \tag{10.421}$$

实现该函数极值的必要条件为

$$\frac{\partial S^{(a)}}{\partial a_r} = 2 \sum_{k=0}^{n-m} \left(y_{k+m} + \sum_{s=0}^{m-1} a_s y_{k+s} \right) y_{k+r} = 0, \quad r = 0, 1, \cdots, m-1 \tag{10.422}$$

这个条件可以表示为

$$\sum_{s=0}^{m-1} b_{s,r} a_s = -b_{r,m}, \quad r = 0, 1, \cdots, m-1 \tag{10.423}$$

其中

$$b_{s,r} = b_{r,s} = \sum_{k=0}^{n-m} y_{k+s} y_{k+r}, \quad s, r = 0, 1, \cdots, m \tag{10.424}$$

在求数值 $b_{s,r}$ 时，可以使用下列递推关系，即

$$b_{s+1,r+1} = b_{s,r} - y_s y_r + y_{n-m+s+1} y_{n-m+r+1}, \quad s, r = 0, 1, \cdots, m-1 \tag{10.425}$$

式(10.423)的系数 $a_s (s = 0, 1, \cdots, m-1)$ 的估计 $\hat{a}_s$ 就是 m 阶代数方程组(10.423)的解，即

$$\lambda^m + \sum_{s=0}^{m-1} \hat{a}_s \lambda^s = 0 \tag{10.426}$$

可以求出特征根 $\lambda_r = \mathrm{e}^{-h\gamma_r} (r = 1, 2, \cdots, m)$ 的估计 $\hat{\lambda}_r$。

对于式(10.397)的参数 $\lambda_r (r = 1, 2, \cdots, m)$，其估计为

$$\hat{\gamma}_r = -\frac{1}{h} \ln \hat{\lambda}_r, \quad r = 1, 2, \cdots, m \tag{10.427}$$

如果 m 个条件 $\mathrm{Re} \hat{\gamma}_r > 0 (r = 1, 2, \cdots, m)$ 中只要有一个条件不能满足，那么式(10.397)都不可能是相关函数的逼近函数。

当完全满足上述不等式时，把式(10.415)中的 λ_r 替换成 $\hat{\lambda}_r (r = 1, 2, \cdots, m)$，并假设

$$\Delta_k = \sum_{r=1}^{m} C_r \hat{\lambda}_r^k - y_k, \quad k = 0, 1, \cdots, n \tag{10.428}$$

根据最小二乘法，$\Delta_k (k = 0, 1, \cdots, n)$ 的误差平方和最小时，通过式(10.397)可以求得相关函数 $K_x(\tau)$ 的估计是最佳近似值，即

$$\sum_{k=0}^{n} \Delta_k^2 = R^{(a)}(C_1, C_2, \cdots, C_m) = \sum_{k=0}^{n} \left(\sum_{r=1}^{m} C_r \hat{\lambda}_r^k - y_k \right)^2 \tag{10.429}$$

实现该函数极值的必要条件为

$$\frac{\partial R^{(a)}}{\partial C_s} = 2 \sum_{k=0}^{n} \left(\sum_{r=1}^{m} C_r \hat{\lambda}_r^k - y_k \right) \hat{\lambda}_s^k = 0, \quad s = 1, 2, \cdots, m \tag{10.430}$$

如果

$$d_{s,r} = d_{r,s} = \sum_{k=0}^{n} (\hat{\lambda}_s \hat{\lambda}_r)^k = \frac{1 - (\hat{\lambda}_s \hat{\lambda}_r)^{n+1}}{1 - \hat{\lambda}_s \hat{\lambda}_r}, \quad s, r = 1, 2, \cdots, m \tag{10.431}$$

$$f_s = \sum_{k=0}^{n} y_k \hat{\lambda}_s^k, \quad s = 1, 2, \cdots, m \tag{10.432}$$

那么式(10.430)可以改写为

$$\sum_{r=1}^{m} d_{s,r} C_r = f_s, \quad s = 1, 2, \cdots, m \tag{10.433}$$

其中，$C_r(r = 1, 2, \cdots, m)$ 的估计 $\hat{C}_r$ 就是这个 m 阶代数方程组的解。

根据式(10.416)，式(10.397)中参数 $A_r(r = 1, 2, \cdots, m)$ 的估计为

$$\hat{A}_r = \hat{C}_r \mathrm{e}^{\hat{\gamma}_r \tau_0}, \quad r = 1, 2, \cdots, m \tag{10.434}$$

因此，随机过程 $X(t)$ 的相关函数 $K_x(\tau)$ 的估计的近似函数为

$$\hat{K}_x^{(a)}(\tau) = \sum_{r=1}^{m} \hat{A}_r \mathrm{e}^{-\hat{\gamma}_r |\tau|} \tag{10.435}$$

最简单的近似相关函数 $K_x^{(a,1)}(\tau) = D\mathrm{e}^{-\alpha|\tau|}$ 通过一个指数表示，所以数值 $m = 1$。在这种情况下，特征方程 $\lambda + a_0 = 0$，并且 $\hat{a}_0 = -b_{0,1}/b_{0,0}$，其中

$$b_{0,0} = \sum_{k=0}^{n-1} y_k^2, \quad b_{0,1} = \sum_{k=0}^{n-1} y_k y_{k+1} \tag{10.436}$$

因为 $\hat{\lambda} = -\hat{a}_0$，所以对于参数 $\alpha = -\dfrac{1}{h}\ln\lambda$，估计 $\hat{\alpha} = -\dfrac{1}{h}\ln\hat{\lambda}$。若 $0 < \hat{\lambda} < 1$，则满足条件 $\hat{\alpha} > 0$。

由式(10.433)可以得到 $\hat{C}_1 = f_1/d_{1,1}$，其中

$$d_{1,1} = \sum_{k=0}^{n} \hat{\lambda}^{2k} = \frac{1 - \hat{\lambda}^{2(n+1)}}{1 - \hat{\lambda}^2}, \quad f_1 = \sum_{k=0}^{n} y_k \hat{\lambda}^k \tag{10.437}$$

对于参数 $D = A_1 C_1 \mathrm{e}^{\alpha\tau_0}$，其估计 $\hat{D} = \hat{C}_1 \mathrm{e}^{\hat{\alpha}\tau_0}$，所求的近似函数为

$$\hat{K}_x^{(a,1)}(\tau) = \hat{D}\mathrm{e}^{-\hat{\alpha}|\tau|} \tag{10.438}$$

近似相关函数(10.403)和函数(10.404)包含两个相加部分，并且数值 $m = 2$，因此特征方程为 $\lambda^2 + a_1\lambda + a_0 = 0$。$a_0$ 和 a_1 的估计 $\hat{a}_0$ 和 $\hat{a}_1$ 可以通过求解下列代数方程组得出，即

$$b_{0,0}a_0 + b_{0,1}a_1 = -b_{0,2}, \quad b_{0,1}a_0 + b_{1,1}a_1 = -b_{1,2} \tag{10.439}$$

因此

$$\hat{a}_0 = \frac{b_{0,1}b_{1,2} - b_{0,2}b_{1,1}}{b_{0,0}b_{1,1} - b_{0,1}^2}, \quad \hat{a}_1 = \frac{b_{0,1}b_{0,2} - b_{0,0}b_{1,2}}{b_{0,0}b_{1,1} - b_{0,1}^2} \tag{10.440}$$

$$\begin{cases} b_{0,0} = \sum_{k=0}^{n-2} y_k^2, \quad b_{0,1} = \sum_{k=0}^{n-2} y_k y_{k+1}, \quad b_{0,2} = \sum_{k=0}^{n-2} y_k y_{k+2} \\[2mm] b_{1,1} = \sum_{k=0}^{n-2} y_{k+1}^2 = b_{0,0} - y_0^2 + y_{n-1}^2 \\[2mm] b_{1,2} = \sum_{k=0}^{n-2} y_{k+1} y_{k+2} = b_{0,1} - y_0 y_1 + y_{n-1} y_n \end{cases} \tag{10.441}$$

式(10.442)是方程 $\lambda^2 + \hat{a}_1 \lambda + \hat{a}_0 = 0$ 的解，即

$$\hat{\lambda}_{1,2} = -\frac{\hat{a}_1}{2} \pm \sqrt{\frac{1}{4}\hat{a}_1^2 - \hat{a}_0} \tag{10.442}$$

如果 $\hat{a}_1 < 0$ 和 $0 < \hat{a}_0 < \frac{1}{4}\hat{a}_1^2$，那么 $\hat{\lambda}_1 > 0$ 和 $\hat{\lambda}_2 > 0$，并且当同时满足条件 $\hat{\lambda}_1 < 1$ 和 $\hat{\lambda}_2 < 1$ 时，近似相关方程具有如式(10.403)所示的形式，此时 $\hat{\alpha}_1 = -\frac{1}{h}\ln\hat{\lambda}_1$，$\hat{\alpha}_2 = -\frac{1}{h}\ln\hat{\lambda}_2$。

常数 $C_1 = D_1 e^{-\alpha\tau_0}$ 和 $C_2 = D_2 e^{-\alpha\tau_0}$ 的估计是代数方程组(10.433)的解，即

$$d_{1,1}C_1 + d_{1,2}C_2 = f_1, \quad d_{1,2}C_1 + d_{2,2}C_2 = f_2 \tag{10.443}$$

由此可见

$$\hat{C}_1 = \frac{d_{2,2}f_1 - d_{1,2}f_2}{d_{1,1}d_{2,2} - d_{1,2}^2}, \quad \hat{C}_2 = \frac{d_{1,1}f_2 - d_{1,2}f_1}{d_{1,1}d_{2,2} - d_{1,2}^2} \tag{10.444}$$

其中

$$d_{1,1} = \frac{1 - \hat{\lambda}_1^{2(n+1)}}{1 - \hat{\lambda}_1^2}, \quad d_{2,2} = \frac{1 - \hat{\lambda}_2^{2(n+1)}}{1 - \hat{\lambda}_2^2} \tag{10.445}$$

$$d_{1,2} = \frac{1 - (\hat{\lambda}_1\hat{\lambda}_2)^{n+1}}{1 - \hat{\lambda}_1\hat{\lambda}_2} = \frac{1 - \hat{a}_0^{n+1}}{1 - \hat{a}_0} \tag{10.446}$$

$$f_1 = \sum_{k=0}^{n} y_k \hat{\lambda}_1^k, \quad f_2 = \sum_{k=0}^{n} y_k \hat{\lambda}_2^k \tag{10.447}$$

对于参数 D_1 和 D_2，其估计为 $\hat{D}_1 = \hat{C}_1 e^{\hat{\alpha}_1\tau_0}$、$\hat{D}_2 = \hat{C}_2 e^{\hat{\alpha}_2\tau_0}$，所求的近似函数为

$$\hat{K}_x^{(a,2)}(\tau) = \hat{D}_1 e^{-\hat{\alpha}_1|\tau|} + \hat{D}_2 e^{-\hat{\alpha}_2|\tau|} \tag{10.448}$$

如果 $\hat{a}_0 > \frac{1}{4}\hat{a}_1^2$，那么二次方程式的根(10.442)是共轭复数根。近似相关方程具有如式(10.404)所示的形式。正因为 $\hat{\lambda}_1\hat{\lambda}_2 = \hat{a}_0 > 0$，所以有

$$\hat{\lambda}_{1,2} = \sqrt{\hat{a}_0}\,e^{\pm i\psi} = \sqrt{\hat{a}_0}\,(\cos\psi \pm i\sin\psi) \qquad (10.449)$$

由条件(10.450)可以唯一地求出角 ψ 的值，即

$$\cos\psi = -\frac{\hat{a}_1}{2\sqrt{\hat{a}_0}}, \quad \sin\psi = \sqrt{1-\frac{\hat{a}_1^2}{4\hat{a}_0}} \qquad (10.450)$$

对于参数 $\gamma_{1,2} = \alpha \mp i\beta$，其估计为

$$\hat{\gamma}_{1,2} = \hat{\alpha} \mp i\hat{\beta} = -\frac{1}{h}\ln\hat{\lambda}_{1,2} = -\frac{1}{h}(\ln\sqrt{\hat{a}_0} \pm i\psi) \qquad (10.451)$$

由此可见，$\hat{\alpha} = -\frac{1}{2h}\ln\hat{a}_0$，$\hat{\beta} = \frac{\psi}{h}$。当 $\hat{a}_0 < 1$ 和 $\hat{a}_1 < 1$ 时，满足条件 $\hat{\alpha} > 0$ 和 $\hat{\beta} > 0$。

参数 C_1 和 C_2 的估计可以通过式(10.444)求出，其中 $d_{1,2}$ 可以通过式(10.446)计算。常数 $d_{1,1}$ 和 $d_{2,2}$，以及 f_1 和 f_2 是共轭复数，并且

$$d_{1,1} = d_{2,2}^* = \frac{1-\hat{\lambda}_1^{2(n+1)}}{1-\hat{\lambda}_1^2} = \frac{1-\hat{a}_0^{n+1}e^{i2(n+1)\psi}}{1-\hat{a}_0 e^{2i\psi}}$$
$$= \frac{1}{1+\hat{a}_0^2 - 2\hat{a}_0\cos2\psi}\{1-\hat{a}_0\cos2\psi - \hat{a}_0^{n+1}\cos2(n+1)\psi + \hat{a}_0^{n+2}\cos2n\psi \qquad (10.452)$$
$$+ i[\hat{a}_0\sin2\psi - \hat{a}_0^{n+1}\sin2(n+1)\psi + \hat{a}_0^{n+2}\sin2n\psi]\}$$

$$f_1 = f_2^* = \sum_{k=0}^n y_k\hat{\lambda}_1^k = \sum_{k=0}^n y_k(\sqrt{\hat{a}_0})^k\cos k\psi + i\sum_{k=0}^n y_k(\sqrt{\hat{a}_0})^k\sin k\psi \qquad (10.453)$$

估计 $\hat{C}_1$ 和 $\hat{C}_2$ 是共轭复数，并且

$$\hat{C}_1 = \hat{C}_2^* = \frac{d_{2,2}f_1 - d_{1,2}f_2}{|d_{1,1}|^2 - d_{1,2}^2} \qquad (10.454)$$

对于参数 A_1 和 A_2，其估计为 $\hat{A}_1 = \hat{A}_2^* = \hat{C}_1 e^{\hat{\gamma}_1\tau_0}$。因为 $\mathrm{Re}\,A_1 = 0.5D$，而 $\mathrm{Im}\,A_1 = -0.5D\theta\frac{\alpha}{\beta}$，所以

$$\hat{D} = 2\mathrm{Re}\,\hat{A}_1, \quad \hat{\Theta} = -\frac{2\hat{\beta}}{\hat{\alpha}\hat{D}}\mathrm{Im}\,\hat{A}_1 \qquad (10.455)$$

所求的近似函数为

$$\hat{K}_x^{(a,3)}(\tau) = \hat{D}e^{-\hat{\alpha}|\tau|}\left(\cos\hat{\beta}\tau + \hat{\Theta}\frac{\hat{\alpha}}{\hat{\beta}}\sin\hat{\beta}|\tau|\right) \qquad (10.456)$$

参数 D 和 θ 的估计 $\hat{D}$ 和 $\hat{\Theta}$ 可以通过其他方式计算出来，当采用该方法时，使用下式代替式(10.428)，即

$$\Delta_k = De^{-\hat{\alpha}(\tau_0+kh)}\left[\cos\hat{\beta}(\tau_0+kh) + \theta\frac{\hat{\alpha}}{\hat{\beta}}\sin\hat{\beta}(\tau_0+kh)\right] - y_k, \quad k=0,1,\cdots,n \quad (10.457)$$

如果

$$F_1 = De^{-\hat{\alpha}\tau_0}, \quad F_2 = \theta D\frac{\hat{\alpha}}{\hat{\beta}}e^{-\hat{\alpha}\tau_0} \quad (10.458)$$

那么

$$\begin{aligned}\Delta_k &= (\sqrt{\hat{a}_0})^k\left[F_1\cos\hat{\beta}(\tau_0+kh) + F_2\sin\hat{\beta}(\tau_0+kh)\right] - y_k \\ &= (\sqrt{\hat{a}_0})^k(G_1\cos k\psi + G_2\sin k\psi) - y_k\end{aligned} \quad (10.459)$$

其中，$\sqrt{\hat{a}_0} = e^{-\hat{\alpha}h}$；$\Psi = \hat{\beta}h$。

$$G_1 = F_1\cos\hat{\beta}\tau_0 + F_2\sin\hat{\beta}\tau_0, \quad G_2 = -F_1\sin\hat{\beta}\tau_0 + F_2\cos\hat{\beta}\tau_0 \quad (10.460)$$

使用下列平方和代替式(10.429)，即

$$\sum_{k=0}^{n}\Delta_k^2 = R_1^{(a)}(G_1,G_2) = \sum_{k=0}^{n}\left[(\sqrt{\hat{a}_0})^k(G_1\cos k\psi + G_2\sin k\psi) - y_k\right]^2 \quad (10.461)$$

对于式(10.461)，实现极值的必要条件为

$$\begin{cases}\dfrac{\partial R_1^{(a)}}{\partial G_1} = 2\displaystyle\sum_{k=0}^{n}\left[(\sqrt{\hat{a}_0})^k(G_1\cos k\psi + G_2\sin k\psi) - y_k\right](\sqrt{\hat{a}_0})^k\cos k\psi = 0 \\ \dfrac{\partial R_1^{(a)}}{\partial G_2} = 2\displaystyle\sum_{k=0}^{n}\left[(\sqrt{\hat{a}_0})^k(G_1\cos k\psi + G_2\sin k\psi) - y_k\right](\sqrt{\hat{a}_0})^k\sin k\psi = 0\end{cases} \quad (10.462)$$

式(10.462)可以表示为

$$g_{1,1}G_1 + g_{1,2}G_2 = \varphi_1, \quad g_{2,1}G_1 + g_{2,2}G_2 = \varphi_2 \quad (10.463)$$

其中

$$\begin{cases}g_{1,1} = \displaystyle\sum_{k=0}^{n}\hat{a}_0^k\cos^2 k\psi, \quad g_{2,2} = \displaystyle\sum_{k=0}^{n}\hat{a}_0^k\sin^2 k\psi \\ g_{1,2} = g_{2,1} = \displaystyle\sum_{k=0}^{n}\hat{a}_0^k\cos k\psi\sin k\psi\end{cases} \quad (10.464)$$

$$\varphi_1 = \sum_{k=0}^{n}y_k(\sqrt{\hat{a}_0})^k\cos k\psi, \quad \varphi_2 = \sum_{k=0}^{n}y_k(\sqrt{\hat{a}_0})^k\sin k\psi \quad (10.465)$$

如果在式(10.464)中使用指数函数替换三角函数，并进行求和，那么可以得到下式，即

$$\begin{cases} g_{1,1} = \dfrac{1-\hat{a}_0^{n+1}}{2(1-\hat{a}_0)} + \dfrac{1-\hat{a}_0\cos 2\psi - \hat{a}_0^{n+1}\cos 2(n+1)\psi + \hat{a}_0^{n+2}\cos 2n\psi}{2(1+\hat{a}_0^2 - 2a_0\cos 2\psi)} \\[3mm] g_{2,2} = \dfrac{1-\hat{a}_0^{n+1}}{1-\hat{a}_0} - g_{1,1} \\[3mm] g_{1,2} = \dfrac{\hat{a}_0\sin 2\psi - \hat{a}_0^{n+1}\sin 2(n+1)\psi + \hat{a}_0^{n+2}\sin 2n\psi}{2(1+\hat{a}_0^2 - 2\hat{a}_0\cos 2\psi)} \end{cases} \tag{10.466}$$

因此，式(10.467)就是式(10.463)的解，即

$$\hat{G}_1 = \frac{g_{2,2}\varphi_1 - g_{1,2}\varphi_2}{g_{1,1}g_{2,2} - g_{1,2}^2}, \quad \hat{G}_2 = \frac{g_{1,1}\varphi_2 - g_{1,2}\varphi_1}{g_{1,1}g_{2,2} - g_{1,2}^2} \tag{10.467}$$

由式(10.460)可得下式，即

$$\hat{F}_1 = \hat{G}_1\cos\hat{\beta}\tau_0 - \hat{G}_2\sin\hat{\beta}\tau_0, \quad \hat{F}_2 = \hat{G}_1\sin\hat{\beta}\tau_0 + \hat{G}_2\cos\hat{\beta}\tau_0 \tag{10.468}$$

根据式(10.458)，对于参数 D 和 θ，其估计为

$$\hat{D} = \hat{F}_1 e^{\hat{\alpha}\tau_0}, \quad \hat{\Theta} = \frac{\hat{\alpha}}{\hat{\beta}}\frac{\hat{F}_2}{\hat{D}}e^{\hat{\alpha}\tau_0} \tag{10.469}$$

在近似相关函数(10.404)中，参数 θ 的绝对值不超过 1。如果得到 $\left|\hat{\Theta}\right| > 1$，那么在 $\hat{\Theta} > 1$ 的情况下假设 $\theta = 1$，在 $\hat{\Theta} < -1$ 的情况下假设 $\theta = -1$。在这种情况下，式(10.457)可以写为

$$\Delta_k = F_1(\sqrt{\hat{a}_0})^k\left[\cos\hat{\beta}(\tau_0 + kh) + \theta\frac{\hat{\alpha}}{\hat{\beta}}\sin\hat{\beta}(\tau_0 + kh)\right] - y_k \tag{10.470}$$

$$= F_1(\sqrt{\hat{a}_0})^k(v_1\cos k\psi + v_2\sin k\psi) - y_k$$

其中

$$v_1 = \cos\hat{\beta}\tau_0 + \theta\frac{\hat{\alpha}}{\hat{\beta}}\sin\hat{\beta}\tau_0, \quad v_2 = -\sin\hat{\beta}\tau_0 + \theta\frac{\hat{\alpha}}{\hat{\beta}}\cos\hat{\beta}\tau_0 \tag{10.471}$$

误差平方和为

$$R_2^{(a)}(F_1) = \sum_{k=0}^{n}\left[F_1(\sqrt{\hat{a}_0})^k(v_1\cos k\psi + v_2\sin k\psi) - y_k\right]^2 \tag{10.472}$$

实现该函数极值的必要条件为

$$\frac{\partial R_2^{(a)}}{\partial F_1} = 2\sum_{k=0}^{n}\left[F_1(\sqrt{\hat{a}_0})^k(v_1\cos k\psi + v_2\sin k\psi) - y_k\right] \tag{10.473}$$

$$\times (\sqrt{\hat{a}_0})^k(v_1\cos k\psi + v_2\sin k\psi) = 0$$

它与下列等式等价，即

$$(v_1^2 g_{1,1} + v_2^2 g_{2,2} + 2v_1 v_2 g_{1,2})F_1 = v_1 \varphi_1 + v_2 \varphi_2 \tag{10.474}$$

由此可见

$$\hat{F}_1 = \frac{v_1 \varphi_1 + v_2 \varphi_2}{v_1^2 g_{1,1} + v_2^2 g_{2,2} + 2v_1 v_2 g_{1,2}} \tag{10.475}$$

对于参数 D，其估计为 $\hat{D} = \hat{F}_1 \mathrm{e}^{\hat{\alpha}\tau_0}$，所求近似函数为

$$\hat{K}_x^{(a,3)}(\tau) = \hat{D}\mathrm{e}^{-\hat{\alpha}|\tau|}\left(\cos\hat{\beta}\tau + \theta\frac{\hat{\alpha}}{\hat{\beta}}\sin\hat{\beta}|\tau|\right) \tag{10.476}$$

10.4.3 第二种近似相关函数的参数估计

为了求解式(10.406)中正参数 α 的估计 $\hat{\alpha}$，假设

$$z_k = K_x^{(b)}(\tau_k) = \lambda^k \mathrm{e}^{-\alpha\tau_0}\sum_{r=1}^{m} B_r(\tau_0 + kh)^{r-1}, \quad k = 0,1,\cdots \tag{10.477}$$

其中，$\lambda = \mathrm{e}^{-\alpha h}$。

式(10.477)可以作为 m 阶线性齐次差分方程的通解来研究，即

$$\sum_{s=0}^{m} C_m^s a^s z_{m+k-s} = 0, \quad k = 0,1,\cdots \tag{10.478}$$

其中，常数 a 是未知的。

假设 $z_{m+k-s} = \lambda^{m+k-s}$，从式(10.478)中约去 λ^k 后可以得到特征方程，即

$$\sum_{s=0}^{m} C_m^s a^s \lambda^{m-s} = (\lambda + a)^m = 0 \tag{10.479}$$

如果在式(10.478)中把 z_{m+k-s} 替换成 y_{m+k-s}，那么与式(10.420)类似，就可以得到下式，即

$$\sum_{s=0}^{m} C_m^s a^s y_{m+k-s} = \varepsilon_k, \quad k = 0,1,\cdots,n-m \tag{10.480}$$

这时

$$\sum_{k=0}^{n-m} \varepsilon_k^2 = S^{(b)}(a) = \sum_{k=0}^{n-m}\left(\sum_{s=0}^{m} C_m^s a^s y_{m+k-s}\right)^2 \tag{10.481}$$

若满足下列条件，则误差平方和 $\varepsilon_k(k = 0,1,\cdots,n-m)$ 是最小的，即

$$\frac{\partial S^{(b)}}{\partial a} = 2\sum_{k=0}^{n-m}\left(\sum_{s=0}^{m} C_m^s a^s y_{m+k-s}\right)\left(\sum_{r=1}^{m} rC_m^r a^{r-2} y_{m+k-r}\right) = 0 \tag{10.482}$$

根据式(10.424)，式(10.482)可以写为

$$\sum_{s=0}^{m}\sum_{r=1}^{m} r C_m^s C_m^r a^{s+r-1} b_{m-s,m-r} = 0 \tag{10.483}$$

得到的关系式相对未知常数 a 而言是 $2m-1$ 阶的代数方程。该方程可以表示为

$$\sum_{q=0}^{2m-1} \beta_q a^{2m-q-1} = 0 \tag{10.484}$$

对于系数 $\beta_q\,(q=0,1,\cdots,2m-1)$ ，有下列表达式，即

$$\beta_q = \sum_{p=0}^{q} (m-q+p) C_m^p C_m^{q-p} b_{q,q-p}, \quad q=0,1,\cdots,m-1 \tag{10.485}$$

$$\beta_{m+v} = \sum_{p=1}^{m-v} p C_m^{p+v} C_m^p b_{v+p,m-p}, \quad v=0,1,\cdots,m-1 \tag{10.486}$$

尤其是，当 $m \geqslant 1$ 时，式(10.484)的第一个和最后一个系数通过下列等式来求解，即

$$\beta_0 = m b_{0,0}, \quad \beta_{2m-1} = m b_{m-1,m} \tag{10.487}$$

当 $m \geqslant 2$ 时，有

$$\beta_1 = m(2m-1) b_{0,1}, \quad \beta_{2m-2} = m[(m-1) b_{m-2,m} + m b_{m-1,m-1}] \tag{10.488}$$

当 $m \geqslant 3$ 时，有

$$\begin{cases} \beta_2 = m(m-1)[(m-1) b_{0,2} + m b_{1,1}] \\ \beta_{2m-3} = C_m^2 [3m b_{m-2,m-1} + (m-2) b_{m-3,m}] \end{cases} \tag{10.489}$$

参数 a 的估计 $\hat{a}$ 是 A(10.484)的解，该估计要满足条件 $-1 < \hat{a} < 0$ 。当 m 为任意值时，通过使用下列关系式由牛顿收敛迭代法可以非常快地求出，即

$$a^{(j+1)} = a^{(j)} - \frac{P[a^{(j)}]}{P'[a^{(j)}]}, \quad j=0,1,\cdots \tag{10.490}$$

其中

$$P(a) = \sum_{q=0}^{2m-1} \beta_q' a^{2m-q-1}, \quad P'(a) = \sum_{q=0}^{2m-2} (2m-q-1) \beta_q' a^{2m-q-2} \tag{10.491}$$

$$\beta_0' = 1, \quad \beta_q' = \beta_q / \beta_0, \quad q=1,2,\cdots,2m-1 \tag{10.492}$$

$a^{(0)} = -0.5$ 或者 $a^{(0)} = -\beta_{2m-1}/\beta_{2m-2} = -\beta_{2m-1}'/\beta_{2m-2}'$ 可以作为 a 的迭代初值。求出参数 a 的估计 $\hat{a}$ 后，可以求得特征方程(10.479)唯一根的估计 $\hat{\lambda} = -\hat{a}$ 。因为 $\lambda = \mathrm{e}^{-\alpha h}$ ，所以对于参数 α ，其估计为 $\hat{\alpha} = -\dfrac{1}{h} \ln \hat{\lambda}$ 。

如果 $C_r = B_r \mathrm{e}^{-\hat{\alpha}\tau_0} (r = 1, 2, \cdots, m)$ ，那么式(10.477)可以表示为

$$z_k = \lambda^k \sum_{r=1}^{m} C_r (\tau_0 + kh)^{r-1}, \quad k = 0, 1, \cdots \qquad (10.493)$$

用已知值 $\hat{\lambda}$ 替换 λ ，并假设

$$\Delta_k = \hat{\lambda}^k \sum_{r=1}^{m} C_r (\tau_0 + kh)^{r-1} - y_k, \quad k = 0, 1, \cdots, n \qquad (10.494)$$

$$\sum_{k=0}^{n} \Delta_k^2 = R^{(b)}(C_1, C_2, \cdots, C_m) = \sum_{k=0}^{n} \left[\hat{\lambda}^k \sum_{r=1}^{m} C_r (\tau_0 + kh)^{r-1} - y_k \right]^2 \qquad (10.495)$$

根据最小二乘法，在函数 $R^{(b)}(C_1, C_2, \cdots, C_m)$ 最小时，通过式(10.406)求得相关函数 $K_x(\tau)$ 的估计是最佳逼近函数。这个函数自变量 $C_r (r = 1, 2, \cdots, m)$ 的估计可以通过式(10.496)求出，即

$$\frac{\partial R^{(b)}}{\partial C_s} = 2 \sum_{k=0}^{n} \left[\hat{\lambda}^k \sum_{r=1}^{m} C_r (\tau_0 + kh)^{r-1} - y_k \right] \hat{\lambda}^k (\tau_0 + kh)^{s-1} = 0, \quad s = 1, 2, \cdots, m \qquad (10.496)$$

假设

$$d_q = \sum_{k=0}^{n} \hat{\lambda}^{2k} (\tau_0 + kh)^q, \quad q = 0, 1, \cdots, 2m - 2 \qquad (10.497)$$

$$f_{s+1} = \sum_{k=0}^{n} y_k \hat{\lambda}^k (\tau_0 + kh)^s, \quad s = 0, 1, \cdots, m - 1 \qquad (10.498)$$

把式(10.497)和式(10.498)代入式(10.496)可得下式，即

$$\sum_{r=1}^{m} d_{s+r-2} C_r = f_s, \quad s = 1, 2, \cdots, m \qquad (10.499)$$

其中， $C_r = B_r \mathrm{e}^{-\hat{\alpha}\tau_0} (r = 1, 2, \cdots, m)$ 的估计 $\hat{C}_r$ 就是该 m 阶代数方程的解。

对于 $B_r (r = 1, 2, \cdots, m)$ 、 $D = B_1$ 和 $\Theta_r = B_{r+1} / (D\alpha^r) (r = 1, 2, \cdots, m-1)$ ，其估计为

$$\hat{B}_r = \hat{C}_r \mathrm{e}^{\hat{\alpha}\tau_0}, \quad r = 1, 2, \cdots, m \qquad (10.500)$$

$$\hat{D} = \hat{B}_1, \quad \hat{\Theta}_r = \hat{B}_{r+1} / (\hat{D}\hat{\alpha}^r), \quad r = 1, 2, \cdots, m-1 \qquad (10.501)$$

随机过程 $X(t)$ 相关函数 $K_x(\tau)$ 的估计的近似函数为

$$\hat{K}_x^{(b)}(\tau) = \mathrm{e}^{-\hat{\alpha}|\tau|} \sum_{r=1}^{m} B_r |\tau|^{r-1} = \hat{D} \mathrm{e}^{-\hat{\alpha}|\tau|} \left[1 + \sum_{r=1}^{m-1} \hat{\Theta}_r (\hat{\alpha}|\tau|)^r \right] \qquad (10.502)$$

当 $m = 2$ 时，近似相关函数为如式(10.410)所示的形式，近似函数为

$$\hat{K}_x^{(b,2)}(\tau) = \hat{D} \mathrm{e}^{-\hat{\alpha}|\tau|} (1 + \hat{\Theta}_r \hat{\alpha}|\tau|) \qquad (10.503)$$

根据式(10.479)可知，特征方程为 $(\lambda+a)^2=0$ 。a 的估计 $\hat{a}$ 是代数方程 $P(a)=a^3+\beta_1'a^2+\beta_2'a+\beta_3'=0$ 的解，其中 $\beta_s'=\beta_s/\beta_0 (s=1,2,3)$ 。这时有

$$\beta_0=2b_{0,0}, \quad \beta_1=6b_{0,1}, \quad \beta_2=2b_{0,2}+4b_{1,1}, \quad \beta_3=2b_{1,2} \tag{10.504}$$

$$b_{0,0}=\sum_{k=0}^{n}y_k^2, \quad b_{1,1}=\sum_{k=0}^{n}y_{k+1}^2=b_{0,0}-y_0^2+y_{n-1}^2, \quad b_{0,1}=\sum_{k=0}^{n}y_ky_{k+1}$$

$$b_{1,2}=\sum_{k=0}^{n}y_{k+1}y_{k+2}=b_{0,1}-y_0y_1+y_{n-1}y_n, \quad b_{0,2}=\sum_{k=0}^{n}y_ky_{k+2} \tag{10.505}$$

估计 $\hat{a}$ 在 $a^{(0)}=-0.5$ 或者 $a^{(0)}=-\beta_3/\beta_2$ 的情况下可以利用式(10.490)通过迭代法求出。对于参数 α ，其估计为 $\hat{\alpha}=-\dfrac{1}{h}\ln\hat{\lambda}$ ，此处 $\hat{\lambda}=-\hat{a}$ 。

式(10.499)可以写为

$$d_0C_1+d_1C_2=f_1, \quad d_1C_1+d_2C_2=f_2 \tag{10.506}$$

假设 $\mu=\hat{\lambda}^2$ ，根据式(10.497)可得下式，即

$$\begin{cases} d_0=\sum_{k=0}^{n}\mu^k=\dfrac{1-\mu^{n+1}}{1-\mu} \\[2mm] d_1=\sum_{k=0}^{n}\mu^k(\tau_0+kh)=\tau_0d_0+\dfrac{h\mu}{(1-\mu)^2}[1-(n+1)\mu^n+n\mu^{n+1}] \\[2mm] d_2=\sum_{k=0}^{15}\mu^k(\tau_0+kh)^2=\dfrac{2h\mu}{1-\mu}(d_1-\tau_0d_0)-\tau_0^2d_0+2\tau_0d_1 \\[2mm] \qquad +\dfrac{h^2\mu}{(1-\mu)^2}[1-(n+1)^2\mu^n+n(n+2)\mu^{n+1}] \end{cases} \tag{10.507}$$

这时

$$f_1=\sum_{k=0}^{n}y_k\hat{\lambda}^k, \quad f_2=\tau_0f_1+h\sum_{k=1}^{n}ky_k\hat{\lambda}^k \tag{10.508}$$

式(10.508)就是式(10.506)的解，即

$$\hat{C}_1=\frac{d_2f_1-d_1f_2}{d_0d_2-d_1^2}, \quad \hat{C}_2=\frac{d_2f_2-d_1f_1}{d_0d_2-d_1^2} \tag{10.509}$$

参数 $D=B_1$ 、B_2 和 $\theta=B_2/(\alpha D)$ 的估计为 $\hat{D}=\hat{B}_1=\hat{C}_1\mathrm{e}^{\hat{\alpha}\tau_0}$ 、$\hat{B}_2=\hat{C}_2\mathrm{e}^{\hat{\alpha}\tau_0}$ 和 $\hat{\Theta}=\hat{B}_2/(\alpha\hat{D})$ 。

在近似相关函数(10.410)中，参数 θ 要满足条件 $|\theta|\leqslant1$ 。如果 $|\hat{\Theta}|>1$ ，那么应当认为 $\hat{\Theta}>1$ 时，$\theta=1$ ，$\hat{\Theta}<-1$ 时，$\theta=-1$ 。D 的估计 $\hat{D}$ 可以通过最小二乘法求出，即

$$R_1^{(b)}(D) = \sum_{k=0}^{n}(z_k - y_k)^2 = \sum_{k=0}^{n}[D\hat{\lambda}^k(1+kh\hat{\alpha}) - y_k]^2 \tag{10.510}$$

这时

$$\frac{\partial R_1^{(b)}}{\partial D} = 2\sum_{k=0}^{n}[D\hat{\lambda}^k(1+kh\hat{\alpha}) - y_k]\hat{\lambda}^k(1+kh\hat{\alpha}) = 0 \tag{10.511}$$

因此，与式(10.512)是等价的，即

$$D(d_0 + 2\hat{\alpha}d_1 + \hat{\alpha}^2 d_2) = f_1 + \hat{\alpha}f_2 \tag{10.512}$$

由此可知

$$\hat{D} = \frac{f_1 + \hat{\alpha}f_2}{d_0 + 2\hat{\alpha}d_1 + \hat{\alpha}^2 d_2} \tag{10.513}$$

所求的近似函数为

$$\hat{K}_x^{(b,2)}(\tau) = \hat{D}e^{-\hat{\alpha}|\tau|}(1+\theta\hat{\alpha}|\tau|) \tag{10.514}$$

当 $m=3$ 时，近似相关函数如式(10.411)所示，近似函数为

$$\hat{K}_x^{(b,3)}(\tau) = e^{-\hat{\alpha}|\tau|}(\hat{B}_1 + \hat{B}_2|\tau| + \hat{B}_3\tau^2) = \hat{D}e^{-\hat{\alpha}|\tau|}(1 + \hat{\Theta}_1\hat{\alpha}|\tau| + \hat{\Theta}_2\hat{\alpha}^2\tau^2) \tag{10.515}$$

特征方程 $(\lambda + a)^3 = 0$ 的系数 a 的估计 $\hat{a}$ 是下列代数方程的解，即

$$P(a) = a^5 + \beta_1' a^4 + \beta_2' a^3 + \beta_3' a^2 + \beta_4' a + \beta_5' = 0 \tag{10.516}$$

其中，$\beta_s' = \beta_s/\beta_0 (s = 1, 2, \cdots, 5)$。

$$\begin{cases} \beta_0 = 3b_{0,0}, \quad \beta_1 = 15b_{0,1}, \quad \beta_2 = 6(2b_{0,2} + 3b_{1,1}) \\ \beta_3 = 3(9b_{1,2} + b_{0,3}), \quad \beta_4 = 3(2b_{1,3} + 3b_{2,2}), \quad \beta_5 = 3b_{2,3} \end{cases} \tag{10.517}$$

$$\begin{cases} b_{0,0} = \sum_{k=0}^{n-3}y_k^2, \quad b_{1,1} = \sum_{k=0}^{n-3}y_{k+1}^2 = b_{0,0} - y_0^2 + y_{n-2}^2 \\[2mm] b_{2,2} = \sum_{k=0}^{n-3}y_{k+2}^2 = b_{1,1} - y_1^2 + y_{n-1}^2, \quad b_{0,1} = \sum_{k=0}^{n-3}y_k y_{k+1} \\[2mm] b_{1,2} = \sum_{k=0}^{n-3}y_{k+1}y_{k+2} = b_{0,1} - y_0 y_1 + y_{n-2}y_{n-1}, \quad b_{0,2} = \sum_{k=0}^{n-3}y_k y_{k+2} \\[2mm] b_{2,3} = \sum_{k=0}^{n-3}y_{k+2}y_{k+3} = b_{1,2} - y_1 y_2 + y_{n-1}y_n \\[2mm] b_{1,3} = \sum_{k=0}^{n-3}y_{k+1}y_{k+3} = b_{0,2} - y_0 y_2 + y_{n-1}y_n, \quad b_{0,3} = \sum_{k=0}^{n-3}y_k y_{k+3} \end{cases} \tag{10.518}$$

估计 $\hat{a}$ 的值在 $a^{(0)} = -0.5$ 或者 $a^{(0)} = -\beta_5/\beta_4$ 的情况下，利用式(10.490)通过迭

代法求出。对于参数 α ，其估计为 $\hat{\alpha}=-\dfrac{1}{h}\ln\hat{\lambda}$ ，此处 $\hat{\lambda}=-\hat{a}$ 。

式(10.499)可以写为

$$\begin{cases} d_0 C_1 + d_1 C_2 + d_2 C_3 = f_1 \\ d_1 C_1 + d_2 C_2 + d_3 C_3 = f_2 \\ d_2 C_1 + d_3 C_2 + d_4 C_3 = f_3 \end{cases} \tag{10.519}$$

其中

$$d_q = \sum_{k=0}^{n} \hat{\lambda}^{2k}(\tau_0 + kh)^q, \quad q = 0,1,\cdots,4 \tag{10.520}$$

$$f_{s+1} = \sum_{k=0}^{n} y_k \hat{\lambda}^k (\tau_0 + kh)^s, \quad s = 0,1,2 \tag{10.521}$$

通过解代数方程组(10.519)可得估计 $\hat{C}_1$ 、 $\hat{C}_2$ 和 $\hat{C}_3$ 。对于参数 $\hat{B}_r(r=1,2,3)$ ，其估计为 $\hat{B}_r = \hat{C}_r e^{\hat{\alpha}\tau_0}(r=1,2,3)$ 。参数 D 、 θ_1 和 θ_2 的估计为

$$\hat{D} = \hat{B}_1, \quad \hat{\Theta}_1 = \hat{B}_2/(\hat{\alpha}\hat{D}), \quad \hat{\Theta}_2 = \hat{B}_3/(\hat{\alpha}^2\hat{D}) \tag{10.522}$$

在近似相关函数 $K_x^{(b)}(\tau)$ 中，参数 θ_1 和 θ_2 要满足式(10.413)所示的条件，即 $\theta_1 \leqslant 1$ 、 $\theta_2 \leqslant 1/3$ 和 $\theta_1+2\theta_2 \geqslant -1$ 。如果估计 $\hat{\Theta}_1 > 1$ ，而 $|\hat{\Theta}_2| \leqslant 1/3$ ，那么可以取 $\theta_1=1$ ，所求的近似函数为

$$\hat{K}_x^{(b,3)}(\tau) = e^{-\hat{\alpha}|\tau|}[\hat{B}_1(1+\hat{\alpha}|\tau|) + \hat{B}_3\tau^2] = \hat{D}e^{-\hat{\alpha}|\tau|}(1+\hat{\alpha}|\tau| + \hat{\Theta}_2\hat{\alpha}^2\tau^2) \tag{10.523}$$

参数 B_1 和 B_2 的估计可以通过最小二乘法求出，即

$$\sum_{k=0}^{n} \Delta_k^2 = R_2^{(b)}(C_1, C_3) = \sum_{k=0}^{n}(\hat{\lambda}^k\{\hat{C}_1[1+\hat{\alpha}(\tau_0+kh)] + C_3(\tau_0+kh)^2\} - y_k)^2 \tag{10.524}$$

其中

$$\begin{cases} \dfrac{\partial R_2^{(b)}}{\partial C_1} = 2\sum_{k=0}^{n}\{\hat{\lambda}^k C_1[1+\hat{\alpha}(\tau_0+kh)] + \hat{\lambda}^k C_3(\tau_0+kh)^2 - y_k\}\hat{\lambda}^k[1+\hat{\alpha}(\tau_0+kh)] = 0 \\ \dfrac{\partial R_2^{(b)}}{\partial C_3} = 2\sum_{k=0}^{n}\{\hat{\lambda}^k C_1[1+\hat{\alpha}(\tau_0+kh)] + \hat{\lambda}^k C_3(\tau_0+kh)^2 - y_k\}\hat{\lambda}^k(\tau_0+kh)^2 = 0 \end{cases} \tag{10.525}$$

式(10.525)可以表示为

$$\begin{cases} (d_0 + 2\hat{\alpha}d_1 + \hat{\alpha}^2 d_2)C_1 + (d_2 + \hat{\alpha}d_3)C_3 = f_1 + \hat{\alpha}f_2 \\ (d_2 + \hat{\alpha}d_3)C_1 + d_4 C_3 = f_3 \end{cases} \tag{10.526}$$

估计 $\hat{C}_1$ 和 $\hat{C}_3$ 就是式(10.526)的解，通过该估计可得 $\hat{B}_1 = \hat{D} = \hat{C}_1 e^{\hat{\alpha}\tau_0}$ 、 $\hat{B}_3 =$

$\hat{C}_3 e^{\hat{\alpha}\tau_0} (r=1,2,3)$ 和 $\hat{\Theta}_2 = \hat{B}_3 / (\hat{\alpha}^2 \hat{D})$ 。

如果 $\hat{\Theta}_2 > 1/3$ 和 $-\dfrac{5}{3} \leqslant \hat{\Theta}_1 \leqslant 1$ ，那么可以假定 $\theta_2 = 1/3$ ，所求的近似函数为

$$\hat{K}_x^{(b,3)}(\tau) = e^{-\hat{\alpha}|\tau|}\left[\hat{B}_1\left(1+\frac{1}{3}\hat{\alpha}^2\tau^2\right)+\hat{B}_2|\tau|\right] = \hat{D}e^{-\hat{\alpha}|\tau|}\left(1+\hat{\theta}_1\hat{\alpha}|\tau|+\frac{1}{3}\hat{\alpha}^2\tau^2\right) \quad (10.527)$$

参数 C_1 和 C_2 的估计可以通过下列平方和最小求出，即

$$\sum_{k=0}^{n}\Delta_k^2 = R_3^{(b)}(C_1, C_2)$$
$$= \sum_{k=0}^{n}\left(\hat{\lambda}^k\left\{\left\{\hat{C}_1\left[1+\frac{1}{3}\hat{\alpha}^2(\tau_0+kh)^2\right]+C_3(\tau_0+kh)^2\right\}-y_k\right)^2 \quad (10.528)$$

其中

$$\begin{cases} \dfrac{\partial R_3^{(b)}}{\partial C_1} = 2\sum_{k=0}^{n}\left\{\hat{\lambda}^k C_1\left[1+\frac{1}{3}\hat{\alpha}^2(\tau_0+kh)^2\right]\right. \\ \qquad\qquad \left. +\hat{\lambda}^k C_2(\tau_0+kh)-y_k\right\}\hat{\lambda}^k\left[1+\frac{1}{3}\hat{\alpha}^2(\tau_0+kh)^2\right]=0 \\ \dfrac{\partial R_3^{(b)}}{\partial C_2} = 2\sum_{k=0}^{n}\left\{\hat{\lambda}^k C_1\left[1+\frac{1}{3}\hat{\alpha}^2(\tau_0+kh)^2\right]\right. \\ \qquad\qquad \left. +\hat{\lambda}^k C_2(\tau_0+kh)-y_k\right\}\hat{\lambda}^k(\tau_0+kh)=0 \end{cases} \quad (10.529)$$

式(10.529)可以写为

$$\begin{cases} \left(d_0+\dfrac{2}{3}\hat{\alpha}^2 d_2+\dfrac{1}{9}\hat{\alpha}^4 d_4\right)C_1 + \left(d_1+\dfrac{1}{3}\hat{\alpha}^2 d_3\right)C_2 = f_1+\dfrac{1}{3}\hat{\alpha}^2 f_3 \\ \left(d_1+\dfrac{1}{3}\hat{\alpha}^2 d_3\right)C_1 + d_2 C_2 = f_2 \end{cases} \quad (10.530)$$

估计 $\hat{C}_1$ 和 $\hat{C}_2$ 就是这个方程组的解，借助该估计可以求出估计 $\hat{D}=\hat{B}_1=\hat{C}_1 e^{\hat{\alpha}\tau_0}$ 、 $\hat{B}_2=\hat{C}_2 e^{\hat{\alpha}\tau_0}$ 和 $\hat{\theta}_1=\hat{B}_2/(\hat{\alpha}\hat{D})$ 。

如果 $\hat{\Theta}_1 > 1$ 、 $\hat{\Theta}_2 > 1/3$ ，那么可以取 $\theta_1=1$ 和 $\theta_2=\dfrac{1}{3}$ ，所求的近似函数为

$$\hat{K}_x^{(b,3)}(\tau) = \hat{D}e^{-\hat{\alpha}|\tau|}\left(1+\hat{\alpha}|\tau|+\frac{1}{3}\hat{\alpha}^2\tau^2\right) \quad (10.531)$$

对于 $D=C_1 e^{\alpha\tau_0}$ ，其估计 $\hat{D}$ 通过平方和最小值的条件求出，即

$$\sum_{k=0}^{n} \Delta_k^2 = R_4^{(b)}(C_1) = \sum_{k=0}^{n} \left\{ \hat{\lambda}^k C_1 \left[1 + \hat{\alpha}(\tau_0 + kh) + \frac{1}{3}\hat{\alpha}^2(\tau_0 + kh)^2 \right] - y_k \right\}^2 \quad (10.532)$$

这时

$$\frac{\partial R_4^{(b)}}{\partial C_1} = 2 \sum_{k=0}^{n} \left\{ \hat{\lambda}^k C_1 \left[1 + \hat{\alpha}(\tau_0 + kh) + \frac{1}{3}\hat{\alpha}^2(\tau_0 + kh)^2 \right] - y_k \right\} \hat{\lambda}^k$$

$$\times \left[1 + \hat{\alpha}(\tau_0 + kh) + \frac{1}{3}\hat{\alpha}^2(\tau_0 + kh)^2 \right] = 0 \quad (10.533)$$

由此可以求出 $\hat{C}_1$，即

$$\hat{C}_1 = \left(f_1 + \hat{\alpha} f_2 + \frac{1}{3}\hat{\alpha}^2 f_3 \right) \bigg/ \left(d_0 + 2\hat{\alpha} d_1 + \frac{5}{3}\hat{\alpha}^2 d_2 + \frac{2}{3}\hat{\alpha}^3 d_3 + \frac{1}{9}\hat{\alpha}^4 d_4 \right) \quad (10.534)$$

对于参数 D，其估计 $\hat{D} = \hat{C}_1 \mathrm{e}^{\hat{\alpha}\tau_0}$。

10.4.4　实例分析

例 10.7　相关函数 $K_x(\tau)$ 估计在 $\tau = \tau_k = 0.3k(k = 0,1,\cdots,14)$ 时的值列在表 10.1 中。对于 $K_x(\tau)$，假定表达式如下。

(1) $K_x^{(a,1)}(\tau) = D\mathrm{e}^{-\alpha|\tau|}$。

(2) $K_x^{(a,2)}(\tau) = D_1 \mathrm{e}^{-\alpha_1|\tau|} + D_2 \mathrm{e}^{-\alpha_2|\tau|}$。

求参数 α、D、α_1、α_2、D_1 和 D_2 的估计。

表 10.1　相关函数估计值(例 10.7)

k	0	1	2	3	4	5	6	7
y_k	30.00	20.16	10.62	9.25	6.32	4.33	3.00	2.08
$\hat{K}_x^{(a,1)}(\tau_k)$	30.00	20.25	10.67	9.23	6.23	4.20	2.84	1.92
$\hat{K}_x^{(a,2)}(\tau_k)$	30.00	20.16	10.62	9.25	6.32	4.34	3.00	2.08
k	8	9	10	11	12	13	14	
y_k	1.45	1.02	0.72	0.51	0.36	0.26	0.19	
$\hat{K}_x^{(a,1)}(\tau_k)$	1.29	0.87	0.59	0.40	0.27	0.18	0.12	
$\hat{K}_x^{(a,2)}(\tau_k)$	1.45	1.02	0.71	0.50	0.36	0.26	0.18	

解　因为当 $\tau = \tau_k = 0.3k(k = 0,1,\cdots,14)$ 时得到原始数据，所以 $\tau_0 = 0$、$h = 0.3$、$n = 14$。

(1) 对于最简单的近似相关函数，根据式 (10.436) 可以求得 $b_{0,0} =$

$\sum\limits_{k=0}^{13}y_k^2=1653.6288$ 、 $b_{0,1}=\sum\limits_{k=0}^{13}y_ky_{k+1}=1116.3430$ ，这时 $\hat{\lambda}=b_{0,1}/b_{0,0}=0.6751$ ，所以

参数 α 的估计 $\hat{\alpha}=-\dfrac{1}{h}\ln\hat{\lambda}=1.31$ 。

根据式(10.437)可以得到下式，即

$$d_{1,1}=\frac{1-\hat{\lambda}^{30}}{1-\hat{\lambda}^2}=1.8374,\quad f_1=\sum_{k=0}^{14}y_k\hat{\lambda}^k=55.1192$$

因为 $\tau_0=0$ ，所以参数 D 的估计 $\hat{D}=f_1/d_{1,1}=30.00$ 。所求的近似函数为

$$\hat{K}_x^{(a,1)}(\tau)=30.00\mathrm{e}^{-1.31|\tau|}$$

该函数在 $\tau=\tau_k=0.3k(k=0,1,\cdots,14)$ 时的值列在表 10.1 中的第三行。将表 10.1 中的第二行和第三行各部分进行对比可知，当 $\tau>1(k>3)$ 时，近似函数 $\hat{K}_x^{(a,1)}(\tau)$ 的值小于原始值，因此存在一个系统误差。

(2) 近似相关函数包含两个相加的部分，即 $m=2$ 。根据式(10.441)，可以求得

$$b_{0,0}=\sum_{k=0}^{13}y_k^2-y_{13}^2=1653.5612,\quad b_{1,1}=\sum_{k=0}^{13}y_k^2-y_0^2=753.6288$$

$$b_{0,1}=\sum_{k=0}^{13}y_ky_{k+1}-y_{13}y_{14}=1116.2936$$

$$b_{1,2}=\sum_{k=0}^{13}y_ky_{k+1}-y_0y_1=511.5430,\quad b_{0,2}=\sum_{k=0}^{12}y_ky_{k+2}=757.6733$$

根据式(10.440)可以得到下式，即

$$\hat{a}_0=\frac{b_{0,1}b_{1,2}-b_{0,2}b_{1,1}}{b_{0,0}b_{1,1}-b_{0,1}^2}=0.4631,\quad \hat{a}_1=\frac{b_{0,1}b_{0,2}-b_{0,0}b_{1,2}}{b_{0,0}b_{1,1}-b_{0,1}^2}=-1.3647$$

估计 $\hat{\lambda}_{1,2}=0.68235\pm0.05$ 就是二次方程式 $\lambda^2+\hat{a}_1\lambda+\hat{a}_0=0$ 的解，即 $\hat{\lambda}_1=0.73235$ 、 $\hat{\lambda}_2=0.63235$ 。因此，参数 α_1 和 α_2 的估计为 $\hat{\alpha}_1=-\dfrac{1}{h}\ln\hat{\lambda}_1=1.038$ 、

$\hat{\alpha}_2=-\dfrac{1}{h}\ln\hat{\lambda}_2=1.528$ 。

根据式(10.445)～式(10.447)可以得到下式，即

$$d_{1,1} = \frac{1-\hat{\lambda}_1^{30}}{1-\hat{\lambda}_1^2} = 2.15655, \quad d_{2,2} = \frac{1-\hat{\lambda}_2^{30}}{1-\hat{\lambda}_2^2} = 1.66629$$

$$d_{1,2} = \frac{1-\hat{a}_0^{15}}{1-\hat{a}_0} = 1.86253$$

$$f_1 = \sum_{k=0}^{14} y_k \hat{\lambda}_1^k = 59.37623, \quad f_2 = \sum_{k=0}^{14} y_k \hat{\lambda}_2^k = 52.32417$$

因为 $\tau_0 = 0$，所以根据式(10.444)，参数 D_1 和 D_2 的估计为

$$\hat{D}_1 = \frac{d_{2,2}f_1 - d_{1,2}f_2}{d_{1,1}d_{2,2} - d_{1,2}^2} = 11.92, \quad \hat{D}_2 = \frac{d_{1,1}f_2 - d_{1,2}f_1}{d_{1,1}d_{2,2} - d_{1,2}^2} = 18.08$$

所求的近似函数为

$$\hat{K}_x^{(a,2)}(\tau) = 11.92\mathrm{e}^{-1.038|\tau|} + 18.08\mathrm{e}^{-1.528|\tau|}$$

该函数在 $\tau = \tau_k = 0.3k(k=0,1,\cdots,14)$ 时的值列在表 10.1 中的第四行。从表 10.1 中第二行和第四行各相关部分的对比可知，近似函数 $\hat{K}_x^{(a,2)}(\tau)$ 实际上会准确地再现相关函数估计的所有原始值 $y_k(k=0,1,\cdots,14)$。

如果取 $\hat{\alpha}_1 = 1$、$\hat{\alpha}_2 = 1.5$，那么 $\hat{\lambda}_1 = \mathrm{e}^{-h} = 0.740818$、$\hat{\lambda}_2 = \mathrm{e}^{-1.5h} = 0.637628$。这时 $d_{1,1} = 2.216096$、$d_{2,2} = 1.685115$、$d_{1,2} = [1-(\hat{\lambda}_1\hat{\lambda}_2)^{15}]/(1-\hat{\lambda}_1\hat{\lambda}_2) = 1.895230$、$f_1 = 60.06348$、$f_2 = 52.65358$。因此，参数 D_1 和 D_2 的估计为 $\hat{D}_1 = 9.99$ 和 $\hat{D}_2 = 20.01$，所求的近似函数为 $\hat{K}_x(\tau) = 10\mathrm{e}^{-|\tau|} + 20\mathrm{e}^{-1.5|\tau|}$。该函数实际上也会准确地再现相关函数估计的所有原始值 $y_k(k=0,1,\cdots,14)$。

例 10.8　相关函数 $K_x(\tau)$ 在 $\tau = \tau_k = 0.5k(k=0,1,\cdots,19)$ 时的估计值 $y_k = \widetilde{K}_x(\tau_k)$ 列在表 10.2 中的第二行。对于相关函数，假定其表达式为

$$K_x^{(a)}(\tau) = D\mathrm{e}^{-\alpha|\tau|}\left(\cos\beta\tau + \theta\frac{\alpha}{\beta}\sin\beta|\tau|\right)$$

求参数 α、β、θ 和 D 的估计。

表 10.2　相关函数估计值(例 10.8)

k	0	1	2	3	4	5	6	7	8	9
y_k	80.0	73.0	56.5	36.0	17.0	1.0	−9.6	−15.0	−16.5	−15.0
$\hat{K}_x^{(a)}(\tau_k)$	80.1	73.0	56.5	36.2	16.8	1.1	−9.6	−15.1	−16.4	−14.6
$\hat{K}_x(\tau_k)$	80.0	73.1	56.6	36.4	16.9	1.1	−9.6	−15.3	−16.6	−14.8

续表

k	10	11	12	13	14	15	16	17	18	19
y_k	−11.0	−7.0	−3.0	0.2	2.2	3.4	3.4	3.0	2.2	1.3
$\hat{K}_x^{(a)}(\tau_k)$	−11.0	−6.8	−2.9	0.2	2.2	3.2	3.3	2.9	2.1	1.3
$\hat{K}_x(\tau_k)$	−11.2	−6.9	−3.0	0.2	2.2	3.3	3.4	3.0	2.2	1.3

解　当 $\tau = \tau_k = 0.5k(k = 0,1,\cdots,19)$ 时，已知估计 $\widetilde{K}_x(\tau)$ 的值 y_k 为 $n+1 = 20$ 。
这时 $\tau_0 = 0$ 、$h = 0.5$ 、$n = 19$ 。相关函数的假定表达式具有如式(10.404)所示的形式。
根据式(10.441)，可以得到下式，即

$$b_{0,0} = \sum_{k=0}^{17} y_k^2 = 17533.00, \quad b_{1,1} = b_{0,0} - y_0^2 + y_{18}^2 = 11137.00$$

$$b_{0,1} = \sum_{k=0}^{17} y_k y_{k+1} = 13551.50, \quad b_{1,2} = b_{0,1} - y_0 y_1 + y_{18} y_{19} = 7713.50$$

$$b_{0,2} = \sum_{k=0}^{17} y_k y_{k+2} = 8689.25$$

特征方程 $\lambda^2 + a_1\lambda + a_0 = 0$ 的系数 a_0 和 a_1 的估计为

$$\hat{a}_0 = \frac{b_{0,1}b_{1,2} - b_{0,2}b_{1,1}}{b_{0,0}b_{1,1} - b_{0,1}^2} = 0.667476, \quad \hat{a}_1 = \frac{b_{0,1}b_{0,2} - b_{0,0}b_{1,2}}{b_{0,0}b_{1,1} - b_{0,1}^2} = -1.504786$$

因为 $\hat{a}_0 > \frac{1}{4}\hat{a}_1^2$ ，所以二次方程 $\lambda^2 + \hat{a}_1\lambda + \hat{a}_0 = 0$ 的根 $\hat{\lambda}_{1,2}$ 以如式(10.449)所示的
形式表示，并且

$$\cos\Psi = -\frac{\hat{a}_1}{2\sqrt{\hat{a}_0}} = 0.920931, \quad \sin\Psi = \sqrt{1 - \frac{\hat{a}_1^2}{4\hat{a}_0}} = 0.389726$$

由此求得 $\Psi = 0.400334$ 。参数 α 和 β 的估计为

$$\hat{\alpha} = -\frac{1}{2h}\ln\hat{a}_0 = 0.404252, \quad \hat{\beta} = \frac{\Psi}{h} = 0.800668$$

利用式(10.464)或者式(10.466)可以得到下式，即

$$g_{1,1} = \frac{1 - \hat{a}_0^{n+1}}{2(1 - \hat{a}_0)} + 0.5\sum_{k=0}^{n} \hat{a}_0^k \cos 2k\Psi = 2.021889$$

$$g_{2,2} = \frac{1 - \hat{a}_0^{n+1}}{1 - \hat{a}_0} - g_{1,1} = 0.984486$$

$$g_{1,2} = 0.5\sum_{k=1}^{n} \hat{a}_0^k \sin 2k\Psi = 0.464372$$

根据式(10.465)可以得到下式，即

$$\varphi_1 = \sum_{k=0}^{n} y_k (\sqrt{\hat{a}_0})^k \cos k\Psi = 180.66546$$

$$\varphi_2 = \sum_{k=1}^{n} y_k (\sqrt{\hat{a}_0})^k \sin k\Psi = 76.792016$$

因为 $\tau_0 = 0$ ，所以 $\hat{D} = \hat{F}_1 = \hat{G}_1$ ，而 $\hat{F}_2 = \hat{G}_2$ 。借助式(10.467)可以得到下式，即

$$\hat{D} = \frac{g_{2,2}\varphi_1 - g_{1,2}\varphi_2}{g_{1,1}g_{2,2} - g_{1,2}^2} = 80.119528, \qquad \hat{F}_2 = \frac{g_{1,1}g_2 - g_{1,2}\varphi_1}{g_{1,1}g_{2,2} - g_{1,2}^2} = 40.210577$$

参数 $\theta = \beta F_2 / (\alpha D)$ 的估计 $\hat{\Theta} = \beta \hat{F}_2 / (\hat{\alpha}\hat{D}) = 0.9940362$ 。因此，所求的估计为 $\hat{\alpha} = 0.404$ 、 $\hat{\beta} = 0.801$ 、 $\hat{D} = 80.1$ 和 $\hat{\Theta} = 0.994$ 。近似函数为 $\hat{K}_x^{(a)}(\tau) = 80.1 e^{-0.404|\tau|}$ $(\cos 0.801\tau + 0.501\sin 0.801|\tau|)$ 。

该函数在 $\tau = \tau_k = 0.5k(k=0,1,\cdots,19)$ 时的值列于表 10.2 中的第三行。

如果取 $\theta = 1$ ，那么在 $\tau_0 = 0$ 时根据式(10.475)得到 $\hat{D}_1$ ，即

$$\hat{D}_1 = \frac{\varphi_1 + \dfrac{\hat{\alpha}}{\hat{\beta}}\varphi_2}{g_{1,1} + \left(\dfrac{\hat{\alpha}}{\hat{\beta}}\right)^2 g_{2,2} + 2\dfrac{\hat{\alpha}}{\hat{\beta}}g_{1,2}} = 80.034933$$

下列值可以视为相关函数未知参数的估计，即 $\hat{\alpha} = 0.4$ 、 $\hat{\beta} = 0.8$ 、 $\hat{\theta} = 1$ 和 $\hat{D} = 80$ ，那么近似函数为

$$\hat{K}_x(\tau) = 80 \times e^{-0.4|\tau|}(\cos 0.8\tau + 0.5\sin 0.8|\tau|)$$

该函数在 $\tau = \tau_k = 0.5k(k=0,1,\cdots,19)$ 时的值列于表 10.2 中的第四行。

把表 10.2 中第二行的各部分与第三和第四行中对应部分进行比较可知相关函数 $\hat{K}_x^{(a)}(\tau)$ 和 $\hat{K}_x(\tau)$ 可以非常准确地再现相关函数 $K_x(\tau)$ 在 $\tau = \tau_k = 0.5k(k=0,1,\cdots,19)$ 时的估计值 $y_k = \hat{K}_x(\tau_k)$ 。

例 10.9 相关函数 $K_x(\tau)$ 在 $\tau = \tau_k = 0.4k(k=0,1,\cdots,15)$ 时的估计 $\hat{K}_x(\tau_k)$ 的值 y_k 列在表 10.3 中的第二行。

表 10.3　相关函数估计值(例 10.9)

k	0	1	2	3	4	5	6	7
y_k	64.0	60.4	51.7	41.0	30.9	22.3	15.6	10.6
$\hat{K}_x^{(a)}(\tau_k)$	63.5	53.2	44.5	37.2	31.1	26.1	21.8	18.2
$\hat{K}_x^{(6)}(\tau_k)$	65.1	60.3	50.4	39.9	30.4	22.5	16.4	11.8
$\hat{K}_x^{(e)}(\tau_k)$	64.2	60.4	51.5	40.9	30.8	22.4	15.7	10.8

k	8	9	10	11	12	13	14	15
y_k	7.1	4.7	3.0	1.9	1.2	0.8	0.5	0.3
$\hat{K}_x^{(a)}(\tau_k)$	15.3	12.8	10.7	8.9	7.5	6.3	5.2	4.4
$\hat{K}_x^{(6)}(\tau_k)$	8.3	5.9	4.1	2.8	1.9	1.3	0.9	0.6
$\hat{K}_x^{(s)}(\tau_k)$	7.2	4.8	3.1	2.0	1.3	0.8	0.5	0.3

对于 $K_x(\tau)$ ，假设表达式如下。

(1)　$\hat{K}_x^{(a)}(\tau) = De^{-\alpha|\tau|}$ 。

(2)　$\hat{K}_x^{(6)}(\tau_k) = De^{-\alpha|\tau|}(1 + \theta\alpha|\tau|)$ 。

(3)　$\hat{K}_x^{(s)}(\tau_k) = De^{-\alpha|\tau|}(1 + \theta_1\alpha|\tau| + \theta_2\alpha^2\tau^2)$ 。

求参数 D、α、θ、θ_1 和 θ_2 的估计。

解　因为 $\tau = \tau_k = 0.4k(k = 0,1,\cdots,15)$ ，所以 $\tau_0 = 0$、$h = 0.4$ 和 $n = 15$ 。

(1) 相关函数的假定表达式包含一个被加部分，所以 $m = 1$ ，这时

$$b_{0,0} = \sum_{k=0}^{14} y_k^2 = 13993.31, \quad b_{0,1} = \sum_{k=0}^{14} y_k y_{k+1} = 11709.41$$

对于 $\lambda = -a$ ，其估计为 $\hat{\lambda} = b_{0,1}/b_{0,0} = 0.836786$ 。对于参数 α ，其估计为 $\hat{\alpha} = -\dfrac{1}{h}\ln\hat{\lambda} = 0.4455$ 。

根据式(10.437)，可得下式，即

$$d_{1,1} = \sum_{k=0}^{n} \hat{\lambda}^{2k} = \frac{1 - \hat{\lambda}^{32}}{1 - \hat{\lambda}^2} = 3.324538, \quad f_1 = \sum_{k=0}^{n} y_k \hat{\lambda}^k = 211.1728$$

因为 $\tau_0 = 0$ ，所以 $\hat{D} = f_1/d_{1,1} = 63.52$ 。所求的近似函数为

$$\hat{K}_x^{(a)}(\tau) = 63.52 e^{-0.4455|\tau|}$$

这个函数在 $\tau = \tau_k = 0.4k(k = 0,1,\cdots,15)$ 时的值列在表 10.3 中的第三行。由表 10.3 中第二行和第三行的比较可以看出，得到的近似函数不符合要求。

(2) 假定的相关函数包含两个相加部分，所以 $m = 2$ 。这时

$$b_{0,0} = \sum_{k=0}^{13} y_k^2 = 13993.31 - y_{14}^2 = 13993.06$$

$$b_{1,1} = \sum_{k=0}^{13} y_{k+1}^2 = b_{0,0} - y_0^2 + y_{14}^2 = 9897.31$$

$$b_{0,1} = \sum_{k=0}^{13} y_k y_{k+1} = 11709.41 - y_{14} y_{15} = 11709.26$$

$$b_{1,2} = \sum_{k=0}^{13} y_{k+1} y_{k+2} = b_{0,1} - y_0 y_1 + y_{14} y_{15} = 7843.81$$

$$b_{0,2} = \sum_{k=0}^{13} y_k y_{k+2} = 9212.22$$

$$\beta_0 = 2b_{0,0} = 27986.12, \quad \beta_1 = 6b_{0,1} = 70255.56$$

$$\beta_2 = 2b_{0,2} + 4b_{1,1} = 58013.68, \quad \beta_3 = 2b_{1,2} = 15687.62$$

根据 $\beta_s' = \beta_s / \beta_0 \ (s = 1,2,3)$ 可得下式，即

$$P(a) = a^3 + \beta_1' a^2 + \beta_2' a + \beta_3' = a^3 + 2.510372a^2 + 2.072945a + 0.560550$$

$$P'(a) = 3a^2 + 5.020744a + 2.072945$$

假设 $a^{(0)} = -0.5$，可以在第一个迭代值中求得，即

$$a^{(1)} = a^{(0)} - \frac{P(a^{(0)})}{P'(a^{(0)})} = -0.585326$$

接下来的迭代值为 $a^{(2)} = -0.626900$、$a^{(3)} = -0.638696$、$a^{(4)} = -0.639651$、$a^{(5)} = a^{(6)} = -0.639657$。由此可见，$\hat{a} = -0.639657$、$\lambda = -\hat{a} = 0.639657$。因此，参数 α 的估计 $\hat{\alpha} = -\dfrac{1}{h} \ln \hat{\lambda} = 1.1171$。

由于 $\tau_0 = 0$，因此 $\hat{D} = \hat{C}_1$、$\hat{\Theta} = \hat{C}_2 / (\hat{\alpha}\hat{D})$。根据式(10.509)可得下式，即

$$\hat{D} = \frac{f_1 d_2 - f_2 d_1}{d_0 d_2 - d_1^2}, \quad \hat{\Theta} = \frac{f_2 d_0 - f_1 d_1}{(d_0 d_2 - d_1^2)\hat{\alpha}\hat{D}}$$

$\mu = \hat{\lambda}^2$，借助式(10.507)可以求得 $d_0 = 1.692506$、$d_1 = 0.468824$、$d_2 = 0.4472221$。除此之外，有

$$f_1 = \sum_{k=0}^{n} y_k \hat{\lambda}^k = 143.9546, \quad f_2 = h \sum_{k=1}^{n} k y_k \hat{\lambda}^k = 63.35792$$

参数 D 和 θ 的估计为 $\hat{D} = 64.56$ 和 $\hat{\Theta} = 1.0260$。

参数 θ 不可能超过 1，所以取 $\theta = 1$。根据式(10.513)，有

$$\hat{D}=\frac{f_1+\hat{\alpha}f_2}{d_0+2\hat{\alpha}d_1+\hat{\alpha}^2 d_2}=65.11$$

所求的近似函数为

$$\hat{K}_x^{(6)}(\tau_k)=65.11\mathrm{e}^{-1.1171|\tau|}(1+1.1171|\tau|)$$

该函数在 $\tau=\tau_k=0.4k(k=0,1,\cdots,15)$ 时的值列在表 10.3 中的第四行。由表 10.3 中第二行和第四行的比较可以看出，通过求得的函数可以满意地再现实验数据，然而当 $k>5$ $(\tau>2)$ 时，近似值稍微超过对应的实验值。

(3) 相关函数的假定表达式包含 3 个相加部分，所以 $m=3$。这时

$$b_{0,0}=\sum_{k=0}^{12}y_k^2=13993.06-y_{13}^2=13992.42$$

$$b_{1,1}=\sum_{k=0}^{12}y_{k+1}^2=b_{0,0}-y_0^2+y_{13}^2=9897.06$$

$$b_{2,2}=\sum_{k=0}^{12}y_{k+2}^2=b_{1,1}-y_1^2+y_{14}^2=6249.15$$

$$b_{0,1}=\sum_{k=0}^{12}y_k y_{k+1}=11709.26-y_{13}y_{14}=11708.86$$

$$b_{1,2}=\sum_{k=0}^{12}y_{k+1}y_{k+2}=b_{0,1}-y_0 y_1+y_{13}y_{14}=7843.66$$

$$b_{2,3}=\sum_{k=0}^{12}y_{k+2}y_{k+3}=b_{1,2}-y_1 y_2+y_{14}y_{15}=4721.13$$

$$b_{0,2}=\sum_{k=0}^{12}y_k y_{k+2}=9212.22-y_{13}y_{15}=9211.98$$

$$b_{1,3}=\sum_{k=0}^{12}y_{k+1}y_{k+3}=b_{0,2}-y_0 y_2+y_{13}y_{15}=5903.42$$

$$b_{0,3}=\sum_{k=0}^{15}y_k y_{k+3}=6896.7$$

根据式(10.517)可得下式，即

$$\beta_0=3b_{0,0}=41977.26$$
$$\beta_1=15b_{0,1}=17562.9$$
$$\beta_2=6(2b_{0,2}+3b_{1,1})=288690.84$$
$$\beta_3=3(9b_{1,2}+b_{0,3})=232468.92$$
$$\beta_4=3(2b_{1,3}+3b_{2,2})=91662.87$$
$$\beta_5=3b_{2,3}=14163.39$$

根据式 $\beta'_s/\beta_0 = \beta'_s (s = 1, 2, \cdots, 5)$ 可得下式，即

$$P(a) = \sum_{s=0}^{5} \beta'_s a^{5-s} = a^5 + 4.184001a^4 + 6.877315a^3 + 5.537973a^2$$
$$+ 2.183632a + 0.337406 = 0$$

$$P'(a) = 5a^4 + 16.736004a^3 + 20.632945a^2 + 11.075946a + 2.183632$$

假设 $a^{(0)} = -0.5$，在第一个迭代值中可得下式，即

$$a^{(1)} = a^{(0)} - \frac{P(a^{(0)})}{P'(a^{(0)})} = -0.527705$$

为了估计参数 α，后续迭代值为

$$a^{(2)} = -0.541200$$
$$a^{(3)} = -0.544694$$
$$a^{(4)} = a^{(5)} = -0.544914$$

由此可见，$\hat{a} = -0.544914$ 这时 $\lambda = -\hat{a} = 0.554914$。因此，参数 α 的估计 $\hat{\alpha} = -\dfrac{1}{h}\ln\hat{\lambda} = 1.4724$。

由于 $\mu = \hat{\lambda}^2$，根据式(10.520)和式(10.521)可得下式，即

$$d_0 = \sum_{k=0}^{15} \mu^k = \frac{1-\mu^{16}}{1-\mu} = 1.444940$$

$$d_1 = h\sum_{k=1}^{15} k\mu^k = \frac{h\mu}{(1-\mu)^2}(1 + 16\mu^{15} + 15\mu^{16}) = 0.257164$$

$$d_2 = h^2\sum_{k=1}^{15} k^2\mu^k = \frac{h\mu}{1-\mu}\left[\frac{h}{1-\mu}(1 + 256\mu^{15} + 255\mu^{16}) + 2d_1\right] = 0.194404$$

$$d_3 = h^3\sum_{k=1}^{15} k^3\mu^k = 0.199864$$

$$d_4 = h^4\sum_{k=1}^{15} k^4\mu^k = 0.271056$$

$$f_1 = \sum_{k=0}^{15} y_k\hat{\lambda}^k = 125.27325$$

$$f_2 = h\sum_{k=1}^{15} ky_k\hat{\lambda}^k = 43.501086$$

$$f_3 = h^2\sum_{k=1}^{15} k^2 y_k\hat{\lambda}^k = 42.990623$$

因为 $\tau_0 = 0$ ，所以参数 $B_1 = D$ 、$B_2 = D\theta_1\alpha$ 和 $B_3 = D\theta_2\alpha^2$ 的估计是下列代数方程组的解，即

$$\begin{cases} d_0 B_1 + d_1 B_2 + d_2 B_3 = f_1 \\ d_1 B_1 + d_2 B_2 + d_3 B_3 = f_2 \\ d_2 B_1 + d_3 B_2 + d_4 B_3 = f_3 \end{cases}$$

这个方程组的行列式为

$$\Delta = d_0 d_2 d_4 + 2 d_1 d_2 d_3 - d_2^3 - d_1^2 d_4 - d_0 d_3^2 = 0.0131321$$

所以

$$\hat{B}_1 = \frac{1}{\Delta}[f_1(d_2 d_4 - d_3^2) - f_2(d_1 d_4 - d_2 d_3) + f_3(d_1 d_3 - d_2^3)] = 63.95692$$

$$\hat{B}_2 = \frac{1}{\Delta}[-f_1(d_1 d_4 - d_2 d_3) + f_2(d_0 d_4 - d_2^3) - f_3(d_0 d_3 - d_1^4)] = 96.149912$$

$$\hat{B}_3 = \frac{1}{\Delta}[f_1(d_1 d_3 - d_2^2) - f_2(d_0 d_3 - d_1 d_4) + f_3(d_0 d_2 - d_1^2)] = 41.837724$$

由式(10.522)可知，参数 D 、θ_1 和 θ_2 的估计为 $\hat{D} = \hat{B}_1 = 63.96$ 、$\hat{\Theta}_1 = \hat{B}_2/(\hat{\alpha}\hat{B}_1) = 1.021$ 和 $\hat{\Theta}_2 = \hat{B}_2/(\hat{\alpha}^2\hat{B}_1) = 0.302$ 。

参数 θ_1 和 θ_2 不可能超过 1 和 1/3。因为 $\hat{\Theta}_1 = 1.021 > 1$ ，所以取 $\theta_1 = 1$ 。因此，参数 B_1 和 B_3 的估计可以通过解代数方程(10.526)求出，即

$$\begin{cases} (d_0 + 2\hat{\alpha}d_1 + \hat{\alpha}^2 d_2)B_1 + (d_2 + \hat{\alpha}d_3)B_3 = f_1 + \hat{\alpha}f_2 \\ (d_2 + \hat{\alpha}d_3)B_1 + d_4 B_3 = f_3 \end{cases}$$

这时，$\hat{B}_1 = 64.1647$ 、$\hat{B}_3 = 42.922416$ 。由此可见，$\hat{D} = \hat{B}_1 = 64.16$ 、$\hat{\Theta}_2 = \hat{B}_3/(\hat{\alpha}^2\hat{B}_1) = 0.309$ ，所求的近似函数为

$$\begin{aligned} \hat{K}_x^{(6)}(\tau_k) &= \hat{D}\mathrm{e}^{-\hat{\alpha}|\tau|}(1 + \hat{\alpha}|\tau| + \hat{\Theta}_2\alpha^2\tau^2) \\ &= 64.16\mathrm{e}^{-1.4724|\tau|}[1 + 1.4724|\tau| + 0.309(1.4724\tau)^2] \end{aligned}$$

这个函数在 $\tau = \tau_k = 0.4k(k = 0,1,\cdots,15)$ 时的值列在表 10.3 中的第五行。通过表 10.3 中第二行和第五行的对比可以看出，近似函数 $\hat{K}_x^{(6)}(\tau_k)$ 非常好地再现了实验数据 $y_k = \widetilde{K}_x(\tau_k)(k = 0,1,\cdots,15)$ 。

参 考 文 献

蔡尚峰, 1986. 随机控制理论[M].上海: 上海交通大学出版社.

陈建军, 齐光磊, 谢永强, 等, 2008. 随机参数系统最优控制[C]//随机振动理论与应用新进展——第六届全国随机振动理论与应用学术会议.

董长虹, 孟庆, 2003. 梯度法在导弹最优制导律仿真中的应用[J]. 战术导弹技术, (5): 41-46.

樊平毅, 2005. 随机过程理论及应用[M]. 北京: 清华大学出版社.

方洋旺, 2004. 随机系统最优控制[M]. 北京: 清华大学出版社.

方洋旺, 韩崇昭, 1998. 基于非线性传递函数的离散非线性控制系统稳定性研究[J]. 西安交通大学学报, 32(11): 8-12.

方洋旺, 潘进, 2006. 随机系统分析及应用[M]. 西安: 西北工业大学出版社.

方洋旺, 王洪强, 伍友利, 2010. 具有条件马尔科夫结构的离散随机系统最优控制[J]. 控制理论与应用, 27(1): 99-101.

韩崇昭, 2006. 随机系统概论——分析、估计与控制(上、下册)[M]. 西安: 西北工业大学出版社.

柯海森, 2006. 不确定非线性系统的研究[M]. 杭州: 浙江大学出版社.

刘海江, 周晓蕾, 2003. 基于 MATLAB 的非线性系统的描述函数法[J]. 内蒙古大学学报(自然科学版), 34(4): 445-449.

齐光磊, 2006. 随机参数系统的最优控制[D]. 西安: 西安电子科技大学硕士学位论文.

沈浩, 夏群力, 祁载康, 等, 2007. 速度追踪制导控制系统描述函数法设计[J]. 北京理工大学学报, 27(7): 590-593.

石章松, 刘忠, 2010. 目标跟踪与数据融合理论及方法[M]. 北京: 国防工业出版社.

田浩, 2007. 随机非线性系统的若干控制问题研究[D]. 济宁: 曲阜师范大学博士学位论文.

汪荣鑫, 2006. 随机过程[M]. 西安: 西安交通大学出版社.

王洪强, 方洋旺, 周晓滨, 2008. 随机最优控制理论在再入机动弹头制导中的应用[J]. 弹道学报, 20(3): 92-95.

吴森堂, 2007. 结构随机跳变系统理论及其应用[M]. 北京: 科学出版社.

吴森堂, 2010. 飞航导弹制导控制系统随机鲁棒分析与设计[M]. 北京: 国防工业出版社.

闫莉萍, 夏元清, 杨毅, 2012. 随机过程理论及其在自动控制中的应用[M]. 北京: 国防工业出版社.

张春艳, 2008. 复合制导体制制导精度统计方法的研究[D]. 西安: 西安电子科技大学硕士学位论文.

Ганин М П, 2003. Прикладные Методы Тершрии Случайных Процессов[M]. Санкт-петербург: Военно-Морская Академия.

Кротков Ю В, Петров В А, 1987. Трория Систем Автоматического Управления Корабельного Оружия[M]. Ленинград: Военно-Морская Академия.